枯死木の中の
生物多様性

Jogeir N. Stokland
Juha Siitonen
Bengt Gunnar Jonsson
著

深澤　遊
山下　聡
訳

Biodiversity in Dead Wood
by Jogeir N. Stokland, Juha Siitonen and Bengt Gunnar Jonsson

© Jogeir N. Stokland, Juha Siitonen and Bengt Gunnar Jonsson 2012
All Rights Reserved.

Japanese translation rights arranged with Cambridge University Press through Japan UNI Agency, Inc., Tokyo

本書および著者について

　化石の記録によると，樹木と木材に関わる生物はおよそ4億年前から存在し，今日では40万から100万種の生物が木材に生息するといわれている．本書は，木材生息性の生物の自然誌や保全の必要性についてまとめられた初めての本である．

　本書では，枯死木に依存する真菌類・昆虫・脊椎動物の種多様性や機能の多様性に関する豊富な事例が紹介されている．また，枯死木が提供する多様な生息場所を，枯死木の樹種・分解段階・サイズ・微小な生息場所・周囲の環境に分けて説明している．さらに著者らは，木材の持ち出しや生物に配慮しない森林管理による今日の森林の危機的状況を鑑み，森林や農地，都市公園において生物多様性を保全するための管理方法の提案も行っている．

　Jogeir N. Stokland はノルウェー森林景観研究所の研究員であるとともにオスロ大学の准教授でもあり，20年以上にわたり森林の生物多様性や枯死木の動態，枯死木に生息する生物の種多様性について研究を行ってきている．昆虫学と菌学が専門．

　Juha Siitonen はフィンランド森林研究所の研究員であり，20年以上にわたり森林管理が枯死木や枯死木依存性の生物（甲虫や多孔菌）に与える影響を研究している．フィンランド甲虫研究グループの一員でもあり，フィンランドの動物相に関するレッドリストの作成にも関わっている．

　Bengt Gunnar Jonsson はスウェーデン中部大学の植物生態学教授であり，森林の歴史や動態が森林の生物多様性に果たす役割について研究している．スウェーデンの環境保護庁や森林庁が運営する複数の自然保護プロジェクトで活発な役割を果たしている．

この本を Bengt Ehnström に.

序　文

　この20年くらいの間に，生物多様性に果たす枯死木の役割が急速に注目されてきている．枯死木は分解過程を通じて何千種もの生物に住み場所を提供する．これまで，樹洞に営巣する鳥類や木材腐朽菌，材食性の無脊椎動物などの多様性について多く研究されてきているが，樹木の枯死後に枯死木に発達する生物群集に関する包括的な書物はなかった．それが本書の目的とするところである．

　本書は全世界を視野に入れているが，内容は北ヨーロッパでの事象に偏っていることは否めない．これには二つの理由がある．一つ目は，枯死木に生息する生物に関する研究の多くが北ヨーロッパで行われているためである．ただし，この10年で北アメリカやオーストラリア，日本における研究も増えてきている．二つ目は，著者ら自身の研究がフェノスカンジア（訳者註：スカンジナビア半島，フィンランド，カレリア地方（ロシア西部），およびコラ半島を合わせた呼称）で行われており，著者らの知識も主にヨーロッパの亜寒帯・温帯地域から得られているためである．熱帯林や他の大陸の温帯林・常緑樹林については表層的な知識しかないことは認めざるを得ない．

　本書は以下の読者を想定して書かれている：生物学者，森林生態学や生物多様性に興味のある学生，森林や公園の管理者，自然保護管理者，そして自然や自然科学に興味のあるすべての人である．このなかにはさまざまな異なる知識を持った人たちが含まれると考えられるので，本書の内容は，多くの読者にとっては親しみやすい部分とそうでない部分が含まれているだろう．

　本書の大部分は真菌類と昆虫に関する内容である．すべてのトピックについて完璧な引用を行ったわけではないので，菌学や昆虫学の専門家の中には，本書の内容で自分の専門分野に関する部分が表層的にしか扱われていないと思う人もいるかもしれないが，著者らは昆虫学者のための菌学，あるいは菌学者のための昆虫学を意識して執筆した．同様に，森林や公園管理者のため

の生態学，あるいは逆に生態学の背景を持つ人に森林の動態や管理について解説することも本書の目的の一つである．これにより，特に専門分野を持たない読者にも本書が親しみやすいものになっていれば幸いである．

本書では専門用語の使用は最小限にし，用語や概念の初出時には説明を加えた．生物の種名や分類群名は，俗称（訳者注：標準和名や標準英名の和訳など）がある場合はそれを用い，学名をカッコ内に記載した．しかしながら，俗称のある生物は少ないため，ほとんどの種名はラテン語の学名のみを使用している．

本書では，幅広いトピックに関してなるべく最新の情報を盛り込むよう努力するとともに，数十年前の古い研究であっても，重要な研究は多く引用した．原著論文を多く引用したので，興味を持った読者はより詳細な内容を原著にあたって調べることもできる．各トピックについて最新の研究を引用したつもりだが，重要な見落としがあるかもしれないことはご承知おきいただきたい．

本書の執筆にあたり，多くの方から有益な情報をいただいた．特に下記の方々には，各章の内容をチェックしていただいた：Keith Alexander, Peter Baldrian, Manfred Binder, Mattias Edman, Michael S. Engel, Shawn Fraver, Jacob Heilmann-Clausen, David Hibbet, Jyrki Muona, Björn Nordén, Thomas Ranuis, Graham Rotheray．文章中の誤りはすべて著者の責任である．また，すばらしい写真で本書を飾ってくださったすべての方々に感謝する．

最後に，スウェーデンの昆虫学者でありナチュラリストでもある Bengt Ehnström に賛辞を贈り，本書を捧げたい．彼は枯死木の生物多様性に関するすばらしい知識を持っており，実際，すべての昆虫を友人のように扱っている．Bengt の暖かい人間性と，フィールドガイドや語り手，作家としてその知識を共有しようとする彼の飽くなき意欲から，数えきれない人々が自然や枯死木に見つかる生物に関する大きな刺激を受けてきたし，これからも受けるだろう．

日本語版への序文

　本書の日本語版が出版されることを非常にうれしく思います．日本は森林面積が広く，森林の生態学や生物多様性研究においても古くから伝統があります．私たちは本書を執筆する中で，日本で行われた枯死木の中の生物多様性に関する研究例についてもいくつか調査しました．ですので，この分野において日本は重要な貢献をしている国の一つとして原著の序文でも紹介しています．

　原著の序文では，私たちの経験や知識が主に北欧の温帯林や亜寒帯林における研究例に基づくものだということを述べましたが，この地域で見られる枯死木の分解過程や生物多様性のパターンは他の場所でも有効なものだと私たちは信じています．それには日本も含まれます．日本には北欧と似た森林があり，枯死木に生息する生物に関しても共通種がいくつか知られています．特に北海道では，北欧とよく似た枯死木分解者を多く見ることができます．しかし，日本には北の亜寒帯林から南の亜熱帯林まで気候的・生物地理的な傾度もまた存在します．すなわち，日本における研究によって，ヨーロッパにおける研究結果の一般性を確かめることができると同時に，まだ知識が蓄積していない熱帯域へと知見を広げることもできるといえます．

　日本は，自然からの強い着想による芸術や工芸で有名です．古木や様々な分階段階の枯死木のある天然林は，無数の生物の隠された美しさを発見するのに最適な場所です．それらの生物はまた，枯死木をゆっくりと分解して新たな世代の樹木のための養分へと変換していきます．本書は科学的な体裁をとっていますが，枯死木に生息する生物やその生活様式に関する知識を得ることが，これらの生物を発見したり感動したりするきっかけになることを私たちは願っています．彼らの多くは数ミリメートルかそれより小さいにもかかわらず，カラフルで魅惑的な形をしているのです！

　枯死木に生息する生物は天然林にしかいないわけではありません．人工林

でも，枯死木を残しておきさえすれば，これらの生物を観察したり研究したりすることができます．都市公園や庭園でさえ，枯れ枝や樹洞のある樹木，さらには枯れ木全体をそのまま残しておくことにより，枯死木棲の生物の住み場所を創出し，おとずれた人々の目を楽しませることができるでしょう．

この日本語版が出版されることにより，より多くの人が枯死木の分解過程や生物多様性について研究したくなることを願います．日本語での出版物が増えることはもちろんですが，新しい知識を共有できるよう，英語での出版物が増えることも願っています．

Jogeir N. Stokland, Juha Siitonen, Bengt Gunnar Jonsson

目　次

本書および著者について　i
序　　文　iii
日本語版への序文　v

1 章　はじめに……………………………………………1

1.1　枯死木の中の生物多様性　2
1.2　枯死木依存性の種：概念の定義　5
1.3　この本の構成　7
1.4　関係する学問分野　8

2 章　木質の分解……………………………………………11

2.1　木質の構造　11
2.2　酵素による材分解　15
2.3　真菌類による分解と腐朽型　19
2.4　細菌による木質の分解　24
2.5　動物による木質の分解　26
2.6　生態学的な観点　29

3 章　枯死木依存性の食物網………………………………31

3.1　糖依存菌と木材腐朽菌　32
3.2　腐植食者　37

3.3	菌食者　44	
3.4	腐肉食者　48	
3.5	捕食者　48	
3.6	捕食性真菌　50	
3.7	寄生者　51	
3.8	菌寄生菌　55	
3.9	菌根菌　56	
3.10	菌生菌　57	
3.11	生態学的な観点　57	

4章　枯死木をめぐる栄養を介さない関係⋯⋯⋯⋯⋯⋯⋯⋯61

4.1	脊椎動物　61
4.2	無脊椎動物　73
4.3	材上性種：表面での生活者　80

5章　樹木との関係⋯⋯⋯⋯⋯⋯⋯⋯⋯⋯⋯⋯⋯⋯⋯⋯⋯⋯85

5.1	針葉樹と広葉樹　85
5.2	樹木の多様性と系統　90
5.3	針葉樹と広葉樹の木質の違い　99
5.4	樹木の防御システム　100
5.5	樹種選好性と腐朽　108
5.6	樹種との関係に関する仮説　110

6章　枯死要因と分解に伴う生物相の遷移⋯⋯⋯⋯⋯⋯⋯⋯113

6.1	枯死要因と枯死木の質　114
6.2	分解経路　125
6.3	変化する資源としての腐朽木　127

- **6.4** 真菌類の遷移　131
- **6.5** 無脊椎動物の遷移　139
- **6.6** コケや地衣類の遷移　148
- **6.7** 分解に伴う生物相遷移の概要　148

7章　微小生息場所 ………………………………… 154

- **7.1** 生木の傷と樹液　154
- **7.2** 樹洞　158
- **7.3** 枯死した枝や根　169
- **7.4** 樹皮・辺材・心材　172
- **7.5** 真菌類の子実体　172
- **7.6** 枯死木の表面　186

8章　枯死木のサイズ ……………………………… 188

- **8.1** 枯死木の直径に対する選好性をもたらす要因　188
- **8.2** 枯死木の直径に対する選好性　190
- **8.3** 枯死木の直径と種多様性・種組成のパターン　193
- **8.4** 種多様性に対する大径木の重要性　197

9章　周辺環境 ……………………………………… 199

- **9.1** 無機的な環境　199
- **9.2** 地上部の環境　206
- **9.3** 埋もれ木　211
- **9.4** 水没木　216
- **9.5** 樹木の生長速度と材密度，二次代謝物　219

10章　枯死木依存性生物の進化 224

- **10.1** 木本植物の進化　224
- **10.2** 木質分解者の起源　228
- **10.3** 枯死木依存性の無脊椎動物の起源と進化　237
- **10.4** 機能的な役割の進化　250
- **10.5** 展望　257

11章　枯死木依存性の生物の種多様性 259

- **11.1** 北欧における枯死木依存性種の多様性　259
- **11.2** その他の枯死木依存性の分類群　273
- **11.3** なぜ多くの枯死木依存性生物がいるのか？　278
- **11.4** 枯死木依存性種の世界的な多様性　284

12章　天然林の動態 290

- **12.1** 枯死の時空間的変異　291
- **12.2** 林分置換動態　293
- **12.3** 連続被覆動態　302
- **12.4** 渓流と河川の中の枯死木　309
- **12.5** 天然林の枯死木　313

13章　枯死木と持続的な森林管理 320

- **13.1** 管理された森林における枯死木の量や質の動態　320
- **13.2** 森林の管理体制　326
- **13.3** 持続的な森林管理：背景　333
- **13.4** 撹乱のタイプと森林管理体制　334
- **13.5** 生木や枯死木を残す　335

13.6 保護区の設定　339

13.7 鍵となる生息場所　341

13.8 生息場所の復元　342

13.9 枯死木管理　347

13.10 保全目標と管理基準　352

*14*章　個体群動態と進化戦略 ……………………………………360

14.1 生活史戦略　361

14.2 個体群動態に影響する要因　363

14.3 メタ個体群動態　371

14.4 連続性の役割　377

*15*章　絶滅の恐れのある枯死木依存性種 ……………………380

15.1 枯死木依存性種の減少を示す歴史的証拠　381

15.2 現在の減少の要因　387

15.3 枯死木の減少が枯死木依存性生物に与える影響　390

15.4 枯死木依存性種の絶滅の危急性を判定する　396

15.5 調査方法と自然環境保全の評価　403

*16*章　農耕地や都市域の枯死木 ………………………………407

16.1 枯死木依存性種の生息場所としての人工的環境　407

16.2 最終氷期以降のヨーロッパの森林　409

16.3 ヨーロッパにおける有史以前の人類による森林改変　412

16.4 歴史的な森林や公園　415

16.5 都市林や森林化した荒廃地　420

16.6 人工的環境における枯死木の保全管理　422

*17*章　枯死木依存性生物の多様性の価値と未来……………431

    17.1　枯死木依存性生物の多様性の価値　431
    17.2　悪い傾向　436
    17.3　研究の課題　439
    17.4　まとめ：知識の統合と普及　443

訳者あとがき　445
引用文献　449
索　　引　531

1章
はじめに

Jogeir N. Stokland, Juha Siitonen, Bengt Gunnar Jonsson

　本書は，枯死木の中の生物についての本である．世界中で，枯死木の中からは多様性に富んだ生物の暮らしぶり（まず目に入るのは，多様な真菌類や昆虫類）を見ることができる．これらの生物は見えないところで枯死木の分解にとても重要な役割を果たしている．

　本書で頻繁に登場する問いは，「枯死木に生息する生物種の多様性はなぜこれほどまでに高いのか？」というものである．多くの章では，多様性をもたらしている枯死木の特徴，環境の要因やプロセスに光を当てることで間接的にこの問いにアプローチしている．11章では直接的に種数についても考察している．枯死木の中の生物多様性の課題に取り組む大きな理由は二つある．一つは，木材生息性の生物の多様性は，多面的で興味のつきない現象であり，それ自体が目的になりうるからである．もう一つは，森林の消失や断片化，あるいは林業などにより枯死木の量が森林内に十分保たれないために，これらの生物の多様性が危機的状況にあるからである．そこで，生物の多様性を保全しながら森林資源を効率よく利用するために，生物多様性に果たす枯死木の役割を理解する必要がある．

　まずはじめに，本書のテーマにはいくつか考えられる．研究者を対象とし，生態学や進化学の理論を扱う本もあるだろう．また一方では，生物多様性に配慮した枯死木管理に注目し，森林や農業景観・都市緑地などに生息する生物について扱う本もあるだろう．本書はその中間を選んだ．本書では，多様性とそれをもたらす生態学的な要因の記述に重点をおくと同時に，管理に関する章も設けている．木材生息性の種についてよく理解することは，森林の

保全や自然保護に広く興味のある多くの人に有用であると私たちは信じている．

1.1　枯死木の中の生物多様性

　多くの人は，枯死木の中に存在する生物の多様性にまったく気づかない．実際，大部分の生物学者でさえ，枯死木の中の生物多様性についてはごく限られた知識を持っているだけである．そこでまずはじめに，さまざまな方法で枯死木に依存している多様な生物について簡単に紹介しよう．

　すでに指摘した通り，枯死木に生息する生物でまず目につくのが真菌類と昆虫である．真菌類の多くのグループが枯死木に生息する種を含んでいる．最も重要な木材腐朽菌は担子菌門（Basidiomycota）に含まれる．担子菌門の木材腐朽菌は，多孔菌類もしくはサルノコシカケ類（タバコウロコタケ目（Hymenochaetales）やタマチョレイタケ目（Polyporales），キカイガラタケ目（Gloeophyllales）などからなる多系統群）とコウヤクタケ類（タバコウロコタケ目，コウヤクタケ目（Corticiales），ベニタケ目（Russulales）などからなる多系統群）を含んでいる．その他にも，キクラゲ類（アカキクラゲ目（Dacrymycetales））やハラタケ目（Agaricales）の中にも枯死木から生える種類がある．子嚢菌門（Ascomycota）の中にも，酵母（サッカロミケス亜門）やその他のグループなど枯死木から生える種類が多くある．専門家以外にはなじみのない名前が多いかもしれないが，これらの真菌類の形や色はとても魅力的であり（図 1.1 や表紙写真），その暮らしぶりも非常に興味深い．多くの種類は木材を分解しているが，まったく異なった生態的役割を持つものもいる．

　昆虫にも，大部分の種類が枯死木に生息するグループがいくつかある（図 1.2）．中でも，甲虫（鞘翅目（Coleoptera）），ハエ（双翅目（Diptera）），ハチやアリ（膜翅目（Hymenoptera）），シロアリ（等翅目（Isoptera））の 4 目が枯死木に生息する昆虫の大部分を占めている．その他にも，ガ（鱗翅目（Lepidoptera）），カメムシ（半翅目（Hemiptera）），アザミウマ（アザミウマ目（Thysanoptera）），ラクダムシ（ラクダムシ目（Raphidioptera），訳者註：

1.1 枯死木の中の生物多様性

図 1.1. 枯死木に発生するさまざまな分類群の菌類：(a) ツガサルノコシカケ (*Fomitopsis pinicola*)（写真 John Munt）；(b) ヒラタケ (*Pleurotus ostreatus*) (© Jens H. Petersen/MycoKey)；(c) シワタケ (*Phlebia tremellosa*)（写真 Atli Arnarson）；(d) カノツノタケ (*Xylaria hypoxylon*)（写真 Mikel A. Tapia Arriada）；(e) *Lachnellula subtilissima*（子嚢菌ビョウタケ目 (Helotiales) の一種）（写真 Dragiša Savić）；(f) ビョウタケ (*Bisporella citrina*)（写真 Dragiša Savić）.

3

1章 はじめに

図1.2. 枯死木を利用するさまざまな分類群の昆虫類：(a)"ハナアブ"（*Volucella inflata*）（写真 Dragiša Savić）；(b) モミノオオキバチ（*Urocerus gigas*）（写真 Nikola Rahmé）；(c) *Ampedus quadrisignatus*（コメツキムシの一種）（写真 Nikola Rahmé）；(d) *Acanthocinus henschi*（カミキリムシの一種）（写真 Nikola Rahmé）；(e) ヨーロッパミヤマクワガタ（*Lucanus cervus*）（撮影者不明，http://www.dreamstime.com/royalty-free-stock-photo-stagbeetle-image10207875）．

長い首のような前胸を持つ北アメリカ西部の捕食昆虫)，ジュズヒゲムシ（絶翅目（Zoraptera））にも枯死木に生息する種類が含まれている．しかし，これでも枯死木依存性の無脊椎動物を網羅できているわけではない；例えば，ダニ（Acari）は枯死木からよく見つかる．ダニはクモ綱（Arachnida）に含まれる非常に多様な小型節足動物であり，枯死木に生息するダニの種数は上述の昆虫の主要な目を合わせた種数に匹敵すると考えられているが，その生態や住み場所については一般的によくわかっていない．カニムシ（カニムシ

目（Pseudoscorpionida））や線虫（線形動物門（Nematoda））などその他の分類群の無脊椎動物も枯死木からよく見つかる．海水中では，貝類や甲殻類が木材中に穿孔しているのが見られる．このように枯死木には非常に多様な分類群の生物が生息しており，その機能的役割も腐植食者，菌食者，捕食者，腐肉食者，寄生者，さまざまなタイプの共生（片利，相利）など多岐にわたる．

脊椎動物の中にも，キツツキや，木材を栄養源にしている動物や熱帯の魚のグループなど，枯死木と直接的な関わりを持つものがいる．

また，枯死木を栄養源にしているわけではないが枯死木を住み場所として利用する種類も多数いる．脊椎動物や無脊椎動物の多くの種類が，立枯れ木や倒木，生立木の樹洞を繁殖やその他の目的に利用している．

1.2 枯死木依存性の種：概念の定義

前節では，枯死木に生息する多様な生物について簡単に紹介した．"枯死木依存性（saproxylic）"という用語は，生活環のどこかで枯死木に依存している生物を表すのによくできた用語であり，ギリシャ語の"sapros（腐朽した）"と"xylon（木材）"を語源としている．この用語は枯死木の中の生物多様性の本質をよく表しており，研究者により意味合いが微妙に異なるので，ここで概念について整理しておきたい．

枯死木依存性にあたる用語は，Silvestri（1913）により初めて使われた．彼は絶翅目の昆虫を初めて記載したときに，土や糞，死体に生息する無脊椎動物に対する用語として，枯死木に生息するものを"saproxylophiles"と呼んだ．Dajoz（1966）がこの用語を再び取り上げ，分解途中の枯死木に生息する昆虫を枯死木依存性種と呼んだ．そして後に，枯死直後の枯死木に生息する種にも定義を拡大した（Dajoz, 2000）．

枯死木依存性種の定義に関しては，Speight（1989）を引用するのが普通である．Speightは，枯死木依存性無脊椎動物を下記のように定義した：

生活環のどこかで，枯死木（立枯れや倒木）あるいは瀕死の木の枯死部や

死につつある部分の材，または木材腐朽菌や他の枯死木依存性の種に依存している無脊椎動物．

Speight は主に枯死木依存性の無脊椎動物について扱っているが，枯死木依存性の脊椎動物や真菌類についても簡単に触れている．Speight の定義をそのまま使うと樹皮を利用する種は除外されることになるが，普通は樹皮を利用する種も含んで使用している．枯死木依存性の種について異なる定義をしている文献もある．Alexander（2008）は，樹洞を持つ木は生きている場合が多いことから，枯死木依存性の種が枯死木や瀕死の木に生息する種しか含まないのでは定義が狭いと指摘している．

同様な意味を持つ用語として，ドイツの文献によく用いられている "xylobiont" にも触れておきたい．Schmidl and Bussler（2004）は xylobiontic な甲虫を以下のように定義している：

あらゆる種類の材やあらゆる分解段階の枯死木，または枯死木から発生するキノコのなかで，繁殖したり寿命の大部分を過ごす甲虫

これは Speight の定義に近いが，生木に住んでいる種も含んでいる点が異なる．

上に挙げた定義は，主に動物を扱っている点に注意してほしい．これらの定義では，真菌類は材と同様に動物に住みかを提供する存在として扱われている．最近は，真菌類を枯死木依存性種として扱う菌学分野の文献もいくつか出てきたが，まだあまり普通ではなく，菌学者は枯死木から生える真菌類を "木材生息菌（wood-inhabiting fungi）" や "木材腐朽菌（wood-decaying fungi）" と呼ぶことが多い．

関連するその他の用語としては，"材上の" という意味の "epixylic" がある．この用語は，枯死木の表面に好んで定着するコケや地衣に対して用いられる．次の段落に示す本書の枯死木依存性種の定義には，epixylic の種も含む．

本書では幅広い生態学的事象を扱っており，そのため真菌類も枯死木依存性種として同列に扱う必要がある．本書では，枯死木依存性の定義として下記を用いる：

生活環のどこかで，生木や衰弱した木，あるいは枯死木の傷痍部や枯死部

の樹木組織に依存しているあらゆる種

この定義では，樹木組織は材だけでなくあらゆる分解段階の樹皮や樹液（内樹皮や辺材，傷痍部から出る）も含まれる．すなわち，生木の傷痍部や枯死枝，樹洞に生息する種も含まれる．ただし，生木の樹皮上に生息して樹液を吸っているアブラムシやカイガラムシなどの吸汁性昆虫は含まない．また，生木の内部に生息する内生菌は，樹木の枯死後は活発に腐朽菌として活動する種もいるが，生木段階では定義に含まない．現時点では，枯死木依存性の種とそうでない種をわける線引きは恣意的にならざるを得ず，その境界は曖昧である．

1.3 この本の構成

本書では，各章にそれぞれ個別のテーマを持たせ，他の章と独立して読めるようにしたが，トピックによっては関連性の強いものも多いので，そのような場合には他の章を参照できるよう注意書きを入れた．本書は四つのパートに区分できる：機能的な多様性（2〜4章），構造の多様性（5〜9章），組成の多様性（10, 11章），そして最後に，生物多様性の保全と管理（12〜17章）である．

一つ目のパートでは，多様な生物がどのように枯死木分解と機能的に関わっているのか，またそれらの生物間の関わりについても触れる．まず2章で枯死木に生息する生物が樹皮や材を分解・消化する多様な方法を紹介する．3章では，枯死木に生息する生物がどのように枯死木と栄養的つながりを持ちながら食物網を作り上げているかについて紹介する．4章では，食物やエネルギー源としてではなく，枯死木と空間的なつながりを持つ生物を紹介する．

二つ目のパートでは構造の多様性，すなわち枯死木が異なると生物群集がどのように異なるかについて紹介する．各章において，樹種・枯死要因・分解段階・微小な生息場所・枯死木のサイズの影響について紹介した後，9章では周囲の環境条件が枯死木に生息する生物の組成にいかに大きな影響を与

えているかを紹介する．

　三つ目のパートでは組成の多様性，すなわち枯死木に生息する生物の種多様性自体に焦点を当てる．まず 10 章で，木本植物や枯死木に生息する生物が約 4 億年前に誕生してから現在までの進化のみちすじについて概説した後，11 章では今日知られている枯死木依存性の生物の多様性を概観し，各分類群の生物について種の豊富さ（species richness）の定量化を試みる．

　自然条件下での枯死木依存性生物について枯死木レベルで詳細に紹介してきたこれまでの三つのパートと異なり，最後のパートでは景観スケールで種多様性がどのように保たれているかについて考える．また，保全や管理に関する展望についても触れ，森林やその他の林地において枯死木依存性の生物の多様性を維持するためには土地利用の方法をどのように変えていけばいいのか，その方法を探る．

1.4　関係する学問分野

　枯死木依存性の生物に関する知識は，さまざまな学問分野の数百・数千にわたる論文や書籍に分散している．さらにそれぞれの国のローカルな雑誌を含めれば，枯死木に生息する生物（の主に分類や動物相）に関する出版物は無数にあるだろう．もちろん，私たちはこれらの情報のすべてに通じているわけではないが，本書では枯死木依存性の生物の生物学や自然誌についてなるべく広く扱うように心がけた．さまざまな情報源を検討するうち，三つのことが明らかになってきた．

　一つ目は，枯死木依存性の生物については個別の異なる分野で豊富な知識が蓄積されており，これらを統合することが求められているということである（図 1.3）．それぞれの分野の視野は非常に狭い．例えば，セルロースやリグニンの分解酵素の機能，森林病理学，森林昆虫学，樹木生理学などである．一方，生態学，昆虫学，菌学，古生物学，分類学，系統学などのより広い分野から情報を抽出しなければならない場合もある．そのような場合には，枯死木依存性の生物の特徴は皮相的あるいは間接的にしか扱われていないことも多いが，枯死木に生息する生物の多様性を直接扱ったものもある．そのよ

1.4 関係する学問分野

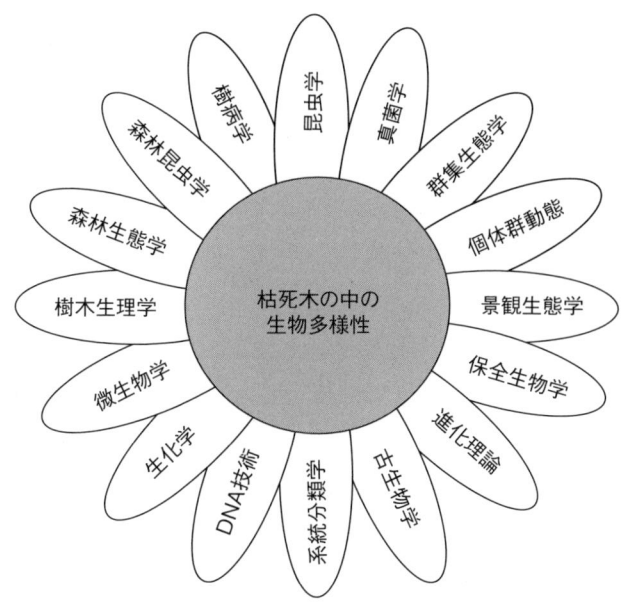

図1.3. 枯死木の中の生物多様性を理解する基盤となるさまざまな研究分野.

うな文献は，枯死木に生息している生物の分類群とともに，"枯死木依存性（saproxylic）"，"木材腐朽性の（wood-decaying）"，"木材生息性の（wood-inhabiting）"，"粗大木質リター（woody debris）"，"枯死木（dead wood）"，"腐朽木（decaying wood）"などの用語をキーワードとして含んでいる．温帯域における枯死木の生態学に関する古典で最も引用されている文献は，Harmon et al.（1986）の総説である．木材生息性の真菌類に関する重要な本は，Rayner and Boddy（1988）やBoddy et al.（2008）がある．同様に昆虫に関しては，Dajoz（2000）やLieutier et al.（2004）などに良い総説がある．森林管理が枯死木依存性生物に与える影響に関する良いレビューとしては，Siitonen（2001），Grove（2002a, 2002b），Jonsson et al.（2005）などがある．真菌類と昆虫の分野を両方含んだ，より包括的なものとしては，北方林における粗大木質リターの生態学を扱ったJonsson and Kruys（2001）のEcological Bulletinsや，"樹木の枯死後"について扱ったBobiec et al.

9

(2005) などの書籍がある.

　二つ目に明らかになったことは，枯死木に生息する生物について，異なる研究分野間で扱いに非常に差があるということである．多くの研究分野では，枯死木依存性の生物は単に研究対象として中立的な態度で扱われている．しかし，分野によって（森林管理学，森林病理学，森林昆虫学，森林育成学など）は枯死木依存性の生物は一般的に制御あるいは排除されるべき対象であることが強い前提として扱われる．このような分野では森林の経済的価値が最優先されるため，病原菌・害虫・病気・樹木や森林の被害などといった用語が使われている．一方，保全生物学など他の研究分野では，枯死木依存性の生物は好ましいものとしてとらえられている．このような分野では，個体群が減少しつつあるような種が注目され，それを阻止するための研究が行われる．

　三つ目は，情報が蓄積している生物群とそうでない生物群の情報量の差が激しいということである．例えば，セルロースや特にリグニンの分解酵素については，子囊菌よりも担子菌においてよくわかっている．さらに担子菌の中でも，分解後期に発生する種に比べ，分解初期に発生する種においてよくわかっている．他にも，遷移後期種よりも遷移前期種，捕食者や寄生者よりも材食者，病害を引き起こさない種よりも病害を引き起こす種について，一般により多くの知識が蓄積している．枯死木依存性の種に関する研究間においてさえ，大きな差がある．枯死木依存性の甲虫に関してはブヨ，ハエ，ハチ，ダニなどに比べ多くの研究が行われている．同様に，担子菌に関する研究の方が子囊菌に関する研究よりも多い．

　このように知識に偏りがあるため，本書でもトピックや生物群によってはごく表面的にしか触れることができなかった．知識が多く蓄積している分野では知識の選択を行ったが，多くの分野ではまだほとんどのことがわかっていない．

2章
木質の分解

Jogeir N. Stokland

　焚き火のそばに座れば，木材の中にあるエネルギーを容易に感じることができるだろう．材は，燃えると二酸化炭素と水蒸気，およびミネラル（樹木が生きて生長していたときに光合成を通じて固定した要素）に変換される．焚き火の中で木材が燃え尽きるまでの時間は2～3時間とかからないが，温帯域や北方林では枯死木が分解するのに50～100年はかかる．そこではより低い温度で働く無数の分解者たちが関わっている．

　この章ではこれらの分解者たちを取り上げる．地球上で彼らはどうやって枯死木を分解し，森林生態系の中でリサイクルしているのだろうか？陸上の生態系では，真菌類が主要な分解者である．特に担子菌類の中に，木質を効率的に分解する種が多い．また，甲虫やシロアリなど多くの無脊椎動物も，木質の分解過程に関わっている．分解過程というこの重要な生態系プロセスについて述べる前に，木質の構造について重要な特徴をいくつか紹介しよう．

2.1　木質の構造

　木質は，三つの構成要素から成り立っている：セルロース，ヘミセルロース，リグニンである．経済的に重要な木質の構成要素であるこれらの化学物質の構造，合成，そして分解は過去50年以上にわたり重要な研究テーマであり続けてきた．その結果として，これらの物質の生化学的特徴についてはよくわかっている．本書ではこのトピックについてあまり深くは触れないが，書籍や科学雑誌に総説が多く掲載されているのでそちらを参照してほしい

(Buswell, 1991; Markham and Bazin, 1991; Jeffries, 1994; Schwarze et al., 2000b; Vicuña, 2000; Martínez et al., 2005; Baldrian, 2008).

2.1.1 セルロース

セルロースは，グルコース単位が長く鎖状に連なった分子構造をしており，一つのセルロース分子あたり数千ものグルコース単位が含まれている．隣り合ったグルコース単位同士は180°反転して結合しているので，これが繰り返し単位となっており，それをセロビオースと呼ぶ．この反転構造によりセルロース分子はとても対称的な構造をしており，それにより隣り合ったセルロース分子同士に無数の化学結合が生じやすくなっている．このようにしてセルロース分子鎖同士は何本も束になって結合し，結晶化した微小繊維 (microfibril) を形成する．この微小繊維がセルロース組織の基本単位となる．セルロースの微小繊維は，複数集まってより大きなセルロース繊維を形成したり，ヘミセルロースやリグニンと結合して物理的に非常に強固な物質となる．セルロースは普通，木材中で最も多い成分であり，針葉樹・広葉樹ともに材の乾燥重量の40〜50%を占める．また，生合成物質として非常に普遍的で，海水中や淡水中の藻類を含むすべての光合成植物の体を作っている．したがって，セルロースは木本植物が地球上に現れるよりもはるかに前から作られている（10章参照）．

2.1.2 ヘミセルロース

ヘミセルロースはセルロースに似ているが，より複雑な分子構造をしている．構成単位には何種類かの糖が含まれ，それらが結合してセルロースより短い鎖を形成している．セルロースとの最も大きな違いは，側鎖を持つことである．側鎖は，主鎖とは異なる糖から構成されている．ヘミセルロース分子はセルロースのように集合せず，セルロースの微小繊維と結合してともに結晶化する．さらに，ヘミセルロースはリグニンと結合して非結晶構造を作り，その中にセルロース繊維が埋没している．

ヘミセルロースの種類は針葉樹と広葉樹で異なる．針葉樹では，主鎖がグルコースとマンノースからなるグルコマンナンが多いが，キシロースを主成

分とするキシランも含まれる．広葉樹ではキシランが多い．また，針葉樹と広葉樹では材の乾燥重量あたりのヘミセルロースの割合が異なる．広葉樹材でやや高く（25～40%），針葉樹材で低い（25～30%）．

2.1.3 リグニン

　リグニンは，糖を基本単位とするセルロースやヘミセルロースと異なり，芳香族化合物を基本単位とした非常に複雑な構造をしている．基本単位には三つのタイプがあり，ここでは簡略化のためにこれらをそれぞれ H，G，S と呼ぶ．これらの基本単位が非常に強力な化学結合（C-C や C-O-C の共有結合）により不規則に結合し，不均一な三次元構造を作り上げている．このような分子構造は酵素による分解に対して抵抗性が非常に高い．酵素が得意とするのは，分子中の繰り返し構造に働きかけ，反復的に低分子化していく反応である．つまり，リグニンがヘミセルロース分子と複合体を形成することにより，生物にとって極端に分解することが難しい物質ができることになる．

　リグニンの組成，すなわち H，G，S 単位の割合は，植物のグループにより大きく異なる．針葉樹のリグニンは主に G 単位からできているが，広葉樹のリグニンは G と S が混在している（後者が量的により多い）．また，リグニンの含量は広葉樹（18～25%）に比べ針葉樹（25～35%）で多い．これら化学的な違いや量的な違いにより，針葉樹リグニンは特に分解されにくい．

2.1.4 細胞の構造

　セルロース，ヘミセルロース，リグニンは樹木の細胞内や細胞間でとてもはっきりした分布をしている．細胞が生長すると，まずセルロース繊維やヘミセルロース，ペクチン（炭水化物の一種）からなる一次細胞壁（primary cell wall）が形成される（図 2.1）．細胞が最大サイズまで生長すると，一次細胞壁内部に二次細胞壁（secondary cell wall）が作られる．はじめに，セルロースやヘミセルロース，構造タンパク質を使って二次壁の基本構造が作られる．次に，一次壁と二次壁の境目からリグニンの沈着が始まる．リグニ

2章 木質の分解

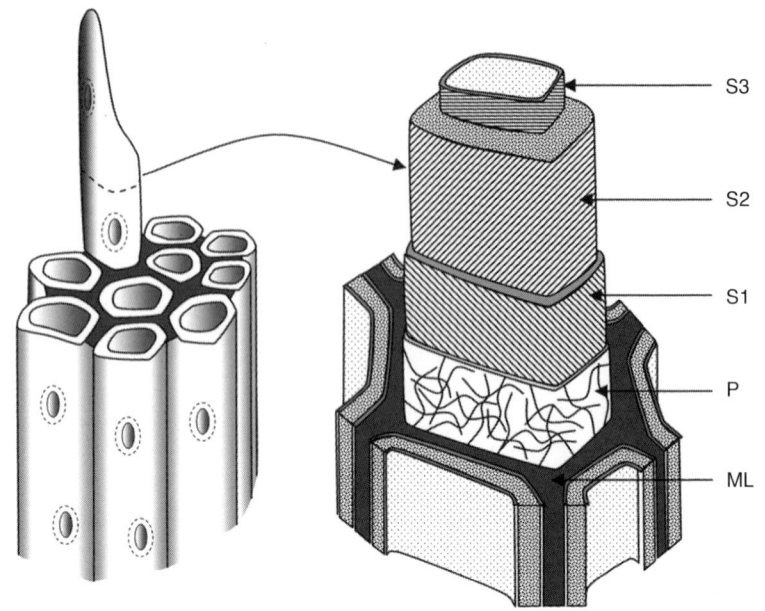

図 2.1. 木材組織（針葉樹）および木部細胞壁の構造，仮導管（左）．一つ一つの直径は約 30 μm；細胞壁層（右）．S1-S3：二次壁，P：一次壁，ML：細胞間層．Kirk and Cullen（1998）を改変．

ン化は，細胞壁がすべてリグニンで満たされるまで続き，さらに細胞壁の外側の細胞間隙にまでおよぶ．最終的に二次壁にはリグニン含量の多い外層（S1）と内層（S3）およびセルロース・ヘミセルロース含量の多い中層（S2）の3層が形成される．細胞と細胞の間の細胞間層（middle lamella）はリグニンを主体とした物質で満たされ，細胞同士の接着剤の役割を果たしている．このような細胞の構造により木質は分解に対する抵抗性を持つ．また，白色腐朽菌，褐色腐朽菌，軟腐朽菌の菌糸の定着にも影響する．

　生きた樹木細胞では，他の植物細胞と同様水分が多い．細胞が死ぬと，内部は乾燥して空になる．これを細胞内腔（cell lumen）と呼ぶ．

2.2 酵素による材分解

　木質を分解できる生物はさまざまな酵素を持っている．酵素は化学反応を加速させる分子であり，酵素ごとに促進できる反応が特異的に決まっている．いくつもの酵素がさまざまな木質成分の化学構造に同時に働くことで木質が分解する．最も効率の良い酵素系を進化させた生物が，木質を資化する競争の勝者となる．

　ここからの記述は木材腐朽菌の酵素系に基づいているが，同様の酵素系を持つ他の生物も存在する．現在までに，1万以上の異なるセルロース分解酵素が細菌や酵母，木材中の糸状菌から知られている．興味深いことに，これらの酵素はサイズや構造が非常に多様であり，それぞれ独立した遺伝的起源を持っている（Pérez et al., 2002）．リグニン分解酵素もさまざまなものがあり，菌種間や，さらには菌種内でも異なっている．

2.2.1 セルロース分解

　上述のように，セルロースはセロビオース単位（反転して結合したグルコース分子のペア）の繰り返しによる直鎖型の化学構造をしている．セルロース分解には，三つの機能的に異なるタイプの酵素が働いている．一つ目はエンドグルカナーゼ（endoglucanases）と呼ばれ，セルロース鎖の中間地点に働いて鎖を短く分断する．これにより，鎖の端が多数できる．二つ目のタイプはエキソグルカナーゼ（exoglucanases）といい，鎖の端に働いてセロビオース単位に切り分ける．最後に，βグルコシダーゼ（beta-glucosidases）がセロビオース単位をグルコース分子に切り分ける．グルコース分子は十分小さいので，真菌類はこれを菌糸に吸収し，細胞内の代謝系によってさらに細かく分解する．

　実際には，上述の各ステップには同じ働きをする複数の酵素が同時に働く．例えば，エキソグルカナーゼが働く二つ目のステップでは，セルロース断片の正に帯電した末端と負に帯電した末端では異なる酵素が働く．同様に，異なる環境では異なる酵素がセルロース分解を行う．酵素によるセルロース分

解に加え，ヒドロキシル（OH）ラジカルによるセルロース分解を進化させた真菌類もいる．ヒドロキシルラジカルはセルロースだけでなく，ヘミセルロースやリグニンも分解する能力がある（Baldrian and Valášková, 2008）．

2.2.2 ヘミセルロース分解

　ヘミセルロースはセルロースとは異なる糖からできているので，分解には異なる酵素が必要になる．キシラン（広葉樹に見られるヘミセルロース）とグルコマンナン（針葉樹に多いヘミセルロース）の分解にはそれぞれ異なる酵素が働く．

　両タイプのヘミセルロースを分解するためには多様な酵素が必要であり，五つのステップが知られている（Pérez et al., 2002）．キシラン分解のはじめのステップでは，エンドキシラナーゼが働く．この酵素はキシラン分子の主鎖の中間部分に働き，低分子の画分に分割する．次に，三つの異なる酵素により，主鎖から側鎖が切り離される．最後に，はじめの酵素と同様に主鎖の結合を分解する別の酵素が働く．ただし，この酵素は低分子画分にしか作用せず，その働きにより低分子画分はキシロースにまで分解される．キシロースは単糖（単独の糖分子）であり，セルロースにおけるグルコース分子のように，基本単位としてキシランを形作っている．針葉樹のヘミセルロースであるグルコマンナンの分解も，キシランの場合とよく似ている．はじめの酵素がグルコマンナン分子を低分子化し，他の酵素が側鎖を主鎖から切り離し，最後に二つの異なる酵素がグルコース分子とマンノース分子にまで分解する．

2.2.3 リグニン分解

　リグニンは複雑なため，その分解過程は何十年も研究されてきたにもかかわらず，いまだ完全にはわかっていない．1983年に，白色腐朽菌の*Phanerochaete chrysosporium*によるリグニン分解系において過酸化水素（H_2O_2）に依存する酵素が発見されたことが一つのブレイクスルーだった（Glenn et al., 1983; Tien and Kirk, 1983）．この酵素はリグニンペルオキシダーゼ（lignin peroxidase）と呼ばれる酵素クラスに含まれる．その後の研究で，少なくとも10種類の異なるタイプのリグニンペルオキシダーゼがさまざまな白色腐

朽菌から見つかっている（Cullen, 1997）．これらの酵素の主な働きは，リグニンの構成単位同士の結合の半数以上を占める強力なC-C結合やC-O-C結合を開裂させることであり，これによりリグニンペルオキシダーゼはリグニンの構造を顕著に破壊する．さらにこの強力な酵素は，構成単位自体の芳香環の開裂などにも関与する．

　リグニンペルオキシダーゼが依存する H_2O_2 はオキシダーゼと呼ばれる酵素群により生産される．いくつかのオキシダーゼが H_2O_2 を生産すると考えられてきたが，リグニン分解の現場でオキシダーゼを生産するのはGLOX（glyoxal oxidase）と呼ばれる一つのタイプに限られるようだ（Kirk and Farrell, 1987）．GLOXはペルオキシダーゼの活性に応答し，ペルオキシダーゼの要求に従って H_2O_2 を生産する．逆に，GLOXはペルオキシダーゼによる反応の生産物の一部を H_2O_2 の生産に利用する．すなわち，これら二つの酵素は互いに協力して働いており，非常に強力な複合酵素系となっている．GLOXは何種類かの木材腐朽菌から見つかっている（Orth et al., 1993）．

　リグニンペルオキシダーゼ以外にもペルオキシダーゼには他の2クラスが知られている．一つはマンガンペルオキシダーゼ（manganese peroxidase）で，これはリグニンペルオキシダーゼと同時期に発見され，現在ではリグニン分解菌に広く分布することが知られている．もう一つは非常にまれな"多機能型ペルオキシダーゼ（versatile peroxidase）"と呼ばれるもので，ヒラタケ属（*Pleurotus*）やその他のいくつかの白色腐朽菌の属から見つかっている（Martínez et al., 2005）．これら二つの酵素はいずれも基質の酸化に H_2O_2 を必要とする．

　リグニン分解に関わる最後の酵素クラスは，ラッカーゼ（laccase）である．ラッカーゼは古くから植物・真菌類・昆虫・細菌から知られていた．その機能は多様であり，着色物質の生成，子実体の形態形成，解毒などが知られている（Mayer and Staples, 2002）．これらの酵素の酸化還元力はリグニンペルオキシダーゼほど強くなく，リグニンのフェノール性画分を直接酸化させることしかできない．フェノール性画分がリグニン全体に占める割合は10%以下である．興味深いことに，ラッカーゼは酸化反応に空気中の酸素を利用するので，他の酵素系の助けなしに単独で働くことができる．

これらリグニンペルオキシダーゼ，マンガンペルオキシダーゼ，多機能型ペルオキシダーゼを生産できるのは，担子菌の白色腐朽菌に限られる．このうち，多くの真菌類がマンガンペルオキシダーゼをラッカーゼと組み合わせて使っている．リグニンペルオキシダーゼを生産するのは4～5属の真菌類に限られ，多機能型ペルオキシダーゼを生産する真菌類はさらに少ないようだ（P. Baldrian 私信）．

2.2.4 糖の分解

材分解の教科書で糖の発酵について言及するのは不思議に思われるかもしれないが，本書では木質の概念を樹液にまで拡大しているため糖についても扱う．樹木の傷や枯死したばかりの樹木の内樹皮を利用する真菌類や無脊椎動物にとって樹液は，重要な栄養源である．

糖の発酵過程は，木質の分解過程とはまったく異なる．第一に，分解基質が分子量の小さい糖分子（樹木細胞壁の構成要素）である．第二に，低分子の糖は樹液中で可溶性の分子として存在する．樹液は光合成産物を輸送する液体として内樹皮にも存在するし，また幹や根にも貯蔵用の糖を含んだ液体として存在する．どちらの場合でも，樹液は好気的分解が起こるほどの酸素は含んでいないため，主に酵母による嫌気発酵により分解される．

発酵により，糖分子はアルコールと二酸化炭素に分解される．この過程はビールやワインの製造工程として数世紀前からよく知られている．水で満たした容器に酵母と糖を入れて混ぜておけば，エタノールを製造できる．生木や枯死したばかりの樹木において，糖を発酵させる生物が樹液にアクセスできる状況ができれば，樹液においても同様の反応が起こる．何種類かの酵母（すべてではない）が樹液の発酵に関わっている．エタノールは揮発性の物質なので，大部分が蒸発していく．傷ついたり枯死したばかりの樹木を見つけるのに，森林の昆虫はこのエタノールを感知して集まってくる．

上述の木材腐朽菌と同様，糖依存菌も種によって酵素系が異なるが，この観点からの研究はあまり進んでいない．少なくともある種の真菌類は炭素化合物の分解により強いエステル臭を放つことがわかっている（Malloch and Blackwell, 1993）．

2.3 真菌類による分解と腐朽型

　全体的に見て，木材腐朽菌は非常に種が多様で，いろいろな意味で特殊化している．生態学的な特殊化については 3 章（機能的な特殊化）と 5 ～ 9 章（住み場所と発生基物の特殊化）で扱う．ここでは，異なる腐朽型（rot type, 訳者註：decay type ともいう）をもたらす分解活性について述べる．

　真菌類の腐朽型は伝統的に，白色腐朽（white rot），褐色腐朽（brown rot），軟腐朽（soft rot）の三つに大別されてきた．これら腐朽した材の色や堅さで区別される．褐色腐朽と白色腐朽は古くから知られ，1920 年代にはすでにこれらが異なる生化学反応の結果生じていると理解されていた．森林や木造建築における材腐朽の研究から，白色腐朽では木質の主要な構成要素であるセルロース・ヘミセルロース・リグニンのすべてが分解されるのに対し，褐色腐朽では炭水化物のみが分解され，リグニンはほとんど分解されずに残ることが当時から知られていた（歴史的な背景については Rayner and Boddy, 1988 を参照）．第三の腐朽型である軟腐朽は，少し遅れて Savory（1954）による水冷に見られる木材腐朽の研究から発見された．これらの腐朽型についての解説としては，Eriksson et al. (1990) の 1 章が非常に良い．この章は Robert Blanchette によるもので，多数の写真とともに各腐朽型の肉眼的・顕微鏡的特徴が詳しく記載されている．

　木質分解と腐朽型に関わる用語は，全体像をつかむまでは少しややこしいかもしれない．ここでは，腐朽の生じる位置によって "心材腐朽（heart rot）"，"先端腐朽（top rot）"，"根腐れ（root rot）"，"根株腐朽（butt rot）" を区別するが，これらは褐色腐朽や白色腐朽とはまた別の視点からの区分である．さらに，褐色腐朽や白色腐朽についても別な用語があるが，それは以下で述べる．

2.3.1 白色腐朽

　白色腐朽菌は，木質の構造成分であるセルロース・ヘミセルロース・リグニンをすべて分解する．つまり，白色腐朽菌は上述の酵素系をすべて持って

2章 木質の分解

図 2.2. 各腐朽型の外見的特徴：(a) ツリガネタケ（*Fomes fomentarius*）によるカバノキ属（*Betula*）枯死木の白色腐朽（同時分解タイプ）（写真 Tuomo Niemelä）；(b) エゾサルノコシカケ（*Phellinus pini*）による白色腐朽（リグニン選択的タイプ）に見られる蜂の巣模様（写真 Robert A. Blanchette）；(c) 褐色腐朽材に見られる特徴的なブロック状の外観（写真 Eric Allen, © 2011 Her Majesty the Queen in right of Canada, Natural Resource Canada, Canadian Forest Service）；(d) 軟腐朽（写真 Robert A. Blanchette）.

いるといえるが，すべての白色腐朽菌が同じように木質を分解するわけではない．白色腐朽にはさらに二つのタイプが知られている：同時分解（simultaneous degradation）と選択的リグニン分解（selective lignin degradation）である（Otjen and Blanchette, 1986; Rayner and Boddy, 1988）．ほとんどの白色腐朽菌はどちらか一方のタイプのみをもたらすが，条件によって異なるタイプの腐朽をもたらす種もいる（Blanchette, 1991）．

　同時分解タイプの白色腐朽菌の菌糸は，枯死木の細胞内の空隙（lumen）

を伝って伸長すると同時に，酵素系を活性化させて植物の細胞壁を細胞内部から分解していく．このタイプの白色腐朽では，広い範囲の材が均一に分解される．材は白色になり，もろくなる（図2.2a）．ツリガネタケ（*Fomes fomentarius*），*Phanerochaete chrysosporium*，カワラタケ（*Trametes versicolor*），シハイタケ属（*Trichaptum* spp.）などの真菌類がこのタイプの白色腐朽を引き起こす（Blanchette, 1984; Martínez et al., 2005）．

選択的リグニン分解菌（連続的分解菌と呼ばれることもある）は，まず二次細胞壁と細胞間層のリグニンを分解し，次にセルロースやヘミセルロースを分解する．リグニンの選択的分解は，材の繊維方向に並ぶポケットの部分で起こることが多い（図2.2b）．分解するにつれ，リグニンが選択的に取り除かれたポケットは白色化して目立つようになり，材により"孔状腐朽（pocket rot）"，"気泡状腐朽（alveolar rot）"，"まだら状腐朽（mottled rot）"などと呼ばれる．最後にはポケットは空になり，蜂の巣状の材が残される．リグニンを選択的に分解する能力と同時分解の能力は排他的に存在するわけではなく，同じ菌で二つの分解過程が同時に進行することもある．このような腐朽を行う真菌類としては，マツノカタワタケ（*Phellinus pini*，訳者註：現在は*Porodaedalea pini*），マツノネクチタケ（*Heterobasidion annosum*），コフキサルノコシカケ（*Ganoderma applanatum*），ヒラタケ属菌，カタウロコタケ（*Xylobolus frustulatus*）などがある（Blanchette, 1984; Martínez et al., 2005）．

白色腐朽菌は広葉樹材の分解において優占しており，世界の温帯や熱帯の森林における主要な木質分解者である（Ryvarden and Gilbertson, 1993）．一方，シハイタケ属のように針葉樹材を分解する白色腐朽菌は数えるほどしかいない．白色腐朽菌が木質を分解するためには，常に酸素が供給される必要があるため，水中に沈んだ材の分解はできない．同様に，生木の辺材も含水率が高すぎるため分解できない．Boddy（1994）は，多くの白色腐朽菌が生木の辺材に胞子として内生しており，樹木細胞が枯死して含水率が下がるとすぐに菌糸が発芽して分解が始まることを明らかにしている．

2.3.2 褐色腐朽

褐色腐朽菌はセルロースとヘミセルロースを選択的に分解し，リグニンは

外見上変化させずに残す．白色腐朽菌と同様，褐色腐朽菌も枯死した樹木細胞の内腔を通って伸長する．しかし，白色腐朽菌と異なり，褐色腐朽菌はリグニンの豊富な細胞壁の内層（S3）を分解できない．セルロース分解酵素は，分子量が大きすぎてこの層を通過することができない．そこで褐色腐朽菌は，まず大量のオキサロ酸と，金属イオンを結合したり放出したりできる分子（キレーター）を生産することからはじめる．オキサロ酸は，樹木の細胞壁に結合している鉄に結合するとともに，菌糸周辺のpHを低下させる．オキサロ酸鉄とキレーター分子は分子量が小さいので細胞壁内部に浸透し，セルロースが豊富なS2層まで到達することができる（Goodell et al., 1997; Goodell, 2003）．細胞壁内部ではpHが異なるので，そこでオキサロ酸鉄から鉄が切り離され，フェントン反応と呼ばれる強力な化学反応が起こる．その結果，活性の高いヒドロキシルラジカルが発生し，これがセルロースやヘミセルロースを分解する．このようにして非酵素による分解が起こる．分解により生じた低分子量の糖鎖は細胞内腔に浸出してくるので，これを前述のセルロース分解酵素により処理し，糖にまで分解する．

このようにして生じた腐朽材は特徴的な色や形状を示す（図 2.2c）．リグニンが褐色なため，腐朽材は次第に褐色あるいは赤褐色を呈するようになる．そのため"赤腐れ"と呼ばれることもある．褐色腐朽の形もまた特徴的である．セルロース鎖が破壊されると材の縦方向の強度が弱まり，材が縮むため，材の繊維を切断する方向に亀裂が走りブロック状になる．このため，褐色腐朽は"方形ぐされ（cubic rot）"と呼ばれることもある．

白色腐朽と同様，褐色腐朽でも，菌の分類群や恐らく酵素の違いによってさまざまな腐朽パターンがある．結晶セルロースに対する分解力の違いから，少なくとも三つのパターンが知られており，肉眼的特徴だけでなく微細な形態も異なっていることがわかっている（Rayner and Boddy, 1988）．このうちの1パターンではリグニンも少し分解されるようだ．

多くの褐色腐朽菌は針葉樹に特異的に発生し（Gilbertson, 1980），北方林の主要な材分解者である（Renvall, 1995）．一方，針葉樹と広葉樹に同じくらいの頻度で発生する褐色腐朽菌（例えばツガサルノコシカケ（*Fomitopsis pinicola*））や，広葉樹材を主に分解する褐色腐朽菌もいる（例えばアイカワ

タケ（*Laetiporus sulphureus*）やカンバタケ（*Piptoporus betulinus*））．褐色腐朽菌も，木質分解を行う上で酸素の供給を必要とする点で白色腐朽菌と同じであり，陸上でしか効率的な木質分解を行えない．

2.3.3 軟腐朽

軟腐朽菌は，主に二次細胞壁の中層でセルロースやヘミセルロースの分解を行う（Savory, 1954）．リグニンを分解できる種類もいる（Eriksson et al., 1990）．細胞壁中層が分解されることにより，材はスポンジ状になり，それがこの腐朽型の名前の由来となっている．セルロースが除去されることにより，表面が暗色化することも特徴である．乾燥すると褐色を呈し，ブロック状に亀裂が走るので外観は褐色腐朽に似ている（図2.2d）．

軟腐朽は，木質の内部での菌糸の伸長様式や菌糸表面からの酵素の分泌パターンにおいて，白色腐朽や褐色腐朽と異なる．これらの真菌類の菌糸は細胞内腔を素早く伸長するが，軟腐朽菌の菌糸は細胞壁の内部をゆっくりと伸長する．

腐朽は，細胞壁の一番内側のS3層に菌糸が穿孔することからはじまる．セルロース含量の多いS2層に到達すると，菌糸は分枝するか，あるいはそのまま伸長を続けて隣の細胞まで貫通する．分枝した菌糸はとても変わった伸長様式を示す．まず，セルロース微小繊維の方向に伸長し，いったん止まる．次に，菌糸の周りに空隙が形成され，それにともない菌糸の直径も拡大する．そして再び菌糸が伸長して止まり，新たな空隙が形成される．この伸長－拡大のパターンは数回繰り返される．細胞壁内部での菌糸は通常T字型に分枝し，その結果細胞壁は顕著に破壊される（図2.3, Eriksson et al., 1990）．その他，軟腐朽の変わった点としては，酵素が菌糸表面でのみ働き，木質内部に浸透していかないことである．

軟腐朽は主に子嚢菌類により引き起こされる（Eriksson et al., 1990; Worrall et al., 1997）．しかし近年，白色腐朽菌の中にも，樹木の傷痍部の材に定着すると軟腐朽の特徴を示す種類がいることが明らかになった（Schwarze and Baum, 2000）．また，褐色腐朽菌カンゾウタケ（*Fistulina hepatica*）は，タンニンが高濃度で蓄積して他の腐朽菌が定着できないナラ類樹木の心材を

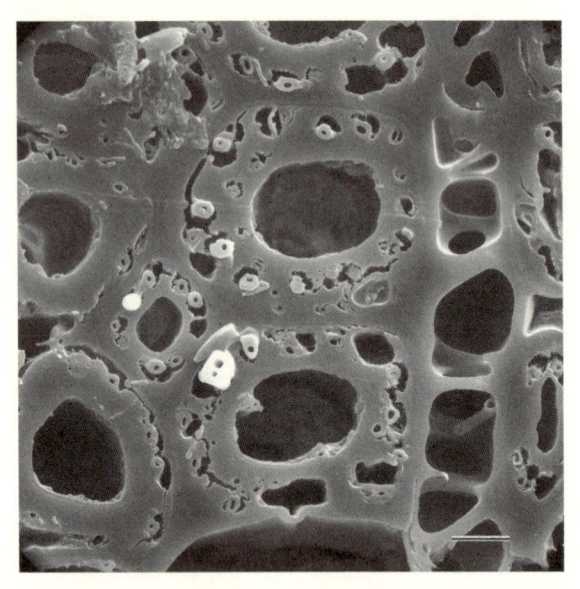

図 2.3. 軟腐朽の微細形態. 細胞壁の S2 層が顕著に分解されている様子が細胞の横断面に見られる（バーは 10 μm）. Robert A. Blanchette から許可を得て Eriksson et al. (1990) より転載.

分解するときに, はじめに軟腐朽を行うことが知られている（Schwarze et al., 2000a）.

　軟腐朽菌は, 白色腐朽菌や褐色腐朽菌の活性が抑制されるような, 水中や含水率が非常に高い条件において主要な分解者である. また, 土壌中に埋まった木材の腐朽も引き起こすが, 担子菌類が定着してくると排除されてしまう（Levy, 1987）.

2.4 細菌による木質の分解

　細菌は, 地球上に数十億年前から存在していると考えられている古い生物である. 原核生物（細胞核がない）であり, サイズがとても小さい. 通常, 細菌の細胞は真菌類の細胞よりも一桁小さいサイズである. 多くの細菌は単細胞だが, 放線菌綱（Actinobacteria）の中には糸状（鎖状）のタイプも存

在する．糸状のため，初期の研究者は放線菌を原始的な真菌類だと考えていたが，放線菌はれっきとした細菌であり，その証拠に細胞核を持たない．放線菌類（actinomycetes）という真菌類と似た用語が使われてきたが，最近は放線菌綱（Actinobacteria）が使われる（訳者註：日本語では依然として紛らわしい）．

　木質中には非常に多様な細菌が存在するため，分解の仕組みもさまざまである（Greaves, 1971）．ある細菌のグループは，傷ついた樹や枯死しかかっている樹の樹液を生産している細胞に住み着く．この細菌は樹木の細胞内容物を資化し，樹木の細胞間の水移動のための小孔の膜を破壊することにより容易に細胞間を移動する（Levy, 1975）．傷ついた樹の辺材深くから多数の細菌が検出されている．この現象は，"細菌による水食い材（bacterial wetwood）"として知られている（Sakamoto and Atsushi, 2002）．水食い材を引き起こす細菌は，辺材中の可溶性糖分を利用し，細胞壁の構造成分は手つかずで残す（Schmidt and Liese, 1994）．

　他のグループの細菌はセルロースとリグニンを分解する．エロージョン型細菌（erosion bacteria）は材の細胞壁に狭くて深い溝を作り（Eriksson et al., 1990, 1章），長期間分解が続けば材を顕著に分解すると考えられる．トンネル型細菌（tunnelling bacteria）は細胞壁に孔を開け，滲出物による特徴的な縞模様を残す（図2.4）．粘液物質を滲出させることで，恐らく細胞壁に定着するのを助けているのだろう．水分の豊富な条件下では，酵素が細胞壁成分に接触するために粘液物質が必須になるだろうと思われる（Eriksson et al., 1990）．

　さらに他のグループの細菌は，材穿孔性昆虫の消化管内に共生している．これについては2.5.2節で詳しく述べる．

　細菌は，白色腐朽菌や褐色腐朽菌に比べるとゆっくりとしか材を分解しないので，真菌類の活性が高い条件下では追い出されてしまい，優占することはない．しかし，いくつかの条件下では細菌が優占する．例えば，海では，細菌が木質の主要な分解者であることが多い．このことは，海底の堆積物中に埋まった材や水につかった材の考古学的研究により明らかになった（Kim and Singh, 2000）．考古学的な木質資料の分解者として，エロージョン型

2章　木質の分解

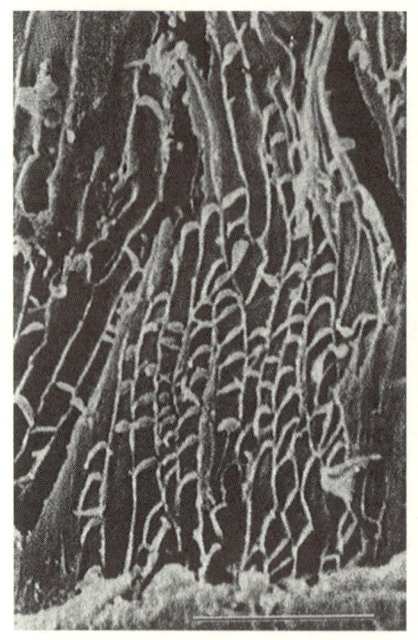

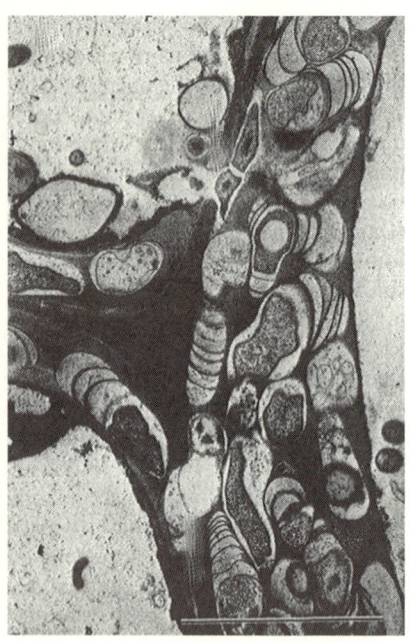

図 2.4. トンネル型の細菌による材分解の微細形態（バーは 5 μm）．Robert A. Blanchette の許可を得て Eriksson et al., (1990) より転載．

トンネル型の細菌が共に高頻度で検出されている．様々な湿った条件下からは，これらの細菌とともに軟腐朽菌も検出されている．エロージョン型の細菌が，酸素欠乏に最も強く，軟腐朽菌が最も弱いようだ（Kim and Singh, 2000）．細菌は淡水の生態系においても主要な材分解者であり，放線菌が川や湖において重要な分解者であることが報告されている（Crawford and Sutherland, 1979）．

2.5　動物による木質の分解

真菌や細菌に加え，多くの動物も木質の分解に関わる．この場合の"分解"には咀嚼による物理的な破壊と酵素による消化を両方含んでいる．

2.5.1 物理的な破壊

さまざまな無脊椎動物が木質に穿孔したり、シロアリのように齧りとったりすることで、木質の分解に関与している。砕片化が進むことにより、表面積が増加し、セルロースの結晶度が低下する。これらの変化はいずれもセルロースを分解しやすくする効果がある (Walker and Wilson, 1991)。また、無脊椎動物によって作られた孔は、木質内部の換気を良くする効果や、真菌類の菌糸束の定着を促進することにより、分解を早める効果がある。

2.5.2 酵素による消化

木質を分解する酵素系は細菌や真菌では一般的だが、動物にはあまり見られない。それにも関わらず、多くの無脊椎動物が木質を摂食・消化している。無脊椎動物が木質を消化できるメカニズムについては、Martin (1991) が以下のようにまとめている：

1. 消化管内に共生する原生動物や細菌が生産する酵素を利用する（Martinはこれらを二つの異なるメカニズムとして区別している）；
2. 材の中に残っている真菌類の酵素を利用する。これらの酵素は消化管内でも活性を保つ；
3. 昆虫自身が酵素系を持つ。

一つ目の、消化管内に他の生物を共生させる方法は、いくつかの系統で何度か独立に進化したことがわかっている。例としては、木材生息性ゴキブリ (Cryptocercidae) や下等シロアリ（シロアリの祖先に近い）のいくつかの属が挙げられる (Cleveland et al., 1934; Martin, 1991; Breznak and Brune, 1994)。これらの昆虫と原生動物の関係に関する研究は、Cleveland (1924) による古典的研究からはじまった。彼は、下等シロアリが木質を効率よく消化して、究極的には枯死木の中で生存するために、セルロース分解性の原生動物が必要であることを示した。共生微生物は鞭毛虫の数属が知られている。これらの鞭毛虫は下等シロアリと木材生息性ゴキブリからしか地球上で見つかっていないという変わった種類である (Honigberg, 1970)。下等シロアリや木材生息性ゴキブリは網翅目 (Dictyoptera) のなかでも原始的な部類に

属することから，原生動物との共生関係は比較的古いと考えられている．

　消化管内のもう一つの共生者は細菌である．消化管内細菌はさまざまな動物でセルロースの消化に関わっている．下等・高等シロアリ（Breznak and Brune, 1994）やワモンゴキブリ（*Periplaneta americana*）（Bignell, 1977; Cruden and Markovetz, 1979）がこうした共生関係を築いている．カブトムシの仲間のヨーロッパサイカブト（*Oryctes nasicornis*）の幼虫は，肥大した後腸のなかに細菌と材片が詰まった発酵層を持っている（Bayon, 1981）．この後腸のために，コガネムシ科（Scarabaeidae）の幼虫は特徴的なU字型の体型をしており，木材生息性のコガネムシ科昆虫はすべて細菌の助けによって木質を分解していると考えられている（Dajoz, 2000）．ガガンボ（ガガンボ科（Tipulidae））（Pochon, 1939; Griffiths and Cheshire, 1987）や木材穿孔性のユスリカ（ユスリカ科（Chironomidae））（Kaufman et al., 1986）の幼虫なども，セルロースの消化に細菌を使っている．海洋環境においても，セルロース消化細菌と共生している無脊椎動物がいる．木材穿孔性のフナクイムシ（二枚貝綱（Bivalvia）：フナクイムシ科（Teredinidae））は細菌との共生関係により木材を資化するのに必須な酵素を得ている（Waterbury et al., 1983; Sipe et al., 2000）．同様の共生関係は，深海に生息する木材穿孔性の二枚貝である *Xylophaga* 属（二枚貝綱：ニオガイ科（Pholadidae））にも見つかっている（Distel and Roberts, 1997）．

　酵母は，木質分解に関わっていると思われるもう一つの消化管内共生微生物である．甲虫のいくつかの科（シバンムシ科（Anobiidae），ナガシンクイムシ科（Bostrichidae），カミキリムシ科（Cerambycidae））の幼虫が，中腸の特別なポケットに酵母を保持している（Dajoz, 2000およびその論文中の引用文献）．共生酵母の役割についてはまだ議論が多く，木質の分解に何らかの役割を果たしているのか，あるいは宿主の昆虫に養分を提供しているのか，よくわかっていない．甲虫のクロツヤムシ科（Passalidae）では，ヘミセルロースの主な構成要素であるキシランを消化管内酵母が分解できることが報告されている（Suh et al., 2003）．木材生息性で菌食性の甲虫の消化管内には非常に多様な酵母が観察され，興味深い．Suh et al. (2005) はいくつかの科の甲虫の消化管内から650種以上もの酵母を検出し，そのうち約

200 種は新種だった.

二つ目の，真菌類の酵素を摂取して利用する方法は，昆虫における消化と酵素系の研究を行っている Michael Martin と同僚らによって発見された. まず彼らは，養菌性シロアリの *Macrotermes natalensis* の消化管内において真菌類の酵素の活性があることを見いだした (Martin and Martin, 1978). 次に，キバチの一種 (*Sirex cyaneus*) の幼虫の消化管内からも真菌類の酵素を発見し，これが木質の分解を可能にしていることを見いだした. さらに彼らは，キバチの幼虫は少なくとも 2 クラスのセルロース分解酵素を生産しておらず，コウヤクタケ型の真菌類の一種である *Amylostereum chailletii* の菌糸を含む材からこれらの酵素を得ていること見いだした (Kukor and Martin, 1983). 彼らはすでに，これらのキバチと真菌の間には密接な関係があり，キバチのメスは宿主となる樹の辺材に産卵する際に菌を接種することを知っていた (Morgan, 1968). 彼らはその後，研究を材穿孔性の甲虫類に広げ，クワガタムシ類の幼虫に菌由来の酵素があることも見いだしている (Kukor et al., 1988).

三つ目の，セルロースの消化に関わるすべての酵素を動物が生産している例は，いまだ決定的なものが見つかっていない. Martin (1991) の詳細な総説によれば，ゴキブリとシロアリのいくつかの種で共生者に依存しないセルロース分解の可能性が強く示唆されるにすぎない. シミ (シミ目 (Thysanura)) が自前の酵素でセルロース分解を行うことを示した Lasker and Giese (1956) の報告はよく引用されているが，Martin はこの研究の方法論に疑問を呈している. しかし一方で，シミのような原始的な昆虫におけるセルロース分解の仕組みを明らかにすることは，昆虫におけるセルロース分解の進化について理解する上で重要であり，Martin はこの重要な研究の追試を呼びかけている. 彼はまた，同様な理由で材穿孔性甲虫のセルロース分解の仕組みについてもさらなる研究が必要だと指摘している.

2.6 生態学的な観点

環境が異なると，木質を分解する生物の分解効率も大きく変わる. 陸上で

は真菌類，特に担子菌類が木質の主要な分解者だが，広葉樹種の樹冠などでは子嚢菌類も重要になるかもしれない（5章および9章を参照）．北方林の針葉樹材では褐色腐朽菌が主要な分解者だが，温帯や熱帯では白色腐朽菌がより重要になる．無脊椎動物では，甲虫類が北方林や冷温帯（熱帯でも）における重要な分解者である．暖温帯や熱帯では甲虫に変わってシロアリが木質を分解する無脊椎動物として主要な位置を占める．シロアリは乾燥熱帯においてより重要であり，樹冠の閉鎖した湿った森林では真菌類がより重要になる．

　水中では，酸素が不足するため白色腐朽菌や褐色腐朽菌は木質を分解できない．代わって，細菌や軟腐朽菌が主要な分解者となる．木質分解に関わる無脊椎動物も陸上とはまったく異なり，甲虫やシロアリに代わって，淡水環境では材穿孔性のユスリカ科の中の小さなグループや，海水環境では貝類や甲殻類が木質を資化する役割を果たしている．

3章
枯死木依存性の食物網

Jogeir N. Stokland

　生態学の教科書には食物連鎖（food chain）や食物網（food web）に関する内容がたいてい含まれている．その場合，光合成をする一次生産者（primary producer，最も低い栄養段階）を植食者が食べ，それを中程度の大きさの捕食者が食べ，それをさらに最上位捕食者（top predator，栄養段階3か4）が食べるという構図になっている．そして，各栄養段階にさまざまな生物が含まれることで，食物網の概念が描かれている．わかりやすい例として，海洋環境では光合成藻類から始まりアザラシやクジラで終わる食物網や，陸上ではチーターやライオンなどが強力な最上位捕食者となっているアフリカの草原の食物網などがある．

　多くの食物網の研究例では，植食者が2番目の栄養段階に位置している．一方，分解者群集については，細菌や真菌などの分解者（decomposer）と生物遺体を食べる腐植食者（detritivore）の二つのグループに分けて単純に考えがちである（Begon et al., 2006）．しかしこれは枯死木の分解に関わる生物群集の本質をまったく反映していない．枯死木には，一次生産者（樹木）の上にいくつもの栄養段階を含んだ複雑な食物網が見られる．また，捕食 − 被食関係や寄生，共生など，他の生物群集から見つかっているあらゆる種間相互作用も見ることができる．

　食物網の概念の魅力的な点は，真菌類（中でも担子菌が多い）や無脊椎動物（中でも昆虫が多い）というように分類群ごとの記述になりがちな木材生息性生物群集を，すべて含んだ切り口で眺められることである．この章では，枯死木に頼ってエネルギーや養分を得ているすべての生物の群集を考え，そ

3章　枯死木依存性の食物網

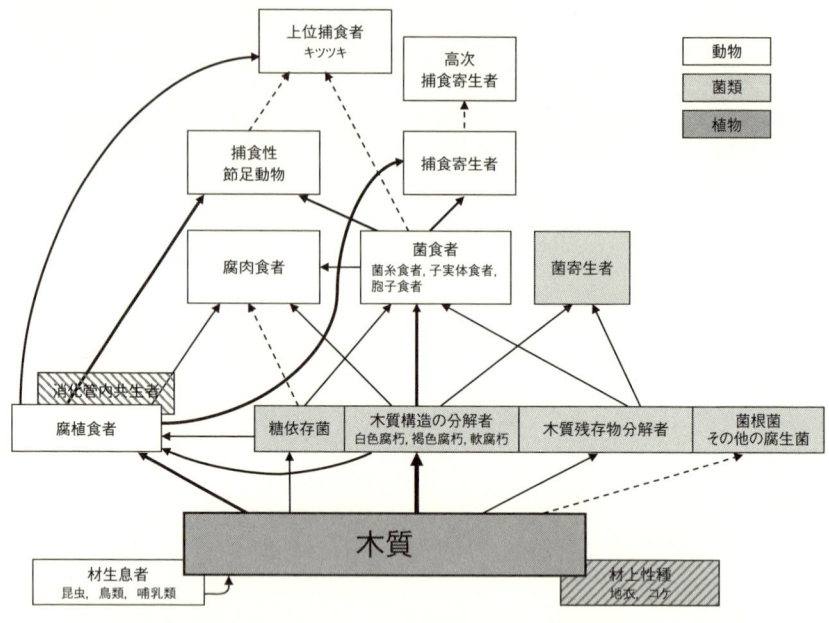

図3.1.　枯死木依存性の食物網．生物を栄養段階ごとに機能群に分けて記述してある．矢印は養分やエネルギーの主な流れを示し，その太さは流れの大きさを表している．

れを「枯死木依存性の食物網（saproxylic food web）」と呼ぶことにする（図3.1）．

　枯死木依存性の食物網の概念は，広義の枯死木依存性生物の概念に代わるものではなく，そのうちの大部分にあたる種に関してそれらの間の捕食－被食関係に注目する．枯死木には，表面に定着しているコケや地衣なども存在するし，枯死木を繁殖場所として利用して（食物は他の場所で得て）いるような，木質自体を栄養源としない形で依存している動物も多くいる．このような枯死木に栄養を依存しない枯死木依存性の種については，4章で扱う．

3.1　糖依存菌と木材腐朽菌

　真菌は最も重要な木質分解者であり，木質を他の生物が利用できる形に変

換するのにきわめて重要な役割を果たしている．真菌による材分解は，生きている樹木の傷や枯死枝からはじまる．その後，樹木が枯死すると，さまざまな真菌類が材に定着できるようになり，分解が加速度的に進む．木質は単純な化合物（樹液や生きた細胞内）と複雑な化合物（細胞壁）を両方含むので，真菌についても酵素系がまったく異なる二つのグループに分けてみていくことにする．

3.1.1 糖依存菌と変色菌

"糖依存菌（sugar fungus）"という用語は，植物遺体の分解過程のはじめの段階でセルロースより単純な炭水化物や糖を利用して生きている真菌のことである（Garrett, 1951）．これらの真菌は，セルロースやリグニンを分解する酵素を持たない点で木材腐朽菌とはまったく異なっている．代わりに，樹木が細胞を作るのに使っていた材料や細胞を維持するためのエネルギー源として使っていた糖を利用している．Garrettは土壌菌の生態について解説する中で糖依存菌の用語を使ったが，Hudson（1968）はこの用語を同じ意味で木質の初期分解者に用いた．この中には，内樹皮の樹液に溶けている易分解性の糖を利用するさまざまな真菌類が含まれている．これらの真菌類は，傷ついた樹木や枯死直後の樹木に定着し，Garrettの定義によく適合する．

さまざまな分類群の真菌が糖依存菌に含まれるが，多くは子嚢菌類である．酵母は，樹皮の傷や枯死直後の樹の樹液に普通に見られる（ただしより分解の進んだ材にも見られる）．"酵母"という用語は，二つの意味を含んでいてややこしい．一つは分類学的な意味で，真性酵母はサッカロミケス亜門（Saccharomycotina）に含まれる．二つ目の意味は，出芽細胞で増えるという形態学的な意味で，細胞が長く連なる"菌糸"に対応する用語として用いられる．枯死木依存性の子嚢菌類の多くや担子菌類の数種が，環境条件によってあるいは生活史のある段階で酵母を作ることが知られている．

糖依存菌のその他のグループとしては，変色菌（staining fungi, ophiostomatoid fungi）があり，これも傷ついた樹木や枯死直後の樹木に現れる．酵素を生産することにより，可溶糖・デンプン・脂質・タンパク質を資化できる（Mathiesen, 1950; Mathiesen-Käärik, 1960a, 1960b; Abraham et al.,

1998).変色菌は内樹皮に多く，内樹皮から生きた辺材の細胞へさまざまな同化産物を輸送している放射柔組織の細胞に沿って，材内部へと進入することもある．辺材では，根から樹冠へと養分を輸送するための細胞の小孔を貫通して広がる．酵素活性が幅広いので，生きた細胞の内容物も利用しているのではないかと考えられている．

　変色菌は，時に樹木にとって致命的な病害を引き起こす菌類としてよく知られている．有名なものとしては，オランダニレ病（Duch elm disease），青変病（blue-stain disease），潰瘍変色病（canker stain disease）などや（Butin, 1995），商業用木材の変色などの被害がある．しかし，病原性のものよりも変色させるだけの種の方が多く（Gibbs, 1993），ポプラ類の樹木の新鮮な傷や（Hinds, 1972; Hinds and Davidson, 1972），樹皮下キクイムシの坑道（Kirisits, 2004），さらにさまざまな針葉樹や広葉樹の枯死直後の辺材に見られる（Seifert, 1993; Butin, 1995）．トリコミケス綱（Trichomycetes）の菌類も糖依存菌に含まれ，樹皮下キクイムシの坑道からよく見つかる（Kirschner, 2001）．

　ある種の真菌は，生きている樹木や枯死直後の樹木に穿孔する養菌性キクイムシ類（ambrosia beetle）と共生関係を築いている（Malloch and Blackwell, 1993; Farrell et al., 2001）．共生菌（アンブロシア菌）は上述の変色菌と非常に近縁な種が多い．これらの菌類の菌糸はキクイムシの坑道の内壁に菌糸の絨毯を作り，キクイムシの幼虫はこの菌糸を食べて育つ．変色菌と同様，共生菌は樹木の細胞壁の構造成分を分解できない．そのため共生菌は利用可能な糖をすぐに使い果たしてしまい，養菌性キクイムシも次の世代には共生菌を新しい資源に運んでいかなくてはならない．

3.1.2　木質構造の分解者

　木質構造の分解者は，未分解の細胞壁成分（セルロース・ヘミセルロース・リグニン）を酵素により分解することのできる生物である．2章では，木材腐朽菌の酵素について解説し，褐色腐朽・白色腐朽・軟腐朽などの違いを見てきた．これらの真菌は，エロージョン型やトンネル型の細菌（2章参照）とともにこの機能群を構成しており，多くの種を含んでいる．木質構造の分解者はあらゆる種類の木質を分解できるが，種によって樹種やサイズ，分解

段階，さらには根から枝にいたる樹木個体内部での位置や，樹皮から心材にいたる表面からの位置などに対する選好性がある（5～9章参照）．

　木質構造の分解者は担子菌類に多い．世界中の森林でよく知られている重要な分解者は，多孔菌類（最新の分類によればタマチョレイタケ目に含まれる）であろう．タバコウロコタケ目（キコブタケ属（*Phellinus*），カワウソタケ属（*Inonotus*），シハイタケ属など）やハラタケ目（ナラタケ属（*Armillaria*），ヒラタケ属，スギタケ属（*Pholiota*）など），アカキクラゲ目（アカキクラゲ属（*Dacrymyces*），ニカワホウキタケ属（*Calocera*））にも多くの木材腐朽菌がいる．子嚢菌のクロサイワイタケ目（チャコブタケ属（*Daldinia*），クロコブタケ属（*Hypoxylon*），クロサイワイタケ属（*Xylaria*））にも木質構造を分解する種がいる（Worrall et al., 1997; Pointing et al., 2003）．

　木質構造を分解する種は，2通りの方法で他の枯死木依存性種に養分を提供している．一つは，細胞壁成分をより小さい分子量の物質に分解することで，下記に述べる他の材分解者に門戸を開いている．もう一つは，真菌自体が多様な無脊椎動物の主要な食物資源になっている．典型的な真菌の生活史では，胞子が木質に定着すると，菌糸が伸びて菌糸体が発達する．この菌糸体が木質中に広がって効率的に分解を行う．しばらくして，種によって数週間から数年の後，枯死木の表面に子実体を形成する．子実体からは無数の微小な胞子が新しい資源へと放出される．菌糸体が蔓延した材，純粋な菌糸体，子実体，胞子は，さまざまな菌食性昆虫の食物となる．同様に，菌寄生菌（他の真菌に寄生する真菌）も木材腐朽菌の組織から養分を得ている．

3.1.3　木質残存物分解者

　木質残存物分解者とは，白色腐朽菌，褐色腐朽菌，軟腐朽菌の活動の結果生産された分解産物を資化する真菌のことである．これらの真菌は，二次的糖依存菌（secondary sugar fungi）とも呼ばれる（Hudson, 1968）が，樹液や枯死直後の辺材の細胞に含まれる糖分子を利用するわけではない．分解過程の中期や後期の材において，分解しかかった細胞壁成分を利用して生活している．木質構造の分解者と異なり，これらの真菌はこれまで生化学的な観点からほとんど研究されてこなかったため，このような栄養摂取を行ってい

る真菌がいることは間接的な証拠からしかわかっていない。しかし，情報は少ないがこういった真菌は分解の進んだ材に無数にいると考えられる。これらの真菌は褐色腐朽菌や白色腐朽菌といった区分にすっきりと分けることはできず，木質残存物分解者としておくのがよいと思われる。

　木質残存物分解者に関する情報は，菌学の文献の中に散見されるが，上記のような栄養摂取形態をとっているかどうかわからないことが多い。Rayner and Boddy（1988）の121ページには"非分解菌（Non-decay fungi）"という見出しではじまる興味深い節があり，木材腐朽菌の菌糸体同士の境界部に生息する真菌のリストを掲載している。その真菌とは，*Leptodontidium*, *Ramichloridium*, *Rhinocladiella*, *Endophyragmitella*, *Chaetosphaeria myriocarpa* などの種である。本では，これらの種は木材腐朽菌の代謝産物を利用できるのだろうと書かれている（すなわち木質残存物分解者だといえる）。また，初期種－後期種の関係にある真菌の後期種の方は，木質残存物分解者である可能性が高い（Niemelä et al., 1995）。Niemeläとその同僚たちは，初期種は木質を分解して後期種が好む資源に改変すると考えた。またHolmer et al.（1997）は，初期種が資源を"ゆるくする"ことで後期種が残り物から養分を得られると述べている。

　さらに，腐朽の進んだ枯死木に発生する子嚢菌，ハラタケ類，酵母も木質残存物分解者の可能性がある。また，腐朽の進んだ切り株や倒木に普通に見られる菌根菌も，腐朽木の残存物を分解できる酵素を持っている。菌根性の種は腐生性の祖先種から何度も進化したと考えられているので（Hibbett et al., 2000），有機物分解に必要な酵素を保持しているのだろう（Koide et al., 2008）。木質細胞壁の分解に必要なラッカーゼとペルオキシダーゼがともに菌根性の種から見つかっている（Chambers et al., 1999; Burke and Cairney, 2002）。Chambersと同僚たちは（Chambers et al., 1999），よく腐朽した枯死木から普通に見つかる菌根菌である *Tylospora fibrillosa* がペルオキシダーゼをコードする遺伝子を持っており，実際に酵素活性を保持していることを明らかにした。他の菌根菌でも，リグニンペルオキシダーゼを持っていることが報告されている（Chen et al., 2001）が，これは後に間違いであることが示された（Cairney et al., 2003）。木材腐朽菌と菌根菌の直接的な関係につい

てはこの章の後半で述べる．

　水生不完全菌22種の材分解力の研究（Shearer, 1992）からも，木質残存物分解者の存在が示唆されている．この研究によると，あるグループの種は顕著な重量減少を引き起こして軟腐朽の特徴的な空隙を形成し，軟腐朽菌と考えられたのに対し，他のグループの種はほとんど重量減少を引き起こさず，軟腐朽様の空隙も形成しなかった．Shearerは，後者の種は可溶性の炭素源や他の真菌の酵素活性による生産物を利用していると考えている．

　ここで述べた真菌の養分利用性についてはまだよくわかっておらず，酵素系の生化学的な研究が必要である．これらの真菌は，木質のさまざまな成分を利用するためのさまざまな酵素を持っているかもしれない．また，未分解の材から他の分解者による分解を受けた材までさまざまな分解段階の材に対するこれらの菌の分解力を調べることも必要である．これらの実験により，木質残存物分解者の性質がわかってくるだろう．

3.2 腐植食者

　腐植食者（detritivoreあるいはsaprophage）という用語は，分解途中の植物遺体やそれを分解している真菌や細菌を摂食する動物に対して用いられる（Begon et al., 2006）．多くの甲虫（鞘翅目）やハエ・ユスリカ（双翅目），シロアリ（等翅目），ダニ（ダニ目）がこれに含まれる．

　最も目立つ腐植食者は，固い樹皮や材に坑道を掘る穿孔虫である（図3.2）．この中には，生きた樹木を攻撃するために腐植食者とは呼ぶのが適当でないような穿孔性昆虫もいる．しかし，例えばトウヒ類に枯死をもたらす樹皮下キクイムシであるタイリクヤツバキクイムシ（*Ips typographs*）はトウヒの樹皮の細胞を枯死させて樹脂による防御を無効化させることにより幼虫が健全に成長することができる．このように，生きた樹木を攻撃する材穿孔性昆虫もまた初期分解者だといえる．

　水を含んで柔らかい材を摂食する腐植食者の多くが特徴的な食痕を残すが，そうでないものもいる．

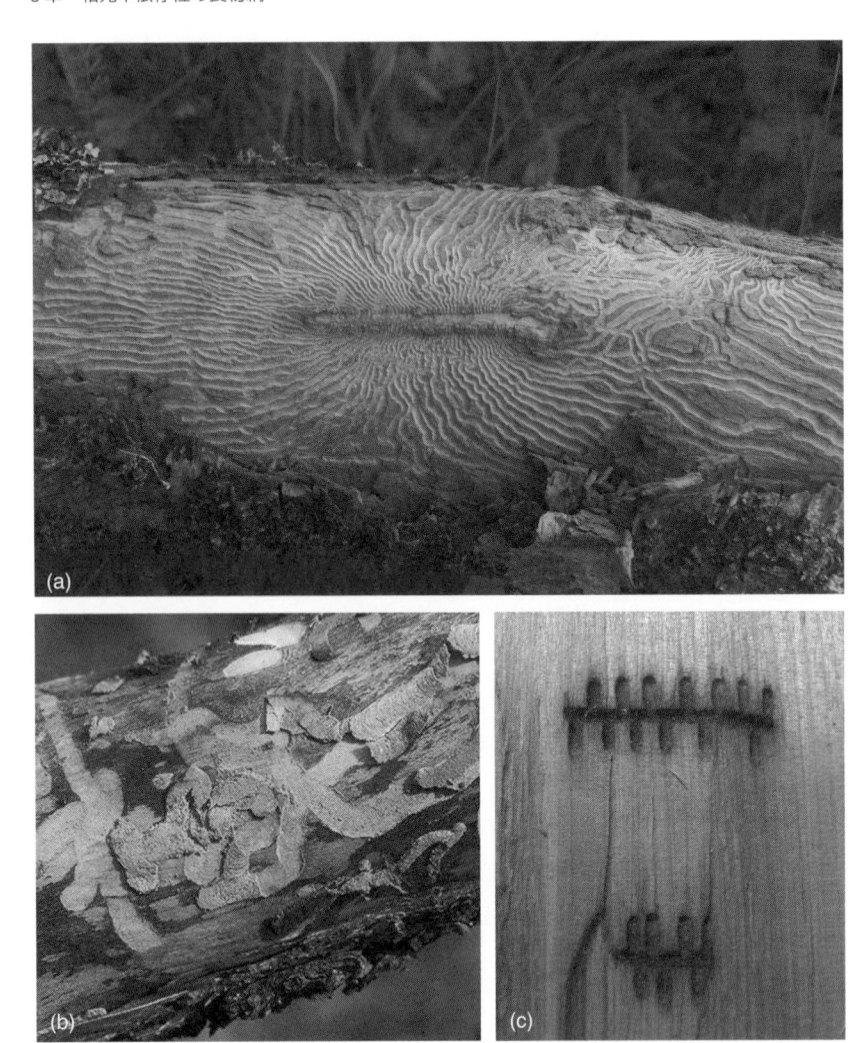

図 3.2. 幼虫の坑道. (a) 樹皮下キクイムシのラッツェブルグキクイムシ (*Scolytus ratzeburgi*) の幼虫が内樹皮に残した坑道. 幼虫の成長につれて坑道の幅が広くなっていることに注目 (写真 Dan Damberg); (b) タマムシの一種 *Anthaxia zuzannae* の幼虫が内樹皮と材の間に残した坑道 (写真 Nikola Rahmé); (c) 養菌性キクイムシの一種 (*Trypodendron domesticum*) の幼虫が材の中に残した坑道 (写真 Jiří Novák). 個々の幼虫の坑道が短く伸びている. 幼虫は材ではなく共生菌を食べている.

3.2.1　木質の栄養価

　腐植食者の食物をさらに詳しく見ていくと，栄養的に非常に異なるものの集まりであることがわかる．Abe and Higashi (1991) は，"Cellulose centered perspective on terrestrial community structure（陸上生物の群集構造をセルロースを中心に据えて考える）" という論文の中で，植物体は二つの大きなカテゴリーに分けられるという示唆にとんだ指摘をしている：細胞質（すなわち細胞の内容物の大部分）と細胞壁である．細胞質はタンパク質，脂質，デンプンに富んでいる．そのため，栄養的にバランスのとれた消化しやすく非常に質の高い食物資源となる．細胞壁はタンパク質や脂質はほとんど含んでいないが，セルロース，ヘミセルロース，リグニンを豊富に含んでいる．これらの細胞壁成分は樹木の乾燥重量のおよそ 90% をも占めている（Swift et al., 1979）．しかし，この豊富な食物資源には一つ大きな問題がある．消化するには非常に多くの酵素が必要だということである．

　組織の部位（内樹皮，形成層，材），生きた細胞あるいは死んだばかりの細胞の割合，真菌による腐朽の程度などはすべて，栄養源としての木質の価値に影響してくる．内樹皮は生きた細胞からできており，樹冠から光合成産物を輸送しているため糖分が豊富である．材に穿孔する生物の多くはほとんど選択的にこの形成層，すなわち形成層細胞と隣の内樹皮および辺材の細胞を摂食する．形成層の細胞は内樹皮の細胞と似ているが，よりタンパク質濃度が高い．さらにこれらの細胞は発達途中なので，リグニン化した二次細胞壁がまだできていない（樹木細胞におけるリグニン化の詳細については 2 章参照）．辺材は発達した細胞からなり，生きた細胞と死んだ細胞が混ざっている．辺材では土壌から樹冠へと光合成に必要な養分を含んだ水が輸送される．心材はすべて死んだ細胞からできている．さらに，毒性分が充満している（5 章参照）ため，多くの真菌の活性が阻害される．

3.2.2　樹液食者

　傷ついた樹木からは樹液がしみ出し，すぐに多くの昆虫が集まってくる．成虫たちの多くは，糖分の豊富な嗜好品として樹液を利用しているにすぎない．しかし，中には樹液と親密な関係を結び，樹液の中で幼虫が育つ種類も

いる．これら樹液のスペシャリストの幼虫はこのエネルギー豊富な糖と細菌と酵母の混合液を吸引したり漉しとったりして摂食する．特に，双翅目や鞘翅目に樹液スペシャリストが多い（7章参照）．例えば，ショウジョウバエの一種 *Aulacigaster leucopeza* や *Brachyopa* 属のハナアブ，そしてケシキスイ科（Nitidulidae）の多くの甲虫たちである．

　枯死直後の樹木では，内樹皮の分解が始まると樹液様物質が発生し，湿って油っぽい感じになる．通常，この状態は枯死直後から始まり枯死後1～2年後まで続く．このような樹液様の内樹皮が形成されるかどうかは樹種により異なり，特にアスペンなどヤマナラシ属（*Populus*）はこの分解段階で多くの昆虫を呼び寄せる．樹液様の内樹皮を好む種としては，アスペンを訪問するハナアブの一種 *Hammerschmidtia ferruginea* やクロツヤバエ科（Lonchaeidae）の *Lonchaea* 属のハエ，そして多くのショウジョウバエ属昆虫（*Drosophila*）がいる．クロツヤバエ科では，資源の粘度の違いに応じた細かな適応を反映して，吸汁型の種から削りとり型の種まできれいな移り変わりが見られた（図 3.3）．

3.2.3　内樹皮の消費者

　幼虫がほとんど特異的に内樹皮を摂食する種もいる．こういった種は"師部（phloem）"という語から師部食者（phloeophagous）と呼ばれることもある．多くの樹皮下キクイムシ（キクイムシ亜科（Scolytinae））はこのカテゴリーに含まれる．カミキリムシ科の多くも内樹皮を選択的に摂食する．これらの昆虫は樹木が枯死した直後，内樹皮に樹液がまだあり，細胞内に養分豊富な細胞質が残っている期間に材に定着する．内樹皮を摂食する種の多くが形成層も摂食する．タマムシ科（Buprestidae）昆虫や樹皮下キクイムシにも枯死直後の樹木の形成層を専食する種がいる（Ehnström and Axelsson, 2002）．これら形成層を摂食する種は，内樹皮を摂食する種と似た食性といえるが，より選択的に最も栄養価の高い部分を摂食している．

　内樹皮には真菌もすぐに定着し分解するため，菌糸も昆虫の重要な栄養源になっている可能性がある．樹皮下キクイムシの成虫は，生まれ育った樹木からさまざまな真菌の胞子や細菌を体表につけて運ぶので，成虫が交尾や産

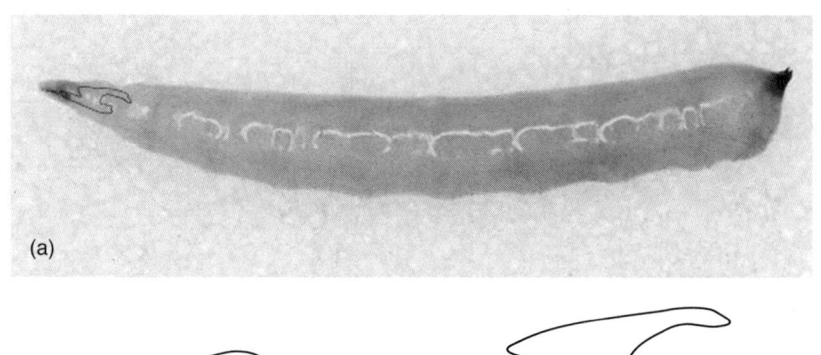

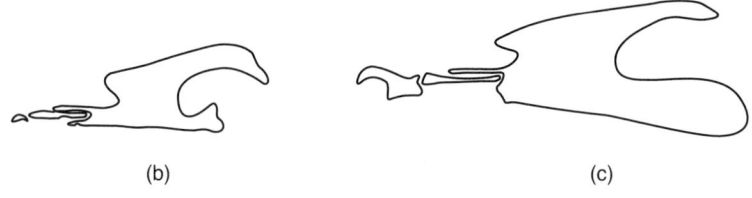

図 3.3. クロツヤバエ科 Lonchaea 属の幼虫の頭部骨格：(a) 幼虫の全体図と頭部骨格の位置（写真 Graham Rotheray）；(b) 内樹皮の分解によって生じた半液体状の物質を吸汁して摂食する Lonchaea fraxina の頭部骨格；(c) 材の表面を削りとって摂食する Lonchaea caucasica の頭部骨格．線画は MacGowan and Rotheray (2008) より．

卵のために新しい樹木に穿孔するとすぐに胞子が発芽し生長を始める．卵が孵化すると，周囲はすでに真菌が樹皮を分解し始めている状況にある．真菌が定着している内樹皮は，無菌の内樹皮に比べ栄養価が高く，変色菌を坑道に植え付ける樹皮下キクイムシ（例えばマツノムツバキクイムシ（*Ips acuminatus*）や同属の *I. sexdentatus*）の坑道は，菌を植え付けないキクイムシの坑道に比べ顕著に短い．このような樹皮下キクイムシは，菌のみを栄養源としている養菌性キクイムシのような状態への進化の中間的な特徴を持つといえる．養菌性キクイムシの共生菌は材を変色させ，3.1.1 節で解説した変色菌に含まれる．

内樹皮が乾燥して材からはがれ始めると，また異なるグループの腐植食者がやってくる．これらの種は，発達した口器を持ち，固くなった内樹皮をはがしたり咀嚼したりするのに十分な力がある．例としては，キカワムシ科の *Pytho* 属，アカハネムシ科の *Morpholycus* 属（図 3.4）や *Pyrochroa* 属などが挙

げられる.

3.2.4 木質の消費者

　辺材や心材に穿孔する種は,また異なる腐植食者のグループを形成している."xylem"(木部の意)から木部食者(xylophagous)と呼ばれることもある.典型的な例は,シバンムシ(シバンムシ科),クワガタムシ(クワガタムシ科(Lucanidae))やコガネムシ科の一部の種などである.カミキリムシ科やタマムシ科にも,前述の内樹皮食の種とは異なる種でこのグループに属する種がある.亜熱帯や熱帯では,甲虫に代わってシロアリが材食者として重要な位置を占めている.その他,膜翅目(キバチ),鱗翅目(Lepidoptera；スカシバガ科(Sesiidae)やボクトウガ科(Cossidae)),双翅目(ガガンボ科,ハナアブ科(Syrphidae),ユスリカ科の数種)にも材食性の種がいる.海棲貝類にさえフナクイムシ(フナクイムシ科)のような材穿孔性の種がいる.

　木質の消費者は,内樹皮の消費者と異なる組織を摂食するというだけでなく,セルロースやリグニンを大量に消化している点でも異なっている.すなわち,木質の消費者はセルロースやリグニンを消化するために酵素をうまく扱う必要があり,2章で紹介した真菌や消化管内共生生物とさまざまな関係を構築している.

　樹皮食の種と材食の種の境界は恣意的になりがちである.孵化したばかりの時は内樹皮や形成層から食べ始めて,大きく強くなるにしたがい辺材に食い進む種も多い.さらに,同種内でも消化能力には差がある.Kukor and Martin(1986)は,アスペンの生木の内樹皮や辺材を摂食するカミキリムシ(*Saperda calcarata*)の餌に真菌由来のセルロース分解酵素を添加したところ,カミキリムシ自体はセルロースを消化できないにもかかわらず,セルロース分解酵素を餌に添加することでセルロースを消化できるようになった.摂食により取り込んだ真菌の酵素によってセルロースを消化する能力を獲得する方法はカミキリムシやキバチの数種で見つかっており(Martin, 1991),材穿孔性の腐植食者に広く採用されていると思われる.

　材穿孔性の種は一般的に腸内共生生物や真菌由来の酵素により細胞壁を消化しているが,鱗翅目ボクトウガ科の *Cossus* 属は細胞内容物を消化してい

る（3.2.1 節参照）．このことは，Chararas and Koutroumpas（1977）により確かめられている．彼らはこのガの幼虫の消化管内容物の酵素を調べたところ，タマムシやカミキリムシのような材穿孔性の甲虫の消化管内酵素とはまったく異なり，低分子の糖やペプチド，ペクチンなどを分解する酵素しかなかった．*Cossus* 属の幼虫や，恐らくスカシバガ科の幼虫は，植食性の鱗翅目のイモムシが生きた樹木の葉を摂食しているように材を摂食しているのだろう．細胞内容物は消化されるが細胞壁は消化されずに腸内を通過する．このことは，*Cossus* 属の幼虫を枯死木や死につつある樹から見つけることができない事実をよく説明している —— もはや細胞内容物が残っていないからだ．

3.2.5 真菌が定着した材の消費者

　材穿孔性の種の中には，他の腐植食者よりも菌食者に食性が近い種がいる．Schedl（1958）は，材に穿孔して幼虫のための食物として真菌を栽培する養菌性キクイムシを"材菌食者（xylomycetophagous）"と呼んだ．文字通りに受け取ると，"材と菌を食べる"という意味になるが，養菌性キクイムシは純粋に真菌のみを栄養源としているので，この用語は誤解を生むと指摘している研究者もいる．養菌性キクイムシは材に穿孔すると，木屑をすべて坑道から外へ排出し，菌の培養のために好適な環境を作り上げる．

　一方，まさに材菌食者という語の通りに木質と菌糸の混合物を食べている種もいる．例えばキバチ科（Siricidae）は，共生菌（ウロコタケ属（*Stereum*）や *Amylostereum* 属）の酵素を利用しており，メスは産卵時に共生菌も卵と一緒に材に接種する（2 章参照）．樹木が枯死してから数年後に幹に進入してくる材穿孔性昆虫の場合，材はすでに真菌の菌糸が蔓延した状態である．これらの種にとっては，菌糸は恐らく重要な栄養源になっていると考えられ，むしろ菌糸を主体として摂食している可能性もある．このことは，多くの材穿孔性昆虫が真菌による材の先行分解を必要とし，褐色腐朽材や白色腐朽材を利用することからも支持される．コメツキダマシ科（Eucnemidae），コクヌスト科（Trogossitidae），ナガクチキムシ科（Melandryidae）はこのような昆虫である．この中には，特定の真菌と特に親密な関係を持っている種もいる．例えば，コクヌスト科の *Peltis grossa* には多孔菌類のツガサルノコシカ

ケによる腐朽材が必要である．これらの昆虫の間には，外見上分解されていないように見える材を利用する種から，分解の進んだ材や菌糸を利用する種まで食性の違いが見られ，それは幼虫の口器の形態に反映されている（図3.4）．

3.3 菌食者

このグループは真菌の組織を専門に摂食する．真菌は主要な材分解者なので，これを専門に摂食する種が多くても不思議はない．木材腐朽菌（特に担子菌）のどの部分（菌糸，あるいは子実体や胞子）を摂食するかでさらにグループ分けできる．また，カビやアンブロシア菌など担子菌でない真菌を摂食する種もいる．

3.3.1 子実体食者

典型的な菌食者は幼虫が真菌の子実体の中で育つ．多様な分類群の真菌の子実体は，さまざまな固さ，寿命，化学組成の多様な食物資源である．さらに子実体は，初期の未熟な状態から胞子を大量に生産する段階，最後の分解・崩壊段階と発達段階に応じて質も変化する．胞子を生産している子実層や生きた子実体を摂食する種もいるが，多くは死んだ子実体を摂食する．多年生の子実体を利用する種は，一つの子実体の中で数世代が過ごすため，例えばゴミムシダマシ科の *Bolitophagus reticulatus*（図 3.5a）のように幼虫と成虫が子実体内で共存する．子実体との関係については7章で詳しく紹介するが，ここでは子実体食が多くの昆虫の分類群に見られるということをざっと紹介したい．鞘翅目のツツキノコムシ科（Ciidae）やオオキノコムシ科（Erotylidae）ではほとんどの種が幼虫も成虫も子実体を摂食しており，他の科にも子実体を摂食する種がいる（7章参照）．双翅目ではキノコバエ科（Mycetophilidae），ヒラタアシバエ科（Platypezidae）（図 3.5b），ヒメイエバエ科（Fanniidae），ノミバエ科（Phoridae）に子実体食の種が多くいる（Yakovlev, 1994）．鱗翅目でもヒロズコガ科（Tineidae）の多くの種が木材腐朽菌の子実体上で発育する（Rawlins, 1984）．

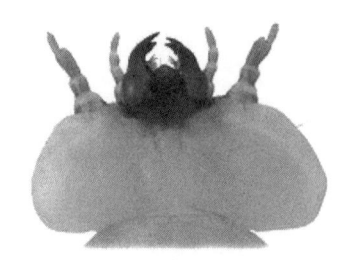

Prostomis americanus (Prostomidae)

Elaus sp. (Elateridae)

Morpholycus apicalis (Pyrochroidae)

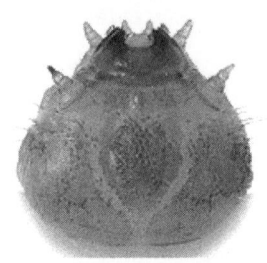

Triplax russica (Erotylidae)

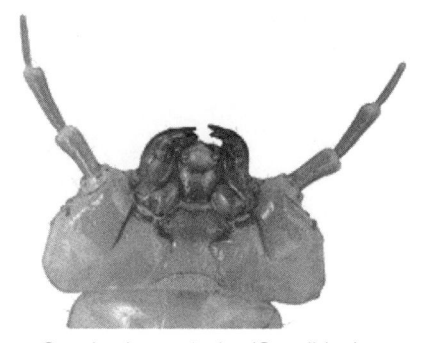

Cucujus haematodes (Cucujidae)

Hylochares sp. (Eucnemidae)

図 3.4. 食性の異なる甲虫の幼虫の頭部．左側の 3 種はそれぞれ異なる科の幼虫だが，内樹皮や腐朽材を共通の餌としており大顎の形態に収斂が見られる．*Cucujus* 属（訳者註：日本のベニヒラタムシと同属）では，腐植食の種や肉食の種がいる．右側の種は，上から：捕食者（*Alaus* sp.）（訳者註：日本のウバタマコメツキと同属）．長く突き出た大顎が特徴；菌食者（*Triplax russica*）（訳者註：日本のホソチビオオキノコと同属）．柔らかい菌組織を摂食しており，大顎は小さい；腐植食者（*Hylochares* sp.）（訳者註：日本のオニコメツキダマシと同属）．菌糸の蔓延した柔らかい材を摂食している．恐らく頭を左右に動かして餌をかきとっていると思われる（写真 Artjom Zaitzev）．

3章 枯死木依存性の食物網

図3.5. 食性の異なるさまざまな生物：(a) 菌食性甲虫の *Bolitophagus reticulatus*. 幼虫も成虫もともにツリガネタケ（*Fomes fomentarius*）を摂食する（写真 Frank Köhler）；(b) 菌食性の双翅目昆虫キイロホソヒラタアシバエ（*Agathomyia wankowiczii*）の寄生により *Ganoderma lipsiense*（訳者註：コフキサルノコシカケ（*G. applanatum*）の同種異名）の子実体に形成された虫えい（写真 Laurens Linde）；(c) 捕食性のアリモドキカッコウムシの一種（*Thanasimus formicarius*）は幼虫も成虫もともに樹皮下キクイムシを捕食する（写真 Beat Fecker）；(d) 寄生バチ（*Xorides stigmapterus*）のメスが枯死木中の他種幼虫に産卵している（写真 Loren and Babs Padelford）；(e) 捕食性の真菌 *Arthrobotrys anchonia* に捕獲された線虫（写真 George Barron）；(f) キクラゲの一種（*Tremella aurantia*, 左下）はコウヤクタケ型の真菌キウロコタケ（*Stereum hirsutum*, 上）に寄生する（写真 Fred Stevens）．

3.2.2 胞子食者

　真菌の胞子を専門に摂食する昆虫もいる．鞘翅目ムクゲキノコムシ科（Ptiliidae）の Nanosellinae 亜科の種は体が小さく細いため多孔菌類の子実体の下面にある胞子を生産する管孔に入ることができる．また，鞘翅目ハネカクシ科（Staphylinidae）の *Gyrophaena* 属や *Agaricochara* 属に胞子を専門に摂食する種がいる（Ashe, 1984）．これらの種は口器の形態が変化してブラシ状になっており，胞子を集めるのに適している．ニュージーランドの鞘翅目昆虫 *Holopsis* 属（ミジンムシ科（Corylophidae））ではまた異なるタイプの適応が見られる．この属では幼虫が突き出た長い鼻の先に胞子をこすりとるための 1 対の口器を持っており，これをマンネンタケ属（*Ganoderma*）の多孔菌類の管孔に差し込んで胞子を摂食する（Lawrence, 1989）．双翅目ではさらに驚くべき胞子食への適応を見ることができる．ツノキノコバエ科（Keroplatidae）には，サルノコシカケ型の子実体の下面に網を張り巡らし，胞子をトラップして摂食している種がいる．この網には小型節足動物もトラップされるので，ツノキノコバエ科は捕食性の可能性も議論されている．どうやら捕食性と菌食性の二つの食性が進化しているようだ：捕食性の種は網に酸性の液を付着させるが，*Cerotelion* 属や *Keroplatus* 属のような菌食性の種の網は酸性ではなく，代わりに吸湿性になっており，子実体の下で胞子を集めやすくなっている（Evenhuis, 2006）．

3.3.3 菌糸食者

　はがれやすくなった樹皮（6 章参照）や腐朽の進んだ材の割れ目など，菌糸が露出した場所では多くの生物が菌糸を摂食している．その多くは，菌糸組織全体を消化する鞘翅目や双翅目昆虫の幼虫だが，細胞内容物を吸汁する半翅目やアザミウマ目もいる．

　菌糸食者の珍しい例としては，養菌性シロアリがいる．このシロアリは，木質（やや腐朽したものが多い）をむしり取ってきて地下の巣に運び込み，これらの木質やその他の植物遺体を使って特定の種類の真菌，オオシロアリタケ（*Termitomyces* 属）を栽培する．この真菌は，シロアリの主食となる菌糸のかたまりを生産する（Mueller et al., 2005）．

3.3.4 養菌性甲虫

最も進化した菌食者の一つが養菌性キクイムシだろう．この仲間は材に坑道を掘り，そこで変色菌に近縁な真菌を栽培し（3.1.1. 参照，Farrell et al., 2001），坑道の壁を覆う菌糸マットのみを唯一の食物としている．多くの養菌性キクイムシはナガキクイムシ科（Platypodidae）に含まれるが，一部の樹皮下キクイムシ（例えばザイノキクイムシ属 *Xyleborus*）やツマグロツツシンクイ（*Hylecoetus dermestoides*）（ツツシンクイ科（Lymexylidae））も養菌性甲虫である．

3.4 腐肉食者

腐肉食者（scavenger，死肉食（necrophagous）ともいう）とは，動物の遺体を食べる動物のことである．哺乳動物では動物の死体を食べるハイエナが有名だが，枯死木の中の小さな世界でも，樹皮下キクイムシや他の穿孔虫の坑道，はがれやすくなった樹皮の下，樹洞の中などに同様の食性の生物を見ることができる．

ただし種数はあまり多くはなく，カツオブシムシ科（Dermestidae），ヒョウホンムシ科（Ptinidae），ミズアブ科（Stratiomyidae）（例えば *Zabrachia* 属，*Pachygaster* 属，*Neopachygaster* 属など，Kriovosheina, 2006 参照）で見られる．

3.5 捕食者

捕食者（predator）は動物を殺してそれを食べる生物のことである（図3.5c）．枯死木の中では甲虫やハエの仲間に多いが，脊椎動物や，真菌にさえ捕食者がいる．腐植食や菌食の昆虫の幼虫や蛹が捕食者の主な食物である．これは，枯死木依存性昆虫の生活史の中で幼虫の期間が最も長いことを考えれば当然である．さらに幼虫はあまり動かないので殺しやすい．捕食者からすれば，狭い範囲内に豊富に生息している幼虫を狩るのが，効率が良い．そのため多くの捕食者が，枯死直後の材に特に多くいる樹皮下キクイムシの幼虫を狩るのに特化している．腐朽の進んだ材では，コメツキムシ科

（Elateridae）など異なる捕食者を見ることができる．

3.5.1 典型的な捕食者

捕食者は，素早い動きや長く曲がった大顎（図 3.4）など狩りに適した適応を遂げている．ホソカタムシ科（Colydiidae）のように他の昆虫を坑道の中で狩る種は筒型の体型をしている．さらなる適応は，ムシヒキアブ科（Asilidae）で見られる．この科の幼虫は，体の周りにしっかりとしたコブを持っており，これにより体の直径が自由に変えられるため，さまざまな直径の坑道を効率よく移動することができる（Krivosheina, 2006）．樹皮下には腐植食昆虫の幼虫が多くおり，ここにはエンマムシ科（Histeridae）など扁平な体型をした異なるタイプの捕食者がいる．捕食者の数は，種数・個体数両方の意味で，これら坑道や樹皮下で最も多いだろう．ただし，生きた樹木の傷，真菌の子実体，さまざまな分解段階の材内部（樹洞の中の腐植なども含む）にも捕食者はいる．

捕食者は，甲虫（カッコウムシ科（Cleridae），ネスイムシ科（Rhizophagidae），コメツキムシ科，エンマムシ科）やハエ（ムシヒキアブ科，キアブ科（Xylophagidae），イエバエ科（Muscidae），アシナガバエ科（Dolichopodidae））の仲間に多い．また，ラクダムシ目にも樹皮下での捕食者が多い（Aspöck, 2002）．これらの種では幼虫はすべて捕食者であり，そのほとんどで成虫もまた捕食者である．

キツツキが捕食者だとはあまり考えないかもしれないが，キツツキは世界中の森林で枯死木依存性生物の最上位捕食者である．強力なくちばしで樹皮をはがしたり材片をつつきだしたりでき，非常に長く粘着性の舌で昆虫の幼虫を坑道から引っ張りだすことができる．南米にはアリクイが何種かおり，これが最上位捕食者となっている．アリクイはアリの巣やシロアリの塚，腐朽木などを破壊して昆虫の幼虫を摂食する．

3.5.2 日和見的な捕食者

捕食者として報告されている種の少なくとも一部，あるいはその多くは，木質を摂食して腐植食者としても生きられる．クロツヤバエ科のハエが良い

例である．*Lonchaea*属のクロツヤバエの多くは腐植食者である（MacGowan and Rotheray, 2008）が，幼虫が材穿孔性甲虫（樹皮下キクイムシやゾウムシ，カミキリムシ）の坑道から見つかる種もいる．これらの幼虫は，坑道の主の幼虫や蛹を，時には成虫でさえも摂食する捕食者だと考えられてきた．Ferrar（1987）は総説の中で，他の甲虫の坑道に住む*Lonchaea*属の幼虫は，死んだり衰弱したりした幼虫を主な餌にしているが，まだ防衛能力が不十分な段階の成虫を攻撃することができると結論した．しかし，*Lonchaea*属は腐植食者として枯死木を摂食する能力も保持している．他の例は，キマワリアシナガバエ属（*Medetera*）のハエである．森林昆虫の研究者は一般的にキマワリアシナガバエ属を樹皮下キクイムシ類の幼虫の厳密な捕食者だと考えているが，中には樹皮下キクイムシが出て行ってしまったあと数年間も樹皮下で生育を続ける種もある．これらの種は樹種に対して明らかな特異性を示すことがあり，恐らく内樹皮を摂食しているのだろう（Mats Jonsell, 私信）．双翅目では，互いに近縁な種が片方は腐植食者として知られており，もう片方は捕食者として知られている例がいくつかある．例えば，イエバエ科のミヤマイエバエ亜科（Azeliinae）やトゲアシモグリバエ科（Odiniidae），ニセミバエ科（Pallopteridae）などである（Ferrar, 1987）．甲虫でもコメツキムシ科にこういった食性の組み合わせが見られる（Koch, 1989）．

興味深いことに，*Lonchaea corticis*の幼虫を使った室内実験において，Taylor（1929）はゾウムシの幼虫を餌として与えたハエの幼虫はゾウムシの糞を餌として与えた幼虫よりも早く成熟することを発見した．栄養の乏しい食べ物を食べている時に"ソーセージ"を出されたら断れないだろう．一方で，腐朽した内樹皮は死んだ幼虫や衰弱した幼虫よりもはるかに大量に存在するので，腐植食と捕食を組み合わせることは良い生存戦略となる．つまり，捕食性の種が肉ばかり食べていなくても何ら不思議はない．

3.6 捕食性真菌

真菌の中にも，捕食者として働く種がいる．木材腐朽菌の中には，線虫を補助的な栄養源として捕獲する種がいる．この現象は，Barron（2003）に

より詳しく調べられている．ハラタケ目のヒメムキタケ属（*Hohenbuehelia*）の菌は，菌糸上に粘着性の付着器を形成し，それに線虫を付着させてとらえる．近縁のヒラタケ属でも同様な器官が見られる．線虫の存在下では，菌糸上に毒性分を分泌する付着器が作られる．この付着器の周辺を通過した線虫は，数分以内で麻痺してしまう．その後，線虫の口から菌糸が進入し，線虫の体を消化する．

Arthrobotrys anchonia はより洗練された線虫捕捉器を発達させている．この種では，三つの細胞が連結して直径 0.03 mm のリングを形成したものが菌糸上に枝分かれして形成される．線虫がこのリングの中に入ると，瞬間的に三つの細胞が膨張し，線虫を締め付けてとらえる．逃れることはできない（図 3.5e）．*Arthrobotrys* 属は無性世代の学名であり，有性世代の子実体を作らないため分類学的に位置づけることができない．しかし 1 種だけ有性世代が見つかっている種があり，この種は子嚢菌のオルビリア属（*Orbilia*）に属している（Pfister, 1994）．*Arthrobotrys* は土壌，糞，腐朽材などさまざまな基物からそれぞれ異なる種が見つかるが，オルビリア属は温帯や熱帯のよく腐朽した材から普通に見つかる．*Arthrobotrys* とその近縁種はいくつかのタイプの捕捉器を発達させており，それらは粘着型と拘束型に大別できる（Yang et al., 2007）．

線虫捕捉菌は少なくとも三つの独立した分類群に見られるが，一つの共通した特徴がある．枯死木からよく見つかるということである．さらに，セルロース分解酵素を生産する．動物の組織にはセルロースは含まれていないため，これは動物の捕食者としては変わった性質といえる（Barron, 2003）．このため Barron は，線虫は窒素獲得のための補助的な栄養源であり，主なエネルギー源はセルロースとリグニンだろうと考えている．つまり，捕食は単に二次的な能力にすぎない．

3.7 寄生者

私たちは，宿主を殺すことなく栄養を依存している種に対して"寄生者（parasite）"という語を使うことが多い．"捕食寄生者（parasitoid）"という

語は少し意味合いが異なり，宿主はほとんど完全に利用されてしまうので死亡する．捕食寄生者と捕食者の違いは，捕食者は複数の被食者を必要とするのに対し，捕食寄生者は1個体の宿主で生活史を完結させる点である．"高次捕食寄生者（hyperparasitoid）"は他の捕食寄生者に捕食寄生する種のことである．次章ではさらに異なるタイプの寄生である"労働寄生（kleptoparasite）"についても紹介するが，それらの種の食物は枯死木の外部から供給されるので，厳密には枯死木依存性の食物網には属さない．

3.7.1 真の活物寄生

真の活物寄生を行う種は宿主よりだいぶ小さいことが多く，枯死木に生息する宿主の寄生者については少数の例外を除きあまり研究されていない．宿主が経済的にあまり重要な種でないことが多い点が主な理由だろう．しかし例外的によく研究されている宿主－寄生者関係もある．

Rühm（1956）は樹皮下キクイムシに寄生する線虫について研究し，種特異的な関係性があることを見いだした．また，線虫が生活史のある部分では樹皮下キクイムシの体内で生活するが，他の部分ではキクイムシとは独立に坑道内で菌糸を吸汁したり摂食したりして生活していることも発見した．この線虫には天敵がいる点も興味深い．Kirschner（2001）は，樹皮下キクイムシにより媒介される真菌について研究し，そのうち7種が線虫捕捉菌であることを発見した．そのうちの1種 *Arthrobotrys superba* は，時には約50%ものキクイムシに媒介されているので，キクイムシの坑道内の線虫個体群に大きな影響を与えていると考えられる．また，ダニにも樹皮下キクイムシに寄生する種がいる（Kielczewski et al., 1983）．

3.7.2 捕食寄生者

枯死木依存性食物網の中で捕食寄生者として重要なのは，昆虫の中で大きく重要な目である膜翅目に属するハチ類である．双翅目にも寄生者を含む大きな科（ヤドリバエ科（Tachinidae））がある．鞘翅目にすらムキヒゲホソカタムシ科（Bothrideridae）（Eggleton and Belshaw, 1992）やオオハナノミ科（Rhipiphoridae）（Švácha, 1994）に捕食寄生者がいる．ハチ類とハエ類

では宿主に対する攻撃の仕方がまったく異なる．寄生蜂のメスは長い産卵管を宿主昆虫の体に刺し，毒を注入して麻痺させ（図3.5d），通常1個の卵を宿主の体内あるいは体表に産みつける．寄生バエは針状の産卵管を持っていないので，宿主の坑道の近くに卵を産みつける．孵化した幼虫は宿主を傷つけることなく体内に侵入し，成長を続ける宿主幼虫の中で自身も成長する．寄生様式の違いに関わらず，寄生蜂も寄生バエも宿主個体群の調整に重要な役割を果たしている（Kenis and Hilszczanski, 2004）．

寄生蜂は種によって寄生する宿主の成長段階が異なる．多くの種は宿主が幼虫の段階でのみ寄生するが，蛹にのみ寄生する種や，卵のみに寄生する種もいる．昆虫の卵は小さいので十分な食料にならないと思うかもしれないが，捕食寄生者は宿主1個体（この場合は卵1個）しか摂食しないことを思い出してほしい．捕食寄生者が昆虫の成虫に産卵することはほとんどないが，コマユバチ科（Braconidae）の *Cosmophorus* 属では，メスが樹皮下キクイムシの成虫の首のところを大あごで締め付け，産卵管を体内に差し込んで産卵する．ヤドリバエ科のハエはもっぱら宿主の幼虫段階にのみ寄生するようで，蛹や卵への寄生は知られていない（Stireman et al., 2006）．

宿主の体内で幼虫が成長する寄生蜂は寄生バエに比べ宿主範囲が顕著に狭い．これは恐らく寄生蜂が宿主の免疫系を破壊するために種ごとに異なる毒を発達させているためだろう（Strand and Pech, 1995）．一方，宿主の体表に付着して成長する（外部寄生 ectoparasites）寄生蜂は一般に宿主範囲が広い．ヒメバチ科（Ichneumonidae）マルズヒメバチ亜科（Xoridinae）の寄生蜂は，タマムシやカミキリムシに特異的に寄生する．大きな科であるコガネコバチ科（Pteromalidae）には樹皮下キクイムシに寄生する種が多く見られる．この中にはメスが樹皮下キクイムシの幼虫の匂いに誘引される種もいる（Petterson et al., 2000）．コマユバチ科やヒメコバチ科（Eulophidae）には，真菌の子実体に生息する甲虫に寄生する種がいる（Jonsell et al., 2001）．その他にも枯死木に生息する宿主に捕食寄生する種として，ヒメバチ科の *Rhyssa* 属はキバチの幼虫に特異的に寄生する．シロフオナガヒメバチ（*Rhyssa persuasoria*）のメスは（図10.8b 参照）体長が約10 cm あるが，そのうち5 cm は産卵管である．これらの種のメスは，枯死木の数 cm 内部にいるキバ

チの幼虫を専門に探索する.

　ヤドリバエ科のハエは宿主の防御システムに対する特殊な適応を遂げておらず，個々の種の宿主範囲は広いことが多い．ヤドリバエ科の宿主範囲は宿主の生息場所に依存しているようだ（Stireman et al., 2006）．宿主のいる場所を探し当てる仕組みはよくわかっていないが，ヤドリバエのメスは宿主の幼虫がいる坑道を探し当て，その中に産卵する．ハエの幼虫は孵化してから宿主幼虫にたどり着くまで短い距離を移動するだけで良い．

　捕食寄生者は，枯死木に生息する無脊椎動物の天敵として豊富に存在する．繰り返しになるが，経済的に重要な樹皮下キクイムシやカミキリムシ，タマムシなどに寄生する種についてはよく研究されてきている（Kenis and Hilszczanski, 2004）．さらに，真菌の子実体の中で成長する甲虫，蛾，双翅目昆虫にも寄生蜂や寄生バエがつく（Komonen et al., 2000; Jonsell et al., 2001）．あらゆる食性の種に対して，それにつく寄生者がいるといってもよい.

　枯死木依存性の昆虫を幼虫段階から育ててみると，宿主－寄生者関係についてよく理解することができる．美麗なカミキリムシやその他のすばらしい昆虫が羽化してくる代わりに寄生蜂や寄生バエがでてくるとがっかりするかもしれないが，がっかりしたままでは寄生された宿主もうかばれない．ぜひ，宿主の残骸と寄生者の標本を両方保存しておいて，捕食寄生者の専門家に同定を依頼してほしい（Shaw, 1997）.

3.7.3　高次捕食寄生者

　高次捕食寄生者（hyperparasitoids）とは，他の捕食寄生者に捕食寄生する種のことである．この寄生様式は，マルハラコバチ科（Perilampidae）の少なくとも二つの属から報告されている．木材腐朽菌の子実体の中で繁殖する昆虫の研究の中で，Jonsell et al.（2001）は菌食性のヒロズコガ科の蛾の幼虫に寄生する *Perilampus* 属の数種を育てた．*Perilampus* 属の蜂は，蛾の幼虫自体を攻撃するわけではなく，蛾の幼虫の体内にいるヒメバチ科やヤドリバエ科の幼虫を攻撃する．他の例としては，タイリクヤツバキクイムシに捕食寄生する寄生蜂 *Tomicobia seitneri* に高次捕食寄生する寄生蜂 *Mesopolobus typographi* がいる（Ruschka, 1924）.

3.8 菌寄生菌

　寄生は動物界にのみ見られるわけではない．菌寄生（真菌が他の真菌に寄生する）は菌学者の間でよく知られた現象である（Barnett and Binder, 1973; Jeffries, 1995）．菌寄生菌は，活物寄生と死物寄生の二つのカテゴリーに区分できる．

　活物寄生では，宿主はなんら病兆を示すことなく寄生菌を長期間にわたって養う．寄生菌はこの生活様式に高度に適応しており，宿主の菌糸と自分の菌糸を接続する特殊な器官を発達させている種もいる（Bauer and Oberwinkler, 1991; Kirschner et al., 1999）．これらの寄生菌は宿主範囲が狭い傾向がある．このタイプの菌寄生は特定の分類群の異担子菌類（heterobasidiomycetes（訳者註：キクラゲの仲間））に多く見られる．よく知られている宿主−寄生者関係としては，キウロコタケ（*Stereum hirsutum*）に寄生するシロキクラゲ属の一種 *Tremella aurantia*（図 3.5f）や，チウロコタケモドキ（*Stereum sanguinolentum*）に寄生する *Tremella ancephala*，カワタケ属菌（*Peniophora*）に寄生するコガネニカワタケ（*Tremella mesentrica*），マクカワタケ属の一種（*Phanerochaete cremea*）に寄生する *Christiansenia pallida* などがある．

　死物寄生菌はより攻撃的で，寄生菌の菌糸は宿主の菌糸に絡み付いて随所で宿主菌糸内に進入し，細胞壁分解酵素や毒素を放出して宿主菌糸を殺してしまう．これらの菌寄生菌の宿主範囲は一般に広い．普通の腐生菌として生活することもできるが，宿主となる真菌を殺してそれを基質として成長するときの方が成長がよい（Barnett and Binder, 1973）．すなわち，主なエネルギー源は木質から得ているが補助的な栄養源として動物を捕捉する捕食性真菌と同様である．そのため，寄生というよりは競争関係として捉えた方がよい場合もある．枯死木に生息する真菌の相互作用関係については研究が多くないので，菌寄生については Rayner らの研究（Rayner et al., 1987; Rayner and Boddy, 1988）がよく引用される．彼らは室内実験によって，オオチリメンタケ（*Trametes gibbosa*）がどのようにヤケイロタケ（*Bjerkandera adusta*）

やヒメモグサタケ（*B. fumosa*）のコロニーと置き換わるか，またカイガラタケ（*Lenzites betulinus*）がどのようにカワラタケ属の一種 *Trametes ochracea* やカワラタケのコロニーと置き換わるかを明らかにした．しかし，オオチリメンタケやカイガラタケは白色腐朽菌であり，野外では上記の宿主と関係していることは少ない（Niemelä et al., 1995）．これらの種は寄生菌というよりも攻撃的な競争者と考えた方がよいだろう．

3.9 菌根菌

　分解中期から後期の枯死木の表面に菌根菌の子実体が発生することはよく知られている（Renvall, 1995; Nordén et al., 1999; Tedersoo et al., 2003）．これは単に枯死木が子実体の発生場所になっているだけという場合もある．

　しかし，なかには倒木や埋もれ木の中にしっかりした菌糸体を発達させている菌根菌もいる（Harvey et al., 1979; Kropp, 1982a）．これらの菌根菌は，倒木上やその周辺での種子発芽や実生の生長（いわゆる倒木更新）の助けになる（Kropp, 1982b）．これらの菌根菌は土壌中から養分を吸収することができるが，なぜ枯死木に発生するのかはよくわかっていない．なかには 3.1.3 節で考察した"木質残存物分解者"として枯死木分解に関与している種もいるのかもしれない．もう一つの可能性として，Lindahl et al.（1999）は菌根菌であるヒダハタケ（*Paxillus involutus*）やヌメリイグチ属の一種 *Suillus variegatus* が，マツ属の枯死木に生育する木材腐朽菌であるニガクリタケ（*Hypholoma fasciculare*）の菌糸と接触して養分のやり取りをしていることを明らかにした．菌根菌の菌糸はニガクリタケの菌糸体の周りに密な塊を作り，ニガクリタケからリンを吸い取ってその一部を宿主であるマツ属の実生に輸送していた．この"ショートカット"すなわち枯死木から次世代の実生への直接的な養分の輸送は非常に興味深い．恐らく北方林の生態系機能の理解に重要なテーマとなるだろう．

3.10 菌生菌

　真菌の種間相互作用にはさまざまなものがあり，複数種の菌の分布が重なるのにもいくつかの異なるメカニズムがある．この章のはじめの方では，木材腐朽菌の後から定着する木質残存物分解者や，宿主の菌糸から直接的に養分を得る活物栄養の菌寄生菌などの例を紹介した．他にも，死んだ真菌の子実体や菌糸を資化する真菌もいる．このような真菌は糸状不完全菌（hyphomycetes）や子嚢菌に多い．例えば，*Cistella hymeniophila*（ビョウタケ目）は死んだダンアミタケ（*Antrodia serialis*）やシカタケ属の一種 *A. primaeva* の子実体上に生え，子実体を赤っぽく染める．また，*Hypocrea pulvinata*（ニクザキン目）は死んだカンバタケの子実体に生える（Niemelä et al., 1995）．これらの例では，死んだ宿主組織から栄養を得ている（mycosaprotrophism（菌腐生栄養））と考えるのは当然のようにも思える．しかし，真菌の上に真菌が生えるという相互作用には，そのメカニズムがはっきりわかっていないものが多い（Hawksworth, 1981）．これらの真菌の栄養摂取様式がはっきりするまでは，菌生菌としてまとめておくのがよいだろう．

3.11 生態学的な観点

　この章の大部分は，個別の機能群の生物について，どんな種がいるか，何を食べているか，そして何に食べられるか，といったことの記載に割いてきた．最後の節では，違った観点から枯死木依存性生物の食物網についてもう少し一般的な考察を試みる．

　図3.1の食物網は四つあるいは五つの栄養段階からなっている．第1段階（最下段）では，一次生産者である樹木が基底資源を生産する．第2段階の主要な役者は，木質構造の分解者と木質を摂食する腐植食者の一部（多くが消化管内共生生物を持つ）である．糖依存菌と木質残存物分解者もこの栄養段階に含まれる．第3段階では，菌食者や捕食者，腐肉食者，そして腐植食者への寄生者が含まれる．第4段階には菌食者への寄生者が含まれ，それに

さらに寄生する高次寄生者がいる場合は第5の栄養段階になる．

　枯死木依存性の生物を食物網の観点から見ると，一連の興味深い疑問点が出てくる．

- 各機能群が食物網の中にどのように配置され，エネルギーの主な流れはどのようになっているのか？
- そのエネルギーの流れに種多様性はどのように関係しているのか？
- 個々の種の機能や宿主範囲あるいは資源利用の範囲はどのくらいで，それらの種間相互作用の動態はどうなっているのか？

3.11.1　栄養関係

　1960年代から1970年代にかけて，生態学では栄養段階やエネルギーの流れに注目した生態系機能の研究に重点が置かれていた．最近の教科書では，群集構造や種間相互作用により重点が置かれており，その中では食物網の概念が重要になってきている．この20年で食物網の解析は，理論研究が進展するとともに多くの経験的・実験的研究が行われてきた（Cohen et al., 1990; Pimm et al., 1991; Hall and Raffaelli, 1993; Pimm, 2002; Drossel and McCane, 2003 などに総説）．

　よくある疑問点は，食物網はボトムアップ制御かトップダウン制御か，といったものである．すなわち，食物網の中で下位の栄養段階にある種が上位の栄養段階にある種の動態を決定しているのか，それともその逆なのだろうか．この問題は枯死木をめぐる生物の食物網についてはほとんど研究されたことがないが，枯死木の移入量がエネルギー量を規定しているため，ボトムアップ制御であることはほぼ間違いないと思われる．さらに，枯死木依存性の種は樹木の枯死にほとんどあるいは弱い影響しか及ぼさないことが一般的である．例外は針葉樹を利用する樹皮下キクイムシであり，広範囲に樹木の枯死をもたらす種がいる（12章を参照）．

　こういった栄養関係に関する話題は学術的な興味に限定されているわけではない．生態系の規模が縮小すると上位捕食者がまず影響を受けて絶滅の危機に瀕することが多いが，枯死木をめぐる食物網においても上位の栄養段階

の種が特に影響を受けやすいだろう．森林の分断化が真菌と菌食者およびその捕食寄生者に与える影響に関する興味深い研究例では，捕食寄生者が最も影響を受けやすく，森林景観が分断化されると真っ先にいなくなることが報告されている（Komonen et al., 2000）．すなわち，木質資源が森林から過度に収奪されると，生物の種多様性が低下するだけでなく，種間相互作用の複雑性も単純になってしまう．

3.11.2 食物網の区分け

栄養関係に注目した研究では，食物網の垂直構造が強調される傾向にある．しかし，枯死木依存性の食物網では水平構造も重要である．この章では単純化のため，木質を均質なものとして扱いその機能的な役割に注目してきた．しかしこれは現実とはほど遠い．枯死木依存性の食物網は，相互作用の強い生物種のグループごとに明確に区分けすることができる．各グループ内では種間相互作用が強く働くが，グループ間ではほとんどあるいはまったく関係性がない．

一つの区分け例は，針葉樹材に発生する生物種と広葉樹材に発生する生物種という区分けである（5章を参照）．他にも，発生する材の分解段階が異なる生物種という区分けもできる．衰弱木や枯死直後の樹皮に発生する樹皮下キクイムシなどの種と，中程度に分解された枯死木の樹皮下に生息する種，および分解が進んだ枯死木の材に生息する種がお互いに顔を合わせることはない（6章参照）．さらに，樹液，坑道，真菌の子実体，枯死木，樹洞，などといった個別の生息場所に特殊化した種もいる（7章を参照）．こういった木質の異質性は微小なスケールに限った話ではなく，個々の種と生息場所の関係から枯死木依存性の食物網はいくつかの平行したコンパートメントに分けることができ，それぞれが個別に研究されるだけのボリュームを持っている．

3.11.3 機能と種間相互作用

さまざまな分類群の生物の機能的な役割について広く概観してきた．しかし，宿主や餌の範囲，どの餌にどのくらい依存しているのか，ということに

ついても言及する必要がある.

　最近の理論研究や実験では，食物網の話題を生態学の中心的な課題である種多様性と生態系の安定性の関係と関連づけている（McCann, 2000）.1950年代には，OdumやElton, McArthurらが，種多様性が増せば生態系の安定性は高まると主張した（McCann, 2000参照）.1970年代初頭にはMay（1973）がこの考え方に強烈な打撃を加えたが，1990年代に入ると，食物網解析の研究から多様性－安定性の関係に再び注目が集まっている.今日では，栄養段階間の非ランダムな関係性が重要なメカニズムだと考えられている.特に弱い相互作用関係が重要で，系を不安定化させる傾向がある強い相互作用の影響を弱める働きがあると考えられている（McCann, 2000）.

　この研究の重要なメッセージは，食物網の中でどんな種が影響し合っているかということを調べるだけでなく，関係が強いか弱いか，その量的な把握も必要だということである.言い換えれば，ある種が専食性（monophagous）つまりある宿主に特異的な種なのか，狭食性（oligophagous）つまり2〜3種と関係を持っているのか，それとも広食性（polyphagous）つまり広い分類群の宿主と関係を持っているのか，ということを明らかにする必要がある.枯死木依存性の生物の種間相互作用に関する実験的な研究はまだまだこれからである.

4章 枯死木をめぐる栄養を介さない関係

Juha Siitonen, Bengt Gunner Jonsson

　立枯れや倒木，生立木の樹洞などを利用する種の中には，枯死木を食物資源としていない種もいる．そのような種は，枯死木の空隙やその他の微小生息場所を営巣場所，とまり木，ねぐら，冬眠場所などさまざまな目的に利用している．これらの種も，その生活史の一部分で枯死木を必須としているのなら，絶対的な枯死木依存性種ということになる．多くの条件的な枯死木依存性種は，もっと日和見的に枯死木を利用しており，枯死木に依存しているわけではない．この章では，3章で紹介したような枯死木依存性の食物網には含まれない枯死木依存性生物の枯死木利用について紹介したい．

4.1 脊椎動物

4.1.1 営巣場所としての樹洞利用

　森林に生息する脊椎動物の多くが樹洞を利用している．例えばオーストラリアでは，300種以上の脊椎動物が樹洞を利用することが知られている．その中には，哺乳類83種（オーストラリアの陸生哺乳類の31%），鳥類114種（15%），爬虫類79種（10%），両生類27種（13%）が含まれている（Gibbons and Lindenmayer, 2002）．

　枯死木に自分で孔をあける種は，樹洞に営巣する種のうちのごくわずかである．これらの種は一次樹洞利用種（primary cavity nesters）と呼ばれる．二次樹洞利用種（secondary cavity users）は，営巣のための穴を自分で掘ることはできず，一次樹洞利用種があけた穴や自然にできた穴に依存している．

表 4.1. 樹洞での営巣や休憩における利点と欠点

利点	欠点
捕食者からの保護	捕食者に狙われやすくなる
荒天時の避難場所	利用可能な樹洞数が少ない
気温の調節	樹洞をめぐる競争
湿度の調節	雨が降ると湿ったり水がたまったりする
巣の構築コストの削減	再利用された樹洞では外部寄生者が多い

　二次樹洞利用種はさらに，隠れ家や繁殖場所として日常的あるいは季節的に樹洞を必要とする種（絶対的樹洞利用種（obligate cavity users））と，日和見的に樹洞を利用する種（条件的樹洞利用種（facultative cavity users））とに分けることができるが，その境は恣意的になりがちである（McComb and Lindenmayer, 1999; Gibbons and Lindenmayer, 2002）．いずれにせよ，こられの種にとって樹洞のある樹の存在は生存，繁殖，個体群密度の制限要因となる．

　なぜこれほど多くの脊椎動物が樹洞を利用するのかということについては生態的・進化的に説明されている（Gibbon and Lindenmayer, 2002）．捕食者からの保護，激しい風雨などからの避難，極端な気温や湿度の変化の緩衝，そして営巣場所を自分で作るコストの削減などの利点がある．一方，樹洞利用の欠点としては，営巣に利用できる樹洞が少ない，樹洞をめぐる種間・種内競争が激しいことなどが挙げられる（Gibbons and Lindenmayer, 2002; Newton, 2003）．捕食者の中には樹洞を狙ってくるものもおり，樹洞の限られた空間の中で逃げることは難しい．また気温の調節効果などの効果は気候条件に依存する．さらに樹洞をめぐる競争のコストは樹洞の数に依存する．樹洞利用の欠点と利点（表4.1）から，樹洞を利用する個体の増減に関わる選択圧や，樹洞を利用する地域個体群のより長期間の変動が決定される．

　樹洞利用性の種がその樹洞を利用できるかどうかは，樹洞の体積，入り口の広さ，深さや場所などの条件によって決まる．使える樹洞が少なかったり樹洞の多様性が低いと，樹洞に依存している種の密度の低下につながり，そのままではその種の地域個体群の絶滅につながるかもしれない．

4.1.2 樹洞の形成と利用可能性

　樹洞は生立木と立枯れ木のどちらにも形成されうる．生立木における樹洞の形成は心材腐朽菌の活動からはじまる．心材腐朽菌は成熟した樹の枯死した心材部を分解するのに特化している．心材は幹や大枝の中心部にあり，それより外部にある生きた辺材部には心材腐朽菌が伸長していかないため，心材が分解すると幹の中は空洞になる．枝が折れたり，一次樹洞利用種が穴をあけたりすることによりこの空洞が利用可能になる．分解途中の心材を摂食する無脊椎動物が空洞の発達を促進する（7章参照）．シロアリは，熱帯林（Apolinário and Martius, 2004）やサバンナ（Werner and Prior, 2007）において樹洞の形成に中心的な働きを担っている．

　生立木の樹洞はより耐久性があり，外壁も固く，立枯れ木の樹洞よりも保温効果も高い（Wiebe, 2001; Paclík and Weidinger, 2007）．生立木の心材腐朽と異なり，樹木が枯死すると辺材腐朽菌が進入し，材全体の急速な腐朽が進む．こうなると空洞をあけることは簡単な反面，数ヶ月か数年で崩壊してしまう（Jackson and Jackson, 2004）．

　樹種や幹の直径，樹齢，環境条件などさまざまな要因が樹洞の発達に影響する（Gibbons and Lindenmayer, 2002）．ある樹種は空洞ができやすく，他の樹種に比べ若い樹齢で樹洞が形成され始める．これはその樹種の生態的特性，例えば生長速度，材密度，心材形成，分解抵抗性，枝張りなどの樹形やその持続性などによって決まる．樹種による樹洞の形成されやすさや樹洞のタイプは，樹種に特異的な心材腐朽菌の種類とも密接に関係している（5章や7章を参照）．生きた針葉樹は普通，広葉樹に比べ樹洞ができにくい．しかし，針葉樹の立枯れは材が柔らかく，キツツキ類がよく巣穴をあけている．

　樹洞の発生確率や樹木あたりの樹洞（あるいはその入り口）の数，樹洞の平均サイズなどは樹木の直径や樹齢，樹冠の衰退とともに増加することが知られている（Lindenmayer et al., 2000; Gibbons and Lindenmayer, 2002; Gibbons et al., 2002; Whitford, 2002; Wormington et al., 2003; Blakely et al., 2008; Fox et al., 2008; Koch et al., 2008a）．樹冠が衰退して不定形になったような大きな古木は樹洞を持っていることが多い．老齢の樹は長い年月で傷ついたり真菌の感染にさらされて，心材の割合が高く，真菌の侵入に対する

抵抗性も弱まっているだろう．例えばユーカリの樹では，120年生以下の樹には樹洞がほとんどできないが，180〜190年生の樹には50%の確率で樹洞が形成される（Gibbons and Lindenmayer, 2002; Gibbons et al., 2002; Whitford, 2002; Wormington et al., 2003）．同様に，ヨーロッパナラ（*Quercus robur*）では100〜200年生の樹では樹洞のできる確率はたった5%程度だが，200〜300年生では生長に応じて樹洞の形成率は50%に達する（Ranius et al., 2009a）．

樹洞のある樹木の多さは，その林分のある地域，場所のタイプ，種組成，林齢，撹乱履歴によって影響を受ける．これらの要因は互いに関係し合っており，個々の影響を分離することは難しい．樹洞密度（ヘクタールあたりの樹洞数）の推定は異なる地域のさまざまなタイプの森林において報告されているが，残念ながら樹洞のサイズの定義が研究間統一されていなかったりはっきりと示されていないため，これらの研究を直接的に比較することはできない．Boyle（2008）は文献調査により樹洞密度の推定値を62リストアップしたが，そのうち比較可能となるように樹洞サイズの最小値が示されていたものは17にすぎなかった．これらのデータ（および共変量として入り口のサイズのデータ）によれば樹洞密度は高緯度で低くなる．すなわち，熱帯林で最も高く，北に行くほど低くなる．

入り口の最小サイズを2 cmとすると（このサイズは小鳥や小動物が入ることのできる最小サイズに近いので，複数の研究で採用されている），温帯の天然林における樹洞密度は1ヘクタールあたり5（Remm et al., 2006）〜60（Carlson et al., 1998）である．北半球の温帯における天然の成熟林から老齢林において脊椎動物が利用できる樹洞の典型的な密度は，地域や樹種組成によるが，ヘクタールあたり10〜30といったところである（Bai et al., 2003; Kahler and Andersson, 2006; Remm et al., 2006; Aitken and Martin, 2007; Wesołowski, 2007; Boyle et al., 2008）．他の植生帯では比較可能な樹洞密度のデータが少ない．タイの老齢熱帯林ではヘクタールあたり400（Pattanavibool and Edge, 1996），コスタリカ高地の老齢熱帯林ではヘクタールあたり110（Boyle et al., 2008）だが，アルゼンチンの大西洋岸の亜熱帯半落葉樹林ではヘクタールあたり17（Cockle et al., 2008）といった報告が

ある．地中海性気候のオーストラリアのjarrah（*Eucalyptus marginata*）林（訳者註：オーストラリア南西部に分布するユーカリの一種）では，平均的な樹洞密度はヘクタールあたり100であった（Whitford, 2002）．樹洞密度が高い場所でも，良質な樹洞は少ないだろう（Lõhmus and Remm, 2005; Cockle et al., 2008）．

4.1.3 樹洞に営巣する鳥類

　鳥類は，樹洞を営巣場所に使う動物として最もよく知られており，"樹洞に営巣する（cavity-nesting）"や"穴に営巣する（hole-nesting）"という語はどちらもよく文献に登場する．森林性の鳥類のみに注目すると，樹洞に営巣する種は，北欧では全体の30%（Siitonen, 2001），中欧では35%（Wesołowski, 2007），北米では40%（Scott et al., 1977），熱帯の中米では20～30%（Gibbs et al., 1993）である．このように樹洞に営巣する種が多いことから，天然林の生態系における成熟木や立枯れ木の重要性が示唆される．地域の鳥類相全体に視野を広げると，営巣に樹洞が必須な鳥の割合は地域によって4～11%，樹洞に営巣すると考えられている種の割合は9～18%である（表4.2）．全鳥類約10000種のうち，営巣に樹洞が必須な種は500から1000種である．これらの種は以下の目に属している：スズメ目（Passeriformes），キツツキ目（Piciformes），オウム目（Psittaciformes），ブッポウソウ目（Coraciiformes），フクロウ目（Strigiformes），カモ目（Anseriformes）（Saunders et al., 1982; Newton, 2003）．

　キツツキ科（Picidae）の鳥は，一次樹洞利用種として最も重要なグループである（図4.1）．また，ゴジュウカラ属（*Sitta*）やシジュウカラ属（*Parus*），*Poecile*属などのカラ類も強力ではないが立枯れが十分柔らかくなると自分の力で巣穴を掘ることができる（Martin and Eadie, 1999; Martin et al., 2004）．多くの場合，一次樹洞利用種は樹洞を一度しか使わない．樹洞のある樹木と樹洞利用種は，食物網に似た生態的な相互作用の樹洞営巣網（nest web）によってつながっており，樹洞を中心に生物間相互作用（促進効果や競争効果）が多数働いている（Martin and Eadie, 1999）．キツツキ類は二次樹洞利用種に樹洞を提供するため，多くの森林でキーストーン種となっており，他の多

表 4.2. 世界各地における樹洞を利用する鳥類の種数と割合（Saunders et al., 1982; Newton, 2003; Monterrubio-Rico and Escalante-Pliego, 2006; Sandoval and Barrantes, 2009 に基づく）

	繁殖している鳥類の種数	樹洞利用種の数と割合（カッコ内）	絶対的樹洞利用種の数と割合（カッコ内）
ヨーロッパ			
スズメ目	169	28 (17)	9 (5)
それ以外	250	32 (13)	13 (5)
合計	419	60 (14)	22 (5)
北米			
スズメ目	292	28 (10)	13 (4)
それ以外	192	30 (10)	11 (4)
合計	484	58 (10)	24 (4)
メキシコ			
合計	657	112 (17)	81 (12)
コスタリカ			
合計	850 [a]	94 (11)	–
南アフリカ			
スズメ目	333	20 (6)	13 (4)
それ以外	310	35 (11)	23 (7)
合計	643	55 (9)	36 (6)
オーストラリア			
スズメ目	297	23 (8)	7 (2)
それ以外	234	71 (30)	50 (21)
合計	531	94 (18)	57 (11)

a Sandoval and Barrantes (2009) から計算した概算値.

くの種の優占度や分布に影響している（Johnsson et al., 1990; Daily et al., 1993; Martin and Eadie, 1999）．しかし，キツツキ類の重要性は地域や森林タイプにより異なる．利用可能な樹洞のうち 80 ～ 90% がキツツキによって作られる森林もある（Remm et al., 2006; Aitken and Martin, 2007）．キツツキによる樹洞の形成は，自然に生じた樹洞が少ない針葉樹が優占する森林では重要になるだろう（Walter and Maguire, 2005; Blanc and Walters, 2008）．他の森林では自然にできた樹洞が豊富なので，二次樹洞利用種にとって掘られた樹洞の重要性は低い（Carlson et al., 1998; Bai et al., 2003; Wesolowski,

図 4.1. ヨーロッパヤマナラシに掘られたクマゲラ（*Dryocopus martius*）の巣．クマゲラの作った樹洞は大きく，他のさまざまな二次樹洞利用種が利用できるのでキーストーン種となっている．ヤマナラシ類（ユーラシアではヨーロッパヤマナラシ，北米ではアメリカヤマナラシ）は寒帯や温帯の多くの森林タイプにおいて樹洞利用種にとって重要な樹種となっている（写真 Alastair Rae）．

2007; Cornelius et al., 2008)．オーストラリアやニュージーランドではキツツキがおらず，このような場所では火災によるダメージ，真菌による分解，シロアリ，枝折れなどが樹洞形成の主要な要因になっている（Gibbons and Lindenmayer, 2002; Whitford, 2002; Blakely et al., 2008)．

一次樹洞利用種は種により樹種や樹木のサイズ，樹木のタイプに対する選好性がある．多くのキツツキは広葉樹を利用するが，針葉樹を好む種もいる．例えば，北米のホオジロシマアカゲラ（*Picoides borealis*）はマツノカタワタケによる心材腐朽を受けたマツの生立木を選好して穴を掘る（Jackson, 1977; Conner and Locke, 1982; Blanc and Walters, 2008)．材密度の低い材が，柔らかいので好まれる（Schepps et al., 1999)．さらに真菌の感染が不可欠である．健康な樹木に穴をあけられる種類はわずかで，多くは立枯れや心材腐朽した生立木を好む（Conner et al., 1976; Hågvar et al., 1990; Jackson and Jackson, 2004; Losin et al., 2006)．北半球では，材密度が低く心材腐朽菌 *Phellinus tremulae* の腐朽を受けやすいヤマナラシ類（ユーラシアではヨーロッパヤマナラシ *Populus tremula*，北米ではアメリカヤマナラシ *P. tremuloides*）がキツツキ類に好まれる（Hågvar et al., 1990; Li and Matrin, 1991; Jackson and Jackson, 2004; Martin et al., 2004; Losin et al., 2006）．穴をあけるだけでなく，キツツキ類は採餌により真菌の胞子や菌糸を，真菌の感染した樹から未感染の樹へと運ぶことにより，真菌の分散にも役立っている可能性がある（Farris et al., 2004; Jackson and Jackson, 2004）．

　営巣に使う樹は，その鳥が十分な大きさの穴を掘ることができるだけの大きさがなければならない．コガラ類などの小鳥（体重は約 10 g）では，直径 10 cm くらいの立枯れも使えるが，キツツキ類最大のエボシクマゲラ（*Dryocopus pileatus*）（体重は約 300 g）では直径が少なくとも 50 cm はある樹木を好む（Scott et al., 1977; Martin et al., 2004; Bull et al., 2007）．ほとんどの一次樹洞利用種は平均的な樹木よりも大きいサイズの樹を選ぶ傾向がある（Bai et al., 2003; Martin et al., 2004）．

　二次樹洞利用種は既にある樹洞に依存している．多くの種が，入り口のサイズ，穴の体積，地面からの高さ，方向，入り口の堅牢さなどに対して明確な好みを示す（Saunders et al., 1982; van Balen et al., 1982; Nilsson, 1984; Li and Martin, 1991; Carlson et al., 1998; Martin et al., 2004）．入り口のサイズはその樹洞を利用できる種の制限要因となる．入り口のサイズが小さければ，捕食者の進入を妨げたり，より体サイズの大きい競合種に追い出される可能性も少なくなるため有利である．樹洞の体積も，繁殖の成功度に影響するため重要である（Martin et al., 2004）．樹洞の体積が大きければ，保温効果も大きく，また兄弟間での空間を巡る競争も軽減される．すなわち，繁殖成功度を最大にでき，かつ捕食の危険率を最小にできる理想的な樹洞とは，内部の体積が大きく入り口の小さい樹洞である（Martin et al., 2004）．

　二次樹洞利用種のニッチを規定している要因のうち最も重要なものは，体サイズである．管理された森林では特に，同じタイプの樹洞を複数の種が利用することになり競争が頻繁に起こる．優占する競争種の存在は，他種の分布に影響する．劣位の種は，他の種が優占している場所からは閉め出されてしまうか，質の良くない樹洞を利用することになる（Nilsson, 1984; Newton,

2003; Martin et al., 2004). 留鳥はよい樹洞に早くから営巣できるが, 渡り鳥はよい大きさの樹洞を利用できないかもしれない. 管理されていない老齢林では, 樹洞の数は樹洞利用種の制限要因になっておらず, 樹洞をめぐる競争よりも樹洞における捕食圧が樹洞利用に大きな影響を与えている (Brightsmith, 2005a; Wesołowski, 2007; Cornelius et al., 2008).

　二次樹洞利用種の中には, 特殊な選好性を示す種もいる. 水鳥のホオジロガモ (*Bucephala clangula*) やキタホオジロガモ (*B. islandica*) などは, 水辺に近い大きな樹洞を好む. こういった樹洞はクマゲラ (*Dryocopus martius*) や同属のエボシクマゲラによって開けられることが多い (Johnsson et al., 1990, 1993; Bonar, 2000; Brightsmith, 2005a; Wesołowski, 2007; Cornelius et al., 2008). コンゴウインコやオオハシ, サイチョウなど熱帯の樹洞利用種の多くは体サイズが大きいため, 大きな樹洞が必要になる. 中でも最大の種は, 体長 100 cm 体重 2 kg に達する南米のスミレコンゴウインコ (*Anodorhynchus hyacinthinus*) と, 体長 120 cm 体重 4 kg に達する東南アジアのオオサイチョウ (*Buceros bicornis*) である. 熱帯の樹洞利用種の樹洞利用については一般によくわかっていない (Cornelius et al., 2008). ペルーアマゾンの熱帯低地林では, オウム類 (同所的に生息する 15 種) の営巣場所として, 対照的な 2 タイプの樹洞が重要であることが報告されている: 一つは *Dipteryx micrantha* という樹木の樹洞で, こちらは寿命が長い; もう一つは湿地に生えている *Mauritia* というヤシの立枯れで, こちらは寿命が短い (Brightsmith, 2005b). 大型のコンゴウインコ類は *Dipteryx* の樹洞を好む. *Dipteryx* の樹は 1000 年以上も生き, 多数の樹洞ができている.

　多くの樹洞利用性の鳥類は, 樹洞をねぐらとしても利用する. ねぐらとしての樹洞は, 荒天時の避難所としての機能や高温の軽減, 寒い夜間のエネルギー消費の軽減, そして捕食者からの保護といった役割がある. ねぐらとなる良い樹木の存在は, 特に北方の寒冷地に住む鳥類にとって重要になるだろう. これらの地域では冬期の気候が厳しく, 日照時間も短いため, 採餌に使える時間が限られている. こういった状況では, 風雨をしのげることが夜間のエネルギー保存に不可欠となるだろう (Atkins, 1981; Cooper, 1999; Paclík and Weidinger, 2007).

4.1.4 樹洞や倒木を利用する哺乳類

ネズミ（McCay, 2000）からクマ（Wong et al., 2004）までさまざまな哺乳動物が樹洞や倒木を避難場所や営巣場所として利用する．樹洞に依存する種は，鳥類と同様，哺乳類にも広く見られる．樹洞を利用する種の割合は，地域により大きく異なる．北半球の寒帯や温帯では樹洞に依存する哺乳類は比較的少ない．北米からメキシコ北部にかけては，約20種が樹洞利用性種であり（Aitken and Martin, 2004），これはこの地域の陸生哺乳類の約6%にすぎない．一方，オーストラリアでは，在来の哺乳類で樹洞を利用する種は83種で，これはオーストラリアの陸生哺乳類の31%である（Gibbons and Lindenmayer, 2002）．オーストラリアは，生物相の進化的歴史から特に樹洞利用性の種が多いと思われる．しかし，生物種の多様性が高く，木登りが得意な樹上性の動物が多い熱帯林でも，隠れ家や営巣場所として樹洞を利用する種の割合は同じように高いだろう．哺乳類は営巣場所の選択幅が広いので，絶対的樹洞利用性の種の割合を推定するのは難しい．しかし，陸生の哺乳類の種数を5000種とすると，絶対的樹洞利用種の種数は数百種か，もしかしたら1000種に達するかもしれない．

樹洞利用性の哺乳類は広い分類群に見られるが，中でも絶対的樹洞利用種が最も多い目は翼手目（Chiroptera）や齧歯目（Rodentia），そして有袋類のいくつかの目である．約1100種いるコウモリのうち半数以上が，植物をねぐらとしており，そのうちのほとんどが樹洞を利用する（Kunz and Lumsden, 2003）．齧歯目には，リス科（Sciuridae，モモンガ類を含む）や新熱帯のアメリカヤマアラシ科（Erethizontidae），ウロコオリス科（Anomaluridae）など樹上性の科に樹洞利用性の種が多い（例えばMacDonald, 2001）．有袋類では，ポッサムやフクロモモンガ，フクロジネズミなどオーストラリアの種（種リストはGibbons and Lindenmayer, 2002参照）や，90種あまりいる新熱帯のオポッサム類などに樹上性の種がいる．キツネザルや他の原猿類も樹洞利用性の種を多く含んでいる（Kappeler, 1998）．

樹洞利用性の哺乳類の多くは夜行性で，日中のねぐらとして利用したり，子供を育てるのに使うこともある．コウモリは一日のおよそ半分をねぐらで

過ごすため，ねぐらに使える場所の有無は生存や繁殖の成功に強く影響する．体サイズが小さいため代謝速度が速く，体温を維持するのにエネルギーコストが多くかかる．エネルギーを温存するために休眠することは多くのコウモリが行っている．温帯の森林では，樹洞を利用するコウモリは，立枯れ木の多い比較的開放地にあって周囲の樹よりも背が高く直径の太い突出木を好む (Sedgeley and O'Donnell, 1999; Kunz and Lumsden, 2003; Kalcounis-Ruppel et al., 2005; Vonhof and Gwilliam, 2007)．大きな突出木と立枯れ木があると，保温効果の高い大きな樹洞が期待でき，巣場所の移動やねぐらへのアクセスも容易になるだろう (Barclay and Kurta, 2007; Vonhof and Gwilliam, 2007)．立枯れ木のはがれかかった樹皮の裏側を主にねぐらにするコウモリもいる (Kunz and Lumsden, 2003; Barclay and Kurta, 2007)．インディアナホオヒゲコウモリ (*Myotis sodalis*) はトネリコ属 (*Fraxinus*) やニレ属 (*Ulmus*)，その他の広葉樹の枯死木の樹皮の裏側をねぐらにする (Foster and Kurta, 1999; Barclay and Kurta, 2007)．一方，カリフォルニアホオヒゲコウモリ (*Myotis californicus*) は針葉樹，特にダグラスモミ (*Pseudotsuga menziesii*) の立枯れの樹皮裏を利用する (Vonhof and Gwilliam, 2007)．樹洞の選択性はコウモリの種やねぐらの利用性によって違うだけではない．繁殖期の雄，子育て中の雌，子育てをしていない雌は，それぞれ異なる樹洞要求性を示す (Kunz and Lumsden, 2003; Barclay and Kurta, 2007)．樹洞をねぐらとするコウモリのほとんどは繁殖期になると数百から数千個体からなる子育て用のコロニーを形成する．このようにコロニーを形成する場合，立枯れ木の特に大きな樹洞が必要になる．コウモリは，エネルギーを温存するための条件に適した樹洞を正しく選ぶことができる (Sedgeley, 2001)．

　オーストラリアでの研究では，脊椎動物が樹洞を利用する確率は，樹木あたりの樹洞の数，樹木の直径，樹冠の衰退とともに増加する (Lindenmayer et al., 1990, 1991; Gibbons et al., 2002; Kunz and Lumsden, 2003; Barclay and Kurta, 2007; Koch et al., 2008b)．個々の樹洞に関しては，樹洞のサイズや深さが大きいほど利用される確率が高い (Gibbons et al., 2002; Koch et al., 2008b)．脊椎動物による利用確率が最も高い樹洞は，入り口が最低 10 cm あり，深さが最低 30 cm はあるものである．しかし，樹上性の有袋類では

種により樹洞の好みに明確な違いがあることがわかっている．鳥類の場合と同様，選好の基準となるのは，入り口の直径，内部の体積，地面からの高さ，樹木の中での位置（主幹あるいは枝），樹木あたりの樹洞数などである（Lindenmayer et al., 1990, 1991, 1996; Trail and Lii, 1997; Gibbons and Lindenmayer, 2002）．哺乳類が利用する樹洞サイズの幅は鳥類よりも大きい．鳥類との違いとしては，哺乳類は一つ以上の樹洞を持っており，頻繁に巣場所を移動する行動が広く見られることである．樹上性の有袋類の1個体が利用する樹洞の数は，種によって2から20以上である（Gibbons and Lindenmayer, 2002）．巣場所を移動する理由としては，捕食の回避，保温（樹洞が違えば保温効果が異なる），食物の有無や種の分散といった要因が考えられる．

4.1.5 樹洞や倒木を利用する爬虫類と両生類

　鳥類や哺乳類に比べ，爬虫類や両生類の樹洞利用については情報がとても少ない．熱帯には樹上性の種が多く，これらの種の多くが樹洞を日常的に利用していることは十分考えられる．熱帯林では，多くの両生類が水のたまった樹洞で繁殖しており（7章参照），樹洞利用の特殊な例となっている．ファイトテルマータ（phytotelmata，訳者註：植物上に保持される小さな水たまり）で繁殖する無尾目（Anura）の両生類に関する総説によれば，樹洞でしかオタマジャクシが見られないカエルは20種に及ぶ（Lehtinen et al., 2004）．

　他の地域では（そして恐らくは熱帯でも），爬虫類や両生類の樹洞や倒木利用には季節性があり，気候条件の厳しいときの休眠（夏期の夏眠など）の場所として利用する．変温動物なので外気温に応じて体温が変化するため，外に比べ気温が一定している樹洞の環境は多くの種にとって重要だろう．例えば，オーストラリア南西部に住むミナミオオズヘビ（*Hoplocephalus bungaroides*）（訳者註：絶滅危惧種）は砂岩地帯に生息するが，ヘビに発信器をつけて追跡したところ，夏の最も暑い時期に岩の下の温度が熱くなると，数百メートルも離れた倒木の穴の中に避難して長いこと過ごしたことがわかった（Webb and Shine, 1997）．

倒木は湿り気を保持しており，温度が周囲に比べ低く保たれているため，暑く乾燥する時期には両生類にとって重要な避難場所になる．皮膚呼吸しているアメリカサンショウウオ科（Plethodontidae）のサンショウウオにとって十分な湿度は生存に必須である．分解の進んだ倒木はこれらの多くの種にとって重要な生息場所となっており，北アメリカ太平洋岸の老齢林に生息しているクラウドキノボリサンショウウオ（*Aneides ferreus*）は枯死木に強く依存しているようだ（Aubry et al., 1988; Alkaslassy, 2005）．

4.2 無脊椎動物

枯死木を食物としてではなく住み場所としてだけ利用している昆虫は多い．これらの昆虫は，外部から枯死木の中に食物を持ち込むか，他の生物により持ち込まれた食物を利用している．枯死木に生息する脊椎動物や無脊椎動物はどちらも，寄生者，捕食寄生者，労働寄生者（kleptoparasites，宿主から被食者や貯蔵食物を盗む型の寄生），片利共生者など，関連する生物と巣の中で共生している．

4.2.1 枯死木に生息する種

枯死木に営巣する無脊椎動物はすべて，二つの目のいずれかに属している．ハチやアリの仲間（膜翅目）とシロアリ（等翅目）である．昆虫の中にも，自分で巣穴を掘る一次穿孔種と，他種が掘った孔を二次的に利用する種がいる．しかし，昆虫は枯死木中での巣穴の掘り方がとても多様である（図4.2）．主に三つのタイプが知られている：

1. 単独性のハチが枯死木に穿孔，あるいは他の穿孔性昆虫が掘った孔を利用する．
2. 社会性のハチ（スズメバチ科（Vespidae）やミツバチ科（Apidae））が，大きな樹洞の内部に巣材を外部から持ち込んで巣を作る．
3. 社会性のアリ（アリ科（Formicidae））やシロアリが生立木枯死部や枯死木の内部に坑道や小部屋から構成された巣を掘る．

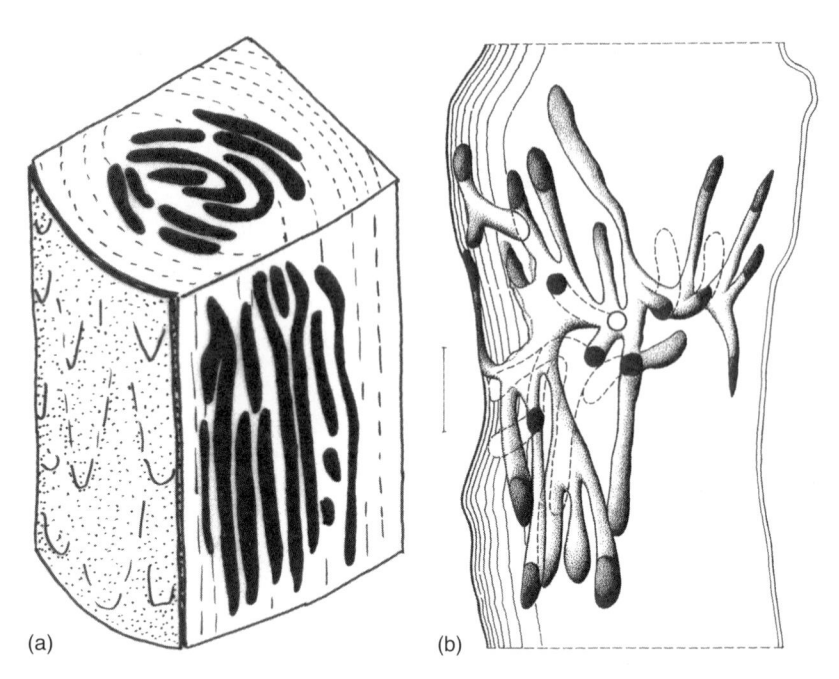

4章 枯死木をめぐる栄養を介さない関係

図 4.2. 枯死木を営巣に利用する昆虫は，グループや種により非常に多様な坑道や小部屋を枯死木内部に作る．(a) オオアリ属（*Camponotus*）の坑道．(b) アナバチの仲間の *Ectemnius cephalotes*（ギングチバチ科（Crabronidae））の坑道．*Ectemnius cephalotes* は枯死木の中に自分で坑道を掘り，毎年拡張することが多い．複数の雌が一つの入り口を使い，内部は複数の平面に分岐している．枝分かれした短い坑道の端には，幼虫 1 匹分の小部屋があり，中サイズのハナアブ（ハナアブ科（Syrphidae））成虫が 6 〜 12 匹食料として入っている．(a) Juha Siitonen による線画，(b) Ole Lomholdt（1975）による線画．

膜翅目が枯死木を営巣目的のみに使うのと異なり，シロアリは枯死木を食物としても利用するので，この場合は枯死木依存性の食物網に含まれる．

　膜翅目のいくつかの科では枯死木に営巣する種が特に多い：アナバチ科（Sphecidae），ドロバチ科（Eumenidae），クマバチ科（Xylocopidae），ハキリバチ科（Megachilidae）である（Krombein, 1967; O'Neill, 2001）．種により，自分で穿孔する種，他の穿孔性昆虫（特にシバンムシ科，ミツギリゾウムシ科（Branthidae），カミキリムシ科，キクイムシ亜科）が脱出した後の坑道を利用する種，他種の坑道を自分にあったサイズに作り替えて利用する種な

74

図 4.3. アナバチの仲間のクボズギングチバチ（*Ectemnius cavifrons*）（ギングチバチ科（Crabronidae））（Lomholdt, 1976）．この種の坑道については図 4.2 (b) 参照．

ど，利用の仕方が異なる．樹洞に営巣する鳥類の場合と同様，種ごとに自分の体サイズに応じたサイズの坑道を選択する（鳥類よりはだいぶ小さいスケールでの話だが）．

　アナバチ科は枯死木に生息する昆虫類の中でも最も種数が多いグループである（図 4.3）．アナバチやトックリバチの仲間は捕食性である．アブラムシ，ハナアブ，イエバエ，クモなど多様な無脊椎動物を捕食するが，ハチの種により被食者の分類群に対する特殊化が見られる．被食者は枯死木の中に高密度で詰め込まれて保存されることが多いが，その際に木紛や粘土などで小部屋を仕切り，各小部屋に卵を一つずつ産む．各小部屋には数個体から数十個体の被食者が入れられており，卵から孵化した幼虫がこれを摂食する（Lomholdt, 1975, 1976; O'Neill, 2001）．

　クマバチやハキリバチは植物食であり，幼虫の食料として花粉や蜜を集めて蓄える（Krombein, 1976）．ジガバチと同様，巣のトンネルの中は小部屋に仕切られ，各小部屋には一つの卵と十分な量の食物が入れられる．クマバチは非常に強力な大顎を持っており，固い未分解の材でも大きな坑道を掘ることができる．坑道は普通，入り口部分の短いトンネルと，枯死木の表面に近い部分に作られる一つか複数のトンネルからなっている．坑道は数年にわ

たって使われ，新成虫は坑道の中で冬眠する．ハキリバチでは，柔らかい腐朽材に坑道を掘る種もいるが，多くの種は既にある孔を利用する．小部屋を仕切る壁は土（俗に"壁塗りバチ"と呼ばれるのはこのため）や新鮮な葉片（"ハキリバチ"）が使われる．ハキリバチ科はさまざまな栽培植物の非常に重要な送粉者であり，送粉者の少ない地域では人口の巣（ドリルで適当なサイズの孔を開けた材ブロック）の利用によりハキリバチの個体群を増やしたり新たに導入したりするのに成功している．

　社会性のハチやアシナガバチ類（スズメバチ科のスズメバチ亜科やアシナガバチ亜科）はすべて，枯死木を巣作りの材料にする．枯死木の表面から大顎で木質の繊維をはぎ取り，噛んで唾液と混ぜて紙のパルプと似たような状態にする．スズメバチ属（*Vespa* spp.）には樹洞の中に巣を作る種類もいる．家畜化される以前のセイヨウミツバチ（*Apis mellifera*）やその近縁種の本来の営巣場所は，樹洞である．

　オオアリ属（*Camponotus*）など多くのアリや，レイビシロアリ科（Kalotermitidae）やオオシロアリ科（Termopsitidae）などのシロアリが枯死木に穿孔して営巣する．このうち，アリ類では材の年輪を営巣に利用するのが特徴的である．すなわち，柔らかい早材部に穿孔し，材密度の高い晩材部を残すので晩材部がトンネルの壁として機能している（図4.2）．

4.2.2　昆虫の巣に関係する生物

　枯死木に営巣する昆虫にも，これと関係する生物たちがいる．脊椎動物の巣の居候と異なり，昆虫の巣の居候は，少なくとも属や科レベルで宿主特異的であることが多い（表4.3）．労働寄生（Kleptoparasitism）は営巣場所でつながった2種の種間関係の一つである．捕食寄生では寄生者の幼虫は宿主の幼虫一個体を補食して殺してしまうが，労働寄生では寄生者の幼虫は，宿主が得てきた被食者のみを主に摂食する．ただし多くの場合，労働寄生者の幼虫は，宿主が捕獲した餌を食べはじめる前に，宿主の卵や小さい幼虫を食べてしまうことが多い．

　セイボウ科のハチは，単独性のハチの労働寄生者であり，多くの種が枯死木に作られる巣を選好して寄生する．金属光沢のある青，緑，紫色の体色が

4.2 無脊椎動物

表 4.3. 北ヨーロッパにおける枯死木に営巣する昆虫とその居候の例．膜＝膜翅目，鞘＝鞘翅目，双＝双翅目，鱗＝鱗翅目．

宿主昆虫		居候昆虫	
分類群	種	種（目：科）	文献
アリ科 (Formicidae)	*Camponotus herculeanum* (オオアリ属の一種)	*Dermestes palmi*（鞘：カツオブシムシ科 (Dermestidae)）	Ehnström (1983)
		Thiasophila wockii（鞘：ハネカクシ科 (Staphylinidae)）	Palm (1951)
		Niditinea truncicolella（鱗：ヒロズコガ科 (Tineidae)）	
	Lasius brunneus (ケアリ属の一種)	*Scydmaenus perrisi*（鞘：コケムシ科 (Scydmaenidae)）	Palm (1959)
		Euryusa coarctata（鞘：ハネカクシ科 (Staphylinidae)）	Palm (1959)
	Lasius fuliginosus (ケアリ属の一種)	*Thiasophila inquilina*（鞘：ハネカクシ科 (Staphylinidae)）	Palm (1959), Alexander (2002)
		Zyras funestus（鞘：ハネカクシ科 (Staphylinidae)）	Palm (1959)
		Milichia ludens（双：クロコバエ科 (Milichidae)）	Alexander (2002)
		Eocatops lapponicus（鞘：Cholevinae）	Szymczakowski (1975)
スズメバチ科 (Vespidae)	*Vespa crbro* (スズメバチ属の一種)	*Velleius dilatatus*（鞘：ハネカクシ科 (Staphylinidae)）	zur Strassen (1957)
		Cryptophagus micaceus（鞘：キスイムシ科 (Cryptophagidae)）	Alexander (2002)
アナバチ科 (Sphecidae)	*Pemphredon, Passaloecus spp.* (アリマキバチ属，イスカバチ属)	*Omalus auratus*（膜：セイボウ科 (Chrysidae)）	Lomholdt (1975)
		O. puncticollis（膜：セイボウ科 (Chrysidae)）	Alexander (2002)
ハキリバチ科 (Megachilidae)	*Osmia leaiana, Osmia spp.* (ツツハナバチ属)	*Chrysura radians*（膜：セイボウ科 (Chrysidae)）	Alexander (2002)

77

印象的なこれらの種は，古い木造の建物の壁を走り回っているのが目撃される．労働寄生者は，昆虫の他の目にも見られる．鞘翅目（例えば *Zavaljus brunneus*（コメツキモドキ科 Languridae）（Palm, 1951; Lundberg, 1966））や双翅目（例えば *Eustalomyia* spp.（ハナバエ科 Anthomyiidae）や *Macronychia* spp.（ニクバエ科 Sarcophagidae）（Alexander, 2002）である．

カツオブシムシ科甲虫，例えば *Megatoma undata* や *Globicornis marginata* の幼虫は単独性のハチの古い巣からよく見つかり，ハチが蓄えた餌のひからびた残りものを食べている．しかし，これらの種は樹皮下など異なるタイプの場所にも住み，昆虫の死体を食べている（Palm, 1951, 1959）ので，死肉食者ともいえる．

4.2.3 脊椎動物の巣に関係する生物

樹洞に生息する脊椎動物は，さまざまな無脊椎動物を居候として巣の中に同居させている（Woodroffe, 1953; Hicks, 1971）．宿主の糞や羽，食べ残しや死体などが窒素源となり，多様な無脊椎動物相を養っている．多くは，巣内の腐敗物に引き寄せられた種で，巣内だけではなくさまざまな環境に生息するが，中には巣内に特異的に生息する種もおり，好巣性種（nidicolous species）と呼ばれる．

多くの好巣性種は開放地の巣も含んだいろいろなタイプの巣に生息できるが，樹洞の内部の巣にしか生息できない種もいる．含水率の高くなった鳥の巣では，真菌や細菌による分解が急速に進行し，植物遺体の分解過程で見られる動物相が見られる（Woodroffe, 1953）．開放地に作られた巣では，鳥が放棄した後の巣は降雨の影響を受けて湿ったりするが，樹洞の中の巣は気象条件からよく保護されており，より安定で持続的な生息場所といえる．

樹洞の巣に居候する無脊椎動物には，大きく分けて三つのカテゴリーが認められる：巣の主の脊椎動物の外部寄生者；巣内の分解物を摂食する種（腐植食者，死肉食者，菌食者を含む）；そして前2者の寄生者や捕食寄生者である．外部寄生者は，鳥類に寄生するダニ類，ハジラミ目（Mallophaga），シラミバエ科（Hippoboscidae）のハエ，さまざまな哺乳動物に寄生するノミ目（Siphonaptera）コウモリに寄生するクモバエ科（Nycteribiidae）のハ

エなどである．これらの種は宿主の血液，外皮，羽毛などを摂食している．多くの外部寄生者は宿主に種特異的に寄生する．

その他の居候種は，巣の材料にもとづいた複雑な食物網を構成しており，宿主に対する種特異性はないことが多いが，巣のタイプや材料に対する特異性がある．含水率は巣内の種組成に影響する重要な要因である（Woodroffe, 1953）．湿った巣はハエやその幼虫の捕食者に好まれるが，乾いた巣はカツオブシムシ類やヒロズコガ科のガに好まれる．カツオブシムシやヒロズコガの幼虫は，ケラチンと呼ばれる繊維状のタンパク質からなる羽毛や毛などの乾いた動物組織を摂食する．人家の中で食物や羊毛製品を食害する害虫で，現在世界的に分布している種は，もともとは巣を生息場所としていた種である（Woodroffe, 1953）．樹洞の巣によく見られる甲虫には，チビシデムシ亜科（Cholevinae）の *Dreposcia umbrina* や *Nemadus colonoides*，ハネカクシ科の *Haploglossa* spp.，エンマムシ科の *Gnathoncus* spp.，ヒョウホンムシ科の種，カツオブシムシ科の *Anthrenus scriphulariae* などが挙げられる（Palm, 1951, 1959）．ハネカクシ科やエンマムシ科の種は巣内のハエの幼虫の捕食者である．巣内で見つかるハエは，さまざまな科の種がいる．例えば，*Protocalliphora* spp.（クロバエ科 Calliphoridae），ハナバエ科（Anthomyzidae），キイロコバエ科（Chyromyidae），ヒメイエバエ科，トゲハネバエ科（Heleomyzidae）の *Neossus niducola* などがある（Iwasa et al., 1995; Alexander, 2002）．

巣とは関係なく，樹洞に生息する無脊椎動物はさらに多い．それらの多くは腐植食者であり，腐朽材や樹洞の下部に蓄積した腐植を摂食している．さらに，それらの捕食者や捕食寄生者もいる．樹洞をめぐる枯死木依存性の食物網については7章で詳しく触れる．

4.2.4 枯死木の中で冬眠・夏眠する無脊椎動物

立枯れ木や倒木はリターに住む節足動物の重要な冬眠・夏眠場所である．分解が進んだ材は乾燥した季節にも含水率が高く，貝類などの避難所になったり，地表性のオサムシ科（Carabidae）の多くの種にとって冬眠・夏眠場所となる．

4.3 材上性種：表面での生活者

　枯死木依存性の生物の中には，枯死木の表面のみを生息場所としている種もいる．Epixylic（epi は表面で育つという意）の種は木質や他の木質利用者をエネルギー源としてない．多くは独立栄養（autotrophic）で，光合成によりエネルギーを得ている．それでもこのグループには枯死木に依存する種がおり，その多くはコケや地衣である．

4.3.1 材上性のコケ

　コケの大部分は二つの異なる系統的に異なる分類群に属する：蘚類（moss）と苔類（liverwort）である．どちらの分類群にも，枯死木上に生育する種が多くいるが，枯死木に特異的な種が多いのは苔類である．苔類は細胞１層からなる繊細な葉を持つ小さな植物であり，水を輸送する能力がないため周辺の水分が多い環境が必要である．そのため，材上性の苔類の多くは林冠の閉鎖した湿度の高い暗い森林に生息が限られ，しかも含水率の高い分解段階の進んだ倒木を好む．材上性の生活様式は苔類に広く見られ，多くの科が少なくとも数種の材上性の種を含んでいる．世界的に広く分布する属では，ヤバネゴケ属（*Cephalozia*），タカネイチョウゴケ属（*Lophozia*），ヒシャクゴケ属（*Scapania*）などに倒木上に生育する種が多い．

　倒木上でのコケの遷移については比較的研究例が多い（Muhle and LeBlanc, 1975; Söderström, 1988a; Kushnevskaya et al., 2007）．枯死木上に生育するコケには，生態的に異なる四つのグループが知られている（Söderström, 1988b）．一つ目のグループは生立木の幹に生育する条件的な着生種であり，樹木が倒れた後も分解段階の初期から中期にかけて生育する．例としてはテガタゴケ（*Ptilidium phlcherrimum*）が挙げられる．地衣類も多くの種が条件的な着生種として普通に見られる．二つ目のグループは，倒木や切り株にしか見られない特異的な種である．分解初期の着生種は倒木の樹皮上に定着して生育する．例としてはコダマイチョウゴケ（*Anastrophyllum hellerianum*）やタカネイチョウゴケ属の数種が挙げられる．分解が進み，樹皮がなくなっ

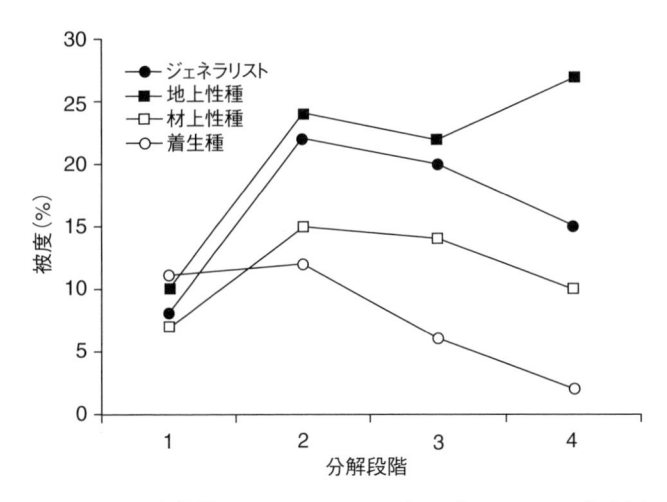

図4.4. 北西ロシアの老齢林におけるドイツトウヒ（*Picea abies*）倒木の分解にともなうコケの主要な生態グループの被度の遷移（Kushnevskaya et al., 2007 より）. 分解段階全体を通して四つすべてのグループの種が存在しており，その中で材上性の種は比較的被度が小さい.

て材が柔らかくなると，後期種が優占してくる．例としてはマツバウロコゴケ（*Blepharostoma trichophyllum*）やハイスギバゴケ（*Lepidozia reptans*），ヤバネゴケ属の種などが挙げられる．三つ目のグループは，さまざまな基物に生える日和見的な種で，さまざまな分階段階の倒木に生える．最後は，競争的な地上性（epigeic）の種で，分解の進んだ倒木の上に徐々に進入して材上性の種を駆逐していく．

Kushnevskaya et al.（2007）は，亜寒帯老齢林におけるトウヒ倒木上での各グループの被度の遷移を調べた．結果は Söderström（1988a）のパターンを裏付けるものだったが，分解段階全体にわたってすべてのグループの種が存在し，相対的な優占度が変化することを明確に示した（図4.4）.

材上性の苔類の定着に決定的な影響を与える要因は，倒木のサイズである．小径木が倒れると，地上性の種が速やかに倒木全体を覆ってしまい，競争力に劣る苔類は定着できない．また，倒木の分解が進み含水率が高い状態になると，材上性の種にとっては地上性の種との競争が厳しくなってくる．その

ような状況では，材上性の種は倒木の側面の垂直部分に分布が限られる．地上性の種は一般的に，まず倒木の上面に定着し，倒木が完全に崩れると側面にも拡大してくる．大きな倒木の側面の地上性の種が定着していない小さな"窓"のような部分は，材上性の苔類にとっての"ホットスポット"となることが多く，とても狭い面積に多数の種が共存していることがある（Andersson and Hytteborn, 1991）．

　倒木上は競争が少ないことが，倒木上で多種の苔類が見られることの一つの説明となるだろう．これらの種の中には，倒木だけでなく岩の上や撹乱された地上にも見られる種もある．倒木上でよく見られる種にとって，湿り気があって競争が少ない場所が定着場所として重要なようだ．適当な条件下では，例えば湿った砂岩の上にも完全な材上性だと思われていた種が優占していることがある（Bengt Gunner Jonsson 私信）．

　亜寒帯林や温帯林では，立枯れ木に生えているコケは非常に限られている．樹皮がはがれた幹の上部は，湿り気が必要なコケにとっては乾燥しすぎている．熱帯では状況が異なり，多くの着生コケ類が立枯れ木に優占しているらしい（Pócs, 1982）．

4.3.2　材上性の地衣

　材上性の地衣は，他のすべての地衣と同様，真菌（ほとんどが子嚢菌）の組織の中に藻類や細菌が共生した構造をしている．コケと異なり，地衣の多くが立枯れ木に定着し，樹皮のはがれた幹にも生えていることが多い．Spribille et al.（2008）は材上性の地衣に関する総説で，フェノスカンジアや北アメリカ北西部太平洋岸での情報をまとめた．1271種の（広義の）着生種の定着場所を解析した結果，そのうち40%の種が枯死木上に定着しており，約10%が絶対的な材上性種だった．絶対的な材上性種の多くは微小菌（訳者註：大型の子実体を作らない真菌）の属からなる地衣だったが，大型地衣（macrolichen）にも1属だけ，*Cladonia*属が真の材上性種だと考えられた．ピンゴケ類の地衣（calicioid lichen, 訳者註：ごく細い柄の先端に小さな頭部をつけるピン状の子器を持つ）には材上性の地衣が多く，枯死木上の地衣のうち4分の1はピンゴケ類である（図4.5）．

4.3 材上性種：表面での生活者

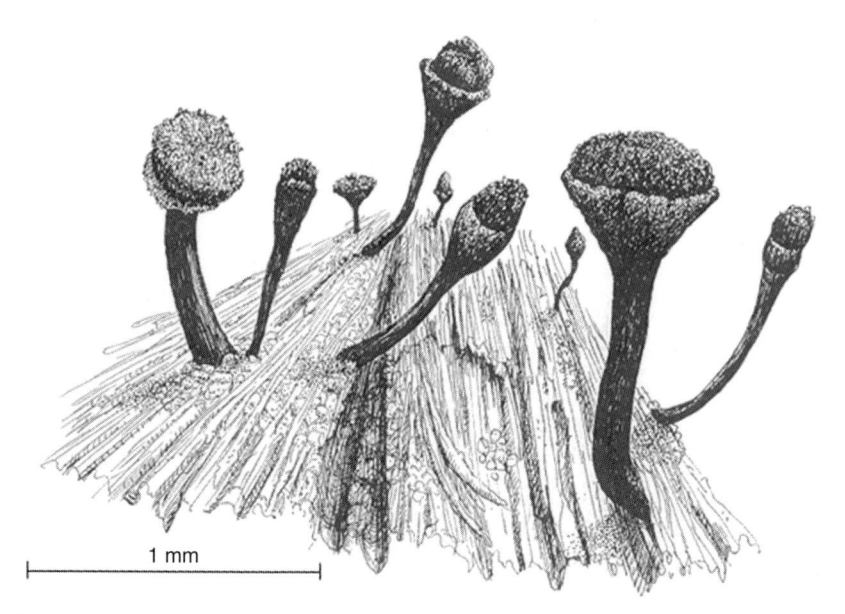

図 4.5. ピンゴケ類の地衣．立枯れ木に普通に見られ，材上性の地衣の中でも目立つ存在である．胞子を形成する器官（子器，apothecia）が短い柄の上に形成される（ピン状）が，地衣の葉状体（thallus）はカサブタ状で材上に広がっている．図は *Chaenotheca ferruginea*（ホソピンゴケ属の一種）．広範囲に分布する種で，樹皮の有無に関わらず立枯れに普通に見られる．燃え残りの木や，古い木造建築にも見られることがある（図は Alexander Mikulin による）．

地衣の中には，真菌部分が腐生的に生活しておりエネルギーを枯死木から得ているらしい種もわずかながら知られている．これは，少なくともクギゴケ目（Mycocaliciales）の種に関しては事実らしい（Tibell and Wedlin, 2000）．部分的に腐生的な生活スタイルはホソピンゴケ属（*Chaenotheca*）（Tibell, 1997）や *Stictis* 属（Wedin et al., 2004）の種でも示唆されている．Spribille et al.（2008）は総説の中で，フェノスカンジアと北アメリカ北西部太平洋岸の両方に見られる種の生態を比較した．興味深いことに，片方の大陸では絶対的な材上性なのに対し，他方ではそうではないというように，これらの地域間でニッチシフトを起こしている種があった．この理由ははっきりわかっていないが，大陸同士が分かれてから非常に長い年月が経っているので，生息場所の選択に関して進化的な差が生じたのかもしれない．

4章　枯死木をめぐる栄養を介さない関係

　材上の地衣類相は，樹が生きているときから枯死して樹皮が失われ，ついには倒れて倒木となる時までさまざまに移り変わり，それぞれの段階に特徴的な地衣類がいる．また，分解段階によっては樹種の影響が地衣類相に反映されることもある．エストニアの着生あるいは材上性地衣類に関する詳細な研究では，4樹種（トウヒ，マツ，カバノキ，ハンノキ）について分解段階3段階（生立木，樹皮のついた立枯れ，樹皮の脱落した立枯れ）の影響が調べられている（Lõhmus and Lõhmus, 2001）．その結果，樹皮の脱落が地衣類相に大きな影響を与えており，多くの地衣類が樹皮の有無に対応した発生消長を示した．また，樹種の影響は樹皮の残っている立枯れで大きかったが，樹皮の脱落した立枯れでは樹種の影響はなかった．同様に，ピンゴケ類の地衣での研究では，分解段階や材の直径が地衣類の種組成に中心的な影響を与えることが報告されている（Kruys and Jonsson, 1997）．

　もっとよく目立つ地衣類では，"オオカミゴケ（wolf lichen）"の異名を持つ *Letharia* 属がある．この地衣は，明るい場所にある樹皮の脱落した針葉樹の立枯れ木に発生する，明るい黄色をした低木状の美しい地衣類なのでよく注目される．しかし，この地衣はブルピン酸（vulpinic acid）という毒性分を含んでいる．言い伝えによれば，この地衣を少量の草と混ぜ，動物の死体に埋め込んでおき，オオカミを殺すための罠として用いたという．

5章
樹木との関係

Jogeir N. Stokland

樹木の多様性についての本は多い（Oldfield et al., 1998; Grandtner, 2005; Tudge, 2005）．樹木の内部の構造や，生理的な機能，防御機構についての本もある（Blanchette and Biggs, 1992; Butin, 1995; Wagner et al., 2002; Schweingruber et al., 2006）．この章では，これらとは違った視点で樹木を見てみたい——樹木のさまざまな特徴は，樹木の枯死後どのようにして枯死木依存性の生物群集の種組成に影響するのだろうか．

生態学の他の分野と同様，枯死木依存性生物と宿主である樹木との関係も，進化的な観点から理解される必要がある．10章では，樹木種の進化について，特に構造的な変化に注目して考察する．ごく簡単にいうと，針葉樹はおよそ3億1000万年前に起源を持ち，1億から1億2000万年前に広葉樹が進化してからそれぞれ長い進化の歴史がある．そのため，針葉樹と広葉樹はそれぞれ明瞭なグループを形成し，多くの点で異なっている．

5.1 針葉樹と広葉樹

枯死木に生息する生物と宿主である樹木との関係についての定量的なデータをまとめた文献はほとんどなく，情報が不足している．最近出版された木材腐朽性の担子菌類の生態学に関する本（Boddy et al., 2008）でも，樹木との関係についてはごく表面的に触れられているにすぎない．一つの章でだけこの課題について触れられており，デンマークにおいて広葉樹のさまざまな樹種に特異性や強い選択性，弱い選択性を示す真菌が紹介されている（Boddy and Heilmann-Clausen, 2008).寒帯の針葉樹が優占する森林における真菌群集に関する章では，樹種との関係についてはあまり触れられていない．同様に，フランスで近年出版された森林昆虫に関する本（Dajoz, 2000）でも，枯死木依存性の昆虫についての記述は多いにも関わらず，樹種との関係については明確に示されていない．Dajoz はもちろん枯死木の樹種によって昆虫相が異なることは知っており，その証拠に本の中では分解過程に関わる群集の発達について樹種ごとに節を分けて紹介している．このように枯死木の中の生物群集を樹種ごとに記述した例は多い（6 章参照）．しかし，これらの知識は集めて全体を見ることで初めて枯死木に生息する種の宿主範囲や選好性について知ることができる．

枯死木依存性の生物と樹種との関係についての科学的な総説はないが，情報がないわけではない．木材腐朽菌や枯死木依存性の昆虫の多様性に興味のある人は，針葉樹と広葉樹の枯死材では種組成が非常に異なることをよく知っているだろう．すなわち，ある場所での標本を充実させるためには針葉樹と広葉樹の両方で採集を行うことが重要になる．真菌や昆虫の収集家はこのような樹種と対象種との関係に精通しているが，それらの情報はそれぞれの国の言語で地元の昆虫学・植物学・菌学などの雑誌に個別に報告されているので，世界中に分散しており，それらをまとめるのは容易ではない．

5.1.1 北ヨーロッパでの研究例

枯死木依存性の生物と樹種の関係に関する包括的な総説がほとんどない理由は，恐らく，希少種など一般的でない種についても幅広い知識が必要なことと，多くの言語を読みこなさなければならないというハードルの高さに起因しているだろう．しかしながら，スカンジナビア諸国（ノルウェー，スウェーデン，フィンランド，デンマーク）という比較的広い地域における情報を集約しようという動きが始まっている．さまざまな分類群の生物の専門家が協力して情報データベースを作り，さまざまな目的に使えるように整備している（Stokland and Meyke, 2008）．以下の節では，これまでに公表されたごく限られた情報の解析結果について報告したい（Dahlberg and Stokland, 2004; Stokland et al., 2004）．

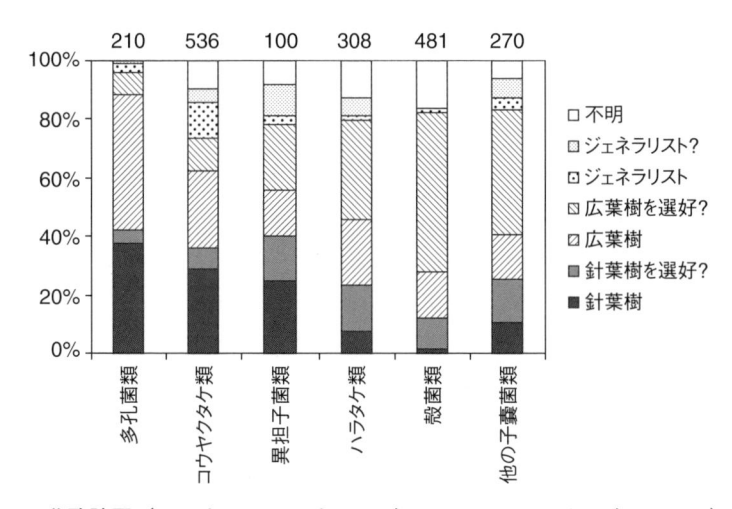

図 5.1. 北欧諸国（ノルウェー，スウェーデン，フィンランド，デンマーク）における真菌の分類群ごとの宿主樹木との関係．棒グラフの上の数字は各分類群に含まれる種数．宿主に対する選好性を示す凡例にあるクエスチョンマーク（?）は，観察例がほとんどなく宿主選好性を判定するのには弱い経験的な証拠であることを示す．

5.1.2 木材腐朽菌

スカンジナビアのデータベースでは，Dahlberg and Stokland（2004）が2021種の真菌について解析しており，そのうち1270種は担子菌，751種が子嚢菌であった．図5.1はその結果を示している（ごく小さな担子菌のグループは除いてある）．これによれば，真のジェネラリスト，すなわち針葉樹・広葉樹ともに高頻度で発生が見られた種は，全体の5％にすぎなかった．加えて，4％の種は潜在的なジェネラリストと考えられたが，ジェネラリストに分類してしまうには情報が不足していた．残りの81％の種は針葉樹か広葉樹に特異的に発生するか，あるいは選好性を示し，興味深いことに真菌の分類群ごとに選好性は異なっていた．

多孔菌類（polypore）が最も良く調べられており（210種，図5.1），針葉樹か広葉樹かという分け方なら，すべての菌種について選好性がわかっている．多孔菌類の中では，真のあるいは潜在的なジェネラリストは4％にすぎない．残りの種はすべて，広葉樹に発生が限られるか強い選好性を示す種

(54%) か針葉樹特異的な種 (42%) に分けられる．これらの数字は正確な値というよりも目安くらいに思っておいた方が良い．ほとんど同じ種リストでも，やや異なる基準で樹種特異性を判定した例では，広葉樹に特異的な種が 45%，針葉樹に特異的な種が 40% であった (Junninen and Komonen, 2011)．

コウヤクタケ類（Corticioid）(536 種，図 5.1) もよく知られている．このグループでは多孔菌類に比べジェネラリストの割合がやや高い (16%)．この理由として考えられることは，コウヤクタケ類の中には菌根性の種 (mycorrhizal species) がおり，それらの種は枯死木を栄養源ではなく単に子実体の形成場所として利用しているためであろう．木材腐朽性の種の多くは，針葉樹を好む種 (36%) と広葉樹を好む種 (38%) とに分けられる．

枯死木から生えるハラタケ類（agarics）(308 種，図 5.1) は樹種との関係において多孔菌類やコウヤクタケ類と異なっている．このグループでは，広葉樹を好む種の割合 (57%) が針葉樹を好む種の割合 (27%) に比べ大きい．

子嚢菌類（ascomycetes）では広葉樹を好む傾向がさらに強い．特に核菌綱（Pyrenomycetes）(481 種，図 5.1) では 70% の種が広葉樹に，12% が針葉樹に発生するようだ．潜在的なジェネラリストはたったの 6 種 (1%) だが，真のジェネラリストも 1 種以上はいる．核菌綱は同定が難しくあまり調査されていないため，上述の割合は変わる可能性もあるが，針葉樹に比べ広葉樹に多く発生するというパターンは正しいだろう．チャワンタケ類などその他の子嚢菌類，特にオペキュリット（訳者註：子嚢に蓋のあるグループ）と呼ばれる子嚢菌類 (270 種，図 5.1) もまた広葉樹と強い関係があるが，25% は針葉樹に発生するようだ．このグループでは数種（恐らく 10% 程度）が真のジェネラリストだと考えられているが，情報が不十分なためこれらの数字も慎重に扱う必要がある．

5.1.3　枯死木に生息する無脊椎動物

枯死木に住む無脊椎動物で最もよく知られているのは甲虫類である．その食性は種によって異なり，内樹皮，わずかに腐朽した材，真菌類による分解が進んだ材など，さまざまな状態の木質を摂食している．他にも，木材腐朽

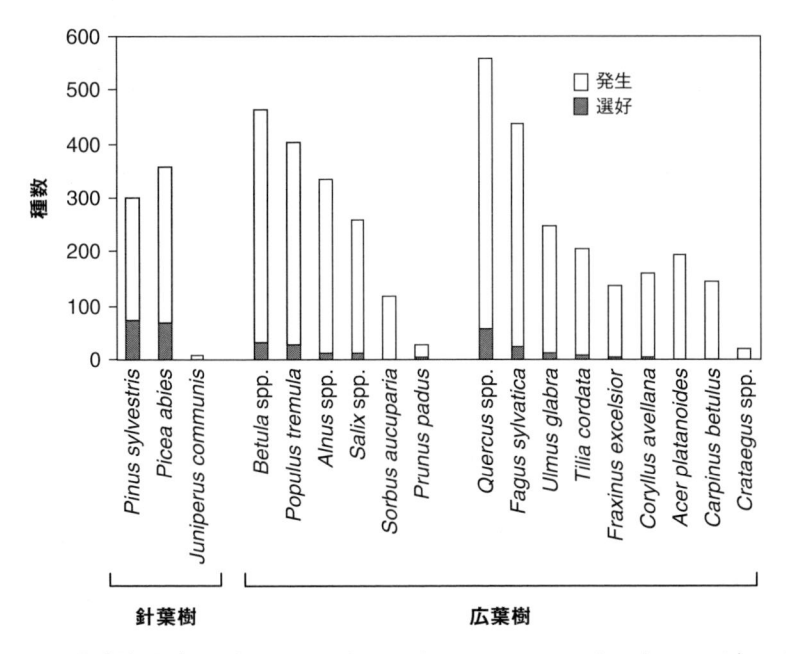

図5.2. 北欧諸国（ノルウェー，スウェーデン，フィンランド，デンマーク）における樹種ごとの関係する甲虫の種数. Stokland et al.（2004）より

菌を摂食する種や，上記の種を補食する種もいる．これらの食性については3章で詳述した．ここではこれらの種の樹種特異性についてみていく．

木材腐朽菌と同様，甲虫類も針葉樹を好む種と広葉樹を好む種に明瞭に分かれる．枯死木依存性の1257種のうち，329種（26％）は樹種に明瞭な選好性を示した（図5.2）．樹種を針葉樹と広葉樹に分けると，少なくとも75％の甲虫はそのどちらかを明らかに選好していた．少なくとも23％の種が針葉樹を選好し，52％の種が広葉樹を選好していた．針葉樹と広葉樹のどちらにも高頻度で発生したジェネラリストは11％にすぎなかった．残りの14％はほとんど知られていない種だが，そのほとんどは針葉樹か広葉樹のどちらかを選好していると思われる．すなわち，北ヨーロッパの枯死木依存性甲虫の75～90％が針葉樹か広葉樹に選好性を示す．同様の傾向は中国の枯死木依存性甲虫についても見つかっており（Wu et al., 2008），世界的な

パターンだと思われる.

このような宿主との関係に関する大まかな区分の中には,329種ではより特定の樹種へのより狭い選好性が知られているように,更なるパターンもある.このような精緻な関係性についてはこの章の後半で触れる.

針葉樹材と広葉樹材で種組成が異なる現象は,恐らく他の無脊椎動物でも見られるが,定量的な研究はほとんどなされていない.

5.2 樹木の多様性と系統

地球上の樹木の種数は6万種から10万種といわれており,その大部分が広葉樹である(表5.1).以下の節では,樹木の系統関係について述べる.どの樹種同士が系統的に近く,どれが遠いかといったことがわかれば,枯死木依存性生物の樹種選好性についての理解も深まるだろう.

5.2.1 木性シダ

木性シダは石炭紀(3億5400万年前から2億9000万年前)の残存種であり,当時はこのグループの植物の多様性が極めて高かったと考えられている.高さは20 m程度まで生長し,樹冠には葉を広げる.しかし,針葉樹や広葉樹と異なり,生長しても幹に木質を形成することはない.その代わり,生長にともない伸び続ける根が絡まり合って幹を保持している.分類学的には,木性シダはヘゴ目(Cyatheales)のタカワラビ科(Dicksoniaceae)とヘゴ科(Cyatheaceae)に属している.現存する種は500種ほどで,熱帯域や南半球の湿潤林に自生している.

5.2.2 古代樹種の系統

石炭紀からある植物で,幹を作るもう一つのグループはソテツ類である.シダやヤシと混同されることもあるが,これらのグループとは近縁ではなく,ソテツ植物門(Cycadophyta)という独立した門を形成し,現在では約300種が知られている.多様性の中心は熱帯の,特に冬がやや寒くなる乾いた地域にある.ソテツ類のなかには形成層が二次生長して年輪を形成する種もあ

るが，そのような木部を形成しない種もいる（Norstog and Nicholls, 1997; Schweingruber et al., 2006）．ソテツ類の木部の年輪は針葉樹や広葉樹の年輪とは異なる．さらにソテツ類では木部の割合自体少なく，中心部の髄や表皮組織の割合が大きい．そのため，ソテツ類の幹の構造は木本植物のものと非常に異なっている．

イチョウ（*Ginkgo biloba*）はイチョウ植物門（Ginkgophyta）という1種で独立した系統を構成している．幅広い葉を作り落葉するという，裸子植物としては非常に変わった特徴を持っている．原産地は中国で，自生のほか仏教の僧により植えられていたが，現在では観賞用として世界中で流通している．イチョウの幹の構造は針葉樹材の特徴を示しており，形成層から内側には木部が，外側には樹皮が形成される．

5.2.3 針葉樹

針葉樹は古代からあるもう一つの樹木の系統で，3億1000万年前の石炭紀に起源すると考えられている．ソテツ類やイチョウが自生しない温帯域では，針葉樹は普通，裸子植物と同義と見なされている．

全体では，630種の針葉樹が知られている（表5.1）．分布は北半球，特に寒帯に集中しているが，ナンヨウスギ科（Araucariaceae）とマキ科（Podocarpaceae）は主に南半球に分布している．すべての針葉樹は木本であり，多くは1本の幹が直立する樹形になる．多くの針葉樹は常緑だが，カラマツ属（*Larix*）など冬期に落葉する種も例外的に存在する．葉は針状の種が多いが，ヒノキ科やマキ科の種は平面的な葉や断面が三角形の葉，鱗片状の葉などを持つ．すべての針葉樹が，いわゆる松ぼっくり（個々の種子を保護する複数の鱗片からなる木質の毬果）を作るわけではない．マキ科のイチイやヒノキ科のビャクシン属（*Juniperus*）では，果皮は柔らかく，水分が豊富で目立つ色をしており，鳥類によって食べられる．こういった形態的な違いは，針葉樹が多系統であることを反映している（図5.3）．この章の後半では再びこの話題に触れ，系統間で防御システムにも違いがあることを紹介する．

5章 樹木との関係

表 5.1. 植物の主要な目．いくつかの目では主要な科と，カッコ内に属を示す．属名の後の+はより多くの属が科内にあることを示す．種数は完全なものではない．生活型：高木—幹で立ち上がる種類；低木—低木やツル；草本—草本

分類群	種数	生活型	分布
木性シダ	500	高木, 低木	熱帯, 南半球
裸子植物			
ソテツ目 (Cycadales)	300	低木	熱帯
イチョウ目 (Ginkgoales) (*Ginkgo biloba*)	1	高木	中国
球果植物目 (Coniferales)	630		
・マツ科 (Pinaceae) (*Pinus, Picea, Abies, Larix, Tsuga,* +)	225	高木, 低木	北半球
・ナンヨウスギ科 (Araucariaceae) (*Araucaria, Agathis, Wollemia*)	41	高木	南半球
・イヌガヤ科 (Cephalotaxaceae) (*Cephalotaxus*)	11	高木	東アジア
・マキ科 (Podocarpaceae) (*Podocarpus, Dacrycarpus, Prumnopitys,* +)	185	高木, 低木	主に南半球
・フィロクラドゥス科 (Phyllocladaceae) (*Phyllocladus*)	4	高木	東南アジア, タスマニア
・コウヤマキ科 (Sciadopityaceae) (*Sciadopitys*)	1	高木	日本
・ヒノキ科 (Cupressaceae) (*Cupressus, Taxodium, Sequoia, Juniperus,* +)	133	高木, 低木	汎世界的
・イチイ科 (Taxaceae) (*Taxus, Torreya,* +)	25	高木, 低木	主に北半球
被子植物			
モクレン目 (Magnoliales)	2800	高木, 低木	主に熱帯, 一部温帯
クスノキ目 (Laurales)	3400	高木, 低木	主に熱帯, 一部亜熱帯
カネラ目 (Canellales)	135	高木, 低木	南半球
コショウ目 (Piperales)	2000	高木, 低木, 草本	熱帯
ヤシ目 (Arecales)	2600	高木, 低木	熱帯から暖温帯

92

5.2 樹木の多様性と系統

分類群	種数	形態	分布
イネ目 (Poales)			
• タケ亜科 (Bambusoideae)	1000	高木, 低木	ヨーロッパを除く汎世界
ヤマモガシ目 (Proteales)			
• スズカケノキ科 (Platanaceae) (*Platanus*)	10	高木	北半球の温帯
ヤマグルマ目 (Trochodendrales)	1	高木	日本と台湾
キントラノオ目 (Malpighiales)			
• トウダイグサ科 (Euphorbiaceae) (ゴムノキ *Hevea* を含む)	7500	低木, 草本	主に熱帯
• ヒルギ科 (Rhizophoraceae) (*Rhizophora*, +)	140	低木	熱帯
• ヤナギ科 (Salicaceae) (*Salix*, *Populus*, +)	400	低木	北半球
マメ目 (Fabales)			
• マメ科 (Fabaceae) (*Acacia*, *Dalbergia*, *Robinia*, +)	19000	高木, 低木, 草本	汎世界的分布
バラ目 (Rosales)			
• バラ科 (Rosaceae) (*Malus*, *Prunus*, *Pyrus*, *Sorbus*, *Crataegus*, +)	3000	高木, 低木	汎世界的分布
• クロウメモドキ科 (Rhamnaceae)	850	高木, 低木	主に熱帯, 一部温帯
• クワ科 (Moraceae) (*Morus*, *Ficus*, +)	1500	高木, 低木, 草本	主に熱帯, 一部温帯
• ニレ科 (Ulmaceae) (*Ulmus*, *Zelkova*, +)	40	高木	北半球の温帯
ブナ目 (Fagales)			
• ブナ科 (Fagaceae) (*Fagus*, *Quercus*, *Castanea*, +)	900	高木, 低木	北半球
• ナンキョクブナ科 (Nothofagaceae) (*Nothofagus*)	35	高木, 低木	南半球
• カバノキ科 (Betulaceae) (*Betula*, *Alnus*, *Carpinus*, *Corylus*, +)	130	高木, 低木	北半球の温帯
• クルミ科 (Juglandaceae) (*Juglans*, *Carya*)	50	高木	熱帯から温帯
フトモモ目 (Myrtales)			
• シクンシ科 (Combretaceae) (マングローブの数種を含む)	600	高木, 低木	熱帯, 亜熱帯
• フトモモ科 (Myrtaceae) (*Eucalyptus*, *Eugenia*, *Myrcia*, +)	5600	高木, 低木	熱帯から暖温帯

5章　樹木との関係

表 5.1.

分類群	種数	生活型	分布
アオイ目 (Malvales)			
・アオイ科 (Malvaceae) (Hibiscus, Tilia, Bombax, バオバブ, ココア, +)	2300	高木, 低木, 草本	熱帯から温帯
・フタバガキ科 (Dipterocarpaceae) (Dipterocarpis, Dryobalanops, Shorea, +)	680	高木, 低木	主に東南アジア, アフリカ
ムクロジ目 (Sapindales)			
・ミカン科 (Rutaceae) (Citrus, +)	900	高木, 低木	熱帯から暖温帯
・センダン科 (Meliaceae) (Flindersia, Switenia, Azadirachta, +)	550	高木, 低木	熱帯から暖温帯
・ウルシ科 (Anacardiaceae) (Anacardium, Pistacea, Rhus, Mangifera, +)	600	高木, 低木	熱帯から温帯
・ムクロジ科 (Sapindaceae) (Acer, Aesculus, Sapindus, Pometia, +)	2100	高木, 低木	熱帯から温帯
ミズキ目 (Cornales)			
・ミズキ科 (Cornaceae) (Cornus, Davidia, Nyssa, +)	110	高木, 低木	主に冷温帯
ツツジ目 (Ericales)			
・カキノキ科 (Ebenaceae) (Diospyrus, +)	500	高木, 低木	ほぼ汎世界的
・アカテツ科 (Sapotaceae) (Pouteria, Palaquium, Sideroxylon, +)	1100	高木, 低木	主に熱帯
・ツバキ科 (Theaceae) (Franklinia, Camellia, +)	300	高木, 低木	熱帯から暖温帯
・ツツジ科 (Ericaceae) (Rhododendron, Arbutus, Calluna, Erica, +)	2700	高木, 低木, 草本	汎世界的分布
・サガリバナ科 (Lecythidaceae) (Bertholetia (ブラジルナッツ), Lecythis, Careya, +)	400	高木, 低木	汎熱帯
ナス目 (Solanales)			
・ムラサキ科 (Boraginaceae) (Cordia, +)	2650	高木, 低木, 草本	汎世界的分布
リンドウ目 (Gentianales)			
・アカネ科 (Rubiaceae) (Coffea, Mitragyna, Nauclea, +)	9000	高木, 低木, 草本	主に熱帯や亜熱帯
・キョウチクトウ科 (Apocynaceae) (Plumeria, Dyera, +)	3700	高木, 低木, 草本	主に熱帯や亜熱帯
・リンドウ科 (Gentianaceae) (Fragraea)	970	高木, 低木, 草本	汎世界的分布

シソ目 (Lamiales)
- ハマジンチョウ科 (Myoporaceae) (*Eremophila, Myoporum*, +) | 150 | 高木, 低木, 草本 | 主にオーストラリア, 南太平洋
- モクセイ科 (Oleaceae) (*Fraxinus, Olea*, +) | 600 | 高木, 低木 | 熱帯から温帯
- ノウゼンカズラ科 (Bignoniaceae) (*Jacaranda, Paracetoma*, +) | 800 | 高木, 低木 | 主に南アメリカ

モチノキ目 (Aquifoliales)
- モチノキ科 (Aquifoliaceae) (*Ilex*) | 400 | 高木, 低木 | 主に熱帯の山岳

キク目 (Asterales) (*Brachyleana*) | 30000 | 主に草本 | 汎世界的分布

マツムシソウ目 (Dipsacales) (*Sambucus, Viburnum, Caprifolium, Lonicera*, +) | 1100 | 高木, 低木, 草本 | 汎世界的分布

出典：Tudge (2005).

5章　樹木との関係

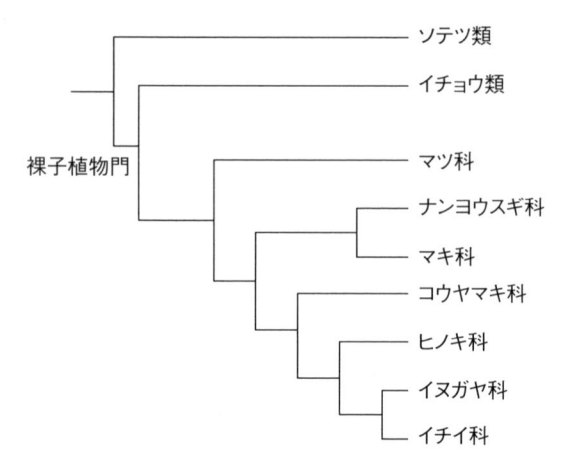

```
                        ┌─ ソテツ類
                    ┌───┤
                    │   └─ イチョウ類
            ────────┤
                    │       ┌─ マツ科
  裸子植物門         │   ┌───┤
                    │   │   │   ┌─ ナンヨウスギ科
                    │   │   └───┤
                    └───┤       └─ マキ科
                        │   ┌─ コウヤマキ科
                        └───┤
                            │   ┌─ ヒノキ科
                            └───┤
                                │   ┌─ イヌガヤ科
                                └───┤
                                    └─ イチイ科
```

図 5.3．裸子植物（gymnosperms）の系統樹（ソテツ，イチョウ，針葉樹を含む．グネツム目（Gnetales）は除く）．Farjon（2003）および Quinn and Price（2003）より．

5.2.4 広葉樹

　広葉樹は，被子植物（angiosperms）と呼ばれる大きなグループに属している．現在知られている被子植物は 1 億 3000 万年前に現れたと考えられている（Magallón and Sanderson, 2005; 図 10.1 参照）．すべての被子植物は進化的な起源が一つであり，すべての針葉樹が含まれる裸子植物とは系統的に大きな隔たりがある（Crane et al., 2004; Magallon and Sanderson, 2005; Doyle, 2008）．被子植物がどの系統から進化したかは，まだ謎のままである（Taylor and Taylor, 2009）．しかし，枯死木依存性の生物との関係を理解しようとするためには，針葉樹と広葉樹の祖先が 3 億年以上前に独立に進化したということさえ知っていれば十分である．

　被子植物は一つの大きな系統的なまとまりを形成しているが，この中で木本が単系統かというとそうではない．逆にいうと，木本という生活型は異なる目や科で繰り返し何度も進化している（図 5.4，表 5.1）．興味深いことに，形成層の機能の発達と木本化をつかさどる遺伝子は木本に限られているわけではない（Groover, 2005）．すなわち，木本化は植物の進化のなかで繰り返し登場したり失われたりしてきた形質であり，被子植物では種分化に際して

5.2 樹木の多様性と系統

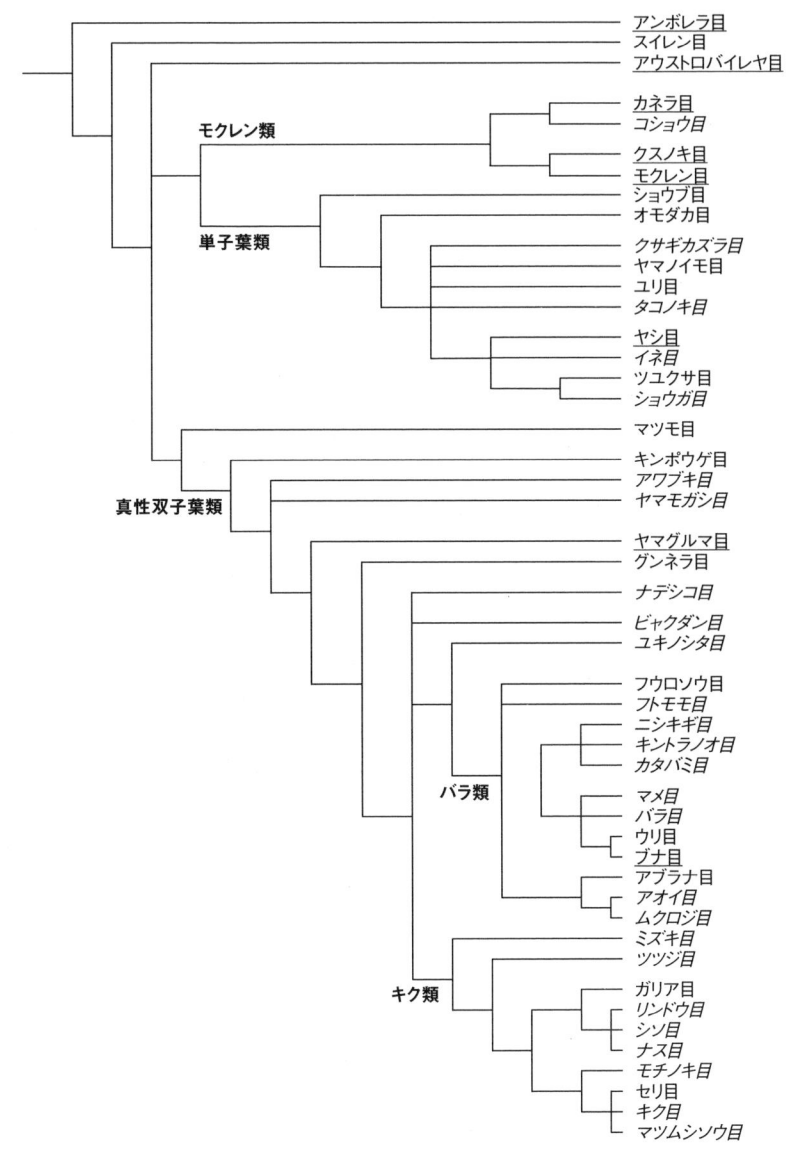

```
                              ┌── アンボレラ目
                              ├── スイレン目
                              ├── アウストロバイレヤ目
                              │         ┌── カネラ目
                              │      ┌──┤
                              │      │  └── コショウ目
                     モクレン類 ├──────┤
                              │      │  ┌── クスノキ目
                              │      └──┤
                              │         └── モクレン目
                              │    ┌── ショウブ目
                              │    ├── オモダカ目
                              │    │    ┌── クサギカズラ目
                     単子葉類   ├────┤    ├── ヤマノイモ目
                              │    │    ├── ユリ目
                              │    │    └── タコノキ目
                              │    │    ┌── ヤシ目
                              │    │    ├── イネ目
                              │    └────┤    ┌── ツユクサ目
                              │         └────┤
                              │              └── ショウガ目
                              ├── マツモ目
                              ├── キンポウゲ目
                              ├── アワブキ目
                              ├── ヤマモガシ目
                     真性双子葉類├── ヤマグルマ目
                              ├── グンネラ目
                              ├── ナデシコ目
                              ├── ビャクダン目
                              ├── ユキノシタ目
                              │         ┌── フウロソウ目
                              │         ├── フトモモ目
                              │         │   ┌── ニシキギ目
                              │         │   ├── キントラノオ目
                              │         │   └── カタバミ目
                     バラ類    ├─────────┤   ┌── マメ目
                              │         │   ├── バラ目
                              │         │   ├── ウリ目
                              │         │   └── ブナ目
                              │         │   ┌── アブラナ目
                              │         └───┤── アオイ目
                              │             └── ムクロジ目
                              │         ┌── ミズキ目
                              │         ├── ツツジ目
                              │         │   ┌── ガリア目
                              │         │   ├── リンドウ目
                              │         │   ├── シソ目
                     キク類    └─────────┤   └── ナス目
                                        │   ┌── モチノキ目
                                        └───┤── セリ目
                                            ├── キク目
                                            └── マツムシソウ目
```

図 5.4. 被子植物（angiosperms）の系統樹．主として木本から構成される目は下線で，木本と草本がともに存在する目は斜体で，木本植物が含まれないその他の目は通常体で区別してある（Judd et al., 2002; Tudge, 2005 より）．

容易に発現したり抑制されたりすると考えられる（Petit and Hampe, 2006）．しかし，木本の生物学的な定義はそれほどはっきりしているわけではない．野外では灌木状の木本やその逆（訳者註：背の高い草本？）も目にする．高木になったり灌木になったりと環境条件により樹形を変化させる種もいる．

　広葉樹の種数は針葉樹に比べ多く，列挙するのは困難である．広葉樹では木本の定義が難しいこと，多様性が高い熱帯域における分類学的な研究が十分になされていないこと，種・亜種・雑種の識別が困難な科があること，などがその理由である．木本の定義を"2 m以上の高さの単一の木質の幹を発達させる植物"とすると，温帯域の広葉樹の専門家グループによれば，温帯域には2万1000種の広葉樹が記録されている（Hunt, 1996）．地球規模では，樹木の種数は6万種（Grandtner, 2005）から10万種（Oldfield et al., 1998）だと推定されている．

　顕花植物の種数はざっと30万種だといわれており，そのうちの20～30%が木本である．顕花植物は400以上の科を含む48目に分けられ，（Judd et al., 2002），それらの概要を理解するには膨大な植物学の知識が必要である．しかし，植物の分類体系のなかでの木本についての良い本がある（The Secret Life of Trees（樹木の秘密の生活）（Tudge, 2005））．この本では，主要な植物の分類群に含まれる木本について幅広く詳しい解説を行っており，科レベル，属レベル，さらには種レベルの解説も多い．

　多くの広葉樹は針葉樹と同様な幹の構造と生長パターンを示し，樹木が生長するに従い，形成層から毎年形成される新しい木質により年輪が形成され，肥大生長する．しかし，一部の被子植物ではまったく異なる生長様式を示す木本のグループがあり，単子葉植物（monocotyledon，略してmonocots）と呼ばれる．単子葉植物は被子植物のなかで単一の系統を形成しており，イネ科，ユリ科，ラン科など多様な種を含む科が含まれている．木質化する植物ではヤシ類やタケ類が含まれる．これらの植物では幹の二次的な肥大生長が見られず，基部（タケ）や頂部（ヤシ）でのみ生長するが，植物体が大きくなっても幹の太さは変わらない．幹の二次的な肥大生長が見られないことで，ヤシやタケの木質の構造は他の樹種と非常に異なったものとなっている．

5.3 針葉樹と広葉樹の木質の違い

2章において針葉樹と広葉樹の木質の違いについて詳述した．ここでは再びこの話題に戻り，枯死木依存性生物との関係に注目して考察する．

5.3.1 リグニン

針葉樹と広葉樹のリグニンは量的にも質的にも異なっている．針葉樹のリグニン量（乾重の25～33%）は広葉樹のリグニン量（乾重の20～25%）に比べ多い（Sjöström and Westermark, 1998）．さらに，針葉樹リグニンはコニフェリル単位から主に構成されているが，広葉樹リグニンの構成単位はそれとは異なる．こういった違いにより，針葉樹リグニンは広葉樹リグニンに比べ微生物による分解に対する抵抗性が高い．

リグニンの組成の違いは，恐らく褐色腐朽菌や白色腐朽菌の樹種選好性に影響している．褐色腐朽菌の多くは針葉樹に発生し（Ryvarden and Gilbertson, 1993），寒帯林における針葉樹の主要な分解者である（Renvall, 1995）．腐朽型の系統解析から，Hibbett and Donoghue（2001）は，褐色腐朽菌が過去に6回，白色腐朽菌の異なる系統から進化したことを示した．また彼らは，針葉樹に特異的に発生する性質も5回か6回，褐色腐朽と共に（常にというわけではないが）進化したことを示唆している．これは恐らく，針葉樹材においてのみ，セルロース分解に対する選択圧が働いたことを示している．

工業的な研究に目を向けると，リグニンのタイプが木材の分解しやすさに影響するという興味深い研究がある．真菌によるパルプのリグニン分解の最適条件を見つけるための研究で，Yang et al.（1980）は白色腐朽菌であるマクカワタケ属の一種 *Phanerochaete chrysosporium* を使い，パルプに加える窒素の添加量を調整した条件下における樹種の影響を調べた．著者らはすでにこの菌の最適温度を見つけていたので，培養温度を39～40°Cに固定して実験を行った．ハンノキ属（*Alnus*）のパルプに少量の窒素（0.12%）を添加すると，リグニン分解が5.2%から29.8%に上昇した．同量の窒素をツガ属（*Tsuga*）

のパルプに加えても，リグニン分解は 2.2% から 3.9% に上昇しただけだった．言い換えれば，この菌は針葉樹リグニンよりも広葉樹リグニンをより効率よく分解できる．この結果は，野外で *P. chrysosporium* の発生が広葉樹材と強い関係性があることとも一致している（Karl-Henrik Larsson, 私信）．

5.3.2 ヘミセルロースとセルロース

針葉樹と広葉樹のヘミセルロースは異なる（2 章参照）が，これらの違いが枯死木に生息する生物の樹種選好性に影響していることを示す研究はない．セルロースはすべての植物に共通する細胞壁の構造を作る物質であるため，セルロースには針葉樹と広葉樹間に違いはなく，セルロースに由来する樹種選好性といったものも見られない．

5.4　樹木の防御システム

寿命が長く，巨大なことが樹木の特徴である．そのため樹木は他の生物に大量の資源を提供することになり，さまざまな真菌や無脊椎動物からの攻撃に常にさらされている．何百万年以上も昔から，樹木はさまざまな防御方法を発達させてきており，それらを組み合わせることでみごとな防御システムを構築している．これらの防御システムの究極的な機能は樹木を生き延びさせて繁殖成功を高めることだが，樹木の枯死後もその影響は何年もの間残る．

樹木には，表面的な傷だけでなく形成層に達し内部の材をむき出しにしてしまうような深い傷も修復する能力があることが，多くの研究により報告されている（Biggs, 1992a, 1992b; Woodward, 1992）．傷やダメージが材の深くに達すると，樹木はさまざまな方法でダメージや菌の進入を防ごうとする（Pearce, 1996; Yamada, 2001）．傷については 7 章でさらに詳しく触れるが，ここでも簡単に触れておくと，針葉樹は樹脂によって数時間で傷をふさぐとこができるため傷に関係する生物が少ないが，広葉樹の傷は数ヶ月かそれ以上開いたままになるため，多様な枯死木依存性生物が集まってくる．すなわち，傷を修復する能力は樹木の系統により異なり，枯死木依存性生物の樹種選好性に影響を与える．

枯死木依存性生物の中には，免疫をつけたり防御システムを破壊することにより樹木の物理的・化学的防御を突破する種がある．この後の節では，樹木の防御システムの中でも重要なものについて述べ，その防御を突破する生物についても紹介する．

5.4.1 樹皮

生立木では樹皮が，侵入しようとする昆虫や真菌に対するまずはじめの防衛ラインとなる．'樹皮'という語は形成層の外側のさまざまな組織に対する曖昧な用語として用いられるのが普通である．しかし，樹皮をひとまとめのものとして見てしまうと，樹皮の物理性・生化学性・機能性が曖昧になってしまう．そこで，ここでは外樹皮と内樹皮を分けて記述する．外樹皮はコルク形成層（phellogen）から生産され，大部分が死んだ細胞でできている．内樹皮は維管束形成層（普通，単に形成層と呼ぶ）から生産され，外樹皮と形成層の間にあり，樹冠から光合成産物を下方へ輸送する生きた組織からなる．しかし後述するように，内樹皮にも重要な防御機能がある．

樹皮の構造（Borger, 1973; Biggs, 1992a）や樹皮の防御物質（Jensen et al., 1963; Biggs, 1992b; Woodward, 1992; Franceschi et al., 2005）については多くの文献がある．次節からは，これらの内容を紹介しながら最も重要な防御の仕組みについてまとめる．

5.4.2 外樹皮

外樹皮は細胞壁が高度にリグニン化，スベリン化した細胞からなる．スベリンはワックス様の物質で，組織内に水分がしみ込むのを防ぐ．スベリンはまた，真菌による分解に対する抵抗性も高い．外樹皮はまた，シュウ酸カルシウムの結晶の層を持つことがあり，これは穿孔性昆虫を防ぐ働きがある．さらに，外樹皮の細胞はフェノールやテルペンを大量に含み，これは真菌の生長を抑制する．これらの物理化学的特徴により，外樹皮は昆虫にも真菌にも強い抵抗性を持つ．このことは，枯死してから何年も経過した倒木を観察することで簡単に確認することができる．材の大部分が分解されてしまっていても，外樹皮はほぼそのまま残っていることが多い．このように外樹皮は

非常に効果的に材を保護しているにも関わらず（あるいはそのせいで）外樹皮による防御メカニズムを詳しく研究した例はほとんどない．

5.4.3 内樹皮

内樹皮も同様に強力な防御システムを持っている．内樹皮は養分濃度が非常に高いので，これは理にかなっている．これらの養分を利用しようとする昆虫や真菌とそれを守ろうとする樹木にとっての本当の戦いの場は，内樹皮である．

フェノール物質を生成することは針葉樹と広葉樹に広く共通した基本的な防御方法であり，ほとんどの植物組織で見られる．これらの二次代謝物は真菌に対して毒性を示し，樹種により異なるフェノール物質が生成される．針葉樹の樹皮で生成されるフェノール物質の化学性についてはあまり広く研究されていないが，真菌に対する抵抗性の強さはフェノール物質のタイプと関係しているようだ（Brignolas et al., 1995; Bonello and Blodgett, 2003）．フェノール物質は特別なポリフェノール柔組織（polyphenolic parenchyma, PP）細胞で生産され，そこに蓄えられる．すべての針葉樹の樹皮には多くのPP細胞があり，年輪になる．PP細胞の寿命は長く，Franceschi et al. (2005) によると100年生のドイツトウヒ（*Picea abies*）で70年以上生きているPP細胞の存在が報告されている．穿孔性昆虫が内樹皮に掘り進むとPP細胞を破壊することになり，内部に蓄えられていたフェノール物質が放出される．

このような待機型の防御に加え，PP細胞は樹皮が傷つけられたり進入されたりしたときに，巨大化してフェノール物質をさらに溜め込むというように活性化することが知られている．しかしさらに興味深いのは，常時生産しているフェノール物質よりも侵入生物に対してさらに強い毒性を示す別のフェノール物質を生産することである（Franceschi et al., 2005 およびその引用文献を参照）．以上から，PP細胞は針葉樹の樹皮において動的な防御を担っているといえる．内樹皮においてPP細胞は生きた細胞としての数が最も多いので，FranceschiらはPP細胞が防御に最も重要だと考えている．抗菌物質は広葉樹の樹皮，例えばアメリカヤマナラシ（*Populus tremuloides*）（Flores and Hubbes, 1980）やマグワ（*Morus alba*）（Takasugi et

5.4 樹木の防御システム

al., 1979) などでも見つかっている.

針葉樹の樹皮におけるもう一つの重要な防御手段は, 樹脂による防御である. 樹脂は個々の樹脂細胞や, 樹脂細胞が集まった小さなポケットに蓄えられている (Franceschi et al., 2005). ポケットには樹脂を生産して分泌する細胞が並んでおり, 生産された樹脂は高圧で蓄えられている. 樹皮に傷がついたり穿孔性昆虫が侵入したりすると, 樹脂が放出される. 樹脂は侵入者を追い出したり, 粘性でトラップしたり, あるいは毒性分により殺したりといった効果がある. この防御システムには少なくとも2億2000万年以上の歴史があることが三畳紀の琥珀化石から伺える (Schönborn et al., 1999). 琥珀は環境の物理的な力 (光や熱, 圧力) で樹脂が結晶化したものである. 樹脂が結晶化して琥珀になる前にトラップされた昆虫やその他の無脊椎動物の例は枚挙にいとまがない.

樹脂による防御システムは針葉樹の科により系統的に異なっており興味深い. マツ科の樹種 (マツ属, トウヒ属, カラマツ属, モミ属など) では内樹皮と辺材に常に樹脂が存在するが, 他の針葉樹では樹脂を欠くか, 辺材か内樹皮のどちらかで誘導的に生産されるだけである (Franceschi et al., 2005). 他の針葉樹の科では柔組織やシュウ酸カルシウムの結晶による物理的な防御が採用されており, 樹脂による防御は二次的な役割にとどまっている.

マツ科樹種をこれほどまでに繁栄させている樹脂による防御システムが, 1億年ほど前から現れた樹皮下キクイムシ類に対しての弱点となっていることに矛盾を感じるかもしれない. ヨーロッパでは, タイリクヤツバキクイムシがドイツトウヒの衰弱した個体や, 昆虫個体数が多い場合には健全木をも枯死させる力がある. 同様に北アメリカでは, キクイムシの一種であるミナミマツキクイムシ (*Dendroctonus frontalis*) やアメリカマツノキクイムシ (*Dendroctonus ponderosae*) がマツ属の樹種を枯死させている. 樹皮下キクイムシ類の被害が深刻なのはマツ科の樹種に限られており, マツ科は樹脂による防御システムをよく発達させていることと合わせ興味深い. 樹脂による防御は樹皮下キクイムシを追い出したりトラップしたり殺したりして撃退するのに有効なはずである. それに比べ, 物理的な防御手段や樹脂を特に発達させていないヒノキ科 (Cupressaceae) などの針葉樹では樹皮下キクイムシに

よる深刻な被害は発生していない．すなわち，マツ科の防御システムを逆手に取って侵入の機会とした樹皮下キクイムシがいるということだ．これらの樹皮下キクイムシは集合フェロモンを放出して樹木1個体につき数千個体が集まって攻撃する（マスアタック）ことにより樹木の防御システムを突破する．さらにキクイムシは特定の青変菌（blue-stain fungi）と密接な関係を持っており，この菌はキクイムシにより運ばれ大量に感染すると樹木に致死的なダメージを与える．興味深いのは，集合フェロモンが樹脂の分子から得られているらしい点である．この仮説については Franceschi et al.（2005）が詳しい．

　構造的な防御システムには厚壁組織細胞（sclerenchyma cells）やシュウ酸カルシウムの結晶などがあり，これらは穿孔性昆虫や脊椎動物による摂食に対する物理的な障害となる．厚壁組織細胞は高度にリグニン化した細胞壁を持ち，石細胞（stone cells）を伴った不定形なかたまりとして，マツ科の樹木に特徴的に現れる．他には，PP 細胞の代わりに内樹皮に同心円状に分布する場合もある．このような分布はマツ科以外の針葉樹で特徴的に見られ，石細胞よりも強力な障壁になることが確かめられている（Franceschi et al., 2005）．シュウ酸カルシウムの結晶はマツ科では細胞内に，マツ科以外では細胞壁の外側に大量に沈着物として存在する（Hudgins et al., 2003; Franceschi et al., 2005）が，その生成や機能についてはほとんどわかっていない．しかし大量に存在するとともに物理的に強固なので，穿孔性昆虫に対する防御であることが示唆される．ただし，化学的には不活性なので真菌に対する効果はないだろう．

5.4.4　辺材

　健康な辺材には生細胞も死細胞も含まれている．生細胞は代謝活性があり，さまざまな抗菌物質を生産する．それらは水溶性なので，材から抽出できる．
　こういった抽出物は材の乾燥重量の2%から5%程度を占め（Sjöström and Westermark, 1998），トリグリセリド，脂肪酸，樹脂酸，ステリルエステル，フェノール物質などで構成されている（Holmbom, 1998）．これらの抽出物は一般に抗菌効果があると信じられているが，野外で実際に真菌や昆

虫に対する効果が確かめられていないことも多い。一方，室内の人工培地上でこれらの抽出物が真菌の生長を遅らせたり妨げたりすることを明らかにした研究は多い（Shain and Hillis, 1971; Shortle et al., 1971; Shaw, 1985; Stenlid and Johansson, 1987; Witzell and Martín, 2008）。また，健康な辺材よりも傷痍部の付近の活性部位（Shain and Hillis, 1971; Pearce, 1991）や木材腐朽菌の感染部位の周辺（Yamada, 2001）においてさらに大量の抽出物が検出される。このように状況証拠は抽出物が抗菌効果を持つことを示唆しているが，抽出物の種類はあまりにも多様であり，他の機能もあるため（Witzell and Martín, 2008 やその引用文献を参照），防御効果についてわからない点も残っている。

タンニンは維管束植物のさまざまな組織に広く見られ，巨大で複雑な分子からなるフェノール物質である（Hillis, 1987; Hernes and Hedges, 2004）。タンニンが微生物に対して毒性を持ち（Scalbert, 1991），タンニンを多く含む物質が分解抵抗性であることはよく知られている。人類も昔から，カシやクリ，ユーカリなど腐りにくい樹種を知っており，さまざまな目的に用いてきたが，これらはいずれもタンニン含量の高い樹種である（Scalbert, 1991）。タンニンはまた，昆虫と真菌の間の種特異的な関係にも関わっている。温帯や熱帯のカシ類樹木に生息する真菌や昆虫は一つのグループを構成することが知られており（Lindblad, 2000; Ehnström and Axelsson, 2002; Heilmann-Clausen et al., 2005），ハナカミキリの一種 *Anoplodera sexguttata* がエビウロコタケ（*Hymenochaete rubiginosai*）の分解したカシの辺材を専食して育つように，特定の真菌と昆虫の間に親密な共生関係も見つかっている（Ehnström and Axelsson, 2002）。

樹脂もまた針葉樹の辺材に含まれ，さまざまな方法で防御に関わっている。樹脂酸は粘性が高く，真菌の伸長や昆虫の穿孔に対して物理的な障壁となる。小分子のテルペン類も樹脂の構成要素の一つだが気体としても存在するため，針葉樹材はおそらくテルペン類の蒸気で満たされている（Hintikka, 1970）。テルペン類は真菌に対して毒性を持つが（Cobb et al., 1968; Shrimpton and Whimey, 1968; Flodin and Fries, 1978; Schuck, 1982），その阻害効果は試験に用いる真菌やテルペンにより大きく異なる（Hintikka, 1970; Bridges, 1987）。

針葉樹や広葉樹の材に普通に生育する真菌に対するテルペンの効果を比較したHintikkaの研究結果は特に興味深い．彼は，針葉樹に生える真菌はテルペンで充満したガス条件の中でも生長できるのに対し，広葉樹に生える真菌は少量のテルペンにも敏感に反応することを報告している（Hintikka, 1970）．

5.4.5 心材

多くの樹種は幹の中心部に暗色の心材を持っている．色が違うだけでなく，心材は辺材と比べ抽出物の濃度が高く，死んだ細胞が多く，含水率が低い（特に針葉樹材）という特徴がある．辺材で検出されるフェノール物質の多くが，心材ではより高濃度で検出される（Yamada, 2001）．辺材と心材の境界では細胞の代謝が大きく異なっており，心材化に伴って数百もの遺伝子が活性化されることが報告されている（Yang et al., 2004）．その結果，タンニンや樹脂，フェノール物質などの生合成量が増加する（Hillis, 1987; Magel et al., 1994; Burtin et al., 1998）．これらの物質を生合成した後，細胞はプログラムされた死を迎え（Magel, 2000），心材化が完了する．

心材に含まれる大量の抽出物は木材腐朽菌に対して毒性を示し，生長を阻害することで真菌に対する防御となっている．しかし一部の真菌はこの防御を突破することができ，心材腐朽菌と呼ばれる．心材腐朽菌は心材の毒性の高い環境に耐えることができ，高い樹種特異性を示す．例えばコカンバタケ（*Piptoporus quercinus*）やカンゾウタケ（*Fistulina hepatica*）はコナラ属（*Quercus*）樹種に，またニレサルノコシカケ（*Rigidoporus ulmarius*）はニレ属樹種に，それぞれ特異性を示す（Phillips and Burdekin, 1982; Rayner and Boddy, 1988; Wald et al., 2004a）．特にサルノコシカケ科のキコブタケ属には樹種特異的な心材腐朽菌が多く，サクラ属（*Prunus*）に特異的なサクラサルノコシカケ（*P. pomaceus*）や，ヤマナラシ属に特異的な *P. tremulae*，マツ属（*Pinus*）に特異的なマツノカタワタケなどがある（Niemelä, 2005）．他にもやや特異性は低いが，マイタケ（*Grifola frondosa*）やマクラタケ（*Inonotus dryadeus*），チウロコタケ（*Stereum gausapatum*）はコナラ属に，カラマツカタワタケ（*Phellinus chrysoloma*）はモミ属（*Abies*）やトウヒ属（*Picea*）によく発生する（Boddy, 1992）．

心材腐朽菌は毒性のある環境に耐えられるだけでなく，抽出物を養分としても利用しているようだ．例えばカンゾウタケはコナラ属樹木のタンニンを炭素源として利用できる（Cartwright, 1937）．

5.4.6 生活史戦略と防御システム

この章では樹木のどの部位でどういった防御が働くかについて紹介してきた．しかし，これらの防御を行ったり維持したりするのにはエネルギーが必要であり，防御の強さも樹種により異なる．Loehle（1988）は北アメリカの樹種の生活史戦略について非常に興味深い報告をしている．それによると，樹木の生活史戦略は大きく二つのグループに分けられる．一つ目のグループはヤマナラシ属やカバノキ属（*Betula*）などの先駆的な樹種であり，生長・成熟が早く，寿命も短い．二つ目のグループは生長・成熟が遅く寿命が長いコナラ属やペカン属（*Carya*）（ヒッコリー），マツ属やセコイア属（*Sequoia*）などの針葉樹が含まれる．Loehle はこれらの違いを防御における投資戦略の違いだと考えた．生長初期における物理的・化学的防御への投資は初期生長速度を遅くするが，自然撹乱や病原菌に対する抵抗力が高まるので枯死確率が低くなる．一方，生長初期に生長や光合成組織により多く資源を配分すれば他の樹種に対して競争力が高くなるが，撹乱や病原菌に対する抵抗性は弱くなるため，枯死しやすい．

植物の系統間で異なるこれらの防御の強さの違いは，枯死木依存性生物と宿主樹木の関係に明確な影響を及ぼす．防御にあまり投資しない樹種では，防御に投資する樹種に比べジェネラリストの枯死木依存性生物が多いと予想される．逆に，防御に多くの投資を行う樹種では防御の弱い樹種に比べスペシャリストの枯死木依存性生物が多いと予想される．北欧の甲虫類で検討した結果，こういったパターンは確かに見られた．広葉樹の中ではコナラ属樹種にスペシャリストの甲虫が集まっていた（図5.2）．針葉樹でも同様なパターンは見られるだろう．ヨーロッパアカマツ（*Pinus sylvestris*）はドイツトウヒより寿命が長く，防御により多く投資していることが示唆される．このことから予想される通り，ドイツトウヒと関係するジェネラリストの甲虫の種数はヨーロッパアカマツよりも多く，逆にスペシャリストの甲虫の種数は

ヨーロッパアカマツでわずかに多くなっており，興味深い（図5.2）．ただし，樹種によって採集にかけた労力も異なり，データに含まれていない甲虫も存在するので，データの解釈には注意が必要である．

　熱帯においても，枯死木依存性種の宿主選好性に関するとても興味深いデータがある．Tavakilian et al.（1997）は高木種やツル性木本200種以上の倒木690本について3年間にわたり昆虫を調査し，カミキリムシ類348種を記録した．サガリバナ科（Lechytidaceae）やアカテツ科（Sapotaceae）に特異的な種が多く見つかった一方で，これらの科にはジェネラリストの種がほとんど見られなかった．この点に注目してサガリバナ科の樹種についてさらに調査したところ，この科に含まれる樹種は抗菌物質を多く含むことがわかった（Rovira et al., 1999）．この抗菌性物質が昆虫に直接的に作用するか，あるいは消化管内で木質分解に関わる微生物への影響を介して間接的に作用していると考えられる（Berkov et al., 2007）．一方，Tavakilianのチームはアオイ目（Malvales）の樹木にはスペシャリストがほとんどおらず，ジェネラリストのカミキリムシばかり見られることを報告している．これら両極端の樹種の間には，ジェネラリストとスペシャリストにバランスよく利用されるさまざまな科の樹種がある．

5.5　樹種選好性と腐朽

　この章のはじめに針葉樹材と広葉樹材における枯死木依存性生物の種組成の違いを紹介した．しかしそういった広い区分の背後には，さらに宿主範囲の狭い種が存在する．特に，死につつある樹木や枯死直後の樹木を利用する生物に多い．これらの材には養分豊富な内樹皮や形成層など食物資源が豊富だが，ごく最近まで生きていたため二次代謝物質などが豊富に残存しており，これらに対処しなければならない．樹皮下キクイムシ類はこういった材を利用する初期定着者の一つである．多くの樹皮下キクイムシが一つの樹種か，あるいは一つの属の複数の種に特殊化している（Ehnström and Axelsson, 2002）．宿主範囲を狭くすることで特定の樹種の防御システムを突破する能力を身につけたのだろう．

5.5 樹種選好性と腐朽

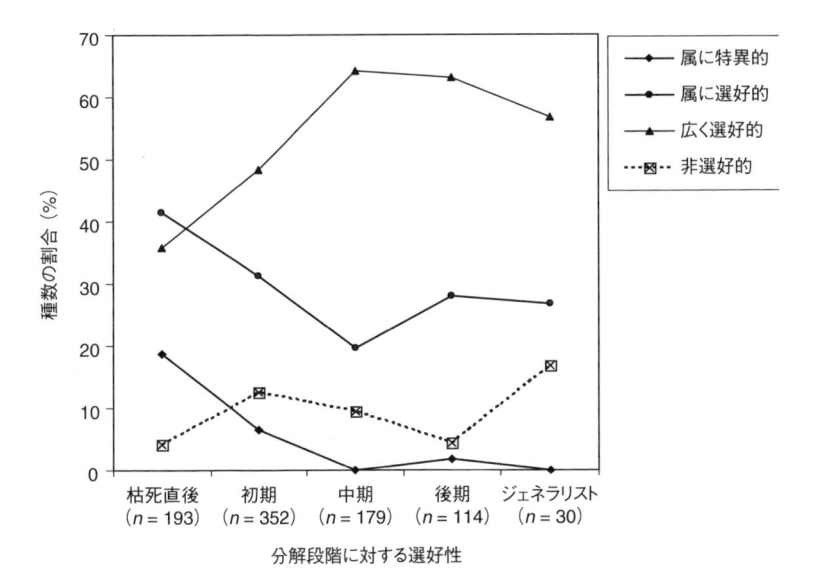

図 5.5. 北欧における絶対的枯死木依存性の甲虫 868 種の宿主樹木との関係. 樹木の属に対する選好性でグループ分けし, 材の分解段階ごとの種数を割合で表している. 「属に特異的」な出現パターンを示す甲虫は一つの属の樹種に出現が限られる;「属に選好的」な甲虫は一つの属を選好して出現するが他の属の樹種にも出現する;「広く選好的」な甲虫は針葉樹・広葉樹のいずれかを選好して出現する;「非特異的」な甲虫は針葉樹・広葉樹のいずれにも出現する. 「枯死直後」の材に出現する種は生きた樹木（健全木あるいは衰弱木）や枯死後 0〜1 年の枯死木に出現する. 「分解初期」の材に出現する種は枯死後 1〜2 年の枯死木に出現する. 「分解中期」および「分解後期」の材に出現する種は, 中程度に分解した材, あるいは強腐朽木にそれぞれ出現する. 「ジェネラリスト」の種は分解段階に対する選好性を特に示さない. これに加え, 分解や樹種に対する選好性が分かっていない絶対的枯死木依存性の甲虫も数種いる.

　これまで見てきた定着における宿主選好性ではなく, 分解に対する選好性について見ると, また異なったパターンが見えてくる. この章のはじめで紹介した北欧の甲虫群集に見てみると, 条件的な枯死木依存性種をのぞき（11章参照), 900 種の甲虫が宿主樹木や分解に対して選好性を示す. このうち一つの属の樹木に発生が限られる甲虫は枯死直後か分解初期の材に発生する（図 5.5). 一つの属の樹木を好む（が他の樹種にも発生する) 甲虫も同様のパターンを示すが, 分解後期の材にも発生する. 針葉樹材・広葉樹材を問わ

ず発生する甲虫はすべての分解段階に発生するが，特に分解中期や分解後期に多い．

これらのパターンを総合すると，宿主樹木の属と枯死木依存性甲虫種との関係性は枯死直後の材では強いがその後分解にともない消失するといえる．しかし，針葉樹材と広葉樹材といった広い範囲での種組成の違いは分解過程を通して残る．恐らく材の物理化学的な性質の残存性の違いなどと関係しているのだろう．例えば心材の物質の中でもフェノール物質は樹脂に比べ早期に消失することが知られている（Venäläinen et al., 2003）．白色腐朽菌が材のさまざまな抽出物を分解できることも知られている（Gutiérrez et al., 1999; Dorado et al., 2000; Lekounougou et al., 2008）．リグニンなど材の構造成分だけでなくタンニンや樹脂も残存性であり，分解後期における枯死木依存性生物の選好性に影響を与える．

5.6 樹種との関係に関する仮説

この章のはじめでは，枯死木依存性生物と樹木との関係についての総説がほとんどないことに言及したが，樹木の系統関係や防御システムについての研究は多いことはこれまで紹介してきた通りである．また，枯死木依存性生物と樹木との関係についても個々の研究例はある．ここでは，これらの知識をまとめ，いくつかの仮説を提示してこの章を終わりたい．

5.6.1 経験的な原則

樹木と枯死木依存性生物との関係について，現在ある情報をどのようにまとめるか，視点は多数ある．まず，枯死木依存性生物を以下のカテゴリーに分ける必要がある：真のスペシャリストで専食性（monophagous）の種は単一の樹種か同じ属の樹木しか利用しない；狭食性（oligophagous）の種は同じ科か近縁の樹種に利用が限られる；ジェネラリストの種はさまざまな科や目の植物を利用する（訳者註：広食性 polyphagous）．他の生物学的な特徴，特に枯死木の分解段階に対する選好性にも注意する必要がある．これらの情報をうまくまとめることで，樹種間での枯死木依存性生物の分布についてさ

らに理解することができるだろう．

5.6.2 樹種に基づいた仮説

　枯死木依存性生物と樹木との関係について樹木の側から考察すると，起こりうるパターンとしては二つ考えられる．一つ目は，近縁な樹種では遠縁の樹種に比べ木質の構造や防御システムが似通っているため，枯死木依存性生物も似通ったギルドの種になるだろうということである．枯死木依存性生物のギルドの類似性を樹種間で比較し，樹木の系統関係を反映させて解析すれば興味深い結果が得られるだろう．このような解析では，枯死木依存性生物を下記に詳述する「種に基づいた仮説」によりグループ化した上で行えばさらに興味深いものとなるだろう．二つ目のパターンは，長寿命で防御システムの卓越した樹種では短寿命で防御の弱い樹種に比べスペシャリストの枯死木依存性生物が多くジェネラリストは少ないだろうということである．このパターンが最もよく見られるのは，樹木の防御システムと接触する機会のある種，すなわち生立木や枯死直後の樹に生息する種や，木質を直接摂食する栄養段階の低い種であろう．

5.6.3 枯死木依存性生物の種に基づいた仮説

　枯死木依存性生物と樹木との関係について枯死木依存性生物の側から考察すると，以下のパターンが考えられる．最も明瞭なパターンとしては，スペシャリストの種は防御システムの存在する生立木や枯死直後の樹木に現れる種だろうということである．分解が進んで防御システムや材の構造が崩壊するに伴い，樹種と枯死木依存性生物の関係性はより緩いものとなるだろう．もう一つ予想されるパターンとしては，栄養段階が上がるにつれて樹種との関係は緩いものになるだろうということである．食物連鎖の上位に位置する捕食者・菌食者・捕食寄生者などに対しては，下位の腐植食者に比べ材の特性による影響は少ないだろう．しかし，栄養段階の上位の生物が枯死木にどのようなパターンで現れるかについての情報はほとんどないので，樹種との明瞭な関係性が見られる可能性も捨てきれない．

5.6.4 宿主の多様性に関する仮説

　この章で考察してこなかったもう一つの仮説は，枯死木依存性生物の樹種特異性と樹木の多様性との関係についてである．樹種の多様性が低い森林では，優占樹種が大量の資源を提供する．一方，樹種が多様な森林では，個々の樹種は散在している．前者の状況では優占樹種に特化することは有益だと考えられるが，後者の状況では特定の樹種のスペシャリストにはなりにくいだろう．以上から，特定の樹種に対する特異性は，樹種の多様性が高い森林よりも低い森林において生じやすいと予想される．少なくとも真菌，特にサルノコシカケ科ではこのような関係性が認められている．数千平方キロメートルにわたって数種の樹木しか優占していない寒帯の森林では，樹種特異性の高いサルノコシカケを何種も見ることができる（Niemelä, 2005）が，樹種の多様な熱帯の森林ではサルノコシカケの樹種特異性は低い（Lindblad, 2000; Schmit, 2005）．熱帯でも局所的にわずかな樹種が優占しているマングローブ林では，樹種特異的なサルノコシカケが多い（Gilbert and Sousa, 2002; Gilbert et al., 2008）．

*6*章
枯死要因と分解に伴う生物相の遷移

Jogeir N. Stokland, Juha Siitonen

　樹木の枯死要因は枯死木をめぐる生物相に重大な影響を与える．嵐や森林火災により突然枯死した場合と，他樹との競争や乾燥あるいは寿命により徐々に枯死した場合とでは大きな違いがある．枯死要因が異なると枯死木の質が変わり，それによって分解過程の始まりに関わる生物も異なる．分解が進むにつれて材の物理化学性は変化し，それに伴い生物相も，材が完全に分解するまでの間に何度か完全に入れ替わる．生物種同士は相互作用し，食物網が発達するが，それも材の分解にともない次第に衰退する．枯死要因と分解にともなう生物相の遷移はどちらも枯死木の中の生物多様性に重要な影響を与える．

　材の物理化学的変化に加え，材分解者の活動もまた微小な生息場所を創出する．例えば，樹液の滲み出し，昆虫の坑道，樹皮下の隙間，キノコ，さまざまなサイズの樹洞などである．これらの微小な生息場所は多くの種にとって重要であり，7章で詳しく扱う．

　この章では，個々の枯死木の分解に伴う生物群集の発達について，特に枯死木の質の違いに注目して考察する．12章では樹木の枯死要因について再び言及し，林分や景観的な観点から，撹乱要因の違いにより枯死木の量がどのように影響を受け，その結果として枯死木依存性生物の個体群の動態や長期的な存続にどういった影響を与えるのかということについて考えたい．

6.1 枯死要因と枯死木の質

　樹木の枯死要因の区分にはさまざまな方法が考えられる．例えば生物的要因と非生物的要因といった区分や，自律的（autogenic, 林分の発達に伴う林内環境の変化による要因）と他律的（allogenic, 外部からの自然撹乱による要因）といった2元的な区分がある．しかしこれらの区分では，樹木とその環境および多様な枯死要因の間の複雑な関係を考慮することができない（Franklin et al., 1987）．枯死木依存性生物群集に特に大きな影響を与える要因は，枯死時の樹木の活力（健康な樹木が突然枯死したのか，あるいは次第に弱っていって枯死したのか），分解初期段階で真菌や昆虫の定着にさらされるかどうか，材が乾燥しているか湿っているか，などである．

　樹木の枯死は普通，さまざまな要因が関わるゆっくりとした複雑なプロセスである（Franklin et al., 1987; Waring, 1987; Manion, 1991）．病原菌や昆虫は，樹木が既に他の要因（「素因」と呼ばれる）により衰弱している場合にのみ，樹木の枯死の至近要因（枯死の最終的な要因）となることが多い（図6.1）．すなわち，長い間繰り返されてきた樹木と病原生物の間の戦いでは，普通は樹木の方が強い．しかし，さまざまな素因により樹木が衰弱すると，病原生物に軍配が上がる．衰弱木の内樹皮や辺材にまずはじめに侵入し，樹木を枯死させる真菌や昆虫は，分解プロセスの始まるきっかけにもなり，枯死木依存性生物群集の一端を担っている．

6.1.1　風

　強風はしばしば根返りや幹折れを引き起こして樹木の枯死要因となる．樹木があらかじめ根株腐朽菌や心材腐朽菌による腐朽を受けている場合は風倒しやすくなる（Edman et al., 2007; Lännenpää et al., 2008）．風倒による枯死には二つの重要な特徴がある．一つ目は，それまで活発に生長していた樹木が突然枯死するという点である．このことは，風倒木が内樹皮に豊富なエネルギーと養分の蓄えを持っていることを意味している．このような倒木が分解し始めると，内樹皮は内樹皮組織と樹液，微生物の混合物へと急速に変化

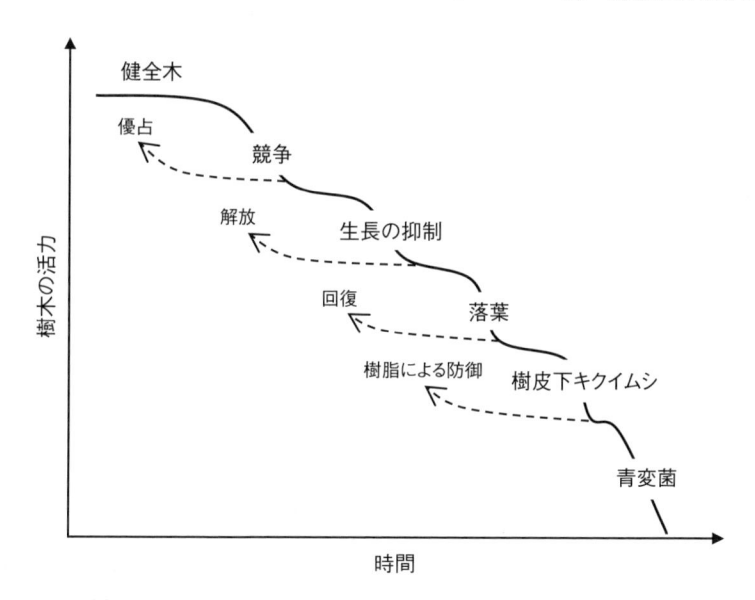

図 6.1. 針葉樹の枯死のプロセスに関わる一連の要因（Franklin et al., 1987 を改変）．まずはじめに，健康な樹木の生長が大きい樹木の存在により阻害される．もしそういった競争状態から解放されなければ，その樹木は化学的防御にわずかな資源しか投資することができず，次第に植食者の攻撃を許すようになる．葉がなくなり弱った樹木はキクイムシを誘引する．樹脂によりキクイムシを撃退することができなければ，キクイムシにより媒介される青変菌が最終的に樹木を殺す．樹木の活性は段階を追うごとに低下していき，枯死を免れる機会は限られてくる．

し，双翅目や鞘翅目などの多様な生物を樹皮下に住まわせることになる．二つ目は，枯死木が倒木となることにより，立枯れの場合に比べ乾燥にさらされにくくなる点である．

　風倒木は樹皮下キクイムシや養菌性キクイムシの格好の資源となる．風倒木をめぐる樹皮下キクイムシとその天敵について扱った森林昆虫学の文献は古くから多くある（Lekander, 1955; Butovitsch, 1971; Annila and Petäistö, 1978）．ヨーロッパにおける特徴的な種としては，ドイツトウヒに発生するタイリクヤツバキクイムシ（Wermelinger, 2004）やヨーロッパアカマツに発生するマツノキクイムシ（*Tomicus piniperda*）（Schlyter and Löfqvist, 1990）などがある．北アメリカでは，トウヒ類に発生する *Dendroctonus rufipennis* やダグラスモミに発生するダグラスモミオオキクイムシ（*Dendroctonus pseudotsugae*）などが風倒木に発生し，頻繁に大発生することが知られている（Gandhi et al., 2007）．風倒木に発生する昆虫群集に関するさらに幅広い総説としては，Bouget and Duelli（2004）や Gandhi et al.（2007）がある．真菌に関しては，枯死要因と種組成との関係についての系統だった研究はないが，例えばヒメキクラゲ属の一種 *Exidia saccharina* や *E. pithya* は風倒直後の樹皮が残っている針葉樹（それぞれヨーロッパアカマツとドイツトウヒ）に生える．さらに，多孔菌類のシハイタケ属は風倒木にごく普通に見られ，内樹皮や辺材の外側を分解している．以上をまとめると，風倒木における真菌や無脊椎動物の群集は，立枯れて次第に乾燥し，倒れる前の段階で樹皮が失われた枯死木に見られる群集とはまったく異なる．

6.1.2 伐倒

　伐倒は，樹木に突然の枯死をもたらす，もう一つの要因である．管理されている森林においては，切り倒される樹木の多くは健康で生長中のものであり，養分を豊富に含んでいる．この点では，伐倒木は風倒木と非常に似通っている．しかし，もちろん違いもある．風倒の場合は大量の枯死木が森林に残されるのに対し，伐倒された場合は幹や大枝は人が利用するために持ち出されることが普通である．切り株や直径の小さい枝条だけが森林に残される．これら小径の枯死木は，特に小径木を好む真菌や昆虫によって利用される（Kruys and Jonsson, 1999; Jonsell et al., 2007）．皆伐か択伐かという施業方法の違いにより，残された枝条は日なたや日陰といった異なる条件におかれる．

　伐倒木には風倒木と似た生物が集まることが多いが，いくつか違いもある．直径の小さい新鮮な枯死木を好む種は伐倒木に集まる；樹皮下キクイムシ類では，ドイツトウヒに集まるホシガタキクイムシ（*Pityogenes chalcographus*）やヨーロッパアカマツに集まる *P. quadridens* がこういった特徴を持つ．切り株は，直径は大きいが短すぎて大型の樹皮下キクイムシやカミキリムシが坑道を広げられない．また体積が小さいので木材腐朽菌の種によっては子実体を形成するのに十分な菌糸体を生長させることができない．切り株は倒木に比べ切断面が大きいので，含水率の変動が大きい．このことは木材腐朽菌に

とって大きなストレスとなっており，切り株に見られる真菌群集は倒木のそれと明らかに異なる（Boddy and Heilmann-Clausen, 2008，およびその引用文献）．しかし，切り株によく見られる真菌もいる．例えばニオイアミタケ（*Gloeophyllum odoratum*），キカイガラタケ（*G. sepiarium*），マツノネクチタケ属菌（*Heterobasidion*），カワラタケ属菌（*Trametes*），カミカワタケ（*Phlebiopsis gigantea*）などである．

6.1.3 火災

　火災は健康な樹を枯死させるもう一つの大きな要因だが，火災によって枯死した樹木は風倒や伐倒による枯死木とは大きく異なっている．大きな特徴は，樹皮や材表面が焦げていることである．さらに材の内部も，低酸素条件下で熱せられたために熱分解を受け変性している．火の勢いが強く温度が300℃を超えると，熱分解が始まり，大きくて複雑な分子構造が分解されることにより材の化学性が変わる（Alén et al., 1996; Hosoya et al., 2009）．分解に影響を与えうる変化としては，燃えた材ではリグニン濃度が上がること，分解抵抗性の樹脂などが分解されたり揮発したりして減少していること，枯死木依存性生物の成長を阻害あるいは促進する可能性のある新しい物質が合成されていることなどが挙げられる．材内部での変化に加え，火災によって枯死した枯死木の多くは立枯れのまま数年間残っている．このことは枯死木が日光にさらされ続けることを意味し，その効果は樹冠がないことによりさらに増加する．Wikars（1992）は，火災が枯死木依存性生物に与える影響は大きく分けて三つあると指摘した：特殊な質の基質を創出する；火事以前の生物群集を部分的あるいは完全に破壊することにより競争のない基質を創出する；周辺の環境条件を変える．

　森林火災は，最初の樹木が3億5000年前に進化して以来起こっており，森林生態系に大きなインパクトを与えてきた（Scott, 2000, 2009）．そのため，焼けた材を見つけて利用することに特殊化した生物がいたとしても驚くには当たらない．こういった生物は，煙の成分を感知するための触角と，炎から放射される赤外線を感知するための器官を備えている（Evans, 1966; Schütz et al., 1999; Schmitz et al., 2000; Suckling et al., 2001）．

燃えたばかりの森に集まる昆虫がいることについてはいくつか報告がある（Gardiner, 1957; Muona and Rutanen, 1994; Saint-Germain et al., 2004a）．カミキリムシ科のキタクニハナカミキリ属（*Acmaeops*）やマルクビサビカミキリ属（*Arhopalus*），ナガヒラタタマムシ属の一種 *Melanophila acuminata*（タマムシ科）は火災を好む（pyrophilous）枯死木依存性生物として知られている（Wikars, 1992; Saint-Germain et al., 2004b; Boulanger and Sirois, 2007）．これらの生物は，火災直後の森林では高密度で見つかるが，火災のない森林では一般的ではないか希少である．Saint-Germain et al.（2008）の最新の研究によれば，火災を好む昆虫も，火災の現場が空間的・時間的にあまりにも遠く離れている場合には燃えていない材を必要とする．すなわち，火災を好む昆虫は完全に燃えた材に依存しているわけではなく，他の資源も利用できると Saint-Germain らは考察している．

森林火災と関係のある木材腐朽菌は多く，そういった種は燃えた材から高頻度で発生する．しかしその多くは，特に乾燥した開放地では燃えていない材にも普通に発生する（Penttilä and Lotiranta, 1996; Penttilä, 2004）．ただし，中には *Daldinia loculata* や *Gloeophyllum carbonarium*，*Phanerochaete raduloides* のように燃えた木にしか発生しない菌種もある（Penttilä and Lotiranta, 1996; Johannesson et al., 2001）．同様に，地衣類にも *Hypocenomyce anthracophila* や *H. castaneocinerea* のように燃えた木にしか発生しない種がある．

6.1.4 競争

隣り合った樹木同士は，大きく生長するに伴い局所的な資源をめぐって競争し，ついには劣位の方が枯死する．こういった枯死は，特に皆伐や林分全体が更新するような撹乱の後に発達した樹齢のそろった密な林分では，自己間引きとして主要な枯死要因となっている．競争の結果枯死する樹木は，光や水分，養分の不足により枯死している（Kozlowski et al., 1991）．これは，何年も，ときには何十年もかかる非常にゆっくりとしたプロセスである．競争により枯死した枯死木には枯死木依存性生物の生息場所となるいくつかの明確な特徴がある．多くの場合，被陰された小径−中径木であり，枯死後も立ったまま残る．資源の欠乏と遅い生長のため，年輪の幅は狭く材密度は高

い．内樹皮は薄く，内樹皮と辺材の栄養価は低い．枯死後，内樹皮は乾燥して材に固着する．

　生長が抑制された小径木の乾燥した内樹皮は，特定の樹皮下キクイムシやカミキリムシに生息場所として好まれる．例えばドイツトウヒでは，キクイムシ亜科の *Xylechinus pilosus*，トウヒノキクイムシ（*Polygraphus subopacus*），アラゲキクイムシ（*Phloeotribus spinulosus*）やカミキリムシ科のシラホシヒゲナガコバネカミキリ（*Molorchus minor*），*Obrium brunneum* などがこういった枯死木を好む．これらの種の多くは，大径木の下枝が枯れ上がったものも利用できる．

6.1.5　乾燥

　樹木における水ストレスは，葉からの蒸散が根からの給水を上回る状態が長期間続くと起こる（Kozlowski et al., 1991）．こういった状況は，土壌層が薄い場所や水はけのよい砂質の土壌で，暑く乾燥した気候が長く続くと起こりやすい．乾燥による枯死には二つのメカニズムが提唱されている（Bréda et al., 2006; McDowell et al., 2008）．土壌の水分が少ないにも関わらず蒸散作用が活発に起こると，根や幹の導管内部に気体が入ってしまい，水圧がかからなくなってしまう．この状況では水の輸送が停止し辺材が乾燥し，木材腐朽菌が活動できるようになる．枯死に関わるもう一つのメカニズムは，葉の気孔が閉じることによる炭素の不足である．気孔が閉じるのは上述の蒸散を押さえるための反応なのだが，同時に二酸化炭素の吸収も停止してしまうため，光合成ができなくなる．光合成による糖の生産が制限されると，植物は炭素不足に陥り，病原菌や昆虫に対する防御力が低下してしまう．炭素不足は，乾燥自体が植物を枯死させるほどひどくない場合にも，乾燥が長く続いて植物が貯蔵炭素を使い果たしてしまうような場合には起こりうる．同様な理由から，被圧木は優勢木に比べ乾燥に対する耐性が低い．乾燥期間後の生長阻害と枯死の増加は，数年間続くが，これは恐らく通水阻害と貯蔵炭素の不足の結果だろう（Bréda et al., 2006）．

　多くの場合，病原菌や昆虫は，乾燥ストレスを受けている樹木の最終的な枯死要因である．水の通水阻害と炭素不足はともに，辺材における水圧の低

下や樹脂その他の防御物質の生産の低下を通じて，病原菌や昆虫といった生物的な枯死要因に対する植物の脆弱性を増加させる．時にはエタノールなどの揮発性物質を放出することで昆虫をむしろ誘引する場合もある（Raffa et al., 2005; Desprez-Lousteau et al., 2006; Roualt et al., 2006）．

乾燥は，*Botryosphaeria*，*Sphaeropsis*，*Cytospora*，クロコブタケ属といった，樹木に腫瘍を形成する子囊菌に好まれる（Desprez-Lousteau et al., 2006）．これらの種は，樹木に乾燥ストレスがかかる前から，樹木の表面や内部に病兆を示さずに存在している．水圧の低下が，これらの内生菌の生長の引き金となる．腫瘍は樹皮をパッチ状に枯死させ，しばしば枝を枯らすことになる（幹の一部を一周するように枯らせてしまった場合には幹全体が枯死することになる）．広葉樹の場合には，水ポテンシャルの低下は材に内生していた木材腐朽菌の生長の引き金にもなる（Boddy, 1994, 2001）．

針葉樹では，特定の樹皮下キクイムシと関連する青変菌が乾燥ストレスを受けた樹の主な死亡要因となる．乾燥ストレスの程度が重要である．中程度の乾燥ストレスでは，樹皮下キクイムシやその関連菌に対する抵抗性は必ずしも低下しない（Christiansen, 1992; Dunn and Lorio, 1993; Reeve et al., 1995）．しかし，樹脂で防御している針葉樹では，昆虫を樹脂で追い出す能力が次第に低下する（Franceschi et al., 2005）．強度の乾燥ストレスでは，昆虫による攻撃や青変菌の生長が増加する．青変菌は辺材に内部からダメージを与え，通水機能を低下させるため，昆虫の数が多い場合には樹木の枯死をもたらす（Christiansen and Solheim, 1990; Croisé et al., 2001）．

異なる条件では異なる種が，乾燥ストレスを受けた樹木に定着する．しかし，単一の種か，あるいはごく少数の関連する数種が，樹木の大部分に速やかに定着し，他の種が定着する前に栄養価の高い資源を大部分消費してしまう．ストレスを受けているがまだ生きている樹木に定着する樹皮下キクイムシ類は，攻撃的な種と見なされることが多い．例えば，ヨーロッパではタイリクヤツバキクイムシ，北アメリカではアメリカマツノキクイムシ（*Dendroctonus ponderosae*），アメリカマツノコキクイムシ（*D. brevicomis*），アメリカ合衆国南部から中央アメリカにかけてはミナミマツキクイムシ（*D. frontalis*）が攻撃的な種として挙げられる．これらのキクイムシは樹皮下キ

クイムシ全体のごく一部であり，大部分の樹皮下キクイムシは樹木が枯死してから初めて定着する．乾燥や病原菌により枯死した樹木は，樹皮が脱落し，立枯れたまま残るため，すぐに乾燥する．低い水ポテンシャルや水分条件の変動に耐性のある真菌がそういった枯死木に優占し，分解を担う．こういった真菌には，クロコブタケ属の子嚢菌類や，ヒメアカキクラゲ（*Dacrymyces stillatus*）といったキクラゲ類が含まれる（Rayner and Boddy, 1988）．

6.1.6 衰弱

樹木が老齢になり寿命が近づくと，衰弱の兆候が多くなってくる．老齢木は代謝が低下し，生長速度が次第に低下し，先端生長が鈍り，枯死枝が多くなり，形成層のうち枯死した部分が多くなり，傷の治癒力が低下し，樹洞が形成され，病原生物や不適な環境条件によるダメージを受けやすくなる（Kramer and Kozlowski, 1979; Leopold, 1980）．最終的には，幹で生きているのは内樹皮のごく一部だけになり，残りの大部分は枯死してしまう．こういった漸進的な枯死はコナラ属（Alexander, 2008）やさまざまなユーカリ（Whitford, 2002）などの広葉樹で特に多く見られ，100年以上を要するゆっくりとしたプロセスである．多くの針葉樹でも，老齢木となった場合にはこういったタイプの枯死が起こる．前章では，樹木の衰弱期の長さは樹木の系統により異なり，二つの基本的な戦略により説明されることを紹介した（Loehle, 1988）．ヤマナラシ属やカバノキ属のようなパイオニア種は生長が速く，成熟するのも早く，寿命が短く，衰弱期も短い．一方，コナラ属やペカン属，そして針葉樹のいくつかの属（特にマツ属やヒノキ科に含まれる属）は生長が遅く，成熟も遅く，寿命が長く，老齢木でいる期間も長い．Loehleは，これらの違いを防御への投資戦略の違いから説明している．構造的，化学的防御への投資はエネルギーコストを伴い，生長速度を低下させるが，自然撹乱や病原生物の攻撃に対する抵抗性が高まり寿命が延びるため，コストは相殺される．つまり，衰弱期が長い樹種というのは寿命が長い樹種ということになる．

老齢で衰弱した樹木は，若い活力のある樹木に比べ多様な微小生息場所を提供するため，枯死木依存性生物にとって非常に重要である（Speight, 1989;

Winter and Möller, 2008)（7章参照）．樹木が次第に枯死すると，枯死した樹皮は材に固着することになり，そのように枯死した内樹皮を好む種もいる．亜寒帯林では，カミキリムシ科のアオヒメスギカミキリ（*Callidium coriaceum*）やシバンムシ科の *Ernobius explanatus*, *Carphoborus* 属の樹皮下キクイムシが，老齢衰弱木の内樹皮を好む（Ehnström and Axelsson, 2002）．ヨーロッパ中部の冷温帯林では，カシミヤマカミキリ（*Cerambyx cerdo*）が，老齢で衰弱したコナラ属樹木の内樹皮と辺材外縁部を摂食するようだ（Buse et al., 2007）．

ゆっくりと枯死した樹木は，枯死後も長期間残り，生息場所を提供する．例えば，亜寒帯のフェノスカンジア北部では，ヨーロッパアカマツは樹齢300から500年に達すると次第に活力を失い，平均して樹齢420から450年で枯死する（Leikola, 1969; Niemelä et al., 2002）．ただし，最大樹齢は800年を超える（Sirén, 1961）．枯死後35から40年で樹皮が脱落し，フィンランド語でkeloと呼ばれる灰白色の立枯れ木となる（Niemelä et al., 2002）．この立枯れ木は分解抵抗性で，中部亜寒帯域では平均約100年，最大250年以上（Rouvinen et al., 2002b），北部亜寒帯域では700年以上も立っている（Niemelä et al., 2002）．このような極端にゆっくりとした分解の背景には，生長が遅いことにより年輪幅が狭く材密度が高いことや，炎にさらされたことにより材内の樹脂の濃度が増加していること，辺材に比べ心材の割合が高いこと，そして立枯れ木が乾燥していることが挙げられる（Niemelä et al., 2002）．

立枯れのkeloには真菌がほとんど定着していないが，ピンゴケ属の一種 *Calicium denigratum*, ヒメピンゴケ属の一種 *Chaenothecopsis fennica*, ヒョウモンゴケ属の一種 *Cyphelium pinicola* といったピンゴケ目（Caliciales）の地衣が着生する．最終的にkeloが倒れて分解が始まるときの真菌相は，風倒木の場合と著しく異なっている（Niemelä et al., 2002）．特徴的な種としては，多孔菌類のシカタケ属の *Antrodia crassa* と *A. infirma*, キアミタケ（*Gloeophyllum protractum*），*Postia lateritia*, そしてコウヤクタケ類の *Odonticium romellii* や *Chaetoderma luna* が挙げられる．

6.1.7 その他の枯死要因

　上述の枯死要因と同様に，その他のさまざまな要因が樹木の枯死に関係しており，枯死木を創出している．しかし，生物が関わる枯死は恐らくはごくわずかである．亜寒帯林では，雪の重みや凍害により樹冠や枝が折れることがあり，これにより風倒や伐倒と状況が似た倒木が発生する．雪崩や地滑りも健全木を押し倒し，風倒の場合と似た倒木を発生させる．

　洪水も，樹木に複雑な生理的・生化学的な変化をもたらす枯死要因となる．洪水の発生直後の影響としては，土壌中の通気が悪くなることが挙げられる．洪水に対する耐性，すなわち低酸素状態での生存力は，樹種によって数日から数ヶ月とさまざまである（Kozlowski, 1997; Glenz et al., 2006）．洪水により枯死した樹木は立枯れとなるのが特徴的であり，この点で，乾燥による枯死木と似ている．最終的には立枯れ木は倒れて水没し，水没した状態で部分的にあるいは完全に分解する．水中の枯死木は，陸上とは異なる生物群集の住み場所となる（9章で詳述）．

6.1.8 部分的な枯死

　上述の枯死要因は，樹体全体を枯死させるものであったが，枯死は生立木の中で部分的にも起こる．傷，樹洞（空洞木），枯死枝などは，森林における枯死木の現存量のうち無視できない割合を占め，これらのタイプの枯死木を選好する枯死木依存性生物も多い（7章参照）．

　傷は健全な樹木にも起こり，樹皮の表面的なものから，材にまで届く深いものまである．傷ができる原因としては，近隣木の倒壊，雪圧による枝折れ，火災，大型動物による剥皮などがある．近世では人間活動が原因となる傷も多い．局所的な傷は樹木を枯死させることはない．なぜなら，傷に隣接する生きた樹木組織には，高い含水率による腐朽菌の発達の抑制や（Boddy and Rayner, 1983b），侵入者に対して毒性を発揮するフェノールや樹脂の生産（例えば，Shortle, 1990; Deflorio et al., 2007, 5.4節も参照）といったいくつかのタイプの防御システムがあるからである．

　枯死枝は，多くの樹木において恒常的に起こっている部分的な枯死の好例である．樹木が大きくなるに従い，いくつかの枝は乾燥し，枯死した状態で

6章 枯死要因と分解に伴う生物相の遷移

図6.2. (a) 部分的に衰弱したコナラ属の老齢木. 左側に何カ所か衰弱の兆候（部分的に樹皮が剥がれた幹やたくさんの枯死枝）が見られるが, 右側は比較的健康そうに見える. (b) 衰弱木に発達する特徴的な二つの微小生息場所：地際の樹洞と, そのとなりの枯死した樹皮. 樹皮は脱落して, 遠くに見える樹木のように, 枯死した辺材が現れることになる（写真 Nikola Rahmé）.

樹上に残る（図6.2a）．この，樹木自身による枝打ちは，樹木の生長過程の中で起こる自然なプロセスである．幹の中では，枯死した組織と生きた組織を隔てる障壁が，樹木自身により形成される（Shigo, 1985）．こういった枯死枝は，樹上に数年間残る場合もあるが，針葉樹に比べ広葉樹で分解が速く，早期に脱落する．林冠部では枯死枝は日光や風にさらされ，特徴的な真菌や昆虫に利用される（7章や9章を参照）．

6.2 分解経路

樹木が枯死した後，枯死木依存性生物群集の遷移パターンは，決定論的にある決まった軌跡を辿るわけではない．群集の発達はいくつかのパターンをとりうる．

群集の発達に最も影響するのは，恐らく枯死要因である．枯死要因が異なれば，枯死木が異なった方法で枯死木依存性生物に提供されることになり，環境要因も異なったものになる．こういった枯死要因の影響については，これまでにも多くの報告で指摘されているが，広葉樹材における真菌相の発達に関してはBoddy and Heilmann-Clausen（2008）に最もよくまとめられており，傷，樹上の枯死枝，立枯れ木，寝返り木，切り株においてそれぞれどういった真菌群集が発達するかについて紹介されている．こういった枯死要因の違いは，針葉樹でも起こっており，枯死木依存性生物群集の発達に影響していると思われる．

さらに，木材腐朽菌による腐朽型の違いも，分解後期に定着してくる無脊椎動物や真菌に異なる基質を提供する．昆虫学の文献では，コメツキムシ科（Martin, 1989）やカミキリムシ科およびコクヌスト科（Ehnström and Axelsson, 2002）において，褐色腐朽や白色腐朽を好むらしいという報告が散見されるが，包括的な情報はほとんどない．また，特定の真菌と菌食昆虫との間の密接な関係も知られている（7章参照）．白色腐朽材と褐色腐朽材で酵母の種組成が異なることも報告されている（González et al., 1989）．

分解の経路に影響するもう一つのメカニズムとしては，分解中期から後期にかけての，木材腐朽菌における初期種−後期種（predecessor-successor）関

6章 枯死要因と分解に伴う生物相の遷移

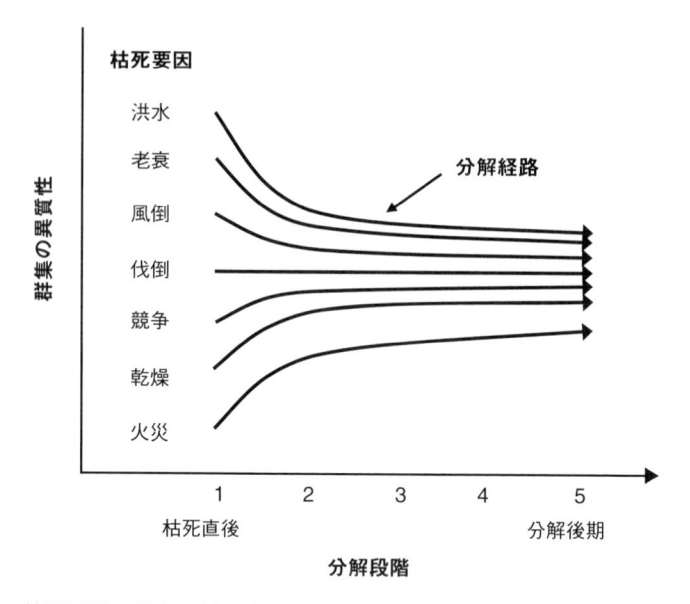

図6.3. 枯死要因の異なる枯死木における分解経路の模式図．曲線間の垂直方向の距離は，種組成の差異を表している．分解初期には，一般的に種組成の差異が最も大きい．それぞれの分解経路で，分解にともない生物群集が遷移すると，生物群集は分解経路間で次第に似たものになり，分解後期には分解経路間の差異はほとんどなくなるだろう．

係である（Niemelä et al., 1995）．ある菌種の後に特定の菌種が定着しやすいという傾向があることは間違いない．こういった菌種間の関係は，恐らく材内部の菌糸体間の相互作用によっている（Ovaskainen et al., 2010a）．しかし，その関係性が寄生関係なのか，初期種の死んだ組織を後期種が腐生的に利用しているのか，あるいは初期種の代謝産物を後期種が利用しているのかといったメカニズムについてはわかっておらず，真相は材の中に隠されている．

定量的なデータは不足しているが，分解経路の違いにより生物群集が構造的に異なる様子を図6.3に模式図で示した．分解初期には，枯死要因の影響を受け，群集間の構造的な違いは最も大きい．分解が進むにつれ，この章の後半で紹介するように種の置き換わりが進むことにより群集間の差異は減少し，枯死要因の影響は無視できるほど小さくなる．しかし一方で，生物の定

着においてはランダムな側面があるので，死亡要因のそれぞれの区分において，倒木間での群集の差異は増大するだろう．データがないので，図6.3では縦軸にそういった倒木間の差異についての情報は入れなかった．また，図の曲線の形も正確なものではない．この図で示したいのは，枯死要因の影響は，分解初期で最も顕著だということである．

6.3 変化する資源としての腐朽木

　分解過程を通じて，枯死木にはさまざまな変化が起こる．それは物理的あるいは化学的な変化であり，予測可能なパターンで進行する．最も重要な物理的変化は，樹皮と材密度に関するものである．内樹皮は，枯死後急速に消費され，失われる．樹皮の脱落のスピードは，枯死要因や，立枯れか倒木かといった違いにより異なる．材密度も重要な物理的性質である．はじめ材は堅いが，真菌による分解の結果，次第に柔らかくなる（Box 6.1 参照）．

　分解過程を通じて含水率は上昇する（Dix, 1985; Sollins et al., 1987; Renvall, 1995; 図6.4a）．この理由の一つは，材の強度が低くなるに従い，幹が地面に接近し沈み込み，蒸発が抑制されるためである．しかし，さらに重要なのは，材の分解過程自体が最終産物として水を生成することである．

　材分解の過程では，材の化学的な性質も顕著に変化する．5章で紹介した通り，枯死直後の材には防御物質が豊富に含まれている．これらの防御物質は，初期分解者による物理的・化学的な分解作用により分解される．細胞壁の構造成分も，木材腐朽菌類の酵素活性により組織的に分解される（2章参照）．その他に，二酸化炭素レベルも変化する．二酸化炭素もまた，材分解の最終産物の一つであり，材内部の二酸化炭素ガスのレベルは—少なくとも材が細片化して通気がよくなるまで—増加する．さらに，炭水化物が分解されることにより，無機塩類の濃度も分解過程を通じて増加する（Harmon et al., 1986; Krankina et al., 1999; Laiho and Prescott, 2004）．

　材の養分含量も分解過程を通じて変化する．木質は（形成層を除き）窒素の乏しい資源である．しかし，セルロースやリグニンが分解されて，材が真菌の菌糸で充満すると，窒素濃度が増加する（図6.4b）．これは，菌糸の窒

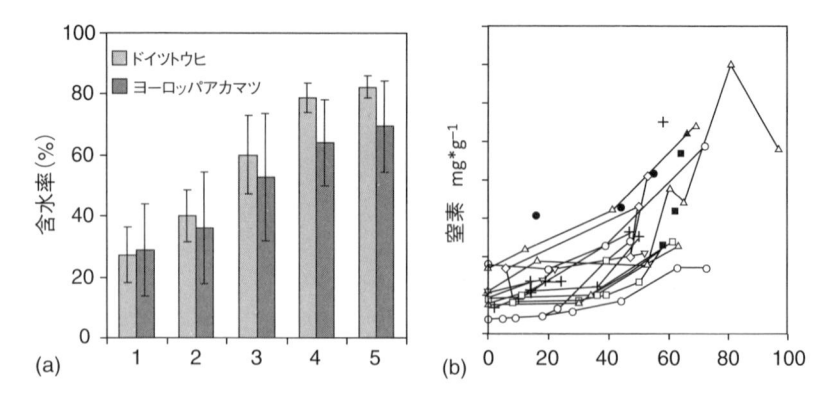

6章 枯死要因と分解に伴う生物相の遷移

図 6.4. 分解に伴う材の物理化学的な変化：(a) 分解段階 1–5 での含水率（%）(Renval, 1995)；(b) 材密度の減少と窒素濃度（mg/g）の関係（Laiho and Prescott, 2004）.

素濃度が材の 7 〜 10 倍あるためである（Merrill and Cowling, 1966; Swift and Boddy, 1984）．真菌の細胞壁の中で，窒素は主にキチンとして存在する．窒素は木材腐朽菌にとって貴重な成分であり，木材腐朽菌は初期定着種の菌糸の窒素を利用するのに加え，自分自身の細胞壁も分解して窒素を再利用することができる（Lindahl and Finlay, 2006）．枯死木中の窒素量が増加するプロセスは他にもある．枯死木に住む窒素固定細菌は空気中の窒素を固定することができる（Hendrickson, 1991; Brunner and Kimmins, 2003）．真菌の中には，菌糸体のネットワークを使い，周辺土壌から枯死木へ窒素を輸送することのできる種もいる（Tlalka et al., 2008）．さらに，コガネムシ科やクワガタムシ科の甲虫，そして樹皮下キクイムシ類のいくつかの種は，消化管内に窒素固定細菌を共生させており，空気中の窒素を固定できる（Jönsson et al., 2004; Kuranouchi et al., 2006; Morales-Jimenéz et al., 2009）．

Box 6.1　枯死木の分解と分解段階

枯死木の分解

　枯死木は，時間にともない重量，体積，密度を減少させていくという意味で，その分解過程は予測可能である．枯死木分解を記述するモデルで最

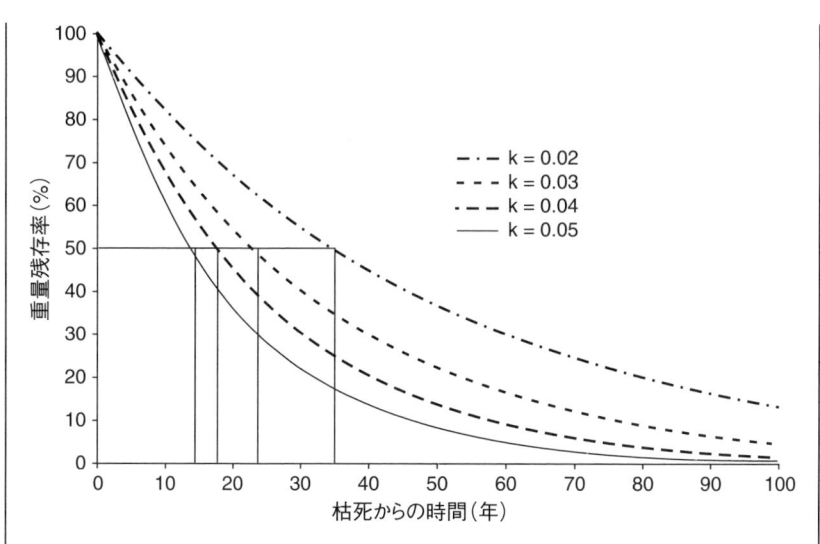

図 6.5. 指数関数モデルから予想された，時間に伴う重量減少．四つの分解速度定数（k）とそれぞれの重量減少曲線，および重量が 50%になる時間が示されている．

もよく使われているものは，以下の指数関数モデルである：

$$Y_t = Y_0 e^{-kt}$$

Y_t は時間 t における密度，Y_0 は初期密度，k は分解速度定数である．分解速度定数は，いくつかの枯死木サンプルの分解の程度を測ることで，以下の式から計算できる：

$$k = -\ln(Y_t/Y_0)/t$$

この式により，分解に伴う重量減少が予測できる（図 6.5）．

分解速度定数は，気候の異なる地域間，微環境の異なる地点間，分解抵抗性の異なる枯死木間，直径の異なる枯死木間などで分解速度を比較するのに便利である（例えば Rock et al., 2008）．しかし，広く使われているこのモデルにも欠点がある．一つ目は，分解過程を通じて分解速度が一定であると仮定している点である．分解速度が分解過程を通じて一定ではないことは，いくつかの研究で示されている（Harmon et al., 2000; Mäkinen et al., 2006）．よって，分解過程をより正確に把握するためには，さらに

6章　枯死要因と分解に伴う生物相の遷移

表 6.1.　生立木および各分解段階の枯死木の区分（Stokland, 2001 より）

分解段階	生立木の重量に対する割合(%)	特徴
0 衰弱木	100	生きているが（傷や乾燥，老衰などにより）衰弱した樹で，葉は緑
1 枯死直後	100～95	枯死直後の樹で，樹皮は残存している；材分解はほとんど起こっていない
2 少し分解したもの	95～75	樹皮は緩くなり脱落する，材表面から 3 cm 未満の部分が分解を受ける，樹皮下に菌糸体が見つかる
3 中程度分解したもの	75～50	材表面から 3 cm 以上の深さまで分解が進む，心材は堅い
4 強度に腐朽したもの	50～25	幹の全体に分解が及ぶ，堅い部分はほとんどない，横断面は楕円形になる，幹の外縁が崩れ始める
5 ほとんど分解の終了したもの	25～0	材の外縁はかなり崩れ，部分的にほとんどなくなっている，持ち上げると崩れる，材の空隙の中には腐植が溜まる

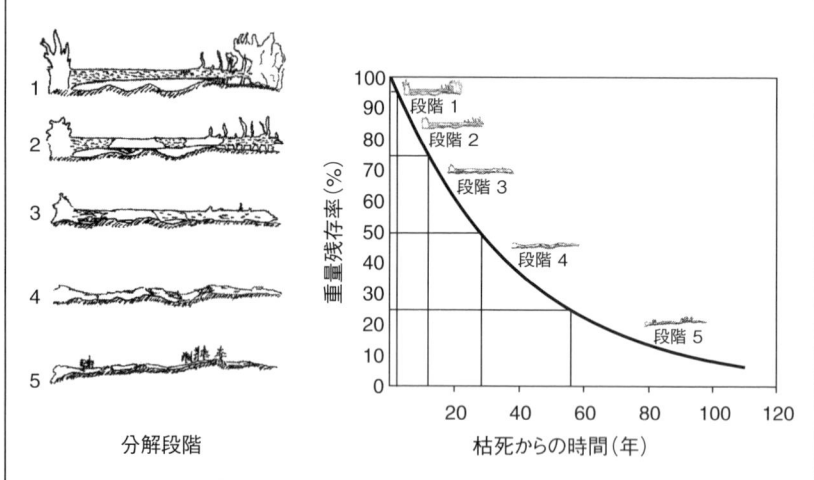

図 6.6.　表 6.1 における 5 段階の分解段階における材の外見（左）．各分解段階における残存重量と枯死してからの時間（右）．

精巧な数理モデルが必要である（例えば Yin, 1999; Mackensen et al., 2003; Makinen et al., 2006 により詳細な情報がある）．

分解段階

　枯死木の分解過程は五つの段階に区分するのが一般的である（表 6.1 参照）．分解過程を 5 段階評価する方法は，材分解研究（Sollins, 1982）や種組成と遷移の研究（Renvall, 1995; Stokland, 2001; Heilman-Clausen and Christensen, 2003），国有林の生物相調査（Waddell, 2002; Stokland et al., 2003）などさまざまな研究分野で用いられている．しかし，これらの区分が研究者間で一致しているわけではない．また，8 段階などさらに多く区分する場合（Söderström, 1988a）や，これよりも少ない場合もある．

　これらの区分方法の多くは，各分解段階での材の外見や柔らかさを基準にしている（表 6.1，図 6.6）．しかし，それぞれの分解段階での重量減少について知っておくことも重要である．Næsset（1999）は，表 6.1 の分解段階 1 〜 4 における残存重量を予測し，Stokland（2001）はその結果を分解段階 5 まで拡張した．分解段階の区分方法が異なれば，各分解段階において減少する重量も異なるだろう．

　各分解段階にかかる時間は，分解段階が進むにつれて長くなる（図 6.6）が，気温，水分，分解者生物にも大きな影響を受ける．地球規模では，倒木の分解にかかる時間は，熱帯における 10 年たらずというものから森林限界に近い亜寒帯林における数百年というものまでさまざまである（14 章）；しかし，倒木周辺の微気候，樹種，幹の直径なども分解速度に影響する．

6.4　真菌類の遷移

　枯死木における真菌群集の発達過程では，さまざまな種が予測可能な順番で移り変わるため，遷移の最もわかりやすい例として扱われることもある（Park, 1968）．一方，Boddy（1992, 2001）は，"遷移"という言葉では単純過ぎると考え，枯死木における真菌群集の発達過程を，いくつかの経路を持つ複雑で多次元的な過程として記述した．

　これらの考え方は相反するように思えるが，どちらも真実を含んでいる．分解段階ごとにどのような種が発生するかということに注目すれば（図 6.7），これまでさまざまな研究で知られているように明瞭な秩序が存在することがわかる．一方，個々の枯死木に注目すれば，近い場所にある同じ樹種の同じ分解段階の倒木の間でさえ，いかに真菌の種組成が異なっているかに

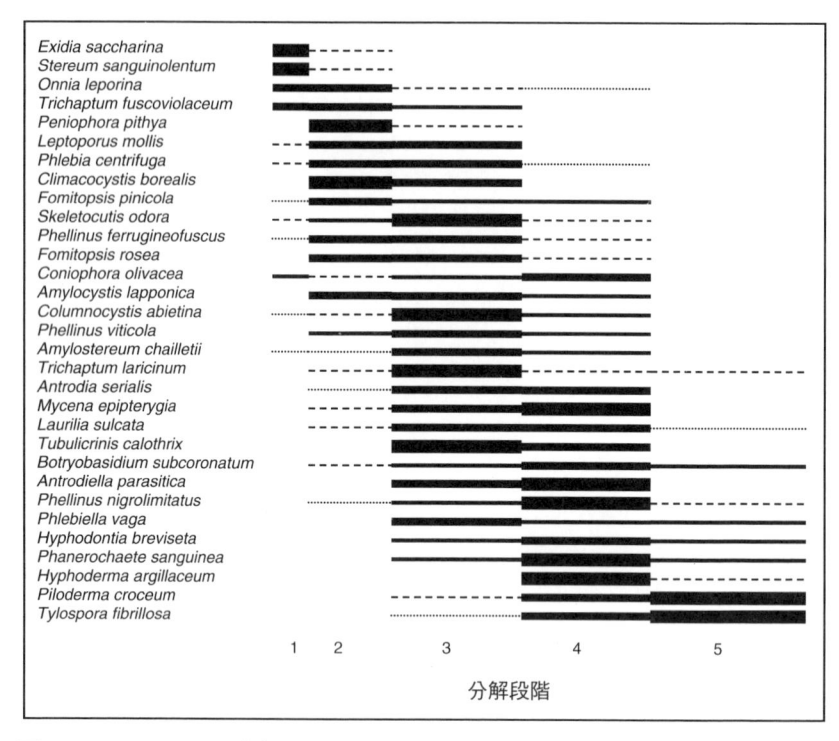

6章 枯死要因と分解に伴う生物相の遷移

図 6.7. フィンランド北部における，枯死直後（分解段階 1）から強度に腐朽するまで（分解段階 5）のドイツトウヒ（*Picea abies*）の倒木における担子菌類の種の移り変わり．線の太さは，各分解段階における子実体発生の頻度を反映している．Renvall et al. (1995) より．

驚くだろう．

　枯死木における真菌群集の発達についての研究は中部および北ヨーロッパで多く行われており，いくつかの樹種で包括的な研究も行われてきている（Jahn, 1966, 1968; Lange, 1992; Luschka, 1993; Renvall, 1995; Lindblad, 1998; Heilmann-Clausen, 2001）．また，その他の地域，例えばニュージーランド（Allen et al., 2000）や日本（Fukasawa et al., 2009）でも同様な研究がなされている．これらの研究のデータはすべて，子実体の記録にもとづいている．この方法は，多くの種を極めて簡単に観察して同定できるという利点がある．しかし，菌糸体としてのみ存在し，子実体を形成していない種を見落とす可

能性が欠点としてある．多くの菌種は子実体を発生させるよりも何年も前から枯死木内に存在しているため，枯死木内に定着している真菌の種数は，子実体観察から得られる種数よりも多い．そもそも，子実体を発生させるまでに菌糸体の発達のための期間がどのくらいで，それが菌種によりどう違うのかについての情報はほとんどない．

枯死木に生息する真菌に関する最近の研究では，DNA 分析技術が使われ始めている（Tedersoo et al., 2003; Lygis et al., 2004; Vasiliauskas et al., 2004; Allmér et al., 2006; Ovaskainen et al., 2010b）．この方法には，すべての菌種の DNA 配列データがライブラリーとして必要な点（Stenlid et al., 2008）など，いくつかの技術的な問題はあるが，これからの研究に非常に有用な方法だろう．

ここからは上述の文献にもとづき，群集発達について，複雑さよりも秩序だったパターンを強調して解説していきたい．針葉樹と広葉樹では真菌群集はかなり異なるが（5 章参照），一般的な遷移のパターンには多くの共通点がある．そこで，針葉樹と広葉樹について共に解説しつつ，いくつかの重要な相違点についても紹介していく．

6.4.1 生立木における心材腐朽

心材腐朽菌は，成熟した生立木の心材の中心部を分解することに特殊化している（Rayner and Boddy, 1988）．一つの特徴は，心材に豊富な毒物に対する耐性があることである．そのため，特定の樹木の分類群に対する選好性が極めて高い（5 章参照）．その一方で，多くの心材腐朽菌は健全な辺材には侵入することができないので，心材部に分布が限られることになる．心材腐朽菌の働きにより，成熟した生立木では，衰弱したり枯死したりする前に幹の体積の大部分がすでに分解されていることが多い．

傷が，心材腐朽菌にとっての侵入口となる．樹種によっては，心材が大枝の中にまで伸びていることがあり（Boddy and Rayner, 1981），このような枝が折れると，心材が外部にさらされ，定着可能となる．真菌はここから幹の心材に侵入し，上下方向に生長していく．こういった現象は広葉樹でよく知られており，例えばコナラ属ではアイカワタケ（*Laetiporus sulphureus*）や

カンゾウタケが心材腐朽菌として知られている．針葉樹でも，マツ属ではマツノカタワタケ，モミ属やトウヒ属ではカラマツカタワタケ（*P. chrysoloma*）が心材腐朽菌として知られている．他にも，マツノネクチタケは根系の傷から侵入し，樹木の基部から上方向へ材を分解していく．心材腐朽は，樹木が生きているうちから進行し，最終的には樹洞が形成される．そのため，心材腐朽菌の子実体が生立木上に見られることも多いが，これらの菌は生きた辺材を分解することはない．

6.4.2 衰弱木

　生立木の中で生長しながらも，樹木に害を与えていないように見える菌種もいる；クヌギタケ属の一種 *Mycena corticola*，アカコウヤクタケ属の一種 *Aleurodiscus disciformis*，アカコウヤクタケ（*A. amorphus*），タバコウロコタケ属の一種 *Hymenochaete ulmi* といった菌種である．こういった真菌についてはこれまで見過ごされてきており，ほとんどわかっていない．なぜなら，森林病理学者の興味も引かず，また多くの生態学者は枯死木上の真菌しか研究してこなかったからである．一つの可能性として，これらの種は死んだ外樹皮を分解しているのかもしれないが，それを示す証拠は見つかっていない．もともとは老齢の衰弱木に発生していた可能性もある．さらに可能性があることとしては，これらの種は，防御力がほとんどなくなった死にかけの内樹皮を利用しているのかもしれない．

　生きて健康な樹木は真菌の侵入に対していくつかの防御システムを持っている（5章参照）．しかし，樹木が傷ついたり衰弱したりすると，真菌が定着しやすい状況が容易に生じうる．広葉樹の枝が折れた場所などに開いた傷は，風や昆虫により散布されるさまざまな糖依存菌（酵母，辺材変色菌）や細菌の定着を促進する．ケシキスイ科の甲虫は病原性のある辺材変色菌 *Ceratocystis* spp. を傷痍部に運び，この菌は樹木に致死的な腫瘍病を引き起こす（Hayslett et al., 2008）．針葉樹の多くは効果的な防御システム—内樹皮や辺材における樹脂の分泌—を持っている．毒性分を含んだ粘性のある樹脂は，傷を数時間で塞いでしまうため，針葉樹の傷痍部では真菌の検出される頻度が低い．

他には，衰弱木を攻撃する樹皮下キクイムシによって運ばれる真菌もいる．そのうちいくつかの種は病原性で，オランダニレ病（*Ophiostoma ulmi* と *O. nova-ulmi* によって引き起こされる）などの萎凋病を引き起こす．他の辺材変色菌と同様，*Ophiostoma* 属菌も内樹皮の樹液を利用するが，さらに樹液の流れに乗って放射柔組織にも侵入し，辺材部にくさび形の変色を生じる（Christiansen and Solheim, 1990）．

樹木が乾燥や樹木間の競争により衰弱した場合にも，特定の真菌が樹木を枯死させ，分解にともなう遷移が始まる．こういった場合には，縞腫瘍病（strip canker）菌などが活発に働き樹木に致死的なダメージを与える．また，内生菌であるツリガネタケやカンバタケなどの木材腐朽菌も，乾燥ストレスを受けた樹木の内部で速やかに生長する．

6.4.3 枯死直後の枯死木

この分解段階は，枯死後 1 〜 2 年の期間で，分解段階 1 に相当する（Box 6.1 参照）．樹木が枯死するとすぐに，真菌が定着する．その多くは子嚢菌門に属する *Ceratocystis*, *Ophiostoma*, *Leptographium* などの属であり，樹皮下キクイムシ類により枯死直後の枯死木に運ばれてくる（Box 6.2 参照）．これらの真菌は内樹皮や辺材に速やかに広がり，可溶性糖類や細胞内容物を利用する．樹皮下キクイムシ類の坑道の真菌群集は驚くほど多様である．ポーランド南部における研究では，タイリクヤツバキクイムシが侵入したドイツトウヒの内樹皮から，真菌の 65 分類群が検出され，辺材からはさらに 36 分類群が検出された（Janowiak, 2005）．

さらに，担子菌類も枯死直後の材に速やかに定着する．ヒメキクラゲ属菌（*Exidia* spp.）の多くはこの分解段階に特徴的であり，ハラタケ類（ワサビタケ属菌（*Panellus*）やチャヒラタケ属菌（*Crepidotus*））やコウヤクタケ類（カワタケ属菌やチャシワウロコタケ（*Phlebia rufa*），コガネシワウロコタケ（*P. radiata*），キウロコタケ属菌）にもこの分解段階に定着するものがいる．他の種が定着していないエネルギーの豊富な新しい枯死木で，これらの真菌は急速に生長して子実体を形成する．しかし，養分が枯渇するなどして死亡するのも早く，後から定着してくる真菌に置き換えられていく．

6.4.4 初期から中期の分解段階

　この分解段階では，材のセルロースやリグニンを効果的に分解する真菌が優占する．これらの真菌は枯死直後の段階から定着しているが，優占するのは分解段階2や3においてである（Box 6.1 参照）．菌糸は辺材全体に伸長生長し，数年の分解の後には，褐色腐朽および白色腐朽が容易に区別できるようになる．これらの菌による分解は，多くの樹種（例えばヤマナラシ属やカバノキ属）で心材に及ぶ．一方，マツ属のように，辺材は完全に分解されるが，心材は分解されずに残される樹種もある．分解により幹の強度が低下するので，立枯れの多くはこの段階で倒れる．

　この分解段階は，多孔菌類の領域であり戦場でもある．枯死木は巨大な資源であり，この資源を少しでも多く獲得するために多くの種がそれぞれの戦略を発達させている（Boddy and Rayner, 1988）．*Coriolus* 属，カワラタケ属，キウロコタケ属などの菌は，一次資源獲得（primary resource capture）の戦略をとっており，先駆種として枯死直後の枯死木に速やかに定着し，内樹皮や辺材外縁部を分解する．これらの種は典型的な r 戦略をとっており（14章参照），新しい資源に定着するために子実体の形成も速やかである．カイガラタケや *Sistotrema brinkmannii*，チャカワタケ（*Phanerochaete velutina*）などの種は，先駆種を種特異的あるいは非特異的に排除し，資源の内部での縄張りを広げる（Rayner and Boddy, 1988）．

　Holmerとその同僚ら（Holmer and Stenlid, 1997; Holmer et al., 1997）は，洗練された室内実験により，トウヒ材上での木材腐朽菌同士の闘争力に階層性があることを明らかにした．一般的に，初期種は闘争力が弱く，後期種は闘争力が強い．Boddy（2001）も同様な階層性を広葉樹材において認めている．資源をめぐる競争は種内でも見られる．Adams and Roth（1969）は，ダグラスモミの枯死木において興味深い観察をしている．菌の侵入口である幹の折れた部分では，ケニクアミタケ（*Fomitopsis cajanderi*）の複数の個体（genets）が存在するが，そこから奥に進むと，他個体の犠牲の上にごく少数の個体しか伸長していなかった．同様な結果はトウヒの枯死木におけるツガサルノコシカケにおいても報告されている（Nordén, 1997）．同種の他個体（あるいは同じくらいの闘争力の他種）が出会うと，それらの菌糸体は前

線に帯線を形成し，これは肉眼で見ることができる．

この分解段階には，主要な材分解者である多孔菌類以外にも，さまざまな木材腐朽菌が登場する；例えばコウヤクタケ類（シワウロコタケ属（*Phlebia*），マクカワタケ属（*Phanerochaete*），*Hyphodontia, Tubulicrinis*），ハラタケ類（スギタケ属，ナヨタケ属（*Psathyrella*）），キクラゲ類（ニカワホウキタケ属，アカキクラゲ属），子嚢菌（チャコブタケ属，クロサイワイタケ属）などである．

6.4.5 分解後期

細胞壁の構造成分の大部分が分解されると，遷移は新たな段階に入る．この移行は倒木の分解段階3から4にかけて起こる（Box 6.1参照）．セルロースやリグニンが大部分分解されているので，材は構造的な強度を失っており，手で細かく崩すことができる．

この分解段階では，木質構造の分解者—多孔菌類など—は消え去り，他のグループ—ハラタケ類—へと移り変わる（図6.8）．これらの菌種は，恐らく木質構造の分解者が残していったセルロースやヘミセルロース，リグニンの断片を利用しているのだと思われる．しかし，このグループの木材腐朽菌の酵素系，代謝，そして正確な分類に関する知識は非常に不足している．

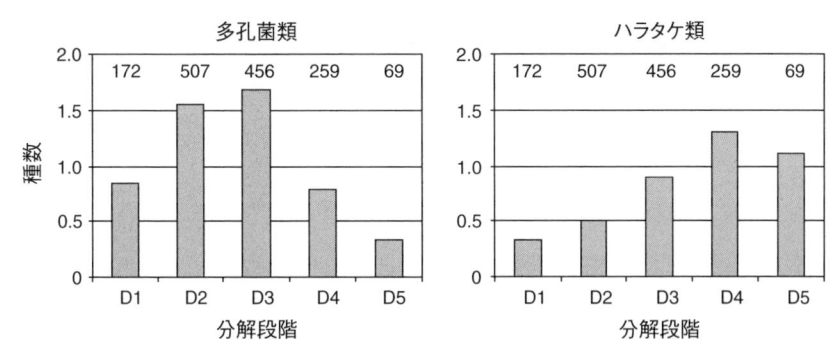

図6.8．ノルウェー南東部における，ドイツトウヒ倒木の各分解段階における多孔菌類とハラタケ類の平均種数．棒の上の数字はサンプル数（倒木数）．J. N. Stoklandによる未発表データ．

Trechispora hymenocystis やエゾノハスグサレタケ (*Phellinus nigrolimitatus*) といった多孔菌類も強度に腐朽した材に残存しているが，優占しているのはウラベニガサ属 (*Pluteus*)，ケコガサタケ属 (*Galerina*)，アワタケ属 (*Xerocomus*)，シジミタケ属 (*Resupinatus*)，クヌギタケ属 (*Mycena*) などに属する種のハラタケ類である．これらの種の多くは木質残存物の分解に適応していると思われる（3.1.3 節）．

分解中期から後期の枯死木の表面には，菌根菌の子実体がよく見つかる (Renvall, 1995; Nordén et al., 1999; Tedersoo et al., 2003)．この理由の一つは，これらの菌根菌が枯死木をただ単に子実体の発生場所として利用しているということである．子実体が材の表面から剥がれやすく，木本の根端と菌根共生するラシャタケ属 (*Tomentella*) や *Pseudotomentella* 属（担子菌門，イボタケ目）の種がこのタイプにあたる (Kõljalg et al., 2000)．もう一つの可能性は，これらの菌根菌が分解後期の枯死木において材分解に関わっているということである．このタイプの菌根菌の中には，腐朽した材の中に菌糸をのばしている種もおり，少なくとも数種 (*Piloderma fallax*, *Tomentellopsis submollis*, イボラシャタケ (*Tomentella crinalis*)) は，滅菌した分解段階中期の腐朽材上で腐生的に生長できる (Tedersoo et al., 2003)．

6.4.6 分解の最終段階

分解の最終段階では，切り株や倒木は完全に細片化され，土壌や腐植層に混ざっていく．この変化は，分解の最終段階である分解段階 5 において起こる（Box 6.1 参照）．特に，リグニンの豊富な褐色腐朽材の細片は腐植層に非常に長期間残る．こういった材由来の腐植は寒帯林土壌の重要な構成要素となっている．

この分解の最終段階では，菌根菌が優占する．地上の枯死木に発生する菌根菌は，寒帯針葉樹林の菌根菌の中でも主要な位置を占める (Kõljalg et al., 2000)．材片はこれらの菌根菌にとって重要な生息場所であり，これらの菌根菌は土壌中に埋まった材片内部によく発達した菌糸体を伸ばしている (Harvey et al., 1979; Kropp, 1982a)．

6.5 無脊椎動物の遷移

　枯死木の分解に伴う無脊椎動物群集の変化は，昔から研究者の関心を集めてきた．初期の研究には，Saalas (1917)，Graham (1925)，Ingles (1933) などがある．これらの研究では，分解段階が定義され，各分解段階に特徴的な無脊椎動物群集の記載が行われた．フィンランドにおいてドイツトウヒに生息する甲虫の研究を行った Saalas は，分解過程を3段階に区分した．その後，オーストリアでヨーロッパモミ (*Abies alba*) 上での無脊椎動物の遷移を研究した Schimitschek (1953, 1954) は，4段階に区分した．

　温帯落葉樹林におけるヨーロッパブナ (*Fagus sylvatica*) での無脊椎動物の遷移については，Dajoz が詳しい研究を行っている (Dajoz, 1966, 1977, 2000)．彼は分解段階を以下の三つの期間に区分した．未分解な材を利用する一次枯死木依存性種が材に侵入してくる「定着期」，二次枯死木依存性種も定着し加わってくる「分解期」，そして，枯死木依存性種が次第に土壌性の種に置き換わる「腐植期」である．

　Bengt Ehnström は，ヨーロッパアカマツやドイツトウヒにおける無脊椎動物の遷移について，すばらしい記載をしている (Ehnström and Waldén, 1986; Esseen et al., 1992, 1997)．Ehnström は，分解段階を四つに区分している (図 6.9)．この区分は，Schimitschek の 4 段階区分とほとんど同じで

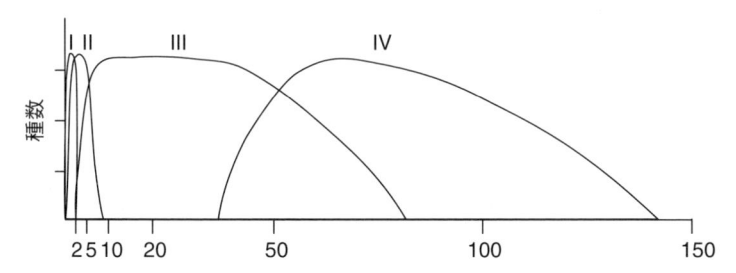

図 6.9．北ヨーロッパにおけるドイツトウヒの風倒木に見られる無脊椎動物の遷移段階 (succession phase)．遷移段階は Bengt Ehnström が定義した (Esseen et al., 1992 より)．

あり，Saalas の 3 段階区分とも，最終段階をさらに二つに分けた点が異なるだけである．

各分解段階における無脊椎動物群集に関する知識の多くは定性的なものである．今日に至るまで，全分解過程を通して無脊椎動物群集の組成とその変化を記載した定量的な研究は，ごくわずかである（Vanderwel et al., 2006; Saint-Germain et al., 2007）．以下の節では，衰弱木と枯死直後の枯死木を区分することを除いて，Ehnström の 4 段階区分に従い，他の研究例についても紹介する．

6.5.1 生立木と衰弱木

樹木を殺すことのできるキクイムシ亜科甲虫は，衰弱木に定着する最初の昆虫となることが多い．キクイムシは，ストレスを受けている樹木から発散されるモノテルペンなどの揮発性物質をたよりに，定着できそうな衰弱木を探し出す（Byers, 2004）．はじめに定着した個体は集合フェロモンを放出し，同種の他個体を集める．これにより，数百から数千の樹皮下キクイムシが樹木に穿孔し，樹脂による防御システムを突破する「集団穿孔（マスアタック）」が起こる（Raffa et al., 2008）．樹皮下キクイムシはまた，青変菌を運んでおり，これも樹木の枯死に貢献する．生立木に穿孔する樹皮下キクイムシは，攻撃種（aggressive species）と呼ばれることもある．集団穿孔により防御システムが突破されると，材は他の枯死木依存性無脊椎動物にも定着可能になる．

6.5.2 枯死直後の枯死木

樹木が既に枯死している場合，また異なった種類の樹皮下キクイムシ類が定着してくる．これら非攻撃的な樹皮下キクイムシ類は，攻撃的な種よりも多様である．スウェーデンで知られている 84 種の樹皮下キクイムシのうち，衰弱した生立木に穿孔するのは 14 種（このうちの 2 種エゾマツオオキクイムシ（*Dendroctonus micans*）とタイリクヤツバキクイムシは健康な生立木にも穿孔する）であり，70 種は枯死直後の枯死木に穿孔する（Ehnström and Axelsson, 2002）．樹皮下キクイムシ類は 2 週間程度で坑道を完成させ，孵化した幼虫はそれぞれが坑道を掘り進み，内樹皮を摂食する（図 6.10）．

6.5 無脊椎動物の遷移

母親の坑道
幼虫の坑道
交尾用の空間

A. マツノキクイムシ

交尾用の空間
母親の坑道
幼虫の坑道

B. マツノムツバキクイムシ

C. Scolytus rugulosus

D. マツノコキクイムシ

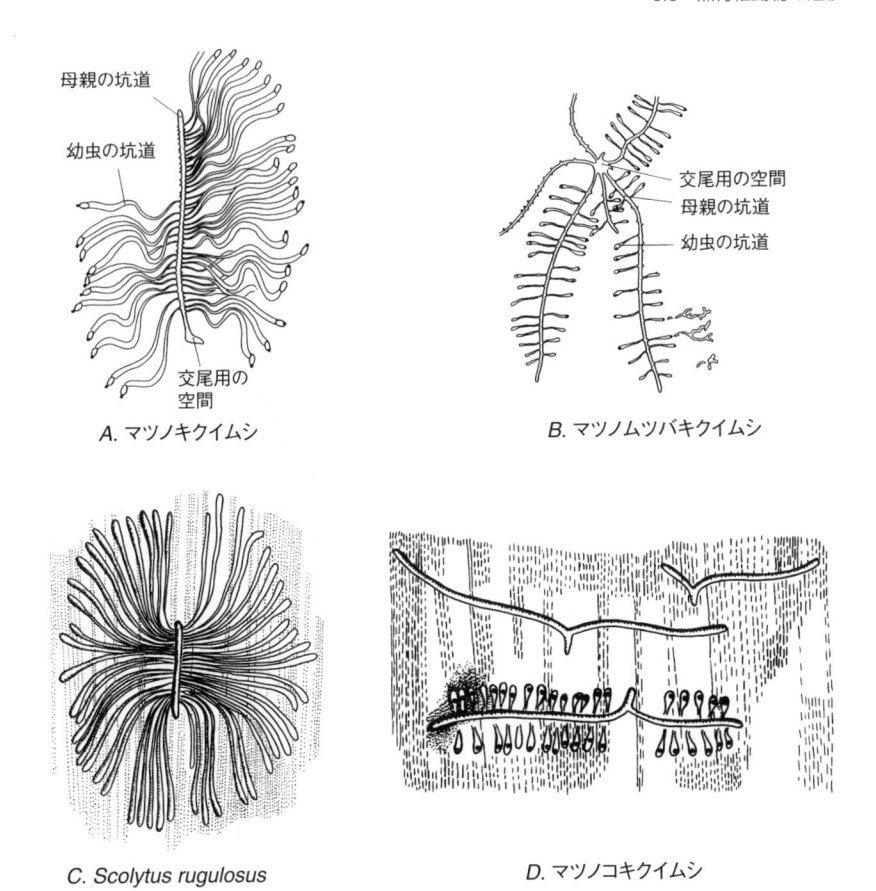

図6.10. キクイムシの坑道は種によって形が異なるため，ほとんどの種は坑道から同定できる．(A) マツノキクイムシ (*Tomicus piniperda*) 一夫一婦制の種．(B) マツノムツバキクイムシ (*Ips acuminatus*) 一夫多妻制の種（図は雌が6匹の場合）．はじめに樹皮下に穿孔して交尾用の空間を作るのは，一夫一婦制の種では雌，一夫多妻制の種では雄である．雌はそれぞれの坑道を掘り進み，坑道のあちこちに開けたくぼみに産卵する．孵化した幼虫は，内樹皮を摂食しながら進むので，幼虫の成長にともない坑道の幅は広くなっていく．幼虫の坑道の長さは，幼虫が主に内樹皮を摂食したか，青変菌を摂食したかで変わってくる．(C) *Scolytus rugulosus* の幼虫は主に内樹皮を摂食することが，長い坑道から判定できる．(D) マツノコキクイムシ (*Tomicus minor*) は青変菌 (*Ophiostoma canum*) を運び，この菌は材に著しい変色をもたらす（図は Juha Siitonen による）．幼虫の餌は主にこの菌である．孵化した幼虫は，内樹皮に短い坑道を掘る．その後，材の表面に孔を掘り，坑道に伸びてくる菌糸を摂食しながら残りをそこで成長する．

樹皮下キクイムシは多様な細菌や真菌，無脊椎動物の群集を運んでくる（Box 6.2 参照）．この中には，青変菌などさまざまな真菌，細菌（Cardoza et al., 2006b），原生動物（Wegensteiner et al., 1996），線虫（Cardoza et al., 2008），ダニ（Moser et al., 1989a; Moser and Macias-Samano, 2000; Cardoza et al., 2008）などが含まれている．飛ぶことのできない線虫やダニは，樹皮下キクイムシに便乗するための特殊な発達段階を持っている（耐久型幼虫（dauer larvae）や第二若虫（deutonymphs））．これらの発達段階は，昆虫の呼吸器や排泄器に入り込んだり，あるいは昆虫の体表面に固着したりして運んでもらうために高度に適応した発達段階となっている．

樹皮下キクイムシは 2〜3 週間で坑道を発達させるが，内樹皮を摂食するその他の昆虫，例えば針葉樹ではゾウムシ科（Curculionidae）のキボシゾウムシ属（*Pissodes* spp.）や，カミキリムシ科のヒゲナガモモブトカミキリ属（*Acanthocinus* spp.）やヒゲナガカミキリ属（*Monochamus* spp.）などが同時か少し遅れて坑道に侵入してくる．その後は，捕食者や死肉食者，菌食性の甲虫やハエ，捕食寄生蜂などが坑道に侵入してくる．樹皮下キクイムシに侵された，特定の樹種の丸太から昆虫を羽化させると，50 種から 150 種からなる局所的な群集が形成されていたことがわかる（Nuorteva, 1956; Dahlsten and Stephen, 1974; Langor, 1991; Weslien, 1992; Gara et al., 1995; Herard and Mercadier, 1996）．ヨーロッパでは，トウヒ類に穿孔するタイリクヤツバキクイムシに関連するダニとして，40 種が記録されている（Moser et al., 1989a）．また，アメリカ合衆国南部ではミナミマツキクイムシとその近縁の樹皮下キクイムシ類から約 100 種のダニが記録されている（Moser and Roton, 1971）．

Box. 6.2　枯死直後の枯死木における樹皮下キクイムシ，真菌，無脊椎動物の相互作用

樹皮下キクイムシ類が青変菌を運ぶことは古くから知られていた（例えば Craighead, 1928 を参照）．これらの菌の分類，生態，宿主特異性に関する知識は，1950 年代を中心に増加した（例えば Mathiese-Käärik, 1953, 1960b）．1980 年から 1990 年代には，宿主樹木の抵抗性の打破における青変菌の働きが集中的に研究された（Franceschi et al., 2005; Lieutier et al., 2009 にレビュー). 2000 年代に北アメリカで起こった空前にして壊滅的な樹皮下キクイムシ類の大発生の結果, 約 5 千万ヘクタールの森林が影響を受け (Raffa et al., 2008), 樹皮下キクイムシ類と関連生物に関する研究が急速に広まった. その結果, 多くの新しい驚くべき発見があった.

オフィオストマトイド（青変）菌類は, 形態的に似通った子嚢菌の属 (*Ophiostoma*, *Grosmannia*, *Ceratocystiopsis*, *Ceratocystis*, *Gondwanamyces*, *Cornuvesica* など）を含んだ多系統なグループである (Spatafora and Blackwell, 1993; Zipfel et al., 2006). *Leptographium* や *Graphium* といった, これらの属の無性世代も関連してくる (Wingfield, 1993).

青変菌の多くは樹皮下キクイムシ類と関係がある. 樹皮下キクイムシ類は, 菌嚢（マイカンギア）や消化管, 体表などに, 胞子や酵母, その他の分散ステージの真菌を便乗させて運ぶ (Beaver, 1989; Berryman, 1989; Harrington, 1993; Paine et al., 1997). 菌嚢は虫体にある小さな空隙で, 特殊な腺から分泌される油脂様物質で満たされていることがあり, これが真菌の胞子の生存に最適な状態を作り出している. キクイムシ類と相利共生関係にある菌は一般的に菌嚢で運ばれるが, 単に便乗しているだけの場合は体表に付着して偶然運ばれる (Six, 2003). 衰弱木を攻撃する樹皮下キクイムシ類は, 少なくとも 1 ～ 2 種の特異的なオフィオストマトイド菌類と共生している (Mathiese-Käärik, 1953; Solheim and Långström, 1991; Solheim and Saffranyik, 1997; Kirisits, 2004; Bleiker and Six, 2009; Masuya et al., 2009) が, 関連するオフィオストマトイド菌類は, 樹皮下キクイムシ 1 種の局所個体群でも 10 種から 20 種におよぶ (Kirisits, 2004; Jankoxiak, 2005; Kim et al., 2005; Zhou et al., 2006; Alamouti et al., 2007; Yamaoka et al., 2009). キクイムシに関連するオフィオストマトイド菌類の多くは, 樹種に対する特異性は示すが, ベクター（運搬者）であるキクイムシには特異性を示さない. すなわち, 特定の樹種に穿孔する複数の樹皮下キクイムシの種によって運ばれる (Kirisits, 2004). オフィオストマトイド菌類は無性胞子や有性胞子を粘液質のかたまりとして生産しており, これは昆虫に付着して散布されるのに都合が良い (Harrington, 1993; Paine et al., 1997).

菌が樹皮下キクイムシによって散布されることで利益を得ていることは明らかである. 一方, キクイムシも菌から利益を得ている. なぜなら, (1) 恐らく菌は宿主の抵抗性を打破するのに役立っている；(2) 菌はキクイムシの幼虫が生育するのに好適な環境条件を作り出している. 例えば, 内樹皮の含水率を低下させるなど；(3) 関連菌の中には, キクイムシの幼虫に

とって重要な餌資源となるものがいる (Beaver, 1989; Paine et al., 1997; Six and Paine, 1998; Hsiau and Harrington, 2003; Franceschi et al., 2005; Adams and Six, 2007; Bleiker and Six, 2007).

　青変菌の中には病原性の種もあり，樹皮下キクイムシが衰弱木の抵抗性を打破したり樹木を枯死させたりするのを助けている．これらの菌を人工的に接種することで樹木を枯死させられることも確かめられているが，樹木を枯死させるには，キクイムシの穿孔とほぼ同数の接種が必要になる (Franceschi et al., 2005). 菌が樹木を枯死させるメカニズムは，恐らく菌糸が辺材に伸長して通水阻害を起こすことだろう (Raffa and Berryman, 1983). 同じ青変菌の種でも，系統により病原性は異なる (Krokene and Solheim, 1997; Plattner et al., 2008). 青変菌の多くは内樹皮や辺材から効率的に養分（特に窒素）を吸収するので，その菌糸は樹皮下キクイムシの幼虫にとって質の高い食物となる (Bleiker and Six, 2007). 樹皮下キクイムシの中には内樹皮を主に摂食する種もいるが，菌糸を主に摂食する種や，中間的な種も存在する (Beaver, 1989). 羽化した新成虫もまた胞子を摂食してから脱出すると思われる (Bleiker and Six, 2007).

　青変菌以外にも，樹皮下キクイムシ類はトリコミケス綱 (Kirschner, 2001)，ボタンタケ目 (Hypocreales) (Kolarik et al., 2008)，酵母 (Six, 2003) やその他の菌 (Beaver, 1989; Lom et al., 2005; Kolarik and Hulcr, 2009) など，さまざまな真菌を運ぶ．また，担子菌も運んでいる．樹皮下キクイムシ類から分離された木材腐朽菌としては，カワタケ属や *Entomocorticium* 属などに加え，より一般的なツガサルノコシカケやマツノネクチタケといった種も含まれる (Castello et al., 1976; Whitney et al., 1987; Hsiau and Harrington, 2003). この中には，キクイムシ類の幼虫の食物としてオフィオストマトイド菌類よりも重要なものがいるかもしれない (Whitney et al., 1987; Hsiau and Harrington, 2003). 初期分解者として一般的なカミカワタケは切り株や倒木の表面に子実体を作り，風散布の胞子を生産するが，材の中で樹皮下キクイムシ類の蛹室中に分節型分生子 (arthroconidia) も生産する．この胞子はキクイムシ類の食物となり，キクイムシ類を媒介して散布される (Hsiau and Harrington, 2003).

　樹皮下キクイムシ類と関係する真菌の中には，病原菌，日和見的な菌，拮抗的な菌など，キクイムシ類にとって有用でない種もいる．*Trichoderma* や *Aspergillus* といった属の菌は，アメリカマツノキクイムシの坑道内に発生するが，この昆虫の生存や繁殖に悪影響を与える (Cardoza et al., 2006a). このような害菌に対して，キクイムシ類が抗生物質を用いて対

抗していることが近年明らかになった．キクイムシ類の成虫は口からの分泌物を足で坑道の壁に塗り付ける．この分泌物の中には抗菌性の強い放線菌 *Micrococcus luteus* などの細菌が含まれており，害菌の生長抑制に効果的である（Cardoza et al., 2006a）．青変菌は，樹皮下キクイムシ類が定着した枯死木から放出される揮発性物質の組成を変化させることで，キクイムシ類の捕食寄生者を呼び寄せてしまう（Adams and Six, 2008; Boone et al., 2008）．樹皮下キクイムシ類のフェロモンを誘起物質（カイロモン）として利用する捕食性甲虫類と異なり，捕食寄生性の膜翅目や双翅目昆虫は，キクイムシ成虫のフェロモン放出が終了した後に現れる卵や幼虫に寄生を行う（Boone et al., 2008）．

　樹皮下キクイムシ類によって新しい樹木へと運ばれる，飛べない無脊椎動物も多い．これらの無脊椎動物は，腐朽材食（phloeophagus）や菌食，捕食，寄生などさまざまな栄養段階の種を含み，多様な生態的機能を持つ．中にはキクイムシ類が運ぶ青変菌を摂食する種もいるが，自分自身の食物となる別な菌を運ぶ種もいる．樹皮下キクイムシ類に便乗するダニが，ダニ自身の青変菌を運んでいることが 1980 年代に発見された．ミナミマツキクイムシ（*D. frontalis*）に便乗（phoretic）する *Tarsonemus* 属のダニは，*Ophiostoma minus* を運ぶだけでなく（Bridges and Moser, 1986），菌の胞子の運搬に特殊化した器官（sporotheca）を持っている（Moser, 1985）．当時は，この菌がキクイムシの成長を助けるのだと考えられていたが，後に *O. minus* はミナミマツキクイムシ自身が持ち込んだ青変菌と競合することで，ミナミマツキクイムシの幼虫の生存に悪影響を与えることが明らかになった（Hoffstetter et al., 2006）．ミナミマツキクイムシは害菌である *O. minus* に対しても放線菌を用いて対抗していることが近年明らかになっている（Scott et al., 2008）．キクイムシ類に便乗するダニに高次便乗（hyperphoretic）する真菌の胞子は，何種ものダニで見つかっているが（Moser et al., 1989b），真菌とダニ，媒介者としての樹皮下キクイムシの関係についてはまだ詳細な研究はなされていない．また，樹皮下キクイムシ類が線虫を運ぶことも古くから知られていたが，線虫を運ぶ専用の器官（nematangia）を持つことが近年明らかになった（Cardoza et al., 2006）．

　Kenis et al.（2004b）はヨーロッパの樹皮下キクイムシ類の捕食者についてレビューし，甲虫やハエなど 115 種の昆虫をリストアップした．そのうち数種は樹皮下キクイムシ類の坑道でのみ見つかり，その中にはエンマムシ

科の *Cylister*, *Platysoma*, *Plegaderus* などの属や，ネスイムシ科の *Rhizophagus* 属，コクヌスト科の *Nemosoma* 属などが含まれる．カッコウムシ科の *Thanasimus* 属は貪欲な捕食者で，成虫は樹皮の表面で樹皮下キクイムシの成虫を補食し，幼虫もまた坑道内で樹皮下キクイムシの幼虫を補食する．樹皮下キクイムシ類の坑道で良く見つかるその他の甲虫類の多くは，樹皮下キクイムシ類の卵や幼虫の捕食者だと考えられてきた．その中には，ケシキスイ科の *Epuraea* 属やハネカクシ科の *Placusa* 属や *Phloenomus* 属，ゴミムシダマシ科（Tenebrionidae）の *Corticeus* 属などが含まれている．しかし，これらの種の多くは恐らく菌食者であり，捕食者や死肉食者であるとしても条件的だと思われる（3.4 節や 3.5.2 節を参照）．例えば，*Placusa* 属の幼虫は，口器の形態や消化管内容物の分析から，菌食であることが示されている（Ashe, 1990）．双翅目の幼虫も樹皮下キクイムシ類の坑道でよく見られる．例えば，アシナガバエ科の *Medetera* 属やクロツヤバエ科の *Lonchaea* 属などである．

　Kenis et al.（2004b）はヨーロッパにおけるさまざまな樹皮下キクイムシに捕食寄生する膜翅目昆虫 175 種のリストを作成した．針葉樹と広葉樹では捕食寄生者群集はほぼ完全に異なっていた．捕食寄生者の宿主特異性は非常に多様で，さまざまな樹種に生息するさまざまな種の樹皮下キクイムシを攻撃する広食性の種もいれば，1 種の樹皮下キクイムシに特化している種もいた．樹皮下キクイムシ類にとって最も重要な捕食寄生者は，コマユバチ科，コガネコバチ科，カタビロコバチ科（Eurytomidae）である．新鮮な内樹皮に暮らすカミキリムシ科やゾウムシ科の幼虫は，樹皮下キクイムシ類の幼虫に比べ非常に大きく，その捕食寄生者はまったく異なる（Kenis and Hilszczanski, 2004; Kenis et al., 2004a）．

6.5.3　樹皮下の環境と初期の材分解

　寒帯では，枯死後 2 年目になると新たな遷移段階がスタートし，環境条件にもよるが，その後 2 〜 3 年続く．これは図 6.9 の段階 II に相当し，Box 6.1 の分解段階 2 に相当する．この段階は，内樹皮の残りを摂食する 2 次摂食者と，樹皮と材の間に生長する真菌を摂食する菌食者により特徴づけられる．これらの種は特定の坑道やトンネルを造らずに，緩くなった樹皮の下を

自由に動き回る．内樹皮食者と菌食者には，樹皮下キクイムシ類とは異なった捕食者や捕食寄生者が集まる．

この遷移段階に含まれる甲虫は，幼虫も成虫も扁平な体型をしており，樹皮下の生活に適応した結果だと考えられている．代表的な内樹皮食者としては，アカハネムシ科（Pyrochroidae）の *Pyrochroa*, *Schizotus*, *Dendroides* といった属や，キカワムシ科（Pythidae）の *Pytho* 属などである．捕食性甲虫の幼虫も，体型は良く似ているが，動きがより素早く，鋭く尖った大顎により内樹皮食者（口器は尖っていない）と区別できる（Smith and Sears, 1982）．ヒラタムシ科（Cucujidae）の *Cucujus*, *Dendrophagus*, *Laemophloeus* といった属が，樹皮下でよく見つかる．樹皮下からは，さまざまな科に属する双翅目昆虫も見つかる．例えば，クロツヤバエ科，アシナガバエ科，キアブモドキ科（Xylomyidae）の *Solva* 属，キアブ科の *Xylophagus* 属などである．

6.5.4 分解段階中期

内樹皮が消費され尽くし，樹皮の脱落により樹皮下の住み場所が消失すると，3番目の遷移段階がスタートする．この段階は，真菌の遷移における"分解段階初期から中期"に相当し，真菌の子実体や材内部の菌糸を摂食する菌食者昆虫により特徴づけられる．幼虫が材に穿孔しているとしても，主な栄養源は菌糸だと思われる（Tanahashi et al., 2009）．多孔菌類の子実体が形成されはじめると，菌食性無脊椎動物の数は急激に増加する（7章，特に Box 7.2 参照）．優占する木材腐朽菌の種により，枯死木に生息する無脊椎動物の種が異なる．例えば，異なる菌種（ツリガネタケ，キコブタケ（*Phellinus igniarius*），ツガサルノコシカケ）が定着したカバノキの立枯れには，異なる甲虫群集が発達する（Kaila et al., 1994）．

カミキリムシ科やクワガタムシ科，コクヌスト科（例えば *Peltis grossa*）の幼虫は，この分解段階における材の細片化に重要な役割を果たしている．より乾燥した材では，タマムシ科やシバンムシ科の幼虫が優占する．双翅目では，ヨコジマナガハナアブ属（*Temnostoma*）やガガンボ科の幼虫が，広葉樹の枯死木に穿孔する．材の分解が進むのに伴い，材穿孔性の腐植食昆虫に比べ，菌食性の昆虫の割合が増えるようだ（Vanderwel et al., 2006）．

6章　枯死要因と分解に伴う生物相の遷移

6.5.5　分解後期

辺材の大部分が分解され，心材の分解が始まると，4番目の遷移段階がスタートする．この段階では，材食性昆虫やその捕食者はほとんど見られないが，分解段階中期に定着するクワガタムシ科の中には，枯死木が完全に分解してしまうまで枯死木の中で数世代を過ごす種もいる．コメツキムシ科昆虫もまた，強度に腐朽した材でよく見られる．材食性の種から徐々に材を住み場所として利用する種に置き換わっていく．例えば，枯死木の下に隠れる種（陸貝類など）や，枯死木を休眠（オサムシ類），捕食（ムカデ類），営巣（アリ類）などに使う種である．

6.6　コケや地衣類の遷移

蘚苔類の研究者は，より細分化した分解段階を用いることが多く，8段階に及ぶこともある（Söderström, 1988a）．この分解段階では，樹皮の残存率や倒木の表面の状態に注目している．材上性の蘚苔類（epixylic bryophytes）の遷移では，四つのグループが区別されている（Söderström, 1988a）．

1. 条件的表面着生種：生立木上に生育しており，分解段階中期まで材上に残存する．
2. 枯死木に特異的な種：分解段階中期で種数が最大となる．
3. 日和見的な種：いろいろな基質の上に見られ，さまざまな分解段階の倒木に定着できる．
4. 競争的な地上性種：地上を覆っている種で，徐々に倒木上に進出してきて材上性種を駆逐していく．

材上性の蘚苔類や地衣類の遷移については，4章で詳しく解説した．

6.7　分解に伴う生物相遷移の概要

6.7.1　真菌と無脊椎動物の相互作用

枯死木の分解に伴う真菌と昆虫の遷移は別々に研究されてきた．しかしこ

6.7 分解に伴う生物相遷移の概要

れらの生物群間にはさまざまな相互作用関係がある．ここでは，それらの相互作用について紹介し，お互いの遷移段階がどの程度同調しているのか，また，遷移段階の移り変わりが同じ要因によりもたらされているのか，といったことについて議論したい．さらに，真菌の酵素系と，分解に伴い利用可能となる材の摂食に特化した昆虫についても言及する（3.2節参照）．分解段階間でのこれらの違いを浮き彫りにすることで，枯死木の分解に伴う生物相の遷移パターンについての理解がより明確になるだろう．

段階 0 〜 I. 栄養的な観点から見ると，生立木，傷痍木，枯死直後の枯死木に生息する真菌と無脊椎動物は非常に似通っている．どちらのグループも，内樹皮や辺材に輸送された養分，あるいは枯死直後の辺材の細胞内容物を資化している（詳細な議論は3章参照）．この段階では，消化の容易な低分子の有機物が栄養源となる．

この段階では，昆虫と真菌の密接な関係が見られる．さまざまな変色菌（青変菌を含む）が，ケシキスイ類や樹皮下キクイムシ類により新しい傷や樹木へと運ばれることは既に紹介した．こういった関係には，菌と昆虫が同じ枯死木で見られるというだけの緩い関係から，養菌性キクイムシ類とアンブロシア菌のように密接な相利共生関係までさまざまなものがある（3章参照）．

内樹皮の大部分は急速に消費される．亜寒帯や温帯でも最初の夏の間には消費されてしまう．また，死につつある樹木や枯死木に穿孔する養菌性キクイムシ類とアンブロシア菌は，資源を急速に使い果たすため1本の枯死木には1世代しか滞在しない．以上から，この段階は非常に短期間であり，真菌と昆虫で非常に一致している．

段階 II. 無脊椎動物の遷移では，この段階は剥がれかけた樹皮下に生息する種により特徴づけられる．この段階は，真菌の遷移における分解段階2と完全には一致しない．また，菌学者からは注目されていない樹皮下の真菌群集が存在し，これはこの段階に特有（段階Iとは異なる）なものといえる．そういった真菌には，樹皮下に豊富に存在するカビや木材腐朽菌の菌糸が含まれているが，どちらも菌学者に特に注目されてこなかったため，これらの菌についてはほとんどわかっていない．

この分解段階において材の内部では，多孔菌類やコウヤクタケ類の真菌が，

材の構造成分（セルロース，ヘミセルロース，リグニン）の分解を始める．樹皮の脱落は昆虫群集に決定的な影響を与え，これにより段階 II は終わりを告げるが，真菌の分解活性は樹皮脱落の影響をほとんど受けず，昆虫群集における段階 III と平行して数年，数十年後まで活性を保っている．

　段階 III．昆虫群集の遷移におけるこの段階は，真菌による材分解活性が最も活発な時期に当たる（図 6.6 参照）．真菌は枯死木の主要な分解者であり（2 章参照），子実体や，菌糸の混ざった材は多くの無脊椎動物にとって主要な栄養源となっている．しかし，やや分解した材に穿孔する昆虫もまた，材の物理的な分解に貢献しており（Ausmus, 1977; Hanula, 1996），他の生物が枯死木に進入したり，そこで食物を得たりする機会を作り出している．

　無脊椎動物は，真菌の胞子や分生子（無性的な胞子）を新しい枯死木に運ぶことで，真菌の分散に貢献している可能性がある．現在までのところ，無脊椎動物の胞子分散への寄与については主に状況証拠があるだけである．昆虫学者たちは，産卵のために枯死木を訪れた昆虫の成虫が，胞子を生産している真菌の子実体に多数集まって摂食していることは良く知っている．こういった昆虫は体表が毛や剛毛に覆われており，恐らく体中に胞子が付着していることだろう．しかし，個々の真菌の種において，風媒と虫媒のどちらにどのくらい分散を頼っているかはほとんどわかっていない．

　生立木から枯死直後の枯死木にかけて，また，枯死直後からやや腐朽した枯死木にかけての種の移り変わりが比較的急激な変化なのに対し，その後の遷移段階では，種の移り変わりはやや不鮮明になってくる．この様子は図 6.7 や 6.9 において，分解中期から後期にかけては種組成の重なり合いが大きいことからも見て取れる．

　段階 IV．昆虫の遷移における最終段階であり，上述の真菌の遷移における最後の 2 段階に相当すると考えてよい．分解の最終段階にかけて枯死木に発生する昆虫の酵素活性や食性についてはほとんどわかっていない．

　段階 III から IV への移り変わりでは，材の構造が崩壊することが無脊椎動物群集に重要な影響を与える要因となっていると思われる．段階 III では材はまだ堅いことが多く，堅い表皮や強力な大顎，そして穿孔する能力を持つ昆虫が居住している．しかし材が崩壊して小片に分かれると，双翅目昆虫

やトビムシ，ミミズなど無脊椎動物も進入可能になる．枯死木の分解に関わる微生物群集もまた，無脊椎動物の遷移に関係していると思われる．

6.7.2 種数のパターン

枯死木の分解に伴う種組成の変化と同様，種数に関しても分解に伴うパターンがある．担子菌類に関しては，分解中期に種数が最も多い一山形のパターンが知られている．このパターンは，倒木あたりの種数や，分解段階ごとの総種数において特徴的に見られ（図6.11），針葉樹（Renvall, 1995; Lindblad, 1998）や広葉樹（Heilmann-Clausen and Christensen, 2003）の枯死木において観察されている．酵母においても同様なパターンが報告されている（González et al., 1989）．

担子菌類に見られる一山形のパターンの説明としては二つの要素が考えられる．一つ目は，分解初期や後期に比べ，分解中期に発生する種が多いということである．Renvall（1995）は，種ごとに分解段階に対する嗜好性を数値化し，多くの種が分解初期や後期に比べ分解中期を好むことを報告している．もう一つは，分解中期を好む種に加え，分解初期や後期を好む種も（低頻度ではあるが）分解中期の倒木にも見られるということである（図6.7）．

無脊椎動物，特に甲虫類では，担子菌類とは異なる種数のパターンが見ら

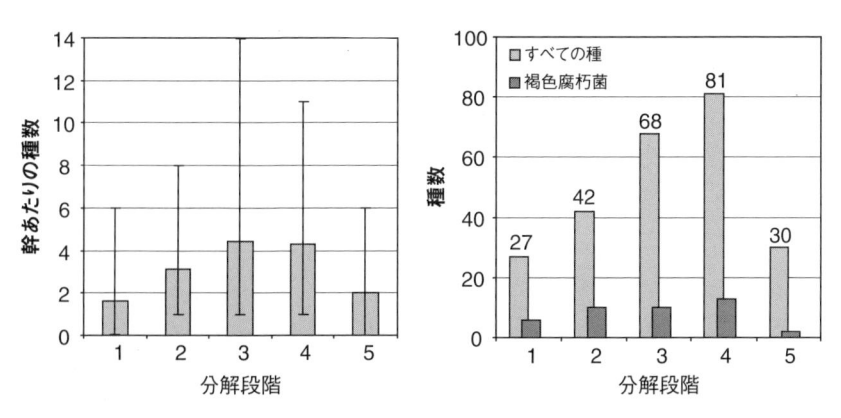

図6.11. フィンランドにおけるマツの倒木で記録された子実体による担子菌類の種数（Renvall, 1995）．

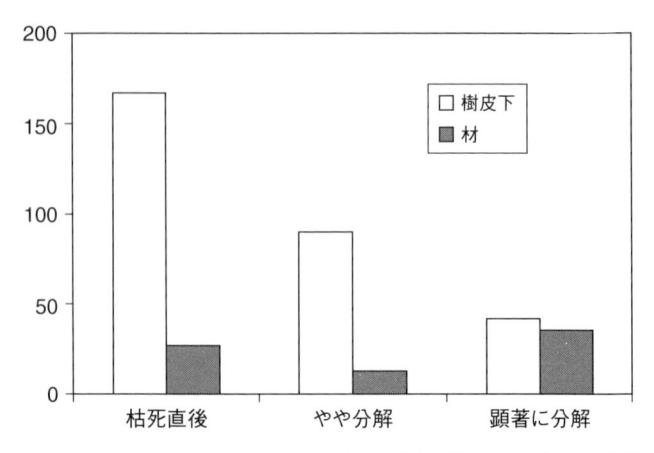

図6.12. フィンランドにおけるドイツトウヒの枯死木のはじめの3段階の分解段階で観察された甲虫の種数（Saalas, 1917）．広範囲にわたる調査（フィンランドのさまざまな場所で数百本におよぶ枯死木が調査された）により，295種の甲虫が記録された．図の種数の合計（Saalas, 1917の表に基づく）は374になるので，分解段階間で種構成に重複があることに注意．

れる．Saalas（1917）は，枯死直後の枯死木の樹皮下で最も種数が多く，その後の分解段階では種数が減少することを報告している（図6.12）．Ehnströmによる昆虫の種の移り変わりを示した図6.9では遷移段階を区分しただけで，分解段階ごとの種数についてはわかっていない．

　ドイツトウヒに見られる甲虫の種数に関するパターンが，他の樹種や他の地域の甲虫にも一般化できるかどうかはわからない．枯死後比較的短期間の段階Ⅱの樹皮下の動物相が豊富な時期に，針葉樹における甲虫の多様性が高いことを示す研究例もいくつか報告されている（Howden and Vogt, 1951; Ulyshen and Hanula, 2010）．しかし，広葉樹における他の研究では，種数は分解に伴い少なくとも分解中期まで増加することが示唆されている（Hammond et al., 2004; Lindhe and Lindelöw, 2004; Saint-Germain et al., 2007）．双翅目昆虫については鞘翅目昆虫ほど研究されていないが，枯死木依存性の双翅目昆虫の多くが菌食性なので，多様性は分解中期から後期で最大になると予想される．数少ない研究例によれば，キノコバエ類（キノコバエ科など）やクロバネキノコバエ科（Sciaridae）の種数は材分解に伴い増加

し，分解後期で最大になることが報告されている（Irmler et al., 1996; Hövenmeyer and Schauermann, 2003）.

7章
微小生息場所

Juha Siitonen

　生立木も枯死木も，さまざまな微小生息場所を枯死木依存性生物に提供する．"微小生息場所"という用語には，樹木のさまざまな部位がそれぞれ個別の生物群集を住まわせているという意味合いが込められている．生立木，特に成熟した老齢木にしか存在しない微小生息場所もある（図7.1）．また，その他の微小生息場所は枯死後初めて利用可能になる．傷や樹洞；樹についたままの枯死枝や枯死根；師部（内樹皮）や辺材・心材；腐朽菌の子実体や菌糸などは，それぞれ非常に異なる生物群集の生息場所となる．この章では，枯死木の微小生息場所について詳しく紹介し，それら微環境に依存した枯死木依存性生物の多様な暮らしぶりも紹介する．順番としては，若木の傷や樹液から始まり，成熟した生立木にみられる樹洞などの微小生息場所，最後に樹皮下の空間など枯死後に利用可能となる微小生息場所について触れる．樹液や樹洞といったいくつかの微小生息場所は，針葉樹に比べ広葉樹において圧倒的に多く見られる．

7.1　生木の傷と樹液

　樹木が傷つく要因はさまざまである．風による枝や幹折れ，隣接木が倒壊した際に当たって受ける傷，落雷，火災，霜裂，雪の重みによる枝や幹折れなどである．病原菌や細菌は，師部に枯死斑や腫瘍を形成する．腫瘍を誘導する真菌の多くは，師部を枯死させ，樹液の流れを止めてしまう．"滲出性腫瘍"は一般に細菌（Schmidt et al., 2008）や *Phytophthora* 属（卵菌）（Brown

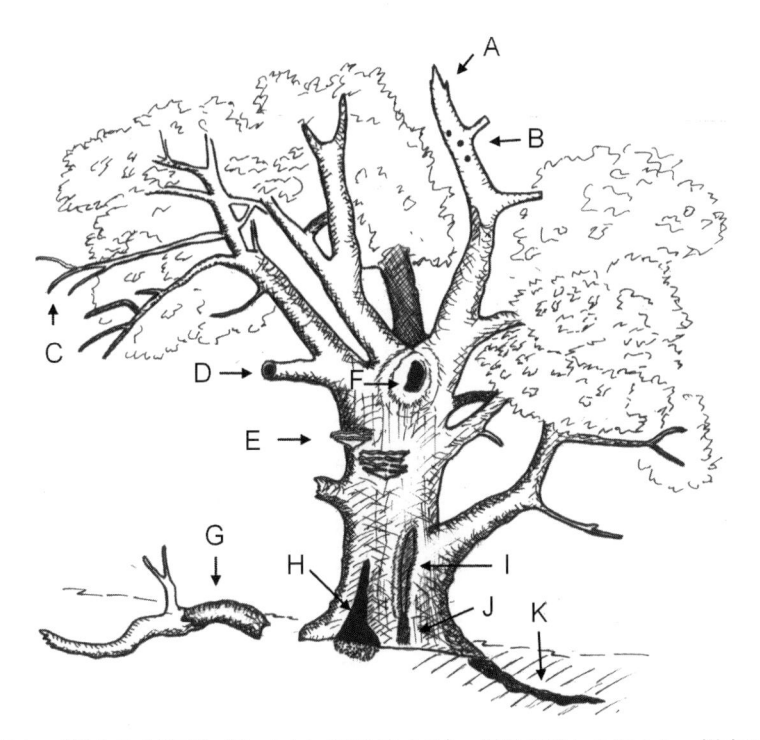

図7.1. "樹木の大都市"（Speight, 1989による）．樹齢を重ねるにつれ，樹木の一部は傷ついたり枯死したりして，枯死木依存性生物が定着できる微小生息場所となる．図では，生きているが衰弱している樹木に見られる微小生息場所を矢印で示している．A = 太陽に曝された枯死枝，B = キツツキの孔，C = 樹冠の枯死枝，D = 枝の樹洞，E = 多孔菌類の子実体，F = 幹の樹洞，G = 落枝，H = 根元の樹洞，I = カルス組織に縁取られた傷，J = 樹液，K = 地中の枯死根（Juha Siitonenによる描画）．

and Brasier, 2007）により引き起こされ，少量の滲出液が漏れだす．キツツキなどの脊椎動物や，多数の無脊椎動物が樹皮を傷つけると，その結果，樹液が滲出して微生物に定着の機会が生まれる．例えば，セミ（半翅目：セミ科（Cicadidae））は短剣状の口器で樹皮に孔をあけて樹液を吸汁することにより，樹液の滲出の原因となることが知られている（Yamazaki, 2007）．また，ボクトウガ科（鱗翅目）の幼虫は，樹皮を摂食することにより樹液を滲出させる（Yoshimoto and Nishida, 2007）．

7.1.1 樹液

　広葉樹には 2 種類の樹液滲出（"樹液滲出" と "スライムフラックス" の用語は同義として使われてきた）がある：勢いよく出るがすぐに出なくなる春の樹液滲出と，ゆっくりだが慢性的に出る樹液滲出である（Weber, 2006）．春の樹液に発達する微生物相は，慢性的な樹液での微生物相とは異なる（Weber, 2006）．春の樹液滲出は，根圧が高く樹液が芽吹きのために上方へ輸送されている期間に限られる．この時期に樹皮が傷つけられると，樹液が滲出する．幹の表面に流れ出した樹液は，糖やアミノ酸を含んでおり，細菌や酵母が速やかに定着する．これらの微生物が繁殖することで，樹液は厚いスライム状（粘液状）となり，このような状態をスライムフラックスと呼ぶ．樹木は一般に傷を治す力を持っているが，辺材に細菌が定着すると傷の治癒が阻害される．そうなると，樹液の滲出は何年も続くことになるが，樹液の滲出量は細菌や昆虫の活性，それらに影響する環境要因によって季節的あるいは年次的な変動がある．

　慢性的なスライムフラックスの原因についてはよくわかっていないが，考えう要因としては，土壌中に豊富に存在する嫌気性細菌（例えば *Enterobacter, Klebsiella*）の，根の傷などを介しての辺材への定着が挙げられる．これらの細菌は辺材の嫌気的環境の中で発酵を行い，その結果メタンと二酸化炭素が生成する．これらのガスが材内部で圧力となり，樹液を滲出させる．"水食い木" と呼ばれる症状により滲出が起こる例もある（Schink et al., 1981; Murdoch and Campana, 1983; Murdoch et al., 1983）．慢性的なスライムフラックスに発生する微生物の多くは，この微小生息場所に特異的に発生し，他の場所では見ることができない（Phaff and Knapp, 1956; Bowles and Lachance, 1983; Pore, 1986; Kerrigan et al., 2004; Weber et al., 2006）．さらに，高い樹種特異性も見られる．これは恐らく樹液の養分組成や樹木の防御物質による選択圧の結果だと思われる（Lachance et al., 1982; Weber, 2006）．酵母の種組成は同じ樹種の滲出液でも環境条件により異なることが報告されている（Bowles and Lachance, 1983）．また，始めに樹液に定着する昆虫の種が異なると，滲出液に持ち込まれる菌が異なり，酵母群集に影響を与える（Ganter et al., 1986）．

7.1 生木の傷と樹液

樹液の滲出は，多くの昆虫を呼び寄せる（Wilson and Hort, 1926; Sokoloff, 1964; Ratchiff, 1970; Yoshimoto et al., 2005）．この群集は，枯死木依存性の種ではなく，成虫が日和見的に樹液を摂食するだけの昆虫により構成される．例えば，日本では 100 種以上の昆虫がクヌギ（*Quercus acutissima*）の樹液から記録されている；最も優占していたのはショウジョウバエ科（Drosophilidae）やアリ科，ケシキスイ科，ハネカクシ科であった（Yoshimoto et al., 2005）．その他，成虫で特徴的だったのは，タテハチョウ科（Nymphalidae），ヤガ科（Noctuidae），スズメバチ科などの訪問者だが，クワガタムシ科，ハナムグリ科（Cetoniidae），カミキリムシ科，ハナアブ科など枯死木依存性の種も見られた．これら成虫の訪問者の多くは，他の食物資源—花蜜やアブラムシの甘露—も利用しており，樹液の中の糖やエタノールその他の発酵産物を利用している．枯死木依存性昆虫の中には，ハナムグリ類やカミキリムシ類のように，成虫の生存や繁殖成功に樹液の利用が欠かせないと思われる種もいる．

昆虫の中には，樹皮の割れ目や，傷の周りの剥がれかけた樹皮の下に溜まった樹液の中での生活に特殊化している種もいる．双翅目では，ハナアブ科の *Brachyopa* 属やアシナガバエ科，ショウジョウバエ科，ヒメカバエ科（Mycetobiidae）など多くの科の幼虫がスライムフラックスの中で暮らしている（Rotheray and Gilbert, 1999; Rotheray et al., 2001; Alexander, 2002）．甲虫類で同様な生態の種は，ケシキスイ科の *Cryptarcha*, *Soronia*, *Carpophilus*, *Amphicrossus* などの属や，ヒメトゲムシ科（Nosodendridae）に見られる．樹液に住む甲虫の幼虫には形態的な適応が見られる．例えば，管の先端に気門（呼吸器につながる開放部）を配置することで，幼虫自体は液体基質中に沈んだ状態で生活できるようになっている（Lawrence, 1989）．さらに，櫛状の口器などの形態は，ろ過食に適応している（Lawrence, 1989）．樹液に生息する幼虫の主な食物は，樹液自体ではなく細菌や酵母である．

樹液中にはハエや甲虫の幼虫がいるので，樹液には捕食性や捕食寄生性の昆虫も集まってくる．これらの種の多くはジェネラリストであり，キノコや死体など他の基質でも見つかる．特徴的なのはエンマムシ科やハネカクシ科である．幼虫が捕食性の小さなエンマムシダマシ科（Sphaeritidae）の昆虫は，樹液のスペシャリストであることが知られている（Crowson, 1981）．

7.1.2 傷

　小さな傷はカルス（傷を覆い隠して生長する二次的な形成層で，内側には二次的な辺材，外側には二次的な樹皮を形成する）に覆われて完全に治癒する．しかし，大きな傷は完全には治らず開いたままになることもある．枯死木依存性の昆虫の中には，生立木の樹皮のない傷やその周辺の二次的に形成された材で繁殖する種もいる．例えば，シバンムシ科の *Anobium nitidum* やカミキリムシ科の *Leptura revestita* などの甲虫，スカシバガ科の *Sesia melanocephala* や *Synanthedon myopaeformis* といったガである（Ehnström and Axelsson, 2002）．生立木の樹皮のなくなった部分で見つかるその他の種は，樹皮のなくなった立枯れ木や，樹洞の内壁の堅くなった部分で，より頻繁に見つかる．しかし，そういった立枯れ木がない環境では，生立木の樹皮がなくなった部分は重要な微小生息場所となる．枯死木の樹皮のない部分に穿孔する昆虫で典型的なものは，シバンムシ科，ナガシンクイムシ科ヒラタキクイムシ科（Lyctidae），タマムシ科，コメツキダマシ科などである．

7.2　樹洞

　樹洞は，生立木に存在するもう一つの微小生息場所である．幹の樹洞は，枝折れの結果，心材腐朽菌の定着が起こることによって形成し始める．心材腐朽菌と無脊椎動物，腐朽材の物理的な崩壊が組合わさることで，樹洞が発達する（4章参照）．樹洞入り口の大きさや開放度合いにより，内部の水分条件が決まる．その結果，内部に定着できる真菌や昆虫の種組成が決定される．各樹洞には，樹洞をさらに拡張する種，それらを補食する種，樹洞内部に蓄積する植物や多様な昆虫の遺体などを利用する種が住み着く（Speight, 1989）．

　下部に腐植が溜まった樹洞（下記参照）は，枯死木の微小生息場所の中では特に長期間安定した生息場所である．カシやシナノキなど，温帯における長寿命の樹種は，最大樹齢が500年を超える．これらの樹種では，だいたい150年から200年くらいの樹齢の時に，腐植を伴う樹洞が形成される（Ranius et al., 2009a）．すなわち，生立木にできたこういった樹洞のうちいくつかは数百年間利用可能だと考えられる（図16.3参照）．生立木の樹洞に

適応している枯死木依存性種は，立枯れや倒木を利用する種に比べ，分散能力が小さい傾向がある（McLean and Speight, 1993; Nilsson and Baranowski, 1997; Hedin et al., 2008）．

7.2.1 樹洞の発達

　樹洞形成の鍵となる生物は心材腐朽菌である．心材腐朽菌は一般に，根から始まり上方へ伸長していく根株腐朽菌と，樹冠から始まり下方へと伸長していく心材腐朽菌とに分けられる．樹冠から始まる心材腐朽では，地面とのつながりはないが，根株腐朽では樹木基部の地面とつながった部分に樹洞が形成される．樹冠から始まる心材腐朽と基部の根株腐朽では，微気候や他の物理的な条件が異なるため，生息する生物の種組成も異なる．樹冠から始まる心材腐朽の場合，腐朽菌の胞子は，心材が外気にさらされるほど大きな傷から定着していく．大きな枝では中心に心材が形成されており，枝の心材は幹の心材とつながっているため，枝折れによって進入口が開かれる．

　樹種ごとに，どういった菌種が根株腐朽や樹冠からの心材腐朽を引き起こすかといったことは比較的知られているが，さまざまなタイプの樹洞の形成における菌種の相対的な重要性についてはほとんどわかっていない．ヨーロッパの温帯落葉樹林では，コナラ属にはアイカワタケが，ニレ属やセイヨウトネリコ（*Fraxinus excelsior*），ノルウェーカエデ（*Acer platanoides*）にはアミヒラタケ（*Polyporus squamosus*）が，コナラ属やシナノキ属（*Tilia*），ヨーロッパブナやその他多くの樹種にはマンネンタケ属が根株腐朽を引き起こす（Rayner and Boddy, 1988; Schwarze et al., 2000b; Terho et al., 2007; Terho and Hallaksela, 2008）．多くの場合，これら主要な分解者以外にもある段階で同時にまたは遷移過程を通じて，さまざまな菌が，樹洞のある木を分解している．例えば，*Ganoderma lipsiense*はフィンランド南部において街中のシナノキを腐らせ，樹洞を形成させる主要な真菌である．樹洞を形成したシナノキでは，スギタケ属菌とクリタケ属（*Hypholoma* spp.）が樹洞の壁からしばしば分離される（Rayner and Boddy, 1988; Schwarze et al., 2000b; Terho et al., 2007; Terho and Hallaksela, 2008）．これらの主要な種の他にも，樹洞には多くのより目立たない真菌が生息しうる．タスマニアでは，内部が空洞に

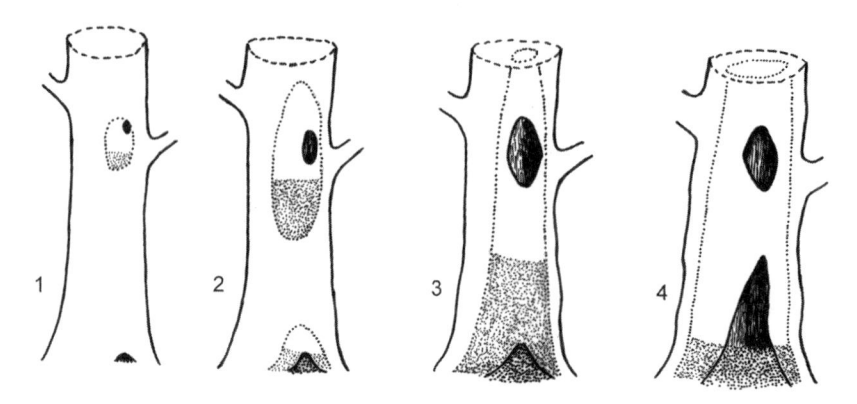

図 7.2. コナラ属の樹洞形成に見られる四つの発達段階．(1) 多くの場合，枝折れにより樹洞の形成が始まる．初めは，孔の大きさは小さく（直径約 5 cm），内部の腐植の量も少ない．(2) 心材腐朽が上方・下方へと進むが，樹洞はまだ地面とつながってはいない．入り口は中程度のサイズ（直径約 15 cm）で，腐植の量は多い．上部の樹洞には営巣している鳥類の巣材が含まれることが多い．樹洞内部に水分が保たれるため，腐植の含水率は高い．樹の基部からは，もう一つの樹洞が発達し始める．(3) 幹下部の大部分が樹洞となり，地面とつながる．入り口は大きく（直径約 30 cm 以上），腐植の量も最大．しかし，基部の孔から腐植が漏れ出るので，腐植の量はこの後減少していく．(4) 壁が一部壊れ，樹洞内部があらわになる．腐植は大部分外に出てしまっている．Jansson (1998) と Hultengren and Nitare (1999) を改変．

なったユーカリの一種（*Eucalyptus oblique*）の生立木の腐朽部分において，186 種以上の木材腐朽菌の形態種（morphospecies）が見つかった（これまでに子実体が知られている木材腐朽性の担子菌 130 種とはどれも一致しなかった）(Hopkins et al., 2005)．

　樹洞は，始まりはどれも小さな孔だが，大きな樹洞へと発達していく．しかし，その道筋や，発達にかかる時間などはほとんどわかっていない．恐らく樹種や，腐朽に関わる菌種，樹洞に住み着く無脊椎動物，そして環境要因などに影響されると思われる．Park et al. (1950) は樹洞の発達に伴う生物遷移に注目した最初の研究例であり，樹洞という微小生息場所の中で見られる無脊椎動物の食物網についても概要を示している．Kelner-Pillault (1974) と Jansson (1998) は樹洞の発達段階を 4 段階に分けて図示した（図 7.2）．

7.2.2 樹洞内部の腐植その他の微小生息場所

　樹洞が発達して大きくなるにつれて，構造は複雑になり，内部に生息する生物の多様性は一般に増加する．真菌により分解された心材には，穿孔性の無脊椎動物が住み着くため，材はフラス（穿孔性昆虫の幼虫により排出される木屑）となり，樹洞の下部に蓄積していく．さらに，樹洞の開口部からは，落葉落枝や種子などリターが毎年入ってくる．鳥や動物はさまざまな植物・動物の遺体を樹洞内に持ち込む．さらに，動物の糞や死体は窒素の加入となり樹洞の栄養条件を改善する．腐朽した材の残渣などが樹洞内部に溜まったものは，樹洞の土壌（treehole mould）(Park et al., 1950)，樹洞の腐植 (Speight, 1989)，樹木の土壌（wood mould）(Ranius and Nilsson, 1997; Dajoz, 2000）などと呼ばれる．

　樹洞の腐植は，樹洞内部を特徴づける基質である．腐植の質は，腐朽を起こした主要な菌が褐色腐朽菌または白色腐朽菌のどちらであるかや，外部から入ってきたリターの量，内部の温度や湿度などの微気候により影響を受ける．樹洞内部は，外に比べ湿度や温度などが比較的安定している（Park and Auerbach, 1954; Kelner-Pillault, 1974; Sedgeley, 2001）．腐植の含水率が高ければ，蒸発により日中の温度は低く，夜間は外部より暖かく保たれる．約50個の樹洞を調査したPark and Auerbach (1954) によれば，腐植の含水率は数％から90％まで変異に富んでいたが，40％から80％くらいのものが多かった．腐植の窒素濃度は約1％であり，これは未分解の材の3倍から4倍，腐朽材の2倍から3倍である（Kelner-Pillault, 1974; Jönsson et al., 2004）．

　樹洞の腐植に生息する動物群集は非常に多様である．地上の土壌にも生息するジェネラリスト（これらの種は，地面につながっている樹洞に多い）もいれば，樹洞内部の腐植にしか生息しないスペシャリストもいる．無脊椎動物の密度は，腐植1 kgあたり平均2500個体であり（Park and Auerbach, 1954），ダニやトビムシが個体数のうえで優占している．鞘翅目や双翅目，捕食寄生性の膜翅目も，ほとんどすべての樹洞に見ることができ，バイオマス（生物体量）のうえでは鞘翅目の幼虫が最も大きい割合を占める．ほとんどの鞘翅目幼虫は，アイカワタケによる腐朽を受けた，屑状あるいは粉状になった赤褐色の腐植を好む．一方，ニレやトネリコ，トチノキなどの広葉樹

で見られる暗色の湿った腐植は，双翅目昆虫に好まれるようだ（Andersson, 1999; Alexander, 2002）．他の分類群では，線虫目，等脚目（Isopoda），唇脚目（Chilopoda），クモ目（Araneae），ザトウムシ目（Opiliones），カニムシ目が樹洞からよく見つかる（Park and Auerbach, 1954）．

　ハナムグリ類（コガネムシ科）の幼虫の中には，樹洞に生息する生物として最も特徴的で機能的なものがいる．ヨーロッパでは，オウシュウオオチャイロハナムグリ（*Osmoderma eremita*）種群（Box 7.1），アシナガハナムグリ属（*Gnorimus* spp.），*Liocola* spp. などが該当種である．幼虫は樹洞深くの腐植と周囲の堅い材の中間くらいの場所に住み，分解途中の樹洞壁を摂食する．これにより樹洞は効率的に拡張され，大量のフラスが作られる．樹洞内部の腐植に生息する甲虫としては，他にクチキムシ科（Alleculidae）の *Allecula*, *Mycetochara*, *Prionychus*, *Pseudocistela* などの属，コメツキムシ科の *Ampedus*, *Elater*, *Eschnodes*, *Limoniscus* などの属，ゴミムシダマシ科のゴミムシダマシ（*Neatus picipes*），コメノゴミムシダマシ（*Tenebrio obscurus*），*Uloma culinaris* などがある（Kelner-Pillault, 1974; Martin, 1989; Ranius and Jansson, 2000; Ranius, 2002a）．これらの幼虫は形態的に収斂しており，一様に筒型で表皮は堅い．この形態は，砕けやすい基質の中を素早く進んで食物を探すのに適応している．コメツキムシ類の幼虫の中には，恐らく雑食性か，主に腐植食であろうと思われる種もいるが，捕食性の幼虫もいる．例えば，オオナガコメツキ属の一種 *Elater ferrugineus*（コメツキムシ科）の大型の幼虫は，オウシュウオオチャイロハナムグリやその他のハナムグリ類の幼虫を捕食する（Martin, 1989; Svensson et al., 2004）．クチキムシ科やゴミムシダマシ科の幼虫は腐植食で，他の甲虫の幼虫によって作られたフラスを摂食している．アリヅカムシ科（Pselaphidae）（Park et al., 1950）やコケムシ科（Scydmaenidae）といった小型の甲虫や，カニムシ（クモ綱：カニムシ目）（Ranius and Wilander, 2000）には樹洞に特化した種がおり，樹洞の腐植に住むダニやトビムシその他の小型節足動物を摂食している．

Box 7.1 オウシュウオオチャイロハナムグリ―樹洞の象徴種（Flagship species）

オウシュウオオチャイロハナムグリはヨーロッパにおける樹洞に住む生物の中で最も印象的なものの一つである．成虫の体長は 2.5 〜 3.5 cm になり，終齢幼虫は 6 cm にもなる（Schaffrath, 2003）．雄はアンズやプラムのような香りを出す．この香りはある種の化合物（デカラクトン）に由来し，雌に対して誘引フェロモンとして作用する（Larsson et al., 2003）．オウシュウオオチャイロハナムグリはナラ，シナノキ，ブナやその他の落葉樹の樹洞に生息している．好まれる樹種は，樹洞の利用可能性や局所的な環境条件により，地域間で異なる（Ranuis et al., 2005; Oleksa et al., 2007）．幼虫は樹洞内の腐植に生息し，樹洞壁の腐朽材を摂食する．成長に要する期間は通常 3 年で，一つの樹洞で何十世代もが羽化する．

スウェーデンでは，オウシュウオオチャイロハナムグリは主にナラ類の樹木に住む（Antonsson et al., 2003）．特に，明るい場所の日の当たる方向を向いた樹洞で，腐植が多く溜まっている所に多い（Ranius and Nilsson, 1997）．1 本の樹木あたり，年間に羽化する成虫の個体数は 10 から 20 である（Ranius, 2000, 2001）．しかし，樹木間での変異は大きく，よく成虫の発生する樹木では 100 個体に達するほどの数の成虫が羽化するので，ハナムグリの局所個体群のほとんどの個体は数本の優良木から発生することになる（Ranius, 2000, 2001; Ranius et al., 2009b）．樹木ごとの個体群サイズは腐植の体積に依存しており，それが宿主木の環境収容力となっている（Ranius, 2007）．オウシュウオオチャイロハナムグリが多数羽化するナラの樹は一般的に樹齢 300 〜 400 年である（Ranius et al., 2009b）．

成虫の標識再捕獲法および電波追跡法による研究によると，新成虫のうち近隣の空洞木に移動するのは 15% のみで，85% は生まれた樹木にとどまるらしい（Ranius and Hedin, 2001; Hedin et al., 2008）．このことは，個々の空洞木がそれぞれハナムグリの局所個体群を維持しており，お互いごく限られた交流しかないことを示唆している．さらに，観察された移動はすべて 30 〜 190 m の範囲内であり，しかも同一の林内でしか起こっていなかった（Ranius and Hedin, 2001; Hedin et al., 2008）．しかし，近年行われた標識再捕獲法（Larsson and Svensson, 2009）および電波追跡法（Dubois and Vignon, 2008），室内条件下における飛翔実験（Dubois et al., 2010）によれば，ハナムグリ個体のうち少なくとも半数は生まれた樹木から飛び立つことが示唆され，飛翔距離は 1000 m 以上に達することが明

らかになった．

　ハナムグリのいる樹の割合は樹洞のある樹木の多い大きな林分での方が小さな林分に比べて高かったが，林分の孤立度とは相関がなかった（Ranius, 2000）．この結果から，分散は林分内では重要だが林分間では重要ではないことを示唆している．オウシュウオオチャイロハナムグリは，樹洞のあるナラの樹がある大きな林分の多くで見つかるが，孤立木や非常に小さい林分では見つからない．恐らく，長距離の分散があまり起こらず局所個体群が絶滅するためだと思われる（Ranius, 2000）．オウシュウオオチャイロハナムグリの個体群構造は，個々の樹木の個体群を局所個体群とし，同一林分内の個体群をメタ個体群（14章参照）として捉えることができる．しかし，局所個体群の絶滅と再定着が繰り返される古典的なメタ個体群と異なり，オウシュウオオチャイロハナムグリの場合は，住み場所のパッチ（樹木）が不適になると局所的な絶滅が決定論的に起こる生息場所追従型メタ個体群（habitat-tracking metapopulation）に類似している（Ranius, 2007）．オウシュウオオチャイロハナムグリの個体群は，大陸と島のメタ個体群の特徴（訳者註：「島の生物地理学」の理論を参照）も持っており，大量の腐植のある樹木では個体群動態や環境要因による確率論的な地域個体群の絶滅は非常に起こりにくいと考えられる．

　オウシュウオオチャイロハナムグリの存在は，樹洞に特化した他の甲虫類の多様性も高いことを示唆している（Ranius, 2002b; Jansson et al., 2009）．オウシュウオオチャイロハナムグリを保全することは，似たような微小生息場所に生息する他の種（小さくて見つけにくい，あまり知られていない種を含む）をも保全することにつながる．すなわち，オウシュウオオチャイロハナムグリは指標種（indicator species）であると同時に傘種（umbrella species）であるといえる（Ranius, 2002b）．

　オウシュウオオチャイロハナムグリがいる林分でも，小さくて孤立した林分では絶滅のリスクが高い．これは生息場所の消失，すなわち景観スケールでの樹洞のある大きな樹木の消失が，ハナムグリ局所個体群の長い歴史の中で比較的最近起こったためである（Ranius, 2000）．少なくとも10本の適切な樹木があれば絶滅リスクは低くなる（Ranius, 2007）．さらに，20本の適切な樹があれば，オウシュウオオチャイロハナムグリのメタ個体群を長期的に維持するのに十分である（Ranius and Hedin, 2004）．保全のための限られた資源は，回復の可能性の大きな場所に集中させることが望ましい．その場所の質（樹洞木の数や，開空率）を向上させ，質の高い場所間の連続性を向上させることが必要である．放牧やその他の伝統的

な森林利用をやめることは，ハナムグリにとって良くないだけでなく，若木が更新してくるため老齢木の寿命を縮めることにもなる (Ranius et al., 2005)．

オウシュウオオチャイロハナムグリは，南はシチリアから北はフィンランド南部まで，ヨーロッパの温帯林に広く分布している．現在の分布は非常に断片化しており，半自然林や，林間放牧地，刈り込まれて密生した生け垣，古い公園，伝統的な土地利用によってできた並木の分布を反映している．Ranius et al. (2005) は，ヨーロッパにおけるオウシュウオオチャイロハナムグリに関する生物学的な観察記録（文献にして 200 以上）について包括的なまとめを行った．過去に知られていた 2000 の生息地のうち，1990 年以降生息が確認されたのは半数に満たなかった．ヨーロッパ南西部を中心に，まだ見つかっていない個体群が多くあると思われるが，知られている生息地の多くは小さくて分断化されており，個体群の縮小が進んでいると思われる．オウシュウオオチャイロハナムグリは現在，ヨーロッパ連合（EU）の生息地指令（Habitat Directive）の付属書 IV（Annex IV）に含まれており，種とその生息地が厳しく保護されている．

近年，Audisio et al. (2007, 2009) は，分子遺伝学の手法に基づき，従来オウシュウオオチャイロハナムグリとして知られてきた種は，四つの異なる種を含んでいることを明らかにした．*O. eremita* は西ヨーロッパ，*O. barnabita* は東ヨーロッパから中央ロシア，*O. cristinae* はシチリアのみ，*O. lassallei* はギリシャとトルコのヨーロッパ部分（訳者註：ボスポラス海峡西岸の部分）にそれぞれ分布が限られる．こういった種分化は，更新世以前に温帯林のレフュージアとなったイタリア半島やバルカン半島，シチリアなどで起こったと思われる．同様な遺伝的多様性のパターン（必ずしも種分化とは限らない）は，似た生態の他の枯死木依存性種でも見つかるだろう．このことは，遺伝的多様性を保つためには分布域全体を保護する必要があることを示している．

双翅目では，樹洞の腐植に特化した種はさまざまな科で見られる．例えば，ガガンボ科の *Ctenophora ornata* やキアブモドキ科の *Xylomya maculata*，ハナアブ科，アシナガバエ科の *Systenus* 属，ツルギアブ科（Therevidae）の *Pandivirilia melaleuca* や *Thereva nobilitata* などである（Andersson, 1999; Alexander, 2002）．ガガンボやキアブモドキ，ハナアブの幼虫は腐植食性だが，ツルギアブの細く筒型の幼虫は捕食性である．

樹洞内の，腐植以外の天井，壁，底部などもそれぞれ特有の生物群に利用される（図7.3）．天井の材は心材腐朽菌の働きにより柔らかくなっており，腐朽材のかけらが頻繁に落下して腐植に混ざる．心材が完全に腐朽してしまうと，樹洞の壁には未分解で堅い辺材が現れる．底部は材（基部の樹洞では土）だが，通常腐植に覆われ，腐植の深さは数メートルに達することもある．

7.2.3　水の溜まった樹洞

　雨水は樹幹を流れ落ち（樹幹流），樹洞に入っていく．樹洞が土につながっていない場合は，水は蒸発するまで樹洞の中にとどまる．樹洞が深ければ，水は一年中樹洞の中に存在し，水たまりを作る．樹洞にできたこのような半永久的な水たまりには，材からの抽出物や材片，葉リターなどが混ざり，枯死木依存性生物にとっての特殊な微小生息場所となる（図7.4）．植物に水がたまったものをファイトテルム（phytotelm，ギリシャ語：phyto = 植物；telm = 池，複数形はファイトテルマータ（phytotelmata））と呼び，樹洞の水たまりもこの特殊なケースに含まれる（Kitching, 1971, 2000）．1900年代の始めから，樹洞の水たまりの無脊椎動物相が熱心に研究されたが，それには二つの理由があった．一つは，ファイトテルマータには人に病気を媒介する力の幼虫が生息しており，衛生昆虫学の観点から研究が行われたという点である（Jenkins and Carpenter, 1946; Barrera, 1966）．二つ目は，ファイトテルマータは明瞭に定義可能な一つの生態系であり，大型無脊椎動物群集が比較的単純なので操作実験が行いやすいという点である．樹洞の水たまりは群集構造やその機能に関する生態学的研究を行う対象として適していた（Jenkins et al., 1992; Kitching, 2001; Srivastava, 2005; Ellis et al., 2006）．

　水の溜まった樹洞の中の食物網において，葉リターは基底となるエネルギー源であることが多い（Kitching, 1971; Paradise, 2004）．水に浸かったリターは驚くほど多様な微小菌の基物となる：ハンガリーでの研究例では，13個の水たまりから45種もの水生不完全菌（aquatic hyphomycete）が見つかった（Gönczöl and Revay, 2003）．大型の無脊椎動物はリターを直接摂食する（Paradise and Dunson, 1997）が，多くはリター上の分解者微生物を摂食するか，水中の微生物を濾しとって食べる（Carpenter, 1983; Kitching,

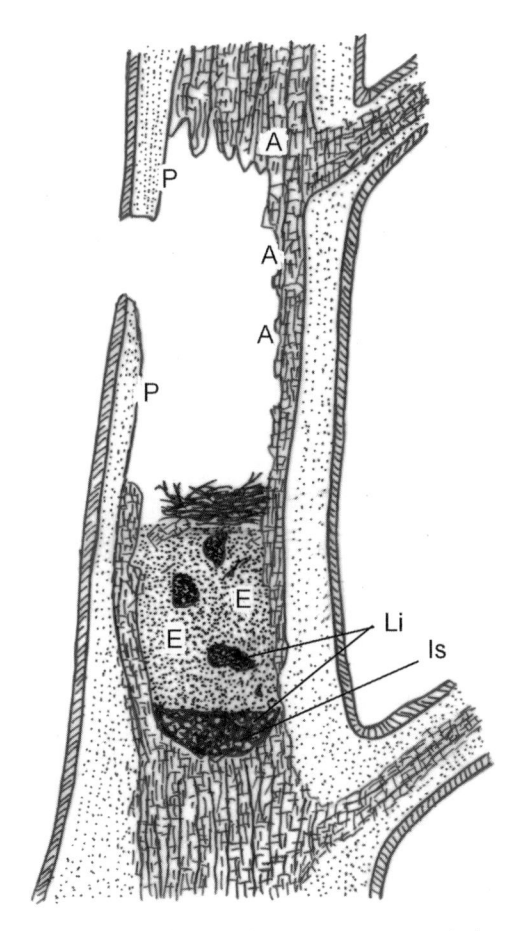

図7.3. 幹に大きな樹洞のある樹の縦断面. コメツキムシ科 (Elateridae) の種による生息部位の違いを示す. *Ampedus cardinalis* の幼虫 (A) は, 樹洞上部の天井や壁の乾燥した褐色腐朽材に生息し, 穿孔性シバンムシ類 (*Dorcatoma* spp. や *Anitys rubens*) の幼虫を摂食する. *Procraerus tibialis* の幼虫 (P) は, より堅い白色腐朽した壁を好み, 穿孔性ゾウムシ類 (*Rhyncolus* spp., *Phloeophagus* spp., *Cossonus* spp.) の幼虫を摂食する. *Elater ferrugineus* の幼虫 (E) は, 腐植の中に住み, オウシュウオオチャイロハナムグリ (*Osmoderma eremita*) やその他のハナムグリ類の幼虫を摂食する. *Limoniscus violaceus* (Li) や *Ischnodes sanguinicollis* (Is) の幼虫は, 樹洞底部 (地下のことも多い) の, 暗色で腐植化の進んだ湿り気の多い腐植に生息する. 恐らく双翅目昆虫の幼虫を摂食していると思われる. Iablokoff (1943) に Martin (1989) の情報を追加して描画.

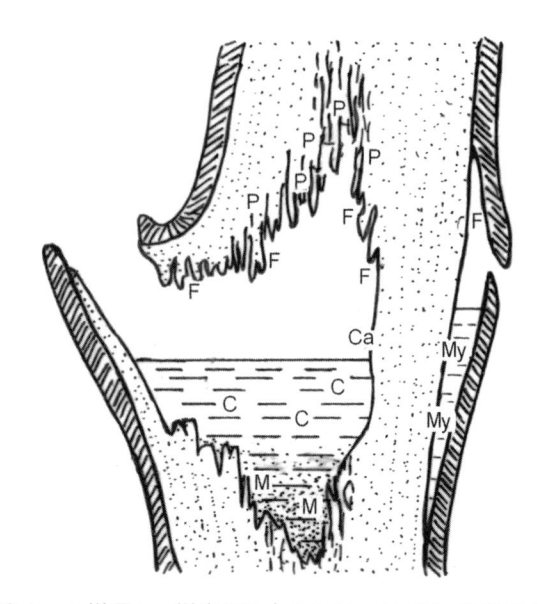

図 7.4. 水の溜まった樹洞と，樹皮下の小さな湿った空隙．双翅目昆虫の種による生息部位の違いを示す．*Phaonia*（イエバエ科（Muscidae））の幼虫（P）は捕食性で，天井の湿った材など，樹洞のいろいろな部位に見られる．水面より上の壁や天井には，*Fannia*（ヒメイエバエ科（Fanniidae））の幼虫（F）がおり，これは死肉食性である．*Mallota* や *Callicera*（Ca）（ハナアブ科（Syrphidae））の幼虫は湿った有機物を食べている．ユスリカ科（Chironomidae）の幼虫（C）は水中で自由生活し，微生物を濾しとって食べる．*Myathropa florea*（ハナアブ科）の幼虫（M）は腐植食性で，水中に沈んだ有機物を摂食できる；肛門の一部が伸びて呼吸管として機能している．*Myolepta*（ハナアブ科）の幼虫（My）は腐植食性で，水で満たされた小さい空隙で生活している．Speight（1989）を改変；Rotheray and Gilbert（1999）および Alexander（2002）より情報を追加．

2000)．ファイトテルマータに多く見られる分類群は，多岐にわたる．例えばマルハナノミ科（Scirtidae），ユスリカ科，ヌカカ科（Ceratopogonidae），カ科（Culicidae），ハナアブ科などである（Kitching, 2000; Schmidl et al., 2008）．これらの分類群では，樹洞に特化した種は，地上の小さな水たまりで生活していた水生あるいは半水生の祖先から進化した．ヨーロッパの温帯林では，樹洞に溜まった水に依存している無脊椎動物は数えるほどしかない（亜寒帯林には恐らくまったくいない）．その構成は，マルハナノミ科の

Prionocyphon serricorne の幼虫，ユスリカ科の *Metriacnemus cavicola*，ヌカカ科の *Dasyhelea* 属，カ科の *Aedes geniculatus*，ハナアブ科の *Myathropa florea*，そして頻度は低いが微小甲殻類も含まれる（Kitching, 1971; Schmidl et al., 2008）．暖かい地域では，腐植食者，捕食者，そしてトンボ科（Odonata）の幼虫などの最上位捕食者さえも加わり，種数も食物網の複雑性も増加する（Kitching, 2000）．熱帯林では，樹洞に溜まった水は重要な微小生息場所である（Yanoviak, 2001）．多様な昆虫に加え，両生類もそういった生息場所に住む．

7.2.4　材の中に作られる脊椎動物や昆虫の巣

樹洞は多くの脊椎動物により営巣，ねぐら，冬眠場所として利用される（4章）．キツツキは心材腐朽した樹木に巣穴を掘り，その孔は二次樹洞利用性の鳥類によりさらに利用される．脊椎動物は大量の小枝や草，その他の巣材を樹洞の中に持ち込む．糞，食い残し，営巣者の死体として樹洞の中に供給される窒素分も，樹洞内の無脊椎動物相に非常に重要な影響を与える．

単独性のカリバチやハナバチにも，材の中に営巣するものがいるが，自分で孔を掘る訳ではなく，穿孔性甲虫類（シバンムシ科，カミキリムシ科など）が掘ったものを利用する．樹洞の中に形成される社会性昆虫（ハチ，アリ，シロアリ）の巨大な巣は，それ自体がまた違ったタイプの微小生息場所となる．さまざまな昆虫はそれ自体が捕食者や捕食寄生者，片利共生者，労働寄生者などを伴う（4章参照）．

7.3　枯死した枝や根

樹木が枯死すると，生立木とは明らかに異なる生物群集が枝，幹，根に定着してくる．しかし，それらの区別はより明瞭になり，細枝，枝，大枝，幹の上部，中部，下部，根際，地中根にはそれぞれ特異的な生物が定着する．枯死木の垂直方向の位置により生物群集が異なるのには二つの大きな理由がある：幹の直径と開放度である．種組成への直径の影響については8章でさらに詳細に扱う．開放度はもう一つの重要な要因である．樹冠上部の枯死枝は太陽の直射にさらされているが，地中の根は完全な暗闇の中である．種組

成への周辺環境の影響は9章で扱う．ここでは，生立木に付随する三つの微小生息場所に焦点を当てる：樹冠の枯死枝，地上に落下した枝，枯死根である．

7.3.1 樹冠の枯死枝

樹冠の枯死枝は自然に生じる，すべての樹冠の重要な要素である．枯れ上がりや病原菌により，枝の枯死は常に起こっているので，枯死枝は豊富な資源として均等に分布している．地上の枯死木と異なり，樹冠の枯死木は頻繁な乾燥と気温や湿度の大きな変動に曝される．林床から樹冠上部に向かって，微気候の明確な傾度が存在する．樹冠上部には若く細い枝が主に分布しており，太陽や風に曝されている．樹冠の中部や下部は，より太い枝から構成されており，日陰で安定した環境である．

多くの真菌が樹冠の枯死枝に特化している．例えば，ヨーロッパ中部の温帯落葉樹林のごく狭い調査地内で，枯死枝から100種以上の真菌が記録された（Unterseher et al., 2005）．コウヤクタケ類（コウヤクタケ科（Corticiaceae），ウロコタケ科（Stereaceae），タバコウロコタケ科（Hymenochaetaceae）など）は多くの種が樹冠下部に発生する．一方，核菌類に属する子嚢菌（フンタマカビ目（Sordariales），クロサイワイタケ目（Xylariales），ディアポルテ目（Diaporthales）など）は樹冠上部の小枝の優占種である（Unterseher and Tal, 2006）．枯死直後の枝に生育する真菌は，樹種特異的な場合が多い（Boddy and Rayner, 1983a; Boddy et al., 1987; Chapela and Boddy, 1988; Chapela, 1989; Griffith and Boddy, 1990; Unterseher et al., 2005）．枝の真菌は，乾燥から身を守るために二つの相反する戦略を採用している：一方のグループは，小さくて短命な子実体を多湿な環境で形成するが，もう一方のグループは革質で丈夫な子実体を作り，多湿な時期にのみ胞子を生産する（Nuñez, 1996; Unterseher et al., 2005）．さらに，枝に生息する真菌の多くは，生きた枝の樹皮や材内部で内生菌として生長する．これら内生菌は，枝の枯死を待っている．あるいは水分ストレスを受けている枝の内部に蔓延して枝を枯死させる（Chapela and Boddy, 1988; Chapela, 1989; Griffith and Boddy, 1990）．

枯死木依存性の無脊椎動物にも樹冠に特化した種が多数いる．枯死枝の中

の節足動物の平均密度は，1リットルあたり500個体で，なかでもダニとトビムシが個体数で優占するグループとなっている（Paviour-Smith and Elbourn, 1993）．どちらのグループでも，どこにでもいる腐植食性の種が大部分を占めるが，枯死木依存性の種もおり，そのうちいくつかは恐らく樹冠に特化している．アザミウマ目やタマバエ科（Cecidomyiidae）は樹冠に特に多い（Paviour-Smith and Elbourn, 1993）．どちらのグループも菌食性の枯死木依存性種を含んでおり，そういった種は枯死枝に生えた真菌を摂食している．

　衰弱した枝や枯死直後の枝に定着する甲虫には，キクイムシ亜科 – 例えば *Pityophthorus* spp. や *Trypophloeus* spp.，タマムシ科 – 例えば *Agrilus* spp.，カミキリムシ科 – 例えば *Grammopterus* spp.，*Poecilium* spp.，*Ropalopus* spp. などがある．すでに子嚢菌が定着している枝は，*Exocentrus* spp.，*Leiopus* spp.，*Pogonochaerus* spp. といったフトカミキリ亜科（Lamiinae）のカミキリムシや，菌食のヒゲナガゾウムシ科（Anthribidae）のゾウムシが好む．枝に生息するこれらの種は小さく，体色も茶色や灰色な上に，白っぽい毛が生えており，枝上に着生する地衣類の上ではうまくカモフラージュされて見つかりにくくなっている．枯死枝に特徴的な甲虫としては，ハナノミダマシ科（Scraptiidae），ジョウカイモドキ科（Melyridae），チビキカワムシ科（Salpingidae）などがある（Paviour-Smith and Elbourn, 1993; Stork et al., 2001; Schmidt et al., 2007）．

7.3.2　地上の枝

　地上に落ちてくる枯死枝には通常，樹冠で既に真菌や昆虫が定着している．地上に落ちると，樹冠とは微環境条件が異なるため，乾燥や熱に耐性を持つ種は早々に消え去る．その他の種が生き残り，分解に携わる．地上の枝に特化した種というのも少しはあるかもしれない．落枝の特徴は，大小さまざまな枯死材として絶えず林床に供給される点である．

7.3.3　枯死根

　生立木の根はマツノネクチタケ属，マンネンタケ属，ナラタケ属などの真

菌の重要な微小生息場所である．これらの種は，生立木の根に感染して枯死させ，そこから幹に進入していく（Rayner and Boddy, 1988; Schwarze et al., 2000b）．生立木における枯死根の，枯死木依存性無脊椎動物に対する役割はよくわかっていない．根に生息する昆虫の研究は，主に立枯れ木や切り株において行われてきた；これらのケースはどちらの場合でもすべての根が同時に枯死している．しかし，枯死枝と同様，生立木では絶えず枯死根が発生しており，これは地下の枯死木依存性種の主要な生息場所となっているだろう．これについては，9章で詳しく扱う．

7.4 樹皮・辺材・心材

樹木の幹は，異なる機能を持った四つの層からなっている．これら外樹皮，内樹皮（師部と形成層を含む），辺材，心材は，それぞれ物理構造や化学組成が非常に異なるので，異なる資源としてそれぞれ違った生物群集が発達する．樹木が枯死すると，新しい微小生息場所が利用可能となり，また枯死木依存性生物群集によりさらに微小生息場所が形成される．これらの微小生息場所—樹皮下の空間，辺材，心材—の形成は，枯死木の分解に伴う生物相の遷移と密接に関係している．これについては6章で詳しく解説した．

7.5 真菌類の子実体

7.5.1 微小生息場所としての子実体

数多くの種の昆虫が，木材腐朽菌類の子実体（キノコ）や菌糸体と関係している．真菌の組織は，重要な養分の濃度が木質よりも高いため，価値の高い資源である（Merrill and Cowling, 1966; Martin, 1979; Boddy and Jones, 2008）．例えば，木材腐朽菌の子実体の窒素濃度は0.7%から4%だが（Merrill and Cowling, 1966; Vogt and Edmands, 1980; Gebauer and Taylor, 1999），これは未分解の材のおよそ2～10倍である．

木材腐朽菌は，胞子，子実体，菌糸体という三つの異なるタイプの食物資源を提供し，それぞれに異なる生物群集が関係している．胞子食者は子実体

7.5 真菌類の子実体

の子実層（ヒダの隙間や管孔の表面）に住む；子実体食者は，子実体の内部に住む；菌糸体食者は，樹皮下の菌糸マットや辺材の割れ目に住む（表7.1）（3章も参照）．腐朽菌には，菌食者だけでなく，子実体などさまざまな分解途上の有機物を摂食する腐植食者も住み着く．菌食者にも腐植食者にも，それぞれに多少なりとも特殊化した寄生者や捕食寄生者が存在する．

ヒダのある子実体と管孔のある子実体は，本質的に異なるタイプの微小生息場所であり，それぞれまったく異なる生物群集が発達する．ヒダのあるキノコ（広義のハラタケ目）や子嚢菌門の一部の種の子実体は柔らかくて短命であり，3日ほどしかもたない．一方，多孔菌（管孔のあるヒダナシタケ目（Aphyllophorales））の子実体（サルノコシカケなど）は耐久性があり，1年生の種でも少なくとも数週間，多年生の種では数年間も残っている．さらに，多年生の子実体は，年次間の発生が予測しやすいことで他の真菌の子実体と異なっている．また，多年生の種のうち最も一般的な種は天然林で非常に多い：例えば，ノルウェー南部のトウヒ林では，1ヘクタールあたり3000個のツガサルノコシカケの子実体が記録されている（Økland and Hågvar, 1994）．

ハラタケ類の子実体と多孔菌類の子実体の違いは，そこに集まる生物群集に反映される：枯死木に生えるハラタケ類の子実体には普通，広食性（polyphagous）の双翅目の幼虫が住み着くが，狭食性（oligophagous）の甲虫の幼虫は多孔菌類に多い．しかし，菌食者の宿主選択のパターンや宿主特異性にはさまざまな要因が影響する．要因には，菌糸構造（Paviour-Smith, 1960; Lawrence, 1973），サイズ（Midtgaard et al., 1998），堅さや時間的な持続性（Paviour-Smith, 1960; Schigel et al., 2006），化学組成（Guevara et al., 2000a, 2000c），遷移段階（Thunes et al., 2000; Jonsell et al., 2001），子実体の水分条件（Paviour-Smith, 1960; Midtgaard et al., 1998; Jonsell et al., 2001），環境条件（Komonen and Kouki, 2005）などがある．

真菌の子実体は，時間とともに昆虫の穿孔や分解により物理化学的に変化する．その結果，子実体に生息する無脊椎動物群集も時間に伴い変化する．この群集の遷移は，ハラタケ類では非常に速いが，多年生の多孔菌類では遅い．子実体の成熟と分解に伴う生物遷移の段階と，関係する甲虫相の変化については，Scheerpelz and Hofler（1948）とBenick（1952）が初めて記載

表 7.1. 北ヨーロッパにおける多孔菌類と関係のある甲虫の例．胞子食者，子実体食者，菌糸の混ざった材食者を含む．

多孔菌類の種	関係のある甲虫種	食性	引用文献
ワタグサレタケ (*Antrodia sinuosa*)．チョーククアナタケ (*A. xantha*)	*Calitys scabra* (コクヌスト科)	菌糸の混ざった材	Ahnlund and Linde (1992)
Diplomitoporus lindbladi	*Phryganophilus ruficollis* (ナガクチキムシ科)	菌糸の混ざった材	Lundberg (1993)
ツリガネタケ (*Fomes fomentarius*)	*Dorcatoma robusta* (シバンムシ科)	子実体	Suda and Nagirnyi (2002), Nikitsky and Schigel (2004)
	Cis jaquemarti (ツツキノコムシ科)	子実体	Reibnitz (1999), Jonsell and Nordlander (2004)
	Ropalodontus strandi (ツツキノコムシ科)	子実体	Nikitsky and Schigel (2004)
	Bolitophagus reticulatus (ゴミムシダマシ科)	子実体	Nilsson (1997), Midtgaard et al. (1998)
ツガサルノコシカケ (*Fomitopsis pinicola*)	*Melandrya dubia* (ナガクチキムシ科)	菌糸の混ざった材	Nikitsky and Schigel (2004)
	Gyrophaena boleti (ハネカクシ科)	胞子	Okland and Hagvar (1994)
	Dorcatoma punctulata (シバンムシ科)	子実体	Suda and Nagirnyi (2002), Nikitsky and Schigel (2004)
	Peltis grossa (コクヌスト科)	菌糸の混ざった材	Nikitsky and Schigel (2004)
	Pteryngium crenatum (キスイムシ科)	胞子	Nikitsky and Schigel (2004)
Funalia trogii	*Sulcacis bidentulus* (ツツキノコムシ科)	子実体	Reibnitz (1999)
キカイガラタケ (*Gloeophyllum sepiarium*)	*Curtimorda maculosa* (ハナノミ科)	子実体	Nikitsky and Schigel (2004)
ミヤマウラギンタケ (*Inonotus radiatus*)	*Abdera flexuosa* (ナガクチキムシ科)	子実体	Nikitsky and Schigel (2004)
アイカワタケ (*Laetiporus sulphureus*)	*Eledona agaricola* (ゴミムシダマシ科)	子実体	Nikitsky and Schigel (2004)
	Pentaphyllus testaceus (ゴミムシダマシ科)	菌糸の混ざった材	Nikitsky and Schigel (2004)

7.5 真菌類の子実体

エゾヒメノタケ (Phellinus conchatus)	Baranowskiella ehnstromi (ムクゲキノコムシ科)	胞子	Sorensson (1997)
カンバタケ (Piptoporus betulinus)	Diaperis boleti (ゴミムシダマシ科)	子実体	Nikitsky and Schigel (2004)
	Tetratoma fungorum (ゴミムシダマシ科)	子実体	Paviour-Smith (1964)
カワラタケ属 (Trametes spp.)	Cis boleti, C. micans, Octotemnus glabriculus, Wagaicis wagae (ツツキノコムシ科)	子実体	Reibnitz (1999), Nikitsky and Schigel (2004)
シハイタケ (Trichaptum abietinum), ウスバシハイタケ (T. fuscoviolaceum)	Zilora ferruginea (ナガクチキムシ科)	菌糸の混ざった材	Saalas (1923), Nikitsky and Schigel (2004)
	Xylita livida (ナガクチキムシ科)	菌糸の混ざった材	Saalas (1923)
	Abdera triguttata (ナガクチキムシ科)	子実体	Saalas (1923), Nikitsky and Schigel (2004)
	Cis punctulatus (ツツキノコムシ科)	子実体	Saalas (1923), Reibnitz (1999), Nikitsky and Schigel (2004)

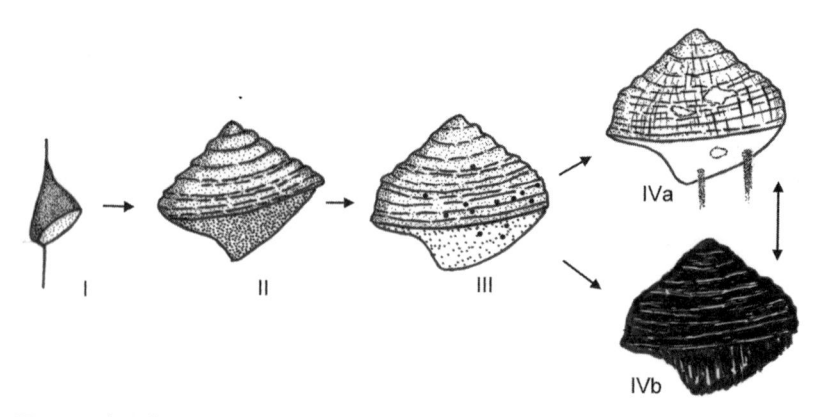

図 7.5. 多孔菌類の子実体の発達段階.（I）未成熟段階，子実層は未発達で，胞子を生産していない；（II）成熟段階，菌糸は生きており，胞子を生産できる；（III）死んだ直後の段階（シバンムシ科の *Dorcatoma* spp. による丸い脱出孔が見られる）；（IV）腐朽段階；（IVa）乾燥条件下（ヒロズコガ科のガの幼虫により子実体下部に絹糸状のフラスが垂れ下がる）；（IVb）湿潤条件下．段階 V は地上に落ちて腐った状態の子実体．Graves（1960）を改変．

した．多孔菌類の子実体における遷移については Graves（1960）が報告しており，遷移段階を五つに区分している（図 7.5）．

7.5.2 多年生の多孔菌類の子実体

発達の第一段階は，子実体が現れるところから，子実層が発達して胞子を生産し始めるところまでを含む．多年生の子実体では，この段階では特に菌食者の摂食を受けないのが一般的である（例えば Økland and Hågvar, 1994）．

成熟して胞子を生産し始めると，子実体は第二の発達段階に入る．多年生の多孔菌類は毎年新しい子実層を発達させ，何年にもわたりおびただしい数の胞子を生産する．成熟した子実体には，胞子食に非常に特化した種が訪れる．世界で最小の甲虫は，ムクゲキノコムシ科の Nanosellinae 亜科に属している．これらの種は体長が 0.3 〜 0.6 mm しかなく，細長い体型をしており，成虫・幼虫ともに多孔菌類の管孔から見つかる（Dybas, 1956, 1976; Newton, 1984; Hall, 1999）．*Baranowskiella ehnstromi*（Sörensson, 1997）がスウェーデンにおいてバッコヤナギ（*Salix caprea*）からしか生えないエゾヒヅ

7.5 真菌類の子実体

メタケ (*Phellinus conchatus*) の微小な管孔から思いがけず発見されるまでは，この亜科に含まれる属（例えば *Nanosella, Cylindrosella, Porophila*）は新世界からしか知られていなかった．

ダニ (Acari) では，菌食性の種や捕食性の種などさまざまな科（例えば Nanacridae，ツメダニ科 (Cheyletidae)）の微小な種が管孔の中に住んでいる (Graves, 1960; Matthewman and Pielou, 1971)．菌食の双翅目幼虫の中にも管孔の中に入れるくらい小さいものもいる．タマバエ科の Porricondylinae 亜科や (Økland and Hågvar, 1994; Økland, 1995)，恐らく Lestremiinae 亜科に属する種である．こういった微小な幼虫を実験室で飼育する試みは大概失敗するので，種の正確な同定や優占度の評価などは難しい．多年生の多孔菌類の管孔に住む節足動物群集は，恐らく知られているよりも多様だろう．Hågvar (1999) によれば，ツガサルノコシカケの子実体では，半数以上の管孔にダニや双翅目の幼虫が入っていた．双翅目の幼虫を摂食する肉食性の甲虫（例えば明るい体色の *Lordithon* 属（ハネカクシ科））(Newton, 1984) が一見何もない生きた子実体の表面に群がっているのも，このような理由によるのだろう．

その他の胞子食者は，管孔の中には入らないが子実層表面に住みつく．ハネカクシ科の *Gyrophaena* 属は成虫も幼虫も胞子食に高度に特化している．その小顎の先端は切頭型で，短毛が密生しており，胞子を掻き集めるのに適している (Ashe, 1984)．*Gyrophaena* 属の多くの種はハラタケ類の子実体のヒダの間で暮らしているが，多年生の子実体に生息する種もいる．例えば *Gyrophaena boleti* はツガサルノコシカケに生息する (Økland and Hågvar, 1994)．ツノキノコバエ科の *Keroplatus* 属やキノコバエ科の *Sciophila* 属は多孔菌類やコウヤクタケ類の子実層の上に粘性の網を張り巡らす．この網は他の昆虫を捕えたり，幼虫を保護する役割があると考えられているが，幼虫が胞子を捉え，保存し，摂食するための，胞子トラップとしての機能もあるかもしれない．

胞子散布の時期には，さまざまな枯死木依存性の甲虫類が多年生の子実体を訪れる (Kaila, 1993; Økland and Hågvar, 1994; Hågvar and Økland, 1997; Hågvar, 1999)．その中の数種は上述のような胞子食に特化しているが，そ

7章　微小生息場所

の他の甲虫は同種の多孔菌類の子実体の中で繁殖する．しかし，子実体を訪れる大部分の種は，幼虫期間をさまざまな枯死木の微小生息場所で過ごす．例えば，木材腐朽性ハラタケ類や一年生の多孔菌類の柔らかい子実体（オオキノコムシ科，テントウダマシ科（Endomychidae）など）や，樹皮下の師部あるいは樹皮下キクイムシ類の坑道（ケシキスイ科，ネスイムシ科など），変形菌類の子実体（タマキノコムシ科（Leiodidae）の *Anisotoma* 属やマルタマキノコムシ属（*Agathidium* 属））などである．多くの種は胞子を摂食していると考えられるが，子実体の表面に生えたカビも食べていると思われる種もいる（ヒメマキムシ科（Lathridiidae）やキスイムシ科（Cryptophagidae））．子実体に集まる甲虫の種は実に多様なので，子実体は甲虫類の誘引場所として行動生態学的に重要な役割を果たしていると考えられる（Økland and Hågvar, 1994; Hågvar and Økland, 1997）．ツリガネタケやツガサルノコシカケの胞子散布中の子実体を訪れる約60種の甲虫のうち，30種以上が，夜間絶えず子実体の訪問を繰り返していた（Hågvar, 1999）．これは恐らく，摂食を目的として生きた子実体を探すだけでなく，交配のために子実体や枯死木上で他個体を探すためや，捕食者の場合は餌となる他の生物を探すためだろう．

　生きた子実体が偶発的に子実体食者の穿孔を受けることもあるが，多年生の子実体を摂食する種の多くは，子実体が死亡してから定着する．子実体組織の分解が始まると（図7.5の段階III），初期の子実体食者が定着する．機能的に最も重要なのは，ツツキノコムシ科であり，成虫も幼虫も共に子実体内部に生息する；一つの子実体内で複数世代が共存する（Box 7.2）．枯死直後の子実体に穿孔する種として他に重要なのは，ゴミムシダマシ科の種で，ユーラシアでは *Bolitophagus reticulatus*，北アメリカでは *Bolitotherus cornutus* がツリガネタケに生息する．他にもシバンムシ科の *Dorcatoma* 属（Box 7.2）やその他の科にも子実体食の甲虫が存在する．甲虫以外にも，鱗翅目のヒロズコガ科にも枯死直後の子実体で見つかる種がいる（Lawrence and Powell, 1969; Rawlins, 1984）．例えば，ヒロズコガ科の *Agnathosia mendicella* は，フィンランド東部の老齢林における多年生多孔菌類バライロサルノコシカケ（*Fomitopsis rosea*）の主要な摂食者である（Komonen, 2001）．

Box 7.2　多孔菌類に生息するツツキノコムシ科およびシバンムシ科 特に *Dorcatoma* 属の甲虫の宿主利用パターンと生活史戦略

　ツツキノコムシ科は，木質のキノコに集まる甲虫類として汎世界的な科であり，500 種以上が記載されている．科全体が多孔菌類の子実体の中での生活に特化しているが，中には他の木材腐朽菌の子実体や菌糸の混ざった材を摂食する種もいる．ツツキノコムシ科の甲虫が，種ごとに異なる種の多孔菌から見つかることは，甲虫の研究者には古くから知られていた (Weiss, 1920; Weiss and West, 1920; Saalas, 1923; Donisthorpe, 1935)．しかし，ツツキノコムシ科について，より一般的な宿主利用パターンを記載したのは Paviour-Smith (1960) が最初である．彼女は，甲虫とその宿主となる真菌を二つのグループに区分した．カンバタケ– *Cis bidentatus* グループと，カワラタケ– *Octotemnus glabriculus* グループである．それぞれのグループは，宿主となる多孔菌類の種と，その中で繁殖するツツキノコムシ類の種からなる．片方のグループのツツキノコムシは，もう片方のグループの多孔菌にはほとんど見つからない．Paviour-Smith (1960) は，このような多孔菌の種に対する選好性には，子実体の菌糸構造が影響していることを示唆している．片方のグループのツツキノコムシは，1 菌糸型 (monomitic, 訳者註：原菌糸のみ) あるいは 2 菌糸型 (dimitic, 訳者註：原菌糸と結合菌糸または原菌糸と骨格菌糸の組み合わせ) の比較的柔らかい子実体で繁殖するのに対し，もう片方のグループのツツキノコムシは 3 菌糸型 (trimitic, 訳者註：原菌糸，結合菌糸，骨格菌糸のすべてを含む) の堅い子実体で繁殖する．彼女はまた，宿主選択が化学的な誘因物質によるわけではないと予想している．なぜなら，ツツキノコムシが子実体に定着するのは，菌が死んでからだいぶ経ってからであり，何度も風雨にさらされた後のことだからである．

　Paviour-Smith (1960) による繁殖グループの区分は，イングランドのオックスフォードに近いワイタムの森において，10 種のツツキノコムシとごく限られた菌種での観察に基づいたものである．Lawrence (1973) は，北アメリカにおけるツツキノコムシ類の宿主についての記録 (担子菌 117 種において 74 種のツツキノコムシを記録) をまとめた．ツツキノコムシは宿主のグループに特異的な傾向があり，2～3 種の子実体で好んで繁殖を行ったが，他種の子実体からも見つかった．それらの菌種は系統的に近いことが多かった．宿主となる多くの菌は，ツツキノコムシ群集によって四つのグループに分けられた．ツツキノコムシは，広食性の数種を除き，

この四つのグループのうちどれか一つのグループの子実体とのみ関係している．ツツキノコムシ類の宿主選好性についてはその後いくつかの報告がなされている（Thunes, 1994; Fossli and Andersen, 1998; Jonsell and Nordlander, 2004）．

最近，Orledge and Reynolds（2005）が，イギリス，ドイツ，北アメリカ，日本におけるツツキノコムシに関するデータをまとめて解析した．クラスター解析などにより，宿主利用パターンの地理学的な分布が明らかとなった．全北区で六つの宿主利用グループと二つのサブグループが区別でき，近縁種（真菌でも甲虫でも）同士は同じグループに属する傾向が強かった．著者らは，ツツキノコムシ類に見られる宿主選好性は，究極的には宿主の化学性によると考えている．すなわち，ある宿主利用グループに属するツツキノコムシは，そのグループの真菌に共通する揮発性物質に誘引される．真菌における最新の系統解析の結果からは，ツツキノコムシ類が非常に近縁な真菌のグループを利用している様子が明らかとなり，古い分類体系よりもツツキノコムシ類における宿主選択パターンをよく説明できる（Jonsell and Nordlander, 2004）．広食性の種は，子実体がある程度分解されて初めて定着することで，真菌の化学的防御を回避していると考えられる（Jonsell and Nordlander, 2004）．

ツツキノコムシ類が，宿主の位置を匂いによって特定しているという仮説（Lawrence, 1973; Orleddge and Reynolds, 2005）は，実験的にも確かめられている．ツガサルノコシカケで繁殖するツツキノコムシは，生きた子実体を砕いたものに強く誘引された（Jonsell and Nordlander, 1995）．さらに，雄も雌も宿主の匂いに誘引されるが，雄や雌の存在自体に誘因効果はなかった（Jonsson et al., 1997）．これらの結果は，好適な子実体を探索するのに宿主の揮発性物質が使われていることを示唆しており，フェロモンの存在は認められなかった．種の異なる多孔菌間で，揮発性物質の組成が異なることは，例えばツガサルノコシカケとツリガネタケなどで知られている（Fäldt et al., 1999）．さらに，子実体から発散される揮発性物質の組成は，胞子を生産しているときと枯死直後で異なることがわかっている．こういった揮発性物質の違いは，発達段階の異なる子実体を利用する種にとってシグナルとなっていると思われる（Fäldt et al., 1999）．室内での実験では，ツツキノコムシ科 *Octotemnus glabriculus*, *Cis boleti*, *Cis nitidus* は宿主選択の幅が狭く，自身の好む多孔菌の匂いに特異的に誘引されるのに対し，宿主範囲の広い *Cis bilamellatus* は数種の多孔菌に誘引されている（Guevara et al., 2000c）．

2〜3種のツツキノコムシが一つの子実体に同時に定着していることはよくある．同じ宿主の子実体を好むツツキノコムシ間で，競争的排除が起こることもある（例えば，Lawrence, 1973; Thunes, 1994 参照）．しかし，異なるタイプの資源を使い分けている場合には，同じ宿主の子実体を好む種同士も共存しうる．*O. glabriculus* と *C. boleti* は，カワラタケの子実体上で資源を使い分けて共存している：*O. glabriculus* は初夏に若い発達途上の子実体上で繁殖するのに対し，*C. boleti* は夏の終わりに発達しきった子実体を利用する（Guevara et al., 2000a）．これらの種は，若い子実体や成熟した子実体の匂いに対し，異なる行動を示す（Guevara et al., 2000a）．こういった時間的な資源の使い分けに加え，発達段階の異なる子実体では含水率や地上からの高さなども異なり，そういった違いに基づくニッチ分化（Jonsell et al., 2001）や，異なる環境に対する選好性（Komonen and Kouki, 2005）も見られる．*O. glabriculus* と *C. boleti* は林内のカワラタケの子実体を好むが，*Sulcacis affinis* や *Cis hispidus* は皆伐地に多い（Komonen and Kouki, 2005）．

ツツキノコムシ類には，多孔菌類の子実体を効率的に利用できるようなさまざまな特殊化が見られる．産卵期は数ヶ月におよび，一つの子実体の中で複数の世代が共存して大きな集団を作る（Lawrence, 1973）．子実体の乾燥標本のような極度な乾燥に耐えて繁殖できる種もいる．ツツキノコムシ類の雄では，頭楯や前胸背板に目立つ角を持つものや，大顎が角状に発達したもの（*Octotemnus* spp.）が多い．これらの武器は，恐らくライバルの雄を子実体上から追い落とすのに使われるのだろう（Miller and Wheeler, 2005）．これらの特徴により，ツツキノコムシは定着した子実体を独占的に利用できる．ツツキノコムシ類はさまざまな多孔菌において優占する菌食者であり，最も一般的な種は，選好する宿主の利用可能な子実体のうち30〜90%に定着している（Jonsell and Nordlander, 1995; Guevara et al., 2000b; Jonsell and Nordlander, 2004）．ツツキノコムシが宿主の胞子生産を阻害するほど大発生することもある（Guevara et al., 2000b）．

シバンムシ科の *Dorcatoma* 属も，ツツキノコムシ同様，多孔菌類の子実体のスペシャリストだが，まったく異なる生活上の戦略を持っている．多くの種は（少なくとも亜寒帯域では）成虫になるのに2年かかり，一つの子実体の中では1世代しか暮らしていない．*Dorcatoma* 属のシバンムシ類は一般的にツツキノコムシ類ほど頻度が高くなく，選好する宿主の利用可能な子実体のうち10%以下にしか定着していない（Jonsell and Nordlander,

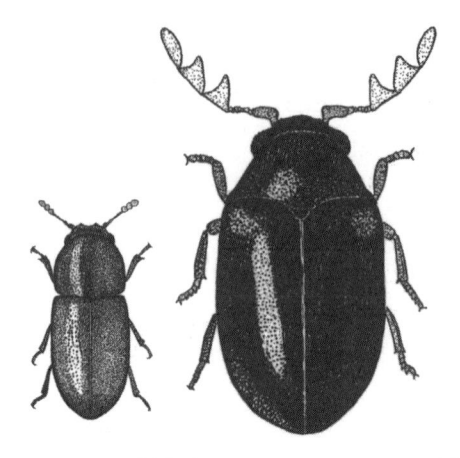

Cis jaquemarti（左）と *Dorcatoma robusta*（右）.

1995; Jonsell and Nordlander, 2004)．ツツキノコムシ類は強力な集合フェロモンを持たないが，*Dorcatoma* 属のシバンムシ類は持っている．*D. robusta* では，雌だけが宿主の子実体（ツリガネタケ）の匂いに誘引され，一方雄は同種の雌に強く誘引される（Jonsell et al., 1997）．*Dorcatoma* 属のシバンムシ類は，ツツキノコムシ類に比べ競争力に劣るが，分散した資源を効率よく発見して定着するのには優れている（Jonsell et al., 1999）．一般に，低密度で分布する種や，分散したパッチ状の資源に定着する種にとって，フェロモンの利用は効率的である（Jonsson et al., 2003）．

興味深いことに，宿主利用戦略の違いや，それに伴う頻度や優占度，成虫の見つけやすさなどは，それぞれの昆虫のグループの分類あるいは種組成に関する我々の知識量に反映されている．北ヨーロッパのツツキノコムシ類の大部分は 1850 年以前に記載が終わっているが，*Dorcatoma* 属が初めて記載されたのは 1900 年以降であり，過去 30 年間にも新種が続々と見つかっている（Baranowski, 1985; Zahradnik, 1993; Büche and Lundberg, 2002）．それでも，北ヨーロッパの甲虫相はよくわかっているほうであり，まだあまり研究されていない分類群（例えばダニ，タマバエなど）や世界の他の場所ではまだ多くの未記載種がいると思われる．

子実体に始めに定着する菌食者は，子実体の内部に穿孔し，後からやってくる他の菌食者，捕食者，死肉食者，捕食寄生者はこの孔を通って子実体内

部に入ることができる．出現頻度が高く，個体数も大きいグループは，ダニ（Acari），鞘翅目，トビムシ目（Collembola）である（Graves, 1960; Matthewman and Pielou, 1971）．ダニは種多様性が高く，子実体のあらゆる発達段階に，菌食性，捕食性，腐植食性などさまざまなダニ群集が発達する．多くのダニは枯死木の他の生息場所やリター層にも見られるが，中には子実体にしか見られない種もいる（Gwiazdowicz and Łakomy, 2002; Marakova, 2004; Mašán and Walther, 2004）．

　子実体の発達段階の第三段階と第四段階の境界ははっきりしておらず，子実体やその中の動物相は徐々に移り変わる．始めに定着した菌食者が子実体を大部分摂食してしまうと，内部は虫食い孔だらけになるか，あるいは完全に空洞になる．乾燥した気候下では，子実体は乾燥する．一方，湿った環境下では，子実体は水分を吸収し，細菌やカビ，広食性の菌食者や腐植食者の働きにより急速に分解していく．乾燥した子実体では，チャタテムシ目（Psocoptera）が優占するが，湿った子実体ではトビムシやダニが多い（Graves, 1960）．子実体の内部に未利用の菌糸組織が残っている間は，（子実体が地上に落下した後も）ツツキノコムシの集団が内部に残っているだろう．

7.5.3　一年生の多孔菌類の子実体

　一年生の多孔菌類の子実体の発達は，多年生の種の場合と一般的に同じだが，より速い．一年生の多孔菌類の生活戦略は，三つのタイプに分けることができる：短命型（ephemeral），硬質の一年型（annual sturdy），越冬型（annual hibernating）である（Schigel et al., 2006）．短命型の種（例えば *Amylocystis lapponica* や，オシロイタケ属（*Oligoporus*），オオオシロイタケ属（*Postia*）の種）などは，ハラタケ類と同様，時間と資源を節約した戦略を採用している．すなわち，寿命の短い小さな子実体を素早く形成する．子実体はその年のうちに消え去る．硬質の一年型の種（例えばアイカワタケ（*Laetiporus sulphureus*），カンバタケ，カワウソタケ属やタマチョレイタケ属（*Polyporus*）の種）は通常，より大きく堅い子実体を形成し，子実体の形成にかかる時間や胞子の形成期間は長い．秋に胞子を散布して子実体は死亡するが，そのまま発生基物上で翌年の夏くらいまでは残っている．越冬型の種（例えばヤケ

イロタケ属（*Bjerkandera*），カワラタケ属，シハイタケ属）は，秋に子実体が発達し，越冬して，春に胞子を生産し，その後死亡する．

　子実体の寿命，柔らかさ，大きさ，そして恐らく化学性も菌種により異なり，子実体に集まる昆虫群集に影響する．カンバタケやアミヒラタケ，アイカワタケなど大きな子実体を形成する一年生種には，非常に多様な昆虫群集が発達する（Pielou and Verma, 1968; Klimaszewski and Peck, 1987; Nikitsky and Shigel, 2004）．小さな子実体の一年生種にも多様な動物群集が発達することがあり，種特異性も見られる．例えば，ヤケイロタケやカワラタケ属菌にはそれぞれ専食性（属レベルで）のヒラタアシバエ科のハエが集まり（Chandler, 2001），カワラタケ属やシハイタケ属の子実体には各々に特異的な専食性の甲虫が集まる（表7.1）．

7.5.4　ハラタケ類の子実体

　木材腐朽性ハラタケ類の子実体には，条件的な枯死木依存性種や枯死木依存性でない種も含め，さまざまな生物が集まり，枯死木の微小生息場所としては，恐らく最も集まる生物の種多様性が高い．地上性のハラタケ類を摂食する菌食者も，木材生息性のハラタケ類を利用することができる．腐りかけの子実体は，腐植食性の種に利用される．特に，あらゆる腐敗物で生長できる双翅目の幼虫が顕著である．他の種は，腐りかけの子実体を狩り場として利用する．一方，種特異的な関係も存在する．世界的に広く分布する木材腐朽性のハラタケ類（例えばナラタケ属やヒラタケ属）には，それぞれ特異的な昆虫が存在し，それらは絶対的な枯死木依存性種といえる（表7.2）．

　木材腐朽性のハラタケ類（例えばナラタケ属，ヒラタケ属，ヒロヒダタケ属（*Megacollybia*），ウラベニガサ属（*Pluteus*））で，特に成熟して胞子を散布しているものには，多くの甲虫が訪れる．その多くはハネカクシ科である（Schigel, 2007）．ハラタケ類の子実体はすぐに分解してしまうものが多く，甲虫の幼虫が十分成長するための時間がない場合が多い．しかし，ナラタケ属やヒラタケ属の子実体は束生という様式の一つの大きなかたまりを形成し，それが乾燥すると数週間は残存する．ヒラタケ属は特に甲虫類の多様性が高い．その中には，例えばオオキノコムシ科の *Triplax* 属や *Eutriplax* 属，ケシ

7.5 真菌類の子実体

表7.2. 北ヨーロッパにおける木材腐朽菌と関連する昆虫．鞘 = 鞘翅目，双 = 双翅目，鱗 = 鱗翅目，半 = 半翅目，同 = 同翅亜目

宿主菌		関連する昆虫		文献
分類群	種	種（目：科）		
ヒダナシタケ目 (Aphyllophorales)	コフキサルノコシカケ (Ganoderma applanatum)	Agathomyia wankowiczii（双：ヒラタアシバエ科）		Chandler (2001)
	アミヒラタケ (Polyporus squamosus)	Bolopus furcatus（双：ヒラタアシバエ科）		Chandler (2001)
	ニオイアミタケ (Gloeophyllum odoratum)	Aradus erosus（半：ヒラタカメムシ科）		Ahlund and Lindhe (1992)
	ワタグサレタケ (Antrodia sinuosa), チョークアナタケ (A. xantha)	Cixidia confinis（同：コガシラウンカ科）		Ahlund and Lindhe (1992)
ハラタケ目 (Agaricales)	センボンイチメガサ (Kuehneromyces mutabilis)	Atomaria umbrina（鞘：キスイムシ科）		Benick (1952), Palm (1959)
	ヒラタケ属 (Pleurotus spp.)	Triplax rufipes（鞘：オオキノコムシ科）		Schigel (2007)
		T. aenea（鞘：オオキノコムシ科）		Schigel (2007)
		Cyllodes ater（鞘：ケシキスイ科）		Palm (1959)
		Lordithon trimaculatus（鞘：ハネカクシ科）		Jakovlev (1994), Sevcik (2006)
		Hirtodrosophila trivittata（双：ショウジョウバエ科）		Jakovlev (1994), Sevcik (2006)
	サマツモドキ属 (Tricholomopsis spp.)	Mycetophila finlandica（双：キノコバエ科）		
子嚢菌綱 (Ascomycetes)	Daldinia loculata (チャコブタケ属)	Platyrhinus resinosus（鞘：ヒゲナガゾウムシ科）		Wikars (1997b)
		Cryptophagus corticinus（鞘：キスイムシ科）		Wikars (1997b)
		Paranopleta inhabilis（鞘：ハネカクシ科）		Wikars (1997b)
		Apomyelois bistriatella（鱗：ハマキガ科）		Wikars (1997b)
シロキクラゲ目 (Tremellales)	キクラゲ (Auricularia auricula-judae)	Platydema violacea（鞘：ゴミムシダマシ科）		Palm (1959)
		Hirtodrosophila lundstroemi（双：ショウジョウバエ科）		Jakovlev (1994), Sevcik (2006)
		Camptodiplosis auriculariae（双：タマバエ科）		Jakovlev (1994), Sevcik (2006)
変形菌綱 (Myxomycetes)	エツキケホコリ (Trichia decipiens)	Agathidium pulchellum（鞘：タマキノコムシ科）		Laaksonen et al. (2010)

185

キスイ科のクロマルケシキスイ（*Cyllodes ater*）など専食性（属レベルで）の種も含まれる（Cline and Leschen, 2005; Schigel, 2007）.

7.5.5 子嚢菌類や変形菌類の子実体

　子嚢菌類の子実体は，小さくて短命なものが多い．子嚢菌類と関係のある枯死木依存性の甲虫やハエは，幼虫が樹皮下に住み，菌糸や分生子を摂食しているのが普通である（Crowson, 1984）．このタイプの甲虫は一般的に小さく，扁平な体型で，目立たない体色をしており，体毛が生えていることが多い．分類群としては，ヒラタムシ科，キスイムシ科，ムクゲキスイムシ科（Biphyllidae），ホソカタムシ科，チビキカワムシ科，ヒゲナガゾウムシ科など多様な科の種を含む（Crowson, 1984）．担子菌類に生息する昆虫相に比べ，子嚢菌類に住む昆虫相はほとんど研究されていない．チャコブタケ（*Daldinia concentrica*）や *D. loculata* は子実体が大きい部類に属し，暗色のピンポン玉のような形をした子実体には，これらの菌種に特化した甲虫，ハエ，ブヨ，ガなど多くの種類の昆虫が集まる（Hingle, 1971; Wikars, 1997b, 表 7.2 も参照）．

　最後に，変形菌類（真菌ではない）の短命な子実体に集まる種は少ないが，その多くは変形菌食に特化している．タマキノコムシ科のマルタマキノコムシ属や *Anisotoma* 属は，変形菌と関係する枯死木依存性昆虫の中でも種多様性が高い（Wheeler, 1984; Wheeler and Miller, 2005）．ヒメマキムシ科やヒメキノコムシ科（Sphindidae），ニセマルハナノミ科（Eucinetidae）にも変形菌食の種がいる（Blackwell, 1984; Stephenson et al., 1994）．キノコバエ類にも変形菌のスペシャリストがいる（Jakovlev, 1994; Ševčík, 2006）．

7.6　枯死木の表面

　樹皮が剥がれ落ちると，露出した倒木や立枯れ木の材の表面は，新しい微小生息場所となる．地面と接している倒木は適度な水分を含み，多様な材上性コケ類が定着する．一方，立枯れ木は乾燥することが多く，地衣類が定着する．これらの材上性種は養分を枯死木から得ているわけではなく，立枯れ木や倒木を定着基物として利用しているだけである．材上性のコケや地衣に

ついては4章で解説した.

8章
枯死木のサイズ

Juha Siitonen, Jogeir N. Stokland

　枯死木依存性生物の多くは，利用できる材のサイズや直径が決まっている．ある種は大きな幹を好むが，他種は小さな樹や細い枝を好む．さまざまなサイズの枯死木を利用できる種もいれば，利用できるサイズの幅が小さい種もいる．1本の枯死木でも，サイズの異なる部分はそれぞれ別の生物に利用される．

　この章では，材のサイズに関連した種のニッチ分割に影響する要因について紹介する．一般に，幹の基部直径は樹高や幹の表面積，体積などと強い相関があり，これらの要因はそれぞれ，枯死木依存性種に大きな影響を与える．話を単純化するために，以後は直径に関係する効果について言及するときは'直径'あるいは'サイズ'の語を用い，他の要因（樹高，表面積，体積）については，それらについて特に考慮するときにのみ言及する．個々の枯死木依存生物の材直径に対する好みが異なることで，異なるサイズクラスの枯死木に発達する生物群集の多様性や種組成のパターンは異なる．この章ではそのようなパターンについてレビューする．

8.1　枯死木の直径に対する選好性をもたらす要因

8.1.1　実生から老齢木まで

　樹木が稚樹から成木へと生長し，そして老齢木になっていく過程で，材や樹皮の性質は刻々と変化していく．樹木が枯死した後も，これらの性質の多くはそのまま保持され，枯死木依存性生物の発生基物としての枯死木の質に

影響する．樹齢と直径は普通，密接に関連しているため，ある生物が直径に対して選好性を示した場合，これら二つの効果を区別することは困難である．

樹齢とともに変化する特長のうち，最も目立つものの一つに，外樹皮の厚さがある．若木は一般的に樹皮が薄く，滑らかなのに対し，老齢木では厚く，表面は荒い．幹の上下でも樹皮の厚さは変わる．外樹皮は材に定着してくる真菌や昆虫に対する障壁として働くため（5章参照），樹皮の厚さ—及びその樹木間での違いや幹の上下に沿った変化—は，分解初期段階において枯死木依存性生物の種組成に大きな影響を与える要因となる．これらの生物が一旦樹皮を貫通して材に達すると，厚い樹皮は気温や湿度の変化から材内部を一定に保つ役割を果たすとともに，薄い樹皮に比べ外部の捕食者や捕食寄生者から樹皮下の生物を守ることにもなるだろう．

樹木が生長するとともに，材の物理化学性も変化する．材密度，晩材の割合，心材の割合などはすべて樹齢や直径とともに増加する（Wilhelmsson et al., 2002）．生長に伴って起こる最も顕著な変化は，心材の形成である．心材の形成は樹種により大きく異なるものの，通常樹齢10～20年くらいで始まり，心材の割合は樹齢とともに増加する（Gjerdrum, 2003）．心材は，多くの木材腐朽菌の生長を阻害する物質を含むが（5章参照），心材腐朽菌はこの環境に耐えることができる．これらの菌は，樹洞を形成することで他の多くの生物に重要な微小生息場所を提供する（7章）．まとめると，樹齢と幹の心材割合は，その樹木が枯死したときにどの生物が定着できるかに大きな影響を与える．大きな老齢木では，枯死木の心材割合も高い．

樹木の生長速度は，幹の直径生長速度と材の組成に影響する．生長の阻害された樹木や，栄養の乏しい場所の樹木はゆっくりと生長し，材密度は高くなる分，生長の良い樹木に比べ，防御物質に対してはあまり投資できない．さらに，幹の直径，樹齢，生長速度，死亡要因の間には複雑な相互作用がある．サイズの異なる樹木は死亡要因も異なり，この違いは分解に伴う生物相の遷移過程において種組成に影響すると予想される（6章参照）．

8.1.2　幹の直径と関連した物理性

表面積－体積比は直径とともに変化し，大きいサイズの材ほど，単位体積

あたりの表面積の割合が小さい．表面積−体積比は材内部の含水率や温度にも影響する．小さい倒木ほど乾燥しやすく，含水率や温度の変異が大きい．大きな倒木は，乾燥した季節にも水分を内部に保持でき，また倒木内部の温度は比較的安定している．

　直径に関連した他の重要な要素は，倒木など枯死木の残存期間の長さである．小さい倒木はすぐに分解し，地上の植生に覆われるのも早い．大きな倒木はゆっくり分解し，各分解段階に定着する枯死木依存性生物に，より安定した生息場所を提供する．

8.2　枯死木の直径に対する選好性

8.2.1　真菌

　枯死木依存性の真菌の，枯死木の直径に対する選好性は，樹種や分解段階に対する選好性ほどは研究されてきていない．しかし，直径の大きな倒木を好む種が多いことはよく知られている．Renvall (1995) は，亜寒帯林において，エゾタケ (*Climacocystis borealis*)，カサウロコタケモドキ (*Laurilia sulcata*), *Phlebia centrifuga*, *Skeletocutis odora*, シカタケ属の一種 *Antrodia crassa* などの担子菌類が大きな倒木を好むことを報告している．この場合，大きい倒木とは，特に直径 30〜50 cm のものを指す．また，個々の木材腐朽菌について，直径に対する選好性を定量的に調べた研究もある．Stokland and Kauserud (2004) は，針葉樹，特にトウヒ類に発生する白色腐朽性の多孔菌であるエゾノハスグサレタケについて直径に対する選好性を調べた．この種は，直径が 20 cm より小さいトウヒの倒木にはほとんど発生が見られなかったが，それ以上の直径の倒木には，特に天然林においてよく見られた．彼らは，この菌が直径の小さい倒木で見られないのは，含水率の変動が大きいことやエネルギー源が不足するためだと考えている．しかし，野外観察のみによって得られる情報は限られるので，彼らは条件をコントロールした実験で倒木のサイズと各菌種の直径に対する選好性の関係を調べることが必要だとしている．

　バライロサルノコシカケもまた，亜寒帯林において直径の大きなトウヒ類

の倒木を好むと思われる菌種である．亜寒帯の南部や中部において，この菌種は直径 30 cm 以上の大きな枯死木と強い関係があるが，より北の森林限界に近い場所では，直径 20 cm 以下のトウヒの倒木にも高頻度で発生する（J. N. Stokland, 2000 本以上のトウヒの倒木から得られた未発表データ）．この結果は，バライロサルノコシカケがツガサルノコシカケに比べ密度の高い材（つまり生長の遅い樹木）を効率よく分解できるという室内実験の結果（Edman et al., 2006; 9.5 節も参照）とよく一致している．すなわち，この菌種は大径木にしか発生しないわけではなく，密度の高い材において競争的に有利なのだと考えることができる．こういった材は，生長速度の遅い老齢木で形成される．森林限界のような厳しい土地では，樹齢に関わらずあらゆるサイズの樹木の生長が遅い．

温帯林においても，大径木が必要な菌種がある．Heilmann-Clausen and Christensen（2004）は，心材腐朽菌のヤニタケ（*Ischnoderma resinosum*）が直径 70 cm 以上のヨーロッパブナの倒木にしか発生しないことを報告し，心材腐朽菌の発生が一般に大径木に限られると指摘している．

レッドリストに掲載されている菌種の多くが大径木を好む傾向があることにも注意する必要がある．スウェーデンにおいて，Kruys et al.（1999）は絶滅危惧種が直径 30 cm 以上のトウヒ類の倒木に対する強い選好性を示すことを明らかにした．同様な傾向はデンマークでも報告されている．Heilmann-Clausen and Christensen（2004）は，直径 20 cm から 139 cm のヨーロッパブナの倒木について比較し，27 種の絶滅危惧種の大半が直径 70 cm 以上の倒木からしか発生しないことを明らかにしている．

上記の研究例からは，多くの枯死木依存性の真菌にとっては大きな直径の枯死木が重要だという印象を得るかもしれない．しかし，上記の例で扱われている種は担子菌類であり，そのほとんどが多孔菌類である．この章の後ろの方では，多孔菌類が他の真菌に比べ，直径に対して異なる選好性をもつことを紹介する．

8.2.2　無脊椎動物

幹の直径に対する選好性とニッチ分割に関する有名な研究例は，森林昆虫

学の分野において多い．樹皮下キクイムシ類の直径に対する選好性については詳細に研究されている（例えば，Paine et al., 1981; Schlyter and Anderbrant, 1993; Amezaga and Rodríguez, 1998; Ayres et al., 2001; Kolb et al., 2006; Foit, 2010）．これらの研究から，同じ樹木に複数の種のキクイムシが定着する場合，種によって材の直径や樹皮の厚さの異なる部位を使い分けており，それによって競争関係にある種の共存が実現していることが示唆された．近縁なキクイムシ同士の間では，体サイズと利用する材の直径の間には相関関係が認められることが多い（Hespenheide, 1976; 表 8.1）．競争者が

表 8.1. 北ヨーロッパにおけるドイツトウヒ（*Picea abies*）およびヨーロッパアカマツ（*Pinus sylvestris*）の垂直方向に異なる部位の新鮮な内樹皮で繁殖するキクイムシ亜科（Scolytinae）甲虫の例．主に Ehnström and Axelsson (2002) による．

樹種とキクイムシの種	キクイムシの体サイズ (mm)	樹木の部位	好まれる直径 (cm)
ドイツトウヒ（*Picea abies*）			
Pityophthorus tragardhi	1.5 〜 1.8	細い枝	0.3 〜 0.8
Pityophthorus micrographus	1.0 〜 1.5	枝，梢	1 〜 10
ホシガタキクイムシ（*Pityogenes chalcographus*）	2.0 〜 2.3	太い枝や幹の上部	5 〜 15
Ips duplicatus	3.5 〜 4.0	幹の上部	10 〜 20
タイリクヤツバキクイムシ（*Ips typographus*）	4.2 〜 5.5	幹の下部，厚い樹皮下	>20
クロナガキクイムシ（*Hylastes cunicularius*）	3.5 〜 4.5	根	1 〜 10
ヨーロッパアカマツ（*Pinus sylvestris*）			
Pityophthorus lichtensteinii	1.8 〜 2.0	細い枝	1 〜 4
Pityogenes quadridens	1.7 〜 2.2	枝	2 〜 10
マツノムツバキクイムシ（*Ips acuminatus*）	2.5 〜 3.7	太い枝や幹の上部，薄い鱗状の樹皮下	5 〜 20
マツノコキクイムシ（*Tomicus minor*）	3.2 〜 4.8	幹の上部，薄い鱗状の樹皮下	5 〜 20
マツノキクイムシ（*Tomicus piniperda*）	3.2 〜 5.2	幹の下部，厚い樹皮下	>15
Ips sexdentatus	6.2 〜 7.8	幹の下部，厚い樹皮下	>25
Hylastes brunneus	3.5 〜 4.5	根	1 〜 10

いない場合でも，種によって明確なニッチの境界が認められ，樹木全体に一つの種が定着するということはない．例えば，カナダでトネリコ類の若木に穿孔するアオナガタマムシ（*Agrilus planipennis*）では，幹直径や樹皮の厚さの最小値，および地上からの高さの最大値がわかっている（Timms et al., 2006）．

担子菌類と同様，倒木の分解後期に定着する多くの無脊椎動物は，直径の大きい材を好む．例えば，大型のカミキリムシである *Tragosoma depsarium* は，直径が少なくとも 25 cm はある大きなマツの倒木に主に定着する（Wikars, 2004）．特に好まれるのは，樹齢 200 年以上の，心材率が高く分解の遅い倒木である．これらの種にとっては，材の直径というよりも，老齢の大きな枯死木にしかない材の性質がより重要だと思われる．

8.3 枯死木の直径と種多様性・種組成のパターン

8.3.1 種多様性のパターン

枯死木の直径が木材生息性の真菌や材上性のコケの種数に与える影響については，いくつか研究例がある．多くの例では，種数は倒木のサイズとともに増加する（Bader et al., 1995; Renvall, 1995; Lindblad, 1998; Kruys and Jonsson, 1999; Schmit, 2005; Ódor et al., 2006; Stokland and Larsson, 2011）．種数 – 面積関係と同様，種数 – 直径関係にも主に二つの解釈が考えられる．一つ目は，大きい倒木の方が小さい倒木よりも多様な微小生息場所を含むということである．大きい倒木には，さまざまな直径や分解段階の部分が含まれ，表面は乾燥するが内部は湿っているというように，多様である（'微小生息場所の多様性' 仮説）．二つ目は，体積の大きい材は空間や資源を多く含むため，多種が共存できるということである（'体積自体の効果' 仮説）．考えうる三つ目の解釈としては，大きい倒木は残存期間も長いので，特に空中から胞子で定着するような種の定着の機会が増えることも考えられる．

Schmit（2005）は，倒木あたりの種数と倒木の体積，表面積，初期材密度の関係を調べた．体積と材密度は，倒木が持つエネルギー量のパラメーターと考えた．倒木を樹種ごとにグループ分けしたところ，材の体積と生きて

いる部分の材密度は種数と発生量に対し有意に正の効果を示し，'種数－エネルギー仮説'を支持する結果となった．

　しかし，異なる直径クラスの材を同量ずつ集めた場合はどのようなパターンになるのだろうか？このアプローチに基づき（'希薄化（rarefaction）'として知られる），累積種数曲線を作成してサンプリングの効果を標準化した．すなわち，同じ体積，表面積，あるいは枯死木数で種数を比較した．我々が知る限り，こういった研究を行ったのはKruys and Jonsson（1999）が最初である．彼らは，亜寒帯針葉樹林において，トウヒの倒木に発生する真菌の種数を，直径10 cm以上の倒木と10 cm以下の倒木で比較した．その結果，倒木あたりの平均種数は直径の大きい倒木で大きかったが，表面積あたりの種数は，直径の大きい倒木と小さい倒木で差がなかった．しかし，体積あたりの種数は，直径の小さい倒木で有意に大きかった．温帯広葉樹林においても，Heilmann-Clausen and Christensen（2004）は同様な結果を報告している．彼らはまた，記録した子実体の個体数と種数の関係についても解析し（古典的な個体数に基づいた希薄化），直径クラス間で種数はほぼ同じだということを発見した．

　すなわち，一般に倒木の直径が増すほど単位体積あたりの種数は減少するといえる．このパターンには少なくとも二つの説明が可能である．一つ目は，直径の小さい倒木は表面積－体積比が大きいので，単位体積あたりに捕捉できる胞子数や，表面に発生できる子実体数が多いと考えられる．Heilmann-Clausen and Christensen（2004）はこの効果を'表面積効果'と呼んでいる．二つ目は，同じ体積で比較した場合，直径の小さい方が多くの倒木が含まれる．これにより，さまざまなタイプの倒木が含まれる可能性が増す．彼らは，この効果を'数の効果'と呼んでいる．この'数の効果'のもう一つの側面としては，倒木が多くあるほど定着基物の単位が増えることにより，確率的な定着の機会が増えることと，生態的に類似した種が異なる基物に住み分けることが可能になるという利点がある（11.3.2も参照）．

　無脊椎動物でも，同じ体積で比較した場合，大きい材に比べ小さい材の方が，種数が多いことが示されている．スイスにおけるヨーロッパブナの倒木の研究からSchiegg（2001）は，同じ体積で比較した場合，甲虫類とハエ類

(双翅目)がともに，大きい幹の倒木よりも枝で種数が大きいことを報告している．昆虫個体数が同数得られた時に比較したところ，甲虫では幹と枝で種数がほぼ等しかったのに対し，ハエでは枝で種数が多かった．同様な結果は，伐採残渣から発生する甲虫の種数を3段階の直径クラスで比較したJonsell et al. (2007) の研究からも得られている．彼らは，同じ個体数で比較した場合，甲虫の種数は直径クラス間ではぼ同じだったことを報告している．Lindhe et al. (2005) によれば，人工的に作ったさまざまな樹種の高切りの切り株において繁殖する甲虫の個体群密度は，材の直径からは特に正の影響を受けない．

以上の結果からは，枯死木依存性生物の多様性に枯死木の直径は表面的には特に目立った影響を与えないように思える．しかし，全体的な種数について考えるとき，一つの本質的な問題が潜んでいる—種ごとの特性の問題である．小さい枯死木と大きい枯死木で種数が多かれ少なかれ似通っていたとしても，種組成は直径クラス間で大部分同じかもしれないし，ほぼ完全に異なっているかもしれない．上記の研究例において種組成を考慮すると，枯死木の直径クラス間で種組成は明らかに異なっていることがわかる．

さらに，倒木の直径と，そこから発生する子実体の体積の間には正の関係がある (Urcelay and Robledo, 2009)．この関係は些細なことのように思えるが，恐らく生態学的な重要性を含んでいる．子実体の数とサイズは，生産できる胞子数に影響し，それは胞子散布(移住速度)，定着，二核菌糸化の機会に影響する．すなわち，子実体の形成は多孔菌類の個体群動態と密接に関係している．巨大な幹は，局所個体群の大部分の発生源となっている可能性もある．枯死木依存性の無脊椎動物についても同様なことが考えられる．

8.3.2 種組成のパターン

個々の種について，直径に対する選好性を調べた研究はあるが，群集集合全体に対する影響を調べた研究はほとんどない．Nordén (2004b) は，温帯広葉樹林において枝や倒木の真菌を採集し，直径が10 cmより大きい材と小さい材で種組成を比較して，興味深い結果を得ている．子嚢菌綱と担子菌綱の間で，発生パターンに大きな違いが見られた．子嚢菌 (102種) では，

8章 枯死木のサイズ

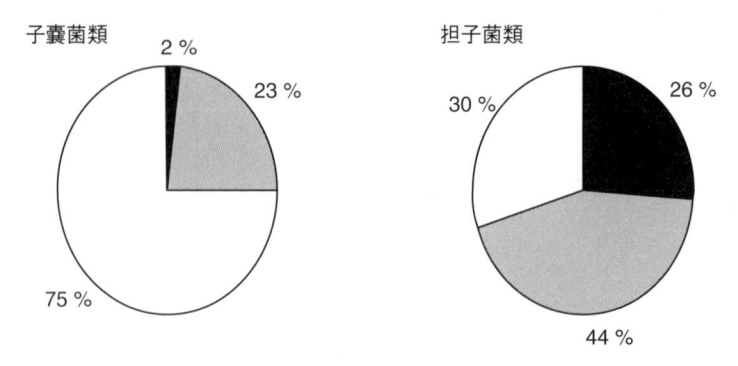

図 8.1. サイズの異なる枯死木（直径が 10 cm より大あるいは小）における子嚢菌類と担子菌類の発生パターン．小径材にのみ発生した種（白），大径材にのみ発生した種，どちらにも発生した種（灰）の割合を示す．Elsevier 社の許可を得て Nordén et al.（2004b）より転載．

大部分（75%）が直径の小さい材にしか見つからず，大きい材にのみ見られた種はたった 2 種（2%）だった（図 8.1）．一方，担子菌（309 種）は，大径材と小径材に比較的均一に発生した：30% が小径材にのみ発生し，26% が大径材にのみ発生した．44% は両方のサイズクラスから見つかった（図 8.1）．

直径の小さい枯死木に特化した生物は，枯死した後も樹冠に残っている枝（7 章参照）で見つかる．これらの種は，乾燥や気温の変動，直射日光といった樹冠の過酷な環境（9 章参照）に適応している．これら枝の生物群集の形成に対する，材の直径と環境条件の相対的な重要性を明らかにすることは難しい．しかし，樹冠内部でも，真菌群集は枝の直径に伴い変化する．子嚢菌は細い枝で優占するが，枝が太くなるに従い担子菌の割合が増加してくる（図 8.2）．

これらの結果は，直径の小さな細い枝が多くの種にとって非常に重要だということを明確に示している．また，子嚢菌と担子菌は，枯死木の直径に対する選好性が異なることも示している．これまで，枯死木に発生する真菌の多様性に関する研究のほとんどは担子菌を対象としたものに限られているので，この結果は記憶にとどめておく必要がある．このように枯死木の直径に

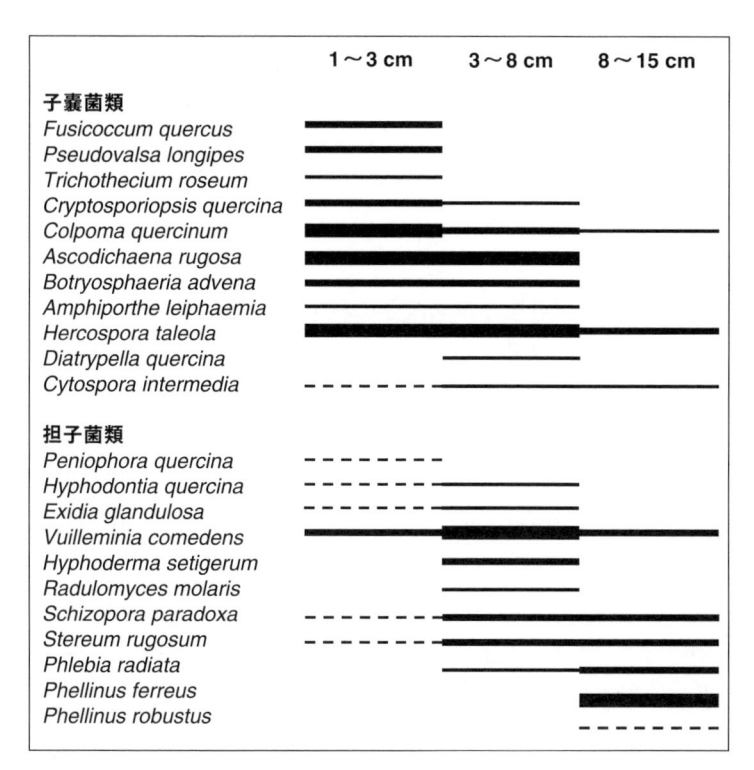

図 8.2. ヨーロッパナラ（*Quercus robur*）の落下前の枯死枝に発生した真菌（Butin and Kowalski, 1983b の Table 3 より）．直径階ごとに示した．

対する選好性が系統間で異なる傾向は，枯死木依存性の無脊椎動物においても，属レベルや科レベルで見られる．あるいは，上述の子嚢菌綱と担子菌綱のように，より高位の分類群間でも差が見られるかもしれない．

8.4 種多様性に対する大径木の重要性

上述の累積種数曲線からは，同じ表面積や体積で比較した場合は，大径材にも小径材にも同程度の種数の枯死木依存性種が定着することが示唆される．しかし，これらの研究の多くはごく限られた林分におけるサンプリングに基づいた結果である．すなわち，これらの結果は局所的な生物相における結果

であり，言葉を変えれば，その地域の生物相のごく一部しか反映していない．すなわち，大径の枯死木が小径の枯死木に比べ，その地域の生物相の多くを保持しているかどうか，といった問いには答えることができない．しかし，大径木が小径木に比べ全体では多くの種を保持していることを示唆する一般的な議論が少なくとも二つ考えられる．

8.4.1　大径木からはさまざまな直径の枯死木が発生する

　大径木には太い部分も細い部分もあり，それぞれに異なる生物種が定着する．一方，小径木には細い部分しかなく，太い材を必要とする生物は定着できない．小径の枯死木の幹で生活している種の多くは，大径木の枯死枝でも生活できる．例えば Renvall（1995）は，大きな針葉樹の幹における多孔菌の種組成を調べ，基部の太い材に発生が限られる種がいることを明らかにした．一方，細い樹冠部分の枯死枝に発生が限られる種もいた．中間部分の幹には，太い材を好む種と細い材を好む種が混在するのに加え，直径に対する明瞭な選好性を示さない種も数多く発生したため，枯死木全体の中で最も多孔菌の種数が多かった．

8.4.2　巨大な幹は枯死木の体積の大部分を占める

　天然林では，枯死木の体積の大部分を大径木が作りだすことがほとんどである．例えば，亜寒帯のトウヒ類が優占する老齢林では，大径の（≥ 30 cm）枯死木は平均して粗大木質リター（coarse woody debris, CWD）体積の 42 〜 54％ を占めるが，小径（<10 cm）の枯死木は 1.7 〜 2.7％ を占めるにすぎない（Siitonen et al., 2001）．同様に温帯林や熱帯林でも，大径材が枯死木体積の大部分を占める．このことから，進化的な観点からは，小径の枯死木よりも大径の枯死木を利用するように適応した種の方が多いはずだと考えられる．

*9*章
周辺環境

Bengt Gunner Jonsson, Jogeir N. Stokland

　周辺環境は材内部の環境に大きな影響を与え，枯死木依存性生物がその枯死木を利用できるか否かに関わってくる．直射日光にさらされた乾いた材に対する明らかな選好性を示す種も多いが，日陰の湿った条件を好む種もいる．樹木の場所，立っているか倒れているかといった違いも，材への日光の直射，温度，湿度に影響する．さらに，枯死木の周辺を取り囲む物質の違いも，枯死木に定着する生物相に影響する．陸上では，地上の枯死木を利用する種が多いが，中には地下の枯死根を利用することに特化した種もいる．川や湖に落下して水没した枯死木しか利用しない種もいれば，海に沈んだ枯死木に発生する種もいる．また，枯死木依存性生物は人工の木造建築物などにも定着する．これらの種が人家に侵入すると，木材部分がひどくダメージを受けることになる（Box. 9.1）．

　直接的な影響に加え，周辺環境は生立木が置かれている環境を通じて，間接的にも枯死木に影響する．局所的な環境条件は樹木の年輪幅に影響し，材密度を決定する．また，物理的な損傷や虫害は材の化学性に影響する．これらの材の性質は，樹木の枯死後に材を利用する枯死木依存性生物に大きな影響を与える．この話題の一部は6章でも扱ったが，本章でももう一度注目したい．

9.1 無機的な環境

　無機的な環境は，枯死木内部で生活する生物に大きな影響を与えるので，

これら材内部の微環境について概説した書物はいくつかある（Rayner and Boddy, 1988; Schimidt, 2006）．最も重要な要因としては，温度，含水率，ガス環境（特に酸素分圧）が挙げられる．ここではそれぞれの要因について簡単に紹介する．

9.1.1　温度

　他のすべての生物と同様，枯死木依存性の生物も耐えられる温度の範囲が決まっている．野外では，凍結した材から強烈な直射日光にさらされた材まで，さらに極端な場合としては，森林火災の際の高温まで，幅広い温度条件があり得る．

　低温下では，体液や細胞内容物が凍る．高緯度や高標高地では，低温は枯死木依存性生物の成長や発達，もしくは生存にまで影響する．低温に対する生理的な適応は枯死木依存性生物に特有なものではないが，以下では枯死木に生息する昆虫や真菌における例について紹介する．

　昆虫が低温に対処するには，凍結の回避あるいは凍ってしまうという大きく2通りの戦略がある．前者では，体液が生理的に凍結しないようになっており，低温下（－20°Cまで）では昆虫の体は過冷却状態となっている．後者では，昆虫の体は確かに凍るが，温度が上がれば再び蘇生することができる（Sinclair, 1999; Zachariassen et al., 2008）．どちらの戦略も枯死木依存性昆虫において見られる．

　低温に対する耐性は，生物の発達段階や1年のうちの時期によっても異なる．Vernon and Vannier（2001）は室内実験により，オウシュウオオチャイロハナムグリなど樹洞内の腐植に住む甲虫の耐凍性を調べた（図9.1）．過冷却温度や致死温度は共に，昆虫の生活史段階や1年のうちの時期によって異なっていた．1齢幼虫は，冬には－15°Cまで耐えられたが，秋には凍結に耐えられなかった．

　耐凍性は，三つの異なる生化学的要素と関連している：氷核活性物質（ice-nucleating agents, INAs），さまざまな糖類，不凍タンパク質である．INAsはタンパク質であり，秋に気温が－2°Cから－10°Cになると生産され，体液中に循環する．この物質が細胞外の体液中に氷核を形成し，生物個体の

9.1 無機的な環境

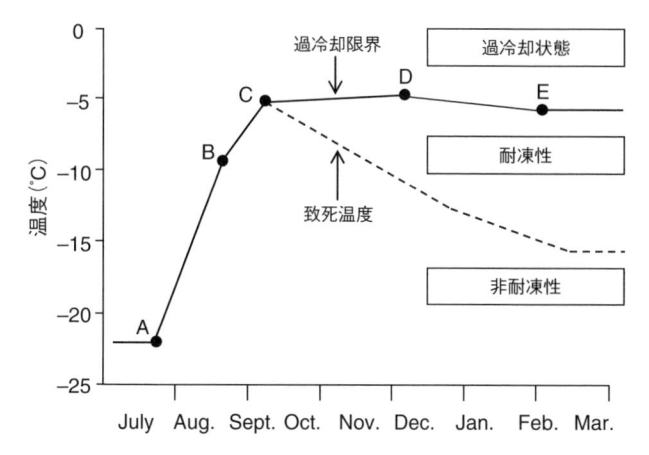

図9.1. オウシュウオオチャイロハナムグリ（*Osmoderma eremita*）の生活史段階と季節（6月から3月）における過冷却能．卵（A），孵化直後の何も食べていない幼虫（B），消化管内容物の詰まった1齢幼虫（C, D, E）（Vernon and Vannier, 2001より）．

生存を可能にする．一方，体を凍らせてしまう方法は，過冷却ほど一般的ではないが，木材生息性の種には比較的多く見られる．凍結に耐えられる種は，過冷却点よりも低温でも生存することができる（Block, 1991; Vernon and Vannier, 2001）．

木材腐朽菌の菌糸は低温に対する耐性が非常に高い；実験室では，凍結保存も普通に行われており，液体窒素中で $-196°C$ でも保存できる（Schmidt, 2006）．そのため，自然条件下における生存には特に問題はない．しかし，菌糸伸長は $0°C$ 以下では停止するのが普通である．トレハロースやグリセロールなどの不凍物質を生産して，$0°C$ 以下でも生理活性を保つ種もいる．こういった性質は，$-7°C$ から $-8°C$ でも菌糸伸長できる青変菌やカビなどで見られる（Riess, 1997, Schmidt, 2006に引用されている）．低温における生長は種によって異なり，低温下で生長を続けられる能力は寒冷な気候下で有利に働くだろう．

生長の最適温度もまたさまざまである．真菌では，熱帯性の種は温帯性の種に比べ高温下での生長に適応している（Magan, 2008）．熱帯では，*Trametes cervina*, *T. cingulata*, *T. socotrana* といった菌種は，生長適温が 37 〜

40°C で，55°C でも生長できる（Mswaka and Magan, 1999）．一方，温帯性の種の多くは生育適温が 20 〜 30°C であり，普通は 35 〜 40°C 以上では生長できない（Boddy, 1983; Schmidt, 2006）．

気温が生育適温より高くなると，最終的には死に至る．枯死木依存性昆虫における致死温度に関する情報の多くは，害虫の拡散防止を目的とした室内実験により得られている．FAO（2002）によれば，木製の梱包材の中の卵や幼虫を完全に殺すには，56°C 以上の温度に最低 30 分は置く必要がある．アオナガタマムシにおける研究で，Nzokou et al.（2008）は 65°C 以下では完全に殺すことはできないとしている．材が耐熱効果を持つならば，この結果はタンパク質の多くが 40°C から 50°C で変性し始めることと矛盾しない．

木材腐朽菌では，致死温度に関する情報は室内での寒天培地や材ディスク上における菌糸生長実験から得られている．温度と，高温に曝される時間が問題となるようである．Schmidt（2006）はいくつかの研究例をまとめ，材片上で生育した場合よりも寒天上で生育した場合の方が，温度に対する感受性が高いと述べている．寒天上では，多くの種が 60°C 以上の温度に 1 時間以上耐えられなかったのに対し，材片上では 80°C や 90°C 以上の温度に 4 時間耐えられた種もいた．

高温に対する耐性は，種によって大きく異なる．最近の研究では，Carlsson et al.（in press）（訳者註：2012 に出版されている）が，菌糸の蔓延した材片をさまざまな温度（100 〜 220°C）に 5 〜 25 分さらす実験を行った．この実験では，森林火災の条件を模倣している．結果は，驚くべきことに多くの種が高温に耐えることができた．いくつかの種（例えばマツノオオウズラタケ（*Dichomitus squalens*），キアミタケ，シカタケ属の一種 *Antrodia infirma*）は 220°C に 5 分も耐えることができた．火災に関連した種は，一般的な種に比べ高温に耐性が高いという結果も得られており（図 9.2），興味深い．この結果は，森林火災に対する適応には，菌糸の高温耐性も含まれていることを示唆している．

9.1.2　含水率

枯死木中の含水率は，局所的な環境に大きな影響を受けるが，材の分解過

9.1 無機的な環境

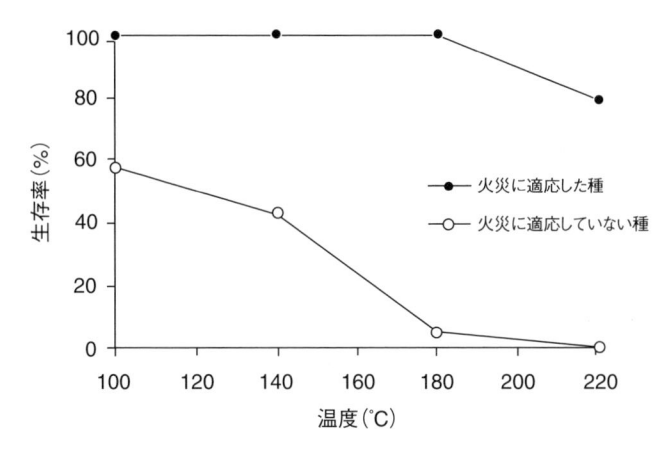

図9.2. 火災に適応した9菌種（●）および適応していない7菌種（○）の，材片中で高温下に5分曝した後の生存率（Carlsson et al. (in press)（訳者註：2012年に出版されている）より）.

程自体にも影響される．材分解のための酵素は水に溶けて拡散し，また木材腐朽菌の代謝や養分輸送に水分が必要なため，材分解が起こるためには最低限の水分が必要である．ある水準を超え含水率があまりにも高くなると，酸素欠乏となる（下記参照）．通常，材の含水率は湿った材と乾いた材の重さの差から計算される；すなわち，含水率 = 100 × (湿重 − 乾重) / 乾重．それ以下になると材の細胞内で自由水が利用できなくなる含水率の閾値を，'繊維飽和点 (fiber saturation point)' と呼ぶ．この飽和点は，多くの場合，含水率30%程度である（Zabel and Morrell, 1992; Schmidt, 2006）．この含水率以下では，菌糸が他の場所から水分を得られない限り，分解は停止する．菌糸が他の場所から水分を得るといったことはあまり起こらないが，乾腐菌 (Dry rot fungus) であるナミダタケ (*Serpula lacrymans*) などでは起こりうる（Box 9.1参照）．他には，耐久性の無性胞子を形成して乾燥を生き延びる種もいる．

商用材（建築，柵，木造船などに利用するために加工された木材）における研究では，水に浸けたり，土に埋めたり，さまざまな強度の日光にさらしたりした木材の含水率を測定し，材腐朽に対するそれらの影響を調べている

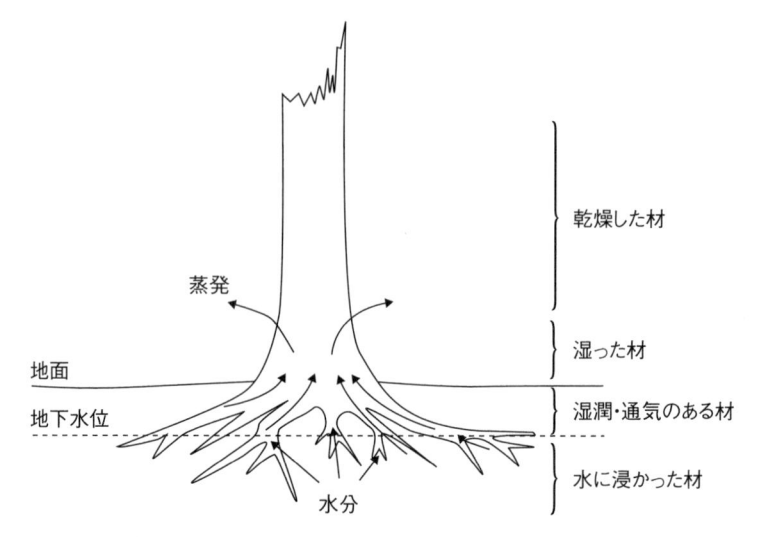

図9.3. 立枯れ木内部での水分の移動．材と周辺土壌の間で平衡になるまで，根から水分が吸収される．そこから，毛細管現象や地上部からの蒸発により，水分は上方へ移動する．その結果，枯死木内部で含水率の急激な勾配が生じる（Levy, 1982より）．

（Levy, 1982; De Belie et al., 2000; Kim and Singh, 2000）．これらの研究から，真菌類による材分解や，どの菌種が分解に関わるかといったことに対し，材の含水率が強く影響していることがわかった．これらの研究の方法論や，そこから得られた知識は，自然条件下における枯死木研究に直接還元することができる．例えば，環境が枯死木の状態にどのように影響するかといったことを説明できる（図9.3）．

一般に，枯死木は環境の変動を緩衝するので，枯死木の外部に比べ内部は安定で湿った環境である．材上性の蘚苔類など多くの種が，湿った倒木を必要とする．無脊椎動物にも，倒木内部の湿潤条件に依存する種がいる．例えば，カギムシの一種 *Euperipatoides rowelli*（有爪動物門（Onychophora））は体が柔らかく，皮膚は透過性で気門も常に開いているので，体からの水分の蒸発を調節することができない．オーストラリア南東部に生息するこの種は，腐朽木の中に隠れて生活している；外に出てくるのは夜か降雨時のみである（Woodman et al., 2007）．

9.1　無機的な環境

枯死木はこれらの種に欠くことのできない生息場所であるとともに，その含水率は局所的なニッチ分割に貢献している．良い例は，東アジアにおいて針葉樹の倒木に同所的に分布する2種のカミキリムシ，ヒメスギカミキリ（*Callidiellum rufipenne*）とビャクシンカミキリ（*Semanotus bifasciatus*）に見ることができる．これらの幼虫は倒木の利用部分が異なり，ヒメスギカミキリの幼虫は倒木上部の乾燥した部分を利用し，ビャクシンカミキリの幼虫は湿った下部を利用する（Iwata et al., 2007）．

9.1.3　ガス環境

水分は不可欠な要素ではあるが，過度な水分は嫌気的環境（酸素欠乏）を作り出す．材が水で満たされていると，酸素の拡散が抑制されると考えられ，枯死木内部に生息する生物の呼吸を妨げる．Hicks and Harmon（2002）は，含水率の異なるさまざまな分解段階のダグラスモミの枯死木において，酸素の拡散について実験を行った．また，野外においても酸素の測定を行っている．アメリカ西部の非常に湿った針葉樹林において測定を行ったが，倒木が嫌気条件となる酸素濃度2%以下になることはほとんどなく，彼らは陸上では倒木が嫌気条件になることはほとんどないだろうと結論している（Hicks and Harmon, 2002）．

陸上の枯死木が嫌気条件になることはほとんどなさそうだが，高い含水率で分解速度が低下することは確かである．いくつかの研究では，乾いた材の方が湿った材よりも早く分解することが示されている（Schmidt, 2006; Barker, 2008）．多くの種にとって最適な含水率は繊維飽和点に近い値であり，特に褐色腐朽菌では，湿潤環境で分解速度が低下することが示されている（Käärik, 1974）．これが，木材を保存する際に腐朽を抑制するために水を散布する理由である（Bjurman and Viitanen, 1996）．

木材腐朽菌の主要なグループの中で，水分が飽和した低酸素条件で木材腐朽を行えるのは軟腐朽菌と特定の細菌である（2章参照）．これらの種は，多湿環境では木材腐朽性の担子菌類に取って代わる．

9.2　地上部の環境

　野外では，枯死木依存性生物の地球規模の分布パターンを決定している主要な要因は恐らく，気候によって決まっている気温である．しかし，種の発生パターンは局所的にも大きく異なる．そのような場合，材内部の温度に影響する鍵となる要因は日射である．日射の強さは，森林の内部でも森林間でも非常に多様である．樹冠上部や日当りのよい丘，破壊的な撹乱があった林分，天然の疎林（サバンナ，痩せた土地の森林，湖や沼のほとり），耕地などの枯死木は直射日光にさらされる（16 章参照）．

　経験を積んでいる収集家は，異なる環境条件にある枯死木には違う種の昆虫がいることをよく知っている．地上に横たわった枯死木には多くの種がいる；立枯れ木の幹を好む種もいる；幹の地際部分にしかいない種もいる．樹木の上の方の枯死枝にはまた異なる種からなる生物相が見られるし，反対に地中の根や材片にはまったく異なる生物がいる．こういった種組成の違いは，真菌でも無脊椎動物でも同様に見られ，その主要な要因は材の含水率だと思われる．

9.2.1　地上部の無脊椎動物

　スウェーデンにおける絶滅の危機に瀕した 542 種の無脊椎動物の生息場所選好性に関するレビューで，Jonsell et al. (1998) は日陰と日なたのどちらを好むかについても解析した（図 9.4）．多くの種（30〜40%）は日射と特に関係なく発生していた．つまり，適した枯死木があれば日なたでも日陰でもそれを利用できた．日なたを好む種の割合（約 25%）は日陰を好む種の割合（約 10%）よりも大きかった．日なたを好む種の割合は，腐朽の進んだ材よりも枯死直後の材で大きく，日陰を好む種の割合は分解が進むにつれて大きくなった．

　代謝の面からは，無脊椎動物は水分よりも温度による制限を受けやすいので，高緯度地域では日の当たる枯死木を好む枯死木依存性昆虫が多いと予想できる．一方，赤道に近い地域では，こうした選好性は見られないだろう．

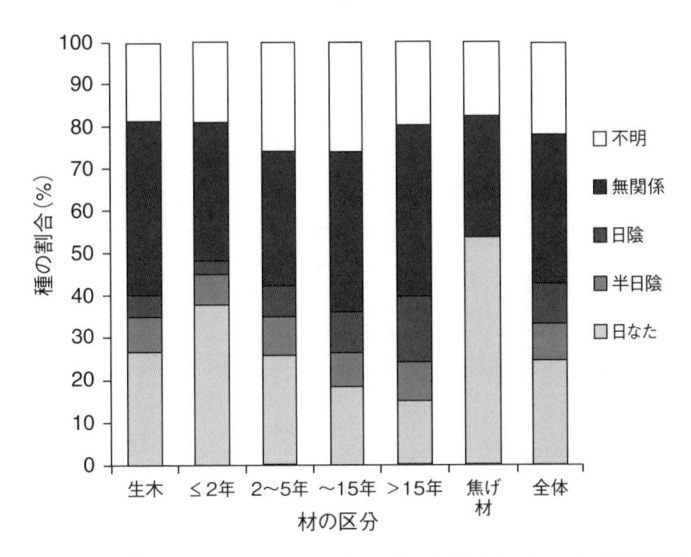

図9.4. スウェーデンにおける，レッドリストに掲載されている無脊椎動物の日射に対する選好性．基質の要求性（枯死後の経過時間，あるいは焦げた材）により種をカテゴライズしてある．何らかの選好性を示した種の大部分は，開けた明るい条件を好んだ．Jonsell et al.(1998)のデータより作図．

開放地——皆伐地など——の直射日光にさらされた立枯れ木や倒木に定着する生物は，林内の枯死木とは種組成が異なり，多くの場合種数も多い（Kaila et al., 1997; Lindhe et al., 2005）．開放地によく生えるナラ類などの樹木では，明るい場所を好む種に有利になるような選択圧がかかっているだろう（Gäand Baranowski, 1992）．

日射の影響を調べるため，Vodka et al.(2009)は新鮮なナラ材トラップ（幹，枝，小枝を含んだ束）をさまざまな場所において実験を行った．その結果，タマムシ科とカミキリムシ科が開放的な明るい場所の林床に多かったのに対し，日陰においた材に定着した甲虫の種数はそれよりも少なかった（図9.5）．また，樹冠に設置した材に定着した種数は林床に設置した材よりも少なかった．明るい場所と日陰，あるいは林床と樹冠では，甲虫の種組成も異なっていた．多くの種は明るい条件に対して強い選好性を示した（例えば *Agrilus angustulus*, *A. obscuricollis*, *Cerambyx scopolii*, *Clytus arietis*, *Plagionotus*

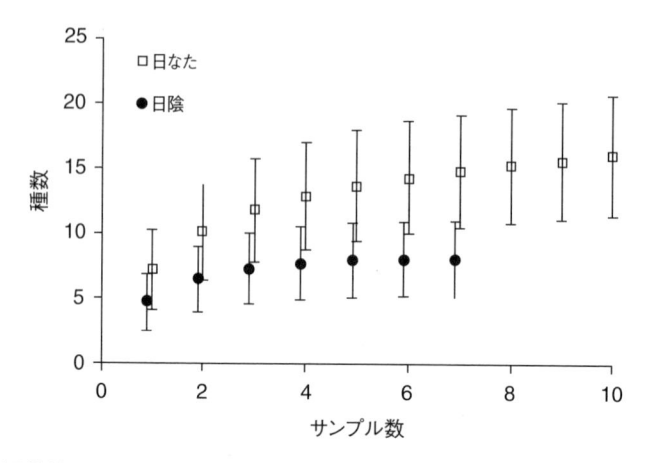

図9.5. 温帯林におけるナラ材トラップから孵化してきた材食性甲虫類（タマムシ科，カミキリムシ科）の種数（Vodka et al., 2009 より）．明るい場所のトラップには，日陰のトラップよりも多くの種がみられた．

arcuatus など）が，日陰を好む種や日射と関係のない種はわずかだった（例えば Leiopus nebulosus など）．これらの結果は，同じ基質でも周辺環境が異なると，異なる種が定着することを示している．

無脊椎動物における研究では，林床と樹冠では枯死木に発達する種組成がまったく異なることが示唆されている（Vodka et al., 2009; Bouget et al., 2011）．どちらの研究でも，林床の材で種数が多い．しかし，樹冠の種組成は単純に林床の種組成の一部にすぎないというわけではなく，明らかに樹冠を好む種もいる．関連文献をレビューした Bouget らは，こういった違いの理由の一つは，樹冠と林床の枯死木のタイプが異なるためであり，その他に微気候も影響するとしている．

その他の興味深い研究としては，Foit（2010）は枯死直後のヨーロッパアカマツの立枯れ木において，枯死木依存性甲虫類の垂直分布を調べた（図9.6）．マツの立枯れ木（高さ18〜25 m）を伐倒し，幹を等しい長さに20分割した．枝は直径クラスごとにまとめた．あるグループの種は，低い部分の幹に現れた．例えば，ムネツヤサビカミキリ（Arhopalus rusticus）は幹の基部にしか見つからなかった．他のグループは，幹の中間部分の下部に発生

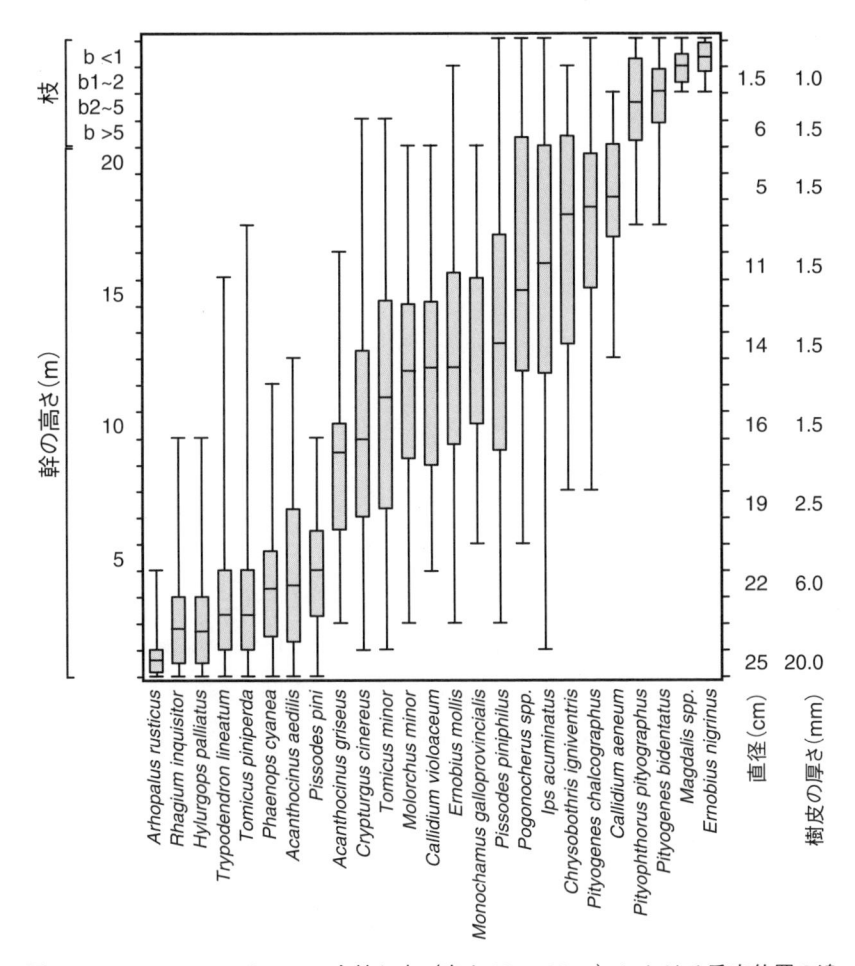

図 9.6. ヨーロッパアカマツの立枯れ木（高さ 18 ～ 25 m）における垂直位置の違いと甲虫相の関係．箱とヒゲは，最小値，第一四分位値，中央値，第三四分位値，最大値を示す（Foit, 2010 より）．

した．三つ目のグループは，幹の上部の枝に発生した．このグループには，主に細枝に発生する種や，細枝にしか発生しない種が含まれている（*Pityogenes bidentatus*, *Magdalis* spp., *Ernobius nigrinus*）．Foit は，材の部分の違いが，種組成の違いを単独でよく説明できることを報告している．しかし，幹（枝）の直径や樹皮の厚さ，地上からの高さといった要因は，材の部分と高い相関

関係があるため，それらの影響を分離して評価するのは難しい．

9.2.2 地上部の真菌

多くの木材腐朽菌は，十分な量の枯死木がある限り，明るい場所でも繁殖を続けられることがわかっている（Junninen et al., 2006）．良い例が森林火災の跡地であり，そこでは多くの種が，絶滅危惧種ですら，大発生する（Penttilä, 2004）．皆伐地を好む種も多い．子実体の形成は微気候とはあまり関係がないらしく（Heilmann-Clausen et al., 2005; Junninen et al., 2007），森林火災や皆伐によって生じた枯死直後の枯死木は，多くの木材腐朽菌にとって好適な生息場所となる．キカイガラタケ（*Gloeophyllum sepiarium*）（主にヨーロッパアカマツやドイツトウヒに生える）など，直射日光にさらされた乾燥した材に対する強い選好性を示す種さえいる．明るい色をしたシュタケ（*Pycnoporus cinnabarinus*）は，明るい場所の落葉樹の枯死木に対して強い選好性を示す．

木材腐朽菌に関するほとんどの研究は，倒木や地上 2 〜 3 m の立枯れ木を対象としたものに限られている．しかし，はしごを用いて樹冠下部にアプローチしたり，気球（Ryvarden and Nuñez, 1992）やクレーン（Unterseher et al., 2005; Unterseher and Tal, 2006）を用いて樹冠上部にアプローチした研究もわずかながらある．では，どのような真菌が樹冠で枯死枝を利用しているのだろうか？ Unterseher らはドイツの広葉樹の樹冠における研究から，樹冠の真菌群集が多様で特徴的であることを明らかにした．また真菌の種組成は，樹冠上部の細枝から樹冠中・下部のより太い枝にかけて変化する．枝に特徴的な種としては，*Nectria cinnabarina*, *Steganosporium acerinum*, *Eutypa maura*, *Nitschkia cupularis*, *Episphaeria fraxinicola* などがおり，これらはいずれも子嚢菌である．さらに樹冠を下がると，ミヤマチャウロコタケ（*Stereum rameale*），カワタケ（*Peniophora quercina*），*Vuilleminia comedens*（すべて担子菌に属する）の発生頻度が高くなる．また，樹冠には多孔菌類が目立って少ないこともわかった．見つかった 118 分類群のうち 7 分類群だけが多孔菌類であり，それらの頻度も低かった．キコブタケ属の一種 *Phellinus contiguus* のみ数回（全体で 5 回記録）見つかったが，他の多孔菌類は 703 個の枯死木

サンプルのうち1〜2個で偶然記録されたにすぎない．

Butin and Kowalski（1983a, 1983b, 1986, 1989, 1990）は，ドイツとポーランドにおける樹冠下部の枯死枝の真菌に関する包括的な研究を行い，子嚢菌の種数が担子菌の種数を遥かにしのぐことを明らかにした．同様な傾向は，さまざまな樹種で観察されている．この研究でも，多孔菌類は目立って少なかった．多孔菌が見つかったのは，コナラ属の太い枝のみであった．

空中の枯死枝では，表面積−体積比が大きく，強烈な直射日光に曝され，風通しも良いため，乾燥が厳しい（Parker, 1995）．乾燥に対する耐性が，恐らく樹冠の種組成を決定する主要因だろう．Maria Nuñez（1996）は'空中にぶら下がる：過酷な生活に対処するための丈夫な表皮（Hanging in the air: a tough skin for a tough life)'というタイトルの論文で，枯死枝の真菌がどのようにして乾燥を克服しているかを簡明に解説している．一つの戦略は，水を通さない表皮を持った多年生の子実体を作り，湿度の高いときに胞子生産を行うやり方である．もう一つの戦略は，水が得られる時のみ，小さくて短命な子実体を形成するやり方である．三つ目の中間的な戦略は，子実体は乾燥した時期には乾ききってつぶれるが，吸水すれば再び活性化して胞子生産を再開するというやり方で，キクラゲ目（Auriculariales）やシロキクラゲ目（Tremellales）のいくつかのグループで見られる（Sherwood, 1981）．

9.3 埋もれ木

枯死木に定着する生物に関する研究のほとんどは，地上部を対象としている．しかし，枯死根やリターに埋まった材片など，大量の枯死木が林床の土壌中に埋まっている．このような埋もれ木にも，特徴的な枯死木依存性生物群集を見ることができる．こういった生物に関する情報は，個々の種に関する文献中に散在しており，埋もれ木の生物多様性についてまとめた総説はないようだ．

9.3.1 地下の真菌

樹木根の腐朽菌として最も良く知られ，研究もされているのは，ナラタケ

属だろう.この属は世界中に分布しており,多くの森林から生態的に異なる約40種が知られている.それらの多くは,森林や果樹園,庭園などで樹木の根株腐朽を引き起こす病原菌としてよく知られている (Schmidt, 2006) が,埋もれ木の重要な分解者でもある (Shaw and Kile, 1991).他の病原菌と同様,主に衰弱木や傷痍木に感染する.Prospero et al. (2003) は,2種のナラタケ属菌がどのようにして,枯死直後のドイツトウヒに素早く定着するのかに関する非常に興味深い研究を行った.それによれば,ナラタケ属菌は生立木の根を取り囲むように密な菌糸束を発達させる.樹木が切り倒されると,菌糸束は根や切り株に素早く定着し,形成層に沿って伸長する.そして伐倒後3～4年後にはほとんどのドイツトウヒの切り株に定着した.根や切り株に定着すると,ナラタケ属菌はそれを分解し尽くすまで,そこから新しい菌糸束を土壌中に伸ばし続ける (Stanosz and Patton, 1991).個々のナラタケ属菌のクローンは,数ヘクタールという驚異的な規模に広がることもある:世界記録は,オレゴン州における約9 km^2 というものである (Ferguson et al., 2003).

樹木根に発生する真菌としてよく知られているもう一つの種は,根腐れ病菌マツノネクチタケである.これは複合種であり,分布や宿主樹木,子実体の形態が異なる,互いに交配不和合な複数のグループに分かれる (Schmidt, 2006).この菌は,古い根の傷から侵入し,薄い樹皮を伝わって若い無傷の根にも感染する.根に感染した後は,菌糸は幹に侵入し,上方の心材へと伸長して生立木に心材腐朽を引き起こす.北半球の針葉樹林では,枯死根の重要な分解者でもあると思われる (Woodward et al., 1998).

枯死根における真菌の多様性について広く扱った研究はほとんどない.Sydow (1993) は枯死直後 (1～2年以内) の針葉樹の根において,3カ所から菌糸の分離を行った:(1) 切り株の基部,(2) 直径3～10 cmの根,(3) 直径3 cm未満の根である.その結果,切り株の基部に近い地下部では木材腐朽性の担子菌が優占していたが,さらに土壌の深い部分の根には担子菌はあまり見られず,切り口から感染したことが示唆された.例外はナラタケ属菌で,細い根からも高頻度で分離された.細い根において頻度が高かったのは,変色菌 (*Leptographium* spp., *Ceratocystis* spp.) やその他の子嚢菌の菌糸体

だった．切り株の地上部における他の研究では，Vasiliauskas et al.（2002）がリトアニアの森林において約 4000 本のトウヒの切り株（枯死後 1 〜 5 年）の木材腐朽性担子菌群集を調べたものがある．この研究では，切り株の地上部に特徴的な種として 25 種が記録されている．

上記の種はすべて傷痍木や枯死直後の樹木に見られるものである．しかし，埋もれ木を分解している真菌の中には，土壌中の資源も利用している種がいる．こういった菌種の興味深い特長は，菌糸束を形成することである．菌糸束は，多数の菌糸が平行に並んで束になった器官であり，新旧の複数の材を結びつける（Boddy, 1999）．チャカワタケ（*Phanerochaete velutina*），スッポンタケ（*Phallus impudicus*），ニガクリタケ（*Hypholoma fasciculare*）などの種では，菌糸伸長の動態や養分輸送について詳細に研究されている．特にチャカワタケはモデル種となっている．菌糸束を形成する菌種の菌糸伸長パターンの特長は，材片からあらゆる方向へ扇形に菌糸を伸ばしていく点である．新しい材片に到達すると，伸長パターンは劇的に変化する；材片間に菌糸束が形成され，それに接続していない菌糸の伸長は停止する．こういった菌糸束ネットワークに関する多くの研究により，炭素や養分が材片間を輸送され再配分されることが明らかになっている．輸送は，特に材片から菌糸へ，古い材片から新たに定着した材片へ起こる（Boddy, 1999; Cairney, 2005）．

菌糸束を形成する種の中には，新しい材の探索中に土壌中の資源を利用する種もいる（Boddy, 1993）が，その利用効率は土壌タイプにより異なる．Donnelly and Boddy（1998）は，2 種の真菌（チャカワタケと *Stropharia caerulea*）の菌糸束ネットワークが，材片の周辺土壌へのリンと窒素の添加により影響を受けることを，室内実験により示した（図 9.7）．材しか分解しないチャカワタケは土壌の養分レベルにあまり影響を受けなかった．一方 *S. caerulea* は養分添加により菌糸伸長が促進され，材片の分解速度も速まった．この種はチャカワタケに比べ幅広い資源を利用することができ，材以外にも土壌中の有機物も分解することができる．

土壌の条件が木材腐朽菌に与える影響は，野外でも観察されている．林床への石灰添加の効果を調べた研究が多い（Fielder and Hunger, 1963; Garbaye et al., 1979; Veerkamp et al., 1997）．これらの研究によれば，針葉樹材に発生

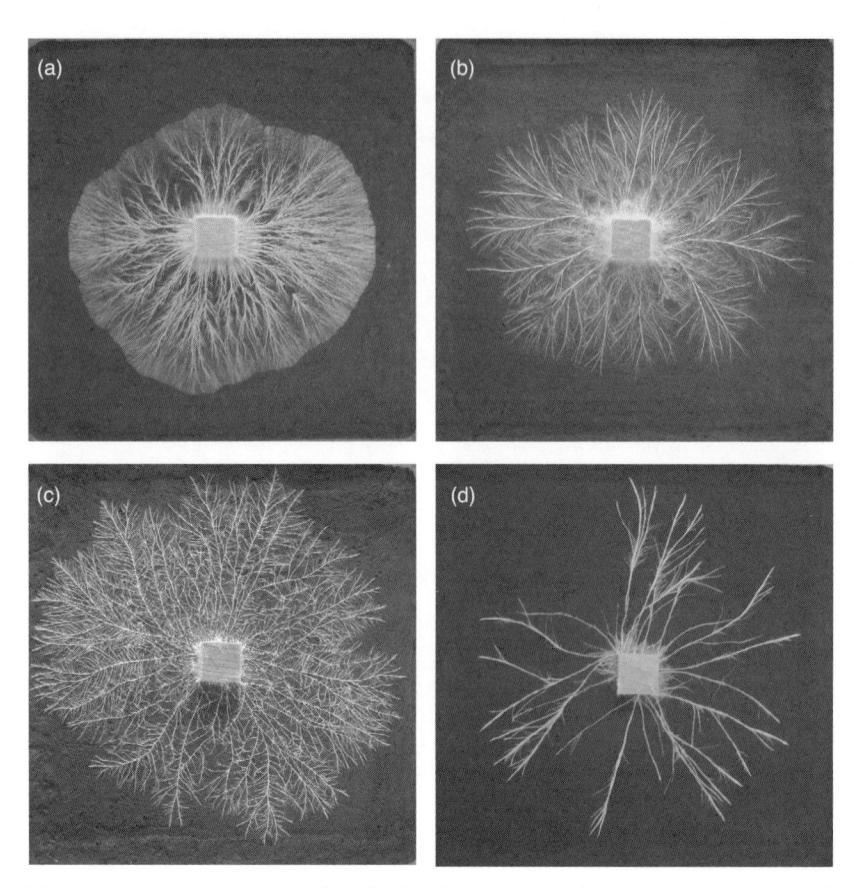

図 9.7. *Stropharia caerulea* (a, c) とチャカワタケ (*Phanerochaete velutina*) (b, d) の菌糸束ネットワークに対するリン添加の効果. コントロール (a, b) およびリン添加 (c, d) 土壌における 22 日後の様子 (Donnelly and Boddy, 1998 より).

する真菌の種数は石灰添加により減少するが, 広葉樹に発生する種数は増加する. オランダにおける石灰添加実験では, 一般に種数は増加した (Veerkamp et al., 1997). しかし, 針葉樹に発生する種 (例えば *Bortyobasidium subcoronatum*) の発生頻度は減少したのに対し, 広葉樹に発生する種は石灰添加により発生頻度が大幅に上がった. 石灰に対する正の反応は, 土壌中の窒素動態への影響と関係していると考えられている.

まとめると, 地下の枯死木に発生する真菌の生態的機能については, モデ

ル種，特に経済的に重要なナラタケ属やマツノネクチタケ属の種においてよく研究されている．しかし，地下の真菌の多様性についてはほとんどわかっていない．恐らく，森林の地下の腐生菌の多くは何らかの形で枯死木と関わりを持っているだろう．例えば北欧では，200種以上のハラタケ目の真菌が，林床のリターやその他の有機物と同様に材片からも見つかっている (Knudsen and Vesterholt, 2008)．

9.3.2 地下の無脊椎動物

埋もれ木に特異的に生息する無脊椎動物もいると思われるが，特に甲虫については真菌ほど研究されていない．よく知られているのは，*Hylastes* 属の樹皮下キクイムシや *Hylobius* 属のゾウムシである．これらの種は，地表や地下（砂質土壌では地下 0.5 m に達する）の樹皮や，枯死直後の針葉樹に発生する (Ehnström and Axelsson, 2002)．同様の繁殖場所はカミキリムシのカタキカタビロハナカミキリ (*Pachyta lamed*) やエゾカミキリ (*Lamia textor*) にも利用される．また，より腐朽した切り株には，ヨーロッパミヤマクワガタ (*Lucanis cervus*) や，カミキリムシの一種 *Prionus coriarius* などがコナラ属の切り株に見られる．Ehnström and Axelsson (2002) は，スウェーデンにおける樹皮や材に穿孔する甲虫類のリストの中で，482種のうち15種は地中の材に強い選好性を示すことを報告している．

さらに，双翅目のハナアブ科にも地中の材で成長する種がある．モモブトハナアブ属の一種 *Criorhina berberina* の幼虫は，分解途中の樹木根で見つかり，雌は枯死根の上の土壌に繰り返し産卵する様子が観察されている (Rotheray, 1994)．枯死根はまた，ハラナガハナアブ属の一種 *Xylota sylvarum* の繁殖場所としても重要だと思われる．ブナ属 (*Fagus*) の切り株の湿った腐朽根には，本種の幼虫が大量に見つかることがある (Rotheray, 1990)．モモブトハナアブ属 (*Criorhina*) やハラナガハナアブ属 (*Xylota*) の他種の幼虫も腐朽根やその他の湿った場所で見つかる (Rotheray, 1991)．ハナアブ類は枯死木依存性の双翅目昆虫のごく一部なので，地中の材にはもっと他の種もいるに違いない．

9.4 水没木

　枯死木は水中環境の重要な構造物である．枝や幹は河川や湖に常に落下してきており，河川は大量の枯死木を海へと運ぶ（12章参照）．また，マングローブ林は特に水没木の多い生態系である．

　枯死木には，水中に落下する以前から多くの種が定着しているため，水生の種を見分けるのは難しい（Shearer et al., 2007）．しかしながら，水中環境は陸上とは非常に異なっており，多くの種が水中環境に適応を遂げている．多くの分類群で，水生の種と陸生の種の種組成にはほとんどあるいはまったく重複がない．さらに，高位の分類群のレベルで分かれていることもある．真菌では，水中環境には担子菌類はほとんどいない．Shearer et al. (2007) は，水生菌3047種のうち，2313種は子嚢菌であり，担子菌は淡水からは11種，汽水や海水では10種しか見つからなかったことを報告している．これらの種の多くは枯死木以外の基質から発生しているが，下記に述べる通り，水没木の分解には数百種の子嚢菌が関わっている．

　動物の中にも，水中の枯死木にしか見られないものがある．これらの種の多くは，分類群自体が水生のもの，例えば海生の二枚貝や甲殻類，半水生のユスリカ科などである．これらの分類群は一般に枯死木依存性ではないが，そのうちいくつかの種が材を利用するように進化した．一方，陸上において多様な枯死木依存性種をふくむ分類群の一部が水中の枯死木を利用するように進化した場合もある．

9.4.1　淡水生の真菌

　淡水中で枯死木分解に関わる真菌には多くの種類がある．淡水生の子嚢菌類を，水中の環境に適応した明確な生態群として確立したのはイギリスの菌学者 C. T. Ingold である（Ingold, 1954）．これらの真菌は，基質に引っかかるための特殊な付属器をもった浮遊性の胞子を持ち，水没木を効率よく分解する軟腐朽という腐朽様式を発達させている．Ingold が1950年代から1970年代にかけて行った先駆的な研究によって記録された淡水生の真菌の

種数は，530種にものぼった（Shearer et al., 2007）．これらの種の約90%は主として枯死木に，あるいは枯死木のみに見られる．淡水生の子嚢菌の新種の発見は現在でも続いており，最近，淡水生の木材腐朽菌からなる単系統のヤーヌラ目（Jahnulales）が設立された（Pang et al., 2002）．

9.4.2 淡水生の無脊椎動物

無脊椎動物の中には，枯死木と密接に関係した淡水生の種がいる．枯死木との関係性は，条件的なものから絶対的なものまでさまざまである（Dudley and Anderson, 1982）．Hoffmann and Hering（2000）は，ヨーロッパ中部の淡水生無脊椎動物に関する包括的なレビューの中で，枯死木との関係性を，絶対的材食，条件的材食，非材食（枯死木と密接に関係しているが材は摂食しない）に区分した．絶対的材食性の種は，枯死木の中に穿孔し，材のみを摂食する．主に双翅目のユスリカ科やヒメガガンボ科（Limoniidae）からなるが，甲虫やトビケラ目（Trichoptera）の種も含まれる．条件的材食性の種は，材を噛み砕いたり，削り取ったりして利用する．これらの種は秋の落葉を利用しているが，落葉の供給が少ない春から夏にかけては材も摂食するようになる．これらの種はセルロースを消化する能力がないので，恐らく材の中にいる真菌や細菌を栄養源としているのだろう．条件的材食性種は大部分がトビケラ類やユスリカ類からなるが，巻貝（腹足綱 Gastropoda）や甲虫類も含む．非材食性の種には，材表面の細菌類，藍藻類，藻類，真菌などからなるバイオフィルム（生物膜）を摂食する種が含まれる．また，枯死木を狩り場に使う捕食性の種も含まれる．

Hoffmann and Hering（2000）はヨーロッパ中部において100種をわずかに上回る程度の種をリストアップしており，そのうち15種が絶対的材食性に区分されている．この数は，Dudley and Anderson（1982）がアメリカ北部で記録した，枯死木と関係する158種のうち絶対的材食性種がたった数種という記録と一致している．

9.4.3 海水生の真菌

海水からは多くの木材生息性の真菌が見つかる．特にマングローブ林は，

海水生真菌の多様性のホットスポットとなっている．Schmit and Shearer (2003) は包括的なレビューの中で，マングローブ林から625種の真菌を記録し，その大部分は子嚢菌だった．この数字には陸上や堆積物から見つかった種も含まれているが，その約50%は常時あるいは周期的に水没する基質（材や落葉）から見つかる．子嚢菌や無性世代（アナモルフや分生子世代とも呼ばれる）の真菌のうち，181種は材のみ，24種は材や落葉，115種は落葉のみからそれぞれ見つかっている．材から見つかる種は，有性世代の種が多いが，落葉や堆積物から見つかる種は無性世代のものが多い．海水生の真菌の有性胞子には，材に付着するための付属器またはゼラチン質の膜があることは特筆に値する（Rees and Jones, 1984; Jones, 1985）．無性胞子にはこのような付属器はなく，無性胞子が材ではなく堆積物中から多く見つかる理由がこのことで説明できる．Schmit and Shearer (2003) はまた，材に発生する子嚢菌の多くが広い分布域を持っていることを明らかにしている．これらの種の多くが一つの海盆だけでなく複数の海盆（大西洋，太平洋，インド洋のうちの二つ以上）から見つかっている．マングローブ林で見られる種のなかには，熱帯から遥かに離れた海洋上の流木にも見られるものがある．例えば，デンマークで流木から見つかった *Marinosphaera mangrovei* や *Savoryella lignicola* などである（Koch and Petersen, 1996）．

9.4.4 海水生の無脊椎動物

海水中の枯死木に生息する無脊椎動物にはいくつかの分類群があるが，淡水や陸上の無脊椎動物と近縁なものはごくわずかしかいない．このことは，海水生の無脊椎動物が枯死木との関係をまったく独立に進化させたことを示唆している．生態的にも種多様性という意味でも最も重要なグループは，フナクイムシ類（二枚貝綱，フナクイムシ科）である．この名前は，木製のボートの水面下の材に穿孔する性質から来ている．フナクイムシ類は，樹皮が脱落するとすぐに定着する．わずか1～2年で，マングローブの直径4 cmの支根を食べ尽してしまう（Kohlmeyer et al., 1995）．さらに，フナクイムシ類は樹種に対する選好性がなく，マングローブの材からあらゆる樹種の流木まで何にでも穿孔する．フナクイムシ科には14の属が知られている．甲

殻類や甲虫にも海水生のものがいる．例えば，材に穿孔して消化する等脚目のキクイムシ属（*Limnoria*）や（King et al., 2010），港湾の木造建築に深刻な被害を与え世界的に分布するゾウムシの一種 *Pselaphys spadix* などである（Oevering and Pitman, 2002）．

上述の穿孔性生物は海水面に近い部分に多い．しかし，海のもっと深い部分にも枯死木依存性の生物は隠れている．数千メートルの深海には，フナクイムシと同様に材に穿孔する *Xylophaga* 属（二枚貝綱，ニオガイ科）がいる（Turner, 1973; Distel and Roberts, 1997）．甲殻類にも，水没木と絶対的な関係を持つ種がいる．Maddocks and Steineck（1987）は，中央アメリカの太平洋岸と大西洋岸の水深 1800 m から 4000 m の地点に，85 cm の材ブロックを 12 個沈めた．1 年後に材を回収したところ，体サイズ 0.5〜1 mm の小さな甲殻類である貝虫 *Ostracoda* が 14 種見つかった．このうち 12 種は新種で，そのうち 4 種は新属だった．興味深いことに，異なる地点で共通種が多く見られたことから，分散能力は大きいと考えられる．

9.5 樹木の生長速度と材密度，二次代謝物

材の形態的・化学的特長は，樹木が生きていたときの環境に強い影響を受ける．こういった材の'隠れた'性質はこれまで多くの研究において注目されることがなかった．

同種の樹木でも生長速度の変異は非常に大きい．肥沃な土地に生育すれば，年輪幅は広くなり材積も急速に大きくなる．この場合，例えば材密度は低く（図 9.8），細胞壁は薄く，心材は少なく，リグニン含量は少なくなるなど，材の構造的・化学的性質に影響が出る（Mäkinen et al., 2002; Sarén et al., 2004）．さらに生長速度は，フェノール類やステロール類など植食者に対する防衛に重要な二次代謝物質への投資に影響する．これらの枯死木依存性生物への影響は明確である：材密度や二次代謝物質レベルの違いは分解抵抗性に影響し（例えば Venäläinen et al., 2003 参照），枯死後は枯死木の重要な性質として，定着してくる生物に影響する．これらの影響のいくつかはすでに知られているが，枯死木依存性生物群集に対する重要性についての全体像は

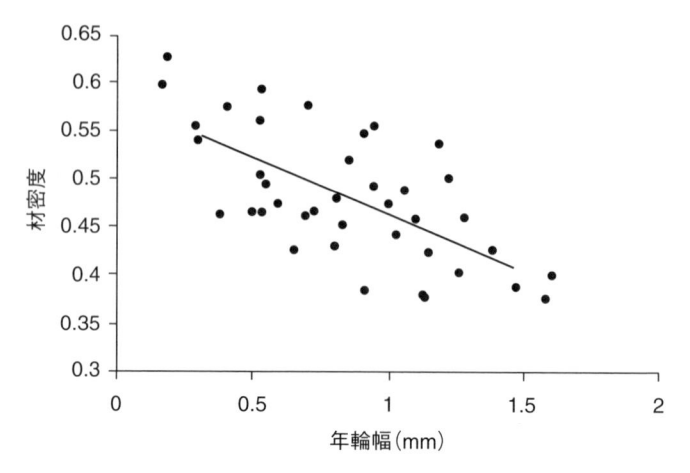

図 9.8. ドイツトウヒ（*Picea abies*）材の年輪幅と材密度の関係．回帰直線の有意性は高い（$R^2 = 0.45$, $p < 0.001$）．スウェーデンの老齢林におけるデータ（Nic Kruys and Bengt Gunner Jonsson による未発表データ）．

まだわかっていない．

　Edman et al.（2006）は3種の木材腐朽菌を使った実験から，生長の遅い材よりも生長の速い材が分解されやすいことを示した．しかし，生長の遅い材における相対的な分解速度は，菌種により大きく異なった（図9.9）．すなわち，老齢林と関係が深いと考えられるバライロサルノコシカケは，近縁のツガサルノコシカケよりも生長の遅い材をよく分解した．このことから，樹木の生長速度は生息場所の性質として重要であり，樹種間の違いは枯死木上の生物群集を十分説明できるほど大きいといえる．管理された森林でバライロサルノコシカケがほとんど見られないのは，生長速度の遅い老齢のトウヒ類がないからかもしれない．そういったトウヒ類の枯死木でならこの菌種は強力な競争者となれる．

　樹木の生長と環境条件，二次代謝物質の間には明確な関係性がある（Wainhouse et al., 1998; Lombardero et al., 2000）．一般には，生長の遅い樹木個体や樹種ほど分解に対する抵抗性が高い．例えば，カナダトウヒ（*Picea glauca*）における研究では，材密度が高くなると白色腐朽菌に対する分解抵抗性は高まるが，対照的に，褐色腐朽菌は高密度の材をよく分解する（Yu

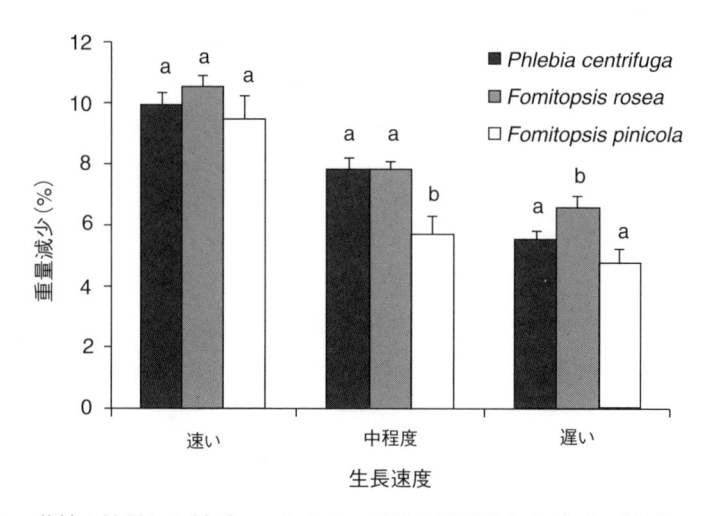

図 9.9. 菌株を接種した材ディスクの 5 ヶ月後の重量減少率（%）．材ディスクは，1 cm あたりの年輪数が 1.6 から 12 と生長速度の異なる材から採取した．2 菌種（*Phlebia centrifuga* とバライロサルノコシカケ（*Fomitopsis rosea*））は老齢林に多いが，ツガサルノコシカケ（*Fomitopsis pinicola*）はジェネラリストで管理された森林にも多い（Edman et al., 2006）．

et al., 2003）．この研究では，カナダトウヒの分解抵抗性は，特定の真菌（キチリメンタケ（*Gloeophyllum trabeum*），カワラタケ）に対する抵抗性は遺伝するが，他の真菌（ツガサルノコシカケ）に対する抵抗性は遺伝しないことも示された．この結果は，分解抵抗性は樹種や生長時の環境条件だけと関係があるのではなく，より複雑で，分解に関わる個々の菌種とも関係していることを示唆している．

　分解抵抗性は二次代謝物質のタイプや量と強い関係がある（Harju et al., 2003; Gierlinger et al., 2004）．経済的な重要性から，この分野は多くの研究がなされている．分解抵抗性の木材は，建材としての価値が高く，こういった木材を生産するための樹種の選抜や森林管理の方法は林業的な興味の対象となっている．自然条件下では，二次代謝物質の濃度は，樹種の遺伝的な違いだけでなく，生長途中に起こった出来事によっても異なる．外傷や昆虫の穿孔，火災，乾燥などは，防御物質の生産の引き金となる．例えば，マツ類では樹皮への物理的なダメージが樹脂生産を誘発させることが実験的に示さ

れている（Bois and Lieutier, 1997; Harju et al., 2009）．樹脂の生産は，例えば樹皮下キクイムシ類による穿孔などに対するマツ類の一般的な反応となっている．このように，ストレスや損傷に対する反応として樹木が二次代謝物質を生産することは分かっているが，これらの物質が枯死木依存性生物に与える影響についてはよくわかっていない．

Box 9.1　人工の建築物における枯死木依存性生物

　本書は，自然環境下における枯死木依存性生物の多様性の価値についての本である．しかし，中には評判の悪い種もいる．以下では，あなたの近くにもいる'いたずら者'について少し紹介する．

　乾腐菌（dry-rot fungus），ナミダタケは野外ではほとんど見られない木材腐朽菌である．一方，本種の分布域は広く，家屋の害菌として深刻な問題となっている．本種は菌糸束を使って水分を輸送する能力が高く，その結果として，完全に乾燥して定着に不適な材の含水率を上げて定着することができる．その後の分解過程では，副産物としてさらに水分が発生する．この菌を取り除くためには，本菌の感染した材をすべて取り除かなければならず，もし荷重支持材などに感染していた場合は，通常大損害となる．本種は恐らく数千年にわたり木造建築の問題となってきたと思われる；'伝染病'にかかった家屋の適切な処理については聖書（旧約聖書レビ記）にすら記載がある．

　古家屋穿孔虫（old-house borer） オウシュウイエカミキリ（*Hylotrupes bajulus*）はカミキリムシ科の昆虫で，世界中に分布域を広げている．本種は家屋内に発生し，幼虫は材に穿孔して数年かけて生長する．針葉樹材を好み，生長に必要な温度は比較的高い（> 20°C）．材に幼虫が穿孔していることは，成虫の脱出孔（直径 5 〜 10 mm）や，幼虫が材を摂食するときの音によっても判定できる．本種が穿孔すると構造材に深刻なダメージを与えるが，完全に駆除することは非常に難しい．本種は，梱包材や木箱に入って世界中に広がったと考えられている．今日では，オーストラリアなど暖かい地域において広がりつつある脅威となっている．

　シロアリは熱帯や亜熱帯地域で普通に見られ，材の重要な分解者である．温帯域でも見られる地域もある．シロアリが材やその他のセルロースに富んだ物質を分解する能力は，家屋などの建造物を摂食する能力にもなる．湿った材を利用するシロアリの多くは地下生であり，地下に巣を作る．餌

を探して巣の近くを探索し，その中に家屋が含まれていれば被害を受けることになる．セルロースを処理するために，シロアリは消化管内に原生動物を住まわせており，これにより材を効率よく分解できる．シロアリは，ごく短期間の間に家屋の構造材に深刻な被害を与えてしまう．一旦家屋に定着すると，構造材だけでなくセルロースを含む他の物品，例えば紙や服，家具も摂食する．

*10*章
枯死木依存性生物の進化

Jogeir N. Stokland

　枯死木に生息する生物の進化は，少なくとも3億8500万年前に木本植物が出現したあとで起こってきた．この進化は，これらの生物が腐朽していく樹木の中の資源を利用できるようなさまざまな適応をもたらしてきた．さらに，いくつかの素晴らしいまでに共進化した系が，この小さな世界の中で生活している種同士の間で発達してきた．

　本章での基本的なアプローチは，さまざまな生物群の系統樹とその分岐のパターン，そしていつこれらの系統群が発生したかを示唆する証拠を探索することである．次いで，異なる枯死木依存性の生物の生活様式がいつ起源したかを大まかに特定するために，これらの系統学的知見の上に枯死木依存性生物の生活様式のうち，分類群に特徴的な面を重ね合わせていく．しかしながらまずは，木本植物の進化におけるいくつかの鍵となる出来事を要約しておく必要がある．

10.1　木本植物の進化

　化石によると植物は，およそ4億5000万～4億8000万年前に淡水から陸上に上がった（Kenrick and Crane, 1997）（表10.1）．その初期の進化において，陸生植物はリグニンによって強化された二次的な細胞壁を発達させた．これはおそらく，陸上で生活するという新たな挑戦，すなわち，水によって守られていないことに対する反応であった．リグニンは非常に強い構造的な化学成分で，植物を直立して成長させることができる．直立性は，すべての

表 10.1. 木本植物の進化の重要な出来事

百万年前 (mya)	時代	植物の形態と古気候の要素
144～65	白亜紀	広葉樹を含む被子植物の最初の出現，急速な放散，そして急激なアバンダンスの増加
206～144	ジュラ紀	
248～206	三畳紀	最初の 1000 万年の間の陸上と海洋生態系の甚大な崩壊によって始まった．森林の回復は遅れた．針葉樹の拡大．
290～248	ペルム紀	裸子植物が拡大し，乾燥した土地においては広大な森林を形成．一方で，木性の Lycopsidaceae 科と種子生産をする樹木上のシダ（Glossopterid）が湿地林を形成した．
354～290	石炭紀	非常に広大な湿地と Lycopsidaceae 科と種子生産するシダが優占する湿地林．乾燥した地域において，裸子植物の最初の発達．最初の針葉樹．
417～354	デボン紀	高さ数メートルになる Lycopsidaceae 科と木性シダ類．前裸子植物（*Archaeopteris* = *Callixylon*）は形成層を持ち，二次的な肥大生長をする最初の真の木本だった．
443～417	シルル紀	維管束植物の最古の化石：コケ類とトクサ類．リグニンが細胞壁の構成要素として加わった．
510～443	オルドビス紀	細胞壁の構造物として，セルロースとヘミセルロースを持った水生の藻類．この時代の終わりには，植物は地上へと進出した．

陸上の維管束植物で認められるが，水中の藻類では欠落している．さらに，陸上植物は重力に対する反応として，リグニン量を増やしており（Chen et al., 1980），大木では，灌木や草本植物よりもリグニン沈着物の割合が高い．このことは，木材腐朽菌にとって特別な重要性を持つ．なぜなら効率的なリグニン分解者になることに選択的な優位性があるためである．

　最初の木本植物はデボン紀に現れた．それは樹木状の Lycopsidaceae 科植物群で，現存するヒカゲノカズラ科（Lycopodiaceae）に近縁の植物群である．デボン紀末期にかけては，その近縁種は樹高 10～15 m に達し，石炭紀の間には，Lycopsidaceae 科のある種ではもっと高く成長していた．有名な「最初の森」は 3 億 8500 万年前にさかのぼり，クラドキシロプシッド綱（Cladoxylopsid）の植物に属していた（Stein et al., 2007）．

　少なくとも 3 億 7000 万年前のデボン紀後期には，最初の真の樹木である

Archaeopteris が進化していた（Meyer-Berthaud et al., 1999）．Lycopsidaceae 科の植物は幹の先端がフォーク状に分かれるように成長したが，*Archaeopteris* は幹に沿っていくつもの分枝点を持っていた．加えて，*Archaeopteris* は形成層によって引き起こされる幹の二次的な側方への成長もしていた．*Archaeopteris* の幹は直径 1 m を超え，樹高は 30 m に達し，巨大な樹冠を形成していた．一方で，シダのような葉や次世代形成器官をしていた．かなりの長い間，葉と幹が別々の化石として発見されていたため，これらの樹木の完全な形態はわかっていなかった．これらの器官が同一の植物のものと明らかにされるまで，*Archaeopteris* の名は葉に対して与えられ，*Calloxylon* の名が幹に与えられていた（Beck, 1960）．Beck はその後，シダのような次世代形成器官をもつ針葉樹のような樹木に対応するために，新たな分類群，前裸子植物（Progymnosperm），を提唱した．*Archaeopteris* はすぐに大陸間へと分布域を広げ，デボン紀の終わりにかけては，氾濫原や海岸で *Archaeopteris* が優占する広大な森林が広がっていた（Meyer-Berthaud et al., 1999）．

　大変不思議なことに，*Archaeopteris* はデボン紀末に絶滅した．一方で，木本性のヒカゲノカズラ植物が進化し，石炭紀の間に広がっていった．「石炭紀」の名は，石炭の優れた鉱床があるため，イングランドに起源している．そのような石炭鉱床は中央ヨーロッパ，アジア，北アメリカ中西部と東部に認められる．石炭は化石化した葉や枝，樹木の幹が詰まった炭素の豊富な岩石である．そのような組成は湿潤な地域でだけ発達するので，石炭紀の鉱床は，泥炭地や湿地林が広くあったことを示している．

　石炭紀の間に，新しい植物群が進化した．裸子植物（Gymnosperm），すなわち真の種子植物である（図 10.1）．前裸子植物は種子植物の祖先と広く認識されている．しかし，初期の種子植物が前裸子植物から一回進化したのか，複数回進化したのかについては，わかっていない．栄養を貯蔵する種子が発達したことで，新しい場所で発芽する植物は有利なスタートを切れるようになった．加えて，花粉粒は風により分散し，蘚苔類やシダ等の配偶子のように湿度に依存することがなかった．このことで，より乾燥した地域への分布が拡大した．一方で，ヒカゲノカズラ植物と樹木状のシダ（Glossopterid）は沼地のような場所に分布が制限された．針葉樹はこの期間に進化した裸子

植物の重要なグループである．針葉樹は3億1000万年前の化石として見つかっており，石炭紀の終わりまでにある程度多様化した（Miller, 1999）．

石炭紀から始まった大量の石炭の形成は主に熱帯と亜熱帯で起こった．ペルム紀の間，石炭を形成する湿地林は比較的高緯度地域の温帯域に広がり，そこでは，樹木状のシダと他の植物が北と南で異なる森林を形成した（Retallack et al., 1996）．針葉樹はペルム紀の間に大陸の中央部へと，乾燥した地域に急速に広がった．

2億5000万年前のペルム紀と三畳紀の境界において，地球ではそれまでになかった大絶滅が起こった．サンゴ礁は完全に消え，90%以上の海生生物が絶滅した．陸上の動植物もまた，壊滅的な時期を迎えた．泥炭の地域と湿地林は完全に崩壊し，1000万年間にわたって完全に石炭形成を欠くことになった（coal gap）．さらにその後の1000万年間は石炭の層が極めて薄くなった（Retallack et al., 1996）．また，ペルム紀から三畳紀に移行する間では，赤道付近の針葉樹林でも大量枯死があり，その後4，5百万年間にわたってヨーロッパでは陸上生態系の劣化が続いた（Looy et al., 1999）．このような出来事の後，針葉樹は急速に広がり，それ以降は成功をおさめている．

ペルム紀から三畳紀への移行は枯死木依存生物の進化において大きな後退であったに違いない．新しい形態の植物が，絶滅したペルム紀の植物相に置き換わったように，昆虫でも三畳紀とジュラ紀の間にいくつか新しい枯死木依存性の系統が出現した．

これに関連して，現代において最も多様化し，すべての広葉樹が属する被子植物という植物のグループは，さらに大きく遅れて進化したことに注意する必要がある．被子植物は白亜紀に初めて出現した（図10.1）．最も古い現存する木本被子植物であるモクレン属（*Magnolia*）が属する系統は約1億2000万年前に遡る（Magallón and Castillo, 2009）．そして重要な木本被子植物の目，例えばキントラノオ目（Malpighiales：ヤマナラシ属やヤナギ属（*Salix*）が属する），ブナ目（Fagales：カバノキ属，ハシバミ属（*Corylus*），ブナ属（*Fagus*），コナラ属）そしてバラ目（Rosales：サクラ属（*Prunus*），ナナカマド属（*Sorbus*），ニレ属）は約1億年前に出現した（Magallón and Castillo, 2009）．したがって針葉樹を含む裸子植物は広葉樹が登場する約2

10 章　枯死木依存性生物の進化

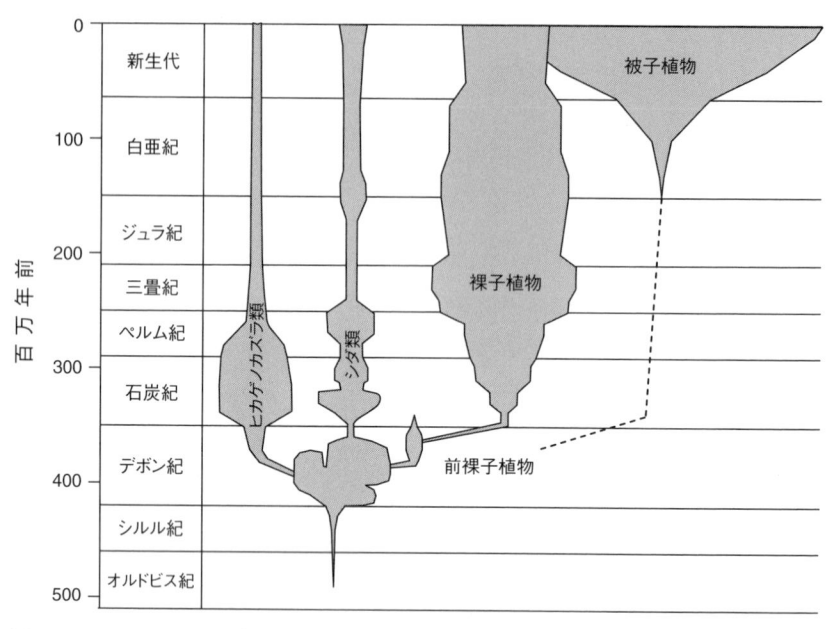

図 10.1. オルドビス紀初期以降の主要な陸生植物群における相対的な種の多様性の変化. Schweingruber et al.（2006）に変更を加え描き直した.

億年前から登場していた.

10.2　木質分解者の起源

10.2.1　細菌

　細菌は木質の分解者として脇役的な役割を担っている．それらの多くは水中や地下環境において分解者として存在している（第2章参照）．細菌の起源は約30億年前までさかのぼることができる．そのうちの一部は光合成を行う藍色細菌（藍藻）や硫黄細菌となったが，残りは寄生性や腐生性の栄養要求を持つようになった．これらはある程度までは木質の基質を利用できるようになったが，木材腐朽菌のように効率的に利用できるまでは至っていない．
　細菌は，さまざまな方法で木質を分解できる，明確な特徴のある系統群を進化させており，その一部はリグニンの断片を分解する能力すら持っている．

しかしこれらエロージョン型やトンネル型の細菌のほとんどは腐朽が進んだ材の中の痕跡から同定されており，それらの遺伝的な組成から同定されているわけではない．すなわち，細菌の系統学が比較的十分に発達しているとはいえ，木材腐朽性の細菌の独自性がどこにあるかは，進化的な起源を議論できるほど十分にはわかっていない．

10.2.2 真菌類の化石

　真菌類の化石の報告例は極めてわずかであるが，このことは真菌類が化石として稀であるということを意味していない．単純に，真菌類の化石は他のグループの生物よりも注意を向けられていないだけのことである．その理由の一つは，真菌類の化石は同定が困難であるか不可能であることである．それらは顕微鏡下でしかみることのできないサイズの菌糸であることが多く，子実体としての化石はほとんど見つかっていない．

　保存状態の良い陸生の真菌類は，スコットランドのライニーチャート (Rhynie chert) から約4億年前のデボン紀の化石として知られている (Taylor T.N. et al., 2004)．その頃はまだ木本植物は進化していなかった．これらの化石記録により，ツボカビ門 (Chytridiomycota)，グロムス門 (Glomeromycota)，子嚢菌門といったさまざまな分類群が存在していたことがわかる．ただし担子菌門は含まれていない．Taylorと同僚たちは，ライニーチャート層に担子菌類が存在しないとは考えていない．なぜなら，最初の子嚢菌類の化石は，これらの残渣からごく最近になって報告されるようになってきたからだ．担子菌類が見つからないことに対する説明としては，まだ同定されていないだけということが考えられる (Taylor et al., 2004)．

　ライニーチャート層からの特に興味深い発見として，維管束植物である *Asteroxylon* から見つかった子嚢菌類の子実体がある (Taylor et al., 1999, 2005)．この真菌は幹表面の，表皮のすぐ下に発生していた．壊死した組織の近くに出現するため，Taylorと同僚たちは，この菌がおそらく病原菌であると考えている．子実体の外形から，Taylorと同僚たちはこの真菌を核菌綱の近縁とした．この真菌はもっとも初期の確実な子嚢菌類として，真菌の分子時計に対する重要な補正点として用いられている．この真菌を核菌綱とし

た分類は，多くの研究者を困惑させることとなった．幾人かの研究者らは，この時点で核菌綱が存在することは他の真菌の存在時点の推定をあり得ないものにしてしまうため，この真菌の分類は間違っていると考えた．数年後，Taylor and Berbee（2006）は，この真菌が子嚢菌類の系統においてより基底近くに位置する絶滅した系統群に属する可能性があると発表した．

木材腐朽菌類の最も古い証拠は，デボン紀後期である3億7500万年前から3億6000万年前までさかのぼる（Stubblefield et al., 1985）．それは，前裸子植物の樹木である *Callixylon newberryi* の保存状態の良い木片化石である．菌糸は仮道管と放射状組織の細胞に大量に認められ，それらの細胞壁には顕著な腐朽が認められた．保存状態が良いため，顕微鏡的特徴を現在の腐朽型との間で比較することができた．Stubblefieldと同僚は，この木材が子嚢菌または担子菌によって引き起こされた白色腐朽のような状態になっていると結論した．原著論文では，彼らはこの菌の分類群を特定しなかったが，後になって，共著者の一人らにより担子菌類として扱われている（Taylor and Osborn, 1996, Hibbett et al., 1997b）．最古の確実な木材腐朽性の担子菌類は石炭紀の後半，約3億年前から見つかっている（Dennis, 1970）．

10.2.3 木材腐朽菌類の系統

系統学的解析と分子時計により，木材生息性の真菌の起源を特定するためのもう一つの情報が得られる．最も包括的な真菌類の高次系統群に関する解析はJames et al.（2006）のものである．その解析は，真菌類に含まれる分類群から幅広く200種程度をサンプルとして選んだ上で，六つの異なる遺伝子に基づいて行われている．彼らは主要な真菌の系統群（門）の多様化は陸上環境下で起こったことを示唆した．

Jamesと同僚たちは，系統解析において時間スケールを対応させなかったが，他の研究から読みとることができる．1990年代初頭，Berbee and Taylor（1993）は子嚢菌と担子菌が約3億9000万年前に現れたとする草分け的な成果を出版した．のちに，Taylor and Berbee（2006）はJames et al.（2006）の系統樹を用いて別の補正点を導入し，彼らがライニーチャートから得た4億年前の子嚢菌と思しき真菌に対して，核菌綱ではなく子嚢菌門に分類する

10.2 木質分解者の起源

ことにより，子嚢菌門と担子菌門の分岐は約4億5000万年前に起こったと推定した．しかし，補正点が異なると年代推定も大きく異なるため，これらの重要な真菌類がいつ出現したかについては不確かなままである．

10.2.4. 子嚢菌門

子嚢菌門の中には，基底の枝として，真性酵母であるサッカロミケス亜門が含まれる（図10.2）．現在では，多くの酵母が，樹木の傷から出る樹液や，

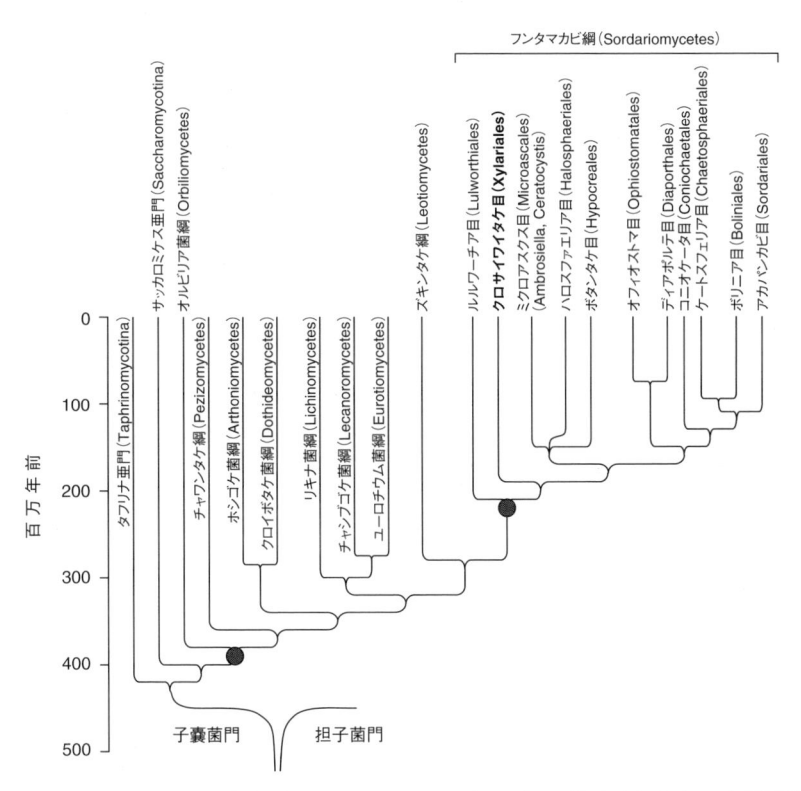

図10.2. James et al.（2006）とZhang et al.（2006）に基づくおおまかな子嚢菌類の系統樹．枝の上に置かれた分類群は枯死木依存性種を多く含む（ほとんどの種が木材腐朽菌の場合は太字で示した）．枝の脇に置かれた分類群はほとんどが枯死木依存性でない．どの分岐年代も化石記録によって支持されていないため，分岐した点の位置は非常に不確かである．黒い丸はTaylor and Berbee（2006）による推定に基づいて年代を推定された分岐を示している．

腐朽した木の糖類化合物を消費する腐生菌として生活しており，また別のグループは枯死木依存性生物の消化管内共生微生物として発達してきた（Suh et al., 2005, 2006）．傷痍木や腐朽木を酵母が利用するようになったのは，極めて古いはずである．特徴的な遺伝子の重複から得られた推定値は，約1億年前というものである（Suh et al., 2006参照）．この重複した遺伝子を持っている種は比較的新しいクレードに属しており，サッカロミケス亜門には，少なくとも五つのさらに古い枯死木依存性酵母のクレードがある．各々の酵母のクレードがいつ頃，傷痍木や腐朽木を利用するように特殊化したのかを明らかにするためには，さらなる系統解析が必要である．

子嚢菌門の系統樹の基底付近において，オルビリア菌綱（Orbiliomycetes）とチャワンタケ綱（Pezizomycetes）がサッカロミケス亜門につづいて，腐生性の系統群として現れた．オルビリア菌綱においても，木材腐朽との興味深い関係を見ることができる．オルビリア属の種は温帯と熱帯地域において，腐朽材中に普通にみられる．オルビリア菌綱には，線虫捕捉菌のいくつかのタイプがいる．このことは，木材腐朽菌類が栄養基質の幅を広げるためだと解釈することができる．というのは，これらの真菌は窒素分の乏しい環境下に生息しているからだ（3.6節 – 捕食性真菌 を参照）．

木材腐朽性の子嚢菌類の大半は，フンタマカビ綱（Sordariomycetes）に属している．このグループは，600属3000種を含む子嚢菌門における大きな単系統群である．これらの真菌類の栄養要求性はとても多様で，リター分解菌や木材腐朽菌，内生菌，植物や動物の寄生菌，菌寄生菌などが含まれる．あいにく，この系統群の分岐年代については知られていない．James et al. (2006) によると，フンタマカビ綱はどちらかというと派生的な系統群であるようだ．

フンタマカビ綱の基底近くには，クロサイワイタケ目という分類群がある．この分類群には，子嚢菌類の中でも最も分解力のある木材腐朽菌，例えばクロコブタケ属やクロサイワイタケ属が含まれている．これらのうちのいくつかは白色腐朽菌として分類されてきたが，これは主として野外観察によるものである．Pointingと同僚ら（2003）によると，クロサイワイタケ科（Xylariaceae）の菌に侵入された木材には，脱色部や帯線があるため，しば

しば白色腐朽されたように見えるが，これらは顕著な重量減少やリグニン分解の指標ではない．彼らによれば，いくつかのクロサイワイタケ科の菌は実験室条件下においてリグニンを分解する能力を持っているが，白色腐朽を行う担子菌類ほど効率的というわけではなかった（Pointing et al., 2003）．いくつかの他の研究によってもフンタマカビ綱の菌類の分解能力が示されてきた（Abe, 1989; Worrall et al., 1997; Lee, 2000）が，一般的に担子菌類と比べると分解能力は低かった．こういった分解能力の違いは，担子菌門と子嚢菌門において異なる酵素系が進化してきたことを示唆している（この問題についてはこの章の後半でも取り扱う）．

　淡水と海水環境下に現れる軟腐朽菌のほとんどは，フンタマカビ綱に属している．系統解析の結果，フンタマカビ綱において，水生の木材生息性菌類は複数回起源したことがわかっている（Zhang et al., 2006）．

　辺材変色菌（オフィオストマトイド菌類）はフンタマカビ綱におけるもう一つの興味深い木材生息性の分類群である．これらの菌類は，木材腐朽菌ではなく，糖依存菌や細胞内容物の分解者である．なかには非常に強い病原性を持つものもいるが，大半は枯死直後の材に定着する（3章と6章を参照）．これらの菌類もまた，樹皮下キクイムシや木材穿孔性の養菌性キクイムシと興味深い共進化系を発達させてきた．軟腐朽菌類のように，辺材変色菌は異なる時点で進化した複数の起源をもつ（Zhang et al., 2006）．セラトシスチス属（*Ceratocystis*）とオフィオストマ属（*Ophiostoma*）とにつながる系統群の間の分岐は1億7000万年以上前に起こり，オフィオストマ属自体は8500万年よりも古いようである（Farrell et al., 2001）．

　フンタマカビ綱全体が材の中で起源し，極めて多様になっていったと推測するのはとても魅力的である．この可能性を支持する証拠は，フンタマカビ綱の系統関係においてクロサイワイタケ目が基部に位置していることである．クロサイワイタケ目には多くの枯死木依存性の系統が認められる．陸上の環境には多くの木材腐朽菌が生息しているが，木材腐朽菌は淡水環境や海水環境へと何回も侵入した．また，辺材変色菌は衰弱木や枯死直後の樹木の内樹皮や辺材に対するスペシャリストとしておそらくは進化してきた．そして，辺材変色菌のいくつかは枯死木依存性昆虫との間に密接な関係を築き上げて

きた．腐朽材がフンタマカビ綱の進化にとって必要な環境であったかどうかについて評価するためには，枯死木依存性の真菌の系統群の位置を整理することに加え，フンタマカビ綱における木材分解酵素系の発達について徹底的に調べることが必要である．

10.2.5. 担子菌門

担子菌門の中で（図10.3），サビ病菌（プクシニア菌亜門 Pucciniomycotina）とクロボ病菌（クロボキン亜門 Ustilaginomycotina）は植物の絶対寄生菌の基部系統から現れた．その次に主要なクレードはハラタケ亜門（Agaricomycotina）であり，そこには肉眼で確認できる担子菌類がすべて含まれる．サビ病菌とクロボ病菌が担子菌門の系統樹の基部に位置することから，James et al.（2006）はある種の植物病原菌は担子菌門の祖先であると考えた．しかし，サビ病菌とクロボ病菌は進化の早い段階での分枝にすぎず，腐生性の担子菌門の祖先からハラタケ亜門へ直接進化した可能性もある．生活史や系統関係に関するより厳密な研究によって，このことに対する証拠が得られている．これらの菌が半数体である期間において，クロボ病菌は腐生性の酵母のような状態だが，2倍体においては病原性である．サビ病菌の多くは半数体，2倍体のいずれの期間においても病原性であるが，系統関係の基部近くにおいては，腐生性の種，例えば *Pachnocybe ferruginea* やエリトロバシディウム目（Erythrobasidiales）の多くの種が認められる（Aime et al., 2006）．

ハラタケ亜門系統の基部には，フィロバシディウム目（Filobasidiales）やシストフィロバシディウム目（Cystofilobasidiales）といった酵母の形態のクレードが認められる．これらは子囊菌綱の基部にある酵母と収斂進化した系統であり，今日では，これらの担子菌類の酵母の少なくともいくつかは，傷ついた樹木から浸出する樹液中にみられる（Weber, 2006）．担子菌類の酵母は，子囊菌類の酵母ほど多様というわけではないが，それらの起源は興味深いものであり，酵母の形態は真菌類の進化の初期段階において有効なものであったことが示唆される．

アカキクラゲ綱（Dacrymycetes）はハラタケ亜門の基部近くで次に出現

10.2 木質分解者の起源

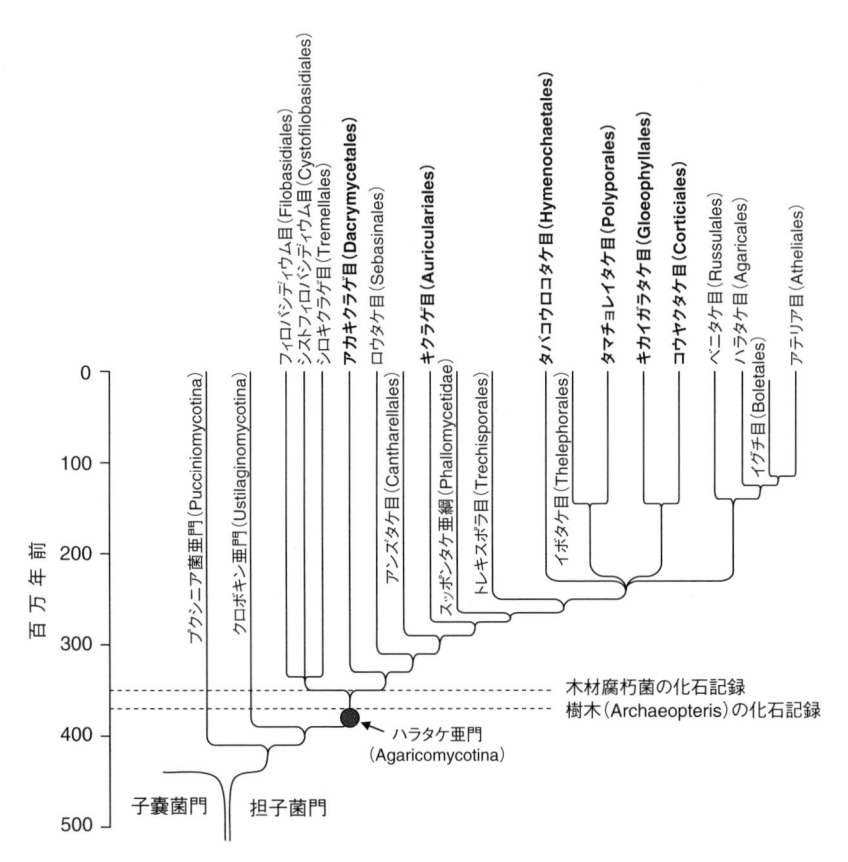

図10.3. James et al. (2006) に基づくおおまかな担子菌類の系統樹. 枝の上に置かれた分類群は枯死木依存性種を多く含む（ほとんどの種が木材腐朽菌の場合は太字で示した）. 枝の脇に置かれた分類群はほとんどが枯死木依存性でない. どの分岐年代も化石記録によって支持されていないため, 分岐した点の時間スケールの位置は非常に不確かである. 黒い丸は Taylor and Berbee (2006) による推定に基づいて年代を推定された分岐を示している.

する系統である. このグループには, アカキクラゲ属やニカワホウキタケ属といった褐色腐朽を引き起こす属が認められる. 担子菌綱の系統関係においてやや深いところでこの腐朽型が出現していることは, 腐朽型の進化を考える上でとても興味深い.

　ハラタケ亜門の系統群よりも上位には, 近年17の異なる目に分類された

多くのクレードが含まれる（Hibbett, 2006）．これらのクレードには，木材腐朽菌，リター分解菌，そして外生菌根菌の多くのグループが含まれる．これらの系統関係を整理する仕事はとても活発な研究領域となっており，将来的に再編成が行われることは確実である（概略は Hibbett, 2006 を参照）．担子菌類の系統関係は決定されていないものの，木材腐朽菌が単系統群を形成しないことは明らかである．担子菌門の真菌に木材腐朽菌は多いが，キクラゲ目やタバコウロコタケ目，タマチョレイタケ目，ベニタケ目，ハラタケ目といった離れた分類群に現れる．

系統関係がいまだに確定されておらず，化石がほとんど見つかっていないため，ハラタケ亜門におけるさまざまな木材腐朽菌類がいつ進化したかを知ることは難しい．加えて，もっともよく知られている *Pellinites digiustoi* も含めて，数少ない化石があるものの，これらには誤同定が非常に多い（Hibbett et al., 1997a）．とはいえ，分子時計による研究からは，ハラタケ亜目の起源は 3 億 8000 万年前であろうと推定されている（Taylor J.W. et al., 2004）．これは木本植物の起源とも，先述した木材腐朽菌のもっとも初期の化石記録とも非常によく一致している．

木材腐朽菌の年代推定は不確かではあるが，これらの菌類がどのように出現したかを示唆する大変興味深い分子生物学的研究がいくつかある．2 章では，リグニン分解において決定的に重要であるいくつかのヘムペルオキシダーゼ酵素について述べた．ペルオキシダーゼ酵素は，それ自体は，細菌，植物，動物，そして真菌類にまたがって分布しており，大気中の酸素レベルが上昇した際に，酸化ストレスに対する反応として，おそらく 20 億年以上前に進化した．今日，これらは 3 種類の異なる酵素群に分けられる．クラス I のペルオキシダーゼは細菌，古細菌，そして真菌類に認められる．クラス II のペルオキシダーゼは真菌類にのみ認められる．そしてクラス III のペルオキシダーゼは植物に認められる．基本的な反応機構はすべてのペルオキシダーゼにおいてまったく同じである．しかしながら，触媒回路を完結させるうえで，これらは異なる有機物に依存しており，このことは新たな機能の発達を促進してきたことだろう（Morgenstern et al., 2008）．

ペルオキシダーゼ酵素のコードが刻まれた遺伝子を用いて系統関係を解析

したところ，Morgenstern ら（2008）は，クラス II のペルオキシダーゼは，子嚢菌から分岐したあとの担子菌内でおそらく発達した単系統群であることを発見した．クラス II のペルオキシダーゼは異なるサブタイプ，リグニンペルオキシダーゼ（LiP），マンガンペルオキシダーゼ（MnP），万能ペルオキシダーゼ（VP）をさらに含んでいる．Morgenstern らによるさらなる詳細な研究によって，MnP はハラタケ亜門の少なくとも四つのグループ（タバコウロコタケ目，タマチョレイタケ目，ハラタケ目，コウヤクタケ目，そしておそらくベニタケ目にも）に認められることが明らかにされた．VP は今までのところ，ハラタケ目とタマチョレイタケ目に見つかっており，これらのグループで独立に進化したものとみられる．一方で，LiP は単系統で，タマチョレイタケ目の仲間にのみ現れる．このパターンは，MnP は系統関係のうえで LiP よりも古く，ハラタケ亜門の主要な系統群が分かれる前に起源していたことを示唆している．

　Morgenstern らは，祖先的な真菌類のペルオキシダーゼ酵素は，触媒回路を完結させるためにさまざまなタイプの有機物を用いたと仮説をたてた．これらの酵素は，遺伝子重複と突然変異に続いて自然選択によって，効率的なリグニン分解酵素となるべく洗練されたのであろう．植物が徐々にリグニンを多く含むようなって木本化したのに伴い，自然選択はこの増え続ける資源を利用する能力を持った真菌類に有利に働いたと考えられる．さらに，多様なペルオキシダーゼは，より狭い幅の基質（例えば，分解の程度の異なるリグニン；2 章参照）の利用で特徴づけられる副次機能を持つようである．この副次機能化もまた，進化的な視点からみて有利であろう．

10.3　枯死木依存性の無脊椎動物の起源と進化

10.3.1　ダニ

　枯死木依存性無脊椎動物の最も古い良く残された証拠は石炭紀にさかのぼり，多くの化石化した樹木の穿孔として認められている（Labandeira et al., 1997）．これらの穿孔はさまざまな樹種で 0.1 ～ 0.4 mm 幅の孔からなり，化石化した糞塊が詰まっていることが多い（図 10.4）．この痕跡化石は，孔

10章 枯死木依存性生物の進化

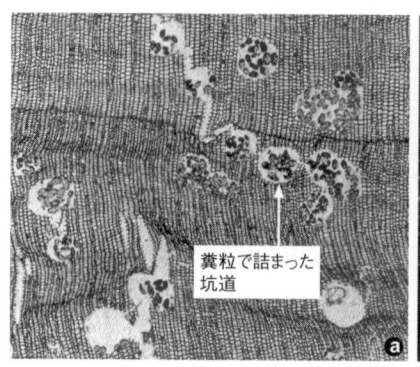

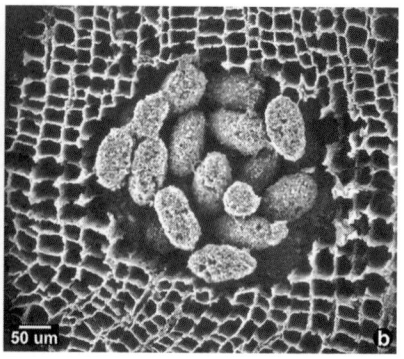

図 10.4. 石炭紀の化石化した裸子植物（*Premnoxylon*）の材に見られる坑道の走査型電子顕微鏡写真．坑道はおそらくダニによって形成され，化石化した糞（フラス）によって埋められた．写真：T. & E. Taylor, カンザス大学．

を形成した動物の体をまったく含んでいないが，孔の直径と化石化した糞塊のサイズから Labandeira はササラダニが穿孔したものと考えた．ダニの体の化石それ自体は，デボン紀中期，すなわち約 3 億 8000 万年前から知られている（Labandeira et al., 1997）．

　ダニ類は，ジュラ紀中期まで優占的な材穿孔性生物であり続けた（Kellogg and Taylor, 2004）．これらの化石からダニ類は，真菌類によって分解されたと思われる腐朽した木材組織を選好したことが明らかである．Kellogg と Taylor はさらに，200 以上の植物標本を探しても昆虫が穿孔している例を見つけられなかったことから，ダニ類はジュラ紀の湿地林において主要な材穿孔性生物であったと考えている．彼らは，穿孔性昆虫はおそらくより乾燥した環境下で出現したと考えている．ジュラ紀ののち，化石記録からはダニによる穿孔の例はほとんど見られなくなる．一方で昆虫の穿孔の跡が，優占的で多様化した痕跡化石として見られるようになる（Labanderia et al., 1997, 2001）

　今日，我々は多様な枯死木依存性のダニ類を見ることができ，そしてダニ類は木材穿孔者，腐植食者，捕食者，そして寄生者を含むさまざまな機能的な役割を発達させてきている．幅広い分類群にわたりサンプリングされた包括的な形質マトリックスと分子生物学的データに基づいた系統解析という観

点からは，ダニ類の系統関係を明らかにする研究は，相対的にほとんどなされてこなかった．木材基質に対するダニ分類群のさまざまな関係を体系的に記載することに対してもほとんど労力が払われてこなかった．進化的な時間の中でどのように枯死木依存性のダニ類が進化し，放散したかについての幅広い見取り図を示すためには，さらなる研究が必要である．

10.3.2 昆虫の初期の放散

　もっとも古い昆虫の化石はデボン紀初期，およそ4億年前からのものである（Grimaldi and Engel, 2005）．これらの昆虫のほとんどは飛翔できず，そして現在もその子孫が存在している生物，例えばイシノミ目（Archaeognatha）とシミ亜目（Zygentoma）は，同じ基底となる昆虫グループに属している．イシノミは，剥がれかけた樹皮や石の下に多いが，世界中のさまざまな環境下において見られる．餌は主に藻類と地衣類である．一方，シミはさまざまなタイプの植物基質からセルロースを餌資源として利用しており，おそらくセルロース分解の酵素系を持っていると思われる（2章参照）．

　石炭紀からは枯死木依存性と思われる昆虫の化石記録はほとんどない．その代わりに，石炭紀の昆虫相はさまざまな植食者が優占していた（Labandeira, 1998）．化石昆虫の多様性と優占度はペルム紀の間に顕著に増加した．枯死木依存性の種を含む現存している目，例えばシロアリ（原始的なRoachoidとして現れた），アザミウマ目，半翅目，そしてProtocoleopteraの直接的な祖先や近縁の祖先がこの時期に現れた（Grimaldi and Engel, 2005）．

　この流れにおいて，偉大な進化学者であるWilliam D. Hamilton（1978）が執筆した"Evolution and diversity under bark（樹皮下における進化と多様性）"と題された，見過ごされてきた論文に光を当てることは今日的な意味がある．ハミルトンは，包括適応度と昆虫の真社会性の進化に関する彼の理論で有名である．1978年のこの論文で，彼はいくつかの主要な昆虫群は枯死木の中に起源をもち，多様化してきたことを示唆した．この仮説はさまざまな昆虫群のうち，非常に多くの'原始的な'現生種が枯死した木の幹や枝に生活しているという観察によって実証された．さらに，彼は進化的な新規性は土壌中やリター中の昆虫よりも枯死木の昆虫においてより一般的に認

められることを指摘した．例えば，翅の多型や雄の半数性，性的二型の割合が高いこと，そして進化的に進んだ社会生活が少なくとも2回は起源していること（アリとシロアリ）などである．Hinton (1948) の研究を足場としてハミルトンは，完全変態（幼虫から蛹のステージを経て成虫に変態すること）は腐朽木で進化したと示唆した．ハミルトンはまた，なぜ異なる昆虫のグループが枯死木の中で進化してきたかについて説明するメカニズムも提案した．彼の主たる指摘は，枯死木は昆虫のグループが数世代にわたって他の関連する分類群から孤立して生活できるような守られた空間を提供しているということだった．この状況では，進化速度は分類群間で明らかに異なりうるし，そのような繁殖構造は急速な進化を促進する．

ハミルトンの仮説は懐疑的な見方を持って受け取られ，ほとんどの分類学者は，土壌と植物遺体の生息場所の複雑性が，一般的に，より昆虫の進化に適した環境であると考えていた．しかし，後に確認するように昆虫の進化に関する後続の研究，とくに幅広い系統関係解析からの研究はハミルトンの見方を支持してきた．昆虫の進化に関する現在の知見の基礎はGrimaldi and Engel (2005) による包括的で参考文献が豊富な本において大変よくまとめられている．このセクションの残りの多くは，この本によっており，興味深い文献をいくつか加えている．

10.3.3 甲虫

鞘翅目は現在，世界で最も種数が豊富な昆虫である．甲虫には枯死木依存性の科がいくつか含まれ，全体でも枯死木依存性の種の割合が高い．甲虫の系統関係は完全に決定されたわけではないが，この生物群は間違いなく単系統群であり，長い間にわたって四つの亜目が認識されてきた（図10.5）．小さな亜目であるナガヒラタムシ亜目（始原亜目 Archostemata）は，現存する分類群のうち，系統樹の中で最も基部に位置する分類群であることは広く受け入れられている．現存するナガヒラタムシ目昆虫は絶対的な枯死木依存性種であり，幼虫が枯死木に穿孔する．さらに，ナガヒラタムシ科では，およそ30種がほぼ全世界に分布しているが，扁平な胴体を持ち，独特な篆刻をした鞘翅を持つ．この装飾によって，三畳紀にまでさかのぼる多くのナガヒ

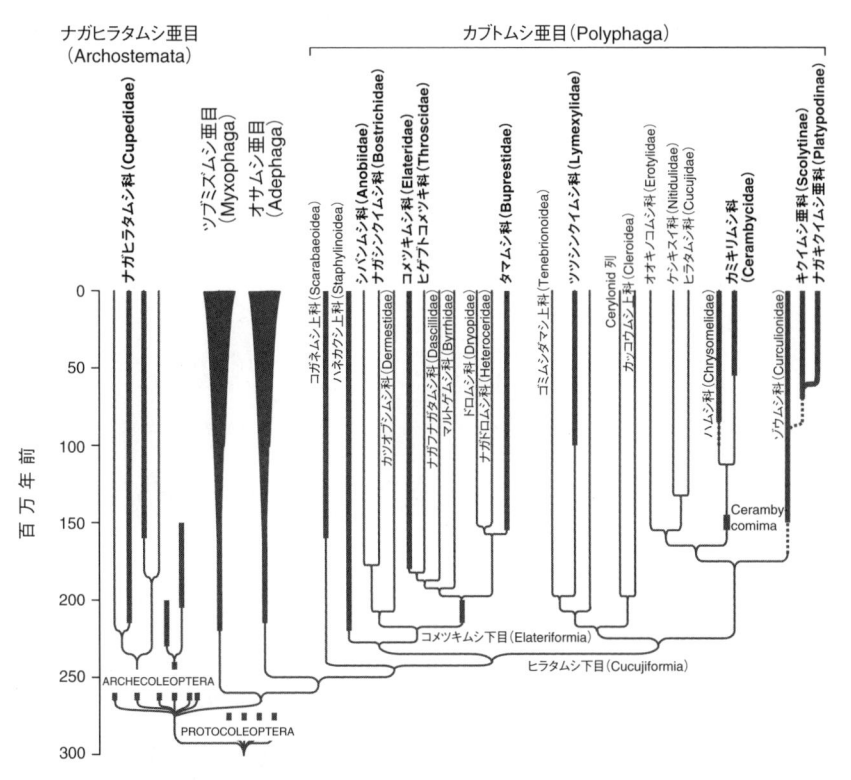

10.3 枯死木依存性の無脊椎動物の起源と進化

図10.5. Hunt et al.（2007）と Grimaldi and Engel（2005）に基づいた鞘翅目の系統樹．枝の上に置かれた分類群は枯死木依存性種を多く含む（ほとんどの種が枯死木依存性の場合は太字で示した）．枝の脇に置かれた分類群はほとんどが枯死木依存性でない．太線は化石記録で出現が知られている事を示す．太い破線はその系統群に属すと思われる化石が存在することを示す．

ラタムシ科の化石の同定が容易になっており，初期における甲虫の系統関係を解釈できる．甲虫の最も古いグループである Protocoleoptera は，2.8億年前のペルム紀初期に生きていたのだが，その後に続くナガヒラタムシ科とよく似た特徴を持っていた（図10.6）．この関係性と，最初の Oligoneopteran（祖先的な有翅昆虫群）の生活型に関する仮説から，Ponomarenko（2003）は，最初の甲虫は腐朽材の中で生活していただろうと考えている．

ペルム紀の終わりまでに，いくつかの鞘翅目甲虫は水中に適した形態へと

10章 枯死木依存性生物の進化

Sylvacoleus sharovi
(Protocoleoptera)

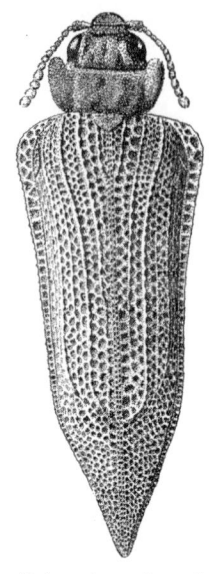

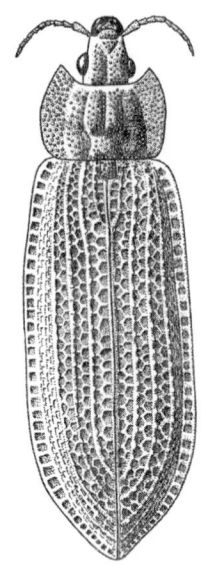

Notocupoides triassicus
(Archecoleoptera)

Tenomerga mucida
(ナガヒラタムシ科)

図10.6. Protocoleoptera と鞘翅目の基底種の化石および現存する代表種. (a) Sylvacoleus sharovi (ペルム紀の Protocoleoptera); (b) Notocupoides triassicus (三畳紀の Archecoleoptera); (c) Tenomerga mucida, ナガヒラタムシ科の現存する種 (写真 Kirill Makarov). (a) と (b) のイラストは Acta Zoologica Cracoviensia の許可を得て, Ponomarenko (2003) から複写した.

進化し, 三畳紀とジュラ紀には優占的になった. 今日, それらはオサムシ亜目 (Adephaga) の末裔として認められる. 非常に多様性が高いカブトムシ亜目 (Polyphaga) の祖先はおそらくペルム紀後期か三畳紀初期に進化した. 幼虫が原始的なハリガネムシ様の, 肉食性のハネカクシ科昆虫は, 植食性のカブトムシ亜目の仲間と共に三畳紀後期に出現した (Ponomarenko, 2003; Grimaldi and Engel, 2005). おそらく, カブトムシ亜目の基部の分類群は水中か, 水に近い環境で発達し, 続いて, 枯死木依存性のグループが現れてきた. 例えばジュラ紀後期, 約1億5000万年から1億6000万年前にはタマムシ科とコメツキムシ科が現れている (Grimaldi and Engel, 2005). ジュラ紀後期に現れた最初のコガネムシ科はおそらく, 枯死木依存性だったという

ことも指摘されている（Nikolajev, 1992）．今の時点ではジュラ紀の枯死木依存性甲虫と古くペルム紀の枯死木依存性甲虫を結ぶ化石は見つかっていない（Ponomarenko, 2003）．

化石の樹木における穿孔に注目すると，おそらく甲虫によると思われる最も初期の穿孔は，当時は季節性の温帯地域であった南極大陸におけるペルム紀の樹木から見つかっている．確実に甲虫によるものであるとされている最も初期の穿孔は，約2億年前のヨーロッパとアリゾナにおける三畳紀のものである（Grimaldi and Engel, 2005）．これらの一つで，Ash and Savidge（2004）はシバンムシ科の幼虫に外見的によく似た幼虫の化石を発見している．三畳紀の後，甲虫による穿孔はさまざまな甲虫の科の放散とともにより多様になった（Labandeira et al., 2001）．

10.3.4 双翅目

双翅目はハエとカの仲間を含み，およそ2億4000万年前である三畳紀初期にその起源をさかのぼる．三畳紀後期までに，主要な双翅目の下目（訳者註：亜目の下の分類単位）は進化していた．基底となる系統群の系統関係は完全には決まっていないが（最新の系統関係については，Bertone et al., 2008参照），初期の進化のほとんどは，水中か半水生の環境下で起こったようだ．この考えは，初期の系統群の多くが，幼虫が水辺などの生息場所で優占している現存のグループへ分岐していったという観察結果にもとづいている（Grimaldi and Engel, 2005）．

祖先的な双翅目の下目の一つである，ケバエ下目（Bibionomorpha）には，枯死木依存性の種が大部分を占める科をみることができる．そのような科は，例えばキノコバエ科やタマバエ科，そしてカバエ科（Anisopodidae）である．すべての双翅目に戻ると，基底における進化過程は完全には解明されておらず，異なる系統樹がもう一つの仮説として存在している．したがって，ケバエ下目が枯死木と関係していたかどうかを推測できるほどに，基礎的知見が発達しているわけではない．しかしながら，最も古い系統群の一つにおいて，枯死木との明確な関連をみることができる．その一つとは，ハエ亜目（Brachycera）というすべての高等なハエが属する分類群である．ハエ亜目

はははっきりとした単系統群であり，化石記録ではジュラ紀初期から見つかっている．ハエ亜目の基部に位置する科はすべて，幼虫は腐朽した木材中の絶対的な枯死木依存性生物として生活している．例えば，Pantophthalmidae，ミズアブ科，キアブモドキ科およびキアブ科などである．したがって，この主要な双翅目の系統は約2億年前の枯死木のなかに起源があるように思える．こののち，これらのハエは大いに放散し，幼虫にとって想定可能なおおよそすべての生育環境へと定着した．そこには二次的に腐朽木に戻り，定着したものも含まれる．

ハエ亜目の鍵となる特徴は，幼虫の発達した口器である．これらの幼虫では，口器はたがいに平行を保ち，より原始的な双翅目でみられるようなハサミの動きではなく前後上下に動く．この特徴はおそらく，捕食へとつながる，双翅目幼虫における大革新であった（Grimaldi and Engel, 2005）．ほとんどの基底に位置するハエ亜目の幼虫は，昆虫の幼虫と柔らかい体の無脊椎動物を摂食する捕食者である（Krivosheina and Zaitzev, 2008）．

10.3.5 膜翅目

膜翅目（例，アリ，カリバチ，ハナバチ）は，枯死木の中で主要な系統群が進化したもう一つの大きな目である．この目の起源は，確実に膜翅目である最も初期の化石が見つかっている約2億2000万年前の三畳紀後期にさかのぼる．鞘翅目の状況と異なり，新しい系統群の形成の順序を示すような化石記録はほとんどない．一方で，膜翅目の系統樹はよく調べられており，進化的な時間を通じた分岐の順番については広く見解が一致しているようだ（Grimaldi and Engel, 2005; Sharkey, 2007）．

膜翅目の系統樹の基部は，植食性の昆虫—ハバチ亜目（広腰亜目，Symphyta）として伝統的に分類されている—で構成されている．しかし，およそ2億年前に膜翅目のある特定のグループが進化した．キバチ科である．キバチ科は，魅惑的な生物学的特徴を持っている．つまり，その幼虫はさまざまな担子菌類によって分解された樹木と菌糸の混合物を摂食しているのである．

キバチ科からは，クビナガキバチ科（Xiphydriidae）とヤドリキバチ上科（Orussoidea）の2科が進化した（図10.7）．これらのすべての種は，腐朽

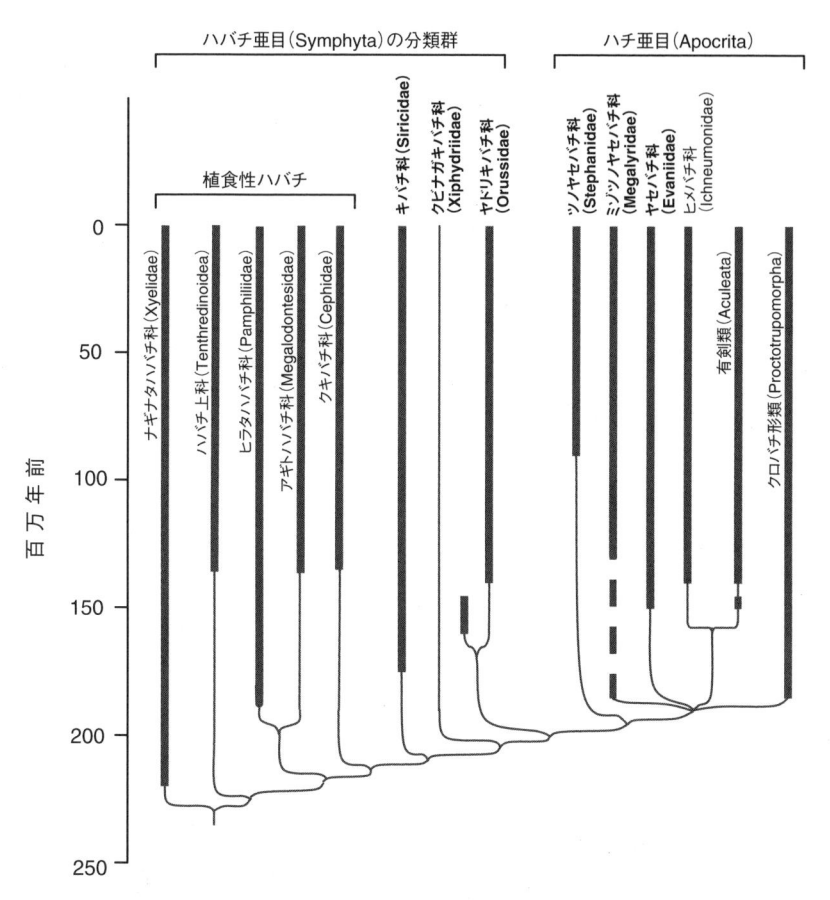

図10.7. Grimaldi and Engel (2005) に基づいた膜翅目の系統樹. 枝の上に置かれた分類群は枯死木依存性種を多く含む（ほとんどの種が枯死木依存性の場合は太字で示した）. 枝の脇に置かれた分類群はほとんどが枯死木依存性でない. 太線は化石記録で出現が知られている事を示す. 太い破線はその系統群に属すと思われる化石が存在することを示す.

木中で生活している. クビナガキバチ科昆虫の生活はキバチ科の場合と大変よく似ており, 幼虫は坑道内の共生菌によって生活している. ヤドリキバチ科 (Orussidae) 昆虫は特に重要である. なぜならハチ亜目（細腰亜目, Apocrita）におけるほとんどの外部寄生者の基部に位置しているためである. ハチ亜目は膜翅目の中で, 極めて多様な分類群を含む大きなグループであり,

すべての寄生蜂が属していることに注目したい．ヤドリキバチ科昆虫は多くの原始的な形態的構造—もっとも顕著なのは腹部と胸部の接続部が幅広いこと—をキバチ類やハバチ類と共有している．しかしこれらと異なる点は，ヤドリキバチ科は長く細い産卵管をもち，木材穿孔性甲虫とキバチの幼虫に対する外部寄生者であることである（Grimaldi and Engel, 2005）．膜翅目の系統関係をさらに根元まで追っていくと，主要なハチ亜目の枝の基部には，他の枯死木依存性昆虫の寄生蜂であるツノヤセバチ科（Stephanidae），ミゾツノヤセバチ科（Megalyridae），ヤセバチ科（Evaniidae）といった科が含まれる．系統樹において高い位置になるにつれ，まったく異なった生息場所に生活する昆虫（およびクモや他の無脊椎動物を含む）に対する寄生性が放散していく様子が見てとれる．

　寄生性の発達は間違いなく膜翅目の進化における主要な特徴であった．すべての証拠から，この発達は腐朽木の中で起こったと示唆されている．それに加えて，'カリバチのくびれ'—腹部第一節と第二節の間の細いつなぎ目—の形成は，腐朽木の環境と関係している．細いウエストは長い産卵管すなわち卵をうみつけるための管を制御しやすい．これは材の中に穿孔している他の昆虫の幼虫に正確に卵をうみつけるのに必要不可欠である（図10.8参照）．

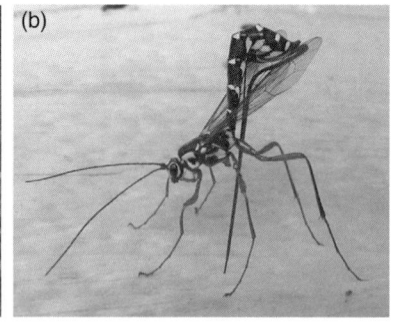

図10.8．枯死木依存性膜翅目昆虫2種にみられる，枯死木に産卵する際の産卵管の制御における柔軟性の違い：(a) キバチの一種 *Urocerus gigas* は木材へ産卵管を導くために腹を曲げる（写真 Jean-Marie Mouveroux）．(b) ヒメバチの一種 *Rhyssa persuasoria* は，宿主である *Urocerus gigas* の幼虫がいる木材中に産卵管を挿入しやすいように，胸部へと向かう角度で腹を曲げる（写真 Brian Hansen）．

10.3.6 シロアリと樹木性ゴキブリ

網翅目 (Dictyoptera) はゴキブリ，シロアリ，カマキリ，そして古代の，いまでは絶滅しているゴキブリに似たグループを含む再評価された分類群である．一般的に信じられている，ゴキブリは石炭紀にさかのぼるという説は間違いだが，理解できるものではある．なぜなら，ゴキブリとそっくりの，'Roachoids' と呼ばれた生物が石炭紀から見つかっているからだ．

網翅目の現生の分類群は白亜紀（1億4500万年前から6500万年前）の化石中に最初に現れており，おそらくはジュラ紀の間に古いグループの一つから分岐した．シロアリは白亜紀初期にさかのぼる主要な系統から成る．大変興味深いことに，シロアリは遺存的な樹木性ゴキブリ（*Cryptocerus*）を姉妹群に持っている．それらは無翅で長命，柔らかく腐朽した材を摂食し，そこに生息するゴキブリである．最も祖先的なシロアリと同様，樹木性ゴキブリは後腸に生息する相利共生的な原生生物の助けを借りてリグノセルロースを消化する．樹木性ゴキブリは家族集団で生活している．この集団内で幼虫は，1年間にわたり，成虫の肛門から浸出する液体を摂食しており，それによって後腸の共生原生生物を獲得している．その代わりに，若齢の幼虫は老齢の幼虫や成虫にグルーミングをしている．グルーミングはゴキブリの間で特徴的な社会的特性である．

シロアリの系統関係は，進化的な解釈の枠組みとなっている，いくつかの形態的，遺伝的研究において整理されてきた（Grimaldi and Engel, 2005; Engel et al., 2009）．それに加えて，シロアリの系統と化石の年代順配列の間には強い一致があり，もっとも基部に位置する種は地質学的年代の初期に出現している．系統学と化石記録は，シロアリがジュラ紀後期に出現し，シロアリの科の主要な放散が約1億から1億5000万年前の白亜紀初期に起こったことを示している．シロアリの基部系統群で見られる祖先的な食性タイプはセルロースの消化を促進する腸管内共生者（原生生物：Protozoa）の助けを借りた木材消化である．もっとも派生したクレードであるシロアリ科（Termitidae）では，原生生物の共生者は失われ，真菌類の栽培，有機物が豊富な土壌での腐植食，真の土壌食，そして腐朽木や着生植物，葉リターに対する二次的に獲得された食性といった，さまざまな食性タイプへの多様化

を見ることができる．シロアリ科における木材食性の系統学的な位置から判断するに，木材食は，土壌中に生息している腐植食の系統の間で何度も進化したようである（Inward et al., 2007）．

10.3.7　ラクダムシ

　ラクダムシ目は枯死木依存性の捕食者の中で優占的である（Aspock, 2002）．ラクダムシ目はほぼ全世界に分布しており，多くは温帯と赤道付近の山地帯に現れる．もっとも古く確実な化石はジュラ紀初期（約2億年前）にさかのぼる．さらに古い化石も報告されているが，これは別の近縁の昆虫群のものとされてきた．Grimaldi and Engel（2005）は，近縁の昆虫群の知られている時代に基づいて，この目はおそらく三畳紀にさかのぼるものと示唆しており，さらに将来化石が見つかれば，おそらくこのグループの推定年代を改めることになるであろうと予想している．

　ジュラ紀に得られた最も初期のラクダムシ目は，すでにこの目の典型的な特徴を持っており，現存種の生態に基づいて，枯死木依存性のグループとして進化してきたと推定するのが妥当である．今日，ラクダムシ目は約220種の現存種を持つ小さな目を構成しているが，ジュラ紀と白亜紀の間では少なくとも5つの科を含み，現生の2科と比べて，もっと普通の目であった．

10.3.8　ジュズヒゲムシ

　最後に，古代の枯死木依存性生物についてのこのレビューでジュズヒゲムシ目という大変小さな目について言及したい．ジュズヒゲムシ目は微小な昆虫で体長は約3 mm，アメリカやアフリカ，アジアの熱帯地域で，樹皮下や湿気た腐朽材の割れ目に小さなコロニーを作って住んでいる．ここではジュズヒゲムシ目は菌糸を主として摂食しているが，線虫やダニ，そして他の微小な無脊椎動物の腐肉食者や捕食者でもありえる（Grimaldi and Engel, 2005）．世界で32種のみが知られている．後ほど示す指摘を支持することと，そしてまた，奇妙なことに'枯死木依存性'という語がこの目の記載に使われたために，この目について述べる（Silvestri, 1913）．もっとも古く知られている化石は琥珀からのもので，白亜紀中期，約1億年前にさかのぼるが，

実際はおそらくこれよりも古い（おそらく2億年以上）ものと思われる．なぜならこのように微小な昆虫は琥珀以外の物質からはほとんど認めることができないためである．現在，昆虫を中に閉じ込めている琥珀は白亜紀初期（1億5000万年前以降）にまで遡るものしか知られていない．ジュズヒゲムシ目の分類上の位置づけは極めて不確かであるが（Grimaldi and Engel, 2005），すべての現存している種が腐朽材の中で生活していることから，この昆虫が腐朽材を基質として進化してきたと想定することに無理はないであろう．

　古い枯死木依存性の昆虫に関するこのセクションを結論づけるにあたって，我々はWilliam Hamiltonに対して賞賛を送りたい．今日，すべての昆虫の系統樹上の枝は枯死木の中で特異的に進化してきたとする彼の主張が正しかったことを示す，強力な証拠がある．甲虫の系統樹の基底で，膜翅目を寄生性へと導いた大きな変革段階で，捕食性のラクダムシ目と双翅目のハエ亜目で，ジュズヒゲムシ目で，そしてシロアリでこの考えを支持しているのを見ることができる．これらの昆虫は，ハミルトンのお気に入りの生物群なのだ．

10.3.9　派生的な枯死木依存性の系統群

　枯死木依存性の無脊椎動物は必ずしもすべて古い祖先を持つわけではない．カミキリムシや樹皮下キクイムシといった多様な分類群は白亜紀以降，すなわち少なくとも6500万年前以降に進化し多様化してきた．カミキリムシは1億5000万年以上前の祖先にさかのぼることもできるものの，基本的には白亜紀からカミキリムシ科の化石は見つかっていない．カミキリムシ科はまず，5000万年前のバルト海産の琥珀中で多様な分類群として現れた（Grimaldi and Engel, 2005）．樹皮下キクイムシは約1億年前に起源を持つ（Cognato and Grimaldi, 2009）．この章の後の方で，我々は，これらの甲虫分類群が植食性の祖先から起源したことを強調するつもりだ．ここでは，我々は，樹皮下キクイムシが被子植物—広葉樹が属する植物のグループ—の出現後に進化したことを指摘しておく．樹皮下キクイムシはほぼ間違いなく針葉樹に対する植食者として出現したが，広葉樹へ宿主を何度も転換し，また針葉樹へも戻ったりしてきた．広葉樹への宿主転換はそれぞれ，宿主選択における根本的な多様化と種多様性の付随的な増加を伴ってきた（Farrell et al., 2001）．

カミキリムシの多様化もまた，おそらく広葉樹と関係して起こってきた．

植食者由来の枯死木依存性甲虫と並行した進化がガ類にも起こっている．ガ類は，ほぼ完全に植食者であり，すなわち幼虫は生きた植物を摂食する (Grimaldi and Engel, 2005)．いくつかの系統では，例えばボクトウガ科とスカシバガ科の材穿孔性の種のように，枯死木依存性の種を見ることができる．また，ヒロズコガ科にも枯死木依存性の種を見ることができる．ヒロズコガ科の種は木材腐朽菌の子実体中で生活する菌食性の種である．これらの科は植物を餌とするほぼすべての鱗翅目からすれば，単なる例外であるにすぎない．

鱗翅目には，枯死木依存性の種のいくつかの分類群が認められるだけであるが，他の生息場所に主に生息している大きな生物群の中に，枯死木依存性の種がまざっている例が多くある．こういった例に捕食性および菌食性のハネカクシがある．ハネカクシは，それ自体，極めて多様な甲虫を含む科であり，多くの種が腐植中に生息している．別の例は菌食性のショウジョウバエ属であり，これらは腐った短命な子実体を摂食する一方で (Lacy, 1984)，大半の種が腐った果実や他の腐った植物質のものを幅広く摂食している．

枯死木依存性の古い系統群に含まれるほとんどすべての種が絶対的な枯死木依存性であることは興味深い．より派生した系統群では，絶対的枯死木依存性の種，条件的枯死木依存性の種，枯死木依存性でない種が混在しているのを見ることができる（絶対的枯死木依存性と条件的枯死木依存性の定義については11.1.1参照）．このことは，派生的な系統群の種は生息場所として枯死木を利用できるほどには強く適応してきていないことを示している．

10.4 機能的な役割の進化

10.4.1 真菌類の腐朽型

2章において，我々は真菌類の主要な腐朽型，すなわち褐色腐朽，白色腐朽，軟腐朽は人為的な分類を表すことを簡単に述べた．どのようにこれらの腐朽型が進化してきたかを考えれば，このことは明白である．多くの酵素が木材腐朽に関わっていることは明らかである．どのように木材腐朽の能力が真菌

類の間で進化してきたかを深く理解することは，どの酵素が分解過程に関わっていて，どのようにそれらの酵素は系統発生的に関係しているかを整理することによってのみ達成できるであろう．

本章のはじめに，我々はどのようにリグニン分解を行う担子菌類が祖先的なペルオキシダーゼ酵素の複数遺伝子の改変を通じながら進化してきたかを述べた．ここで我々は，次の段階である，異なる腐朽型の発達について調べてみよう．褐色腐朽は祖先的な分解方法とおそらく想定されるであろう．なぜなら，褐色腐朽では関わる酵素の数は少ない上に針葉樹（すなわち裸子植物）に優占的に表れるからだ．しかしながら系統発生学的研究は，多くの木材腐朽性の担子菌類の祖先は白色腐朽菌であったことが示唆されている (Hibbett and Donoghue, 2001)．加えて，HibbettとDonoghueは針葉樹を分解する能力は祖先的な状態だが，針葉樹のみを分解するのは，専食化した，派生的な状態であることを示した．リグニンを分解する能力は針葉樹が進化する前に現れたことを考えるならば，このことは驚くべきことではない (Stubblefield et al., 1985 参照).

Hibbett and Donoghue（2001）は，褐色腐朽は異なる白色腐朽クレードにおいて，少なくとも6回にわたり独立に進化したことを示唆した．リグニン分解酵素が単純に機能しなくなってしまったということは，ありうる機構である．HibbettとDonoghueの分析によると，針葉樹のみを分解する性質はまた，典型的には褐色腐朽への転換とセットで，5, 6回進化した（ただし必ずしも常にセットで，というわけではない）．このことは，針葉樹のリグニンが被子植物のリグニンと比べてより分解に抵抗性のある性質であること，そして，セルロース断片のみを分解することに選択的な有利性があることを反映している．

不運なことに，Hibbett and Donoghue（2001）もMorgenstern et al. (2008) も，アカキクラゲ綱の代表的な種類を彼らの系統発生学的解析に含んでいなかった．これらは，彼らが研究に含めた担子菌類に比べ，系統発生学的な位置がより基部に近い位置にある褐色腐朽菌である．リグニンを分解するペルオキシダーゼに関わる遺伝子がアカキクラゲ綱に存在するかどうか（ただし発現はされていない），またはこれらのペルオキシダーゼが後になっ

て進化してきたのかを知ることができれば，本当に興味深いことだろう．

　木材腐朽性の子嚢菌類は，木材腐朽性の担子菌類ほど十分に研究されてきたわけではない．木材腐朽性の子嚢菌類の多くがフンタマカビ綱に含まれることはわかっている．これにはクロサイワイタケ目という，陸上環境下において効率的な木材腐朽菌も含まれる．多くのクロサイワイタケ目の菌類は，白色腐朽菌として分類されてきた．そしてそれらのうちのいくつかは確かにリグニンを分解することができる（Abe, 1989; Pointing et al., 2003）．一方で，それらは担子菌類の白色腐朽菌と同様に効果的な木材腐朽菌であるわけではない．それでは，これらの子嚢菌類はどういった酵素を使っているのであろうか？いくつかの種では明らかにラッカーゼを持っている（Lee, 2000; Pointing et al., 2003）．ラッカーゼのうちのいくつかはあるリグニンの構成物質を分解することができるため，その存在は興味深い（2章を参照）．Leeはまた，いくつかの子嚢菌類においてペルオキシダーゼが働いているとの示唆を得ているが，これは間接的な証拠に基づいたものである（ペルオキシダーゼ（Hydrogen peroxidase）を加えた際の呈色反応をみた）．したがって，白色腐朽性の担子菌類がリグニンを分解する場合と同様のペルオキシダーゼを子嚢菌類が持っていることは決定的に示されてはいない．

　ラッカーゼは水圏環境下において，子嚢菌類の軟腐朽菌にも幅広く共通して認められている（Rohrmann and Molitoris, 1992; Luo et al., 2005）一方で，ペルオキシダーゼは欠けているようである（Luo et al., 2005）．これらの軟腐朽菌類のリグニン分解能力が低いことはこのことによって説明できる．我々はまた，陸域環境下において軟腐朽菌として分類されているさまざまな木材腐朽性の子嚢菌類を見つけている（Raberg et al., 2007）．上述のクロサイワイタケ科の菌類とちょうど同じように，これらの子嚢菌類は担子菌類と比べて効率の悪い木材腐朽菌である．

　全体像を考えてみると，Morgensternら（2008）が示唆したのと同じようだ．すなわち，効率的なリグニン分解性のペルオキシダーゼは子嚢菌類の間で進化してこなかった．しかしながら，陸域と海域には多くの木材腐朽性の子嚢菌類系統がある．これらのことは，それらの腐朽型（例えば軟腐朽タイプ1，タイプ2）における構造的な変異と同様に，異なる酵素活性があるこ

とを示している．したがって，我々は将来の研究によって軟腐朽菌の間でさまざまな興味深い酵素のタイプやサブタイプが見出されることを期待している．

10.4.2　木材を利用する腐植食者

多くの菌類が木材の専門的な分解者となってきていることと同様，同じく木材を利用する数千種類もの昆虫がいる．しかし，この進化の不思議な部分は，木材を利用する昆虫が，リグニンはもちろんセルロースを分解するのに必要な酵素を生産しないらしいことである．その代わりにこれらの昆虫は消化管内に住んでいる共生微生物に多くを頼っている．それゆえ，この進化過程の解明は，どういった状況が共生者を介したセルロース消化の進化を促してきたかを尋ねることに関係している．

この質問をする前に，我々は樹皮と材の間の栄養的な違いについて繰り返し述べようと思う．木材中に見られる穿孔の化石が，木材に生息する昆虫の最初の証拠を示してはいても，木材それ自体が枯死木依存性の昆虫によって資化された最初の組織のタイプであるとは必ずしもいえない．最初期の昆虫は，裸子植物の樹皮の間の空間に侵入・定着し，現在多くの昆虫がするように，腐朽しつつある内樹皮を摂食したことであろう．Protocoleoptera とそこから派生したナガヒラタムシ科甲虫の扁平な体型はこの微小生息場所との関係を示唆している．しかしながら，ここでの鍵となる点は，ほぼ完全にセルロースとリグニンによって構成された堅い材と比べ，腐朽した内樹皮は多くの簡単に消化できる糖類と窒素を含んでいる点である．したがって樹皮下の空間は，地上植生や葉のリターと同様に高い栄養価があり，腐朽材への入り口となる．

それでは，共生者を介したセルロース消化に関する質問へと戻ることにしよう．Martin（1991）によってこのトピックに関する非常に興味深い考察がなされている．彼は，セルロース分解能力を持たない後腸にいる細菌に栄養的に依存した一般的な腐植食者や死肉食者から始まるシナリオを描いた．食物分解に腸内微生物が関わるのは，昆虫や他の動物群では非常に普通なことであるということを付け加えておく必要がある．そこで，この一般的な腐

植食者が腐っている植物物質（必ずしも木材でなくてよい）を分解するとき，その腸はセルロース分解能力を持った微生物によって容易に侵入・定着されやすいであろう．そうしてセルロース分解を行う死肉食者や腐植食者ができる．そのような昆虫は食物ニッチを広げ，セルロース含有が高い物質をも摂食するに至っただろう．これらの餌資源の選択幅を広げたセルロース分解性の死肉食者および腐植食者では，あるものは続いて，木材など狭い食物幅に専食化するであろう．この専食化は，例えば，木材腐朽菌によって軟化された木材表面から破片をこそぎ取ったり嚙み取ったりするものであっただろう．そういった専食化は，木材穿孔や食物資源幅が今や狭くなった絶対的な木材摂取の専門者となるような，他の専門化した適応へとさらに発達するだろう．こういった発達によって今日存在する多くの絶対的な腐植食者がもたらされたのだろう．

　絶対的な木材摂取性の腐植食者の進化は，歴史を通じてさまざまな時点で何度も独立に起こったに違いない．このことは昆虫の中の広く隔たった系統に専食化した木材利用者が認められることによって証拠づけられる．例えば，ガガンボ科（双翅目），すべてのヨコジマナガハナアブ属（双翅目：ハナアブ科），水生のユスリカ科（双翅目），ナガヒラタムシ亜目（ナガヒラタムシ科（Cupedidae））に属する甲虫種，すべてのクワガタムシ科といくつかのコガネムシ科，すべてのクロツヤムシ科，シバンムシ科，すべてのキバチ科（膜翅目），そしてシロアリ（等翅目）の基部系統（複数の科を含む）である．これらの腐植食者の独立した由来を示す更なる証拠は，同じく広い範囲に隔てられた分類群で確認されている腸管共生者にある．これらは樹木性ゴキブリやシロアリ中の原生生物や，ユスリカやコガネムシ科甲虫内の幾タイプもの細菌，クロツヤムシ科とシバンムシ科甲虫内に認められる酵母を含んでいる．一方で，いくつかのカミキリムシやキバチは，はっきりと異なる担子菌由来の酵素に頼っている（詳細と文献については2章参照）．

10.4.3　植食者由来の腐植食者

　ここまで記述してきた腐植食者は，さまざまな分解段階のセルロースに富んだ材を利用している．それらの腐植食者はおそらくより専食性の高くない

腐植食者から発達した一方で，他のまったく異なる起源をもった樹皮ないし材穿孔性の種がいる．鞘翅目甲虫のなかでも多様な種を含むゾウムシ科はジュラ紀中期（約 1 億 6000 万年から 1 億 7500 万年前）に起源する植食者系統群から多様化した（Oberprieler et al., 2007）．その時点で，ゾウムシ科の祖先は，先端に大顎をつけたはっきりと他とは異なる口吻を発達させていた．メスはおそらくこの口吻を緑色の球果と他の植物器官へ深く孔をあけるために使い，そこへ産卵をした．この発明はおそらくゾウムシにとって他の植食性甲虫に対する競争的な利益をもたらし，そしてその種多様性によって示されるように，のちに成功を収めることに貢献した（Oberprieler et al., 2007）．

　白亜紀の半ばには，樹皮下キクイムシの最初の化石をみることができる（Cognato and Grimaldi, 2009）．すなわち約 1 億年前，ある特定のゾウムシが針葉樹の内樹皮に専食化し，今日の樹皮下キクイムシの祖先となった．樹皮下キクイムシの顕著な特徴としては，セルロース分解を行う腸内微生物を欠いており，そして生立木か枯死直後の枯死木にしか出現しない．したがって，樹皮下キクイムシは，生きているか死亡直後の内樹皮を摂食する植食性の細胞含有物を利用する生物としてふるまっている．なお，内樹皮には光合成産物を得た林冠からの樹液と栄養分のある細胞含有物が含まれている．いいかえると，樹皮下キクイムシは Abe and Higashi（1991；3.2.1 節も参照）の意味するところの細胞質食者である．

　我々は大きく異なる植食性昆虫のグループ―ガ類（鱗翅目）―にも，同じような穿孔性昆虫の起源をみることができる．3 章では，ボクトウガの一種（*Cossus cossus*）とおそらく穿孔性であるスカシバガが，生きている植物の細胞の消費者に特徴的な消化酵素を持っていることを紹介した．これらの穿孔性のガ類は，生立木（しばしば傷がついている）に限定されており，栄養豊富な細胞質や細胞含有物という，基本的には植食者と同じものを資化する一方で，セルロースに富んだ細胞壁物質を消化することなく消化管を通過させる．

　穿孔性のカミキリムシ科もまた，植食者に起源している可能性が高い．カミキリムシ科は植食性のハムシ科（Chrysomelidae）と共通祖先を持っているようである．これは両方の科の典型的な特徴を持った 1 億 5200 万年前の

Cerambycomima の化石によって証拠づけられている（Grimaldi and Engel, 2005）．近年の系統学的解析は，ハムシ類がカミキリムシ類のクレードの中に含まれるであろうことを示唆してさえいる（Hunt et al., 2007）．したがって，いくつかのカミキリが緑色植物を摂食する植食者であることや，カミキリがいくつかの他の穿孔性の科とは異なり完全に枯死木依存性ではないことに戸惑う必要はない．しかしながら，樹皮下キクイムシとは異なり，カミキリムシ類の中には，セルロースの消化のために真菌類の酵素を利用する能力を発達させてきたものもいる（2 章と 3 章を参照）．そういった種は，やや腐朽した材や，腐朽の進んだ材をも消化することができる．

10.4.4　昆虫と真菌の間の共進化

　長い間生物学者たちを魅了してきた，独特なタイプの昆虫と真菌の関係がある．いわゆる養菌性キクイムシ（Ambrosia beetle）によるある種の菌類の栽培である（Farrell et al., 2001; Mueller et al., 2005）．養菌性キクイムシの習性は樹皮下キクイムシ（Bark beetle）の間で進化してきた．そしてナガキクイムシ亜科（Platypodinae）という近縁の亜科を形成してきた．2, 3 の種は，完全に系統的に異なるツツシンキクイムシ科の中で，この生活様式を発達させてきている．これらのすべての甲虫は生きているか死んで間もない樹木に穿孔する．ここで幼虫は坑道の内側の壁一面に育っている菌糸カーペット（Mycelial carpet）を摂食する．この一面の菌糸カーペットはメス成虫によって世話されている．メス成虫は毎日，坑道を検査し，おそらくはアンブロシア菌と競争関係にある他の菌を除去している．新成虫が坑道を去るとき，新成虫は新しい樹木個体へとこの菌糸を持って行き，菌を材に導入する．養菌性キクイムシは菌を運ぶのに特に適している特別な袋（マイカンギア／菌嚢）を体に持つように進化してきた．加えて，菌は養菌性キクイムシの生活史に一致するような適応を見せている．最も顕著な適応は菌糸カーペットの形成である．また，昆虫が坑道を去る時に，菌は無性的な分生子を生産するための長く伸びた菌糸束を発達させている．この長い束は坑道につき出し，去っていく昆虫の体表面にブラシのように触れるのである．

　養菌性キクイムシの習性は約 6000 万年前から繰り返し進化してきた．そ

して今日，そのほとんどがナガキクイムシ亜科と樹皮下キクイムシの族である Xyleborini と Corthylini に含まれ，10 の異なる系統群で 3400 種を認めることができる（Farrell et al., 2001）．この習性は樹皮下キクイムシそのものが出現して以後，何回も進化した．一方でアンブロシア菌はフンタマカビ綱に属し，8500 万年よりも前に出現した，辺材の変色を起こす *Ophiostoma* 属菌に極めて近い（Farrell et al., 2001 を参照）．したがって，最初の樹皮下キクイムシが進化した時，菌は枯死木依存性の分類群として存在していた．辺材変色菌の生化学的な能力についてコメントしておこう．辺材変色菌はセルロースを分解する能力がなく，そのために主に糖や他の簡単に分解する化合物を分解している（3 章を参照）．セルロースを分解できないことはアンブロシア菌にも引き継がれ，そのことによってなぜ養菌性キクイムシが毎世代ごとに宿主となる樹木個体を移動する必要があるかが説明できる．菌のエネルギー源が急速に枯渇してしまうためである．

10.5 展望

　我々はコンピューターを用いた先進的手法と詳細な遺伝学的研究に基づいた系統発生学的研究の 30 年を振り返ることができる．この期間に，進化過程に関する我々の理解は大きく変化してきた．そして，多くの研究者が遺伝的構成を探るに従い，更なる進歩があるものと期待している．古生物の博物館にも自然環境にも化石は大量にある．化石は昆虫と真菌の進化史について手がかりを持っている．古い証拠に関する新しくエキサイティングな発見はほとんど確実にあるといってよい．そしてこれらによって，さまざまな系統群の年代推定がより確かなものになるであろう．

　しかしながら，枯死木依存性生物の特殊な進化についてより深く学ぶためには，我々は分類学者と古生物学者からの答えを待っていることはできない．どの種が枯死木依存性であるのかを調べると共に，木材を腐朽させる酵素系や食性タイプ，そして生息地への特殊化が生物群の間でどのように分布しているのかを発見していくといったことが必要である．多くの証拠を蓄積し，解析する必要があり，そしてまだ知られていない生物的特徴を持つ種の記載

も行う必要がある．今日我々が見ている枯死木依存性生物の豊かな多様性の進化過程を再構築するためには，多くの仕事を成さなければならないのである．

*11*章
枯死木依存性の生物の種多様性

Jogeir N. Stokland, Juha Siitonen

　地球という惑星は数百万種もの生物を養っていることは明らかである．実際の種数はわからないが，何度も引用される研究では地球上に1250万種が生息すると計算されている（Hammond, 1992）．一方，最近行われた詳細な見直しではおおよそ1100万種といわれている（Chapman, 2009）．これらの計算値に加えて，地球上の生物種数が3000万種から1億種にもなるという推定もある（Erwin, 1982）．地球規模では誰も枯死木依存性生物種の種数を推定しようとしたことはない．これは極めて理解しやすいことである．というのは，多くの生物群がほとんど研究されておらず，そして広い地域において，木材に生息する生物種はごくわずかについてのみ調べられているにすぎないためである．しかし，ほとんどの枯死木依存性種がよく記載されている地域が一つある．ヨーロッパ北部，北欧の国々である．そこで我々は，この知見のいくつかに注目し，複数の生物群の多様性について概観を示す．地球規模では大きく知識が欠けている部分はあるが，我々は枯死木依存性種の地球規模での多様性を示唆する数字を算出するよう試みる．

11.1　北欧における枯死木依存性種の多様性

　スウェーデン，フィンランド，デンマーク，そしてノルウェーという北欧の国々では，種の多様性を記載する古く確かな伝統がある．この伝統はカール・フォン・リンネの研究に由来している．彼は，1700年代に，スウェーデンとヨーロッパの中心部にアルファ分類（すなわち新種の記載）をもたら

した．リンネ学派はスウェーデンと近接する国々に地域的に大きな影響をもたらした．1700年代と1800年代の間に，北欧地域の陸生生物のほとんどは記載され，同定のための検索表が，昆虫と真菌類の膨大な分類群に対して作られた．

一連の分類学的な仕事の結果，この地域では1900年代の初めまでにほとんどの種の記載が終えられた．そこで，研究者や収集家たちは，興味の対象を種の生態に移した．そしてある者たちは，さまざまな枯死木依存性生物群の基質に対する選好性を記述することを専門にした．次に，さまざまな生物群で，枯死木依存性種の標本を集め，生物学的特徴を記述する伝統が続いた．この集積された知識は，今日に至るまで，合同調査や出版物を通じて，次世代の収集家や研究者たちへと引き継がれている．今日，我々は，さまざまな出版物や収集物から種ごとの情報を抽出して全体の概観を得ることは，非常に時間を浪費することだと考えている．この考えを背景に研究者たちは，これまでの知識をさまざまな目的に利用しやすくするために，北欧の枯死木依存性種についての情報をデータベースにまとめ始めた（Stokland and Meyke, 2008）．このデータベースは内容を充実させている途中だが，ほとんどの枯死木依存性生物群に関する種多様性の状態を高い信頼性をもって示すのに，十分な情報をすでに含んでいる．

11.1.1 絶対的・条件的な枯死木依存性生物

1章では，枯死木依存性種を「生活環のどこかで，生木や衰弱した木，あるいは枯死木の傷痍部や枯死部の樹木組織に依存しているあらゆる種」と定義した．3章と4章では，我々は異なる機能的役割を定義し，どのように種が直接的・間接的に，傷痍木や腐朽木に頼って生活しているかを説明した．ここでは，我々はこの依存性のもう一つの側面について詳細に述べる．すなわち，ある種がどの程度腐朽木と関係しているかといった定量的な側面である．

ほとんどの枯死木依存性種は厳密に木質のみに限定されている．ただし，木質利用者として直接利用するのか，他の枯死木依存性種の消費者として利用するのか，または繁殖や生活史を全うするための他の絶対に必要な活動を

11.1 北欧における枯死木依存性種の多様性

行うために木質を利用するのか，といった違いがある．このような種は絶対的枯死木依存性種である．しかし，木質（または他の枯死木依存性種）を利用するだけでなく，異なる資源も利用するような種もいる．多くの菌食性昆虫は，木材腐朽菌中で幼虫が成長するが，これらは枯死木依存性ではない菌根菌でも繁殖できる．特に甲虫，ハエ，そしてブヨ等の中には，このような種が普通にみられる．同様に，腐朽木中で幼虫を捕食する補食性昆虫の多くも，林床リターのような他の腐朽した物質で被食者の探索を行う．通常は腐朽木を利用するが，完全に依存しているわけではないこのような種は条件的枯死木依存性種である．枯死木を訪問し利用するものの別の資源を主として利用するような種は枯死木依存性種としては分類されない．これらの定義の論理は以下のとおりである．まず，絶対的枯死木依存性種はもしもすべての傷痍木や腐朽木が森林から除去されたら存在できないであろう；条件的枯死木依存性種は明らかに個体群サイズの減少を被るであろう（しかしながら局所的な絶滅はおこらない）；一方で枯死木依存性種でない種（枯死木訪問者）は枯死木の除去によってほとんど影響を受けないであろう．

　この点で，厳密な定義を好む読者はおそらく，前段落中にある「通常は利用する」であるとか「完全に依存しているわけではない」「主として利用する」といった一般的な語の用い方に満足しないであろう．しかし，この文脈において正確な定義をすることの問題は，そのような厳密な定義では生物を絶対的か，条件的か，または訪問者であるかを分類するために，各種ごとに十分な情報が必要とされることにある．これらのカテゴリーに北欧の種を分類する際に我々が適用した方法は，もしもある種の記録すべてが（生活史のある時期で）木質からであるならば，その種は絶対的枯死木依存性種に分類するという方法である．もしもすべてではないが，一定割合（少なくとも記録の30％）が木質からであれば，その種は条件的枯死木依存性種と分類した．ある種が主として非木質から発見されている場合は（典型的には記録の70％以上），その種は枯死木依存性種ではないとした．なぜなら，そのような種は明らかに他の生息場所により頻繁にいるからである．表11.1中の数字について種ごとに検討している間，我々は腐朽木から報告された数百もの種を枯死木依存性ではない種として分類していた．多くの種については，我々は

その種を絶対的枯死木依存性種か条件的枯死木依存性種かを分類できなかった．これは木質からの記録が少なく，他の基質からの報告がない種についてよくある事例であった．2例中の2例は100%ではあるが，非木質からの3例目は全3例中の30%以上を占めることになる．そのため，多くの種について，その種が絶対的枯死木依存性種か条件的枯死木依存性種かを分類するために更なる情報を待つ必要がある．これは，表11.1において絶対的枯死木依存性種と条件的枯死木依存性種の合計が全体の種数にならない主な理由である．別の理由としては，種のリストはできているものの，絶対的枯死木依存性種と条件的枯死木依存性種の分類までは行われていない分類群（膜翅目）や種のリストが未だに出来上がっていない分類群（変形菌）があることである．

　これらの定義と適切な経験則にのっとって，我々は北欧諸国における枯死木依存性種のほぼ正確な種数と，多くの分類群についての絶対的枯死木依存性種と条件的枯死木依存性種の種数も示すことができる．これらの国々には，全体でおよそ7500種の枯死木依存性生物が知られている（表11.1）．この表中の枯死木依存性の子嚢菌門，線形動物門，膜翅目の種数は，そしておそらく双翅目の種数も，実際の数よりも小さいであろう．したがって，全7500種というのは少なく見積もられた値である．この数字をもとに見込んでみると，枯死木依存性種はこの地域における全森林生物の20～25%を占めている（Siitonen, 2001）．

11.1.2　担子菌類

　担子菌類は，大型の子実体を形成する木材生息性菌類を含んでいる．そこには多くの多孔菌類とハラタケ類がふくまれ，これらのいくつかは直径10 cmを超える子実体を形成する．過去20年間の間，DNAに基づいた方法によってこれまでの伝統的な菌類分類にとって代わる新しい分類法が提供されてきた．このシステムに従うと，枯死木依存性の担子菌類のほとんどの多様なグループがタマチョレイタケ目になる．タマチョレイタケ目には，伝統的に多孔菌とされてきた多くの分類群，例えばシカタケ属（*Antrodia*），ツガサルノコシカケ属（*Fomitopsis*），タマチョレイタケ属，オシロイタケ属そして

11.1 北欧における枯死木依存性種の多様性

表 11.1. 北欧枯死木依存性生物データベース（Nordic Saproxylic Database）に現在記録されている，北欧諸国で得られた枯死木依存性生物の種数（Stokland and Meyke, 2008 を参照）．ほとんどのグループにおいて，実際の種数はおそらくこれよりも高い値である．詳しくは本文を参照．

	合計	絶対的	随意的
菌類			
子嚢菌類	893	614	3
担子菌類	1461	1252	209
地衣類	281	112	169
植物			
コケ類	98	19	79
変形菌類 [a]	200		
動物			
ダニ類 [b]	545	199	79
カニムシ	12	4	8
鞘翅目	1447	1087	360
双翅目	1550	675	184
膜翅目 [c]	803		
鱗翅目	66	50	5
半翅目	26	24	
総翅目	23		
トビムシ目	27	12	15
ラクダムシ目	4	4	
線虫 [a]	100		
フナクイムシ科	7	7	
キクイムシ科	1	1	
脊椎動物	45		
合計	7589	4060	1111

a この数字は推定値であり，データベースからの計算値ではない．
b ポーランドから知られている種を含む．
c 十分に記載されていない．実際の種数はこれよりも大きい．

カワラタケ属だけでなく，コウヤクタケ類とされてきた多くの分類群，例えば *Corticium, Phlebia, Sistotrema* および *Tubulicrinis* もまた含まれている．多くの枯死木依存性種を含む他の目はハラタケ目（例えばナラタケ属，スギタケ属，ヒラタケ属といった属を含む）やタバコウロコタケ目（例えばタバコウロコタケ属（*Hymenochaete*），カワウソタケ属，キコブタケ属），ベニタケ目（多

263

くのコウヤクタケ類を含む．例えばアカコウヤクタケ属（*Aleurodiscus*），カワタケ属，キウロコタケ属），イボタケ目（Thelephorales：例えば*Amaurodon, Pseudotomentella*，ラシャタケ属），そしてキクラゲ類である．なお，キクラゲ類については，現在はアカキクラゲ目，シロキクラゲ目，ツラスネラ目（Tulasnellales）に分割されている．

担子菌類の大多数は，腐生的な栄養要求を持っている．そしてこのグループには最も効率のよい白色腐朽菌と褐色腐朽菌が認められる．しかしながら，かならずしもすべての担子菌類が木材腐朽菌であるわけではない．シロキクラゲ属（*Tremella*）とニカワオシロイタケ属（*Antrodiella*）には，他の木材生息性菌類の菌糸や子実体に寄生する種がいくつかみられる．イボタケ目には，多くの菌根菌が認められ，このグループの多くの種は地表間際に倒れた枯死木の表面に子実体を形成する．担子菌類の多くは絶対的な枯死木依存性種である．条件的枯死木依存性種は，中程度から大きく腐朽が進んだ木材に出現し，通常は他の腐朽した植物性の物質に依存している多くのハラタケ類である．

担子菌類は北欧諸国でよく研究されており，枯死木依存性種が全体で1461種という数字は，実際の種数から10％も離れていないであろうと考えている．

11.1.3　子嚢菌類

子嚢菌類は，担子菌類と比べて，より目立つことなく，収集家や研究者からもあまり注目されることがなかった．それにもかかわらず，900種近い枯死木依存性種が北欧諸国で知られている．これらの種の大多数はフンタマカビ綱に属している．フンタマカビ綱には，クロサイワイタケ目（チャコブタケ属，クロコブタケ属，クロサイワイタケ属），オフィオストマ目（Ophiostomatales：*Ophiostoma, Ceratocystis*），ボタンタケ目（ニクザキン属（*Hypocrea*），アカツブタケ属（*Nectria*）），そしてプレオスポラ目（Pleosporales）が重要な目として認められる．しかし，フンタマカビ綱にも，いくつかの小さな目と，特定の目に属していない一定数の種が含まれている．枯死木依存性種を含む子嚢菌類の他のグループには，特に多様性の高い目であるビョウ

タケ目（Helotiales：例えばムラサキゴムタケ属（*Ascocoryne*），ビョウタケ属（*Bisporella*），シロヒナノチャワンタケ属（*Lachnum*），ハイイロチャワンタケ属（*Mollisia*））を含むズキンタケ綱（Leotiomycetes）と2属（オルビリア属，*Hyalorbilia*）しか含まないオルビリア菌綱がある．

　子嚢菌類の多くは腐朽木との関係についてあまり理解されていない．しかし，少なくともクロサイワイタケ目では，正確な腐朽型が完全にわかっているわけではないものの，多くの種が木材腐朽菌である（3章，10章を参照）．オフィオストマ目では，含まれる種は明らかに木材腐朽菌ではない．これらの種は，一義的には健全木，衰弱木，そして枯死直後の木に出現し，これらの木では，ある種の菌は萎凋病と枯死を引き起こす（例えばニレ立枯病と針葉樹の青変病；3章を参照）．しかしながら，多くの枯死木依存性の子嚢菌類は栄養要求に関してほとんど関心を払われてこなかったし，多くがわかっているわけではない．

　我々の分類学的および生態学的な知識が子嚢菌類については不完全であるように，その種多様性についての知識も不完全である．北欧諸国からは現在，約900種の枯死木依存性種が記録されているが，実際の多様性よりも明らかに低い．もしもその数が20〜30％またはそれ以上増加することになっても驚くことではないだろう．

11.1.4　地衣類とコケ類

　地衣類とコケ類は分類学的には完全に無関係だが，それらが樹木そのものから栄養を取ることはなく樹皮上に生育しているという，生態学的に似ていることから同列に扱う．これらは，材表面で大気中または水中から栄養を得る（ある種のピンゴケという木材の劣化を引き起こし得る例外はあるが）．4章で，我々はこれらの生物をある程度詳細に扱った．ここでは，他の多くの木材生息性生物と比べて，これらのグループでは，より条件的枯死木依存性種が相対的に多いことを指摘するだけにしたい．これらの生物が栄養的に木質に依存しておらず，いくつかの種では生木の樹皮や岩，裸地上で成長できることから，このことはよく理解できる．

　地衣類とコケ類はよく知られており，我々は表11.1に示された数字は大

変信頼性が高いものと考えている．しかしながら，どの種を条件的枯死木依存性種に加えるかそれとも削除するかといった選択はどちらかというと恣意的なものである．したがって，これらの数字は，新しい種が樹木と関連して発見されることによってなされるというよりも，判断が最新のものになることで変更されるだろう．

11.1.5 粘菌

粘菌（変形菌）は，その胞子嚢果（子実体）が小型菌のそれによく似ているために伝統的に真菌類として扱われてきたよく目立つ分類群である．現在，粘菌は多系統群であることが明らかになっているが，各分類群のどれ一つとしても菌界に含まれない．典型的な変形菌の生活史は単核からなるアメーバ様の段階，基質上と基質間を自由に移動する多核の変形体の段階，そして単核のアメーバ様生物へと成長していくことになる単核の胞子を放出する固着性の胞子嚢果の段階からなる（図11.1）．単核のアメーバと変形体のいずれも，細菌を捕食する．しかし，変形体の段階ではいくつかの種は，藻類（シアノバクテリアを含む），酵母，そして真菌の胞子や菌糸も摂食する (Ing, 1994; Stephenson and Stempen, 1994; Keller and Braun, 1999)．

粘菌は，変形体が胞子嚢果を形成しているときに，自然条件下では最も観察されやすい．胞子嚢果の基質との関係は変形体が摂食していた場所を反映している．そして異なる種は，さまざまなタイプの腐朽木など，異なるタイプの基質とそれぞれ独自の関係を示す．ある種は湿った岩の表面に出現し，別の種は生木の樹皮に，そしてまた別の種は地上のリターに現れるといった具合であるが，多くの種は多少とも厳密に腐朽木と関係している (Stephenson, 1988; Schnittler and Novozhilov, 1996)．変形菌に対する広範な調査では，木材と関係した種が世界中の異なる地域から出現した種の 68 ～ 80% を占めていると報告されてきた (Stephenson, 1988; Schnittler and Novozhilov, 1996; Harkonen et al., 2004)．

北欧の変形菌類の最新のチェックリストは，この地域に約 300 種がいることを示している．これらの種は絶対的枯死木依存性生物か条件的枯死木依存性生物か未だに分類されていないが，Schnittler and Novozhilov（1996）

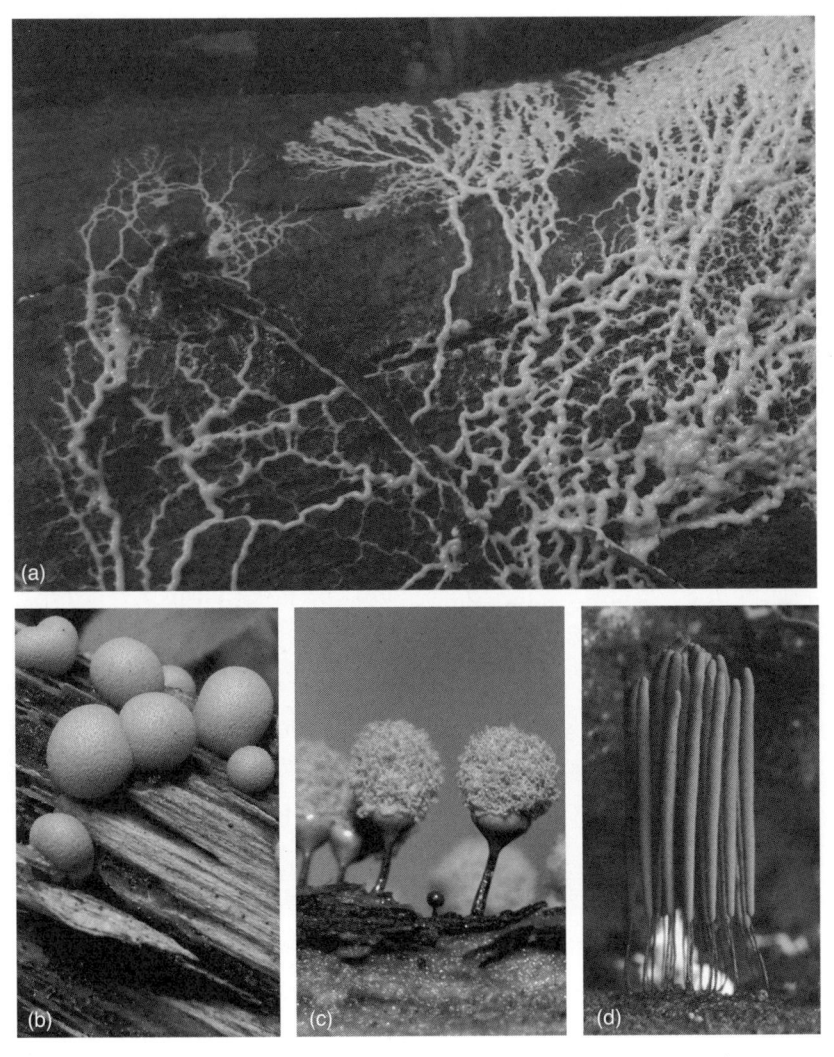

11.1 北欧における枯死木依存性種の多様性

図 11.1. 異なる生活史段階にある粘菌：(a) モジホコリ属の一種（*Physarum polycephalum*）の自由生活する変形体（写真 Ken Hickman）；(b) マメホコリ（*Lycogala epidendrum*）の子実体（写真 Luboš Čáp）；(c) ホソエノヌカホコリ（*Hemitrichia calyculata*）の子実体（写真 Kim Fleming）；(d) ムラサキホコリ属の一種（*Stemonitis* sp.）の子実体（写真 Kim Fleming）.

はこの地域で93種を発見し，そのうち73％が腐朽木から出現したことを考えると，北欧諸国には約200種の枯死木依存性の変形菌がいると想定するのは理にかなっているようだ．個々の種の詳細な検討によってこの数は変化するだろうが，おそらくは170〜230種の幅に収まるであろう．

11.1.6　ダニ，クモ，カニムシ

　ダニ類（Acari）は節足動物の中で非常に多様な綱（訳者註：ダニ亜綱）である．ダニは腐朽木の中で非常に多様であり，すべての機能的役割（腐植食，菌食，捕食，寄生）をもっている．枯死木依存性種はコナダニ目（Astigmata），ササラダニ目（Oribatida），ケダニ目（Prostigmata），そしてトゲダニ目（Mesostigmata）の中の数十の異なる科に認められる．ダニには飛翔能力がなく，新しい枯死木に住んでいる多くの種は，樹皮下キクイムシのような昆虫の媒介者に分散を依存している（Box6.2参照）．他の枯死木依存性の甲虫も，枯死木や多孔菌の子実体のような枯死木に関連した微小生息環境に住んでいる枯死木依存性のダニの媒介者として機能している可能性がある．林床の腐朽木は，リターや土壌に認められる群集と比べ，まったく異なったササラダニ群集を維持しているようだ（Siira-Pietikainen et al., 2008; Dechene and Buddie, 2010）．表11.1に挙げたダニの種数は，ポーランドでのデータに主に基づいている．その理由は，枯死木依存性のダニ相は北欧諸国では相対的にあまり記載が進んでおらず，ポーランドではよく研究されているためである．ポーランドに出現する種のいくつかはおそらく北欧諸国には出現しないのではあるが，ポーランドのデータを含めることで，このグループの種多様性についてのより良い所感を得ることができる．

　クモ目（Araneae）では，多くの種が造網や狩りのために枯死木を利用する．そしていくつかの種は枯死木表面に非常に頻繁に現れる（Buddie, 2001）．しかしながら，明らかな枯死木依存性種はごくわずかである．イギリスでは，Alexander（2002）が枯死木と密接に関連している10種ばかりをあげている．

　カニムシ目は北欧諸国ではどちらかというとあまり種がいない小さな節足動物の目である．これらのうちのいくつかは，樹洞のある木に出現する絶対的な枯死木依存性種である（Ranius and Wilander, 2000）．ダニと同様にカ

図 11.2. (a) *Larca lata* は老齢で樹洞のある巨木に生活するカニムシである（写真 John Hallmén）; (b) 飛翔能力のないカニムシは枯死木間を移動するのに助けを必要とする。ここではある個体が，枯死木依存性のカバエ属の一種（*Sylvicola* sp.）の脚に取り付いている（写真 Tom Murray）.

ニムシは飛翔できず，新しい枯死木への定着を他の動物に依存している（図11.2）.

11.1.7　甲虫

鞘翅目は腐朽木中に出現する昆虫の中で，最も多様性の高い三つの目のうちの一つである．多くの鞘翅目の科は，主として腐植食者でありかつ木材穿孔性の種を含んでいる．例えばクワガタムシ科，カミキリムシ科，シバンムシ科そしてキクイムシ亜科である．他の鞘翅目の科は主として菌食性の種を含んでいる．例えば，ツツキノコムシ科，オオキノコムシ科，ナガクチキムシ科，コキノコムシ科（Mycetophagidae）そしてヒメマキムシ科である．他の鞘翅目にはほとんどの種が捕食性のものがある．例えばエンマムシ科，カッコウムシ科そしてホソカタムシ科である．また，カツオブシムシ科やヒョウホンムシ科のように大多数の種が腐植食者であるような科もある．枯死木に出現する多くの甲虫は絶対的枯死木依存性生物であるが，いくつかの科の中には，とりわけハネカクシ科やキスイムシ科そしてヒメマキムシ科の中には，多くの条件的枯死木依存性種がいる．

甲虫は明らかに最もよく知られた枯死木依存性の昆虫群であり，この本を通じて，しばしば，実例として用いられている．個々の種についての知識に

ついても，北欧諸国での知識は極めて豊富にある．枯死木依存性の甲虫についての検索図説は Saalas（1917, 1923），Palm（1951, 1959）そして Ehnström and Axelsson（2002）があり，個々の種の生態に関する出版物は数百とある．全体で1447種の枯死木依存性の種がおり，この数字は真の値から10%とずれていないものと確信している．

11.1.8 ブヨとハエ

双翅目は，多くの種の幼虫がさまざまなタイプの枯死木中で成長する，もう一つの極めて多様な種から構成される目である．多くの種はガガンボ科やハナアブ科のように腐植食である．しかし，より多くの種が菌食であり，子実体や腐朽木中の菌糸を摂食している．キノコバエ上科（Mycetophiloideaに位置するいくつかの近縁の科）グループには多くの菌食性の種が含まれている．ハエのなかには多くの捕食性の種がある．例えば，ムシヒキアブ科，キアブ科，イエバエ科そしてアシナガバエ科である．ヤドリバエ科のような寄生バエにもまた多様な種がみられる．

ハエとブヨは腐朽木との関係に関する甲虫と比べて記載が進んでいない．これは鞘翅目よりも双翅目に興味を持つ収集家が少ないためであり，また，双翅目研究者の間でも収集の習慣が異なるためでもある．つまり，後者に関しては，双翅目研究者は幼虫の飼育や枯死木に対する選好性に関して詳細に注釈をつけることをそれほど行ってきていないのである．さらに，小型の菌食性のブヨは形態的に単純かつ変異が少ない．そのため，種同定が大変困難である．貧弱な知識量であるにもかかわらず，北欧諸国において，双翅目の枯死木依存性種は鞘翅目よりも多様であることが明らかになりつつある．この状況はとりわけキノコバエの間で幼虫の生態について知識が深まることによって起こっている．ここ2～3年の間，これらの種の多数は実際に腐朽木中で生育することが明らかとされている．幼虫の生態がより多くの種について記録されるにつれて，枯死木依存性の双翅目の種数は現在の1550種から，おそらく10～30%増にまで増加し続けるものと我々は考えている．

11.1.9 アリを含む膜翅目

　膜翅目は 3 番目に多様性が高い枯死木依存性昆虫である．これらの種の生態は三つの明らかに異なるカテゴリーに分けられる．キバチ類（キバチ科とクビナガキバチ科）は枯死直後の樹木を摂食する木材穿孔性のどちらかというと小さなグループを構成している．ついで，より多様な，枯死木依存性の膜翅目のグループは，他の枯死木依存性種の幼虫に対する寄生者である．絶対的枯死木依存性の寄生者の大半は，コマユバチ科，ヒメコバチ科，ヒメバチ科そしてコガネコバチ科である．三つ目の生態的なグループは他の木材穿孔性昆虫の坑道に二次的に営巣する種（例えばドロバチ科，アナバチ科，ギングチバチ科 (Crabronidae) およびハキリバチ科に見られる）またはこれらの二次的に営巣する種に労働寄生する種（特にセイボウ科 (Chrysidae)）を含んでいる．これらの種は栄養源として腐朽木を利用しているのではない．成虫は周辺から幼虫に餌を運んでいる（より詳細は 4 章を参照）．木材中に巣をつくるほとんどのアリは，木材自体を摂食することはないが，木材中に坑道を掘ることができるという点で，このグループに含むことができる．

　寄生的な膜翅目は腐朽木と種特異的関係をもつ双翅目よりもさらに情報が少ない．明らかに枯死木依存性である寄生蜂は多い．というのは，寄生蜂はしばしば枯死木上で認めることができ，また羽化もしている．しかし寄生蜂の宿主となる昆虫とその他の生息場所に対する要求はわかっていないことが多い．そのため，枯死木依存種のおよそ 800 種という数字は（表 11.1），おそらく実際の数よりも大きく下回っているであろう．本当の値に近づくのは難しいが，少なくとも既知種数の 50％ 以上は増えるであろう．

11.1.10 他の昆虫

　北欧諸国で知られている残りの昆虫は，枯死木依存性種の種数の点からは大変控え目なものである．極めて多様な目であるチョウとガ（鱗翅目）には，枯死木依存性種がたった 65 種しかいない．これらの多くは菌食者（ヒロズコガ科およびマルハキバガ科 (Oecophoridae)）や木材穿孔性の腐植食者（ボクトウガ科およびスカシバガ科）である．ラクダムシ目は捕食性昆虫の小さな目で，北欧諸国では 2～3 種が生息しているだけである．半翅目は穿孔

と吸汁に適した口器で菌糸を摂食する菌食者がほとんどを占める種群で占められている．しかしながら，樹皮下キクイムシの坑道で生活する2, 3種は捕食性である．アザミウマ目も主として菌食の吸汁に適した口器をしている．小さなトビムシ目は一般に腐植食か菌食であり，腐朽木に出現するトビムシも同じ食性をしていると思われる．

これらの昆虫の目のすべては，北欧では比較的よく記載されているので，枯死木依存性種の真の種数が，我々が表に示した値よりもとても大きいということは考えにくい．ただしトビムシは例外であろう．なぜなら，このグループに関する専門家は大変少なく，また，トビムシの生息場所の選好性を示すに当たり，これらの専門家は伝統的に腐朽木よりも土壌とリター層を調べてきたからである．

11.1.11 線虫

北欧諸国のどの国でも，線虫の本格的な調査は，どういった類の調査であれ，ほとんど行われてこなかった．線虫はおそらく，多数の枯死木依存性種を含んでいる：中部ヨーロッパでは，枯死直後の木に生息している樹皮下キクイムシと関係している約100種の線虫が記録されている（Ruhm, 1956）．枯死直後の樹木に生息している枯死木依存性の線虫は，たとえ線虫が小さく，飛翔能力のない動物であっても，分散が問題になることはない．ほとんどの種は昆虫という媒介者を用いた分散に適した特別な幼虫のステージ（Dauer Larvae）を持っている．例えば，ある種の線虫は樹皮下キクイムシによって運搬されるし（Box6.2を参照），枯死木依存性の昆虫の気管（呼吸のための管）に幼虫が潜り込んで媒介される種もある．例えば，マツノザイセンチュウ（*Bursaphelenchus xylophilus*）は主としてヒゲナガカミキリ属（*Monochamus* spp.）によって媒介され，新しく羽化した成虫は数万匹の線虫の幼虫を運ぶと思われる（Fielding and Evans, 1996）．推測することしかできないが，枯死木依存性の線虫の種数は確実に100種を上回ると思われる（主としてRuhm, 1956による）．

11.1.12 海生無脊椎動物

枯死木依存性の海生無脊椎動物があり，それらのいくつかは北欧諸国周辺海域に表れる．これらにはフナクイムシ数種と甲殻亜門等脚目キクイムシ科（Limnoriidae）の一種が含まれる．フナクイムシは木材中に潜り，相利共生的なセルロース分解を行う細菌の助けを借りて木材を消化する．一方でキクイムシは微生物の助けなしに木材を消化しているようである（9章を参照）．

北欧諸国においては，そう多くはないものの，海生の枯死木依存性種をいくつか加えることが出来るだろう．例えば，*Xylophaga*属の小さな二枚貝がそうであるが，深い海底に沈む木材に生息するこれらの種に関する研究については知られていない．

11.1.13 脊椎動物

枯死木依存性の脊椎動物には樹洞や腐朽木で営巣したり冬眠したりする種が主に含まれる．これらの種の多くは鳥類とコウモリで，鳥類は33種（種のリストはEsseen et al., 1992），コウモリは森林棲の約10種が知られているが，主に腐朽木中で冬眠するサンショウウオ2種類もいる．餌資源として木材や木材生息性無脊椎動物を利用する脊椎動物が数種いる．これらには枯死木依存性昆虫を特に冬季期間中に主として摂食するキツツキ類6種が含まれる．

北欧諸国では，すべての陸上性脊椎動物がよく知られており，枯死木依存性種は45種といわれ，真の種数にきわめて近いものと考えられる．

11.2 その他の枯死木依存性の分類群

北欧諸国の枯死木依存性種の多様性は見事なもののように見えるかもしれないが，地球上の多様性はより大きい．北欧以外において腐朽木で生活するその他の生物について紹介する．

11.2.1 シロアリ

シロアリは，亜熱帯地域および熱帯地域での高い種多様性と生態的な重要

性を持っているにも関わらず，この本で最も表面的にしか扱われていない枯死木依存性生物であろう．あまり触れられていない主な理由は，単純に北欧にはシロアリが生息していないためであり，この本では温帯および亜寒帯の森林生態系に強く偏っているためである．しかしながら，シロアリはいくつかの観点からよく研究されている．たとえば，シロアリと腸管微生物との共生，シロアリの消化系，食性の生態，土壌と生態系機能に及ぼす影響，巣の構造，社会構造とカーストシステム，形態学，分類学，そして系統学である．"*Termites: Evolution , Sociality, Symbioses, Ecology*（シロアリ：進化，社会，共生，生態）"（Abe et al., 2000）という本はシロアリについて概観できる最も優れた文献である．枯死木依存性のシロアリについて幅広く紹介できるほどの紙面は割けないが，シロアリについていくつかのことをハイライト的に紹介したい．

シロアリは全体で約2700の既知種がいる．そのうちの約1800種が厳密にまたは主に木材を摂食する．一方で残りの種は腐食や土壌を摂食する（P. Eggleton, 私信）．しかしながら，近年の調査ではおよそ4000種にもなると示唆されている（Chapman, 2009）．未知のシロアリの大部分は，見つけにくいという理由から，腐植食や土壌食性のグループに属していると考えるのはもっともである．

シロアリは広く分布しているが，赤道付近で最も優占的である．そして，熱帯や亜熱帯の草原にも普通に認められるが，乾燥・湿潤熱帯低地林で最も種多様性が高い（Eggleton, 2000; Eggleton and Tayasu, 2001）．アメリカとアジアでは，シロアリは温帯域にも普通に出現し，カナダ南部や中国中央部，北日本にまで達する．シロアリはヨーロッパでは極めて珍しく，2, 3種が地中海地域に出現するのみである．シロアリは南半球ではより広く分布しているようで，南アメリカやアフリカ，オーストラリアの南部にまで到達するほどである．全球レベルでのシロアリの分布には，食性と営巣の習性に関連した大変興味深いパターンが隠されている（Eggleton and Tayasu, 2001）．1本の乾燥した枯死木中で営巣および摂食のすべてを行うシロアリは最も広い分布域を持っている．個々の属は大変広い分布域を持っており，全体では，全大陸と緯度に分布し，遠い海洋島にも達している．別の極端な場合として，

湿った材（典型的には林床に横たわっている部分的に腐朽した巨大な樹幹）に営巣するシロアリがいる．これらは温帯の森林に散らばるように分布しており，個々の属は限定的な分布を示している．土壌食性シロアリの個々の属もまた限定的な分布をしているが，異なる地域には別の属が出現するため，全体としては土壌食性のシロアリは広く分布している．EggletonとTayasuはこれらの分布パターンをシロアリの生態と分散能力の違いによるものと考えた．一本の乾燥した枯死木を利用するシロアリは生活史全体を基質中で過ごすため，枯死木ごと川や海流に乗って遠くまで漂いうる．この漂流という現象は多くの海洋島にシロアリが出現していることに対するもっともらしい説明である．加えて，シロアリのコロニーが自身の環境を消費するために，分散が必要となる．一方，土壌食性の種は，長期間にわたって安定的な環境で生活しており，したがって分散はあまり必要でない．

11.2.2　ジュズヒゲムシ目

　ジュズヒゲムシは全体で約40種が知られているだけの熱帯に生息する枯死木依存性の昆虫の非常に小さな目で，すべて唯一の属 *Zorotypus* に属する（Chapman, 2009）．この目の構成者は最大でも体長3 mmと小さな昆虫で，一見，小型のシロアリに似ている．集合性があり，腐朽した倒木に小さなコロニーを形成して生活している．そこでは腐食や菌糸を摂食している．

11.2.3　カギムシ

　カギムシ（有爪動物門）は節足動物門にきわめて近い無脊椎動物の門を構成している．カギムシは，ミミズのように分節化した体に，関節のない円錐形の多数の肢と小さな目，触角をもつ．約200種が南半球の熱帯および温帯地域から知られている．すべての種が捕食性で，オオカミの群れのように共同して狩りをすると記載されてきている．カギムシは昆虫に粘液を噴出して捕食する．カギムシは15匹程度までの雌雄成体と若虫からなる小集団で生活している．この集団はランダムな組み合わせからなるのではなく，近縁個体からなる社会集団であり，メスが支配する階層構造によって形成されている（Reinhard and Rowell, 2005）．

カギムシは，透過性のある皮膚をしているために乾燥に弱い．そのため，夜行性で高い湿度がある暗い環境を好む．多くの種は倒木と関係しており（Monge-Najera and Alfaro, 1995），温帯オーストラリアのような，乾燥した地域では，多くの種は腐朽木の中にほとんど限定されている（Barclay et al., 2000; Yee et al., 2007）．

11.2.4　脊椎動物における枯死木依存性の珍種

キツツキを除いて，ほとんどの脊椎動物は腐朽木と密接な関係を築いているわけではなく，そこにある餌資源を摂食していることもない．枯死木依存性の生物という文脈では，脊椎動物はほとんど研究されていないので，我々は枯死木依存性という生活型がまったく系統関係が異なる脊椎動物でどのように繰り返し進化してきたかを示すある驚異的な種について語ろうと思う．

ビーバーは，二つの理由から枯死木依存性種として認識されている．まず，ビーバーは枯死直後の内樹皮を優占的に利用するという点で，巨大なキクイムシとみることができる．しかしながら，キクイムシに比べ，ビーバーは枯死木や衰弱木に依存しているわけではなく，餌のために生立木を切り倒している（Vispo and Hume, 1995）．この見方から，ビーバーは枯死木依存性種の定義から外れる境界的な事例となる．しかしながら樹木を殺すことで，ビーバーは枯死木依存性の食物網と関連している．二つ目に，ビーバーは彼らの小屋を作るために枯死木を利用する．

今までのところ，ビーバーには，同じような体サイズをした2種（北米のアメリカビーバー（*Castor canadensis*）とユーラシアのヨーロッパビーバー（*Castor fiber*））がいることがわかっている．しかし，一万年前まで，巨大なビーバーである *Castoroides ohioensis* が北アメリカに住んでいた．この種は体長約2.5 m，すなわちクロクマ程度の大きさがあり，体重は約200 kgあった．また，樹木を切るビーバーにはもう一つ別の属（*Dipoides*）があった．*Dipoides*属のビーバーは，現在のビーバーよりも小さかった．樹木を切る習性はおそらくビーバー科（Castoridae）の中で一度進化し，共通の祖先は少なくとも2400万年前まで生きていたと考えられている（Rybczynski, 2007）．

もう一つの枯死木の利用はアイアイ（*Daubentonia madagascariensis*）による

ものである．アイアイはマダガスカル島の熱帯林に生息するキツネザルである．アイアイは強い前歯と長く細い中指で餌を探し出し，キツツキと同じ生態学的ニッチを占めている．アイアイは古い樹木の幹や枝の樹皮をたたき，木材穿孔性の昆虫の幼虫がいるであろう空洞を音によって探し出す．そしてアイアイは前歯で材と樹皮を裂き開け，長い指を用いて餌を探し出す．指先の短い爪は，幼虫をかき出すためのフックとして機能している．アイアイは厳密な意味で枯死木依存性の無脊椎動物しか食べないわけではない．というのは，彼らは木の樹皮に成長する真菌類の子実体や，果実，種子，花蜜も食べるためである（Andriamasimanana, 1994; Sterling, 1994）．

アイアイと同じ方法で食物を探すことが知られている唯一の他の動物はフクロシマリス（*Dactylopsila trivirgata*）である．この種はニューギニアとオーストラリア熱帯域の雨林とユーカリ林に生息している．フクロシマリスは，細く長い第4指を両前足に持っている点，舌が並はずれて長い点，前歯がノミのように前方へ突き出ている点でポッサムの中で独特である．フクロシマリスとアイアイは系統的にまったくかけ離れているにもかかわらず，これらはまったく同じ食物探索技術と，木材穿孔性昆虫の幼虫を取り出すための形態的な適応を進化させてきている．驚くべきことに，化石にも長い指を持った種 *Heterohyus nanus* がいる．この種は，当時熱帯林におおわれていたヨーロッパ南部で4700万年前に生息していたネズミ程度の大きさの脊椎動物である．*Heterohyus* はアイアイに形態的に似ており，とりわけ，二本の非常に長い指を両手に持っている（Koenigswald, 1990）．全体的な体の形も似ており，アイアイと同じ方法で食物を探したようである．

魚の中にさえも，枯死木依存性種を見出すことができる．アマゾン川水系には，餌を得るために水中に沈んだ木をこそぐ *Panaque* 属と *Cochliodon* 属（ナマズ科（Loricariidae））の種がいる．これらの魚は木質の餌に特に適応しており，例えば，スプーン型をした歯や材を掘るための非常に曲がった顎をしている．Nelson et al. (1999) は，*Panaque* 属の魚類は摂食した材を消化できるように腸内細菌を持っていると報告している．しかしながら，最近になって，German and Bittong (2009) は *Panaque* 属の腸内細菌の木材腐朽能力に疑問を呈した．その代わりに，この魚はすでに分解が進んだ材を摂食する

ので，直接同化できる溶解性の有機物を材が含んでいるようだと，彼らは考えている．

恐竜も腐朽木を餌資源として利用していたとわかっても驚くようなことではないであろう．北アメリカにある7400万年から8000万年前の地層中で見つかった糞の化石記録が，その証拠である（Chin, 2007）．糞のサイズやすぐ近くで掘り出された骨，そして他の手がかりから，糞をした恐竜はマイアサウラ（Maiasaura hadrosaurs）であると示唆された．これらの糞のほとんど（最高で85%）は，真菌による分解の跡がある細かく砕かれた針葉樹の材であった．加えて，樹木断片の大きさは明らかに，それらが固い幹から由来していて，生きている木の葉を食べている間に偶然に摂食されてしまった小枝ではないことを示していた．糞をした恐竜の餌は，完全に腐朽木から構成されていたわけではなく，他の食物メニューも入っていた．しかしながら，菌糸や昆虫の幼虫もろとも腐朽木を大量に消費することは，少なくとも600万年に及ぶ採餌戦略であったことは明らかである．今日，木材の消費は脊椎動物ではきわめて稀である．しかしながら，白色腐朽菌によるリグニンの選択的分解は木材中のセルロースを植食性脊椎動物によって利用可能なものに変えることができる．このような自然のリグニンが分解された材（palo podrido）はチリにおいて家畜の有用な餌であることがわかっている（Gonzalez et al., 1989）．

11.3 なぜ多くの枯死木依存性生物がいるのか？

枯死木依存性生物の高い多様性に対しては，明らかに説明が必要である．どのようにして，こんなにも多くの異なる枯死木依存性種が生息していられるのか？ この疑問に対する答えは，いくつのかの構成要素がある．種間の明らかなニッチ分割や木材物質が持つ巨大なエネルギー，そして似た様な種の共存機構である．これらの説明はすべて，一般的な種多様性に関する仮説を示しており，生態学的な文献の中で広く議論がなされてきている．ここでは，腐朽木の文脈の中でこれらの理論を言い換え，これらが腐朽木においても説明力を持っていることを示す．

11.3.1 種間のニッチ分割

長い間に渡り，同じような資源を利用する生物の共存を説明するための基盤として，生態学者たちはニッチ概念の理論的枠組みをつくろうとしてきた．極めて古くには，Gause（1934）が同一のニッチを持つ競争関係にある二種はいつまでも共存することができないという考えを提出した．その後，競争排除則は自然の基本的な性質として，そして時には自然の法則としてさえ認識されている．Gause 以後，種の共存と群集集合の性質は，さまざまな資源をめぐる競争によって，ほとんど型どおりに理解されてきた．Gause の原理では，共通する資源を利用する 2 種が共存するためには，資源の利用方法においてわずかな重複しか認められない（Hutchinson, 1957）．Hutchinson も，ある種によって利用される資源の多次元ニッチ空間を示す Niche Hyper-volume へと，ニッチ概念を拡張した．

枯死木依存性種の種数を説明するためにニッチ分割を考えることは有用である．この見方から，我々は，5 章から 8 章まではさまざまな次元のニッチについて記述しているということができる．すなわち，宿主となる樹木，腐朽段階，微小生息場所，そして樹木の大きさは個々の種が各次元のごく一部のみを利用している資源軸を表している．加えて，この資源の利用方法（3 章，4 章）と周囲の環境の効果（9 章）は枯死木依存性種のニッチ空間に，さらなる次元を加えている．

こういった論法によって，Dahlberg and Stokland（2004）は北欧諸国における枯死木依存性種の多様性を説明する根拠として，潜在的なニッチの数を計算した．樹木種数の最小値（50），生木の成長速度（2），死亡要因（3），分解段階（4），微小生息場所（6），直径クラス（3），周辺環境（5），その他の機能的役割に関する要因（10）を掛け合わせることで，彼らは可能な組み合わせ数は 100 万を超え，したがって，この地域に生息していることがわかっているおおよそ 7500 の枯死木依存性種の数よりもさらに多くの種が生息することができると推定した．

潜在的な種数を計算するこの方法には，少なくとも二つの欠点がある．まず，枯死木の人為的な分類は，必ずしも枯死木依存性種がこの資源を把握している方法と対応しているとは限らない．大半の種にとって，異なる広葉樹

の樹種間には大した差はない．同様に，日向と日陰のそれぞれにある樹木で種が異なることもあるが，日射の程度に反応しない種も多くいる（図9.4を参照）．この計算のもう一つの欠点は，異なるニッチ次元に沿った変化が互いに独立ではないことである．例えば，異なる死亡要因の効果はおそらく，分解段階の初期で強く，分解の後期で弱いであろう（図6.4を参照）．同様に，異なる宿主間での違いは，枯死直後では明らかにあるものの，非常に分解された樹木ではほとんど無視できるであろう（第5章を参照）．加えて，あるニッチの組み合わせは単純に存在しない．微小生息場所である「樹液浸出場所」は成木にのみ存在し，内樹皮はほとんど常に分解初期に消費され，分解中期や非常に分解された樹木ではほとんど利用ができない．しかしながら，これらの限界は基本的な原理を無効化するようなものではない．すなわち，枯死木依存性種は多次元のニッチ軸に沿って，腐朽木という資源を細かく分けあっている．

11.3.2 類似した種の共存

1960年代や1970年代のニッチ分割や競争，共存種数に関する研究は，理論的には微分方程式の計算に基づいていた．この類の数学は，自然の重要な側面，すなわち空間的異質性と生息場所がパッチ状であることを考慮に入れなかった．この数学モデルの世界で起こる過程は，同じ場所で起こることを暗に仮定していた．

1980年代と1990年代の間，資源は明らかに空間的構造を持つことが広く認められ，詳しく調べられた．このことは，メタ個体群理論の発展を促した．メタ個体群理論では，生息場所パッチがより小さく，そしてより孤立するほど，その小さくかつ孤立した生息場所パッチはある種にとってより頻繁に空きパッチとなることを示している（Hanski and Gilpin, 1991）．群集生態学では，競争能力と分散能力にトレードオフ関係があるならば，多くの競争種は動的なパッチ環境下で共存できることを示した（Tilman, 1994）．言い換えると，競争力の増加において分散能力を減少させるコストがあるならば，競争的に劣位の種は，競争的に上位の種とともに生存できる．なぜならば，競争的劣位種は空きパッチにより早く侵入し，定着できるためである．

11.3 なぜ多くの枯死木依存性生物がいるのか？

その後すぐに Hurtt and Pacala（1995）は，分散と補充の制限が十分に強い場合，Tilman のトレードオフの仮定は，必ずしも共存を説明しないことを示した．この場合，単純に競争的に上位の種がすべてのサイトに到達できないために，競争的に劣位の種によって多くのサイトが占められる．これは，Gause の競争排除則が，空間生態学において一般的にあてはまるわけではないことを意味している．

数年後，Hubbell（2001）は群集生態学における「中立説」を推し進めることでさらなる一歩を刻んだ．生態学的な群集において多くの観察されたパターンは，種の違いよりも種の類似性に基づいて説明できることを Hubbell は示唆した．この理論における重要な点は，種の「機能的等価性」，すなわち栄養段階の同じ種は，（最初の概算として）出生率，死亡率，分散率の点で，一頭当たりを基準にすると個体群動態の点で同一である．別の言葉で言うと，栄養段階が同じ種の間の違いは「中立」である，またはその成功と関係がない．分散制限と環境の異質性と共に，この類似性は競争的な種の共存を可能にする主な要因である（Hubbell, 2005）．Hubbell はさらに，機能的に類似した種は，分散と補充が強く制限された種の豊富な群集で進化しやすいことを示唆した．なぜなら，もっとも頻繁に出会う資源に対して適応した結果，類似した生活史戦略に収斂するためである（Hubbell, 2006）．この理論は，特に種の豊富さを説明するための基礎としての機能的等価性の仮定は，幾人かの著名な研究者によって批判された（Hubbell, 2006 を参照）．

種の共存に対するこれらの一般的な説明を考えると，腐朽木は明らかに類似した種の共存を促進する属性を持っていることが明白になる．個々の枯死木は分解により消失し，新しい枯死木は自然による枯死の結果として出現するため，腐朽木はパッチ状に分布し，時間的に変動する．したがって，枯死木依存性種がこの絶え間なく変化している環境下で，すべての適した枯死木に定着することは困難である．いくつかの同じような属性（樹種，死亡の理由，腐朽段階，大きさなどが同じ）の枯死木を調べると，補充制限の効果は明らかに簡単に観察される．同じ局所的な林分においてさえ，種構成は類似した枯死木で明らかに異なりうる．4000 本以上の枯死木の観察に基づいたデータセットでは，同じような枯死木にある種が出現する頻度は，数百種の

真菌類についての典型的な場合で 10% 以下であり，もっともふつうな種でもほとんどの場合 50% に達しなかった（J. N. Stokland, 未公表データ）．いいかえると，適した枯死木の大半は，もっとも頻出する種によってさえも定着されていないようである．

　我々がそのような研究を知らないので，機能的に類似した枯死木依存性種の共存に関する確たる証拠を示すことができない．しかしながら，これは真菌と昆虫の両方の間で共通した現象であると強く疑っている．したがって，枯死木依存性種の群集における高い種多様性にこのメカニズムは明らかに貢献しているであろう．

11.3.3　エネルギー仮説

　ある地域における共存種数は利用できるエネルギーの量によって制限されているということが，種多様性 − エネルギー仮説（Brown, 1981; Wright, 1983）として提唱された．利用可能なエネルギーは，地域の種間で分割され，そして元のエネルギー量が大きいほど，各種のより大きく有効な個体群が存在しうる．種多様性における地域的な変異（すなわち，赤道から極地方へ，または低標高から高標高へ）は，エネルギーの利用可能性と正の相関関係があると長い間認められてきた（Wallace, 1878; Hutchinson, 1959; Currie, 1991）．しかし，たとえ強い相関関係があろうとも，どういったメカニズムがこの現象を引き起こしているかについては良く理解されていない．

　利用可能なエネルギーが個体群サイズを制限していると想定することは直感的に理解できる．そして無脊椎動物，鳥類，そして哺乳類では，食糧やエネルギーの利用可能性が増加するに従って，地域個体群サイズが増加することについて非常に多くの証拠がある（den Boer, 1996; Kaspari et al., 2000; Forsman and Monkkonen, 2003）．しかし，個体群サイズが増加するメカニズムの妥当性も仮定に基づいている．その仮定とは，新しく加わったエネルギーは，競争的に優位な種によって取られるのではなく，ほとんどの資源幅で利用可能である，というものである（Evans et al., 2005）．このトピックを詳しく調査した研究はほとんどないが，それぞれの種にとって利用可能なエネルギーの相対的な割合は，全体のエネルギーの利用可能性とともに変わる

ことはないことを示唆する証拠がある（Blackburn and Gaston, 1996）．したがって，利用可能なエネルギーの量が増加するにしたがって，（潜在的なニッチの位置に応じて）資源の幅が広がり，地域個体群を支えるのに必要とされる閾値を上回る．これは，「ニッチの位置（Niche position）」メカニズムと名付けられた，メカニズムである（Evans et al., 2005）．

　これらの一般的なエネルギーの考察から，枯死木に特異的なことについて注意を向けたい．主要なバイオームと森林タイプでの一次生産とバイオマスの分布のレビューにおいて，Rayner and Boddy（1988）は，木質は森林中のすべての地上部バイオマスの90％以上を構成しており，生物圏におけるすべての有機態炭素の約80％を占めると算出した．木質の年間のターンオーバー（枯死と分解）は葉や生殖器官といった他の植物物質よりも大変遅い．しかしそれでも，年間の純一次生産量の50％以上は樹幹，枝，小枝に変換され，50％以下は葉リターになる（Rayner and Boddy, 1988）．それゆえ，木質はすべての植物バイオマスの大部分を占めていることが明らかである．さらに，すくなくとも3億8500万年間は同様な状況であった．したがって，この期間を通じて枯死木依存性種は木質によって個体群を維持し，新しい種に進化できた．

11.3.4　種多様性の仮説の総括

　上述のように，枯死木依存性種の高い多様性に対する三つの鍵となる説明を紹介した．ニッチ分割，巨大なエネルギー源としての枯死木，そして類似した種の共存である．これらの理論は互いに相容れない仮説として考える必要はない．むしろ，これらはおそらく同時に機能してきており，多くの種が数億年間の間に進化することを可能としてきた（10章）．枯死木のエネルギー量は巨大なため，非常に特異的な枯死木の質に対して，極めて細かくニッチを分割することができる．これと同時に，この資源の動的な性質は，補充を制限し，競争を緩和することで，生態的に類似した種の共存を促進してきている．

11.4 枯死木依存性種の世界的な多様性

この章のはじめに，全球レベルでの生物多様性はおよそ1000万種であることを示唆した研究を引用した．それでは，全球での枯死木依存性生物の多様性はどの程度の数字になるであろうか？ はじめに，我々は明らかなことを強調したい：こういった数字は，しばしば粗い比率による推定や外挿を含む，極めて不確かな要素から計算されている．

11.4.1 枯死木依存性種の多様性と樹木の多様性の比率

枯死木依存性種の全球レベルでの種数を計算するもっとも単純な方法は，枯死木依存性生物の種数と樹木の種数の比率を考えることである．北欧諸国においては，この比率はおおよそ170:1（7500種の枯死木依存性種と在来の樹木43種）である．全球スケールで同じ比率を取ると仮定し，樹木の種数として低い推定値である6万種を用いると，おおよそ1000万種というのが，枯死木依存性種の全球での種数となる．この計算はHawksworth (1991, 2001) の論理展開と対応している．Hawksworthはある地域の真菌と植物の多様性との間の比率を，全球の真菌類の種多様性の計算に用いた．しかしながら，この計算方法は，枯死木依存性種については正しくないと考えている．枯死木依存性種はたいてい，多くの菌根菌や内生菌，病原菌のように宿主となる植物に特異性があるわけではない．5章でみてきたように，ごく一部の少数の枯死木依存性種にのみ，厳密な宿主特異性がある．

北欧諸国における高い枯死木依存性種と樹木種数の比率は，極めて低い樹木の多様性の結果であることを指摘しておく必要がある．樹木の多様性が極めて高い熱帯地域において，同じような比率が得られることを示唆する実証的な証拠はない．一方，北欧諸国に出現するごくわずかな宿主特異性のある枯死木依存性種について考えると，各樹木種で，平均して，少なくとも5種の専食性の種がいる．これは全球で，30万種の宿主特異的な枯死木依存性種がおり，宿主に対する選択性がより低い他の枯死木依存性種がこれに加わることを示唆している．とはいえ，この手の外挿はとても不確かなものであ

る．主な理由は，多くの優占的な樹木の属，例えばマツ属，トウヒ属，ヤマナラシ属，カバノキ属そしてコナラ属等は，北欧諸国ではせいぜい1～2種によって代表されているためである．したがって，ある地域のある1種の樹木に現れる種は，近縁の樹種が現れる他の場所では，より広い幅の樹木を宿主とするかもしれない．個別の樹木の種に宿主特異的な枯死木依存性種の数を数え上げる代わりに，樹木の属やより高次の分類レベルの数に対して，宿主特異的な種を関係づけるべきだろう．

11.4.2 全種数に対する比から推定される枯死木依存性種数

　全球の枯死木依存性種の多様性を調べるもう一つの方法として，ある地域におけるすべての種数に対する枯死木依存性種の比を用いる方法がある．北欧諸国においては，極めて正確に，枯死木依存性種の数とすべての生物種の数がわかっている．ノルウェーとスウェーデンでは，多細胞生物の種数は5万と6万の間にあると推定されている（ArtDatabanken, 2010a; 2010b）．これらの国の間では，種構成が大きく重複している．しかし，スウェーデンには温帯の種がより多く，ノルウェーでは山岳や海の生物種の多様性が高い．フィンランドとデンマークは，ノルウェーとスウェーデンにも出現する種に新たに付け加える分は相対的に少ない．したがって全種数は，これらの国々で7万種に近いと思われる．これらの数字は，北欧諸国では，枯死木依存性種の数は全種数の約10%を占めることを意味している．

　この比率が全球スケールでも同じ程度であると言えるような理由はあるのだろうか？その答えは，おそらくYesである．北欧諸国において，枯死木依存性種は他の生物群よりも良く研究されているとは我々には思えない．加えて，これらの国々は地球上のほかの地域と比べても，さまざまな生態系と生息場所の多様性を持っている．広大な森林，極地生態系，高山生態系，岩肌や崖，沼地や湿地，淡水環境，海岸の生息場所とサンゴ礁や何千メートルの深さを含む海洋環境である．欠けているものといえば，砂漠と広大な草地である．これに加えて，森林は極めて多様で，針葉樹林と広葉樹林がいくつかの気候帯に分布している（亜高山帯，亜寒帯，温帯）．生息場所の多様性がどこか別の場所よりも低いとしたら，北欧諸国の森林生態系がそうであろう．

マングローブ林に対応する森林や乾燥熱帯林と湿潤熱帯林のように対比できる森林もない（ノルウェーには，ごく狭い地域に亜寒帯「雨林」があるが，この湿潤な森林に特異的であると知られている枯死木依存性種はいない）．北方の森林という生息場所では潜在的に多様性が低いため，上述した10%程度という値は過小評価かもしれない．

　もし，枯死木依存性種の数の割合が全球上のすべての種数の約10%であるとするならば，このことは，全世界に約100万種の枯死木依存性種が生息していることを意味する．この文脈で鞘翅目について考えると，とりわけ面白い．というのは，鞘翅目は全生物の中でもっとも多様な生物群であり，約35万種が知られているが，実際の種数は100万種を超えると見積もられている（Chapman, 2009）．北欧諸国での1447種の枯死木依存性種はこの地域で記載されている5403種の鞘翅目の27%を占める．この割合は，より鞘翅目の多様性が高い熱帯でも同じ様に高いものであろう．低地熱帯林（インドネシア，スラウェシにある広さ約5 km^2）における鞘翅目の包括的研究では，100万頭以上の標本から3488種が得られ，このうち33%が枯死木依存性種であった（Hanski and Hammond, 1995）．

11.4.3　全球の枯死木依存性種の多様性に対する北欧における多様性

　全球の枯死木依存性種の多様性に関する問いに答えるためのさらなる別の方法は，全球スケールでよく研究されている分類群について，北欧の枯死木依存性種の数をすべての枯死木依存性種の数と比較することである．こうした生物群は多くはないが，確かにいくつかは存在する．それらのうち，三つの多様な鞘翅目の科（ないし亜科）とキツツキ，そして多孔菌類として知られる多系統群についてみてみる．

　まず，北欧で3946種が知られている昆虫から考えてみよう（表11.1）．表11.2にある鞘翅目3科は全球と北欧の多様性の比率の代表例を示しているとみなすと，全球スケールでは72から253倍もの枯死木依存性種，すなわち28万から99万種が期待できる．これらの数字は明らかに過小なものである．というのは，これらの鞘翅目昆虫の全球の多様性は，表11.2にある数字が示すよりも明らかに高いためである．なぜなら，全世界でみると多

11.4 枯死木依存性種の世界的な多様性

表 11.2. 地球上および北欧諸国における多孔菌類及び鞘翅目 3 グループの既知種の数

	地球上の多様性[a]	北欧諸国の多様性[b]	全球：北欧の比率	北欧諸国における枯死木依存性種の割合（%）[b]
タマムシ（Buprestidae）	14700	57	253：1	84
カミキリムシ（Cerambycidae）	35000	158	221：1	93
樹皮下キクイムシおよび養菌性キクイムシ (Scolytinae and Platypodinae)	7300	102	72：1	100
キツツキ	216	9	24：1	78
多孔菌類	1200	214	6：1	95

a 出典：タマムシ科（Bellamy, 2008); カミキリムシ科（Lawrence, 1982）；樹皮下キクイムシおよび養菌性キクイムシ（Wood and Bright, 1992; Bright and Skidmore, 1997）；キツツキ（Mikusinski, 2006）；多孔菌類 (Mueller et al., 2007).

b 出典：Nordic Saproxylic Database.

くの種が未記載であるためである（しかし北欧諸国ではほとんど記載されている）．一方で，これらの科のすべての種が枯死木依存性生物であるわけではない．北欧諸国においては，枯死木依存性生物の割合は 84% から 100% である（表 11.2）．そこで，もしもこれらの科で枯死木依存性でない種よりも未記載の新種が多いならば，先に計算した幅は過小評価になる．もしも計算を鞘翅目だけに限ると，その幅は 10 万 5000 種から 36 万 5000 種になる．これらの計算を他の昆虫へとさらに進めることはしないが，枯死木依存性昆虫の種数は 10 万種を優に超えるものとなり，未記載の種が数多くいることを考えるとおそらく 50 万種を超えるものと予想される．

枯死木依存性の真菌は，全球レベルの多様性について評価するのがさらに難しい．実証的な証拠から始めると，北欧諸国には少なくとも 2350 種の枯死木依存性の大型菌類がいることが知られている（表 11.1）．鞘翅目と同じように，100 以上の係数を掛けてよいだろうか？ 北欧と全球スケールでよく記載されている唯一の枯死木依存性の菌類群である多孔菌類では，その答えが No であると示唆されている．この分類群での全球：北欧の比は 6:1 である．この比率はおそらく過小評価になっている．なぜなら，北欧諸国では

多孔菌類は良く知られているのに対して，他の地域では多くの種が未記載である．それでは，この低い比率は何を示すのだろうか？ほとんどの多孔菌類の種は広域に分布し，地域に固有の種の割合が低いことはほとんど自明である．ヨーロッパと東アジアでは種構成の重複度が80%あり，ヨーロッパと北米では70%である（Mueller et al., 2007）．熱帯においても，多くの多孔菌類は広域分布し，アフリカと新熱帯の間の重複度は55%である（Mueller et al., 2007）．この他の，より多様な枯死木依存性の菌類群である子嚢菌類のクロサイワイタケ科では，固有種の割合がより高いようである．中央アメリカの3地域（ベネズエラ，カリブ諸島，メキシコ）では，約500種が知られているが，これら地域間の重複度は概して50%以下である（Mueller et al., 2007）．

北欧諸国に2350種の既知種が生息していること，そして，全球と北欧の多様性の比率が6:1であるという数字をもとに，真菌類に関する上述の数字からは下限の推定値として，全球レベルで枯死木依存性の真菌は14000種が生息していることが示唆される．しかし我々は，この多孔菌類の比率は過小推定だと論じたばかりであり，他の菌類群ではおそらくもっと高い比率になると考えている．したがって，枯死木依存性の真菌の全球での種数は実質的にはより大きなものであろう．加えて，我々が今まで考えてきた真菌類は，伝統的に大型菌類と呼ばれてきたものである．大型菌類とは，肉眼で見える子実体を形成する菌類である．これらの菌類は潜在的に全菌類の10%程度を占めているにすぎない（Rossman, 1994）．

微小菌類，とくに真性酵母とオフィオストマ菌（青変菌と辺材変色菌）には，さらに多くの枯死木依存性の菌がある．しかしここで，昆虫に関係している真菌類の膨大でほとんど未知の世界に入ることになる．我々は，樹皮下キクイムシと同様に，オフィオストマ菌と樹木の種類の間に密接な関係があることと（Kirisits, 2004），未知の酵母の大部分は材穿孔性甲虫の腸管共生者として近年発見されてきたこと（Suh et al., 2005）を指摘するにとどめたい．したがって，微小菌類にはさらに枯死木依存性種が加わる可能性が大いにある．残念ながら，枯死木依存性の真菌類の多様性を定量的に評価するには，基礎的な知識がいまだに不足している．

11.4.4 結論

　枯死木依存性種の全球での種多様性を計算するために三つの異なる方法を用いた．最初の方法では，枯死木依存性生物と樹木の多様性の間の比率から外挿したが，この外挿はあまりに不確実なため，その結果はまったく信用できないものであると考えた．第二の方法では，北欧における枯死木依存性種とすべての多細胞生物種の比率と，全球でのすべての種数の推定値を結び付けた．ここでは，枯死木依存性生物は約 100 万種が生息するという推定値を得るに至った．第三の方法では，北欧と全球でよく研究されている枯死木依存性生物群の多様性を考え，昆虫では 30 万から 100 万種の間，大型菌類（全菌類の約 10% を占めるグループ）では少なくとも 1 万 4000 種という数字を得た．これらの数字を組み合わせて考えると，全球スケールではおよそ 40 万から 100 万種の枯死木依存性生物が生息しているとするのがもっともなようである．

12章
天然林の動態

Bengt GunnarJonsson, Juha Siitonen

　数百年間にわたって，天然林の動態は枯死木依存性の生命の多様性を支えるさまざまな枯死木を作りだしてきた．本章では管理されていなかったり，人間の干渉が無視できる程度しかない状態で発達した森林の構造と自然な動態について記述する．ここでは，以下の動態について取り扱う．山火事や嵐，昆虫の攻撃によって引き起こされる林分置換動態（stand-replacing dynamics）や針葉樹林と広葉樹林におけるギャップ動態を含む，連続被覆動態（continuous-cover dynamics），洪水と自然におこる浸食により引き起こされる河畔林の動態（riparian dynamics）である．大型草食動物によって維持される開放的な森林地帯における「樹林草原の動態」（parkland dynamics）は，16章で紹介する．

　本章では，枯死木の質の時空間的な量と変異について強調する．生息場所の出現様式は枯死木依存性種が進化的に適応してきた環境を表している．彼らの生活戦略の結果は，14章で議論する．

　ある特定の枯死木依存性種にとっての生息場所として，枯死木の持続可能性は，樹木の死亡要因と関係している．異なる死亡要因は異なる分解の経路のきっかけとなり，分解過程の間で種構成が分かれていくこととなる（6章を参照）．天然林には，樹木の死亡を引き起こすあらゆる類の要因があり，そのことは，さまざまな性質の枯死木が利用可能になることを意味している．したがって，天然林においては枯死木の体積が人工林よりも大きいだけでなく，おそらくより重要なことに，枯死木の多様性がより高い．

　けれども，天然林と人工林の間のもう一つの違いは，天然林における枯死

木の補充は時間的により均等に起こっているということである．潜在的な死亡率が高く，ただ一つの撹乱要因（例えば，人工林における間伐や皆伐）にのみ関連しているわけではないためである．一方で，大きな山火事のように稀に起こる大スケールの撹乱は莫大な枯死木の集積を生み出す．これはさらに，枯死木が，天然林においてより多様な環境において作り出されていること，例えば，林分を置換する撹乱後の疎林にある枯死木から，遷移後期の日陰条件にある倒木や立枯れ木までの広い幅があることを示している．

最後に，天然林は異なる樹種やサイズが混ざって構成されている傾向にあり，さらに枯死木の多様性を増加させている．枯死木の体積が大きいことに加えて，これらの側面（樹種，林分構造，死亡要因，樹木のサイズ）は，天然林において人工林よりも枯死木依存性種が豊かなことに対する重要な説明となるであろう（Kirby et al., 1998; Grove, 2001; Siitonen, 2001; Jonsson et al., 2005）．以下では，枯死木を作りだすさまざまな自然撹乱をより詳細に紹介する．

12.1 枯死の時空間的変異

「枯死要因」という用語は6章で紹介し，樹木の枯死を引き起こすあらゆる因子として定義した．ほとんどの枯死要因は景観スケールでは明白な空間的パターンを示す（Franklin et al., 1987）．風倒は，根を張ることのできる場所が限られた湿潤土壌の，特定の地形条件下で非常によく起こる．森林火災は，場所の条件および地形と関連した明らかなパターンがある．斜面上部での乾燥した場所は，斜面下部の湿性または湿潤な場所よりも頻繁に火災が起きている．河川の作用によるプロセスによって生じる枯死，例えば土手の浸食や洪水は，非常に強力で予測可能な空間的パターンを示す．すなわち，水域の近くでのみ発生する．樹木の死亡の時間的な変動もまた，林分，景観の両スケールで大きい．ある種の枯死要因，例えば，競争は樹木の枯死に間断なく貢献しているが，その一方で，より外因的な要因は不規則かつ一時的に枯死を引き起こす．枯死の時空間的スケールは，互いに関連している．大面積の枯死を起こす出来事は稀に起こり，小スケールでの個々の樹木の枯死

表 12.1. 亜寒帯林における森林の各遷移段階での主要な枯死要因（Franklin et al., 1987 より改変）

成立期	樹幹の排除期	移行期	老齢期
環境ストレス（例；乾燥，霜）植食者，菌類による病気	競争，菌類による病気，雪害	火災，強風，落葉，競争	新材腐朽＋強風，老化，火災

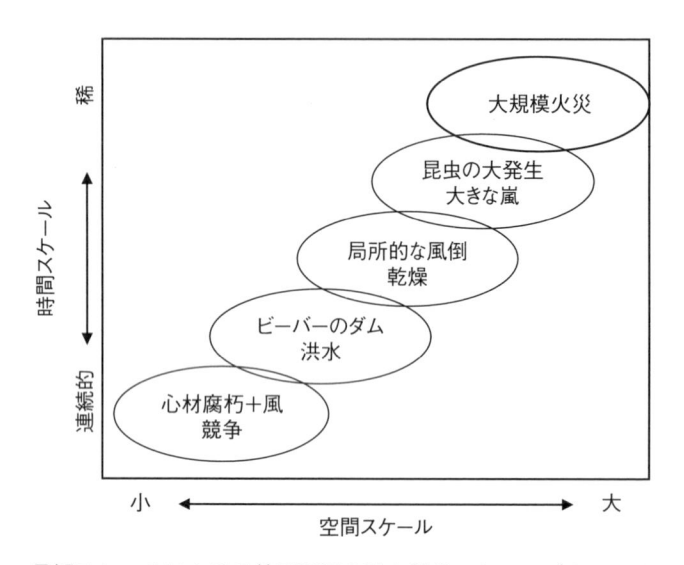

図 12.1. 景観スケールにおける枯死要因の時空間的スケール（Kuuluvainen, 2002 から改変）．例えば競争によってひき起こされる小スケールの枯死は，継続的に樹木個体のスケールで作用する．一方，大スケールの森林火災は大面積で樹木の枯死を引き起こし得るが，稀なイベントである．

は継続的な過程である（図 12.1）．

　林分スケールでは，枯死率も，異なる枯死要因の相対的な重要性も林分の発達の間に大きく変動する（表 12.1）．林分置換撹乱（後述）の後，四つの明らかな遷移段階，すなわち成立期，樹幹の排除期，移行期，そして老齢期，がしばしば認識される（Peet and Christensen, 1987; Oliver and Larson, 1990; Harper et al., 2005; ただし，より厳密な分類については Franklin et al., 2002 を参照）．枯死のリスクは成立期でもっとも高い．成立期では炭水化物の貯

留が少ないちいさな実生はごく弱い環境ストレス，被食，病気などに対する感受性が高い．樹幹の排除期に入った若い林分においてもっとも重要な第一の枯死要因は競争である．林分中の成長のための空間がすべて埋められ，枯死は非常に密度依存的である．枯死率は高く，通常は林齢が上がるに従って減少する．競争の重要性は移行期には減少し，外因性の枯死要因が競争よりも重要となる．枯死と成長は老齢期にはほぼ平衡状態に達する．

移行期と老齢期の森林における，通年の通常（壊滅的でないとき）の枯死率はおよそ0.2%から2%強の範囲である．亜寒帯および温帯の針葉樹林でもっとも低く，熱帯雨林でもっとも高い（Parker et al., 1985; Swaine et al., 1987; Ranius et al., 2004; Ozolincius et al., 2005; van Mantgem et al., 2009）．しかしながら，大規模撹乱（山火事，嵐，乾燥など）は大幅に枯死率を上昇させるだろう．景観スケールで長期間にわたってみると，継続的な通常の枯死と不規則な大規模撹乱はおおよそ同じ程度の枯死木を生産している．ただしこれはとても大まかな一般化であり，例えば植生帯や森林タイプによっても異なる（Harmon and Hua, 1991）．

異なる枯死要因の相対的な重要性は，地域間，森林タイプ間で大きく異なる．Schelhaas et al.（2003）は19世紀と20世紀におけるヨーロッパの森林の自然撹乱のデータをまとめた．その総説によると，1950年から2000年の間は，年平均3500万立方メートルの樹木が撹乱により枯死した．嵐による枯死が全体の53%を占め，火災が16%，雪が3%，他の非生物的要因が5%であった．生物的要因は枯死の16%を引き起こしており，この半分は樹皮下キクイムシによるものであった．3500万立方メートルという値はヨーロッパで収穫される木材量の約8.1%にあたる．

12.2 林分置換動態

多くの森林生態系において，自然撹乱は短期間のうちに林分内のほとんどすべての樹木を殺す能力がある．これらの出来事は，「林分置換動態」と呼ばれている．明らかにこのような出来事は大量の枯死木の加入を引き起こすが，遷移初期段階に森林をリセットするのと同様に，開放的な生息場所に枯

死木を出現させるにとどまる．このような生息場所はしばしば古い林分というよりも他の樹種によって優占される．そのため，林分置換を起こす撹乱は，長い期間と広い空間スケールでみると，枯死木のタイプの変異をもたらしている．

12.2.1 火災

　火災は多くの森林に覆われた地域でもっとも重要な撹乱因子である（Rowe and Scotter, 1973; Johnson and Miyanishi, 2001）．亜寒帯においては基本的にすべての森林は火災の影響下にある．もっとも，湿潤な地域と沼地では，火災が再び起こるまでの期間はとても長いものではある（例えば，Niklasson and Granstrom, 2000; Bergeron et al., 2004; Carcaillet et al., 2006）．林床の火災は，しばしば多くの樹木を殺す林冠の火災へと発達する（例えば Turner and Romme, 1994; Kafka et al., 2001）．このような状況では明らかに，枯死木の供給がパルス的になる．火災後の遷移過程について良く述べられるパターンについてみると，火災によって形成された枯死木は分解されてゆき，そして，若い発達過程にある林分は新しい枯死木を多くは生み出さないので，時間経過とともに粗大木質リター（CWD, coarse woody debris）の体積は減少する．火災からある程度時間が経過し，粗大木質リターの量が低いレベルになった後，林分が老齢林化するにつれて，粗大木質リターの体積は増加し始める．このようなメカニズムにより，森林火災後の時間経過に伴う粗大木質リター量の変化はU字型のパターン（図12.2）を示す．このパターンは，経験的研究でも，モデルによる研究でも認められている（Harmon et al., 1986; Spies et al., 1988; Sturtevant et al., 1997; Shtonen, 2001; Harper et al., 2005; Brassard and Chen, 2008）．

　自然火災の体制は三つの属性，すなわち，再び火災が起こるまでの間隔，火災の強さ，そして火災の広さによって特徴づけられる（Johnson and Miyanishi, 2001）．これらの属性は地域間や森林タイプ間で大きく異なる．火災生態学的研究の結果，山火事の影響を理解するうえで，変異性そのものが重要であることが浮き彫りになっている（Ryan, 2002）．再び火災が起こるまでの期間は，地域的な気候条件と局地的なサイトの要因の両方と関係し

12.2 林分置換動態

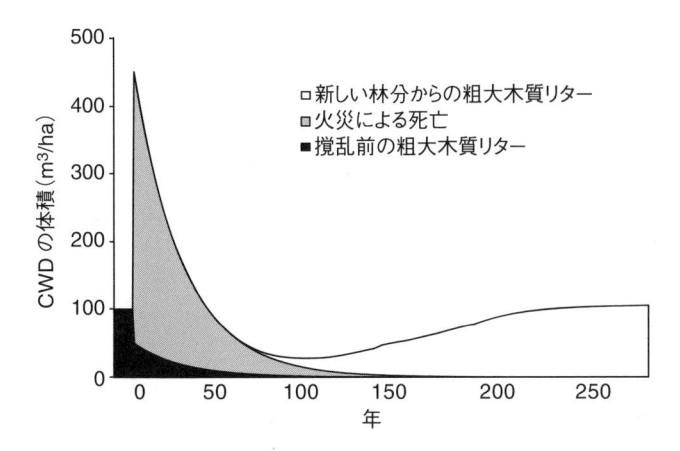

[グラフ: X軸「年」0〜250、Y軸「CWDの体積 (m³/ha)」0〜500。凡例: □新しい林分からの粗大木質リター、□火災による死亡、■撹乱前の粗大木質リター]

図 12.2 林分置換撹乱後の枯死木（粗大木質リター）の利用可能性は通常，U字型のパターンを示す．撹乱によって形成された枯死木がパルス状に集積したのち，林分の発達にともなって形成された枯死木のゆっくりとした集積が続く．このモデル（Siitonen, 2001）はフィンランド南部における天然生のトウヒ類が優占した森林のデータに基づいている．このパターンはおそらく一般的なものである．ただし，X軸（林分の発達期間）とY軸（枯死木の体積）の値は地域やサイトのタイプ，林分構造といった要因に応じて異なる．

ている．したがって，北アメリカの内陸北西部の森林は，カナダ南東部のより湿潤な亜寒帯林よりも火災の頻度が高い（Johnson, 1992）．このパターンと並行して，火災はユーラシアの西部と比べて，ウラル山脈の東側でより頻繁に起こっている（Bonan and Shugart, 1989）．局地的なスケールでは，場所の条件の変異と森林タイプが火災の頻度に重要な影響を及ぼしている．古典的な研究の中でZackrisson（1977）は，北スウェーデンのトウヒが優占した林分では，乾燥した場所のマツが優占した森林よりも（平均約50年），火災が再び起こるまでの期間がより長い（平均約100年）．地形と森林植生は，火災の頻度を左右する変異性の一要素となっている（Gromtsev, 2002; Kuuluvainen, 2002）．乾燥し，南に面した上り斜面は，火災の頻度が高くなりがちな一方，湿潤な北向きの場所は火災の頻度が低く，数千年に渡って火災から逃れうる．そして火災からの避難地を形成している．しかしながら，火災の強さは一回の山火事の中でさえも変化することがあり，多少とも焼か

れていない大小のパッチが残されることを強調したい．火災からの時間は空間スケールによって異なり，多くの森林域は最後の撹乱からの時間が異なる場所のモザイクとなっている．

　火災からの時間に伴う粗大木質リター量の変動を考えると，再度火災が起こるまでの期間は，火災によって支配されている生態系において枯死木量を決定する重要な役割を果たしている．火災が再度発生するまでの期間は火災と火災の間の平均的な時間によってしばしば記述されているが，火災の間隔の変異は比較的大きいので，そのような統計は誤りを導いてしまうかもしれない（Bergeron et al., 2002）．比較的頻繁に火災が起こる森林タイプにおいてさえも，ある森林はまったくの偶然によって，平均よりも長い間，火災から逃れうることがある．ランドスケープ全体やある地域を見渡すと，古い林分（200年生から400年生）は，火災によって支配されている森林タイプの中でさえも極めて普通であることがある（例えばWimberly et al., 2000; Pennanen, 2002を参照）．したがって，連続被覆動態という体制のもとでは，火災よりも他の要因によって生産された枯死木が明らかに多く集積することもある．

　焼け跡の全面積は主に，比較的稀だが大規模な火災に依存している．カナダでは，火災にあった土地の85％が，5％に満たない森林火災によって生じている（Johnson et al., 1998; Stocks et al., 2003）．1918年から2005年の間に，1年間当たり約100万ヘクタールの土地が，カナダの森林では火災にあっている．極端な年（例えば1989年と1995年）では，ほぼ800万ヘクタールにもなる土地が焼けている（Fauria and Johnson, 2008）．他のより広い亜寒帯地域であるロシアにおいては，広大な森林もまた，年に一度焼けている．最近の記録的な年は2002年と2003年で，これらの年には約750万ヘクタールと1450万ヘクタールがそれぞれ焼けている．しかしながら，これらの火災の多くは人為的なものであることが示唆されている（Achard et al., 2008）．これらの推定面積を火災によって形成された枯死木の堆積へと読み替えることは難しい．しかし，通常の成長量を考えると，加わった枯死木のおおよその推定量は，焼かれた土地面積（ヘクタール）の二桁（立方メートル）多い値であろう．すなわち，カナダとロシアの森林では，数億立法メー

トルの枯死木が毎年，森林火災を通じて加わるようだ．

火災によってきわめて大量の枯死木が供給されるだけでなく，枯死木のタイプの異質性が加わる．これは火災の効果，すなわち，火災によって死んだ木と同様，すでに林分にあった枯死木が焼け焦げることによるものである．火災によって形成された生息場所のいくつかは，枯死木依存性種にとって特に大切である（6章も参照）．火災は生きている針葉樹における強い樹脂生産の引き金となりうる．そのような木は後に腐朽耐性をもった樹幹を形成するだろう．またある木はひどく傷つき，専食化した種に対する生息場所を提供する．さらに，火災は日向にさらされた枯死木を残し，暖かい生息場所を好む種にとって有利な条件をつくる．例えば，大きく長命な樹皮のはがれた樹幹，いわゆる kelo と呼ばれる木には（Leikola, 1969; Niemela et al., 2002），何度も火災を受けた履歴があることが多く，そのことで生きている木の樹体内が，樹脂で満たされるようになる．

火災の頻度の点からみると，オーストラリアのユーカリの森林は，もっとも極端な森林タイプである．乾燥した気象条件と燃えやすい植生のため，火災は数年間隔で起こる．これらの条件では，森林構造を維持するうえで平均的な火災の頻度と同様に変異性そのものが重要である（Gill and McCarthy, 1998）．他の乾燥地域にも，短い火災間隔の場所がある．メキシコ北西の自然火災の起こる地域では，ジェフェリーマツ（*Pinus jeffreyi*）の森林で平均的な火災が再度おこる間隔は6年から15年である（Stephens et al., 2003）．

12.2.2 風

嵐やハリケーンは，いくつかの状況下で大規模な林分を置換させる撹乱を引き起こす（例えば Foster and Boose, 1992; Lassig and Mocalov, 2000; Hooper et al., 2001; Fischer et al., 2002）．例えば，ロシアの亜寒帯天然林では，数キロメートル幅で長さ 50 km 以上に及ぶ風による被害を受けた森林が出現する（Syrjanen et al., 1994）．他の例では，2005年1月にスウェーデン南部で起きた冬の嵐があり（Haanpaa et al., 2006 を参照），1回の嵐で約 7500 万立方メートルの樹木が倒れた．この数字は，スウェーデンにおける一年間の収穫量にあたり，多くの針葉樹林で劇的な変化を引き起こした．このよう

表 12.2. 大スケールの嵐の例. Fischer et al. (2002), Schütz et al. (2006) および Haanpää et al. (2006) の引用文献に基づいた.

嵐	影響を受けた地域	生産された枯死木（百万 m^3）
Vivian/Wiebke, (1990 年 2 月 28 日, 3 月 1 日)	中央ヨーロッパ	100 ～ 120
Lothar (1999 年 12 月 26 日)	中央ヨーロッパ	約 185
Gudrun (2005 年 1 月 7 日～9 日)	スカンジナヴィア / バルト諸国	約 85

な出来事は頻繁に出現するにもかかわらず，風は林分置換撹乱を引き起こすことにおいて，火災よりも重要性は低いとされている．一般に，針葉樹林は広葉樹林よりも強い吹き下ろしに対して感受性が高いのだが（Foster and Boose, 1992; Baker et al., 2002），おそらくは針葉樹では根系が浅く，冬の嵐の間にも高い位置に葉を茂らせているためであろう．

風による撹乱の大きさは風速の関数で示される．風速が 20 m/秒よりも上がると，大きな害の危険性が急速に上昇する（Talkkari et al., 2000; Ancelin et al., 2004）．風倒の危険性は，樹木と林分の特性とも関連している（Peterson, 2000）．高く細い樹木は風によって倒される危険性が最も高い（Ancelin et al., 2004）．また，混交林は一斉林よりも風の害が少ない（Schutz et al., 2006）．

森林火災に比べて，風による撹乱では供給される枯死木の質的な変異幅が狭く，基本的には，撹乱前にできた枯死木の性質には影響しない．倒れるのは，主として十分に成長した（高く肥大した）木であり，小型の木は生き残る可能性が高い．風による撹乱は倒れた枯死木を形成し，（根が破壊され，続いて樹木が弱った結果として形成される）立った状態の枯死木は少ない．

12.2.3 昆虫

高い死亡率と大スケールの林分置換撹乱を引き起こし得るいくつかの昆虫種があり，二つの主な分類群が認識されている．食葉性昆虫と樹皮下キクイムシである．食葉性昆虫には，幼虫として針葉や葉を摂食するガとハバチが含まれる．食葉性昆虫は宿主となる完全に健康な樹木の葉を摂食し，大発生は宿主植物の樹勢が弱ることよりも，気象要因や昆虫自身の個体群動態と関

係している．一方で樹皮下キクイムシが甚大な被害を引き起こす場合は，たいてい，樹木と林分の樹勢があらかじめ弱まっている必要がある．したがって，非生物要因による撹乱と樹木のストレス条件（乾燥，強風，洪水，火災など），そして，樹皮下キクイムシが林分置換撹乱を引き起こす時期の間には明確な関係がある（Parker et al., 2006; Gandhi et al., 2007）．

食葉性昆虫による害の悪名高い例には，北アメリカ東部のバルサムモミの森林におけるトウヒシントメハマキ（*Choristoneura fumiferana*）の大発生がある（Ghent et al., 1957; Blais, 1981; Bouchard et al., 2005）．この湿潤な亜寒帯林の景観は，昆虫による食害によって引き起こされた林分置換撹乱によって支配されている．1900年代には，トウヒシントメハマキの大発生が3回起こった．そして，ほぼ1億ヘクタールの森林面積に影響を及ぼした（Blais, 1983）．バルサムモミはしばしば，大発生の期間中に80％を超える死亡率を受けており（例えばBouchard et al., 2005），より選好性が低い種（トウヒ属）もまた影響を受ける（Hennigar et al., 2008）．樹種の実際の混交の仕方によって，林分レベルでの影響は，林冠ギャップを形成させる程度の限定的な撹乱なのか，林分置換撹乱なのかが決まっているのだろう（McCarthy and Weetman, 2007）．

ユーラシア大陸には，林分レベルの立ち枯れを引き起こし，したがって枯死木を一時的に大量に生産するようないくつかの食葉性の種がいる．アキナミシャク（*Epirrita autumnata*）は約10年間隔でカバノキの森林において高い割合の枯死を引き起こすことが知られている（Tenow, 1972）．この種は比較的不規則な周期的大発生を起こすため，研究上の興味をうけ，より広い地域における同調的な樹木の枯死の標準的な事例として役立っている（例えばRuohomaki et al., 2000）．個体群サイズが最大になると樹木に甚大な枯死を引き起こし得る別の種は，*Dendrolimus sibiricus*というガである．穿孔する宿主植物はシベリアモミ（*Abies sibirica*）とシベリアマツ（*Pinus sibirica*）であるが，大発生の期間中はカラマツ属とトウヒ属にも攻撃する．10年から11年周期の強い周期性を持ち，個体群サイズのピークはたいてい2～3年間続く（Anon., 2005a）．ピークの年の間，このガは，数100万ヘクタールという単位で計測されるような，広大な森林地域に影響する（Anon., 2005a;

Kharuk et al., 2007).そのような大スケールのイベントではしばしば,樹皮下キクイムシの害が後に続く.したがって,このイベントは,枯死木の莫大な加入を伴う状況を形成し,二次的な枯死木依存性種の個体群動態に強い影響をもたらすだろう.

　樹皮下キクイムシの大発生はしばしば,十分な量の産卵材料を提供するような大面積の風倒か,または暑い夏と関連した乾燥の後に始まる(Wermelinger, 2004; Raffa et al., 2008).健全な針葉樹には一般に,樹脂による防御を通じて,樹皮下キクイムシの攻撃に対する抵抗性がある.しかしながら,樹木の防御システムが乾燥やその他のストレス要因によって弱まっていたり,同時に樹幹へと十分に多くの成虫が穿孔したりするならば,樹脂の圧力は昆虫を外に追いやるには十分でない(6 章を参照).マスアタックを行う能力は,集合フェロモンを持つ樹皮下キクイムシに限られており,そのフェロモンは同じ木に数千個体を誘引することができる.

　すべての樹皮下キクイムシは青変菌と関係しており,これらの菌の運搬者として働いていて,菌が感染した木から感染していない木へと菌を運んでいる.青変菌の感染力は菌種間や,同種内でも系統間で異なる.大スケールでの流行病を引き起こしうるほとんどの樹皮下キクイムシの種は病原菌となる青変菌と関連している.樹皮下キクイムシによってどのような系統の菌が運ばれるかによって,攻撃によって引き起こされる林分レベルの枯死の程度が決まるだろう(Krokene and Solheim, 2001; Solheim et al., 2001, 詳細は Box 6.2 を参照).

　北アメリカ西部では,樹皮下キクイムシは主要な死亡要因であり,しばしば,火災よりも毎年広い地域に影響を及ぼしている.個体群の爆発的増加は,最近の百年間の間に何度も起きていることが知られており,数百万ヘクタールに及ぶ地域で,巨大な樹の死亡の 90% 以上を引き起こしている(Romme et al., 1986; Berg et al., 2006; Raffa et al., 2008).しかしながら,ここ 10 年間は,さまざまな地域の合計約 5 千万ヘクタールの針葉樹が,影響を受けている(Raffa et al., 2008).樹皮下キクイムシの中で最も重要な種は *Dendroctonus* 属に属する.アメリカ合衆国南部と中央アメリカにおいてミナミマツキクイムシと *D. mexicanus* は南部のマツ(例えば,テーダマツ(*Pinus taeda*）やエキナタマツ（*P. echinata*），そしてそれ以外の種）を摂食し（Price et al., 1992），約10年間隔で周期的な大発生を起こす．アメリカマツノキクイムシはロッジポールパイン（*Pinus contorta*）に生息し，北アメリカ北西部のロッキー山脈地域で大発生を起こす．この地域の在来種であるにもかかわらず，暖冬と暑く乾燥した夏が続くことを条件として，2000年代初期に始まった，予見できないような大流行をしてきた（Lewis and Hrinkevich, 2008; Raffa et al., 2008）．2008年に流行地域はブリティッシュコロンビアの内陸部を広く覆い，合計で1500万ヘクタールに及んだ．*D. rufipennis* は北アメリカのトウヒ類に生息する樹皮下キクイムシの中で最も破壊的な種である（Werner et al., 2006）．強風と乾燥した夏に続いて起こる散発的な流行が，メキシコからアラスカへと起こった．アラスカにおける最近の流行面積は，ほぼ百万ヘクタールと推定されている．

　ヨーロッパとアジアの亜寒帯地域では，タイリクヤツバキクイムシははるかに重要な種で，とりわけ暑い夏と好適な条件の間，ドイツトウヒの森林で莫大な死亡をもたらす（Weslien and Schroter, 1996; Wermelinger, 2004）．他の *Ips* 属の種も，林分スケールでの枯死を引き起こし得る．これらにはスコッチパインを利用する *I. sexdentatus* とマツノムツバキクイムシ，カラマツ類を利用するカラマツヤツバキクイムシ（*I. cembrae*）と *I. subelongatus* が含まれる．興味深いことに，北アメリカと異なり，天然林で大規模な大発生を起こす *Dendroctonus* 属の種がユーラシアにはいない．エゾマツオオキクイムシは健全木に攻撃できるようであるが，通常はどちらかというと珍しく，個々の木を枯死させるだけである．

12.2.4　遷移中の樹木の種構成

　林分置換撹乱は遷移過程を元に戻してしまうだろう．森林火災の後は通常，風散布をする種子を持ち，被陰耐性のない，成長速度が速いパイオニア種の林分が形成される．引き続いて起こる枯死によって，枯死木の多様性を明らかに増加させるような撹乱が起こる前と比べて，異なった樹種を含んだ枯死木が供給される．大規模な撹乱後に起こる，かなり独特な遷移の経路はよく記述されている．北部フェノスカンジアでは，カバノキ類，ヤマナラシ類，

そしてヤナギ類の優占度が高い広葉樹の段階が森林火災後に共通している（Esseen et al., 1997; Lilja et al., 2006）。カナダの亜寒帯林では，森林火災後の広葉樹の段階は，いくつかの考えられる遷移経路の一つとして出現するようだ．例えば，ケベック州においては，当初ヤマナラシ類とカバノキ類が優占した林分は，バルサムモミの優占する森林へとゆっくりと発達した（De Grandpre et al., 2000）．より長い時間幅で観察すると，優占樹種の変化は，枯死木依存性種にとって最も重要な生息場所の要素の一つの変化であることがわかる．なぜなら，真菌と昆虫の群集は明らかに針葉樹林と広葉樹林で異なっているからである（5章を参照）．それゆえ自然遷移は，時間経過に伴う樹種構成の変化が限定的な人工林における遷移とはまったくもって異なっている（Pedlar et al., 2002）．ほとんどの保護林区域はあまりに小さいため，すべての自然遷移の段階を含んでいない．したがって，初期段階へと遷移を引きもどすために，そして，枯死木依存性種によって利用される生息場所に幅を持たせるために，火災のような撹乱が改めて導入される必要がある（Linder et al., 1997; Kouki et al., 2004）．

12.3　連続被覆動態

林分置換撹乱はしばしば目を見張るような出来事であり，森林生態学において大きな注目を受けている．しかしながら多くの場合は，森林の動態はあまり劇的なものではない．林分置換撹乱がない場合，耐陰性の長寿命の種が優占する状況へと，林分は移るであろう．これは，熱帯から温帯を経て寒帯へ至る，地球上の森林のほとんどすべてに通じて認められる森林動態の最も一般的なタイプである．このような系では，個々の樹木の枯死は，別の樹木個体が林冠へ到達するための機会と捉えられる（Watt, 1947; Runkle, 1982; Kuuluvainen et al., 1998）．厳しい火災や強風，他の大面積での撹乱がしばしば起こるような森林においても，大きな撹乱同士の間には小規模な樹木の枯死が起きているのが常である．

「ギャップ動態」という語はしばしば樹木個体や小グループの樹木の死を記述するのに用いられてきた．しかしながら，天然林における林分動態は複

雑であり，ギャップ動態という語に含まれる古典的な林分動態と同様に時空間的な別の変化を含んでいる．林分置換撹乱を引き起こすのと同じ要因，例えば火災や風，昆虫はギャップを形成しうる．加えて他の要因，例えば真菌，乾燥，雪荷重，競争そして樹木の老化もまたギャップを形成する（McCarthy, 2001; Worrall et al., 2005; Brassard and Chen, 2006）．これらの要因の多くは枯死木依存性種の侵入とそれに引き続いて起こる遷移に影響している（6章を参照）．

連続被覆動態の鍵となる特性は，ほとんどのタイプの枯死木が多少とも連続的に，比較的小さい空間スケールで（すなわち，せいぜい2, 3ヘクタールの範囲で），時には数百年から数千年間というより長い時間にわたって形成されるということである．したがって，最も近接している適した枯死木までの平均距離は，典型的な場合は50〜100 m以下であり，この状況が長い期間続く．このため，枯死木の時空間的な分布が林分置換動態の場合と比べて大変異なっている．林分置換動態では，最近接する適した基質までの距離は大きく変動し，平均距離は比較的長い．このことから，ある森林が連続被覆動態と林分置換動態のどちらで特徴づけられるかによって，その分散能力に対して，異なる選択圧が生じている．

12.3.1 地表の火災

すべての森林火災がほとんどの樹木を殺すほど強烈なものではない．比較的穏やかな地表の火災は部分的な樹木の枯死を引き起こし，比較的大部分の樹木を焼け跡に生かしたまま残す（図12.3）．これは例えば，フェノスカンジアの亜寒帯林における火災による撹乱の一般的なタイプであるようだ（Niklasson and Granstrom, 2000）．あまり過酷ではない地表の火災は他の地域でも一般的である（Heinselman, 1973; Ehle and Baker, 2003）．地表の火災は，林分が置換するような火災と比べればあまり目立たないが，枯死木の一次的な増加をもたらすため，時間を通じて枯死木の継続的な加入に貢献している．とはいえ，地表火災はさまざまな樹種の更新を促進している．また，表面を焦がし，火による傷跡を加え，そして生立木への真菌の感染と昆虫の攻撃の可能性を増加させることによって，枯死木にも影響を及ぼしている．

図 12.3. 低強度の表層の火災は遷移を段階初期へとリセットし，枯死木の一次的な増加をもたらすため，そこにある枯死木と枯死木依存性種に影響を及ぼす．これらの要因は森林火災後の枯死木依存性生物群集が成立するのに強い影響を及ぼす．生残している樹木の割合が大きなことに注意（写真 B. G. Bengt Gunnar Jonsson）.

　一般に火災は，温帯や熱帯地域の広葉樹林において，あまり重要な役割を果たしていない．温帯地域においては，広葉樹林はしばしば湿潤な土壌条件に限定されており，木の葉は相対的に針葉樹よりも水分含有量が高い．加えて，いくつかの広葉樹，例えばナラ類は樹皮が厚く，高温に対して相対的に耐性が高い．これに対してブナ類や他の樹皮が薄い樹木は火災の間の高温に対してとても感受性が高い（Hengst and Dawson, 1994）．形成層の温度は多くの樹木の死亡率を決定し，樹皮による断熱効果は決定的に重要である．熱帯樹木の研究では，樹皮の厚さが火災時における形成層の温度の変異の50%以上を説明しており，他の要因（例えば含水率）は軽微な影響しかなかった（Pinard and Huffman, 1997）．同様に火災に対する抵抗性は針葉樹種間でも変異し（Johnson and Miyanishi, 2001），ある種（例えばマツ属やセコイア属）では火災でも生き残るように進化し，別の属は火災に対する感受性が高い（例えばトウヒ属やモミ属）．

12.3.2 風

　風はギャップ形成において主要な要因であり，繰り返し強風が起こる場合は全体の林分動態に強い影響を及ぼしうる（McCarthy, 2001; Brassard and Chen, 2006）．風それ自身は幹折れや根返りによって単木を枯死させうる．しかしながら，風はしばしば樹木個体の死亡に対する二次的な要因でしかないことがよく認められている．真菌の感染はしばしば風倒に貢献している（Hubert, 1918; Worrall et al., 2005; Lannenpaa et al., 2008）．風は根返りを引き起こす主要因であるが，幹折れに対しては，通常は嵐によって最終的に倒れる前に真菌が樹木に対してあらかじめ関与している．スウェーデンの亜寒帯域の老齢林で，Edman et al.（2007）はほとんどの樹木は一般的な風に対応する方向に倒れていたものの，調査期間中に死んだドイツトウヒの大部分は，生立木に甚大な腐朽をもたらす多孔菌の一種カラマツカタワタケに感染していた．同様に Worrall and Harrington（1988）は，ニューハンプシャーの低標高の亜高山帯林において，高標高域では風倒が重要になるものの，死亡要因の 66% を病気が占めることを示した．さらに強風は，林冠の 30 〜 50% が一回のイベントで消失するような（Frelich and Lorimer, 1991; Hanson and Lorimer, 2007），複数のギャップを一つにしてしまう，中程度から強度の撹乱となりうる．

12.3.3 昆虫

　昆虫もまた，小規模な撹乱を引き起こし（Stewart et al., 1991; Filion et al., 2006; Fraver et al., 2007），他の撹乱と相互作用しているようだ（Lundquist, 1995）．幅広い種が餌資源として生立木を利用し，いくつかの種は樹木個体の死亡を引き起こしうる．大量に枯死させることで林分置換撹乱（上述）を引き起こしうる種もまた，小規模なギャップ形成に関わっている．

　樹皮下キクイムシとカミキリムシでは，いくつかの種は，決して大発生はしないが，被圧木や傷痍木を頻繁に殺し，ギャップを形成する．北ヨーロッパでは，これらの種にヨツメキクイムシ（*Polygraphus poligraphus*）（キクイムシ亜科）とトドマツカミキリ属（*Tetropium*）の種（カミキリムシ科）が含まれる．食葉性昆虫は通常，大スケールの立ち枯れを引き起こした時に認識さ

れるが，これらの種は天然林において小スケールの撹乱にも貢献している．北アメリカ東部の針葉樹林において，トウヒシントメハマキが，小スケールのインパクトから林分全体の完全な立ち枯れ（上述）までを含む，さまざまな強度を持った周期的な撹乱を引き起こし，林分構造を形作るうえで重要な生物となっている（Fraver and White, 2005; Brassard and Chen, 2006）．

12.3.4 真菌

　老齢天然林では，真菌は樹木の重要な死亡要因であり，ギャップ形成を引き起こす要因である．とりわけ，他の傷害やストレスによって樹勢が衰えた木はしばしば寄生菌によって攻撃される．上述のように，いくつかの森林タイプでは，死亡する樹木の大半は心材腐朽菌によって攻撃されている（Worrall and Harrington, 1988; Edman et al., 2007）．どの菌種が樹木の枯死を引き起こすかによって，後に続く枯死木依存性生物の遷移はある程度影響を受ける（Renvall, 1995）．例えばカラマツカタワタケに定着されたドイツトウヒの樹幹においてみられるように，寄生菌によって引き起こされる心材腐朽は樹木のより速やかな腐朽を招く．

　もっとも広範囲に分布する寄生菌の一つに，ナラタケがある（*Armillaria mellea*，実際には同胞種の複合体から形成されている）．これらの菌は多くの異なる種の樹木を攻撃する．それには針葉樹と広葉樹の両方が含まれ，いくつかの森林タイプ，例えばアメリカ合衆国北部の針葉樹混交林では，甚大な立ち枯れを引き起こす．この地域では，いくつかの針葉樹の属（トガサワラ属（*Pseudotsuga*），ツガ属およびモミ属）に対する重大な病原菌であるが，何百種もの木本植物に影響を及ぼし得る（Shaw and Kile, 1991）．寄生菌は一般的に，天然林における林分置換撹乱とは関係していない．しかしながらマツノネクチタケ属とエゾノサビイロアナタケ（*Phellinus weirii*）は，しばしば，感染木から隣の健全木へ根の接触を通じて広がり，森林のギャップを拡大させる（Worrall, 1994; Hansen and Goheen, 2000）．

12.3.5 干ばつ

　各樹種はさまざまな乾燥耐性を持っているが，環境に対する耐性の限界付

近で育っている樹木や林分は，しばしば干ばつにさらされることになる（Gitlin et al., 2006）．例えば，最近 2 年間続いたヨーロッパ南部の干ばつはヨーロッパアカマツ個体群に甚大な枯死をもたらした（Martinez-Vilalta and Pinol, 2002）．エルニーニョにより，南アメリカの熱帯地域は乾期になりやすく，これらは明らかに自然な枯死率を上昇させている（Condit et al., 1995; Williamson et al., 2000）．景観スケールでは，枯死率は典型的には，南向きの斜面や排水性の高い土壌，尾根部といった相対的に最も乾燥した場所で高い．

　干ばつはいくつかの他の撹乱要因と相互に関係している．例えば，乾期と火災の危険性の間には，昆虫の大発生と菌類の感染と同じような明らかな関係がある．異常な高温と関係した干ばつは，昆虫の個体群の動態に影響を及ぼし，個体群成長率の増加，年間の世代数の増加，冬季死亡率の低下，そして地理的分布域の拡大をもたらす（Ungerer et al., 1999; Logan et al., 2003; Jonsson A. M. et al., 2009）．

12.3.6　雪荷重

　雪荷重と雪崩は高標高および高緯度にある森林では，重要な撹乱要因であろう（例えば, Hesselman, 1912; Veblen et al., 1994; Shen et al., 2001 を参照）．その影響は明らかである．1 ヘクタール当たり 300 〜 500 トンの雪がフィンランドの亜寒帯林の林冠に積り，深刻な幹折れを生じさせる．海抜約 300 m の標高では，トウヒ類（49%），マツ類（100%），およびカバノキ類（33%）の大部分で，樹幹の先端が破壊されている（Jalkanen and Konopka, 1998）．別の研究では，樹幹の先端の破壊は，スウェーデン北部の自然条件下でトウヒの 12% において記録されている（Fraver et al., 2008）．これらの破壊は木材腐朽菌の侵入口としての役目を果たし，樹木の死亡リスクを高める（Hennon and McClellan, 2003）．

12.3.7　競争

　林分置換撹乱後の遷移初期段階において，樹木の最初のコホート（訳者註：同一齢の集団）が出現し，樹木個体間での強い競争が枯死を引き起こしてい

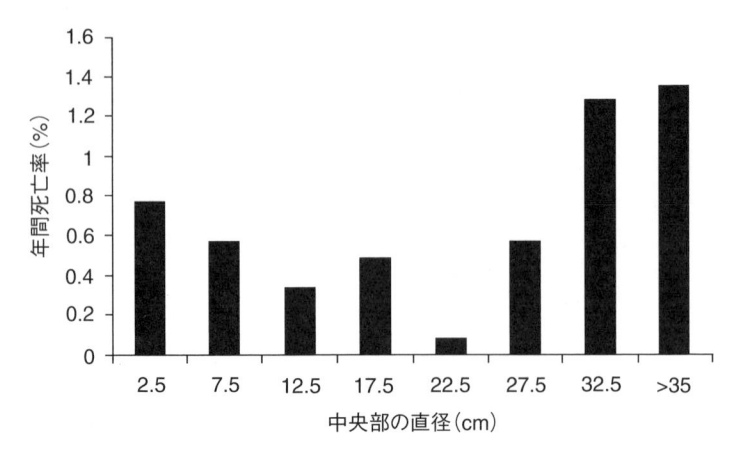

図12.4. 老齢林における死亡率はしばしば U 字型を示す．その理由は，小さな樹木は競争で死亡し，老齢の樹木は老衰と病原菌への感染によって死亡するためである．スウェーデン北部の老齢トウヒ林のデータ（Fraver et al., 2008）．

るのだが，このような自己間引きは一般的な現象である（Oliver and Larson, 1990）．自己間引きは同齢林では避けがたく起こるものである．樹木の平均直径が増加すると，樹木の個体数密度は減少するためである（Reineke, 1933; Westoby, 1984）．この究極的な理由は，林分が葉面積，樹幹の断面積合計の上限に達し，光合成と水移動が制限されていることにある（Pretzsch and Mette, 2008）．自己間引きが起こる境界は，樹種や生育場所のタイプ，環境条件に応じて変わるだろう（Hynynen, 1993; Pretzsch and Schiitze, 2005; Pretzsch, 2006）．

自己間引きは，しばしば立枯れ木として小型から中型の枯死木の加入を招く．これは老齢林で報告されてきた U 字型の枯死パターンに対する一つの解答である（Runkle, 2000; Lorimer et al., 2001; Busing, 2005; Fraver et al., 2008; 図 12.4）．これらの研究によって，若い段階では競争がより大きな役割を果たしているので，小径木において中径木よりも明らかに高い枯死率となっており，一方で，大径木は外部からの撹乱や老化によって枯死していることが，示唆されている．

12.3.8 老化

　天然林が，大きな撹乱も無く発達した場合，樹木の成長率は中程度の年齢でピークとなる．それ以後は，樹種にもよるが，数十年から時には数世紀の間，成長率は着実に減少する．ついに樹木は光合成のバランスを崩すことにより老化し，純粋に老衰により死亡する．老齢の針葉樹では，成長効率（Seymour and Kenefic, 2002）と葉の機能（Day et al., 2001）の低下を示すことが明らかにされてきた．齢が進んだ時に，どの程度まで老衰のみが要因となって樹木の枯死が起こるのか，明白にはなっていない．なぜなら，真菌の感染と昆虫の攻撃はしばしば，高齢の衰弱した樹木を弱らせるからだ．一般に，根腐れと心材腐朽の確率は，樹木の齢やサイズとともに増加する．これらすべての要因は，確実に，老齢樹木個体の枯死率を増加させる．老衰は多くの老齢の系で個体の死亡の主な形態なのである（Runkle, 1990; Krasny and Whitmore, 1992; Fraver et al., 2008）．生理活性の減退と病原体付着の増加の組み合わせはしばしば，高齢木の高い死亡率を招き，U字型の枯死パターンに寄与している（図12.4を参照）．

　樹木の枯死の前に，老齢の大径木は，通常，大径の枯れ枝という形で枯死木の加入に貢献している．生立木の中に枯死木を大量に含んでいる樹種もある．スウェーデン南部のナラ林では，約12%の枯死木は生立木の樹冠に残存した枝として存在している（Norden et al., 2004a）．生立木の枯れ枝は針葉樹林でも普通にあるだろう．アメリカ合衆国西部のトガサワラ－ツガ林では，生立木に付着した形で存在している林内の枯死木の割合はおよそ3～4%と推定されている（Harmon et al., 2004）．枯れ枝は，多くの場合，幹の中頃から下部に位置する傾向にある（Ishii and Kodatani, 2006）．

12.4　渓流と河川の中の枯死木

　渓流や河川はほとんどの森林景観を横切り，枯死木の自然な動態に一定の役割を果たしている（Hassan et al., 2005）．渓流や湖に沿って堆積してできた土壌上の森林は特別な生息場所であり，しばしば生産性が高く，高い生物多様性を持った土地を構成する（Naiman and Decamps, 1997）．樹木層の回

転率は高く，結果として枯死木の加入も多い．動態は高台にある森林とは異なっている．というのは，枯死木のいくつかは水浸しになることで，水系に入り，時には下流へと移動されるためである．

12.4.1 加入と影響

　洪水や河川の土手の浸食，そして単純な倒木といったものはすべて，渓流や河川に枯死木を提供する．加入率は明らかに渓流沿いの森林タイプに影響を受けるが，水中では分解速度が遅いため（例えば Hyatt and Naiman, 2001 を参照；2 章も参照），渓流は近接する森林よりも多くの枯死木を集積しがちである．渓流の中に枯死木が大量に蓄積されることは，温帯の雨林から報告されており，そこでは体積が優に 1000 m^3/ha を超える（Harmon et al., 1986）．渓流のサイズは枯死木の量に影響を及ぼす．なぜなら，より幅の狭い渓流では，単位長さあたりの枯死木体積が多いためである．これは森林により近いためであるが，下流へ枯死木を押しやる力が弱いためでもある．したがって，細い渓流では，枯死木が溜まった場所が普通にある（Harmon et al., 1986）．老齢林内の渓流における枯死木の体積は，人工林内の渓流に見られる量よりも多い傾向にある．Dahlström と Nilsson（2006）は二つの渓流のタイプを比較し，人工林内の渓流よりも老齢林内の渓流で枯死木が 3 倍以上多かったことを記録している（人工林内では 26 m^3/ha であったのと比べ老齢林内では 91 m^3/ha）．

　渓流の中で枯死木が及ぼす影響は多くある．枯死木は河川の形態の動態において重要な役割を果たし，かつ，さまざまな水棲の枯死木依存性種に生息場所を提供する（9 章を参照）．枯死木は水中の生息場所に著しい異質性を加え，これは無脊椎動物群集と魚類の個体群サイズの両方に影響を及ぼすことが知られている．魚類の個体群にプラスの影響を及ぼすことが広く知られているにもかかわらず（例えば Abbe and Montgomery, 1996 を参照），枯死木は通常，洪水の制御や航行のため，そして漁獲の改善のためにさえ，渓流から取り除かれてきた（Sedell et al., 1984; Abbe and Montgomery, 1996）．魚類群集にとっての枯死木の主たる役割は，魚類が捕食者や日光の影響，速い流速を避けやすくしたり，産卵場所を作り出したりすることである（Crook and Robertson, 1999).水中の生息場所を作り出すだけでなく,枯死木は流路の形態に強く影響し,これによって,河畔林の動態に影響を及ぼす.渓流の中の枯死木溜りに留められたり,再度流れ去ったりする浸食物質は,新しい場所へ堆積し,渓流沿いの森林遷移の起点となる.

12.4.2 ビーバーのダム

ビーバーは,河川生態系に対する強い影響のため,キーストーン種または生態系エンジニアとして考えられている(Naiman et al., 1986).ビーバーは森林動態にも強い影響を及ぼす.ビーバーのダムが造られると,河畔林でおきる洪水は,しばしば樹木に高い割合で枯死をもたらし,したがって,枯死木の一次的な増加をもたらす(図12.5).ダムが放棄されると,先駆樹種による再生がしばしば起こる.残念ながら,ビーバーの歴史的な影響を推測するのは困難である.なぜなら,北ヨーロッパと北アメリカの両方で,ビーバーの個体群は1800年代に大規模かつ過剰に捕獲され,いくつかの地域ではほ

図12.5. ビーバーのダムは河畔林に洪水を引き起こし,水位の上昇による樹木の立ち枯れを起こす.ビーバーによって影響を受ける森林の割合は,人類がビーバーの個体群に強い影響を起こす以前は,多くの亜寒帯地域で大面積を占めていた(写真 Mattias Edman).

とんど絶滅したためである (Jenkins and Busher, 1979). しかしながら, ビーバーのダムは, 川幅がおよそ 10 m 以下の 2 次河川から 4 次河川で, 1 km 当たり 10 個までの頻度で出現しうると推定されてきた (Naiman et al., 1986). これらの大きさの渓流は, 森林景観のほとんどを横切っており, ビーバーの影響はおそらく, 少なくとも湿潤林や湿地林では大変大きかっただろう (Kuuluvainen, 2002).

12.4.3 海の流木

河川によって運搬された枯死木のいくつかは, ついには海へと到達する. これは森林に覆われた地域と海岸地域の間にリンクがあることを示しており, そこでは, 河川が物質の移動に重要な役割を果たしている. 河口に到着すると, 枯死木は海流や風, 流氷によって再度, 広く分散される. これは重要なプロセスであり, 自然の森林景観に由来する海の流木は, 海水環境における無数の種にとっての生息場所となる. 今日, 海水性の枯死木依存性種は木製の舟や建造物として使われた木材に対する損害をもたらすことでよく知られている. しかし, 多くの生物については, 流木がもともとの生息場所にあたる. 9 章では, そのような海水性の枯死木依存性生物について, 詳細に記述している.

生息場所として機能していることに加え, 流木は幅広い種の分散をも促進しているであろう. 流木を用いた移動は, さまざまな漂流物に乗り海を渡って移動する種において, よく知られた現象である. 枯死木は最も重要な自然の漂流物であり, 亜寒帯と熱帯の海域の両方で鍵となる役割を担っているようだ (Thiel and Gutow, 2005). 例えば, グリーンランドとノルウェーに隔離分布する維管束植物が存在することは, 最終氷期の最後の期間に, シベリアとロシア北西の氷のない地域から流木によって運搬されたことで説明できるだろう (Johansen and Hytteborn, 2001).

流木はまた, 極地域にいる人々にとって主要な木材の入手源である. 極地域では長い期間にわたる循環が人間の居住パターンにまず間違いなく影響してきた (Alix, 2005). したがって, これらのプロセスに関する最近の関心には, 現在進行している気候変動の影響が含まれている (Dyke et al., 1997).

12.5　天然林の枯死木

12.5.1　体積

　林分置換撹乱がない時，ある林分における年平均成長が枯死木の年間加入量の平均的なレベルを決定する．群集に含まれる樹種にもよるが，林分の生産性は気候，土壌，そして水分の利用可能性によって説明できる．したがって木材生産量は地域間で大きく異なり，温帯雨林地域において年間で 0.1 m^3/ha 以下から 30 m^3/ha 以上の幅がある（例えば，Franklin and Dyrness, 1973 を参照）．いくらか驚くことには，林冠が閉鎖した熱帯林は必ずしも最も成長が早いわけではなく，成長速度の古い推定値は誇張されたものであろう（Vieira et al., 2005）．これは，ある熱帯林では相対的に枯死率が低いことによってもさらに支持されている．例えば，コスタリカの雨林では，最も大きな樹木は年間の死亡率が 0.6% 程度しかない（Clark and Clark, 1996）．

　老齢林では枯死木が比較的連続的に加入することを考えると，枯死木の局所的な体積は林分の生産力，枯死率（枯死木の加入率），そして分解速度によって決定される．これらのパラメーターは林分の遷移の間の枯死木の体積をモデル化するに当たっての基礎とされている（Sollins, 1982; Harmon et al., 1986; Spies et al., 1988; Tyrrell and Crow, 1994; Siitonen, 2001; Ranius et al., 2004）．我々は，6 章において分解速度を議論したが，ここでは，いくつかの要因がそれらに影響を及ぼしていることを繰り返すだけにする．温帯林と亜寒帯林における分解速度定数はほとんどの場合，比較的狭い幅に収まる（0.02 〜 0.05; 詳細については Box 6.1 を参照）．この幅は 15 〜 35 年の間に体積が半減することに相当し，60 〜 150 年間で体積の 95% が失われることを示す．熱帯地域では分解は年間を通じて起こるため，分解速度はより速い（Chambers et al., 2000; Mackensen et al., 2003）．その一方でより高緯度では，材の中の温度が 4 〜 5 度を下回ると，真菌による分解活動は止まってしまう．年間の樹木の死亡は大きく変異するものの，枯死木の平衡的な体積は単純に平均の加入速度（年平均 m^3/ha）と分解速度（表 12.3）の情報を組み合わせることでモデル化できる．それゆえ，異なる枯死率と分解速度の森林でも

表 12.3. 平均的な加入と分解速度における粗大木質リター体積の平衡値（Siitonen, 2001 より）. 分解速度モデルの詳細については，6 章を参照.

年間加入率 (m³/ha)	分解定数, k						
	0.015	0.02	0.025	0.03	0.035	0.04	0.045
0.5	33	25	20	17	14	13	11
1	66	50	40	33	29	25	22
2	132	100	80	67	57	50	45
4	265	200	160	133	114	100	89
6	397	300	240	200	171	150	133
8	530	400	320	267	229	200	178
10	662	500	400	333	286	250	222

同じ平衡速度になりうる．

　さまざまな森林生態系における枯死木の体積が多くの研究によって報告されてきた．しかしながら，これらの結果を比較するにはいくつかの問題がある．いくつかの研究ではバイオマスを報告しており，別の研究では体積を報告している．密度は分解過程で変化する（バイオマスの減少に対応する）一方で，体積はほとんど影響されないまま残るため，これらは単純に変換できない．さらに，推定値は調査されたプロットの大きさに非常に敏感であり（Woldendorp et al., 2004），ヘクタール当たりの値が高い報告例のいくつかは大変狭いプロットサイズ（数百㎡）に集中した枯死木から結果を得ている（Linder et al., 1997; Gibb et al., 2005）．同じように，体積の推定は調査を行ったトランセクトの長さと数に大きく依存している（Woldendorp et al., 2004）．最後に，個々の材の体積を推定するために使われた数式にもある程度のバイアスがかかっている．六つのよく利用される数式を比較すると，どの数式が適用されるかに依存して推定値が最大で 25% 変化しうることを Fraver et al.（2007）は示した．

　このような不確実性を念頭に，天然生の森林生態系における枯死木体積の要約を示そう（表 12.4）．Siitonen（2001）は亜寒帯林での研究の総説を示した．これを基に，Hahn and Christensen（2004）はヨーロッパの亜寒帯林および温帯林の保護区域からのデータを集めた．北米からは Stevens（1997）

12.5 天然林の枯死木

表12.4. 天然林における枯死木の体積に関する総説

森林タイプと地域	枯死木の体積 (m³/ha)	文献
亜寒帯林 / フェノスカンジア	20 〜 120	Siitonen (2001)
亜寒帯林 / ヨーロッパ	60 〜 80	Hahn and Christensen (2004)
温帯林 / ヨーロッパ	130 〜 250	Hahn and Christensen (2004)
太平洋岸針葉樹林 / アメリカ合衆国北西部	60 〜 1200	Harmon et al. (1986)
熱帯林 / メキシコ	40 〜 120	Harmon et al. (1995)
熱帯林 / オーストラリア	20 〜 45	Grove (2001)
熱帯林 / ベネズエラ	5 〜 80 [a]	Delaney et al. (1998)
ナンキョクブナ林 / ニュージーランド	約 100 [a]	Hart et al. (2003)
温帯ナンキョクブナ林	最大 800	Stewart and Burrows (1994)

がカナダの森林の推定値を，Harmon et al. (1986) が温帯林の推定値を出している．熱帯からのデータはより散在しているが，表12.4には，熱帯地域からの例と南半球のナンキョクブナ属（*Nothofagus*）の林からの例を含めている．

多くの天然生の亜寒帯林と温帯林で大きな変異があるものの，枯死木の体積は，北緯が高い地域で低い値を，温帯地域のいくつかの地域で高い値を示しつつ，典型的には約 100 m³/ha であるようだ．熱帯林では例外が見つかった．分解速度が大変速く，その結果として相対的に枯死木がほとんど集積しない（Harmon et al., 1995; Grove, 2001）．中央アマゾンでの平均的な分解速度定数は 0.17 であり，95% のバイオマスが 18 年間で失われることになる（Chambers et al., 2000）．その他の極端な数値は北西アメリカの温帯雨林で認められる．ここでは樹木の生長が速く生産性がとても高いことに加え，腐朽耐性があり分解速度が遅い針葉樹が優占している．極端な値は，太平洋沿岸の北西部にあるトガサワラ−ツガ林から報告されており，体積は 400 m³/ha から 1000 m³/ha の範囲にあった（Harmon et al., 1986）．また，ナンキョクブナ属（*Nothofagus* spp.）の森林もまた枯死木の体積が大きく，100 m³/ha から 800 m³/ha の幅がある（Stewart and Burrows, 1994; Hart et al., 2003）．

枯死木の体積と生立木の体積の間の関係は森林生態系の間で異なるものの，

通常は全体の体積ないしバイオマスの10%〜40%の間になるようだ．一般的なパターンでは，枯死木の割合は，亜寒帯林や温帯林（例えばSiitonen, 2001; Hahn and Christensen, 2004を参照）におけるよりも，熱帯地域（例えばDelaney et al., 1998; Houghton et al., 2001を参照）において低いようである．

12.5.2 枯死木の空間分布

　枯死木の空間分布は，枯死木依存性生物種にとって定着努力に関係する．このことについては14章において詳細に議論し，個体群動態について扱う．ここでは枯死木の優占度が，個々の林分内でも景観スケールでも空間的に変異することと，この変異が枯死木依存性生物の出現に影響することを強調する．

　林分内の空間的範囲は研究の解像度のスケールに強く依存する．カレリア地方（ロシア西端）の老齢林では，サンプルプロットのサイズが0.01 haから0.2 haへ増加する時に，枯死木の体積が小スケールで変異していることを反映し，変動係数が強く減少した（Karjalainen and Kuuluvainen, 2001）．亜寒帯域のフェノスカンジアのトウヒ及びマツ林における，倒木が20〜40 mのスケールで集中分布する傾向にあることを示す研究（Edman and Jonsson, 2001; Rouvinen et al., 2002b）によってもこのことは支持されている．このような小スケールでの集中分布が枯死木依存性生物の侵入定着にどの程度影響を及ぼしているかについては不明であるが，これまでの研究結果は，小スケールのプロセスは少なくとも木材腐朽菌の定着には確かに影響しうることが示されている（Jonsson et al., 2008;14章も参照）．しかしながら，スケールを数ヘクタールまで増加させると，ほとんどの老齢林においては変異が比較的小さくなる．すなわち，枯死木は自然条件下では大抵，1〜数ヘクタールのスケールでは十分にある（例えばJonsson, 2000を参照）．

　異なる林分間といった，より広い空間スケールでは，枯死木の変異はより大きくなる．これは林分の生産性や樹種構成，地形，遷移段階そして偶然といった，いくつかの互いに作用しあう要因と関係している（Kennedy and Spies, 2007）．ある程度まで，平均的な体積は林分の生産性と枯死率，分解

速度から予測可能である（上述）．しかしながら，森林の景観は異質であるため，枯死木の優占度は景観によって変化する．ニューファンドランドにおける，33年生から110年生までの幅のある林分での時系列的研究において，Sturtevant et al. (1997) は15 m^3/ha から約80 m^3/ha までの間の幅を推定している．Siitonen (2001) はモデル化した結果に基づいた研究で，森林火災からの経過時間が異なった林分では30 m^3/ha から600 m^3/ha の幅があることを示唆した．これは，景観スケールで遷移段階が異なると，枯死木の体積には桁が異なるほどの変異が含まれることを示している．したがって，質の高い枯死木の生息場所の有無やその量は，天然の景観内においてさえも，空間的に大きく変異するだろう．

12.5.3 樹木のタイプの多様性

これまでの章では，枯死木のタイプとそれに関係した枯死木依存性種の間の難解で複雑な関係を記述してきた．天然林は木材のタイプの多様性を維持しているため，このことは天然林の重要性を強調している．森林伐採は枯死木の一時的な増加と林分置換撹乱によって形成されるものと極めて似ている開放的な生息場所を作り出すものの，人工林と天然林の間で異なるものは枯死木の体積だけでなく，枯死木のタイプの幅もある．少なくとも，枯死木のタイプの違いにおける五つの重要な勾配を考える必要がある．

1. 天然林において，枯死木の加入は相対的に連続しており，すべての分解段階にある枯死木が局所的に存在することを保証している．樹木のサイズや齢によって枯死率は異なるものの（Fraver et al., 2008），天然林はすべてのタイプの枯死木を生産する傾向にある．
2. 上で議論したように，樹木の枯死に関係する要因は各種あり，それらはそれぞれ，枯死木依存性種にとって特定のタイプの基質を提供する．
3. これらの基質はその後，分解過程をうけ，異なる分解段階の枯死木はそれぞれ，一部が異なる枯死木依存性生物の群集を維持する．
4. 天然林はしばしば，単一樹木から構成されがちな人工林と比較してより大きな樹木相の変異を含む．

12章　天然林の動態

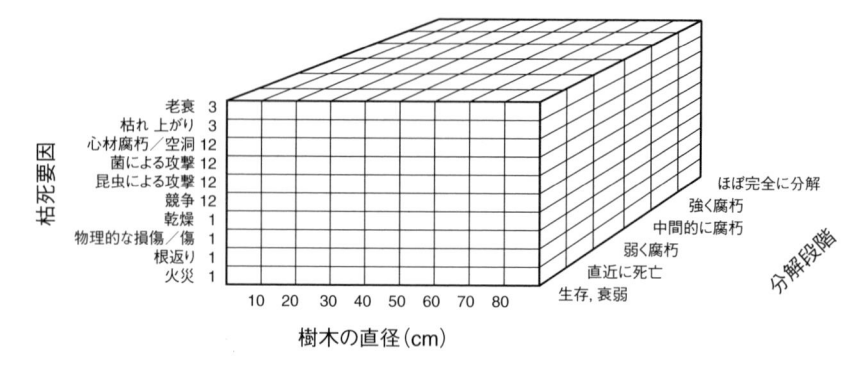

図 12.6. 一樹種における，直径階，枯死要因，分解段階の組み合わせによる枯死木の類型の多様性．枯死要因に続く数字は以下の事を示す（1）主に非生物的要因（ただし，ビーバーや人による伐採は生物的である），（2）非生物的な衰退（最も頻繁には乾燥）と引き続いての生物的な感染との間の相互作用（3）樹木における内部の生理的過程．一つ以上の数字が各要因に対して適用されている．

これらの4タイプの変異—樹木のサイズ，基質のタイプ，分解段階，樹種—は，枯死木の多様性の主要な勾配を構成している．これらは利用可能なニッチを設定する多次元空間として認識されるだろう（図 12.6）．

5. この変異の頂点に，日射や湿度など環境条件の役割がある．これらは，典型的には天然林において，人工林よりも大きな空間的変異を示す．

全体としてみると，生態学的な次元はほとんど無限の組み合わせ，すなわちニッチへと読み替えられる．おそらく，これが，枯死木と関係する種の多様性を生み出す鍵となる駆動要因である（詳細な議論については 11 章を参照）．したがって我々は，人工林内よりも天然林内で枯死木の体積が多いことだけでなく，おそらくより重要なこととして，枯死木のタイプの多様性が高いことをより強調したい．

老齢林の自然度の水準は様々なサイズと分解段階の枯死木がどの程度含まれているかによって評価される．Stokland（2001）は，亜寒帯林における自然度と連続性を評価するための方法として，樹木のサイズと枯死木の分解段階に基づいた粗大木質リタープロファイルの利用を提案した．このアプロー

チは枯死木の多様性を定量化するための重要な出発点を示している．樹種や枯死要因，環境要因といった更なる次元を含むことで，枯死木資源のより包括的な記述が可能となる．枯死木依存性種にとっての基質の利用可能性に焦点を当てた，枯死木の多様性に対する定量的なアプローチはHottola et al.（2009）によって示されている．

13 章
枯死木と持続的な森林管理

Bengt Gunnar Jonsson, Juha Siitonen

　この章は，撹乱をおさえた選択的な木材の収穫から植栽林業までさまざまな林業活動について紹介する．とりわけ，人工林と天然林の間での枯死木の量，質，および動態の違いに注目する．本章は，枯死木依存性種にとっての条件を改善するような管理方法の選択肢と一連の管理作業についても議論する．

　森林施業には多くの方法がある．しかし，すべての側面の処置をあげることはこの章の目的を超えている．すべての林業に共通することは，樹木は伐採され，森林から除かれるという事実である．これは明らかに枯死木に依存する種に対して資源競争の状況を作り出している．多くの地域では，皆伐とそれに続くすべての樹木の収穫が最も普通の伐採方法であり，多くの枯死木依存性種に対して明らかに負の影響を及ぼしている（図13.1）．しかし，他の管理体制もまた，枯死木の生物相に負の影響を示している．枯死木依存性種の要求と木材の収穫のバランスを保つことは困難な任務である．これが本章の後半で議論される話題である．

13.1　管理された森林における枯死木の量や質の動態

　林業の最も明らかな影響は商業目的による樹木の抜取りにある．これは量，質，動態の点から，枯死木依存性種にとって枯死木資源の損失を招く．

13.1.1　枯死木の体積

　枯死木の体積は一般に自然林（表12.4）よりも人工林で少ない（表13.1）．

13.1 管理された森林における枯死木の量や質の動態

図 13.1. よく管理された森林は樹木の同齢集団によって特徴づけられる．等間隔で最大成長率を発揮できる密度に間引きされている．経済的には価値があるものの，これらの森林は枯死木依存性種にとって，ごく少数のタイプの生息場所しか含んでいない（写真 Erkki Oksanen/Metla）．

典型的には，よく管理された人工林における体積は同じタイプの天然林の10％以下である（Siitonen, 2001 を参照）．この差は現在の森林管理のタイプと強度と同様に林分の歴史とも関係している．枯死木の体積は一般に，林業がより近年になってから始められた地域よりも，長い管理の歴史がある地域で少ない（Fridman and Walheim, 2000; Krankina et al., 2002; Rouvinen et al., 2002a; Webster and Jenkins, 2005）．歴史の浅い地域の場合，管理されていない段階から残っている遺存的な株と幹はある程度大きな量を示し得る．一方で長い森林管理の歴史がある地域では，新しい枯死木の加入量が少ないために，これらは失われている．さらに加えて，人工林と天然林の間の枯死木の体積における差は遷移段階にも依存しており，林分置換撹乱後の遷移系列初期で最も大きく，通常の伐採林齢を越した成熟林で最も少ない（Duvall and Grigal, 1999）．

存在している体積もまた，枯死木に対する管理の方針を反映している．多くの地域で管理業務はいくつかの段階を通じて行われてきている．初期にお

13章 枯死木と持続的な森林管理

表 13.1. 人工林における枯死木（最小直径 10 cm）の平均体積に関する総説（一部）のまとめ

地域，森林タイプ	枯死木の量（m³/ha）	References
スウェーデン；温帯林～亜寒帯林	6.1	Fridman and Walheim (2000)
フィンランド；亜寒帯林	5.4	Ihalainen and Makela (2009)
フェノスカンジア；温帯林～亜寒帯林	4～10	Stokland et al. (2003)
イギリス；温帯林	<20 [a]	Kirby et al. (1998)
フランス；温帯林	2.2	Vallauri et al. (2003)
フランス；海岸マツ植林地	6.1	Brin et al. (2008)
スイス，温帯～高山帯	8.9	Bretz Guby and Dobbertin (1996)
スイス，温帯～高山帯	20～30 [b]	Böhl and Brändli (2007)
スロヴェニア；温帯 モミ～ブナ林（生態系に基づいた管理）	40～65＜，天然林の20％程度	Debeljak (2006)
汎ヨーロッパアセスメント	通常＜25	Travaglini et al. (2007)
ロシア西側とシベリア西部，亜寒帯林～温帯林	14～20	Krankina et al. (2002)
オーストラリア；熱帯低地林	20～30 [c]	Grove (2001)

a 最小直径 5 cm，b 最小直径 7 cm，c 最小直径 7.5 cm.

いては，特定の樹種や質の樹木に対する択伐の結果として，大径の伐採残渣が増えたり，残った林分における枯死率が上昇したりすることで相当な量の粗大木質リターが生産される．しかしながら，材木やパルプに対する要求が増加するに従って，伐採残渣とされていた資源もまた価値を持つようになる．そしてそれにより，木材の持ち出しが加速し，枯死木の量が減少する（図13.2）．枯死木は利用されていない資源であるという見方と並行して，枯死木は森林の健全性に対して脅威となるというもう一つの一般的な考えがあった．枯死木は，悪い森林管理の見本であり，病害虫の大発生やその他の病気の危険を含んでいた．したがって，規制がしばしば実行され，どの程度の量の枯死木が容認できるかが特定された．現在，枯死木の体積に影響を及ぼす二つの正反対の流れがある．一つは枯死木の重要性を正しく評価し，枯死木と老木の保存が普通であるとするものである．もう一つは，エネルギー利用

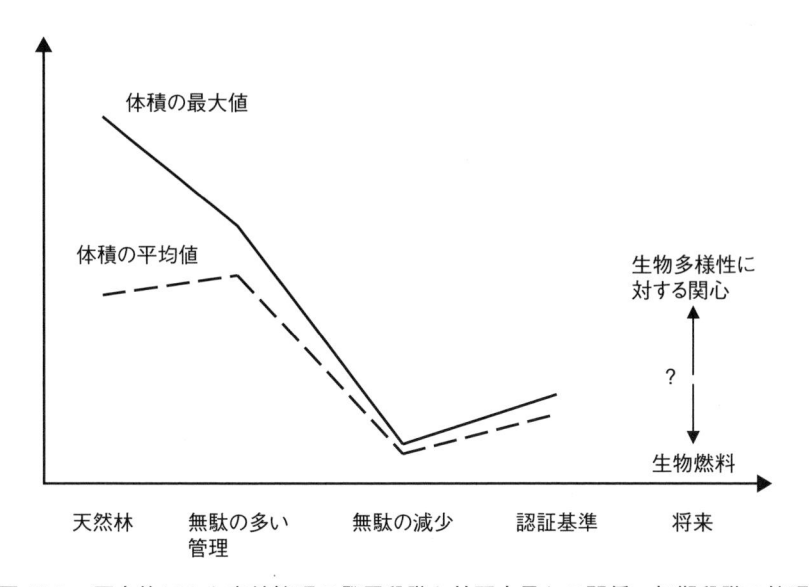

13.1 管理された森林における枯死木の量や質の動態

図13.2. 歴史的にみた森林管理の発展段階と枯死木量との関係．初期段階の管理では，特定の樹種および特定の質の材のみが収穫された．そして'ゴミ'として相対的に大量の枯死木が残された．時代とともに，この資源は使用に適した原材料と見なされ，経済的目的や病害虫に関係したリスクを制限するために搬出された．現在の森林管理と認証基準は大量の枯死木を維持しておくことを認めているが，天然林の水準と比較すると，いまだに減少量は多い．将来的には，先端部や枝，切り株は生物燃料の目的のためにますます利用される可能性があるので，さらなる搬出への圧力が増すかもしれない（Harmon, 2001に基づく）．

のためのバイオマスの取り出しは木材資源に対する新たな需要となっており，樹冠や枝，切株の収穫はさらに広がっていくとするものである．

　需要の増加，伐採残渣の削減，害虫管理，そして生物燃料の収穫といった，増加した利用方法の組み合わせによって，利用可能な枯死木の体積が90％以上も減少した状況が引き起こされてきた．この状況は明らかに枯死木に関係した種の多様性の長期的な維持と両立できない（Box 15.1を参照）．

　伐採期間中に取り除かれる樹木の割合が増加するのと同様に，収穫までの時間は明らかに天然林よりも人工林で短い．商業用木材の年間の材積増加が横ばいになり始めた段階で，森林は伐採されている．この齢は気候帯とその森林の生産性に従って変化するが，枯死木の体積が明らかに増えてくる林齢

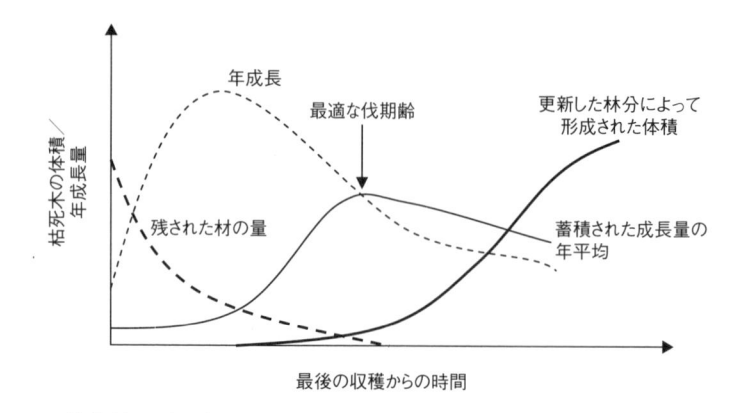

13章　枯死木と持続的な森林管理

図 13.3.　皆伐後の時間経過との関係からみた，残存木と枯死木の堆積量，および最適な伐期齢に関する概念図．年成長量が伐採後一年目からその年までの間の平均年成長量を下回るようになった時が，最適な伐期齢である．実際の時期と量は異なる森林タイプ間でさまざまであろうが，一般的には，林分死亡率が十分に低いままで，かつ，ほとんどの残存した材が腐朽した時に，伐採成熟齢（その時は通常通りに伐採される）に達する．

と比べると，一般的には伐採齢は低い．このことは，林分置換撹乱後の遷移の間において，枯死木の体積が実際に最も低い段階で，樹木を伐採することを意味している．人工林は通常，かなりの体積の枯死木が集積し始めるのに十分な林齢にはならない（図 13.3）．

13.1.2　枯死木の質

体積の純然たる損失に加えて，森林管理はしばしば利用可能な枯死木の質における変化も引き起こす（表 13.2）．分解段階の分布もまた，サイズの分布と同様に伐採の影響を受ける（Kruys et al., 1999; Storaunet et al., 2005）．とりわけ，腐朽の進んだ段階にある大径の倒木や立枯れ木が人工林には欠けている（Siitonen et al., 2000）．より小さな倒木は早く分解しやすく（6 章を参照），地上植生によって草に覆われやすくなるため，腐朽の後期にある倒木もまた減少する．これまでに示してきたように（5，9，12 章），多くの種は特定のタイプの枯死木を必要とし，したがって，人工林における限られた体積の枯死木は，天然林の同じ体積の枯死木が提供するのと同じような，多

表 13.2. 天然林と比べた亜寒帯人工林における枯死木の質的な損失における変化

損失があった場合の程度
　　過熟した木からの枯死材
　　大径の樹皮が落ちた立ち枯れ木（kelo）

アバンダンスが非常に減少している場合
　　非常に腐朽が進行した材
　　大径の立ち枯れ木や倒木
　　火災により傷を受けたり枯死した樹木
　　腐敗する前の木
　　成長の遅い木からの枯死材

わずかな減少またはほとんど同じアバンダンスが維持されている場合
　　小径材，微細木質リター（FWD）
　　開けた環境下の枯死木
　　枯死して間もない，中程度のサイズの立ち枯れ木や倒木

様な質の枯死木を提供しているわけではないだろう．

　管理によって枯死木の質が更に影響を受けることがあるかもしれない．多くの人工林では，木材生産は単一樹種を選抜し植栽することによって行われている．このことによって，枯死木の質に林分間での差があまり生じなくなる．これにはしばしば，在来の生物相にとっての生息場所を提供しないと考えられる外来種の導入も含まれている．より些細なことでは，林分生産を増大させることを目的とした管理の影響があり，これはより早く生長する樹種の導入を招いている．9章において議論したように，早材と晩材との間の関係と材密度によって，侵入できる枯死木依存性種は異なるだろう．速い生長速度でよく管理された同齢の樹木個体から形成された林分では，この影響がさらに大きい．古く，傷み，老化した生長の遅い木は，このようなわけで，人工林では生長しない．このことは天然林における樹木とは対照的である．天然林ではより大きな異質性が認められる．

13.1.3　枯死木の動態と連続性

　最後に，十分な体積の枯死木が人工林に集積されているときでさえも，以

前の管理の評価では，枯死木依存性種にとっての生息場所が間断なく提供されていないと結論付けられてしまうだろう．このような連続性の重要性に関して議論が続けられている．疑問としては，連続性そのものが重要であるのか，それとも，森林の種多様性と種構成を決定付ける，まさに今現在の利用可能な体積が重要なのか，ということである（Stokland, 2001; Rolstad et al., 2004）．この問いに対する回答は，問題にしている種の移動能力に依存している．多くの枯死木依存性種を考えると，いくつかの種では長距離分散にはある程度限られた能力しかないと考えるのがもっともである．そのような種には，好適な基質が，局所的に連続していることが必要だろう（14章を参照）．森林の歴史の詳細な分析や，より一般的には，異なる分解段階及び異なるサイズの枯死木の優占度を調べることによって，林分内における枯死木の連続性は，記述できるであろう（Stokland, 2001）．

13.2 森林の管理体制

森林は，対象となる森林の生態学的な条件と森林生産物に対する商業的な要求に依存して，異なる方法で管理されている．以下では，さまざまなスケールの森林管理体系に関わるいくつかの側面を提示する．焦点は，枯死木の優占度との関係にある．詳細に森林管理計画を精査することは目的としていない．

13.2.1 択伐：連続被覆林業

歴史的に商業伐採は特定の樹種やサイズ，または，これ以外のある特定の目的で商業的に好ましい特別な性質に対して向けられてきた．このような系では，林分の大部分は手つかずのままで残され，一般的に，森林はその自然の性質と完全な状態をある程度保っていた．しかしながら，この伐採方法でも枯死木の優占度に対し，長期間続く明らかな影響があった．例えば，択伐後100年から150年たっても，スウェーデンの亜寒帯トウヒ林においては，枯死木の体積と構成は完全には元に戻っていない（Jonsson et al., 2009）．そしてノルウェーのトウヒ林では，枯死木の現在の体積と質は明らかに50年

から 100 年前の収奪の程度と相関している（Groven et al., 2002; Storaunet et al., 2005）.

現在，いわゆる"連続被覆施業"は多くのさまざまな森林タイプで実施されている（Pommerening and Murphy, 2004; Raymond et al., 2009．これには特定の樹種の択伐からすべての直径クラスの一部を計画的に取り除く方法まで，ある程度幅のあるさまざまな森林管理システムを含んでいる．ある森林タイプでは，択伐は皆伐に対して，経済的に実行可能な代替手段であると考えられている．またある時には，択伐は水文地質を保護し，浸食と地滑りを防ぐために行われる．他の状況では，景観に配慮する理由で適用されたり，森林のレクリエーションとしての利用を促進したりするために行われる．ここでは，自然をみたり，自然の中で時間を過ごしたりする人々にとって，森林の価値は材木自体の価値よりも高いのである．

伝統的な皆伐施業による管理との比較で，連続被覆施業の経済的な価値に関する議論が続けられている．特定の森林生態系と，おそらくこちらの方がより重要なのだが，さまざまな生態系サービスの評価に依存して，施業の実行可能性は変化するだろう．しばしば，最も巨大で価値のある樹幹を除去することは，持続的森林施業と同様に経済的に実現可能かもしれない．経済的価値を環境の利益に割り当てることによって，例えばイギリスの温帯林で行われるように，連続被覆施業は皆伐に対する別の方法として示唆されてきている．ウェールズのベイトウヒの単一樹種の栽培に関する研究で Price and Price（2006）は，最も成長がよく価値のある樹木を抜き切りすることによって，より複雑な林分への変換が成功したことを示唆している．

亜寒帯針葉樹林では，皆伐は広く行われている伐採方法である．別の方法を探すために Lähde et al.（2002）は，成長量の 35 ～ 75% を六つの異なる皆伐に替わる伐採方法で収穫するという実験を 12 年間行った．その結果は枯死木の多様性は管理していない老齢林と比べてわずかにしか減少しないことと，樹冠相への影響もまたいくつかの伐採方法（例えば，群伐（group selection）や，混交林の保残伐）では限定的であることを示した．ただし，この研究は比較的短期間で行われ，したがって長期的な枯死木の加入への効果については検討していないことを記しておかなければならない．

さまざまな形態での連続被覆施業の適用はますます盛んになっているようだ．これらのすべての管理システムに共通する特徴は，林冠を閉鎖した状態に維持していることであり，したがって，皆伐された林分と比べ，被陰され，相対的に湿度が高い微気象となっている．乾燥に鋭敏な種にとって，十分な量の枯死木が維持される限りで，このことは有益である．被陰条件は確かに，地衣やコケ，真菌，そしてある昆虫分類群といったいくつかのグループに有利であろう（9章を参照）．しかしながら，枯死木依存性種の多様性は枯死木の量に本来的には相関することから，樹木の莫大な量の持ち出しは，林冠が閉鎖されたままであっても，枯死木依存性種の生息場所が失われることを意味する．効率的な樹木の持ち出しが繰り返しあると，枯死木の体積は，次に見る林分置換施業と同程度か，それよりも少ない状態になる．スウェーデンにおける連続被覆施業の長所と短所に関する広域スケールでの分析では，生物多様性の大きさに対しては一定の利益があるものの（例えば菌根菌群集，着生のコケ，生息している鳥類），枯死木依存性種に対する貢献は，どちらかというと限定的であった（Cedergren, 2008）．

熱帯林では，最も価値がある樹木に対する択伐は例外というよりも通例となっている．しかしながら，伐採活動が，残された林冠構成木に対して大きな撹乱を引き起こすことに，大きな関心が寄せられている（Putz et al., 2000）．したがって，熱帯地域における択伐に関係した問題はどちらかというと針葉樹林の問題と逆である．すなわち，伐採は枯死を増加させ，枯死木の余剰を生みだすが，そのことは生物多様性と森林の完全な状態を長期間にわたって維持することと両立できない（Bawa and Seidler, 1998; Asner et al., 2006）．このような森林は，枯死木の初期のアバンダンスに関わらず，本来の枯死木依存性種にとって適していない二次林になってしまう．いわゆる低インパクト伐採（RIL）は，熱帯地域において森林を持続的に利用する方法を示しているかもしれない．例えば，Keller et al.（2004）は，従来型の伐採が低インパクト伐採によるよりも270％以上も多く枯死木を生みだすことを発見した．しかし，低インパクト伐採による管理においても，熱帯林の伐採は，撹乱のない森林と比べ50％以上も多い枯死木を生み出している（Palace et al., 2007）．

13.2.2 皆伐

今日のほとんどの森林における主たる管理体制は皆伐，いわゆる輪伐管理（rotation management）である（図13.4）．この方法では林分全体が収穫される一方で，緩衝帯や一群の樹木のある狭い保存区が形成される場合も形成されない場合もある．この方法は，選抜された樹種と適した植物の選択による効率的な再生を可能としているので，商業的にもっとも利益になる管理体系であると考えられている．同時に，生物多様性に対する皆伐の負の影響に関する強い批判が続けられている．ここにも，樹木を保持して森林被覆を維持するのか，何かの用途のための樹木を伐り出すのかとの間に，明らかな二律背反がある．どのような伐出も，とりわけ皆伐は，枯死木の体積を低下させる．しかしながら，管理に関する他の選択肢と比べると，皆伐は必ずしも最も悪いわけではない．主な問題はむしろ，生木と枯死木の両方について，維持される木のレベルである．

開放的な生息場所において潜在的に，皆伐は枯死木と関係している多くの昆虫と菌類の個体数に対して強い正の影響を及ぼす．もしも適当な量の枯死木があるならば，明らかにある種は，火災のような林分置換撹乱の後の遷移初期段階と同じように，太陽が直接当たる開放的な皆伐地を利用する．したがって，そのような種は皆伐地の人工林景観に主に分布している．とりわけ，

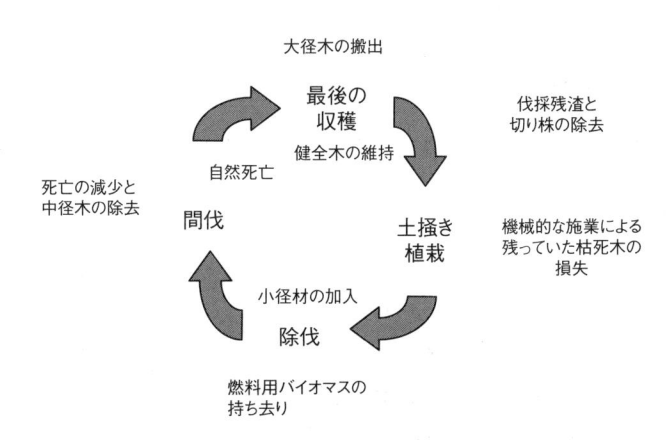

図13.4．一般的な輪伐の解説図．円の外に枯死木が減少する要因を，円の中に枯死木の加入する要因を示した

上手く火災を抑えた強く管理された景観では，皆伐地は利用可能な唯一の遷移初期の森林であろう．

　皆伐地は，潜在的にどちらかというと多くの枯死木依存性種にとって生息場所を提供するかもしれないが，考慮すべき重要な限界がある．森林火災は通常，樹木と利用可能な枯死木の10%以上を焼くことはないが，その一方で，皆伐の間に通常95から98%の体積が持ち去られる（Angelstam, 1996）．もう一つの問題は，ある種は明らかに焼けた樹木そのものを好み，依存してさえいることだ（6章）．火災と比べると皆伐は，傷痍木（例えば，火により傷ついたマツ）を生み出すことはなく，結果として，自然撹乱後に典型的な多様な種類の枯死木を提供することもない．

13.2.3　全木伐採および伐採残渣の収穫

　地球の気候変動は重要な関心事であるため，生物エネルギーがますます化石燃料に置き換わって使われつつある．このため，森林からのさらなる枯死木の切り出しが招かれている（Rudolphi and Gustafsson, 2005; Framstad et al., 2009）．全木集材（葉や枝を付けたままの木全体を伐採し，引き出す）は，皆伐後の切り株と伐採残渣の収穫と同様に，多くの森林タイプで増加している．このことは，樹幹だけでなく，伝統的な皆伐では林内に残される，木の先端や枝，小枝，そして切り株さえもが収穫の間に取り除かれることを意味している（図13.5）．その影響は森林タイプによって異なるものの（Egnell and Valinger, 2003; Mariani et al., 2006; McLaughlin and Phillips, 2006），この施業は林分の生産性と栄養塩動態に長期的な影響を及ぼしうる．残念ながら，今までのところ枯死木依存性種に対する影響についてはごく限られた知見が利用可能なだけである．例えば，多くの枯死木依存性の甲虫種はこれらの木の断片を利用し，いくつかの種は枯死木のより細い断片をより好む傾向にあることが（Schiegg, 2001; Kappes and Topp, 2004; Jonsell et al., 2007），インベントリーによって示されている．子嚢菌類では，種多様性は枝や小枝で高い（Norden et al., 2004b）．多くの枯死木依存性種にとって木の先端や枝と小枝の重要性を考えると，これらの基質の持ち去りはこれらの生物個体群をさらに減少させるだろう．加えて，若い樹木の全木集材と合わせた部分伐採（partial

図13.5. 化石燃料の代替物が必要なため,森林からのバイオマスの搬出が増加している.そのため,伐採残渣は商業生産物になり,森林景観からのさらなる枯死木の喪失を引き起こしている(写真 Erkki Oksanen/Metla).

cutting)によって木材腐朽菌の種多様性が減少させられている(Norden et al., 2008).

　切り株の収穫もまた,実施が増えつつある.切り株は人工林においては,伐採残渣よりも枯死木依存性種にとってより重要な基質となりうる.なぜなら,切り株はしばしば利用可能な唯一の大径の枯死木基質であるからだ.スウェーデンのマツ林において,伐採がすべて終わった後に残っている切り株は,収穫された材の体積の20～25%までにもなりうる(Dahlberg et al., 2005).今までのところ,枯死木依存性種の多様性に対するこれらの切り株の役割については,比較的限られた知見しか利用できない.切り株は,人工林において希少な材上性の地衣類にとって重要な生息場所を提供していることが示されてきている(Caruso et al., 2008, Nascimbiene et al., 2008; Caruso and Rudolphi, 2009).

　近年の総説において,Framstad et al.,(2009)は生物エネルギーの収穫について,枯死木と関係した種に対する重要な意味をいくつか指摘している.

1. 全木集材は人工林と天然林の間の差を一層広げる．生物種の分散の可能性と人工林が枯死木依存性種によって長期的または一時的な生息場所として利用される可能性の両方が，この方法によって制限されるであろう．
2. 全木集材の影響を評価した多くの研究は，全木集材施業以前の森林管理によってすでに強い影響を受けた人工林や景観において行われてきた．したがって，とりわけ要求性の高い種に対する影響は見逃されてきただろう．というのはそのような種はすでに欠けているからだ．
3. 木の先端，枝，小枝，そして切り株を抜き出す間に，すでに林地にある大型木質リターもまた抜き出されたり，機械によって壊されたりするだろう．

13.2.4　被害木の搬出利用

自然撹乱によって形成された枯死木は，審美的理由と効率性（資源を無駄にしない）を考えて収穫される傾向にある．いわゆる被害木の搬出利用 (Salvage logging) は，多くの国々において森林に関する規制と法律によって求められている．このような無駄を減らす政策は，大スケールでの撹乱後に，経済的，社会的そして安全上の理由によって動機づけされているようだ．しかしながら，生態学的には負の影響があることが多い (Lindenmayer and Noss, 2006; Lindenmayer et al., 2008)．搬出手順はそれ自体，森林に更なる被害を起こし，比較的自然な状態（林分置換撹乱後の遷移）から重度に改変された状態へと変換させる．枯死木については，被害木の搬出は明らかにある所定の水準以下に体積を減少させることを狙っている．先に見てきたように（9章），撹乱後の開放的な環境条件で枯死木がないことは，潜在的には老齢林を失うことと同じ程度に重大なことである．

大面積の撹乱イベントの間に形成される立枯れ木と開放地の枯れたばかりの立枯れ木は，しばしば，幅広い枯死木依存性種に定着されている（9章を参照）．このことは，火災や風といった撹乱後の立枯れ木を搬出すると大きな負の影響をもたらすことを示唆している．被害木の搬出利用の影響を調べた例として，Hutto and Gallo (2006) は，アメリカ合衆国モンタナ州において森林火災後の搬出を研究した．彼らは，18種の樹洞営巣性鳥類のうち，

被害木を搬出したプロットでは8種しか営巣していないことを示した．彼らはこれら8種の個体群密度が一般的には施業されていない火災地帯で高かったことを示した．同様にSchroeder (2007) は，嵐とそれに続いて起きた樹皮下キクイムシの攻撃後に形成された立枯れ木を残しておくことが，枯死木の体積を増加させる経済的に優れた方法であると主張した．なぜなら，樹皮下キクイムシの爆発的流行の危険性は限定的であり，被害木の経済的価値は低いためである．Muller et al. (2008a) はタイリクヤツバキクイムシの大発生によって形成されたギャップは枯死木依存性種の高い多様性を保持しており，近接する閉鎖した森林よりも絶滅の危険性のある枯死木依存性種が多く生息していたことを示した．

13.2.5 植林施業

植林施業はもっとも集約的な森林管理体系である．この方法は通常，広大な植林地の準備，外来種または遺伝的に改良された植物材料の利用，雑草管理，施肥，間伐，短期間での輪伐，そして最終的には皆伐（しばしば全木集材）を含んでいる．

他の管理体系と比べて植林施業にみられる林分構造は必然的に，高齢の樹木個体がほとんどないか完全に欠けている遷移段階を示す．商業材の生産を最大化することに焦点を当てるに従い，そのような森林では樹木の自然枯死が促進されなくなり，したがって枯死木依存性種に対する生息場所がほとんどない．外来樹種の利用が一般的なため，普通種の枯死木依存性種のみしか植林地の木質リターを利用できないだろうと示唆される．

13.3 持続的な森林管理：背景

近代林業は，単に経済的価値だけでなく，社会的，生態学的価値も含む，多様な価値を扱っていなければならないという認識が深まってきている．中心的な概念が持続的森林管理である（Anon., 2003）．これは生態系の全体性を守ることによって，森林から社会的な価値を長期間にわたって得られることを保証しようというものである．その一方で森林が提供する生態的な価値

も考慮している．持続的森林管理には，森林産業にとっての生物素材に対する要求と，森林に関連した他の価値，例えば生物多様性とその保全とをバランスよく満たすことが求められている．森林における生物多様性の大部分が枯死木と関係しているので，この枯死木の生態系を考えることの重要性は一般的によく認識されている．

この章の前半では，主要な森林管理体系とそれらの体系がどの程度，枯死木依存性種の保護と両立できるかについて広く概説した．ここでは，管理体系と関係しない，もっとも重要な以下の二つの側面を再度示す．

- 林地にすでにある枯死木をどの程度まで残し，収穫後にはどの程度，新しい枯死木を形成させるか
- さまざまな枯死木の質の幅はどの程度まで維持されているか

ほとんどすべての管理体系では，これらの観点のいくつかを欠いているため，生長速度が比較的高く似通った材質の，1樹種ないしごく少数の樹種からからなる，質的に均一な枯死木が，ごく少量森林に加入するにすぎない．したがって，枯死木依存性生物に必要な，より幅広い資源（図12.6に記述した）は失われてしまう．

13.4　撹乱のタイプと森林管理体制

森林の生物多様性にとって根本的に重要なことは，樹木の分布とさまざまな遷移段階の出現という形で景観と林分構造を形作る，さまざまな撹乱体制である（12章を参照）．このことは，持続的森林管理を成功させるためには，自然撹乱によって形成されるパターンをある程度まねる必要があることを示している（Angelstam, 1996; Bergeron et al., 1999; Franklin et al., 2002; Kuuluvainen, 2002, 2009）．この流れにおいて，森林における撹乱体制の広いタイプを認識し，現在行われている管理体系とこれらを比べることが重要になる（Shorohova et al., 2009）．森林動態については大きく分けて少なくとも三つのカテゴリーが認識できる：

1. 林分置換撹乱後の遷移動態（succesional dynamics）
2. 老齢木と成熟木が火災を切り抜けて生残した場所における同齢集団（コホート）の動態（cohort dynamics）
3. 林分置換撹乱が稀な時における，ギャップ動態（gap-phase dynamics）

近年の皆伐は，林分置換撹乱後の遷移動態をある面においてまねた，主要な森林管理体系である．コホート動態は伐採時に広域で健全木を残すことによってまねられており，一方で，ギャップ動態は皆伐とは両立しないが，択伐のさまざまな体系でまねられている．ギャップ動態をまねている管理体系は連続被覆森林施業に依存しており，同齢林を連続被覆森林施業によって管理されたさまざまな齢構成の林分へと移行させる方法が開発されてきている（例えば Larsen and Nielsen, 2007）．

しかしながら，森林管理と自然撹乱の良い組み合わせによって，どの程度枯死木依存性種が保護されるかは，生残木と枯死木がどの程度残されるかと関係している．良い組み合わせは対象とされた種にとって好適な環境条件（例えば被陰と湿度）を提供する．しかしながら，もし枯死木の体積が低く保たれたままであるならば，管理体系によらず，枯死木依存性種は利益を得ることはないであろう．

13.5 生木や枯死木を残す

森林の収穫の影響を和らげる最初の一歩は，少なくとも数本の生木および枯死木を収穫後にも残しておくことである．構造の保残（structural retention），すなわち新しい林分へ古い林分から遺産を残す（Hansen et al., 1991; Franklin et al., 1997），という考え方は広くいきわたった保全の原則になっている．構造の保残（生立木の保持と枯死木の保持を含む）の三つの主目的は以下に列挙できる（Franklin et al., 1997）．

1：再生期間中を通じた種とプロセスの「救助ボート」．すなわち，古い林分に生息する種は伐採後に絶滅せず，少なくとも，その林分では個体群の一部は生存し，後の遷移過程において増加しうる．

2：何もしなければ失われるであろう構造的な要素を持った再生林の構造物を豊富にすること

3：人工的な景観において連続性を増進すること

救命ボートは古い林分にすでに生息している生物種（連続的に出現）に向けられている一方で，構造物を豊富にすることは再び成立した林分に定着する新しい種（しばしば一時的な出現）に生息場所を提供することを意味している．構造物を豊富にすると，短期的，および長期的影響の両方が現れうる．この施業は，新しい林分が大径の枯死木をまだ生産し始めていない，林分の発達期間における決定的に重要な時期を短縮する可能性がある（図13.3を参照）．枯死木依存性種の視点からの重要な短期的影響は，撹乱適応した種が皆伐地に残された枯死木や枯死しつつある樹木に定着し産卵できることである．この影響は，主としてスカンジナビア諸国で行われた実証研究によって大変強く実証されている．構造の保持と火入れを組み合わせた影響もまた研究されており，これらの研究の結果はセクション13.8.2（復元のための火災）で記述されている．構造的な遺産の長期的な影響は，伐採と保残イベントの後，数十年経つまで見られないだろう．この年月の間に，伐採後も維持された生木はより大きく生長し，ついに死亡し，新しい林分から何もしなければ失われてしまう大径の枯死木を生産する．老齢木となるであろう生立木を保残する実験はないため，生物多様性一般，および枯死木依存性種に対する構造の保持の長期的影響に関する研究データはない．人工的な景観の連続性を高める構造の保持の潜在的役割についての実証研究はないようである（Rosenvald and Lohmus, 2008）．

13.5.1 健全木の保残

生立木を収穫時に残しておくことは，皆伐作業においてますます適用されるようになりつつある（Vanha-Majamaa and Jalonen, 2001; Rosenvald and Lohmus, 2008）．保残木は遷移初期の間，すでに生息している種にとって生息場所を構成するだろう．そのような種には枯死木依存性種も含まれる．というのは，保残木の死亡率は相対的に高いためである．伐採期間中および伐

採後に死亡した保残されたアスペンの研究 2 例では，多数の枯死木依存性の甲虫（Martikainen, 2001）と多孔菌（Junninen et al., 2007）が，多くのレッドリスト種も含めて，保残木を利用していた．これらの太陽にさらされた枯死木の生息場所は，閉鎖した森林内の枯死したアスペンとは異なる重要な構造物であることを示していた．

保残対象の大きさは，単木から一群の木々，そして小さな残存した林分まで広く変化しうる（Franklin et al., 1997; Rosenvald and Lohmus, 2008）．例えば老齢のナラのように，一本の大きな老齢木でさえ，専食性の枯死木依存性種にとって重要な救命ボートとなりうる（Ohsawa, 2007）．新しい林分に古い森林のパッチを確保しておくというアイデアは保残木を拡張した考えである．そのようなパッチでは，変化に富んだ枯死木基質を含む，成長していく林分における様々な種類の重要な構造物が形成されうる．そのようなパッチではエッジ効果が強く働いているため（Vanha-Majamaa and Jalonen, 2001; Rosenvald and Lohmus, 2008; Aubry et al., 2009），再生期を通じ，救命ボートに乗っている森林深くに生息する種に対してのパッチの機能は限られている．しかしながら，保残パッチにおける枯死木依存性種の持続性に関する実験的データは一つもないようであることに注意する必要がある．長期間の研究では，0.06 ha から 1 ha までの範囲にあるパッチにおいては，短期的な樹木の死亡が多いことを Jönsson et al.（2007）は示した．それゆえ，そのようなパッチはすべて小さすぎるので，閉鎖した林冠を必要とする種にとって好適な条件を維持できないと考えられている．しかし，これらのパッチは，開放条件下へ大径の枯死木をさらに加入させるため，撹乱適応した枯死木依存性種に大変有用であろう．北米の研究では，保残された生立木のおよそ半分が収穫後 10 年から 18 年の間生存し続け，その一方で残りのおよそ半分は風により先端を落とされたり倒されたりしてしまい，立枯れ木や倒木になった（Busby et al., 2006）．カナダの亜寒帯地域では，皆伐地における小面積の保残された森林では立枯れ木の密度が高く，大きな森林パッチの内部よりも，枯死木依存性種の種多様性が高かった（Webb et al., 2008）．

遷移の初期において，すでに存在していた枯死木の量と質は健全木の保残の程度以上に，枯死木依存性種にとって重要である（Jacobs et al., 2007;

Junninen et al., 2008)．長期的には，維持された体積が十分に大きく，大径の枯死木の補充率に有意な影響を持てることが非常に重要である．このことは，有効な健全木の保残のレベルは，現在の森林管理体系での通常のレベル（通常は <10 m³/ha）よりも高いであろうことを示唆している．

13.5.2　立枯れ木と倒木

　森林からの収穫の間にすでに枯死していた樹木を保残することは，直接的な経済的損失にならない．生物多様性に関わる枯死木の価値への関心が大きくなるに従って，立枯れ木と倒木が収穫された地域に残されるようになりつつある．しかしながら，これに関連した問題に，維持された倒木の大半が，収穫作業期間中とそれに続いて行われる土壌の準備期間中といった，森林施業の間に損害を受けうることがある．この損失は重要であり，Hautala et al.（2004）は最初の収穫前の枯死木の 2/3 程度が土壌の掻き起こしの後で失われていることを示した．

13.5.3　高切りの切り株

　最近数十年間に，背の高い枯死木と高切りの切り株が森林管理の際に残されることが多くなった．新しい考え方の目に見える見本として，これらの切り株は収穫が行われた地域において感嘆符（！）のように目立っている（図 13.6）．これらは当初，樹洞営巣性鳥類のために営巣場所として提供されるよう意図されていたものの（Hallett et al., 2001），他の枯死木依存性種のための生息場所としての役割がますます研究されてきている．そのような研究では多くの場合，他の方法で収穫が行われた地域では希少な枯死木依存性種が，高切りの切株には実際に明らかに多く生息していることが示されている（Lindhe and Lindelow, 2004; Lindhe et al., 2005; Schroeder et al., 2006; Abrahamsson et al., 2009）．加えて，絶滅危惧種とその他のレッドリスト種がこの部分的に人工的な生息場所を利用する可能性がある．高切りの切株には，通常の切り株よりも多くの種が生息し，明らかに異なった昆虫の集合が形成されていることも示されている（Abrahamsson and Lindbladh, 2006）．高切りの切株が収穫地に形成される時，樹木の先端部全体や樹幹の一部が人

図13.6. 森林伐採の間に高切りの切り株を残しておくことは，多くの地域や森林タイプで行われるようになりつつある．これらの切り株は，多くの枯死木依存性の甲虫を含む，開放的な温かい微気象条件に適応した種に生息場所を提供する．腐朽によって木材が軟化するに従って，高切りの切り株は樹洞に営巣する鳥類にとって好適な生息場所となる（写真 Erkki Oksanen/Metla）．

工的な倒木としてその場所に残されることもあろう．そのような切り株では，比較対象となる風倒木とほとんど同じ真菌類の集合が生息していることが示されてきた（Lindhe et al., 2004）．

13.6 保護区の設定

保護のために森林を残しておくことによって，森林の収穫の直接的な影響を排除することができる．この方法は明らかに，枯死木に関係した種がよく育つことの出来る状況を提供している（図13.7）．自然環境や林業の歴史，地域の伝統に依存して，保護地域のための体制は国々によって異なる．近代林業がいまだに森林の景観を変質させてしまっていないような人口希薄地域においては，今でも原生の自然林が大面積で存在することもある（Potapov et al., 2008）．これらの地域，例えばロシアやカナダの亜寒帯地域では，10

13章　枯死木と持続的な森林管理

図 13.7. 大きく樹皮がはがれたマツの立枯れ木，いわゆる kelo は大変長い期間にわたって存在し続ける枯死木基質の例である．これらは確実に減少しており，ほとんどが保護地域に出現する．したがって，kelo の維持は管理と復元の両方にとって挑戦的なことである（写真 Bengt Gunnar Jonsson）．

km^2 から 1000 km^2 の全地域を残しておくことが可能である（DellaSala et al., 2001）．非常に大きな地域においてのみ，自然な森林動態と撹乱プロセスが働き，人為的な干渉なしに枯死木依存性生物に必要なすべての枯死木の

変異を形成することができる．暴風，森林火災，そして洪水（12章を参照）は，枯死木の一次的な増加と遷移段階初期の若い森林を形成する．他の地域は林分置換撹乱を逃れ，老齢木と老化によって死亡する樹木が優占する老齢林へと発達する．

長い土地利用の歴史がある地域では，森林管理は景観の大部分に影響を及ぼしてきており，ごく小さな面積（10〜100 ha）の自然林かまたはそれに近い森林断片が残されている．ここでも保護地域は，重要な役割を果たしている．それらは，個々の森林断片では小面積であるために，自然の変異をすべて含むことは出来ないかもしれないが，集合として，枯死木の生息場所について必要とされる変異の大部分を提供しうる．保護地域は伝統的に，自由に成長させるように放置されてきたが，人為活動が強く影響を及ぼしている景観における保護地域のネットワークには，すべての重要な生息場所のタイプが確実に含まれるように十分に計画されている必要があり，また，実効性のある復元手段も必要であろう．

13.7 鍵となる生息場所

保護地域指定される広さの地域に加えて，価値ある生息場所であるより小さなパッチ（0.1〜10 ha）が人工林景観中に組み込まれて出現するかもしれない．そのような生息場所パッチはいわゆる"森林の鍵となる生息場所"（woodland key habitats；WKHs）として，ある程度残されながらその割合を増やしている．WKHs は北欧やバルト諸国において持続的森林管理の重要な構成要素となっているようだ（Timonen et al., 2010）．WKHs はレッドリスト種が出現することが期待されている生息場所を示しており，そして実際に，枯死木依存性種が多様な多くの場所が WKHs に含まれている．しかしながら，そのような生息場所が遷移後期種の有効個体群をどの程度維持するかについては不明である．平均的に，WKHs は小さな林分であるため，エッジ効果の影響下にある（Aune et al., 2005）．加えてその小さなサイズのために，WKHs ではほとんどの種がごく小さな個体群しか支えることが出来ず，WKHs では偶然の出来事による局所絶滅の危険性が高いことを意味

している（Hanski, 2005）．WKHs は多くの場合，以前に人工林管理されており，したがって，真の残存的な自然林ではない（Jonsson M. T. et al., 2009; Siitonen et al., 2009）．それにもかかわらず，残された景観が強く改変されており，森林収穫後に再生した若齢や中間齢の林分から構成されているような状況では，これらの場所は景観レベルでの生物多様性の重要なホットスポットとなり得る．枯死木依存性種についてみると，WKHs では通常の人工林の林分よりもより変異に富んだ枯死木の体積が大きいという事実（Jonsson and Jonsson, 2007）があり，このことが WKHs における高い種多様性に貢献している重要な要因であることは明らかである（Junninen and Kouki, 2006; Djupstrom et al., 2008; Hottola and Siitonen, 2008）．したがって，人工林が卓越した景観において，WKHs もさらなる保全や復元の努力を払うための，費用的に効率的な出発点として見なされており，老齢林分に限定されているような種にとっては，救命ボートとしての役目を果たし得る．

13.8　生息場所の復元

　森林管理の歴史が長い地域では，残っている生息場所は枯死木依存性種の長期的な生存には不十分であるかもしれない．このため，価値のある林分を取っておき，管理方法を調整することだけでなく，枯死木の利用可能性を操作することによって生息場所を実際に修復することも要求されている．
　この点において，二つの原則が適用される．一つ目に，復元はその場所を自然の状態に戻すことを目的としている．良い例に，枯死した立木を多くもつ複数世代が育つマツ林を再現するための方法として，森林火災を利用することがある．二つ目に，復元はより広い景観において欠けている生息場所や基質を作り出すことができ，ある特定の場所にとって「自然」とは何であるかに関わりなく，その場所に望ましい質の生息場所が増加するように管理することができる．

13.8.1　樹木の伐採

　枯死木依存性生物の生息場所を増加させるための単純明快な方法は，木を

殺すことである．現在の林分があまりに若齢であるために枯死木を生産することが出来ないような状況では，実際に行うべき管理は樹木の死亡を増やすことで長期的な遷移過程を短縮することであろう．したがって，何が自然であるかを考えることを超越して，大径の樹木の伐採と立枯れ木の人工的な形成がなされるであろう．効率的に行うために，そのような管理では林分の条件と景観的な状況を考えた，よく計画された適切なサイトの選定が必要とされる．潜在的には矛盾するが，そのような管理は直近の絶滅リスクに向き合っている種にとって状況を大きく改善する可能性がある．

　枯死木を作り出す可能性は，必要とされる枯死木の種類によって大きく変化する．新しい枯死木といったいくつかのタイプの枯死木は，伐採や環状剝皮（図 13.8）によってや，一定の火災を起こすことで容易につくることができる．復元的な管理手法を行ったとしても，例えば腐朽が著しく進んだ樹幹や硬くなった立枯れ木（kelo tree；図 13.7）といった他のタイプの枯死木は，形成するのに数十年から場合によっては数世紀かかるであろう．

　樹木を殺す，より劇的な方法もある．破片になった立枯れ木をつくるため，ダイナマイトによって木を吹き飛ばすことがスコットランド（Abernethy Forest）とアメリカ合衆国（オレゴン州およびワシントン州）を含むいくつかの国々で行われている．すでに 30 年超の間にわたって行われてきたため（Bull et al., 1981），この方法は完全に新しいアイデアというわけではない．倒木は伐採によって，高切りの切り株とともに形成される．そして，立枯れ木は根もとでの環状剝皮や（図 13.8），樹木の先端部を切り落とし（Hallett et al., 2001），さらには木材腐朽菌の接種との組み合わせ（Brandeis et al., 2002）によって作りだされる．このようにつくられた立枯れ木は，地上の倒木を利用する種と同様に，大きな針葉樹の先端を取り除くことで，樹洞営巣性鳥類（Walter and Maguire, 2005）にとっての営巣および採餌のための構造を提供する．

13.8.2　復元のための火災

　火入れは，火災による災害の危険性を減少させ，更新を促進するために森林管理の道具として用いられてきた．皆伐は森林火災のすべての面を代替す

13章 枯死木と持続的な森林管理

図 13.8. マツの木の環状剝皮の形をとった積極的な復元. この方法は, 比較的若く発達中の林分において, マツの立枯れ木を確実に出現させられる (写真 Bengt Gunnar Jonsson).

るわけではないため (McRae et al., 2001; Bergeron et al., 2002; Kuuluvainen, 2002), 人工林に火を再導入する必要がますます認識されている. 火入れと組み合わせた適度な水準の木材放置によって, いくらかの種は利益を得るであろう. 復元のための火災と健全木の保残の重要性に関する研究で,

13.8 生息場所の復元

　Hyvarinen らは，最低 10 m^3/ha の木材放置は枯死木と関係した甲虫相に正の影響を及ぼすことを示した．火入れの 2 年後，木材放置が少なくとも 10 m^3/ha の時，すべての種（レッドリスト種と希少種も同様）の数は処理をしていない対照区と比べて約 50% 増加していた（Hyvarinen et al., 2006, 2009）．似た研究では，Toivanen and Kotiaho（2007b）もトウヒ林において管理された火災が希少な枯死木依存性の甲虫の個体数と多様性に対して強い正の効果をもたらすことを示した．個体数は，火を入れていないサイトと比べて，火を入れたサイトで約 3 倍大きかった．火災を受けた範囲にある実際に燃えた樹木は，火災を好む種のグループにとって好適な生息場所を構成した（6 章を参照）．ほとんどの自然火災と比べて相対的に小さなサイトであることと，樹木の大部分は火入れの前に収穫されていたことにもかかわらず，いくらかの火災選好性（Pyrophilous）の種は復元のための火災にあったサイトで形成された枯死木を利用することが出来たことを，上述の両方の実験的研究は示した．

　先述の研究は火災と木材放置の短期的な影響を取り上げたにすぎない．木材放置量の違いの影響は，維持された樹木がさまざまな量の枯死木を形成する遷移後期に明確になるようである．遡及的な研究の中で Toivanen and Kotiaho（2007a）は，一番目に，枯死木依存性の甲虫種の優占度と種多様性の両方が火入れによって正の影響を受けており，火入れの影響は約 20 年続くことを示した．次に，火災を受けたサイトと受けなかったサイトの間の違いは保残された樹木の本数とともに増加し，1 ヘクタール当たり 15 本よりも少ない本数が残されたときは，火災の影響は有意ではなかった．

　枯死木依存性の真菌については，森林火災の影響は甲虫の場合よりも複雑である．復元のための火災の直後では，子実体形成する種の数は減少する（Penttila and Kotiranta, 1996; Olsson and Jonsson, 2010）．この現象の背景にある理由はよくわからない．しかし，多くの種にとって火災は単純に，火災後の最初の年の間，子実体の個数を減少させるようだ．別の研究では（Junninen et al., 2008），火災はすでに枯死木中に生息していた多孔菌の種数を減少させなかった．しかしながら，より長い時間的展望では，火災は木材腐朽菌の種多様性を増加させるように見える．2 か所の伐採されていない林分（100%

の木材を保残）において火入れの後に引き続き行われた研究では，Penttilä（2004）は，種数が火災後に最初減少したことを示した．撹乱前のレベルに種数が戻るまでに6年間を要し，火災から13年後には，種数は40%以上に増加し，レッドリスト種の数は2倍になっていた．

　火災はいくつかの種類の鳥類にも重要であり，火災の抑制はある地域においてキツツキの出現に対する脅威と考えられている（Murphy and Lehnhausen, 1998）．今までのところ，キツツキに対する火入れの特別な影響を解析した研究はほとんどない（Pope et al., 2009）．しかしながら，火災が樹皮下キクイムシとキツツキのアバンダンス（Covert-Bratland et al., 2006）と樹洞営巣者にとっての樹洞の利用可能性（Hutto, 1995）を増加させているため，火入れは樹洞営巣性鳥類にとって生息地の質を向上させているに違いない．

　森林火災は一般に，枯死木の生物多様性に対して正の働きをするが，火災

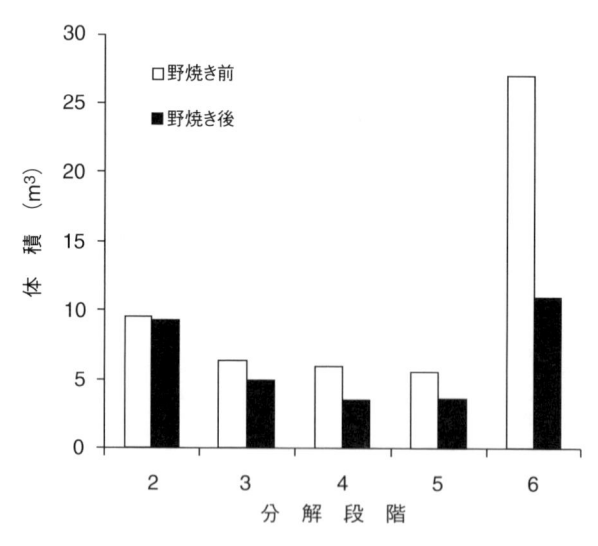

図13.9. 亜寒帯針葉樹林における野焼きの間に消失した枯死木量の例（データはEriksson et al., 投稿中より）．分解段階は枯死の直後から第6段階までを取り，第6段階では，木材は軟化し，材の外形は崩れ，大きな部分は落ち始めている．消失は平均して体積の43%であるが，第6段階では59%と高かった．

はまた，火災までに利用可能であった枯死木資源の一定量を消費してしまう (Knapp et al., 2005). 自然条件においては，これは火災の間に巨大な量の枯死木が生産されることによって補償される．しかしながら，（森林の更新を改善し，火災の危険性を減少させるために）火入れが皆伐後に実施されると，利用可能な枯死木の消失は，枯死木依存性種にとって生息場所の消失を意味し，さらなる脅威になるだろう．火災前の枯死木の消費についての，三つの異なる復元のための火災に関する研究では (Eriksson et al., 投稿中)，火災は枯死木の現存量の 20 から 45% を消費していた．より分解段階が進行していた倒木でより消費されていたように，分解段階との強い関係があった（図 13.9）．

13.9　枯死木管理

森林管理では，木材とパルプ生産のための森林を手入れすることに言及する際には「造林」(Silviculture) という語がもちいられてきた．これと類似させて，Mark Harmon によって，枯死木に対する森林管理の影響を理解することに焦点が当てられた管理を示すために「枯死木生産」(Morticulture) という語が導入された．その論文の中で Harmon (2001) は以下の様に述べている．

> 『造林と同様に，Morticulture は将来の需要とマッチしている．しかし，収穫される幹のタイプの代わりに，Morticulture では生態系機能のために木質リターという構造物を生産する方法を扱う．』

さらに，Harmon はこの実行には造林と共同して行われるべきであり，単独ではないことを強調した．

この本のいくつかの章から明らかなように，枯死木依存性生物の多様性にとって鍵となる必要なものは枯死木の多様性と関係している（図12.6を参照）．したがって Morticulture は枯死木の量のみではなく，おそらくこちらの方がより重要であるが，その変異性を明確に扱うことが必要である．この見方では，Morticulture はおそらく，極めて限られた組み合わせの樹木の質に焦

点を絞っていた伝統的な造林（一般には，数種の好ましい形質を持った樹種のパルプ材と木材の生産を目的としていた）以上に要求されることが多いであろう．

　Morticulture はいくつかの構成要素を含んでいる必要があろう．(1) 生木と枯死木の間のリンク，(2) 枯死木の貯留の動態，(3) 林分内及び景観レベルでの枯死木の空間分布の計画，そして (4) 生物相と生態系機能における反応のモニタリング，である．

13.9.1　どれだけあれば十分か？

　保残と復元の両方にとって極めて重要な問いが，どの程度の枯死木が必要とされているのか，である．この問いは単純な問いであるが，答えは非常に複雑である．その困難さは，(個々の種，種多様性，または種構成といった) 実際のターゲットを選ぶことと，ある生物種の出現と枯死木の利用可能性のさまざまな側面との間にある複雑な関係との両方にある．理想的には，単一の閾値が利用可能であるべきだろうが，理論研究と同様に経験的研究では，単一の値を利用することは特定の種の要求を見逃してしまう危険性が示唆されている (Ranius and Fahrig, 2006)．近年の研究では，Müller and Bütler (2010) は枯死木量の閾値が示唆されている 36 の異なるヨーロッパでの研究を総説で紹介した．彼らの総説では，得られた閾値は亜寒帯林および低地林では $10\ m^3/ha$ から $80\ m^3/ha$ の間に，山地混交林では $10\ m^3/ha$ から $150\ m^3/ha$ の間にあったが，亜寒帯林で共通する値としては，$20 \sim 30\ m^3/ha$，山地混交林では約 $30 \sim 40\ m^3/ha$，そして低地のナラーブナ林では約 $30 \sim 50\ m^3/ha$ であった．これらの値は関連性のある実証研究から導かれてはいるが，必ずしも枯死木量の幅全体をカバーしているわけではなく，ただ単に，在不在のパターンのある一時的な断面を表しているに過ぎない．それゆえ，利用できる情報に基づいて，明確な推奨できる値を示すことは困難である．とりわけ，知られている研究では，景観スケールの影響と移行的動態の可能性，例えば絶滅の負債 (Extinction debt)，をほとんど無視しているためである (14 章と 15 章を参照)．

13.9.2 林分モデルと枯死木動態

　Morticultureを適用するための明らかな方法は，さまざまな森林管理体系を念頭に，枯死木動態をモデル化することである．林分発達モデルは商業用材の成長体積を予測することを目的としており，間伐と主伐の体制を選ぶために利用されている．樹木の死亡を考慮し，生木と枯死木の放置を可能にし，そして腐朽モデル（6章を参照）を適用するためにこれらのモデルを拡張することで，枯死木の量を予測する統合モデルを作り上げることが可能となる．そのようないくつかのモデルがすでに開発されている（Tinker and Knight, 2001; Ranius et al., 2003; Wilhere, 2003; Ranius and Kmdvall, 2004; Hynynen et al., 2005; Montes and Canellas, 2006）．例えばRanius et al.（2003）は森林認証の基準に従って管理されたスウェーデンの亜寒帯林において，枯死木の増加量を予測した．彼らは，枯死木の体積が輪伐期間全体を通してみると，約12 m^3/haで安定し，最終伐の前の成熟林では20 m^3/haにまで達することが期待されることを示した（図13.10）．この予測は，今日，これらの森

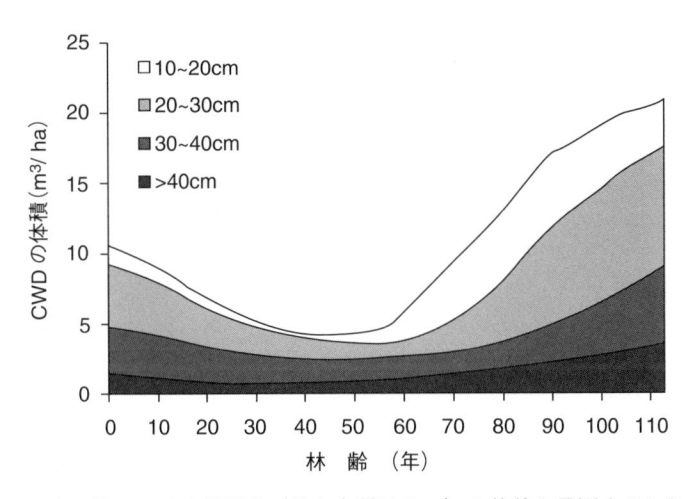

図13.10．人工林における枯死木（粗大木質リター）の体積を予測するシミュレーションモデルの結果．数字は粗大木質リター量（CWD: 直径10 cm以上の幹（m^3/ha））の平均値（1000回の繰り返し）を示し，直径階ごとに分けてある．パラメーターの値は生物多様性のみを重視した場合の典型的なものである（Ranius et al., 2003に基づいた）．

林が含んでいる枯死木の約2倍にあたる.

　これらの類のモデルでは,枯死木量の平均的な値を示すことができるだけでなく,さまざまなサイズと分解段階にある枯死木の分布と林分の間の変異を予測することもできる.加えて,これらのモデルでは枯死木に対するさまざまな強度で行われる個々の管理処方(例えば,健全木の保残)の影響に対する評価も可能である.これにより,さまざまな管理方策とその組み合わせを考えに入れ,時間的な枯死木の利用可能性をモデル化する可能性が広がっている.そのようなモデルは,生息場所の利用可能性を予測したり,人工林の景観において枯死木依存性種が生き延びるための可能性を探ったりするための重要なツールとなっている (Jonsson et al., 2005; Jonsson and Ranius, 2009; Sahlin and Ranius, 2009).

13.9.3　景観スケール

　個々の種は林分中の枯死木に出現するが,それらの種の長期的な変動は,より大スケールにおける個体群動態と関係している.我々は,14章において詳細に個体群動態を調べ,森林管理においては長期的目標を達成するために,景観を考慮しなくてはならないことを示唆する.人工林においては枯死木基質を供給することによって,保護地域と人工林地域の差を減らすことができる.このことは天然林間での分散を容易にすることや,その種の個体群サイズを増加させること,すなわち,ある景観におけるメタ個体群の収容力を増加させること (Hanski and Ovaskainen, 2000) に役立つ.明らかに,人工林景観を通じて行われる活動は,保全地域のみで行われるこれらの手段以上に,森林地域のより広い割合に影響を及ぼすであろう.

　枯死木依存性種の生息場所の動的な性質は,多くの種が景観スケールにおいてメタ個体群として出現しうることを示している (14章を参照).このことは大量の枯死木があるサイトを必要とする種と,そのために天然林のパッチにのみ分布が限られる種にとりわけ良く当てはまる.このことがあるので,景観スケールで長期的に種の存続率をモデル化することが必要である.モデル化におけるさらなるステップは,個々の種の生息場所の適合性のモデルや,メタ個体群動態モデルと,枯死木のモデルを統合することである.後者のア

13.9 枯死木管理

プローチに基づいて，Schroeder et al. (2007) は枯死木依存性の甲虫の一種 (*Harminius undulatus*) の個体群存続性を研究し，その種の出現と存続を正確に予測するためには，景観レベルでの枯死木の利用可能性の動態を理解することが重要であることを示した．この方向性のいくつかの異なる試みも行われている（Gu et al., 2002; Laaksonen et al., 2008）．しかしながら，今までのところ，枯死木依存性種のための保全管理を導くためのメタ個体群モデルの全面的な適用は欠けているようだ．最近の総説では，Jonsson and Ranius (2009) はそのようなアプローチのために必要とされるデータをリストアップしている：

- その景観における種の出現が明らかにされており，個体群形成のシミュレーションのための最初の値が得られることが望ましい．
- その種が利用する枯死木の質についての知識が必要である．
- 景観中の各林分について，生息場所の質の基準が必要である．この基準は，望ましくは，種と生息場所の関係に関する実測データであるべきである．しかし，好適な生息場所ないし不適な生息場所に森林を粗く分割してもよい
- 景観動態を捉えるために，個々の林分の生息場所の質における時間的変化を記述したモデルが利用できなければならない．そこでは枯死木の体積と質，その他の対応する林分の性質（例えば，胸高断面積合計，樹木の種構成）を含んでいること．
- 時間的な変動とさまざまな景観要素間での変異を含んだ，その種の分散率と分散距離．
- 生息場所が喪失すると局所絶滅が決定論的に起こるため，局所的な存続性は生息場所の存続性と直接的に結びついているであろう．もう一方で，局所個体群動態，確率的事象，そして近傍の個体群からの救援効果（Rescue effects）を考慮したより複雑なモデルが必要とされている．
- 最後に，定着における出現の時間差と最初の次世代生産を行う齢が考慮される必要がある．これには生存と，もはや定着には不適になってしまったパッチからの分散を含む．長命な種では，これらの側面は景観スケ

ールにおいては動態を決める意味深い役割を持っているであろう．

これは明らかに多くのデータを要求するものであるが，丹念に選出された特定の枯死木依存性種のセットについて，そのようなモデル化を行うことは可能であるだろう．このことで，景観スケールでさまざまな森林管理のシナリオを試すことが可能になるだろう．ほとんどのモデル化と同様に，導き出された結果は正確な予測を提供するわけではないかもしれないが，さまざまな森林管理オプションから相対的に利益があるものを探索することが促進されるだろう．経済を含む他の方法と組み合わせることで，多目的な計画の一部を構成することになるだろう（Baskent, 2009）．

13.9.4 モニタリング

自然は予測不可能である．実証的なデータとよいモデルによって支援された，最もよい管理計画でさえも，実際には失敗しうる（Villard and Jonsson, 2009b）．この不確実性は順応的管理体系によって取り組まれるべきである．ここでは，選択された管理の結果を監視することが中心的な行動となる．もちろん，管理が枯死木依存性生物の生息場所の利用可能性に及ぼす影響を推定することが決定的に重要であり，すなわち枯死木の質と量が計測されるべきである．しかしながら，強力なMorticultureのためには，枯死木依存性種それ自体に対する選択された管理体系の影響を評価するべきである．枯死木依存性種の出現に対する土地利用の歴史の潜在的な影響と景観の複雑性を考えると（Gu et al., 2002; Penttilä et al., 2006; Laaksonen et al., 2008 をみよ），適切な生息場所の質があるときにさえ，必ずしも，ターゲットとされた種の存続可能な個体群が出現するとは限らない．

13.10　保全目標と管理基準

それでは，我々はここからどこへ向かうのか？　上述のように，持続的森林管理と統合されるべき従来型と新型の管理オプションが示されてきた．これらの取り組みは枯死木依存性種の多様性を維持する助けになるだろうが，

森林管理へ結合させることは純粋な生物学と生態学を超えた別のより大きな問題の上にかかっている．以下では，持続的森林管理の実現を支援するいくつかのこれらの問題について議論する．

13.10.1　国際政策

　生物多様性を守るための世界的な合意は強く，世界中で 190 を超える国々が生物多様性条約（Convention on Biological Diversity：CBD）に調印している．CBD の目標は 2002 年のヨハネスブルグ世界サミット会議で承認され，生物多様性の損失を 2010 年までに明らかに減少させることが宣言された．この野心的目標は，世界的に地域や国レベルでの戦略において繰り返し表明されてきた．そして 2010 年 10 月に名古屋で行われた CBD 会合で確立された新しいポスト 2010 年目標はさらに地球全体の義務が強調された．ヨーロッパでは，この野心的目標はより一層必要とされ，2010 年までに生物多様性の損失を食い止めると述べられてきている．これに伴って，2004 年からの EU レベルのマラハイド宣言（EU-level Malahide Declaration）では，ヨーロッパの森林にとっての目標は「国，地域，世界レベルで持続的森林管理を通じて生物の多様性を保全し増大させる」ことであると宣言されている．これはヨーロッパ鳥類・生息地指令（the European Birds and Habitats Directive）においてさらに発展し，その指令では，リストに載った種と生息場所は「望ましい保全状態」を保っているであろうと述べられた（Anon., 1992）．リストに載った種のいくつかは枯死木依存性であること，そして，枯死木の出現は森林の生息場所の自然な構成要素であるため，この指令では明らかに枯死木を維持することの重要性が指摘されている．

　他の国際的なプロセスは森林の生物多様性を驚くほど少ししか考慮していない．国連森林フォーラム UNFF（United Nations Forum on Forests）が供給する文書では，生物多様性はほとんど言及されず，CBD との関連でのみ述べられているだけである．このことは森林のもう一つの見方を実証している．その見方とは，ある人々は森林を資源の持続的な供給源としてみており，一方，別の人々は，自然の森林生態系の大規模な転換と関連した問題を，造林上の生産体系に含まれるものと考えている．

森林管理に対する経済的動機を学ぶと，森林を天然資源の基礎とする考えと世界の生物多様性を保全することの重要さとの隔たりが明確になる．国家資金や国際資金が生物多様性に対して害を及ぼす活動を刺激している例が多数ある．これらのいわゆる「逆効果をもたらす奨励措置」（Perverse incentives）は生物多様性保全について地球規模の議論をするにあたり重要な話題である．フェノスカンジアにおいては，遠隔の生産性の低い森林地域へと道路を建設するための国家補助金がある．これらの道路は，高い自然的価値を持つ森林を収穫することを可能にしてきた．そのような森林はそうでもしない限り，経済的に収穫の採算がとれなかったであろう．ノルウェーにおいては，急勾配地域における伐採（ケーブルクレーンによる集材）に対して経済支援がなされている．ここでも，支援なしには採算が取れないであろう．

13.10.2 森林認証

森林認証は，どのように林業がなされるかを規制する制度に，森林の持ち主が自発的に参加することを基本としている．認証基準は通常，持続的林業のすべての面（生態的側面と同様に経済的，社会的側面も含む）を扱っているが，ここでは枯死木に影響を及ぼす程度についてのみ考える．

世界的には，最も名高い認証体系は森林管理協議会（Forest Stewardship Council：FSC; www.fsc.org）のものである．FSCは，持続的森林管理の一般的な枠組みに従っている国際的な認証機関に認定を与える国際組織である．これらの国家規格は，森林の利害関係者，すなわち森林の所有者，環境組織，労働組合代表，地域住民，先住民等との対話と交渉で発展している．その基準は総意の一致であり，多くの国々で，日々の森林施業に影響を及ぼしてきている．枯死木は一般的枠組みの中では明確には言及されていないが，明らかに，考慮されるべき潜在的な側面である（Box 13.1）．枯死木は一般的枠組みの中では述べられていないものの，多くの枯死木依存性種が「希少，絶滅のおそれのある状態，絶滅危惧（rare, threatened and endangered）」にあり，それらは適切な管理にかかっていることを考えると，多くの国家基準は枯死木に対して何らかの処置を施している（Box 13.1を参照）．

適切に実施されたとき，森林認証体系では森林所有者に，彼らの保全への努力に対して一時的な補償を提供することが期待される．開かれた市場では，認証された生産物はより良く，高い値で売られるであろう．森林認証を導入した後の森林で，実体のある現地レベルの影響を評価することに対しては，ほとんど努力されてこなかった．我々の知るところでは，認証基準を導入する前後の森林管理を評価した唯一の研究例は Sverdrup-Thygeson et al. (2008) のものである．彼女らは，樹木の保残レベルが明らかに増加したが，他の多くの野外レベルでの指標（例えば現存している倒木への損害，小川沿いの緩衝帯，地形への損害）については改善が認められなかったと結論付けた．それゆえ，自発的なアプローチによって，どの程度まで枯死木依存性生物とそれ以外の森林生物の生息条件を改善できるかを明らかにすることが残されている．

13.10.3 承諾と認識

残念なことに，枯死木についていくつもの神話が山積みになっており，その神話というのは脅威と読み替えることができる．長い間，森林管理では枯死木を衛生的な問題としてみなしてきた．古いドイツ語の表現'森林衛生'（Forst（森林）+hygiene（衛生））やその翻訳された語にその出典を見つけ出すことがいまだにできるだろう．'清潔'であるという考えによって，森林から傷ついたり，死にかけたり，死んだ木を取り除くための莫大な努力が引き起こされてきた．これらを残しておくことは悪い森林管理とみなされてきた．これと関連していることに，森林に枯死木があることの結果として，病害虫が発生するかもしれないという不安がある．マツノネクチタケやナラタケ属といった菌類とさまざまな樹皮下キクイムシは，木材資源に対する深刻な脅威であるとみなされてきた．ほとんどの場合，これらの種の大発生は，非常に大量の利用可能な生息場所をごく限られた地域に生み出すような特別な管理体制や深刻な撹乱と関係している．実際に，人工林における，目を見張らせるような害虫の大発生には三つの主要な要因がある．

1. 害虫にとって最適な条件をつくる管理体制：すなわち，中央ヨーロッ

パでタイリクヤツバキクイムシが大発生した主な理由は，以前はブナが優占する森林に覆われていた低地地域にトウヒを大面積で導入したことである．
2. 例外的な撹乱および／または乾燥条件
3. 移入害虫種：移入種であるマツノザイセンチュウによってひき起こされた，イベリア半島のマツ林で広まった立枯れがその例である．

天然林においては，害虫種の大発生は稀である．通常の条件では，森林所有者が管理戦略の一部として枯死木を残すことに問題はない．

もう一つの根深い恐怖に，森林保護地域において枯死木は森林訪問者に対して危険となるという考えである．しかしながら，倒れかかった枯死木から離れて主要なトレイルの中を歩いていれば，森林訪問者は危険に向かい合うことはない．訪問者がトレイルから外れて歩く時はいつでも，躓いたり，穴に落ちたり，他の事故にあう可能性はもちろん増加するが，このようなことは森林保護地域の価値ある構成要素を取り除く理由とはほとんどなり得ない．一般に，天然林を訪問する中での最大のリスクは，自動車によってその地域へと旅していくことに関係している．

枯死木は火災の危険を増加させると考えられてきた．皆伐後の残骸のことを考えるとこれは明らかな状況であり，この状況では，山火事のリスクを減らすために一般的に火入れが行われている．しかしながら閉鎖林では，主な燃料は林分中に散在する枯れた樹幹や立枯れ木というよりも地上植生と生立木である．森林は枯死木のせいではなく，乾燥条件下で燃えるのである．

最後に，枯死木は森林管理者にとって商業的な価値がないため，しばしば薪として利用できる自由な資源として見られている．保全の意図にもかかわらず，空き資源であると考えられているために，枯死木は地域住民によって持ち出される．これはもちろん，中央ヨーロッパとどこかの人口稠密な地域，そして別の地方でも問題である．例えば，オーストラリア政府（環境と水資源省：Department of the Environment and Water Resources）は生物多様性に対する枯死木の重要性を地域住民に知らせる目的で2001年にプログラムに着手した．彼らのスローガンは"倒木は中に生命を宿している—あなたは

暖を取るために，生き物の家を燃やしてはいませんか？"であった．しかしながら薪の採取は，多くの開発途上の第三世界地域では必要最低限の生活の重要な一部であると認識されており，森林の生物多様性保全に取り組むに当たり，とりわけ注意が必要である（例えば, Christensen and Heilmann-Clausen, 2009 を参照）．

13.10.4　森林管理におけるさまざまな利害関係者の関与

　将来に向けて必要なことは，我々の森林に対するいくつもの関心をよりよく統合することである．異なるグループの人たち，例えば土地所有者，地域住民，旅行会社，NGO，林業関係者などは皆，彼ら自身の意見と森林とその資源に対する関心を持っている．森林景観においてすべての点で，これらの関心のすべてを兼ね備えさせることは不可能である．それゆえ，これらの関心のすべてを考え，可能な限り景観スケールで最適な解決策を見つけるような統治体系が必要である．伝統的には，これに対して法律上および管理上のフレームワークを供給するのは，法律制度と公的な権威の領域であった．しかしながらもう一つの統治モデルも同じように効果的である．つまり，よりボトムアップ的な制御が，潜在的に伝統的なトップダウン的な制御よりもよりよい統合を潜在的に提供しうる．

　ボトムアップ統治モデルに対する興味深いアプローチは，その数を増やしつつある世界中に設立された"モデルフォレスト"によって示されている（www.imfn.net）（訳者註：日本では京都モデルフォレスト）．モデルフォレストでは，ある特定の森林景観中で様々な利害関係者の間で協同的パートナーシップが進行していることが示されている．この目的は，すべての利害関係者の関心を考えたうえで，真の持続的森林管理を開発することである．一つの例として，80 万 ha あるロシアの Komi モデルフォレストがある（www.silvertaiga.ru/en/）．ここでは，明確な目標は二つあり，非持続的森林施業によって危機に脅かされた老齢林の管理を改善することと，再生サイトの森林管理者が老齢林の環境的な価値とサービスを考えるよう奨励することである．

Box 13.1　森林認証における枯死木

　以下は森林管理協議会（Forest Stewardship Council; FSC）によって定められた認証基準のうち，枯死木依存性種と枯死木にとってとりわけ重要なものからの抜粋である．

以下の文章はFSCの枠組みの原則6に含まれる

　6.2．希少で，脅威下にあり，絶滅が危惧される種とその生息場所（例えば営巣場所および採餌場所）を守るようなセーフガードがなければならない．保全区域と保護地域は，森林管理の強度とスケールおよび影響を受ける資源の特異性に応じて設立されなければならない．不適切な狩猟や漁労，罠による捕獲や採集は規制されなければならない．
　6.3．生態系機能と価値は手つかずのまま維持されるか，増強されるか，復元されなければならない．それには以下を含む　a）森林の更新と遷移，b）遺伝子，種，生態系の多様性，c）森林生態系の生産性に影響を及ぼす自然の循環．

イギリスの森林管理協議会の基準では，以下のように述べることによって枯死木の供給を含ませている．

　これらの'生物多様性地域'に加えて，枯死木という生息場所を以下の森林管理を通じて増加させていく．

- その場所にある樹種と樹木のサイズを反映し，その場所で重要であると思われる種の要求にあっている枯死木を維持する
- 立枯れ木や巨木，枯死木または枯死部を含む樹木といった生息場所をそのまま維持すること（1ヘクタールあたり立枯れ木3本および倒木3本という平均密度が，森林全体としては適切な最低密度であろう）
- 風倒木を収穫しない．ただし極めて高い価値を持つ材や1ヘクタールあたり3 m^{3}以上が倒れた場合は除く
- 各施業後，いくつかの倒れた幹や倒木を維持する
- 最も重要な価値を持つと思われる場所に枯死木を集中させること．例えば以前枯死木があったところに近い日陰の場所など
- 枯死木の量，状態，タイプおよび刈り込みや樹冠は，すべての人々の安全や植物の健康の制限に適応するように変更される

スウェーデンでは基準はさらに詳細なものである

13.10 保全目標と管理基準

6.3.4S. 森林管理者はすべての立枯れ木，風倒木およびその他の一年以上にわたって枯死した樹木を以下の例外を除き，維持しなければならない

a）林業従事者またはレクリエーション地域内で一般市民に安全上の危険がある際
b）頻繁に利用される小道や道路をふさいでいる場合
c）ごく小さな落ちている木屑
d）大量増殖の危険があるとすでにわかっていることを条件として，害虫の産卵場所となる場合

6.3.5S. 森林管理者はすべての立枯れ木，風倒木およびその他の以下の条件に当てはまる一年以内に枯死した樹木を維持しなければならない
a）高い生物多様性の価値を持った樹木，または，以前に自然保全目的で維持された樹木に由来する場合
b）介入を必要とするパッチを含む，自然保全のために指定されている地域にある場合
c）年加入量がヘクタール当たり1立方メートル以下の生産性が無いまたは低い土地にある場合

6.3.6S. 森林管理者は，最後の倒木地域内で風倒木を収穫するに当たり，新規加入した風倒木を平均して，少なくともヘクタール当たり2本維持しなければならない（6.3.4Sと6.3.5Sに記した風倒に関する規定に加えて）

6.3.7S. 森林管理者は再生のための伐倒および密集した幹の間伐に際し，収穫した地域にヘクタール当たり少なくとも平均3本の高切りの切り株と環状剝皮した樹木をつくらなければならない．この目的のためには，生物多様性における価値が高くない，マツ類，トウヒ類，カバノキ類，ヤマナラシ類の大径木を選択する必要がある．

14 章
個体群動態と進化戦略

Bengt Gunnar Jonsson

　枯死木依存性種に独特な挑戦は，彼らが短命な生息場所パッチ（沈みゆく船）の中で生活しているということである．彼らは分解され，徐々に消えていく枯死木中で生活している．彼らが生息している基質は必ず消失するものであり，そして彼らは新しい適した基質に定着する必要がある．このことは，個体の繁殖成功（および局所個体群の運命）が，今現在の適した宿主木において次世代生産をする能力によっているだけでなく，将来的に適した宿主木の利用可能性にもよっていることを意味している．異なるタイプの枯死木基質は，その量や存続時間に関して非常に変異性が高く，それゆえ対照的な生活史戦略と分散能力が枯死木依存性種の間で進化してきた．

　よく知られた進化生態学者であるSouthwoodによる議論を用いると，"生息場所は生活史の鋳型である"が結論である（Southwood, 1977; 図14.1）．この言葉は，すべての生物種が向き合っている中心課題を強調している．すなわち，時空間的な分布の中で，好適な生息場所をどのように探知するのか，といった課題である．最も根本的な意味合いにおいて，二つの基本となる問いがある．「個体はここかそれとも別の場所で次世代生産するべきかどうか」，と「今かそれとも後に次世代生産するべきか」である．これは時空間的な生息場所の質の変化，および，その変化がどれだけ予測可能であるかと強く関係している．枯死木依存性種にとって"沈みゆく船"という状況を考えると，効率的な分散に対する選択圧は明らかにほとんどの場合で強く働いている．この章では，個体群動態に関するいくつかの基本的な問題を，枯死木依存性種の生活史戦略に特に焦点を当てて，簡単に概説する．

14.1 生活史戦略

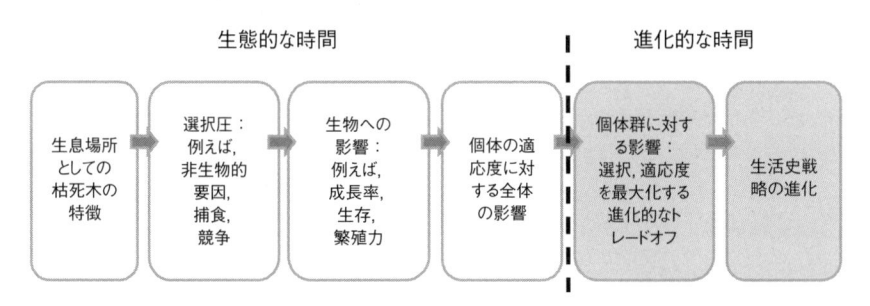

図14.1. 枯死木依存性種が生態的な戦略を形作るうえでの生息場所と相互作用の役割を記した．Southwood（1977）に基づく．

14.1 生活史戦略

　生活史戦略の多くのカテゴリー化が提案されてきている．比較的よく知られているものの一つは，次世代生産能力と競争能力の間のトレードオフについて言及しているもので，いわゆるr–戦略とK–戦略と呼ばれる（Pianka, 1970）．前者の戦略は大量に，高い分散能力を持った小型の子孫を生産することに集中し，後者の戦略は少数の，高い競争能力を持った大型の子孫を生産することに集中している．r–戦略は遷移段階初期において，予測可能性が低く，短命な資源パッチに生息する種に典型的である一方，K–戦略はしばしば遷移段階後期の安定した条件に典型的である．実際のところは，典型的なr–戦略とK–戦略の間には，連続した異なる生活史戦略がある．

　枯死木依存性種の遷移は通常，比較的予測可能な時間的変化をたどる（6章を参照）．早く定着し，まだ生きている木のすでに死んでいるか死にかけている組織にゆっくりと侵入定着する種は，資源への到達を制限する樹木の防御機構のために，ストレスの多い環境に向き合っている．樹木が死ぬと，高い分散定着能力をもった荒れ地型の生物種（ruderal species）が，最初に出現する種の集団を形成する．次第に多くの種が侵入定着してくると，資源はより乏しくなり，高い競争能力を持った種が支配する．最後には，樹木のほとんどの簡単に分解される部分が消費され，最初の種の組み合わせとは異

14 章　個体群動態と進化戦略

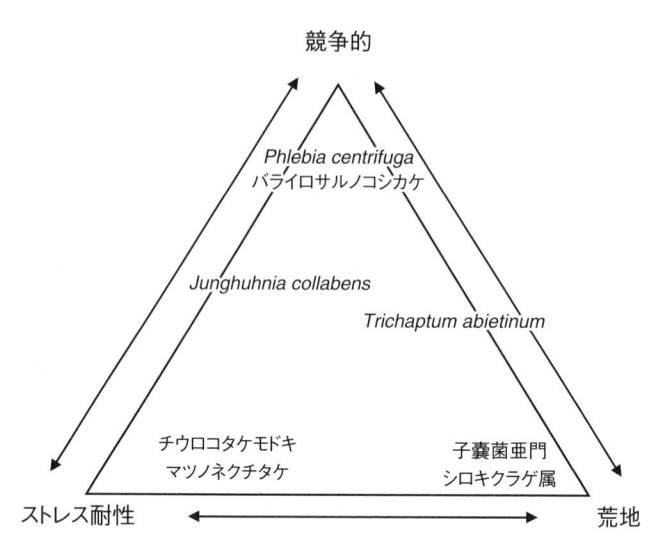

```
                              競争的
                                △
                               ╱ ╲
                              ╱   ╲
                             ╱     ╲
                      Phlebia centrifuga
                      バライロサルノコシカケ
                           ╱         ╲
                          ╱           ╲
                         ╱             ╲
                  Junghuhnia collabens
                        ╱                ╲
                       ╱      Trichaptum abietinum
                      ╱                    ╲
                     ╱                      ╲
                    ╱                        ╲
           チウロコタケモドキ          子嚢菌亜門
           マツノネクチタケ            シロキクラゲ属
                  △━━━━━━━━━━━━━━━━△
          ストレス耐性    ◄────────►    荒地
```

図 14.2．三つの主要な戦略（競争的，ストレス耐性，荒れ地）は極端な戦略同士の間の勾配としてみられる．真菌の例は Holmer（1996）にある実験データと記述の解釈に基づいた．

なるが，再びストレス耐性の高い種が優占的になる．

　これと関連した分類は，ストレスと撹乱，競争の相対的な重要性に焦点を当てた Grime（1979）によって提案され，その分類は三つの主要な種のカテゴリーとなっている．Grime は元来，植物に焦点を当てて，彼の体系を提出したが，他のグループの生物にも適用できる．その考えは，ストレスの多い環境においては，非生物的条件が成長と次世代生産を制限し，その一方で，明らかな撹乱は物理的に個体を取り除いたり殺したりするというものである．どのような生活戦略でも，厳しいストレスと深刻な撹乱の両方に立ち向かうことは出来ない．対照的に，好適な非生物的条件となっている安定した環境においては，競争はより熾烈なものとなり，種間で競争能力に対する選択が働く．この分類は枯死木依存性の真菌類に上手く適用されている．真菌類は大きく三つのカテゴリーに分類されると広くいわれている．ストレス耐性種，撹乱耐性種，そして競争上位種である（Pugh, 1980; Rayner and Boddy, 1988; Boddy and Heilmann-Clausen, 2008; 図 14.2）．

ストレス耐性菌は，不利な条件に対する適応を進化させており，したがってさまざまな理由によって，多くの他の種にとって生活できない枯死木を利用することができる．樹木中の不利でストレスの多い条件というものには，ひどく乾燥した樹木や大きく変化する湿度条件，低い栄養物質含有や樹脂で満たされた材といったものが含まれる．

　撹乱耐性菌は，新しく形成された，短命タイプの枯死木を占有する．これらは，他の生物が定着していない空き場所の最初の占有者となり，その生息場所を利用することができるように適応している．これには，次世代生産と分散に多くの投資が必要とされる．新しく枯死した樹木は栄養分に富み，容易に分解できる有機化合物を含んでいる（3章を参照）．

　競争上位種は後期にやってくる種で，分解が困難な有機化合物（例えば，セルロース，ヘミセルロース，リグニン）を利用できる．最初の種がすでに資源の一部を消費してしまっているため，これらの後から到着する種はゆっくりと広がり，最終的には優占する．枯死木依存性の菌類間での競争的な相互作用がしばしば認められており，いくつかの場合では菌類種が競争的な階層を形成していることが示唆されている（Holmer and Stenlid, 1997; Wald et al., 2004b）．

14.2　個体群動態に影響する要因

14.2.1　分散能力

　枯死木依存性種の生息場所は時間的に移行していくものなので，分散能力はこれらの生物の個体群動態において鍵となる要素である．これには，一つの林分内での異なる枯死木間という短距離での移動も，大なり小なり分断化された景観において適した林分間での移動も両方とも含まれる．しかしながら，分散の相対的な重要性は種間で変化し，その種の生息場所の時間的空間的な利用可能性と関係しているようである．例えば，生きているナラ類の樹洞（甲虫の一種，オウシュウオオチャイロハナムグリが住む）のように，非常に安定した材の生息場所中に生息する種では，個体の大部分はその甲虫が生まれた木にとどまり，分散距離は大変短いようである（Ranius, 2006;

Box7.1 を参照).火災に依存した昆虫,例えばナガヒラタタマムシ属の一種(*Melanophila acuminata*)では次世代に適した火災地域を探すために,夏の間に極めて長時間の間,飛び続けることができる(Wikars, 1997a).この種は大きな飛翔筋と小さな卵巣を持っており,そのようなわけで分散能力のために,次世代生産の能力を犠牲にしている.対照的に,これと近縁の種である*Phaenops formanecki* は小さな飛翔筋と大きな卵巣を持っている.この種は森林に囲まれた湿地に出現し,適当な産卵の基質を探すために長距離を移動する必要がほとんどない(Wikars, 1997a).これらの種は分散と次世代生産への投資の間のトレードオフにおける異なる解決策を示しており,生息場所が分散能力に影響していることを明らかに示している

分散能力における変異はその種の出現パターンと優占度にも影響を及ぼすであろう.説明に役立つ実例として,2種の甲虫 *Bolitophagus reticulatus* と *Oplocephala haemorrhoidalis* がいる.この両種はツリガネタケという,広葉樹林で一般的な多孔菌類の子実体中で生活する.*O. haemorrhoidalis* は北ヨーロッパにおいて希少で絶滅が危惧されている一方,*B. reticulatus* は相対的に普通な種である.これらの分散に関する研究で Jonsson(2003)は,両種ともに能力的には数キロメートルを飛翔することができるが,*B. reticulatus* は発達した飛翔筋のため,より長時間の間にわたって飛翔し,実験条件下ではより飛び立ちやすいことを示した.加えて,*O. haemorrhoidalis* は大きな卵を少数生産している.この特徴は定着の可能性を制限するものだ.

別の例が Jonsson and Nordlander(2006)によって示されている.彼らは枯死木に富んだ老齢林から離れた異なる地点に昆虫が定着していない子実体を設置し,定着してくる甲虫の数を計数して同定した.一般に,多くの種は老齢林から 1600 m までの距離では,個体数に顕著な減少は認められなかった.このことは多くの枯死木依存性の甲虫は数キロメートルのスケールでは高い分散能力を持っていることを示唆している.しかしながら,菌食性甲虫の *Cis quadridens*(図 14.3)と捕食性双翅目のキマワリアシナガバエ属の一種(*Medetera apicalis*)の2種についてみると,これらは元となる生息場所からの距離が増加するに従って優占度が明らかに減少した.*C. quadridens* は人工林では希少であり,スウェーデンのレッドリストにも含まれている

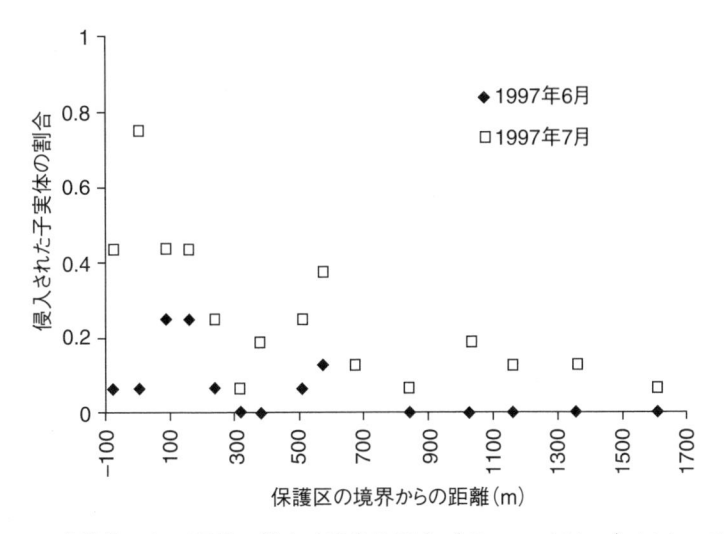

図 14.3. 老齢林からの距離に対する菌食性甲虫（*Cis quadridens*）によって侵入されたツガサルノコシカケの子実体の割合（Jonsson and Nordlander, 2006 より抜粋）.

（Gardenfors, 2010）. 両種は高い栄養段階に位置する種の例であり，そのような種は低い栄養段階にある種よりも個体群サイズが小さい傾向にある. したがってこの結果は，高い栄養段階にある種が，一次的なエネルギー源，すなわち木材そのものを利用する種よりも生息地の分断化と消失に対してより鋭敏であることを示唆している他の研究を支持している（Komonen et al., 2000）.

　真菌類，蘚苔類，地衣類の間での胞子の大きさの違いは，分散能力に大きな違いがあることを示唆している. 木材腐朽菌は非常に小型の胞子を多数生産し，相対的に高い分散能力を持っているように見える. バライロサルノコシカケや *Phlebia centrifuga* といった老齢林に生息する種の胞子は老齢林の量が少ない景観においても一定量出現する（Edman et al., 2004a）. これは長距離分散の能力があることを示唆している. 蘚苔類と地衣類の長距離分散に関する研究はほとんどない. しかしながら，これらの種がしばしば木材腐朽菌類よりも明らかに大きな胞子を持ち，さらにそれらのいくつかは大きな無

性の散布体にのみ頼っていることを考えると，いくつかの種は限られた分散能力しかないようである．例として，地衣類の*Hypocenomyce*属の種は主に焼けたマツの立枯れ木という，数世紀にわたって存続しうる長命の基質に出現する．この属では，いくつかの種が分散を大きな無性の粉芽（soredium）に頼っており，その一方で胞子生産は極めてまれである（Foucard, 2001）．

　材上性の地衣類と蘚苔類は，林分間の長距離分散と林分内の適した枯死木間の局所的な移動の釣り合いをとるために，二つの分散形態を示す．苔類の一種，コダマイチョウゴケは，有性の胞子と大きな無性の構造物である無性芽（gemma）の両方を生産する．無性芽は潜在的に長距離分散に貢献しうるが，その主な役割は明らかに局所的な個体群の維持のようであり，その一方で胞子は有性の組換えを提供することをおいておくと，長距離分散のために供される（Pohjamo et al., 2006）．材上性の苔類の間では，おもに無性的な次世代生産様式を持つ種は，胞子による分散を主要な手段とする種と比べて林分内でより集中した分布で出現する傾向にあることも示されている（Laaka-Lindberg et al., 2006）．

14.2.2　個体群の創設

　枯死木への定着の成功には分散と確立の両方が含まれる．確立できるかどうかは適当な基質ユニットの場所と足がかりを得ることによっている．これは基質の性質，競争的相互作用，非生物的条件の特徴を考慮する必要があることを意味している．一般的に，我々はこのことについて驚くほど何も知らない．適当な分解段階，宿主木の樹種，そして森林の条件によって出現パターンは記述されてきた（5，6，9章）．しかしながら，これらの関係は，いくつかのより特殊な満たされるべき条件，例えば，特定の湿度の利用可能性，木材の化学的組成，そして温度に対する要求といったもの，を間接的に反映しているようである．

　好適な枯死木を探すために，いくつかの昆虫は，カイロモンと総称される化学物質をシグナルとして利用する（Allison et al., 2004）．死にゆく形成層からのエタノールと他の揮発性物質の放出は樹皮下キクイムシのよく知られた誘引源である（Montgomery and Wargo, 1983; Schroeder and Lindelow,

1989; Byers, 1995)．同様に，火災による煙と焦げた樹木の匂いは，いくつかの火災に適応した種にとってのシグナルとなっている（Evans, 1971）．しかしながら，もう片方の性の個体を惹きつけるために多くの甲虫種によって放たれるフェロモンは個体群を確立するためのより複雑な方法である（Evans, 1971; Wood, 1982; Wertheim et al., 2005）．これによって，相手を効率よく探し出すことと引き続いての適した基質に次世代生産することが保証されている．

　いくつかの真菌の定着は特別な媒介者（vector）によってなされる．例えば，*Amylostereum areolatum* という菌はルリキバチ属（*Sirex*）のキバチによって新しい宿主木へ媒介される．この関係の効率性に対する証拠は，1940年代後半からのオーストラリアとニュージーランドにおけるラジアータマツ（*Pinus radiata*）における菌の破壊的な影響である．ここでは数百万ヘクタールに及ぶマツ植林地が枯死した（Talbot, 1977）．菌の定着に関わる媒介者の重要性を示す別のよく知られた例は，青変菌と樹皮下キクイムシの間の相互作用である（Box 6.2 を参照）．これらのよく記述されたいくつかの例を除き，どの程度まで甲虫が木材生息菌の定着において直接的な役割を担っているかについてはあまり明確ではない．特定の菌類を探す昆虫の能力は2, 3例で検証されてきた．この能力はそれ自体，運搬分散者としての甲虫の重要性の最終的な証拠というわけではないが，重要な前提条件を示している．わずかな利用可能な研究は対照的な結果を示している．Jonsell and Nordlander（1995）はサルノコシカケ型の子実体と関係している昆虫が特定の菌類種によって放出される匂いによって誘引されていることを示した．一方で，ベイトトラップに基づいた Johansson et al.（2006）による選好性の研究では，ごく限られた数の甲虫だけが空の対照としたトラップ，木片を入れたトラップ，そして菌糸が感染した木片を入れたトラップを区別していたことが示されている．

　興味ある一連の論文において，Robin Kimmerer（Kimmerer, 1993, 1994; Kimmerer and Young, 1995, 1996）は材上の蘚苔類の出現における小スケールでの動態のストーリーを示した．彼女はどのように材上の群集の動態が森林ギャップ動態を写したミニチュアであるかを示している．小スケールの撹乱は素早く定着する種，例えばヨツバゴケ（*Tetraphis pellucida*）とシッポゴ

ケ（*Dicranum flagellare*），にとって空き場所をつくる．これらの種は，さもなくば，大きなカーペットを形成するコケによってはびこられ，打ち負かされてしまう．これらのギャップ種は大きな無性の散布体，すなわち，分散距離が短い時に新しい個体群を創設するうえで非常に有効な無性芽，による素早い侵入に頼っている．この系におけるギャップは材の分断化と，Banana slugと呼ばれるナメクジ（*Arion* sp.）のいくぶん予測できない活動によって主に形成される．

　しかしながら，多くの種はその定着を純粋な運に頼っており，莫大な数の分散散布体をまくことでこの生活段階に立ち向かっている．これは多くの真菌類で特に明らかである．胞子は一日あたり億単位で生産されており，非常に断片化された景観において堆積した胞子の数は，老齢林に限定されたレッドリスト種，例えば *Phlebia centrifuga* とバライロサルノコシカケでさえ，一日当たり1平方メートル当たり数十から数百程度になる（Edman et al., 2004a）．老齢林において，堆積胞子数はさらにもう一つ高い大きさの位にさえなる．バライロサルノコシカケでは，一日の堆積胞子数が1平方メートル当たり5千個を上回る（Edman et al., 2004b; Jönsson et al., 2008）．しかしながら，定着を成功させるのに必要とされる堆積胞子数の実際のレベルはいまだに知られていない．実証研究では，一般的には高いレベルにある堆積胞子数にもかかわらず，倒木への侵入が成功するかどうかはその種のすぐ隣に枯死木が出現するかどうかと相関している（Edman et al., 2004b; Jönsson et al., 2008）．これは極めて高い堆積胞子数が定着を成功させるのに必要とされているであろうことを示している．この想定は次に示す事例研究によって支持されている．

　木材生息菌の個体群動態を研究するために，スウェーデン北部の山地林において，老齢のドイツトウヒ林に8.5 haの永久プロットが設立された．ここでは直径10 cm以上の倒木（N = 851）がすべて，1997年に地図化され，すべての木材生息菌の子実体の出現が記録された（Edman and Jonsson, 2001）．そのプロットは6年後に再調査され，侵入と絶滅イベントの空間データを得た（Jönsson et al., 2008）．我々が知るところでは，木材生息菌の定着した自然の個体群における空間動態を追跡した唯一の研究である（ただし

子実体の動態についてはBerglund et al., 2005, をみよ）．

1997年におけるデータの空間解析によると，たった2, 3種が林分内で集中的に出現していたことを示した．このことは，局所的な分散は局所的な分布パターンに対して強く影響していないことを示唆している．しかしながら，この林分は，長く連続的にすべての分解段階の豊富な枯死木を持つ老齢林であるので，時間の効果によって，分散が制限されている種が林分全体に定着することができているのかもしれない．再調査によって，これらは空間的な制限を示しているかどうかを解析するための，実際の定着イベントの研究をすることができた．優占的な9種のうち5種において，侵入に対して隣の同種個体までの距離の効果が明らかにあった（Jönsson et al., 2008）．このことは，優占的な種であっても，分散と定着は林分内でも空間的に限定されているようであることを示している．

14.2.3 繁殖開始年齢，世代時間，寿命

定着した後，考えるべき次の側面は成熟にその種が必要とする時間である．これには，最初の次世代生産の齢と世代時間，すなわちその個体群における次世代生産する個体の平均齢を含んでいる．これは個体群の成長と動態の中心である．最初の次世代生産齢が低く，世代時間が短い種において，急速な個体群成長の可能性がより高い．基質が入れ替わるので，ほとんどの枯死木依存性種は世代時間が短く，若齢で次世代生産を行い，せいぜい2, 3年間しか生存しない．例外は移動性があり，いくつかの枯死木を利用する種（多くは脊椎動物）である．実際の寿命もまた，その種が出現する枯死木の分解段階と関係している．早期に現れる荒れ地型の生物種（上述）では，そのような種の資源は急速に消費され，その種はしばしば後からやってくる種によって打ち負かされるため，短命な傾向にある．対照的により後期の分解段階にある木材中で生活する種は，ある一つの基質ユニットに何年間もの間，出現し続けるだろう．例えば，初期と中期の分解段階の両方の材を利用する材上性のゼニゴケの一種テガタゴケ（*Ptilidium pulcherrimum*）では，定着からコロニーの拡大を通じて有性生殖までいたる発達に10年以上を要するようである．一つ一つのコロニーは雄性器官（造精器）が形成される前に最低限

の大きさに到達していなければいけない．亜寒帯地域では，これにおおよそ 4 年間かかる．加えて，コロニーが胞子体と胞子を形成し始める前に 3，4 年が必要とされる．このステージでは，コロニーはしばしば数十平方メートルの範囲を覆い，数年間にわたり次世代生産を続けるだろう（Jonsson and Söderström, 1989）．

　ほとんどの甲虫では，幼虫期間は相変わらず最も長い生活史段階であり，成虫段階は通常短く，次世代生産に費やされる．ほとんどの種は一年間の幼虫サイクルを持っている．例外は新鮮な師部（内樹皮）資源を利用する種，例えば，2～3 カ月間のみの幼虫の発達期間を持ち，一年間に一世代以上を終了しうるタイリクヤツバキクイムシとその他の樹皮下キクイムシである．大型の種，例えば多くのカミキリムシとクワガタムシでは，発達期間は 2 年かそれ以上である．なかでも極端な例では，幼虫の発達に多くの年数，時には 10 年以上を必要とする古く乾燥した材で生活する種，例えばオウシュウイエカミキリと *Buprestis splendens* がある（Ehnstrom and Axelsson, 2002）．幼虫が長い発達時間を持つ種では，発達時間は比較的変異性があり，環境条件に依存しているようにみえる．

　木材生息菌については，定着と次世代生産の間の期間については相対的にほとんど知られていない．遷移初期種については，次世代生産は定着後ほとんどすぐに起こっているであろうことは明らかである．分解段階後期の間に次世代生産する種が次世代生産を始める前にどれくらい長くそこにいるのかについてはあまり明らかにされていない．多くの菌類種が木材中に潜んでいるであろうという示唆が，木材サンプルから得られた DNA で同定された菌糸を子実体と比較した研究から得られている（Ovaskainen et al., 2010b）．例えば，Gustafsson et al.（2002）はドイツトウヒの材中にいる種の約 3 分の 1 しか子実体として表れていないことを発見した．このことは潜在的な菌群集の存在を示し，ある種では侵入と次世代生産の間に十分な時間が経過していることを示唆している．

　一つの基質ユニット中での存続時間はほとんどの木材生息菌で知られていない．先に引用した，6 年間にわたり 800 本以上の材を観察した研究では，局所的な絶滅は多くの場合，材の分解によってひき起こされていた（Jönsson

表 14.1. ドイツトウヒに生息する木材生息性菌類の子実体に対する '時間的な窓'．データは6年間に渡る個々の倒木からの消失に基づいている（Jönsson et al., 2008からのデータ）．子実体の出現から求めた平均的な遷移スコアにしたがって種を順位付けした（6章を参照）．

種	遷移スコア	子実体を発生させている平均の年数
チウロコタケモドキ	1.6	2.9
Trichaptum abietinum	2	4.8
カラマツカタワタケ	2.2	4.9
キカイガラタケ	2.4	4.1
Phellinus ferrugineofuscus	2.5	3.4
Phlebia centrifuga	2.5	3.6
ツガサルノコシカケ	2.5	5.8
バライロサルノコシカケ	2.6	5.8
ダンアミタケ	2.9	4.7
Columnocystis abietina	2.9	5.7
Asterodon ferruginosus	3.1	5.6
Phellinus viticola	3.1	7.6
エゾノハスグサレタケ	3.8	22.2

et al., 2008）．遷移過程のどこでその種が出現するかに従って，出現のための"時間の窓"は変化する．キコブタケ属の一種（*Phellinus ferrugineofuscus*）とチウロコタケモドキのような初期種は個々の材上における高い年間あたり絶滅率（約30%）を示している一方で，エゾノハスグサレタケのような後期種は非常に低い年間絶滅率（5%以下）を示している．これは数年から20年以上までの間で出現のための時間の窓があると読み替えられる．一般に，ほとんどの種は極めて短期間出現し，通常は8年以下である（表14.1）．分解段階に加えて，材のサイズもまた個々の材上における絶滅リスクに影響している．ほとんどの種にとって，年間死亡率は材のサイズが増加するに従って減少する．

14.3　メタ個体群動態

メタ個体群生態学の分野は1970年代に始まり，その後大いに発展してき

た（Levins, 1970; Hanski and Gaggiotti, 2004）．メタ個体群生態学は好適な生息場所の相対的に分離したパッチに出現する種を記述し，局所個体群が移住によって相互に作用していることを述べている（図14.4）．人間の土地利用のため，より多くの枯死木依存性種が，分断され，相対的に孤立した個体群として出現している．そして景観スケールでのそれらの種の存続性は，残された林分の動態と林分間での移住とによって表される．

14.3.1 メタ個体群動態のタイプ

その元の意味において（Hanski, 1999を参照），メタ個体群は，いくつもに分かれたサブ個体群から構成されており，サブ個体群は，生息に不適な景観マトリックス中にある，分断された場所にそれぞれが生息している．局所サブ個体群は絶滅することもあるが，もしも局所的な絶滅が一時的に空いている生息場所パッチへの再侵入によって補償されるならば，メタ個体群は存続する（図14.4）．この個体群動態の見方は，個体群動態と個体群存続の駆動過程として，分散，侵入，そして絶滅イベントに焦点を当てている．近年の個体群生態学に対するメタ個体群理論の影響は極めて大きい．このことは，一部ではそのような全体性のあるアプローチによるものであるが，現在進行中の自然の生息場所の喪失と分断化の結果として，メタ個体群動態を理解することがますます重要になってきていることも要因である．

古典的なメタ個体群動態と同様に，シンク-ソース動態もおおむね景観中の個々の生息場所パッチ間の動態を扱っている．しかしながら，この場合，局所個体群を支える個々のパッチの能力は変化することと，いくつかのパッチ（シンク）はそこでの個体群維持を他のパッチ（ソース）からの移入に依存していることが認識されている（図14.4Bを参照）．シンクとなる生息場所は明らかにソースとなる生息場所よりも個体群にとって重要ではないため，生息場所パッチの重要性はその種の存在によって推測されることはほとんどできないことを，このこと（図14.4B）は強調している．しかしながら，シンクとなる生息場所はメタ個体群の存続能力にとって重要ではないと仮定することは誤りであろう．これらの生息場所は，利用可能な生息場所パッチ間での分散と移住にとって，確かに不可欠なようだ．

14.3 メタ個体群動態

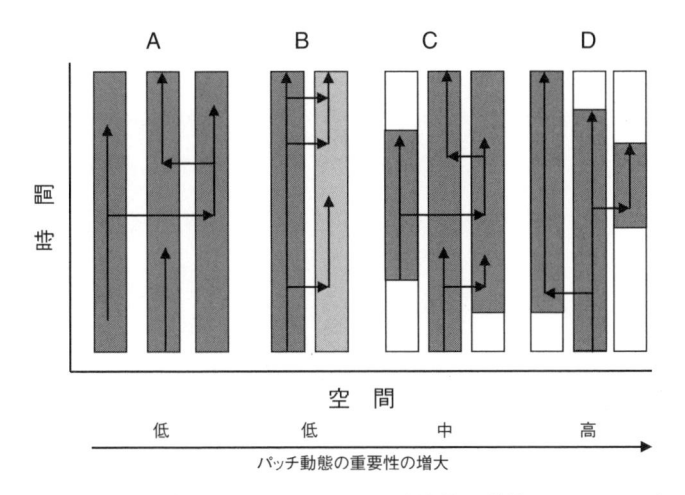

```
         A         B         C         D

時
間



                  空 間
    低       低       中       高
       パッチ動態の重要性の増大
```

図 14.4. パッチ状の生息場所に出現する種の地域的な動態を示したモデル．A は古典的なメタ個体群，B はソース–シンク動態，C は生息場所追従型動態，D はパッチ追従型動態を示す．軸は時間と空間を示す．濃い灰色は，パッチがその種にとって適したものであることを示し（薄い灰色は質的に最上ではないが好適な生息場所パッチを示す），その種の出現は矢印によって示した．生息場所の動態の重要性は右のモデルに向かうに従って増加する．すべてのモデルは枯死木依存性種に関係しているが，個々の枯死木単位については，生息場所追従型およびパッチ追従型モデルがもっとも関連性が高い．より大きな林分では，枯死木依存性種の生存期間も，潜在的に古典的なメタ個体群モデルまたはソース–シンクモデルとして記述されるであろう．Snäll et al. (2003) と Eriksson (1996) に基づいて図化．

　事態をさらに複雑にすることとして，しかし同時に枯死木依存性生物の状況における現実味が増すこととして，生息場所の質が時間的に変化するだけでなく，パッチがある場所では完全に消失し，また別のパッチがどこかで出現しうる点がある．個々の枯死木はある限られた期間だけ存在しているので，このことは明らかに枯死木依存性種に影響している．生息場所追従型のメタ個体群（habitat-tracking metapopulation）では，生息場所の動態が個体群モデルへ組み入れられており，長い時間において，確率論的なイベントによる絶滅によるか，または決定論的に枯死木が腐朽し生息場所パッチとして不適になることによって，局所個体群は失われる．
　パッチ追従型のメタ個体群動態は，ある種が資源を利用できる時間を制限

するのが生息場所の動態そのもののみである状態を扱っている．ここでの考え方というのは，問題の種の動態による絶滅は起こらず，生息場所の動態（e.g. 例えば倒木の腐朽と立枯れ木の倒壊）による決定論的な絶滅のみがおこるというものである．

図14.4中に示されているように，生息場所の動態の役割はこのような状況で最も大きく，枯死木の加入と喪失を理解することは，関係する個体群の動態を理解するうえで極めて重要になる．

理論的な解析によると，メタ個体群の系を考えたとき，減少しつつある個体群を維持させるにあたって，好適な生息場所と資源を集中させる方が，ある景観全体にひとしく労力を分散させるよりもより効率的であることが示唆されている（Hanski, 2000）．五つの異なる仮説的な枯死木依存性種の存続を試験するために，Ranius and Kindvall（2006）は異なる景観管理シナリオにあたるメタ個体群モデルを開発した．その'種'はある幅を持った個体群の回転率と分散能力を持たされた．いわゆる'基準種'が構築され，現実的な分散能力と個体群の回転率（すなわち絶滅および侵入率）が設定された．さらに，他の四つの'種'が設定され，それらには個体群回転率の高低と分散能力の短距離／長距離の組み合わせが設定された．管理シナリオには，一つの大きな保護区域のみが設定される場合，いくつかのより小さな保護区域が設定される場合，または保護区はなく人工林の生物多様性の重要性が高い場合，最後に，三つすべての保全努力を含む複合シナリオが考えられた．四つすべてのシナリオは，人工林と天然林の間に木材の質に差はないものと仮定され，長い計算の過程において，同じ量の枯死木が利用可能であるように組み立てられた．したがって，この解析はモデル種にとっての利用可能な生息場所の空間的配置を想定している．

景観レベルで一定の保全努力がなされる状況においては，非常に小さな保全努力がその種を維持するために必要とされた．一つの大きな保護区域はいくつかの小さな保護区よりも良かった．そして，保護区はないもののすべての人工的な景観に枯死木を加えることで同じ結果を達成しようとすると，合計としてやや多くの枯死木の体積が必要とされた．したがって，これは一つの空間に保全努力を集中させることは多くの分散された努力を払うことより

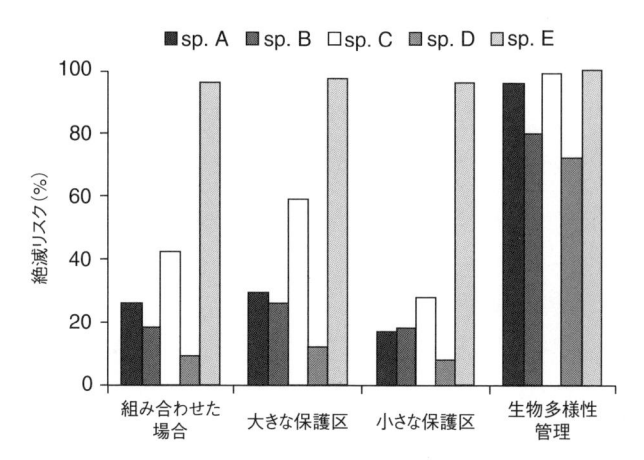

図 14.5. 100 年間の絶滅リスク. A) 基準となるパラメーター, B) 長距離分散, C) 短距離分散, D) 高い個体群回転率, E) 低い個体群回転率, をもつ五つのモデル種に対するシミュレーション結果に基づく. モデルのシナリオは非常に低い枯死木体積となる最初のボトルネックの時期を含んでおり, 最初の 100 年間に保全努力がなされるものと仮定した. 森林管理モデルのシナリオは大きな保護区, 小さな保護区, 高い水準の生物多様性管理, およびこれらを組み合わせた場合である. 四つの異なる管理シナリオは, 長い間シミュレーションを行うと, その景観において, 合計で同じ枯死木の量になる (Ranius and Kindvall, 2006 より).

も良いという, すでに確立された知識と一致している. しかしながら, ボトルネックとなる期間が導入されると (例えば, 歴史的に苛烈な皆伐の結果として), 景観スケールでは, 多数の小さな保護区が長期的な存続を支えるためには最も効率的であることが示唆された (図 14.5).

Ranius と Kindvall による研究は異なる生活戦略を持つ種にとって, 景観スケールで結果を理解することの重要性をうまい具合に示している. また, この研究は枯死木依存性種の実際の分散能力と個体群動態に関するよりよい知識の必要性をも強調している. 彼らの研究はモデルのために関連のあるパラメーター推定を用いたものの, どれくらい多くの種が, そして実際にはどの種が, 仮説的な種のそれぞれに対応しているかはわからない.

14.3.2 動態の二つのスケール

上に述べたことから，枯死木依存性種個体群の動態を理解するための概念的な基礎は，比較的よく発達していることが明らかである．しかしながら，考えるべき二つのはっきりと異なる空間スケールがあることを記しておくことは重要である．ある枯死木依存性種の個体群動態を理解するためには，その基質の出現パターンおよび個々の基質単位における侵入率と絶滅率が中心となる．これは実際の過程が起こっているスケールである．ほとんどの枯死木依存性種にとって，この小さなスケールの動態は，生息場所追従型ないしはパッチ追従型のメタ個体群として最もよく記述されている（例として Box 7.1 を参照）．

同じように重要なことに，より広い空間的なスケールを考えることの必要性がある．つまり，ある景観において，多くの基質単位を含んでいる個々の林分のスケールである．このスケールでは多くの枯死木依存性種は，生息場所追従型のメタ個体群（Schroeder et al., 2007），または，古典的なメタ個体群（Ranius, 2000, 2001）のどちらかとして現れるだろう．生物種の保護と管理のための挑戦の場となっているのも，この景観スケールである．十分な量の好適な基質を含んでいる森林の頻度，大きさ，形状は，大部分において人間の制御下にあり，したがって，これらの状態は管理のための潜在的なターゲットになる．個々の材というスケールにおいて，種の動態はパッチ追従型または生息場所追従型であるにもかかわらず，林分スケールにおけるそれらの動態は，古典的なメタ個体群としてよりよく記述されるであろう．またはソースシンク動態で表される．

14.3.3 絶滅閾値と絶滅の負債

新しい木への平均侵入率が古い宿主木からの平均絶滅率を補っているとき，枯死木依存性種の個体群は長い期間において存続する．もしも生息場所の質が劣化し，生息場所の喪失が景観レベルにおいて明白になると，個体群成長は負になる．すなわち，平均の絶滅率が侵入率を上回る．個体群が長期間存続できないよりも低い，（個々の基質単位または林分，もしくはその両方のいずれの水準においても）好適な生息場所パッチの最小密度は，絶滅閾値

(extinction threshold) として知られている（さらに詳しくは15章を参照）．最初，絶滅率と侵入率の間の差は小さく，個体群サイズにおける負の傾向は，例えば年次間変動によって，わからなくされてしまう．しかしながら，継続した負の個体群成長は，結果的に個体群の絶滅を引き起こすだろう．このプロセスにかかる時間は長く，絶滅の負債（Extinction debt）と呼ばれてきている（15章を参照）．

他に類のない研究で，Gu et al.（2002）は，過去50年間の老齢林の量と関係させて，フィンランド東部における広大な景観を解析した．その景観は大きな生息場所の喪失にさらされてきており，老齢の林分は1945年と1995年の間に75％まで減少してしまった．そのような急速な断片化の過程では，現在の個体群サイズと種の出現は現在の景観構造と平衡にないと仮定することが出来よう．

これを解析するために，Guと共同研究者らは，空間的に明示されたメタ個体群モデル（spatially explicit metapopulation model）を開発し（Hanski, 1999の意味），レッドリストの木材生息菌4種の出現を予測する指標として，現在の景観構造と同様に，過去の景観構造をも用いた．最も近接する老齢トウヒ林からある林分までの現在の孤立度はどの種の出現とも有意に関連していないことを彼らの結果は示した．すなわち，林分に特異的な要因がその種の出現を支配しているという結論に，潜在的に到達するであろう．しかしながら，歴史的な景観の変化を考慮に入れ，それによって，予測指標として実際の断片化の過程を含めると，景観の変化によって4種のうち3種の出現における変動が有意に説明された．したがってこの研究では，木材生息菌の出現は局所的な林分レベルの要因（例えば枯死木の量と質）だけでなく，その種の長期的な分散と侵入能力に影響を及ぼす周辺の景観構造にも依存しているという結論が強く支持されている．

14.4　連続性の役割

この章の最初の方で示したように，種ごとに分散能力と基質に対する専食性の程度は大きく異なっている（5章から8章を参照）．いくつかの種は，

局所的に普通で，かつ／または長い存続時間がある木材基質に適応している．そのような種にとって，効率的な分散への選択圧は自然条件下ではそれほど強くはないだろう．人工林景観において好適な林分の断片化と転換を引き起こされた生息場所へと侵入するのに，すべての種が十分よく適応しているわけではないことをこのことは示唆している．基質の局所的な連続性は，いくつかの枯死木依存性種の個体群を維持するうえで重要であろうということが，実証研究により確認されている（Nilsson et al., 1995; Nilsson and Baranowski, 1997; Siitonen and Saaristo, 2000; Stokland and Kauserud, 2004）．これらの観測に基づいて，ある枯死木依存性種は，林分の歴史と連続性の指標として用いられるだろうと示唆されてきている（Nilsson et al., 1995; Bredesen et al., 1997; Alexander, 2004）．

連続性の役割は優占的な撹乱体制と十中八九関連している．大スケールの，林分置換撹乱が普通にある森林タイプでは，関連する種の効率的な分散に対する選択圧は通常より高い．対照的に，ギャップ形成や小スケールの撹乱によって支配されている森林タイプにおいて，好適な生息場所パッチと基質間の時空間の両方における距離はより短いであろう．これは例えば，ドイツトウヒと関係している種がヨーロッパアカマツと関連している種よりも生息場所の喪失と断片化によってより影響を受けることを示した，二つの研究（Penttilä et al., 2006; Stokland and Larsson, 2011）に反映されている．

連続性の重要性を研究する時，交絡因子として，歴史的な林分の連続性が長いと，現在の生息場所の質も高くなるという強い相関関係がありがちである．すなわち，長い連続性を持つ老齢林において，枯死木の量と質もまた高くなる傾向にある（Norden and Appelqvist, 2001; Rolstad et al., 2002）．したがって，現在の生息場所の条件の相対的な影響を歴史的な連続性の重要さから分離することが難しくなる．潜在的な重要性にもかかわらず，たった2, 3の研究しか連続性そのものの影響を支持する実証的なデータがない．木材腐朽菌エゾノハスグサレタケの研究において Stokland and Kauserud (2004) は，この種が人工林林分にある同じような倒木よりも，樹木が複数世代にわたって管理されてこなかった林分にある好適な材に対して，より高頻度で出現することを示した．枯死木依存性の甲虫である *Pytho kolwensis* は連続性が

種の出現に重要な役割を演じているようにみえる別の例である．Siitonen and Saaristo（2000）はフィンランド東部にある六つのトウヒ－沼地林においてその種の出現を研究した．その種は20世紀の間に著しく減少してきた（図15.2を参照）．すべての研究が行われたトウヒ－沼地林は170年から300年の間連続していた場所であり，適した宿主木が長期間にわたり連続して利用可能であるかどうかが，その種の出現を説明するカギとなる要因であるようであった．

連続性と生息場所の質の間で共変動を持つ問題に加えて，連続性の一般的な重要性はいくつかの実証研究によって疑問視されている．Groven et al. (2002) は森林の歴史を注意深く再現した調査地において，6種の木材腐朽菌を研究した．林分スケールにおいては，枯死木の連続的な供給は調査した木材腐朽菌の出現に対して決定的に重要というわけではないという結論に彼らは達した．同様にRolstad et al. (2004) は，新しい倒木と古い倒木の量のどちらが，200 haの大きな連続した森林においてレッドリストに指定されている多孔菌6種と普通の多孔菌6種の出現確率を説明するかを解析した．彼らは，倒木の時空間的分布（＝連続性）の重要性はわずかであることを示した．Sverdrup-Thygeson and Lindenmayer (2003) はエゾノハスグサレタケを研究し，Stokland and Kauserud (2004, 上述) と反対に，周囲の景観中の老齢林の割合に比べると，林分レベルの連続性はその種の出現にとって重要ではないと結論付けた．しかしながら，これらの三つの研究に共通するのは，サンプルされたプロットが一般的に小さく（それぞれ0.2 ha, 1 haおよび0.16 ha），過去の森林活動の変異は最初の二つの研究ではどちらかというと限定的であり，高い自然的価値を持った森林のみを代表していたということがある．したがって，その結果は比較的狭いスケールに限られ，（同じ林分内の）近接した森林の構造の影響によって連続性と種の出現の間の関係がはっきりしないものとされてしまっているのであろう．このように，枯死木依存性種の出現に対する，連続性の相対的重要性を理解するために，研究の余地が大きく残されている．

15章
絶滅の恐れのある枯死木依存性種

Juha Siitonen

　枯死木依存性種は最も絶滅の恐れの強い生物群の一つである．すべての森林生物と同様に，枯死木依存性種は森林の縮小に苦しめられている．例えばヨーロッパにおけるように，森林面積が現在では増加している地域でも，実際にはすべての森林や植林地に強い経済的な利用価値が与えられており，大きな老熟した樹木と大径の枯死木の量が大きく減少してしまっているので，枯死木依存性種の生息場所は減少し続けているだろう (13章と16章を参照)．結果として，これらの生息場所となる構造物に依存している多くの枯死木依存性種は，大幅に減少してしまっており，絶滅の恐れがあるようになってしまっている．

　この章では，絶滅の恐れのある種，その脅威の要因と脅威の状況の評価を検討する．非常に多くの枯死木依存性種を絶滅の恐れがあるようにさせてしまった変遷があったことがヨーロッパではよく知られており，そしてそれゆえ，我々はヨーロッパの例に基づき，枯死木依存性種を危険な状況に追い込んだ歴史について短い説明を最初に行う．次いで，我々は木材生息性の種にとって生息場所の数と種類を減少させる現在の脅威の要因を並べる．我々はこれらの種の脅威の状況を評価するのに利用される知識の基礎，方法，そして基準を議論する．絶滅の恐れのある種に関する知識は改善される必要があり，最後のセクションでは，調査方法を検討する．他の章では我々は人工林 (13章) と人工的な生息場所 (16章) において，枯死木依存性種の多様性全体を維持するために行われている一般的な方策を記述してきた．これらの方法のほとんどは，絶滅の恐れのある枯死木依存性種にもまた利益がある．

15.1 枯死木依存性種の減少を示す歴史的証拠

15.1.1 古代の森林の動物相の消失

Speight（1989）が述べたように，「ヨーロッパの枯死木依存性動物相の現在進行中の絶滅過程において，少しばかり好ましい特徴は，その非常な古さである」．低地林の大スケールでの改変によって，数千年前に古代の森林の枯死木依存性生物の最初の地域的な絶滅がすでに引き起こされていた．後期青銅器時代，すなわち約3000年前までに，原生林はヨーロッパ全土のほとんどの耕作可能な低地地域から，農業の拡大のために消失していた．森林の皆伐は，鉄器時代と中世の間まで続いた．しかしながら，古代の森林に生息していた枯死木依存性種にとって避難地となった地域は，岩の凹凸地と急斜面の山岳地域のように農業に向かない地域や，湿地林，生産性の低い岩の露頭であった．加えて，森林のある人工的な生息場所は，開放的な条件に適応的な多くの枯死木依存性種にとって新しい環境となった（16章をみよ）．

準化石の甲虫相は，イギリス諸島において徹底的に研究されてきた．イギリスの古代の森林に生息していた枯死木依存性の甲虫の多くは，5000年から3000年前に，青銅器時代の終わりまでに，化石記録から消滅している．今日ではヨーロッパにおいて分散した遺存的な分布を示している（図15.1）古代の森林に生息していた種のいくつか，例えば *Rhysodes sulcatus*（セスジムシ科（Rhysodidae）），*Isorhipis melasoides*（Eucnemidae），*Pycnomerus terebrans*（Zopheridae）および *Prostomis mandibularis*（Prostomidae）は，準化石データにしばしば認められる（Buckland and Dinnin, 1993; Whitehouse, 2006; Elias et al., 2009）．イギリスの準化石として見つかった，地域的に絶滅した枯死木依存性種の種数は少なくとも25にのぼっている（Buckland, 2005; Whitehouse, 2006）．化石記録中に共通するいくつかの他の種は過去50年間，生きている状態では見つけられていない（Warren and Key, 1991）．Thorne Moors（訳者註：イングランドにある原野の地名）にある後期青銅器時代の調査地の一つでは，イギリスで絶滅した合計18種の枯死木依存性種が，ほぼ50種の絶滅危惧種ないし希少種と同様に，見つかっている．耕作に不適

15章 絶滅の恐れのある枯死木依存性種

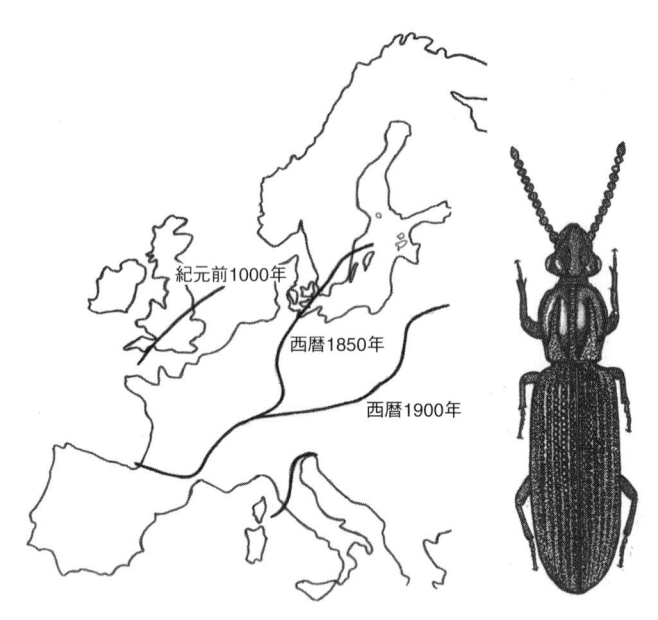

図15.1. *Rhysodes sulcatus* はヨーロッパにおいて絶滅しつつある古代の森林に生息している原始的な枯死木依存性甲虫である．地図は，その分布域が徐々に縮小している様を図式的に示した．分布の縮小は約3000年前にグレートブリテン島から絶滅して始まった．1850年ごろには，西ヨーロッパの低地における遺存的な生息場所から消滅した．現在では，山岳地帯における遺存的な天然林のパッチに生息し，いくつかの点在した地点から知られている．Speight (1989) と Buckland (2005) を書き直した．

なこの湿地地域は，他の場所で森林が皆伐されてしまった後の長い間，避難場所として確かに供給されてきたようだ（Whitehouse, 2006）．いくつかの火災と関係した甲虫種もまた，イギリスの準化石としてのみ見つけられてきた（Whitehouse, 2006）．*Peltis grossa*（コクヌスト科）と *Stagetus borealis*（シバンムシ科）を含むこれらの種は，明らかに人間により頻繁に引き起こされた火災から利益を得ていた．そして森林火災が稀になったのち，地域的な絶滅へ向かった．

スウェーデンでは，*Sericoda bogemanni*（オサムシ科）という，火災によって焼け焦げた樹木の樹皮下に生息しているゴミムシの1種が，スウェーデン南部の湿地で泥炭の堆積物を利用しながら，完新世（Holocene：約10000

年前から約 1400 〜 1850 年まで) を通じて生息していた．この種は，現在はヨーロッパ全土でおそらく絶滅している．同じ場所から回復した古代の森林の甲虫には *Prostomis mandibularis*（Prostomidae），*Isorhipis marmottani*（コメツキダマシ科），*Bothrideres contractus*（ムキヒゲホソカタムシ科）およびオオナガコメツキ属の一種 *Elater ferrugineus* が含まれる（Olsson and Lemdahl, 2009）．

15.1.2 リンネ後の絶滅

スウェーデンの博物学者であるカール・フォン・リンネ（Carl von Linne）は 1700 年代中ごろに種を記載するために使われている二名法と種の分類を確立した．種を同定し，命名できるようになると，1700 年代後期と 1800 年代初めには動物相に関する知識と地域的な動物相の研究の数が急速に増加した．古い記録を同じ種の現在の分布範囲と比較することができるため，現在から過去 200 年間の動物相の変化を追跡することができる．

初期の動物相の研究は通常，ある一定の地域内で観察された種のリストを作成することであった．採集方法，採集努力，種の優占度に関する情報は通常，提供されなかった．それにもかかわらず，いくつかの古い文献は過去 2 世紀の間にどれだけ多くの枯死木依存性の動物相が変化したかを驚くほど明らかにしている．輝かしい例として，フィンランドの昆虫学者 C. R. Sahlberg 教授と彼の学生によって 1828 年にフィンランド南部で 2 度の採集旅行の間に採集された甲虫標本がある（Saalas, 1933）．たった 2 日で採集された希少で現在ではレッドリストに掲載されている種の数は驚くほどである（表 15.1）．その時にフィンランド南部に生息し，観察された種のいくつかは，その地域またはフィンランド南部全体から今では絶滅してしまっている．ロシアのカレリア地域というフィンランドのちょうど東側国境付近は，林業が現在までフィンランドにおけるよりもあまり盛んではない地域なのだが，ここには多くの絶滅の恐れのある枯死木依存性の甲虫がいまでも豊富に出現する．これらの地域では，ほぼ 200 年前に Sahlberg 教授が行ったのとほとんど同じように，2，3 日のうちに多くの絶滅の恐れのある枯死木依存性の甲虫を観察することがいまだに可能である（Siitonen and Martikainen, 1994;

15章 絶滅の恐れのある枯死木依存性種

表15.1. 1828年におけるフィンランド南西のYläne（図15.2を参照）への2度の採集旅行の間にC. R. Sahlberg教授と彼の生徒が行った採集の結果（Saalas, 1933）．フィンランドにおける現在のレッドリストのカテゴリー（Rassi et al., 2010）を種ごとに，国際自然保護連合の分類にしたがって示した．CR = Critically Endangered 絶滅危惧IA類，EN = Endangered 絶滅危惧IB類，VU = Vulnerable 絶滅危惧II類，NT = Near Threatened 準絶滅危惧．フィンランドにおいて最大でも50の出現記録がある，希少ではあるがレッドリストにはない種は，rによって示した．個体数は5月19日にのみ記録された．

種	カテゴリー	5月19日	5月27日
Cucujus cinnaberinus	CR	5	X
Leptura thoracica	CR	-	X
Pytho kolwensis	EN	-	X
Dicerca alni	VU	-	X
Bows schneideri	VU	12	X
Platyrhinus resinosus	NT	2	X
Tropideres dorsalis	NT	-	X
Upis ceramboides	NT	20	-
Calitys scabra	r	-	X
Corticeus suturalis	r	2	X
Ipidia binotata	r	1	X
Lacon conspersus	r	-	X
Laemophloeus muticus	r	24	X
Mycetophagus fulvicollis	r	1	-
Mycetophagus quadripustulatus	r	-	X
Orchesia fasciata	r	-	X
Platynus mannerheimii	r	-	X
Platysoma deplanatum	r	-	X
Sacium pusillum	r	33	X
Zilora ferruginea	r	-	X

Siitonen et al., 1996）．

1900年代の最初の5年からは，ヨーロッパの別の地域からも詳細な動物相の出版物が利用できる．'Urwaldrelikt' すなわち古代の森林の遺存物，という語は1935年にドイツの昆虫学者K. Dornによって作られた．地図上に新旧の記録を単純にプロットすることで，現在絶滅の危険性がある多くの種における減少の様子を明確に描くことができる（図15.2）．古い動物相に関

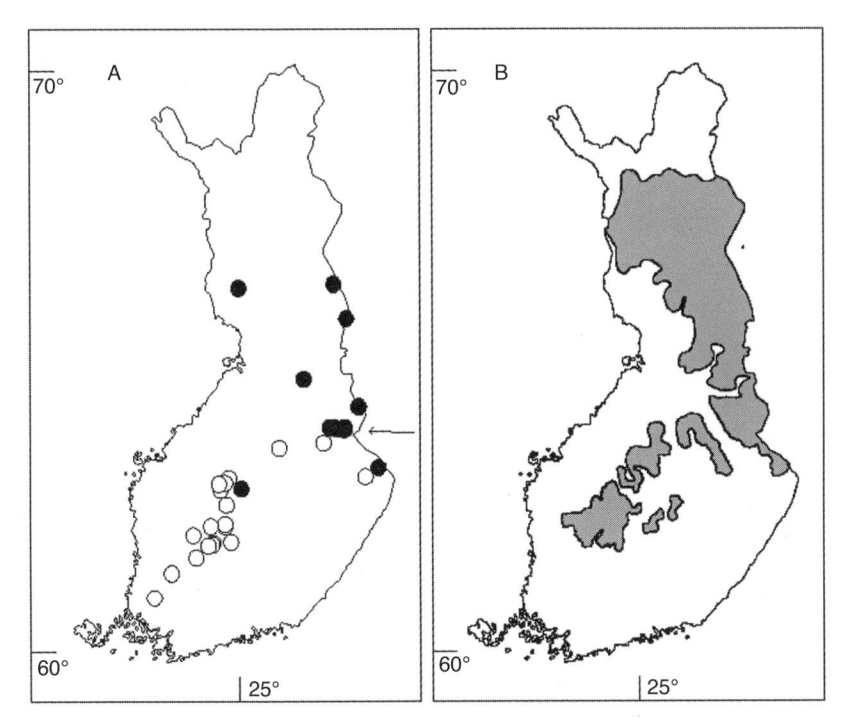

15.1 枯死木依存性種の減少を示す歴史的証拠

図 15.2 フィンランドにおける老齢林に出現する絶滅が危惧される甲虫, *Pytho kolwensis* の記録（A）. 白丸は 1960 年以前の記録を, 黒丸は 1960 年以降の記録を示す. 最も南西にある白丸は最も古い記録である. 最も南西の一つは本種のタイプ産地である. すなわち, 本種は 1828 年にこの場所（Yläne, Kolwa）で採集された個体に基づいて科学的に新種として記載された（表 15.1 を参照）. それ以外の分布記録は, 森林が 1850 年においてほとんど開発されていなかった地域とほぼ完全に一致する（B）. この種は, 幼虫が大きなトウヒの倒木に生息しているが, フィンランド南部の大部分の地域において絶滅してしまった. フィンランド南部では 1800 年代かそれよりも以前に, 焼き畑農業が盛んであった. Siitonen and Saaristo (2000) からの地図.

する研究から, 現在地域的に絶滅したり, 絶滅が危惧されたりしている枯死木依存性種が, 好適な生息場所がいまだに残された地域において, どれほど普通に見られたかが明らかになっている.

例えば, スウェーデンの鞘翅目研究家である Thure Palm は 1930 年代にスウェーデン南部のダル川（Dalalven 川）の下流沿いの老齢林で枯死木依存

性の甲虫相を調査した．この地域には，伐採されていない森林がまだ残っていた．なぜなら，その森林は，枝分かれした川の急流と巨石の転がる流路によって守られた島と半島にあったためである．数々の古代の森林の遺存的な種がその地域で見つかった（Palm, 1942）．Palm によって発見された種のうちいくつかの種で，現在の生息の有無が，同じ地域内でごく最近になって調査されてきた（Eriksson, 2000）．中心地域は自然保護区として守られてきたにもかかわらず，いくつかの種はほぼ確実に絶滅しており（長い角を持つ甲虫 *Plagionotus detritus* と *Monochamus urussovii* を含む），また一方，その他のいくつかの種は減少していた（例えばヒラタムシ科 *Cucujus cinnaberinus* とクワガタの一種 *Ceruchus chrysomelinus*）．オオアカゲラ（*Dendrocopos leucotus*）もこの地域において絶滅しかかっている．この種は，枯死しかけたり枯死した樹木がある，古くて広大な落葉樹林地帯に依存している．残されている生息場所パッチからこのように徐々に絶滅していくことは，絶滅の負債の指標になるかもしれない．このことは後で議論する．

　土地利用を強化することで，天然林と関係した枯死木依存性種が減少することは，遠い昔にすでに気づかれている．昆虫学者と他の生物群の専門家はおそらく 1800 年代というだいぶ前にこのことを知っていたが，1900 年代からは，すなわち種の危機的状態に関する体系的な評価が始まるはるか前から，愛好家によって観察されたさまざまな種の減少を記述した多くの出版物があった．森林昆虫学に関するフィンランドの教授 Esko Kangas は次のようにこの発展を述べている（Kangas, 1947；フィンランド語から英訳）："とりわけ，丸太と同じように病気や被圧された木，立枯れ木，風倒木，雪害をうけた木，その中でも特に大きな枯死木は，我が国の甲虫相のうち，珍奇性や希少性が高い多くの種にとって唯一の生息できる場所となっている．我が国の林業が発展し，より集約的になるに従って，こういった樹木個体（やその一部）は我が国の森から完全になくなってしまうだろう．そして完全にそれらに依存している甲虫は結果的に，ますます希少になり，我が国でおそらく種が絶滅してしまうまで，ますます限られた地域に身を引くのである"．

　残念ながら，60 年前になされたこの予言は，非常に正確なものであることがわかってしまっている．

15.2 現在の減少の要因

15.2.1 森林の消失

　森林伐採と残された森林の劣化は，地球上の生物多様性に対する最も大きな脅威として認識されている．枯死木依存性種はすべての森林性の種と同様に，森林破壊から被害をうけているが，枯死木依存性種は多くの他の生物群よりも森林の劣化に対して感受性が高い．約8000年前の最も森林が広大だった完新世のときの分布域と比べて，地球上の元来の森林被覆のほぼ半分が破壊されてしまっている．そして，最も急速な変化は最近の20から30年間で起こっている（WRI, 2000; http://www.wri.org/map/state-worlds-forests も参照）．歴史的にみて農業の発達は，森林から農地への転換を引き起こすため，森林の喪失の主たる要因であった．人口の増加に伴う必要最低限の農業は，熱帯地域と亜熱帯地域における急速な森林伐採の背後にある主要因であり，それは1960年代から始まった．より最近になると，森林伐採の割合の増加は産業的要因によってひき起こされてきた（Butler and Laurance, 2008）．そしてこれには，耕作地や牧場だけでなく，材木の切り出しのための大スケールでの皆伐も含む．産業としての木材生産事業は，道路の拡張を引き起こす．そして一般に道路の拡張を引き金として，熱帯においては人間の侵入と定着が要因となり（Laurance et al., 2009），亜寒帯林の辺境では人間が引き起こした火災が要因となって（Achard et al., 2006），さらなる森林伐採と森林劣化が引き起こされている．

　現在，地球上の陸地面積の約30%，全面積では3900万km^2が森林で覆われている（Schmitt et al., 2009）．全体の森林伐採率は1990〜2005年の期間で1年当たり13万km^2であった（FAO, 2006）．いくつかの地域では森林伐採は森林再生（皆伐された森林に再度樹木を植えること）と植林（木のない土地に植えること）によって一部が補填されているため，1年間の総森林喪失面積はこれよりも小さい．しかしながら，これらの植林された森林は，原生林とは構造と種構成の点で明らかに異なる．原生林は世界の森林面積の3分の1を占めるものと推定されているが，毎年約6万km^2が消失または

改変されている (FAO, 2006). 無傷の森林景観の面積, すなわち明らかな人間活動の兆候がない森林のうちまったく破壊されていない地域は, 1300万 km^2, すなわち森林で覆われた土地の24%であると最近推定された (Potapov et al.,2008; http://www.intactforests.org/ も参照).

15.2.2 森林管理

さまざまな森林管理施業によって, 林分と景観の両方のレベルで枯死木の量は同時に減少する (13章を参照). 自然回復または植林が後に行われる皆伐施業は, 亜寒帯域において広域的に行われている集材方法である. 人工林と自然林の間における枯死木の最も大きな違いは遷移の初期, すなわち林分置換撹乱の直後に起こる (Siitonen, 2001). 皆伐ではほとんどの木材が森林から抜き出され, これは火災や風倒といった自然撹乱ではすべての枯死木がその場所に残されるのとまったく対照的である. 機械を用いた収穫と, 次世代生産を強化することを目的とした土壌の掻き起しとによって, 収穫が行われた場所に残っていた, 処理する前の倒木の80%に至るまでが破壊されてしまう (Hautala et al., 2004). 皆伐による収穫で木材が完全に枯渇するため, 異なる分解段階の枯死木を継続的に利用可能であった状態は崩壊し, 再生した森林であっても少なくとも1世紀にわたって枯死木の最初の量と将来の蓄積量が減少する.

枯死木, 傷痍木, 衰弱木は通常, 自己間引きで取り除かれるため, 林分内での林業的な間伐では, 遷移過程の中間段階にある枯死木が減少する. もしも大量の枯死木が森林火災や昆虫の大発生といった自然撹乱によって形成されると, 枯死木はしばしば, 伐採残渣の搬出 (Salvage logging) もしくは衛生的搬出 (Sanitation logging) を通じて収穫される (DellaSala et al., 2006; Lindenmayer and Noss, 2006). これは明らかに枯死木の量に影響し, 撹乱に適応した多くの枯死木依存性種にとっての好適な生息場所を破壊する (13章を参照). 人工林における短期間の輪伐期間では, 大径の枯死木の補充が始まる前に林分の発達が終わってしまう.

外来樹種の利用は枯死木依存性種に対して大きな負のインパクトを持っているだろう. ほとんどの種は, 特定の属の宿主木に依存している. もしも元々

の広葉樹林が針葉樹の人工林やユーカリのような近縁関係にはない広葉樹種に置きかえられると，もっとも広食性の枯死木依存性種だけしか，外来種にに由来する枯死木を利用できないであろう．さらに，一般的に外来樹種の利用は，古い樹木や枯死木がまったく生産されない強度の短伐期林業と関係している．

15.2.3 土地利用の強化

土地利用全体の強化と都市化もまた，森林以外の環境にある極めて老齢な生立木の本数と枯死木の量を減少させる．準開放的な草原や開放的な草原，老齢の木がまばらに生える牧草地の林などは，多くの枯死木依存性種にとって最も重要な生息場所である．1700年代後半から始まった産業革命及び農業革命の結果，人工的な環境における古い樹木の密度は急激に減少した（詳しくは16章を参照）．最も大きな変化は，伝統的な農業系と牧畜系から農工業系への大規模な転換がその後継続した1950年代以降に起こった．

15.2.4 燃料材の収穫

気候変動と二酸化炭素およびその他の温室効果ガスの排出量を減らす必要があるため，生物燃料の利用が急速に増加している．生物燃料の生産は農業地または森林地でのバイオマス植林を基盤としており，さまざまな商品作物が用いられている．生物燃料のもう一つの供給源は森林バイオマスで，間伐施業からの樹木と伐採残渣の利用を含んでいる（Berndes et al., 2003; Field et al., 2007）．

燃料用材の生産と収穫は，一般に生物多様性に対し，とりわけ枯死木依存性種に対して複合的に負の影響を及ぼし得る．燃料樹木の価格上昇によって，限界収益点付近にある農地をバイオマス生産へと転換することや，当面は非商業用であった森林からの収穫を増やすこと，森林管理の強度の強くすることなどが，利益が上がる管理となる．燃料としての伐採残渣と切り株の収穫は直接的に枯死木の量に影響を及ぼし，引き続いて枯死木依存性種に影響する．燃料用材の収穫は，人工林において枯死木の量をさらに減少させるだろう（Rudolphi and Gustafsson, 2005）．伝統的な皆伐後は再生地域に残され

てきた小径の伐採残渣（小枝や枝，木の先端を含む）や切り株も持ち出される．燃焼に適した硬材は通常，残渣とともに収穫される．さらに重機による収穫では，複数の林道の開設と利用が引き起こされるため，そこにある腐朽材を意図せぬまま破壊してしまう．

　伐採残渣と切り株は通常，絶滅の恐れのある枯死木依存性種にとって重要な基質であると考えられてこられなかった．その理由は，これらの基質は人工林において十分にあるものであり，かつ，それらを利用することができる種は，絶滅の恐れがないようだったためである．しかしながら，伐採残渣と切り株は，多くの種にとって重要な代替的な基質を提供してきており，さもなくば，多くの種は減少してしまっていただろう．伐採残渣と切り株の収穫の増大によって，状況は変わりつつあるようだ．近年の研究では，非常に多くの枯死木依存性の無脊椎動物種が――これにはいくつかのレッドリスト掲載種を含む――森林伐採の残渣で繁殖できるということが示されてきている．スウェーデン南部においては，異なる樹種の伐採残渣は明らかに異なる動物相を支えており，ナラ類とヤマナラシ類はとりわけ，レッドリスト掲載種にとって重要であることが判明している（Jonsell et al., 2007）．

15.3　枯死木の減少が枯死木依存性生物に与える影響

15.3.1　種数-面積関係

　枯死木の平均的な量は明らかに天然林よりも人工林で低く，天然林では樹木の枯死を引き起こす自然撹乱によって，枯死木が継続的に形成されることが，前の章（12章と13章）でのデータによって示されている．例えば，フェノスカンジア南部および中部亜寒帯域では，景観レベルでの粗大木質リターの平均体積は，約60～90 m^3/ha から約2～5 m^3/ha まで減少してしまっている．このことは地域によっては，90～98％の減少があることを意味している（Siitonen, 2001）．

　枯死木依存性種の豊富さに対する枯死木の量の減少の影響は，一般的な種数-面積関係に基づいて推定することができる（Box15.1）．種数と生息場所の関係を典型的なもの（$z = 0.25$）と想定した場合，利用可能な生息場，

ここでは枯死木の量，が90%以上減少すると，長期的には人工林からもともと生息していた枯死木依存性種の50%以上が地域的に消滅してしまうと考えられる．控えめな関係（$z = 0.1$）を想定した場合，生息場所が90〜98%も喪失すると，引き続いて喪失する種は，どのような場合であれ，少なくとも22〜32%はいると予測されている（Siitonen, 2001）．もしも種が，生息場所の喪失に加えて，生息場所の断片化からも被害を受けているならば，絶滅すると考えられる種の割合はもっと大きくなるであろう．

Box 15.1　種数－面積関係

　生息場所の面積が増加すると種数が増加し，また逆に，生息場所の面積が減少すると種数が減少するのは生態学の法則であると考えられている．いくつかのモデルがこの関係を関数の形で記述するために用いられるが（He and Legendre, 1996），一般的にはべき関数モデルが用いられ，通常は種数－面積関係のデータによく適合する（Connor and McCoy, 1979; Rosenzweig, 1995）:

$$S = kA^z$$

ここでSは種数を表し，Aは利用可能な生息場所の面積，kとzは形を決めるパラメーターである．この関係は種数と面積の両方の対数を取ることで，直線関係に変換され，容易に検証できる

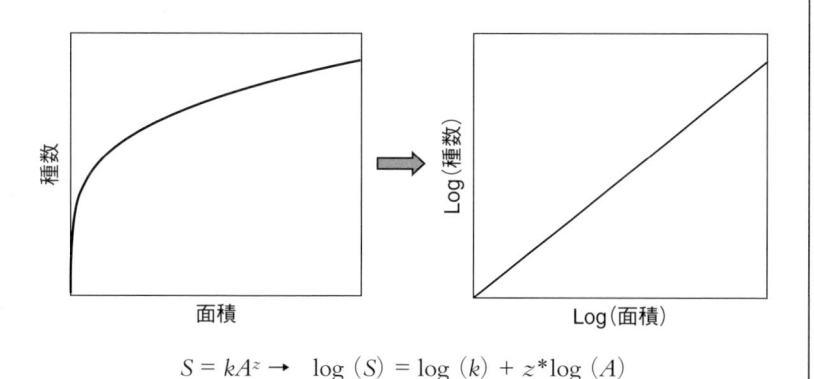

$$S = kA^z \rightarrow \quad \log(S) = \log(k) + z*\log(A)$$

種数－面積関係は，変換しない時のべき関数（左）と，対数変換した形（右）

で示される

　枯死木依存性種を考えると，面積は枯死木の体積に置きかえられる．体積は利用可能な生息場所の量をよく示しているためである．重要な側面として，zの値は生息場所の量が減少した時に種数が減少する割合を，最初の量に関わらず，決定している．あるパーセンテージの生息場所の減少は常にあるパーセンテージの種数の減少と関係しており，zの値によって表わされる．残された好適な生息場所の関数として失われた種の割合と傾きのパラメーター z は

$$f_e = 1 - (A_1/A_0)^z$$

であらわされる．f_e は絶滅する割合を表し，A_0 は最初の生息場所の面積（または体積），A_1 は現在の生息場所の面積（または体積）である（Dial, 1995）．

　その古典的な研究において，Connor and McCoy（1979）は実証的な種数−面積関係のデータを報告した 100 の研究を再検討した：これらの 91％で z の値は少なくとも 0.1，典型的には 0.2 から 0.4 の間に収まった．しかしながら，種数−面積関係がある地域内から徐々に面積を小さくしていった場所から導かれていると，その曲線は入れ子状となったサンプルから由来することになり，0.1 から 0.2 の幅を持った z を取るようになる（Leitner and Rosenzweig, 1997）．

15.3.2　絶滅の閾値

　枯死木依存性種は，分解により消失する枯死木という，動的な生息場所に生活している（14 章を参照）．長期的に存続していくことを可能にするには，古い宿主木が利用に適さなくなるのと平均的に同じ率で，新しい適した宿主木へ定着することができなければならない．もしも潜在的な宿主木の密度があまりに低いと，新しい宿主木への定着率が十分でなくなり，古い樹木における局所絶滅を補償できないだろう．そして，このことは，長期的な過程の中で，種の地域絶滅を引き起こすだろう．絶滅の閾値（Fahrig, 2002; Hanski, 2005）とは，種にとって好適な生息場所の最低密度のことをいい，これよりも下では，その種は存続できない．枯死木依存性種にとって生息場所とは，個々の宿主木でもあり，いくつかの宿主木を含むより大きな生息場所の断片

でもある．より一般的に Hanski and Ovaskainen（2002）は，焦点を当てている種を長期的に存続させるためには，生息場所断片のネットワークが断片の数，大きさ，空間的な形状といった特定の必要条件を満たさねばならないことを示した．絶滅の閾値は，これらの条件を満たすネットワークと満たさないネットワークとを分ける値である．

各種ごとの絶滅の閾値は，おもに二つの要因，専食性の程度と分散力に依存している（図 15.3）．宿主木への要求を強く持つ専食性の種は，多くの種類の枯死木基質を利用できるジェネラリスト種よりも生息場所の喪失と断片化に対してより感受性が高い．同様に，分散力の低い種は，分散力の高い種よりも断片化に対する感受性が高い（Andrén, 1996）．

閾値という概念は，多くの絶滅が危惧される種，とりわけ，宿主に対する強い要求と貧弱な分散能力を持つ種にとって，林分ないし景観レベルでその種を維持するのに必要な適した宿主木の最低密度を決めるために，そしてしたがって，管理目標を決めるために重要であろう．しかしながら，生息場所に対する要求と生態学的特性は，実質的には個々の絶滅の恐れのある枯死木依存性生物の種間で異なるので，人工林においてすべての絶滅の恐れのある種の存続を補償するような，ある一つの一般的な目標となる枯死木量（ヘクタール当たりの体積で表される）を決めることは，ほとんどできないであろう（Ranius and Jonsson, 2007）．林分あたり，または表面積あたりの枯死木依存性生物の種数は，枯死木の体積を用いた種数－面積関係に従うことは確かだろう（Martikainen et al., 2000 を見よ）．

閾値という概念の潜在的な有用性にもかかわらず，特定の枯死木依存性種について絶滅の閾値が調査された研究は，2，3 例しかない．Muller and Butler（2010）は，その総説中で，枯死木依存性種 14 種について，すでに公表された閾値を示した．もっともよい例は，今までのところキツツキ，すなわち枯死木依存性生物の食物網の頂点となる捕食者に関するものである．針葉樹の立枯れ木の胸高断面積合計がスウェーデンでは 0.5 m^2/ha，スイスでは 1.3 m^2/ha よりも下になった時，ミユビゲラ（*Picoides tridactylus*）の生息確率は急速に落ち込んだ（胸高断面積合計 1.3 m^2/ha は，立枯れ木の体積約 15 m^3/ha に換算できる）（Butler et al., 2004）．オオアカゲラ（*Dendrocopos*

15章　絶滅の恐れのある枯死木依存性種

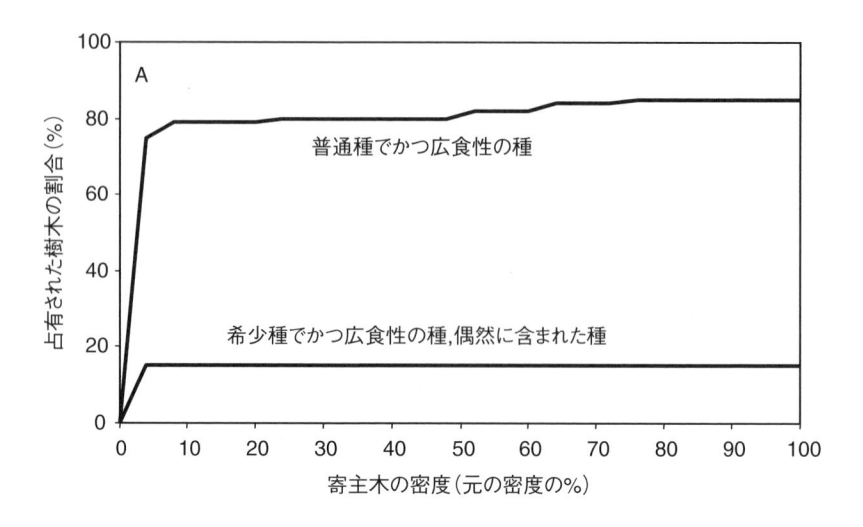

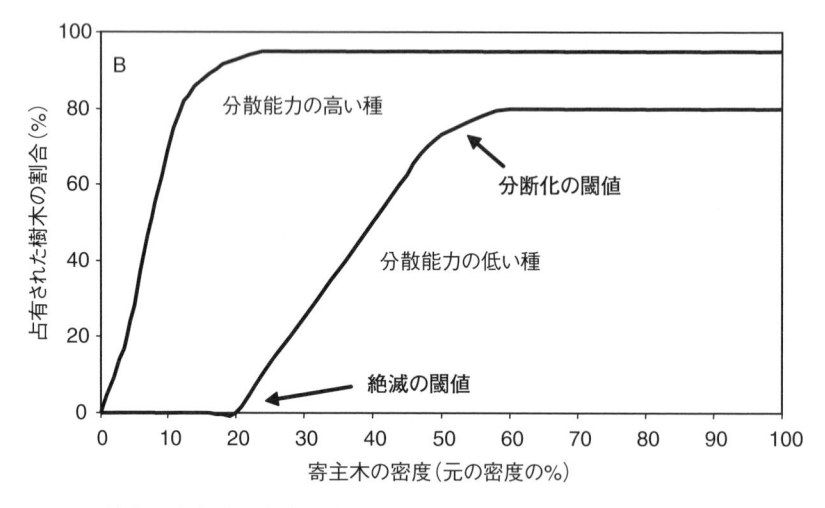

図 15.3. 特定の宿主木の密度の減少に対する4種の仮想的な枯死木依存性種の反応. ジェネラリスト種では，さまざまな異なるタイプの基質を利用でき，特定の宿主木の減少は占有する樹木の平均割合に影響を及ぼさない. しかし，ジェネラリストの普通種は，希少であったり少ない樹木よりも，より高い割合を示す樹木に生息する（パネルA）. 専食性の種では，特定の宿主に依存しており，好適な宿主木の密度がいわゆる分断化の閾値（fragmentation threshold）より下まで減少すると，占有する宿主木の平均割合は減少し始め，絶滅の閾値となる密度以下になると0へと落ちる（パネルB，Andrén, 1996 を改変. 訳者註：パネルBでは専食性の種を，分散力の高い種と低い種に分けて示してある）.

leucotus）は落葉樹の枯死木が 100 ha 以上の地域内で少なくとも 10 〜 20 m^3/ha（Angelstam et al., 2003），または落葉樹の枯死木の胸高断面積合計が少なくとも 1.4 m^2/ha（Roberge et al., 2008）はある景観を必要とした．もう一つの例は樹洞のあるナラ類の樹木に依存する枯死木依存性の甲虫に関係している．3 種の絶滅の恐れのある専食性種（*Tenebrio opacus, Elater ferrugineus*, オウシュウオオチャイロハナムグリ）は樹洞のあるナラ類の密度が林分あたり 10 本以下である林分には生息していなかった（Ranius, 2002b）．

15.3.3 絶滅の負債

　特定の生息場所が一定割合失われた時，この生息場所に依存している種のいくつかもすぐに失われる．もしもある特定の種の生息場所がすべて破壊されたら，その種も必然的に絶滅することは自明である．特定の枯死木生息場所がほとんどすべて破壊されることによって，上述した多くの枯死木依存性種の地域絶滅が説明される．しかしながら，好適な生息場所の量が減少した時，多くの種はすぐに絶滅するわけではないことを述べておくことは重要である．生息場所の喪失と分断化によって起こった種の絶滅は，一般的に，長短はあるが，時間的な遅れを伴って起こる．小さな孤立化した生息場所断片に残された局所個体群は，長期間その場所で存続できるであろうが，結果的に絶滅する．

　絶滅の負債とは，たとえ好適な生息場所が将来においてこれ以上減少しないとしても，すでに引き起こされた環境の変化によって，それらの個体群が徐々に絶滅へと向かっていると思われる生物群集中の現存の種数のことである（Tilman et al., 1994; Hanski and Ovaskainen, 2002; Kuussaari et al., 2009）．地域個体群が絶滅する速度は，生息場所の喪失の大きさ，残された生息場所断片の大きさと質，そして例えば世代時間や専食性の程度，栄養段階，そして分散能力といったその種の生態的特徴に依存している．絶滅の負債は，主要な生息場所の喪失を直近でしか受けていない生息場所において高い．そして絶滅までの時間的な遅れは，絶滅の閾値のすぐ下にある種において，いいかえると，その種が長期間存続するのには，適した生息場所の量がほんの少しだけ少ない時に，特に長くなる（Hanski and Ovaskainen, 2002）．

多くの枯死木依存性種はごく限られた時間しか同じ宿主木中で生活することができないため，多くの種はどちらかというと速い個体群動態を示す．例外は古い樹洞のある木に専門化した種である．これらはグループを構成しているが，そのグループが現在出現していることは，それらが長期的に存続可能であることを必ずしも反映しない．このことは，古い樹木が継続的に数百年間に渡り，多くの枯死木依存性種にとって好適であり続けるような，長期間続く生息場所パッチを構成するためである（図16.3を参照）．これらの種の現在の出現パターンは過去における好適な宿主木の密度を反映しているだけかも知れず，そうなると局所個体群の絶滅は避けられないかも知れない．同様に，スウェーデン南部における老齢のナラ類樹木に専門化した，絶滅の恐れのある腐朽菌と着生地衣類の出現は，好適な宿主木の現在の密度と1830年代における老熟したナラの密度の両方に依存している（Ranius et al., 2008）．

絶滅の負債の規模と進行状況を経験的に研究するいくつかの方法がある（Kuussaari et al., 2009）．絶滅の恐れのある腐朽菌と枯死木依存性の甲虫の絶滅の負債の兆候が，いくつかの研究において検出された．現在または以前の生息場所の量に対する種多様性の依存性を調査した研究や，最近断片化した生息場所と遠い過去に断片化した生息場所との間で種多様性を比較した研究である．いくつかの場合で，専食者の現在の個体数は，現在の好適な生息場所の量よりも過去の量により強く依存していた（Gu et al., 2002; Paltto et al., 2006; Ranius et al., 2008）．同様に，専食者の現在の個体数はしばしば，古い森林断片よりも，最近孤立した老齢林でより高いことがしばしば認められた（Komonen et al., 2000; Berglund and Jonsson, 2005; Penttilä et al., 2006; Laaksonen et al., 2008）．

15.4 枯死木依存性種の絶滅の危急性を判定する

15.4.1 枯死木依存性生物の減少を示した経験的研究

集約的な森林管理と他の形態の土地利用によって枯死木依存性種の豊富さが減少してしまっていると，どのようにして知ることができるだろうか．そ

15.4 枯死木依存性種の絶滅の危急性を判定する

表 15.2. 枯死木依存性種に対する森林管理の負の影響を記述した研究の例.

主な発見	生物群（文献）
• 種数は人工林の方が天然林よりも低い • 種数は管理強度が増加するに従い減少する	• 木材腐朽菌（Bader et al., 1995; Sippola et al., 2001; Penttilä et al., 2004; Küffer and Senn-Irlet, 2005; Junninen et al., 2006） • 枯死木依存性甲虫（Martikainen et al., 2000; Grove, 2002b; Maeto et al., 2002） • 枯死木依存性キノコバエ（Økland, 1994, 1996）
• レッドリスト種はある管理強度を超えた林分からは欠けてしまう	• 木材腐朽菌（Sippola et al., 2001, 2004; Penttilä et al., 2004; Junninen et al., 2006） • 枯死木依存性甲虫（Muller et al., 2008; Brunet and Isacsson, 2009）
• レッドリスト種はより長い管理履歴を持つ森林でアバンダンスが低い	• 木材腐朽菌（Lindgren, 2001; Siitonen et al., 2001; Laaksonen et al., 2008） • 枯死木依存性甲虫（Siitonen and Martikainen, 1994）
• ほとんどのレッドリスト種と希少種の出現は，大径の腐朽が進んだ木材に見られる	• 木材腐朽菌（Kruys et al., 1999; Stokland and Kauserud, 2004; Berglund et al., 2009; Stokland and Larsson, 2011） • 材上性蘚苔類（Söderström, 1988; Kruys et al., 1999; Berglund et al., 2009）

して，特定の枯死木依存性種が減少しつつあり，絶滅に脅かされるようになってしまっているとどのようにして知ることができるのだろうか．種の豊富さと種構成を，天然林と人工林の間で比較したり，異なる管理の歴史を持つ景観または地域の間で比較したり，古い記録と新しい記録を比較したりすることで，これらの問いを詳しく調べてきた研究が非常に多くある．一通りレビューすることはこの章の範囲を超えるものであるが，我々の目的は，さまざまな枯死木依存性生物群に焦点を当て，広い範囲の森林タイプをまたいで，多くの研究に現れてきたいくつかの一貫した結果を浮き彫りにすることにある（表 15.2）．

人工林を同じような天然林ないし半天然林と比べたとき，種の豊富さは常に人工林においてより低い．管理履歴が林分ないし地域間で異なる場合では，種の豊富さとレッドリスト種の出現確率は，一般的に管理の期間と強度が増加するに従って減少する．レッドリスト種はしばしば大径の，良く腐朽した

材と立枯れ木に，すなわち，森林管理のためにほとんど失われてしまう性質の枯死木に限定されている．

しかしながら，いくつかの研究では，レッドリストに掲載されている木材腐朽菌を含む，構造物の連続性を示すと考えられている遷移後期種の出現確率と，林分の過去の管理強度との間に関係が認められていない（Groven et al., 2002; Rolstad et al., 2004）．これらの一見したところ相反する結果は，さまざまな研究で用いられた空間スケールの違いによって説明できるだろう．非常に小さな空間スケール（<1 ha）では，材の連続性はほとんどの種にとって明らかに重要ではない．レッドリスト種の多孔菌は，基質の連続性が周辺の景観において壊されていないような森林で認められるだろう．

ヨーロッパにおけるほとんどの研究に対して，北アメリカでのいくつかの研究では，天然林と人工林の間で枯死木依存性の甲虫の種の豊富さについて有意な差が認められていない（Zeran et al., 2006; Dollin et al., 2008; DeLancey et al., 2009）．これはおそらく，これらの林分では，管理された履歴が相対的に短いことによるものであろう．管理履歴は1回目の施業の途中にあり，収穫前の林分からの遺産として大量の枯死木がまだ残っている．

15.4.2 国際自然保護連合の基準とその適用

前節で引用したような実証研究は，個々の種の脅威の状況に関する正確な評価をするための十分なバックグラウンドデータがないような状況においてさえも，潜在的に絶滅に脅かされている種を特定するために用いることができる．レッドリストの分類と IUCN（International Union for the Conservation of Nature：国際自然保護連合）の基準は，客観的で比較可能な方法で絶滅リスクにしたがって種の分類を行うための明示的なフレームワークを提供するために発達してきた（IUCN, 2001）．このシステムは，潜在的に絶滅の脅威に脅かさているかどうかによって種にレッテルを貼るだけではなく，それぞれの種の絶滅リスクを評価し，続いてすべての種を適切なレッドリストのカテゴリーへ分類することを目的としている（IUCN, 2001; Rodrigues et al., 2006）．基準の適用はそれぞれの種のアバンダンス，分布域の大きさ，個体群サイズの変化についての利用可能な知見に基づいている．

15.4 枯死木依存性種の絶滅の危急性を判定する

"絶滅危惧種（threatened species）"という用語はレッドリストのカテゴリーの絶滅危惧 IA 類（critically endangered, CR），絶滅危惧 IB 類（endangered, EN）および絶滅危惧 II 類（vulnerable, VU）を含んでいる．一方で"red-listed species"という用語はさらに準絶滅危惧（near threatened, NT）種と情報不足（data deficient, DD）として分類された種を含んでいる．

レッドリストは例えば，異なる分類群の脅威の状況を比較するのに用いることができる．例えば，全球スケールでは，両生類は鳥類よりも絶滅を危惧されている．枯死木依存性種はほとんどすべての分類群に認められるので，ある一つの生態学的グループとして枯死木依存性種の危機の状況の推定を直接的に抽出することは，通常はできない．枯死木依存性種に特に注意を払った最初の国際的なアセスメントは，ヨーロッパの枯死木依存性の甲虫に関するレッドリスト（European Red List of Saproxylic Beetles）である（Nieto and Alexander, 2010）．このアセスメントでは，もっともよく知られた科のいくつかに属する 436 種をカバーしているにすぎない．全体としては，評価された枯死木依存性の甲虫の約 11%（46 種）は絶滅危惧種と考えられ，さらに 13%（56 種）が準絶滅危惧種とされた．ヨーロッパにおける枯死木依存性の甲虫の全種数は 1 万種をこえることと，同じ脅威の要因は評価された種と評価されなかった種の両方に影響することから，絶滅危惧種の実際の数はリストに掲載された種の数の少なくとも 20 倍の高さ，すなわちおそらく 1000 種をこえるであろう．

国際自然保護連合の指示に従って実行されてきたすべてのレッドリスト評価では，各レッドリスト種のカテゴリーの基準が文書化されてきた．いくつかの国家アセスメントにおいて，最も重要な生息場所も脅威の主要な要因も，各種について文書化されてきた．枯死木の減少が個別の脅威の原因として挙げられていれば，分類群をまたいで枯死木依存性生物の一般的な脅威の状況を検討することができる．例えば，フィンランドのレッドリスト評価（The 2010 Red List of Finnish Species）で，枯死木の減少は個別の脅威の要因として認識されていた（Rassi et al., 2010）．すべての分類群にまたがる森林棲生物のうち合計 814 種が絶滅危惧種と分類された．これらのうち 279 種（34%）で，枯死木の減少は脅威の原因の一つとされていた．フィンランドにおける

15章　絶滅の恐れのある枯死木依存性種

レッドリスト評価は広範囲の生物群を包括的に含んでいる数少ない例だが，すべての種のうちの約半数が情報不足のために，絶滅のリスクに関して評価できなかった．ここでも，絶滅の脅威にさらされている枯死木依存性種の実際の数はリスト化された種の数のおよそ2倍，すなわちおそらく500種程度であろう．

　Komonen et al. (2008) はスウェーデンとフィンランドにおける枯死木依存性の甲虫に対する国際自然保護連合のレッドリストの基準の使用についてレビューし，枯死木依存性の無脊椎動物にこれらの基準を適用することにいくつかの内在的な問題があることを示した．大多数の種（86%）は基準B（地理的分布域）に基づいてリスト化されてきており，残りの大部分（12%）は基準D（非常に小さな個体群サイズ）に基づいてリスト化されていた．これに対して，基準A（個体群の減少），基準C（小さな個体群サイズ）および基準E（量的な分析）は，ごくわずかなケースのみか，まったく適用されないかであった．この主要な理由は，無脊椎動物および真菌類の個体群サイズや個体群サイズの変化（個体または占有する地域によって評価される）に関するデータは，一般的に不十分であることである．当然，この問題は枯死木依存性生物にのみ限られているわけではなく，他の微小生息場所に生活している種も同じように関係している．加えて，個体数に対する閾値は，主として脊椎動物種に対して適用されている．小さな枯死木依存性の無脊椎動物の場合は，一本の木が数百個体を支えることができるが，成長可能な地域個体群は十分に多くの宿主木に生息することが必要であり，そのためには新しい好適な宿主木が継続的に加入することが必要である（Siitonen and Saaristo, 2000; Ranius, 2001）．このことは，無脊椎動物の住んでいる樹木の数が，個体群サイズのよりよい指標であろうということを意味する．さらに，個体群減少を評価するための時間の窓は，基質が置き換わる時間とも関係しているであろう．樹洞のある生きている木は，ゆっくりとした回転率をしており，いくつかの無脊椎動物の世代が同じ木で次世代を生産できる．

　要約すると，一般的あるいはやや稀な枯死木依存性種の減少を示した多くの実証研究がある一方で，国際自然保護連合の基準にしたがって脅威の状況を評価するための，十分に詳細な種特異的な情報は欠けている．多くの枯死

木依存性種について現在の個体群サイズの傾向をみると，おそらく大スケールで徐々に減少が進行しているところだろう．

15.4.3　生息場所の要求性

どのような種のグループにおける場合とも同じように，いくつかの枯死木依存性種は他の種よりも絶滅しやすい．各々の種の絶滅リスクは，生息場所への要求性を含むその生態的特性とその生息場所に起こってきた変化の両方によっている．

レッドリストに掲載されている枯死木依存性種の生息場所の要求に関する今までにもっとも包括的な解析はJonsell et al. (1998) によってなされた．彼らはスウェーデンでレッドリストに掲載されたすべての枯死木依存性の無脊椎動物（542種）を調べた．宿主木の要求性が定義され，樹種，分解段階，木のタイプ（生きている，倒木，立枯れ木，株），粗大さ，幹の部位，開放度，微小生息場所にしたがって分類された．いくつかの樹種または属は，その他の種よりも絶滅の脅威にさらされている種にとってはるかに重要であった．樹木の属あたりの無脊椎動物の絶滅危惧種の数は，5種（ナナカマド属，リンゴ属（*Malus*））から200種以上（コナラ属）まで変化した．もっとも高い種数を示した樹木の属は，もっとも高い単食者の種数を示す傾向もみられた．しかしながら，ほとんどすべての樹木の属は少なくともいくつかの，その属自身の特異的な専食性の種に宿主として利用されていた．針葉樹（トウヒ属，マツ属）と広葉樹の樹木上の動物相は，互いに最も異なっていた（約5％が共通種）．亜寒帯落葉樹の属（カバノキ属，ハンノキ属，ヤマナラシ属）に形成される動物相は，温帯落葉樹の属の動物相から枝分かれし（最大で約10％の共通種），後者のグループでは（コナラ属，ブナ属，カエデ属，ニレ属，シナノキ属，トネリコ属，クマシデ属（*Carpinus*），ハシバミ属）群集間の類似性はさまざまであった（最大で，30％の共通種）．異なる樹木の属の動物相はしたがって，相補的であった．樹種間の群集の類似性は，分解段階とともに増加した．レッドリスト種が最大の種数（約半数の種）となるのは中間の分解段階であったが，各分解段階には，いくつかの特異的な種が認められた．

ほぼ同数の種が，生立木，立枯れ木，倒木を利用していたが，その一方で，切り株を利用することができるのは約10分の1の種のみであり，どの種も切り株には特化していなかった．約3分の1の種が非常に粗大な幹に特化していた（樹種によるが，直径はほぼ50〜100 cm）が，細い幹に特化していた種はごくわずかな種のみであった．非常に多くの割合の種（約4分の1）が，日陰環境（約10分の1の種）よりも日向環境を好んでいた．開放度に対する違いはなかった（図9.4を参照）．レッドリスト種の大半は，樹幹内もしくは樹皮下に生息していた．約5分の1の種は生立木の樹洞に出現し，10分の1をわずかに上回る種がこの微小環境に特化していた．

　上述した定量的な結果はスウェーデンにおけるヨーロッパ北部に出現するレッドリストに掲載された枯死木依存性の無脊椎動物に関してのものであるが，この結果は他の地域にも定性的に一般化することができるだろうし，以下のように要約できるだろう．最も絶滅の脅威にさらされている種は，森林管理と他の人為的影響の結果最も減少してきた枯死木のいくつかのタイプ—すなわち，粗大で，中程度から非常に腐朽している立枯れ木と倒木，生立木の樹洞—を利用するように特化している．逆に，人工林においても十分にみることができる枯死木のタイプ—枯死直後の枯死木，小径の木質リターと切り株—を利用できる種は，通常は脅威にさらされていない．ある樹種は地域的に絶滅の脅威にさらされている枯死木依存性種にとって極めて重要である可能性がある．これには，もともと多くの特化した枯死木依存性生物種に利用されるような樹種で，潜在的な宿主木の数がもっとも減少してしまった樹種が含まれる．

15.4.4　生態的特性

　ある種の生態的特性とその絶滅リスクとの間の関係は集中的に研究されてきた（例えば，Fisher and Owens, 2004; Purvis et al., 2005を参照）．主要な疑問としては，絶滅を危惧される種とそうでない種との間に，何か違いがあるのか，というものである．ある種を生息場所の喪失と断片化に対して鋭敏にさせている同一の特性（Henle et al., 2004）によって，絶滅のリスクは増大する．多くの研究が脊椎動物に関してのものだが，種の絶滅に対する感受

性を増加させると知られているいくつかの特性は，枯死木依存性種にも適用可能だろう．

次の特性は枯死木依存性種の絶滅に対する脆弱性を予測するうえで重要であると考えられる：個体群サイズ，次世代生産能力，分散力，生殖周期の長さ，生態的な特殊化，希少性，微小生息場所と景観マトリックスの利用，撹乱と競争に対する鋭敏性，そして栄養段階である．これらの特性のいくつかは相関しており，他の種特性と関係している．例えば，（系統的に近縁の種に対して）大型の体サイズは絶滅の脆弱性を予測できる．なぜならば，大型の生物は一般的に個体群密度が低く，生殖周期が遅いためである．いくつかの感受性を高める特性を持っている種は特に脆弱である．

15.5 調査方法と自然環境保全の評価

15.5.1 調査方法

その隠れた生活スタイルのために，枯死木依存性の無脊椎動物は一般にサンプリングが困難であるということが頻繁に示唆されてきた．これは部分的に，とりわけ，大量に捕獲する方法に関しては正しいが，すべての枯死木依存性種にとってあてはまるわけではない．以下にみるように，特定の絶滅危惧種を調査することに特別に目的を定められた効率的なサンプリング方法を開発することが可能である．

一般に，稀な種の資料を十分な量集めることは，普通種を集めるよりもはるかに困難である．絶滅が危惧される枯死木依存性種のインベントリーを行うことは，それらの希少性，特別な微小生息場所に対する要求性，および低い優占度のために，特に困難である．一通りのトラップを用いた方法が枯死木依存性の無脊椎動物種のサンプリングを目的として開発されてきた．これらの方法ではしばしば，相対的に低い野外作業努力で非常に多くの数の個体数と種を得ることができる．調査におけるもっとも困難で高くつく作業段階は，野外調査ではなく（設置と頻繁にトラップを回収すること），その後の仕分けと標本の種同定である．

ウィンドウトラップとトランクウィンドウトラップ（幹取付型のウィンド

ウトラップ）は枯死木依存性の甲虫種に関する量的な研究でもっとも頻繁に利用されたサンプリング方法である（Kaila, 1993; Siitonen, 1994; Sverdrup-Thygeson and Birkemoe, 2008）．木の穴に埋められたピットフォールトラップ（落とし穴トラップ）は樹洞中の甲虫相を調査するうえで有用な方法である；ピットフォールトラップではウィンドウトラップによってはほとんど捕まえられない特殊な甲虫を集めることができる（Ranius and Jansson, 2002）．マレーゼトラップは双翅目や寄生性の膜翅目といったいくつかの他の枯死木依存性の昆虫群に関する量的な研究に適した，別のタイプの飛翔性昆虫を対象にしたトラップ（Flight Interception Trap；FIT）である（Økland, 1996; Darling and Packer, 1988）．

　どれくらいのレッドリスト種が異なる森林地域に出現するかを測定するために，大量捕獲型の採集方法が用いられるとすると，問題となるのは，個体数のうえで非常に大きなサンプルサイズが必要とされることである．さもなければ，レッドリスト種は単に偶然によって捕獲されるだけであろう．Martikainen and Kouki（2003）は以下のような結論に達した：レッドリストに掲載されている枯死木依存性の甲虫を，亜寒帯林の林分の保全価値を比較するために用いるつもりであるならば，200種ないし2000個体以下しか含まれていないサンプルは実際上無駄である．大きなサンプリングサイズと同定の気力を失わせるほどの量は，より種多様性の高い温帯や熱帯の森林では，亜寒帯林と同じかさらに顕著な問題である．

　しかしながら，すべての絶滅を危惧される枯死木依存性の無脊椎動物が，生息するにもかかわらず特別に発見しがたいというわけではない．それどころか，その種にとって適した宿主木のタイプと微小生息場所がわかっているならば，多くの種で，直接探索を用いて見つけることが極めて容易である．微小生息場所に基づいた探索が効率的であることの良い例は，スコットランドにおけるある絶滅を危惧された双翅目の種に関する調査である．双翅目研究者がこれらの種の微小生息場所（*Blera fallax*haはマツ類の株にある濡れた腐朽孔に，*Hammerschmidtia ferruginea*はヤマナラシ類の樹皮下の濡れた腐朽層中に，*Callicera rufa*は針葉樹の濡れた腐朽孔にいる）を認識できるようになったとき，それらの潜在的な生息場所の中の種を体系的に調査することが

可能となり，以前は生息が確認されていなかった非常に多くの地点で発見された（Rotheray and MacGowan, 2000）．体系的な調査と引き続いての新しくなされた記録によって，絶滅を危惧された種が低い格付けになることもあれば，同じように，もしもその種に好適な生息場所がごくわずかしか発見されなかったり，その種が好適な微小生息場所からもしばしば見つからなかったりすると，高い格付けになることもある．後者は基質の連続性が失われていることや生息場所の分断化，再定着する資源の欠如，低い分散能力などを示唆している可能性がある．

多くの枯死木依存性の昆虫，とりわけ内樹皮と木材を摂食する甲虫が共有している特別な特性に，特徴的な坑道と脱出孔を形成することがあり，しばしば，成虫が樹木を去ってしまった後数年後でも種の確実な同定が可能である（Ehnstrom and Axelsson, 2002）．好適な宿主木にある坑道を探すことによって，絶滅が危惧されている枯死木依存性の昆虫の目録を作成することは，今までのところ，わずか2, 3の研究で行われたことがあるにすぎないが，潜在的に効率的な方法である（Wikars, 2004; Buse et al., 2007; Hedgren, 2009）．

さまざまな森林の林分間で種の集合を比較するために計画された木材腐朽菌の調査は，一定のサイズよりも大きなすべての枯死木を対象に，一定サイズの調査プロットを設置して行われている．ここでも，適切なサンプルサイズが問題となりうる．なぜなら，多くの絶滅危惧種とその宿主となる樹木は良いサイトであってもあまりにまばらに発生するため，サンプリングプロットの中にめったに入らないためである．亜寒帯老齢林に生息する木材生息菌の80%を見つけるためには，300〜600本の倒木または2.5〜5 haの区画をサンプルしなければならなかった（Berglund et al., 2005）．腐朽菌に関するさらなる問題と特異な点は，ほとんどの種が年に一度だけ子実体を形成し，年のごく短い期間だけ，一般に北半球の亜寒帯林と温帯林では秋にのみ観察できる点である．多くの種は一つの材では2, 3年しか子実体を形成しない（Berglund et al., 2005; Jonsson et al., 2008）．結果として，異なる多孔菌の種間での発見率は百倍の違いがありうる（Lohmus, 2009）．

多孔菌類では，多くの種（約4分の1）が多年生である．すなわち，子実

体が数年間存在している．多年生の種は年を通じて発見可能であり，一年生の種よりも同定が容易であり，優占度の年次間変動もより小さい．これらの特徴によって，レッドリストに掲載された多年生多孔菌は，絶滅が危惧された木材生息性菌類に焦点を当てた生態学的な事例研究において，魅力的な対象生物となっている．例えば，合計 1 万 5000 ha の森林地域をカバーする潜在的な生息場所における体系的な調査の結果に，比較可能な森林の面積合計を外挿することで，絶滅が危惧される（EN）多孔菌であるシカタケ属の一種 *Antrodia crassa* では，国レベルの個体群サイズの推定値（フィンランドで約 3000 が幹に生息している）が得られている（Junninen, 2009）．十分に多くの多年生種の記録があるならば（最低でも 60 ～ 80 の記録），多年生種の種数はレッドリストに掲載された一年生種の種数と同様に，多孔菌類全体の種の豊富さの良い指標となるとみられている（Halme et al., 2009）．

15.5.2 絶滅を危惧された枯死木依存性種に基づいた，自然保護の価値の評価

林分の自然度と枯死木の長期的な連続性を指標すると考えられている枯死木依存性種（絶滅を危惧された種を含む）が，森林地帯の保全価値の評価付けとランク付けに用いられてきている．イギリスでは，得点付けと順位付けのシステムが，主として枯死木依存性の甲虫に基づいて発達してきた（詳しくは 16 章を参照）一方，スカンジナビアの国々では，多孔菌類が老齢林のインベントリーに広く用いられてきた（Karström, 1992; Niemela, 2005）．ある種の存在が長期間の連続性や林分の自然度を指標するという仮定には疑問がつくが（例えば Nordén and Appelqvist, 2001; Rolstad et al., 2002 を参照），絶滅を危惧された種が多く存在することは，それ自体に，その場所に高い保存価値があることを示している．最近では，Jansson et al.（2009）が，スウェーデン南部の古いナラ林のための得点付けシステム（the Conservation Priority Index）を，レッドリストに掲載された枯死木依存性の甲虫に基づく場合と，比較する林分で標準化されたトラップに基づく場合の両方を対象に開発している．

16章
農耕地や都市域の枯死木

Juha Siitonen

　枯死木と枯死木依存性種は森林にのみ出現するわけではない．豊かな枯死木依存性生物群集は，農地景観および都市景観，例えば混牧林や公園という，どちらも人々によって作り出された生息場所の中にある枯死木にも生息している．人によって維持されている生息場所は，驚くほど多くの希少な枯死木依存性種にとっての重要なサイトや，さらには最後の足がかりさえも提供しうる．農業環境と都市環境にはしばしば人工林以上に，古く，価値のある樹木がより集中しているにもかかわらず，近年まで，これらの環境における生物多様性の価値と樹木の管理は，それらが受けるに値する注意を受けてこなかった．実際，この本の読者の多くは，最も近くに生息している枯死木依存性種の個体群だけでなく，最も近くに生息している絶滅が危惧されている枯死木依存性種の個体群をも，わずか数キロ離れた，古い樹洞のある木がある近くの公園で見つけることができるだろう．

　この章では，13章で扱った木材生産のための人工林を除いた，いくつかの人工的環境における枯死木依存性種の出現，保全，および管理を扱う．

16.1　枯死木依存性種の生息場所としての人工的環境

　多くの枯死木依存性種にとって樹木のある人工的な生息場所の重要性は次のように説明できる．

- これらの生息場所は，伝統的形態の土地利用の産物であり，いくつかは

16章　農耕地や都市域の枯死木

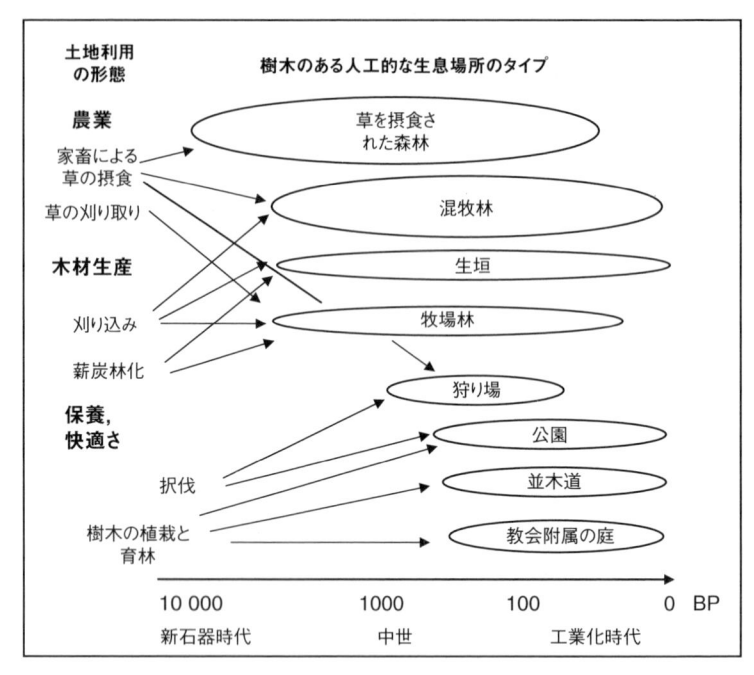

図16.1. 枯死木依存性種にとって重要な人工的な生息場所タイプと，各生息場所タイプを形成するおもな土地利用の形態，およびヨーロッパにおけるそれらのおおよその年代と連続性．

非常に長い連続性を持ち，時間にして，数百年から数千年にまでさかのぼる（図16.1）．その量と質は人口および土地利用パターンの変化とともに変動してきたものの，同じような生息場所が数世紀に渡り同じ地域に継続して出現してきた．

- 人間によって改変された景観は，自然のものと類似した生息場所を提供しうる．そしてそこでは，枯死木依存性種にとって完全な微小生息場所を提供しうる．自然に開けた草地や放牧地，その他の撹乱された草地に適応した種（12章を参照）は，好適な微小生息場所が利用可能である限り，人工的な林地にすぐに生息することができる．
- 開放的で暖かい条件は，ヨーロッパ南部または大陸に分布する多くの好熱性の種によって好まれている．ヨーロッパ西部および北部の人工的な

生息場所にほとんど限定的に見つかるある種の枯死木依存性生物，例えばオウシュウオオチャイロハナムグリやカシミヤマカミキリ（Ranius et al., 2005; Buse et al., 2007）は，人々によって作られた新しい生息場所を通じて，過去にその分布を広げてきたと推測できる．

- 枯死木依存性生物の生息場所に対する人間の影響には，勾配がある．原生林から，伝統的な土地利用によって初めて影響を受けた土地，次いでそれによって完全に形作られるようになった景観までがあり，さらに，強度の増した土地利用と都市化の結果として，つい最近になって出来上がった現在の景観が続いている．このような発展は異なる地域や異なる時代において，同じ流れをたどって起こっている．古い人工的な生息場所の遺存的なパッチは現在，将来の長い期間にわたって維持することができるよりも多くの種を維持している（絶滅の負債，15 章を参照）．

人間が引き起こした森林の喪失と改変は，ヨーロッパにおけるもっとも長くかつ広くにいきわたった歴史の産物である．この歴史は，西ヨーロッパにおいて詳細に記述されてきている（例えば Peterken, 1996; Kirby and Watkins, 1998; Rackham, 2003 を参照）．そのため，以下の人工的な生息場所の記述と年代決定は西ヨーロッパ地域のものを主として適用している．しかしながら同じような生息場所タイプを，他の場所でも見つけることができる．

16.2 最終氷期以降のヨーロッパの森林

ヨーロッパ北部全体は最後の氷河が最大だった期間中，つまり現在から約2万年前は，大陸氷河によって覆われていた．非常に寒冷で乾燥した気候のため，樹木の無いツンドラまたはステップといった植生が，ユーラシア大陸北部を覆った．亜寒帯針葉樹林と温帯落葉樹林は劇的に減少し，南方へと押しやられた（Prentice and Jolly, 2000; Tarasov et al., 2000）．ヨーロッパでは亜寒帯林と温帯林（そしてすべての枯死木依存性種）は，小さな退避地域（レフュージア）へと退いた．レフュージアとしては，イベリア半島，アペニン半島，バルカン半島および黒海北部の沿岸がもっとも顕著である（Bennet et al., 1991; Taberlet and Cheddadi, 2002). 針葉樹種といくつかの広葉樹種の点在した個体群は，今までに考えられていたよりもさらに北にある微小環境的に好適な場所で生残していたことを示す証拠が，近年の研究によって集積されている（Willis and Van Andel, 2004; Magri et al., 2006; Kullman, 2008; Svenning et al., 2008; Binney et al., 2009）．それ以外の多くの森林棲の種も，これらの隠れたレフュージアで生残してきたかもしれない（Stewart and Lister, 2001; Provan and Bennett, 2008）．

　気候は更新世（Pleistocene）の終わり，すなわち現在から約15000年前までに，すでに温かくなり始めており，そして樹種の分布域はレフュージアから広がり始めた．現在の間氷期，すなわち，完新世（Holocene）は11500年前から始まった．完新世初期の森林はマツ類とカバノキ類が優占し，低木層をハシバミ類，ハンノキ類，そしてヤナギ類が形成していた．現在から8000年から5000年前の温暖な気候最適期（Atlantic period；訳者注：Holocene climatic optimum）の間，ほとんどの温帯落葉樹種はその分布を拡大し，現在の分布限界に達するかそれを超えて分布した（Prentice and Jolly, 2000; Brewer et al., 2002）．気候最適期初期には，ヨーロッパの大部分は巨大で老熟した樹木個体と粗大枯死木を主な構成要素とした，広大な温帯林によって覆われていた（Box 16.1）．高度に特殊化した古代の森林棲の種が氷河のレフュージアから広がると同時に，枯死木依存性の動物相の多様化が起こった（Whitehouse, 2006）．

Box 16.1　ヨーロッパの原始林：開けていたか閉鎖していたか？

　伝統的な見方では，5000年前に人類の影響が明らかに加わり始める以前，低地温帯ヨーロッパは林冠が閉鎖した老齢林によって覆われていた．林冠が閉鎖していたという仮説は，湖沼堆積物および泥炭中の準化石状の花粉残留物に基づいて50年前に植生学者によって精緻に考えられ，森林生態学者と自然保護論者によって最近まで広く受け入れられてきた．近年，この仮説はVera（2000）によって疑問が呈された．Vera（2000）は，自然植生は草原，低木，樹木および林のモザイクであり，大型草食獣は樹木の次世代生産に影響を及ぼすことによって森林構造を決定する駆動力であっ

たと提唱した.

森林-草原仮説は自然保護論者,地衣類学者および無脊椎動物の専門家の間で好評を得ているが,どちらの仮説も利用可能な証拠を重視する必要がある.数人の植物生態学者は,現存する古生態学的データを再度検討し,完新世の間に優占的であった植生タイプは開放的な植生であった見込みがあることを明らかにした(Svenning, 2002; Bradshaw et al., 2003; Hodder et al., 2005; Mitchell, 2005).花粉群集データでは,人類の定着に続いて最近 3000 年間まで林冠が開けた森林は普通にある状態ではなかったことが示されている.証拠のうち重要な部分は準化石昆虫の群集集合から得られた.豊富な枯死木依存性昆虫とごくわずかな低木依存性および糞依存性甲虫が気候最適期の間に多くの地点から記録されてきている.糞虫—大型草食獣の存在を示唆している—は,一般的な開放地の地上徘徊性甲虫でもあり,農耕と人間の定住が広がるのと同時に出現し,増加する(Buckland and Dinnin, 1993; Whitehouse, 2006; Elias et al., 2009).しかしながら,Alexander (2005) が指摘したように,準化石の枯死木依存性甲虫相はほとんどの種が林冠が閉鎖した条件よりも開放地を好む種であったので,より簡単に森林-草原仮説に適合すると解釈できる.この問いを解決するには,より統合された解析が必要とされていることは明らかである.北西ヨーロッパの多くの調査地では,広範囲に及ぶ開放的な植生が完新世を通じて河川の氾濫原を覆っていたことが示されている(Svenning, 2002).河川の動態は草本を摂食する大型草食獣によって維持されている開放的な植生を作りだした.

原始の森林の構造を形作るうえで大型草食獣の潜在的な重要性は,これよりも前に,幾人かの著者によって最初に指摘された.ユーラシアの植生のほとんどは,今日には絶滅している大型草食獣の影響下で第三紀後期の間に発達したという仮説が,巨大草食獣仮説として提案されている(Owen-Smith, 1987; Andersson and Appelquist, 1990).樹木が点在する草原と,大型草食獣によって摂食された開放的な森林は約 1 千万年前の中新世 (Miocene) 後期と鮮新世 (Pliocene) の間に,ヨーロッパ,中央アジアおよび北アメリカ西部における巨大造山活動とそれに引き続いて起きた大陸気候の寒冷化と乾燥化によって,発達し広がった(Potts and Behrensmeyer, 1992; Fortelius et al., 2002).同時に,閉鎖した森林の面積は減少した.更新世 (Pleistocene) の間,つまり約 250 万年から 1 万 2000 年前までの間,繰り返し起きた氷河形成と厳しい気候変動は,すべての大陸において,森林の縮小と拡大を引き起こした.開放的な草地-森

林からなる土地タイプ（ツンドラ，ステップ，サバンナ）と閉鎖した森林はともに，更新世を通じて氷期と間氷期の間に，その面積と分布域をおおきく変動させながら共存してきた．これらの出来事は，高い分散能力が適応的となる選択圧となっており，多くの枯死木依存性生物が，分散した枯死木や古木を開放的な環境下で利用するように進化してきたと推測するのは妥当なようである．

　残された価値のある森林地域の適切な管理と保全の観点からみると，完新世初期の間，西ヨーロッパにおいて，閉鎖した森林と開放的な森林という二つの植生タイプのどちらが優占的なものであったのかという問いは，どちらかというと無意味なようにみえる．どちらの場合でも管理対象は，現在の構造物の特徴や危急種の存在，そしてそれらの生物に特有の生息場所に対する要求性と，管理という人間による介入のある，またはない中で予見される遷移過程に基づいていなければならない．

16.3　ヨーロッパにおける有史以前の人類による森林改変

16.3.1　天然林の消失

　気候的に好ましい気候最適期の間におこった温帯樹種の拡大と同時に，農業に基づいた新石器時代の文化が急激に広がり始めた．森林を切り開き農耕地へと転換させることが約8000年前にギリシャとバルカン諸国で始まった．そして線帯文土器文化が7500年から6500年前に主要な河川の峡谷沿いに中央ヨーロッパへ広がった．樹木の剥皮と火入れが開墾のために行われたが，これらは，森林を切り開き，家畜の飼料となるように草本の成長を刺激するためにも用いられた．青銅器時代後期，すなわち約3000年前までに，天然林は全ヨーロッパ中のほとんどの農耕可能な低地から失われてしまった．森林の開墾は，もっとも効率的な鉄製の斧とすきが利用されるようになった約3000年から1500年前の鉄器時代の間，西ヨーロッパで続いた．森林地帯は，地域社会を維持するための建築用材や薪，家畜の飼料生産などのための伐採により減少した．

16.3 ヨーロッパにおける有史以前の人類による森林改変

16.3.2 混牧林

　家畜が放牧された森林や放牧地の森林（木本のある牧草地：混牧林）は古代の人工的な生息場所である．家畜の放牧は農業と定住と同時に広がった．青銅器時代の後期から始まり，1800年代まで，温帯ヨーロッパの土地のほとんどは，伝統的な畜産に利用された．牛は森林のほとんどどこでも草本を摂食した．しかしながら，採食圧と森林の開放性は，牛によってごくまれに採食された森林からまばらに樹木が残るだけの極めて長期的に採食された草地まで，時空間的に変異した（Rackham, 1986, 1998）．亜寒帯地域では，森林における牛の放牧は鉄器時代の間か中世に始まった．

　混牧林は，放牧された家畜または狩猟用動物と樹木が共存している土地で，人間にとってそのどちらもが価値のある土地であると，Kirby et al.（1995）によって定義された．大型草食獣の密度は天然の森林に通常出現するよりも，しばしば高い．放牧に加えて，混牧林は樹木生産にも利用され，草地と森林を結び付けているいくつかの異なるシステムがあった（Rackham, 2003）．建築のために利用される杭や薪は，枝を短く刈り込んだ樹木から得られた．枝を幹まで刈り込むように切る（ポラーディング pollarding）際には，高さ2〜3メートルで枝が切られた．これは，牛による葉の摂食を防ぐのに十分な高さである．枝を切られた幹は再び新しい枝を生産し，これは定期的に切り取られて利用される．枝が刈り込まれると，樹木の生存期間は長くなる．例えば，枝を切られたブナは通常500年間生き，そして枝を切られたナラは800年間生きる．ただし，樹木に残った枝の切断跡によって，木材腐朽菌や枯死木依存性の昆虫が樹木に侵入しやすくなる．

　伝統的に管理された混牧林は，野生動物が下層植生を摂食している原生の森林地帯やサバンナに構造的に非常に類似していると思われる．そして混牧林には，枯死木依存性種を含む豊かで脆弱な動物相と植物相がしばしば含まれている（Harding and Rose, 1986; Alexander, 1998）．開放的な環境にある大きく古い広葉樹の存在は，これらの森林に独特のものである．そのような生立木は，枯死木と枯死木依存性生物の重要な微小生息場所を提供する（7章を参照）．樹洞や大きな枯死枝が古い生立木に出現し，地表には落枝として大量の枯死木を加えるだろう．高木と低木の構成に対する草食動物の影響

は見落とされてはならない．より味のよい植物は優先的に摂食され，これによって，樹木種間のバランスが偏るだろう．いくつかの混牧林は非常に古い土地利用システムであるため，枯死木依存性の定着者は，数千年間にわたり分散範囲内で，数世代存在した好適な宿主植物を利用できた．そしていくつかの混牧林は人間の影響に先だって自然景観に直接的に結びついているかもしれない．

16.3.3 牧場林

　樹木の生えた牧場（牧場林）は，伝統的な牧畜によって作り出された，別のタイプの生息場所である．これは干し草の刈り取りと通常の萌芽形成，つまり枝を刈り取ったり（coppicing），刈り込んだり（pollarding）することによって維持されている低い森林と開放的な牧草地とが混ざったものである（Häggström, 1998）．火入れと季節的な家畜の採食もまた，いろいろな系で取りいれられた．薪炭林施業では，薪を得るために細い幹が頻繁に収穫される．地際での伐採は萌芽を促進し，最後には，何度も再生した細い幹の集まりになる．ある樹木の属，例えばハンノキ属，ハシバミ属，クマシデ属およびトネリコ属は，薪炭林施業に特に適しており，一方で，多くの落葉樹の属はより高い位置での枝の切り落としに耐性がある．大型の植食者を排除すると，より味の良い葉をつけた高木や低木が繁茂する．

　バルト海沿岸地域とヨーロッパ中央部および南部の山岳地域において，牧場林はかつて非常に一般的であり，優占的な生息場所タイプでさえあった．例えば，エストニアでは，牧場林は1900年代の初頭においてさえも，土地面積の約20%を占めていた．しかし，2000年代の初頭まで伝統的に管理されていたのは，もとの百万ヘクタールのうち約1000 haだけである（Sammul et al., 2008）．牧場林は，維管束植物については極端に多様性の高い生息場所タイプであり，80種以上が1 m²のなかに出現したと記録されている．一般的な枯死木依存性種については，細い幹の形で存在する枯死木の量が相対的に少ないため，薪炭林の牧草地はおそらく取り立ててよい生息場所ではない．しかしながら，複数の幹が発生した樹木のクローンは非常に古く，連続的にさまざまな分解段階にある幹を維持するだろう．

16.3.4 生垣

　生垣は，その他の開放地や牧草地を分けるために使われる人工的な低木や高木の列である．それらの土地はしばしば背の低い植生の列によって分けられているが，より背の高い刈り込みをされた樹木もまた，ある地域では生垣として一般的である．生垣の構造は定期的な刈り込みによって維持されている．伝統的に，生垣は他の生産物と同様に木材の重要な供給源であった (Baudry et al., 2000). 考古学的なデータでは，ローマ時代には，生垣はすでに農業景観の永久的かつ広範囲を占める部分であったことが示されている (Rackham, 1986). 生垣の広範囲のネットワークはヨーロッパや他の地域の古い農業景観においてみられる (Baudry et al., 2000).

　生垣は明らかに，極めて重要な生息場所やレフュージア，回廊となっており，その他の集中的に利用されている農業環境において，生物多様性を維持している．枯死木依存性種にとって生垣の潜在的な重要性に関連した研究は2，3例しかない．Clements and Alexander (2009) はイングランド南西部において異なる齢の生垣で枯死木依存性の鞘翅目と双翅目について研究した．いくつかの古い森林の指標種が発見され，指標種およびすべての枯死木依存性種の両方の平均種数が古代（1100年以前）または中世起源の生垣でより高かった．一般に，生垣は日当たりのいい環境下で小径の枯死木を利用することに特化した種や，多くの小型のタマムシ科やカミキリムシ科のように，成虫が食物として花を必要とする種にとって最適の生息場所であろう．さらに，背の高い刈り込みされた木を含む生垣は重要な生息場所ネットワークを構成する (Dubois et al., 2009).

16.4　歴史的な森林や公園

16.4.1　狩り場

　中世の狩り場は枯死木依存性生物の生息場所としては特殊な存在以上の何ものでもないと，現代の観察者は考えるだろう．しかしながら，狩り場に適した十分な地域と森林を土地利用の変化から守ることによって，王家と貴族は枯死木依存性種にとっての最初の保全手段を開始した．これらの手段はも

16章　農耕地や都市域の枯死木

ちろん，シカやその他の鳥獣を狩猟すること，そしてその他の楽しみの追求のために魅力的な周囲環境を形成するという第一の関心に付随したものであった (McLean and Speight, 1993)．国王が所有する最初の狩り場は 1000 年以上前にすでに保護されていた．これらの狩り場には，狩り場になっていなければ，数百年前には失われてしまっていたであろう古木がみられる場所が保持され続けていた (Buckland and Dinnin, 1993)．多くの中世のシカの狩り場は，その時にまだ残っていた荒野の遺存的な地域から形成されており，おそらく原生林の断片を含んでいた証拠がある (Alexander, 2004)．

ヨーロッパにおける枯死木依存性種にとってもっとも重要な土地のいくつかは，その土地の歴史の中で，狩り場として利用されていた時代がある．これらには，イングランドの New Forest, Windsor, Epping そして Sherwood forests (Buckland and Dinnin, 1993; Harding and Alexander, 1993)，フランスの Fontainebleau (McLean and Speight, 1993)，ポーランドの Bialowieza (Wesołowski, 2005) がある．

16.4.2　公園

"公園 (park)" や "公園的な土地 (parkland)" という語は，いくらかの樹木被覆がある開放的な放牧地を示す際にしばしば用いられる．ここでは，風景の価値のために管理された樹木を含む区域を示すために，より限られた意味で "公園" という語を用い，計画的な景観公園も含む．樹木は大昔から心地よさという価値のために植栽され，保存されてきた．しかしながら，枯死木依存性種の観点からは，公園の基本的な歴史はルネッサンス (約 1400 年代から 1700 年代まで) から始まる．

中世に起源がある多くのシカの狩り場と先述した混牧林は，1700 年代に景観公園を形成するように美化された．これらは，その場所にすでに存在していた古く印象的な樹木といった景観要素を取り込んだ，部分的に改変された森林である．対照的に，人工的な公園は，もともと森林ではなかったり皆伐されたりした場所に樹木を植えることで造られている．公園となっている場所の歴史は，枯死木依存性種にとって重要な結果を持つことが示されてきた．もともと森林であったところを含んだ，中世以後の景観公園における枯

死木依存性の甲虫相は，連続性を欠いた公園における甲虫相よりも目覚ましく豊かであった（Harding and Alexander, 1994;Alexander, 1998）．

しかし，人工的な公園もまた，もしもそれらがいくつかの自然な要素を含んでいたり，潜在的な供給地域に近接していたり，または十分に古い場合には，重要となるだろう．例えば1700年代の初めに設立された公園では，都市近郊が現在の産業化された後の景観とは完全に異なっていた1850年代までには，古い樹洞のある木がすでにあったかもしれない．その時期，ほとんどの公園は伝統的な人工的森林と老齢樹を含んだ連続的な景観とつながっていた．のちに，老齢樹はふつうの田舎の景観からはほとんど除かれてしまったが，公園内では存続している．

最も価値のある公園は城や大邸宅の近くに位置しており（図16.2），しば

図16.2. フィンランド南部，ヘルシンキ近くのTräskända Mansion公園にある樹洞のあるフユボダイジュ（*Tilia cordata*）．この公園には，コメツキダマシ科の一種（*Eucnemis capucina*；Eucnemidae）とコメツキムシ科の一種（*Crepidoderus mutilatus*；Elateridae）のような絶滅が危惧される枯死木依存性の甲虫が生息する巨大な樹洞のある樹木が数十本とある（写真 Juha Siitonen）．

しば古い教会に付属した土地や墓苑にもある．中央ヨーロッパや（Franc, 1997）イギリス（Denton and Chandler, 2005），そして北ヨーロッパ（Andersson, 1999; Bistrom et al., 2000; Jonsell, 2004a, 2008）における古い公園での枯死木依存性の鞘翅目と双翅目の調査では，希少な絶滅危惧種が，これらの生息場所に普通に認められ，これらの生息場所は，ある程度は自然の生息場所の代替として働いていることが示された．

16.4.3　並木道

並木道と小道は木々が一列に並んだ道路や歩道である．小道（Alley：フランス語の Allee に由来する）という語は通常，公園内にある植栽された並木道に限定される．公園と同様に，古い並木道は樹洞のある木を含み，したがって，枯死木依存性種にとっての生息場所を提供している．樹木は効率的に広々と生長し，狩り場や森林のある牧草地の場合と同様に，すべての種類の枯死木依存性生物の生息場所を発達させるかもしれない．並木道は生息場所としてある程度独特な特徴を持つ．つまり，木々はしばしば連続的に置き換えられる．すなわち，老齢木が倒れると，新しい木が植えられるだろう．これは適当な宿主木が時間的に連続してあることを保証してきた（Jonsell, 2004b）．さらに並木道は，多くの地域で田舎において広大なネットワークを形成しており（Oleksa et al., 2006），宿主木の空間的な連続性を増加させている．直線的な生息場所は限られた分散能力しかない種の分散を促進し，並木道は森林パッチ間の移動用の回廊として役割を果たしてきただろう．スウェーデン南部における研究では（Gerell, 2000），連結性の重要性が指摘されている．すなわち，老熟した木々のある森林に近接した並木道にある樹洞のある木々はレッドリストに掲載されている甲虫に利用されており，その一方で，潜在的な供給地域から 5 km 以上離れた並木道では，何も見つからなかった．

16.4.4　古木と老熟木

"古い（Ancient）"と"老熟した（Veteran）"木という語はしばしば置き換え可能なように使われているが，いくつかの目的で，それらを区別するこ

16.4 歴史的な森林や公園

(a)

(b)

図 16.3. デンマークの Jägerspris Nordskov にある Storkeegen (stork oak). (a) Gurlitt (1839) による石版画は 1800 年代初頭の開けた牧草地に立つ巨大な樹洞のあるナラを表現している. (b) 約 150 年後の Ole Martin (1974) によるまったく同じ木の写真は, 食害の休止にしたがいブナが再度成長する様を示している. この木はおよそ樹齢 800 年から 900 年で, まだ生存している. コメツキムシ科の一種 (*Ampedus cardinalis*) や *A. hjorti*, ゴミムシダマシ科の一種 (*Tenebrio opacus*) のような専食性の枯死木依存性甲虫も, まだこの樹洞に生息している (Ole Martin, 私信).

419

とは意味があるだろう（ATF, 2008）．"古木（ancient tree）"は成熟段階を過ぎ，年輪でみた成長量が減少している段階に達している樹木個体を示すのに用いられてきた．古木のそれ以外の典型的特徴は，成長を上回る樹幹の枯死や太い枝または樹幹の一部の喪失がある．なぜなら，樹木は樹齢とともに樹冠の喪失域が広がるので，幹全体に渡って樹木は機能的な形成層を維持できないためである．この過程は樹冠縮小（Canopy retrenchment）という用語で呼ばれる．より若い木は障害を通じて同じような特徴を持つだろう．そして，これらは"老熟木（veteran tree）"と呼ばれる．この専門用語では，古木は老熟木の部分集合である．全体でみると，老熟木はその樹齢，大きさ，または状態を理由として，生物学的，文化的，審美的に興味のあるものとして規定される（Read, 2000）．大径の老熟木はいくつもの重要な微小生息場所を維持しており，それには，幹と枝の空洞，樹液の滲出物，露出した材をみせる樹皮の無い部分，樹冠部分の大量の枯死木，木材腐朽菌の子実体，そして大きな落枝が含まれる（図7.1を参照）．

老熟木は，ほとんどすべての上述した人工的な森林における生息場所の鍵となる特徴である．加えて，1本だけで生えている老熟木は，農地の縁や河川の土手，古い道沿いなどに出現する．個々の樹木個体の潜在的な重要性を過小評価するべきではない．いくつかの古木は，数百年間に渡り樹洞のような微小生息環境を維持してきており（図16.3），それらは過去にはより普通で広く分布した枯死木依存性種の遺存的な個体群を保持しているかもしれない．記述こそされていないが，樹木個体は，それがなければ非常に孤立してしまいかねない生息場所パッチ間を（飛び石のように）結びつけているかもしれない．

16.5　都市林や森林化した荒廃地

都市林は，森林のある人工的生息場所の中で最も新しいタイプの一つである．主として保養のために残された都市林は最近50年間に出現してきた．都市公園とは区別することができる人工的な生息場所タイプであり，都市公園のほうがより開けている傾向にある．加えて，公園が（自然な部分も含む

16.5 都市林や森林化した荒廃地

かもしれないものの）人工的に構成されてきたのに対し，都市林は，都市化が広がり都市近郊の地域が木材の収穫やその他の商品生産よりも保養のためにより重要になってきた状況の中で，しばしば生産林や田舎の森林地帯から形成されてきた．都市林と都市の木々は一定の地域を覆っており，その範囲は広がり続けている（Nowak et al., 2001）．例えば，スウェーデンでは，都市林や都市周辺の森林は都市域の平均20%を構成しており，その面積は，保護林の全体よりも大きくなっている（Hedblom and Söderström, 2008）．

都市林の独特の性質は踏圧や窒素の加入，大気汚染といった形で継続的に小規模な撹乱とストレス要因を受けることである．都市林は平均的な人工林よりも開けており，より先駆的な広葉樹と枯死木が含まれる（Hedblom and Söderström, 2008）．木材生産が優先的な目標ではないため，都市林はあまり集約的に管理されない傾向にあり，生産林よりも構造的により多様である．都市林における植生と鳥類の種集合は集中的に研究されてきたが，枯死木依存性種に関する有用な情報はほとんどない．それにもかかわらず，都市林の構造的な特徴は，都市林が撹乱に適応的な枯死木依存性種にとって好適な生息場所を含みうることを示している．

森林化した荒廃地とは，掘削地や埋め立て地，道路際，農耕放棄地などのさまざまな経緯を持つ放棄地で，以前は樹木の無い地域であり，これらの放棄地は自然発生的に森林化している．これらの都市の縁の土地はしばしば管理放棄されたままであり，競争によって形成された広葉樹の枯死木のある，自然のような遷移初期段階の状態となっている．例えば，フィンランド南部のヘルシンキ・メトロポリタン地域にある森林化した荒廃地では，バッコヤナギが，他の自然な森林タイプよりも高い密度で繁茂している．これらの樹木は，バッコヤナギの希少な専食性の枯死木依存性生物を宿しており，例えばカミキリの一種ジャコウカミキリ（*Aromia moschata*）とキバチの一種（*Xiphydria prolongata*）がみられる（Juha Siitonen, 私信）．これらの地域は開発や誤った方向へと向かう土地整理から守られないので，短期間しか存在しないだろう．

16.6 人工的環境における枯死木の保全管理

16.6.1 人工的な生息場所に対する脅威

伝統的な人工的景観は，最近数百年の間に劇的に変化してきており，変化率は最近数十年間でかつてないほど高まっている（Antrop, 2005）．駆動力は人口の増加，生活水準の上昇，都市化，グローバル化，すなわち土地そのものと単位面積当たりの高い生産量に対する需要の増加である．これらの圧力は人工的な生息場所の生態学的な面から見た完全さと耐久性に対し深刻な脅威を引き起こす（表16.1）．多くの脅威の要因は二つの広いカテゴリーに分けられる．土地利用の強化と放棄，すなわち伝統的な土地利用活動の停止である（例えば，Jongman, 2002; Plieninger et al., 2006 を見よ）．

表16.1．森林化した人工的な生息場所に対する脅威．それぞれの脅威の要因の重要性は生息場所のタイプ，優占的な樹種，地域などにより異なる．Harding and Alexander（1993），Key and Ball（1993），Alexander（1995），Kirby et al.（1995），Höjer and Hultengren（2004）および Nieto and Alexander（2010）を統合した．

脅威の要因
都市造成，農業，植林などによるサイトの完全な破壊
混牧林における牧場の改良．樹木の伐採や，根の損傷や乾燥および病原に対する感受性を増してしまう，掻き起こしや施肥を含む．
混牧林における過剰な放牧．樹木の死亡を増加させ，次世代更新を妨げる．
すでにある老齢木を被陰する著しい若木の生長．
老熟木へ置き換わる成熟木の欠如．
成熟し，古木になるであろう開放環境で生育する樹木の発達を妨げるような新たな密植
導入された外来性低木および高木種
導入された害虫および病原菌
気候変動：より高頻度に乾燥と嵐を引き起こすことによる死亡率の増加
一般市民の安全や審美的価値のために，過熟となった木を伐採すること
整然とさせるために，枯死木や枯死枝，枯死材を取り除くこと
有害な樹木栽培技術の適用．例えば，孔を空にしてしまったり，樹洞に詰め物をすること．
将来の宿主木としては不適当な外来樹種を植栽すること．
焚き木拾い

16.6 人工的環境における枯死木の保全管理

　土地利用の強化は生息場所の全体的な破壊を招きうるが，生息場所が存続したとしても，その基本的な構造的特性が明らかに減少させられてしまうことも普通にある．古木は農業景観において継続的に減少しており，いくつかの地域では，良く記述された文献によると，古木の除去は200年前にはすでに始まっていた（Eliasson and Nilsson, 2002）．かつての混牧林がより生産的な農業システムに転換されたとき，老木は耕作の障害になったため，老木が最初に除去された．

　混牧林のような以前は開けていた生息場所が放棄されると，樹木の再成長が起こり，林冠が閉鎖した雑木林になる（図 16.3）．開放的な条件で育ってきた老熟した木々は，より若い木による被陰に耐えられず，光や養分をめぐる競争によって枯死するだろう．被陰は太陽にさらされた宿主木を好む枯死木依存性種にとって有害である（Ranius and Jansson, 2000; Nieto and Alexander, 2010）．

　多くの人工的生息場所において，樹木個体群の齢構成は偏っているので，老木の消失が続いた場合にそれを補償しようにも，成熟木のコホート（同齢集団）が欠けているか，不十分な個体数しかない．さらに，今現在成熟しているそれらの木々は，古木の段階に達するまで生長することができないだろう．伐採は老熟木の主要な枯死要因であるが，他の要因もまたそれらの死亡率を増加させるだろう．これらは外来の害虫や病原菌と同様に，導入された侵入低木や樹木を含んでいる．病原菌は公園や並木道，また他の人為的に維持されている生息場所で普通に用いられるいくつかの樹種に，大スケールで破壊的な死亡といった出来事を引き起こす．気候変動は，間接的には侵入害虫や病原菌種にとって気候をより適切なものに変化させることで，また直接的には乾燥や嵐を増加させることによって，老木の枯死に影響を及ぼすだろう．

　持ち込まれた病原菌のもっとも深刻な例の一つはオランダニレ病（ニレ立ち枯れ病）で，2種類の子嚢菌（ニレ類立ち枯れ病菌 *Ophiostoma ulmi* および *O. nova-ulmi*）によって引き起こされ，ニレ類の樹皮下キクイムシ（*Scolytus multistriatus, S. scolytus* および *Hylurgopinus rufipes*）によって広がった（Gibbs, 1978; Brasier and Kirk, 2010）．この病気は北アメリカとヨーロッパの両方で，

大きなニレ属の大半を消し去った．ニレはストレス要因に対する耐性が高いので，日陰や街路樹として広く用いられてきている．不幸にも，比較的新しい流行病はいくつかの他の樹種を脅かし続けている．セイヨウトネリコは現在，*Chalara fraxinea* という菌によって引き起こされたトネリコ立ち枯れ病のために，その分布域全体で減少している．また，プラタナス（*Platanus orientalis*）—古くから植えられ，地中海地域からインドにいたるまで分布している日よけ用の木で高い価値がある—は，菌類の一種 *Ceratocystis platani* によって引き起こされる潰瘍変色病によって脅かされている（Ocasio-Morales et al., 2007）．ナラ類もまた，ナラ立ち枯れ病（oak dieback）を引き起こす *Phytophthora* や他の病気から深刻な脅威を受けている．

　特定の圧力としては，一般市民が訪れ保養に利用される人工的生息場所という性質と関係したものがある．ここでの多くの駆動要因は，自然における生態学的要因または経済的要因というよりも，より社会的要因であり（Grimm et al., 2000 を参照），人々の快適性の認知と価値観，世論，'きれいさ'に対する要求，一般市民の安全および制度上の制限といった問題を含んでいる．老熟したり枯死したりした木々は，多くの人々にとって老化や放置された状態，そしてゴミのしるしとして見られている．都市林と公園の管理責任者らは，それらの生物多様性の価値について知識を欠いているかもしれない．管理組織が，理論的には生物多様性のための枯死木の価値を認めているとしても，それらの組織にとっては，無干渉型の管理は彼らの予算を減少させ，結果的に組織自体の存在を脅かすので，実際的にはそのような管理を促進することを渋るであろう．さらに，危険な木に対する土地所有者ないしは管理者の法的な責任（例えば Mortimer and Kane, 2005 を参照）があるため，管理者は，目に見える形で腐朽の兆候を示す大きな木を取り除かざるをえなくさせられている．薪の収集は，開発途上国における田舎の地域において，枯死木依存性種に対する主要な脅威である（Christensen et al., 2009）．西洋諸国では，暖炉を持つことは流行であり，恐らく生態学的に優しいものであるが，都市を囲む居住地域では，薪を集めることで効率的に枯死木依存性生物の生息場所が破壊されている（図 16.4.）

図 16.4. 居住地近くにある樹洞のある木は薪として切り倒されるかもしれない．デンマークでのこの切り倒された巨大なブナはいくつもの絶滅が危惧される枯死木依存性種によって利用されていた．それらにはオウシュウオオチャイロハナムグリとコメツキムシ数種 (*Athous mutilatus*, *Elater ferrugineus* および *Procraerus tibialis*) が含まれる (Ole Martin, 私信および写真).

16.6.2 重要な場所の調査

　枯死木依存性種にとっての，人工的な生息場所の保全と管理における最初の一歩は，潜在的に重要な場所の位置を地図化することであり，そしてそれらの保全上の価値を調査することである．調査は生息場所の特徴，個々の木や種の集合に向けられるだろう．それぞれの階層的なレベルで，保全上の価値に関する調査の正確性を増そうとすると，同時に調査費用と専門家の貢献の必要性もまた増加する．老熟木の調査はイギリスとスウェーデンにおいて大スケールで行われたことがあり，調査場所と個々の木についてのデータを記録するためのインベントリーの手順が開発されている．

　最も単純なタイプのインベントリーでは，調査地の候補を地図上にまとめ，生息場所タイプにしたがって分類する．樹種，齢級または直径階によって老熟木の数が記録されていると，インベントリーの価値は増す．調査地を評価できるようにするために，老熟木個体群のサイズと質に基づいた，専門家で

ない人たちによる簡単な調査の手順を整備することは，有益な保全ツールとなるだろう（Castle and Mileto, 2005）．調査場所の面積と老熟木の本数は通常，枯死木依存性種の種数および絶滅に脅かされた種の出現確率のよい代理指標である（Harding and Alexander, 1993 を参照）．

次のレベルの正確さには，個々の樹木の構造的特徴の測定と地図化が必要とされる．構造的特徴には樹種，直径または外周，周囲の条件，および樹洞や樹液の滲出，枯死した枝の付着，腐朽菌の子実体といった微小生息場所の有無が含まれる（Fay and de Berger, 1997, 2003; Hultengren and Nitare, 1999; Sörensson, 2008）．今日，GPS 装置の利用によって，樹木の正確な場所を記録することは簡単になっている．個々の樹木の場所と質を登録することで，保全価値の信頼性のある評価と長期的な調査場所のモニタリングの両方が可能となる．個々の樹木，調査場所の条件，危機要因および管理に要求されることに関する正確な情報は，管理と復元プログラムの成功のための必要条件である．

枯死木依存性種の群集集合を意味があるように調査することは，最も大きな労力を必要とされるもう一つの調査である．インベントリーの目的が調査場所の保全価値を評価することと比較することにあるならば，記録するに値する種のほとんどを見つけられるようにするために，十分な労力を払った標準的なトラップを用いた方法か，さまざまな方法を用いたその場所での長期的な採集のどちらかに基づいて，調査しなければならない．

枯死木依存性種の調査は主としてイギリスとスウェーデンで，森林の調査サイトの保全的価値を評価するために実際に用いられている（Harding and Rose, 1986; Harding and Alexander, 1994; Fowles et al., 1999; Alexander, 2004; Jansson et al., 2009）．保全上の優先性を示す指標が，レッドリスト掲載種または長期的な森林の連続性を指標すると考えられている種の出現に基づいて作られてきた．例えば，生態的連続性指標（index of ecological continuity；IEC）は，イギリスに在来の枯死木依存性の甲虫 700 種のうち 180 種の出現と得点に基づいている（Alexander, 2004）．指標の値はサイトの順位付けをすることと国または地域的に重要な地域を特定するのに用いられる．このアプローチに内在する問題は，集中的に研究されてきた調査場所

がほとんど研究されていない潜在的に価値のある場所よりも高い得点を得ることである．Fowles et al. (1999) は，少なくとも約50種が記録されているという条件で，採集努力の違いの問題を克服する方法を導入した．枯死木依存性生物指標（The saproxylic quality index；SQI）は各種に得点を割り当て（非常に普通な種に対する1からレッドリスト種に対する32まで），得点を加算し，全体の種数で合計値を割ることに基づいている．したがって，この指標は各土地における平均的な種の希少性を記述している．IECとSQIのアプローチは，どちらも有用であり，異なる見方をもたらす．すなわち，IECは動物相全体について，SQIは希少種の存在についてである．

16.6.3 管理方法

人工的な生息場所における老木や枯死木，そして枯死木依存性種にとって良い管理方法は多数ある．老熟木は人工的な環境の鍵となる特徴であり，したがってその保存は特に注目されるべきである (Key and Ball, 1993; Read, 2000; Höjer and Hultengren, 2004)．重要なことは，価値のある樹木（老熟木，樹洞のある木）を可能なかぎり維持することである．ある行動が必要とされる時，価値のある樹木を完全に除いてしまうことはもっとも最後の選択肢であるべきである．最初に考えられるべきその他の多くの選択肢があり，少なくともある程度は，樹木を維持できるようにする選択肢がある（図16.5）．場合によっては，老熟木の寿命を，注意深く枝おろしをするといった適切な方法によって延命するべきである（詳細な議論について Read, 2000 を参照）．老木が再成長によって消耗しており，競争から被害を受けている時は，巨大な老木の周囲を伐採することが必要であろう (Höjer and Hultengren, 2004)．

個々の樹木に集中するだけでは不十分であり，それぞれの地域で樹木個体群の利益のために管理をしなければならない．さまざまな枯死要因が必然的に多くの老熟木を減少させるだろう．それゆえ，現在の成熟木が将来古木として残ることができるように，十分に成熟した樹木が維持されていることを確認することが重要である．しかしながら，出発点が生物学的に成熟している健康な樹木である時でさえも，枯死木依存性生物の微小生息場所の形成は，

16 章　農耕地や都市域の枯死木

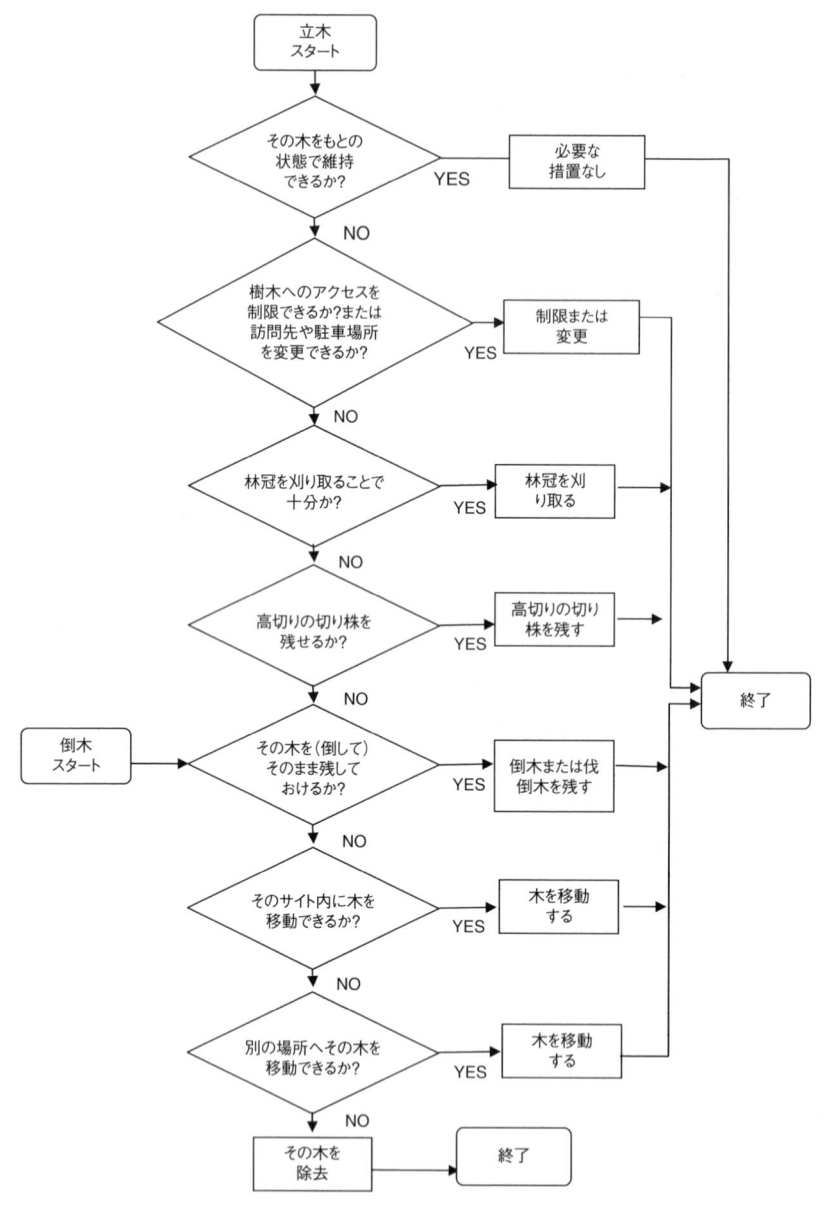

```
立木スタート
  ↓
◇ その木をもとの状態で維持できるか？ ─YES→ 必要な措置なし ──────────→ 終了
  │NO
  ↓
◇ 樹木へのアクセスを制限できるか？または訪問先や駐車場所を変更できるか？ ─YES→ 制限または変更 ──→
  │NO
  ↓
◇ 林冠を刈り取ることで十分か？ ─YES→ 林冠を刈り取る ──→
  │NO
  ↓
◇ 高切りの切り株を残せるか？ ─YES→ 高切りの切り株を残す ──→ 終了
  │NO
  ↓
倒木スタート → ◇ その木を(倒して)そのまま残しておけるか？ ─YES→ 倒木または伐倒木を残す ──→
                │NO
                ↓
              ◇ そのサイト内に木を移動できるか？ ─YES→ 木を移動する ──→
                │NO
                ↓
              ◇ 別の場所へその木を移動できるか？ ─YES→ 木を移動する ──→
                │NO
                ↓
              その木を除去 ─────────→ 終了
```

図 16.5.　公園のような人工的な生息場所において，価値のある立枯れ木または倒木に対する管理方法のフローチャート．最後の管理方法（木を取り除く：チャートの一番下にある）のみ，生物多様性の価値を完全に破壊へと導く．

428

16.6 人工的環境における枯死木の保全管理

ゆっくりとしたプロセスである．場合によっては，大きな枝を切り落としたり，樹皮を傷つけたりすることによって――これらは樹木に対する腐朽菌と昆虫のアクセスを促進する――微小生息場所の発達を加速させることが有用だろう．成熟前の加齢を引き起こすために木を傷つける場合は，より価値の低い樹木個体を対象とするべきである．また，どういった場合でも取り除かれるべき樹木というのは，みえる場所にないか，移入種に属しているような樹木である．

成熟木は，絶滅に向かっていたり，価値のある老木ではないような樹種であることも多い．このことは，宿主木の長期的な連続性は，新しい木を植えることによってのみ確保されるであろうことを意味している．草食獣に摂食された地域では，次世代は不十分になりがちであり，稚樹の物理的な保護が植栽と同様に必要とされる．稚樹が老熟木の性質を持った成木になるまでには，非常に長い時間がかかる．例えば，ナラが樹洞を形成し，いくつかのくぼみを含むようになるまでに少なくとも 200 年はかかる (Ranius et al., 2009a)．宿主木の利用が可能になるまでの時間的なギャップに打ち勝つ一つの可能性は，その他の早生樹を目的とする樹種に加えて植栽し，代替の微小生息場所を形成させることである．そのような植栽では，将来における宿主木の数を数倍にして行うか，または，近接する樹木の少ない地域に小さなサイトを設け，そこに植栽する必要があるだろう．

老熟木の管理を成功させるには，景観レベルでの計画と利害関係者の参加が必要である．景観レベルの計画においては，次の点を解決する必要がある――最も価値のある地域はどこに位置しているのか？どの地域で，最も早急に管理が必要とされているのか？維持活動や緑の回廊の形成，成熟木の管理，植栽によって離れた地域間の連結性を増加させることはできるのか？――．一般参加型の計画方法が必要なことは明らかであり，これらは林業及び農業部門の両担当者，政府当局，地方議会（またはこれに対応する地方政府部門），行政との契約者，土地所有者，および一般市民が含まれねばならない．

都市環境における枯死木の量は，増加させられるかもしれない．木材生産は都市林においては主要な目的ではないため，すべての木を収穫するのではなく，そこで死んだり腐朽したりさせるために，少なくともいくつかの木を

放置しておくこともあり得るだろう．多くの場合，保全的な管理は明らかに，枯死を防ぐことを目的としており，いつ枯死などが起きても効率的にすべての枯死木や枯死した部分を取り除くような集中的な管理と比べて，より費用がかからないものだろう．ここでの主要な障害物は，'保養目的に望ましいと認識されている自然らしさ'対'管理強度'に関する，一般市民と管理者の意見と価値観である．

　一般に，生物多様性に対する枯死木の重要性に対して一般市民の注意が増すことは，感情に訴えることで成立する管理において鍵となる問題である．老熟木における枯死木依存性生物の生物多様性の保全は，老熟木の審美的，文化的そして歴史的価値を理由として，土地所有者と一般大衆が古い樹木に持っている従来の関心と関連しているはずである．人工的な生息場所に見られる，しばしばカラフルで興味をそそる生物の実例を用いることで，枯死木依存性種とその生息場所の保護に対する一般市民の関心を増加させることもできるだろう．

17章
枯死木依存性生物の多様性の価値と未来

Bengt Gunnar Jonsson, Juha Siitonen, Jogeir N. Stokland

この最後の章で，枯死木とその生物多様性の将来のために基本となると考えている，いくつかのことがらを扱う．今まで，我々は枯死木の生物的な側面に焦点を当ててきた．そして，生態系サービスや森林の生物多様性の未来，そして枯死木の中の素晴らしい生命に関する情報を広める必要といった，より広いトピックについては，ごく限られた程度しか考えてこなかった．

17.1 枯死木依存性生物の多様性の価値

枯死木依存性種の本質的な価値は，その保護のための十分な動機づけとなると我々は確信している．我々は，枯死木依存性種の珍奇さや奇妙さ，そして美しさに魅了され，そしてそれらの間の入り組んだ生物間相互作用から大いに学ぶことができる．しかし，枯死木に生息する種には，生産物や生態系サービス，そしてその他の価値を供給するという，より直接的な価値もある．

17.1.1 生態系機能，生態系サービス，レジリエンス

枯死木に定着し，これを利用する種は，中心的な生態系サービス，すなわち，有機物分解およびエネルギーと栄養塩の循環を行っている．主として菌類であるが，多数の無脊椎動物も手助けしている分解者群集は，費用なしにこのサービスを行っており，森林生態系の他の生物群が繁栄できるようにしている．地球規模での種の損失は腐朽や栄養塩の回転といったサービスの供給を脅かしているということの認識が深まりつつある．木材中に生息する極

17章　枯死木依存性生物の多様性の価値と未来

めて多様な種は，この認識から本当に必要なのかどうかを誰かが聞くかもしれない．わずかな鍵となる種があり，ほとんどの多くの種が実際には余分である，という答えでおそらく十分であろう．どのような特別な場合でも，おそらくは明確で単純な答えはないが，続々と増え続けている証拠からは，生態系における決定的に重要な特性はレジリエンス（訳者註：回復力，適応性，柔軟性などを含んだ用語）のレベルがどの程度であるかということが示唆されている（例えば Rockstrom et al., 2009 を参照）．すべての種が決定的に重要かつ独特の機能を持っているというよりは，いくつかの種は同じ機能を果たすという事実にも関わらず，「必要な」種の正確な数を定義することは極めて難しい．

　いくつかの種は同じ生態系機能を有するものの，種の喪失は変動に耐える生態系の能力を緩やかに劣化させることをレジリエンスという概念は強調している．すなわち，ごく限られた種のセットは通常の状況下では生態系サービスを発揮するであろうが，予期せぬ変化にさらされた時，種数の少ない生態系は，ある減少してしまった種の機能を置き換えうる種が欠如しているために劇的な変化を被るだろう．そのセットに加えて，望まれる機能を行う別の種がいるため，この場合，種多様性は鍵となる種の喪失に対する保険として見ることができる．

　人工林では，樹皮下キクイムシのような昆虫は明らかな経済的損失を引き起こすだろう．流行的大発生の終息の大部分は，樹皮下キクイムシの捕食者と捕食寄生者の個体群成長に依存している．そのような種には枯死木依存性種もおり，したがって，好適な枯死木の生息場所の存在に依存している．森林管理によって十分な量の枯死木が確保されていない時，天敵によって供給される生態系サービスが脅かされうることをこのことは示している．現在，フェノスカンジアと北アメリカの両方で推奨されていることは，枯死しつつある樹木やごく最近に枯死した樹木は，樹皮下キクイムシが大発生している期間に被害木の搬出利用をすべきであり，樹皮下キクイムシがすでに出現してしまった木はそのまま維持し，捕食者と捕食寄生者の個体群の形成をさせるために保存するべきであるということである（スウェーデン森林局および米国森林局による昆虫－樹木ネットワーク（the 'Bugwood Network'））．

すべての枯死木依存性種が森林において特定の生態系機能を維持するために非常に重要であるとは，主張できない．個々の種の喪失は気付かれないまま起こるだろう．しかし，世界的に主要な森林生態系で枯死木の量が莫大に減少するとしたら，そして結果として枯死木依存性種が喪失するとしたら，これらの生態系のレジリエンスが蝕まれていくということを我々は懸念している．このことは，今までのところ，森林生態系に対して前例のない変動を示している，今まさに起こっている気候変動と関係して特に重要であろう．

17.1.2 産業的な利用，食料，薬品

枯死木依存性種は直接的な経済的価値も持っている．この側面はさらに詳しく研究される余地が残っているが，すでに多くの良い例とそれ以上に興味深い見込みがある．

真菌類はセルロース，リグニンおよび二次代謝物質を分解する能力のあるさまざまな酵素を持った生化学的な分解者である．これらの菌類はいわゆる「バイオパルピング」といわれる過程を通じて用いられる（Hatakka, 2001）．一般に，木をパルプにする際にリグニンから有用なセルロースを分離することは，かなりの量のエネルギーか有害な化学物質の使用のどちらかが必要とされる過程である．それゆえ，木材の前処理のためにリグニン分解菌を利用することは，非常に興味深い代替方法であると考えられている．ある真菌にその仕事の一部をさせることによって，エネルギーの節約と化学物質の使用の消滅の両方が可能となる．最近の研究では，ある研究チームがこれまでに試験されていない白色腐朽菌 300 種以上のリグニン分解能力を調べた．これらのうち，レッドリスト種である *Physisporinus rivulosus* がもっとも効率的なリグニン分解者であることがわかった（Hakala et al., 2004）．これによって潜在的な資源としてあまり一般的でない種にも，新しい生産物とサービスに対する価値があることが例示された．

多くの木材腐朽菌は世界中で食料として用いられており，「森の鶏肉」（アイカワタケ）と「森のめんどり」（マイタケ）といった多孔菌類の種類も含まれている．後者は日本において「マイタケ」として知られている．さまざまなヒラタケ属とシイタケ（*Lentinula edodes*）のようにいくつかの種は，栽

培することができ，工業的規模で生産されている．木材中で木材腐朽菌を栽培することによって，シロアリと養菌性キクイムシがしているように，木材から人間にとってタンパク質に富んだ食料を生産する可能性は，いまだに研究が不十分ではあるが，今後大きく広がっていくであろう．

　木材生息菌はまた，薬品として使用されるであろう多様な化合物を含んでいる（Zjawiony, 2004）．多孔菌類は，免疫力を高めて腫瘍の成長と転移を抑制する化合物を含んでいることが知られている（Lin and Zhang, 2004; Zjawiony, 2004）．ヨーロッパでは今日希少となっており，アメリカ合衆国においては太平洋岸北西部の老齢林において最も繁栄している多孔菌類ツガサルノコシカケ属の一種（*Fomitopsis officinalis*）は，この観点から名高い種である（Weier, 2009）．本種は天然痘ウイルスに近縁の，牛痘と牛痘ウイルスを選択的に攻撃することが認められている（Weier, 2009）．加えて，結核に対する潜在的な薬品となるかもしれないようでもある．ヒラタケ（*Pleurotus ostreatus*）は薬としての性質で知られており，コレステロールの値を下げる．この菌は他の目的でも用いられてきており，石油廃棄物を浄化するのに役立っている．さまざまな汚染物質を分解する能力は将来的に莫大な価値を持つだろう（Stamets, 2005）．

17.1.3 観光

　世界的にもっとも急成長している産業が，観光である．観光には，エコツーリズムと高まりつつある屋外活動への関心も含まれる．国立公園と自然保護地域がより多くの訪問者を受け入れるにつれて，関係のある情報を訪問者に与える必要も増加している．多くの場所で，枯死木は森林の中を歩く際の障害物として，古い枯死しつつある木は安全に対するリスクとして，それぞれ認識されているであろう．しかしながら，注意深い計画と関連情報があれば，リスクなどの代わりにこれらの構造物の存在が経験したことの価値を高めるであろう．インフォメーションセンターは大きな保護地域の外側で，より一般的になってきており，訪問者に枯死木の中の素晴らしい生命について情報を与えるために利用されるべきである．特定の散策路では，枯死木依存性生物の多様性について訪問者にさらに情報を提供するために，短い説明文

を示すこともよいだろう．他の情報と併せて，これはより豊かな経験ができるようになり，人々は自然をもっと探索するようになるだろう．例えば，南アフリカにおいて，狩猟用保護区を訪問する旅行者の大半は，エコツーリズム活動において無脊椎動物についての情報を盛り込む考えに対して，ポジティブに反応した（Huntley et al., 2005）．多くの枯死木依存性種を含むタマムシ科の成虫は，訪花しているところを簡単に観察できるうえに見事でおおきく，金属的な色彩をしているので，そのような活動で使われうる潜在的な昆虫群の一つにリストアップされている．

17.1.4　オプション価値

11章において，我々は世界の枯死木依存性種の多様性を計算する試みをした．この数は修正されていくであろうが，真の種数がいくつであろうと，実際のところ，枯死木と関係のある種のリストはほとんど無限である．このことは，これらの種と関連した潜在的な経済的価値も無限にあることを意味している．これらの今までのところ探索されていない種の価値は，しばしば「オプション価値（Option value）」と呼ばれる．今日においては，これらの種の直接的な価値はわからないものの，その価値は将来において価値があるとわかるであろう，というのがその考え方である．オプション価値は産業製品から食料，薬品まであらゆるものを含んでいる．

枯死木依存性種が大きな経済的価値を持つことの興味深い例に，食料生産に対し人間がミツバチに依存していることがある．もともと，ミツバチは樹洞のある木に営巣していた．つまり，枯死木依存性種であった．時間がたち，人間はミツバチを管理する方法と人工的な巣場所を提供する方法，すなわち巣箱，を学んできた．送粉者の経済的価値を推定することは難しいが，アメリカ合衆国一国において，1年間で15億から150億アメリカドルになると推定されている．送粉者の中で，家畜化されたミツバチはもっとも重要な種である（Allsopp et al., 2008）．養蜂において現在，重大な危機がある．それは多くの場所で，通常は理由がよくわからないまま，ハチのコロニーが崩壊してきたことである．コロニーの崩壊が，広域にわたる病気や農薬による死亡によって引き起こされているかもしれない，ということが示唆されてきて

いる．例として，このことは枯死木の生物多様性が莫大な経済的価値を供給することを示している．そして，送粉者の危機に対する解決策は，ある離れた森林で枯死木中に生息している別の野生のハチから見つけられるものかもしれない．

17.2 悪い傾向

生物多様性は世界的に減少しており，現在，種の絶滅率は地球の歴史の間の，典型的な率のおよそ1000倍程度にまで増加している（Anon., 2005b）．これに関連した枯死木依存性種に対する状況は，他の種のグループより良いわけではない．森林面積は世界的に減少しており，安定した森林面積を示す地域においても，進行中の林業活動が枯死木の体積をひどく減少させているか，枯死木の体積を非常に低い水準で推移させている．次の節では，我々は，枯死木依存性生物の多様性に対してもっとも深刻であると考えている五つの側面を特定する．

17.2.1 森林地域の喪失

15章において，枯死木依存性生物の多様性に対する主要な脅威の一つとして，森林地域の世界的な喪失があることを述べた．生息場所と種多様性の間の一般的な関係によって，熱帯林の喪失は枯死木依存性生物の多様性に対するもっとも大きな脅威であることが示唆されている．そこで，ほとんどの生物群に対する場合と同じように，熱帯の生物多様性ホットスポットの喪失を防ぐことが世界的な枯死木依存性生物の多様性の喪失を止めるための主要な目標となる．

森林地域の喪失の背後にある主要な原因は農耕地と牧草地への森林の転換である．2000年から2005年の間に喪失した森林の総面積は，一年あたり730万ヘクタールと推定されている（FAO, 2006）．喪失率は地域間で等しいわけではなく，とりわけ，熱帯地域は喪失率が最も高い．対照的に，ヨーロッパのいくつかの地域と中国では森林被覆は実際には増加している．しかしながら，これは枯死木依存性種にとって限られた価値しかない植林という形

を主にとっている.

17.2.2　林業の拡大

　木材に対する世界的な需要は，さまざまなシナリオに従うと増加が予測されている（Smeets and Faaij, 2007; Raunikar et al., 2010）．これは主に，燃料の使用が3倍から6倍ほど増加すると予測されていることによる（Raunikar et al., 2010）．燃料材の収穫が多いことは，最も小さい需要を想定したシナリオにあっても，いくつかの国々で生態学的に負荷がかかった森林が生じることを示唆している.

　いくつかの地域において，特に亜寒帯林において，森林被覆は減少していない（FAO, 2006）．表面的には，枯死木依存性種に対する脅威はこれらの地域ではあまり顕著ではないと考えられる．しかしながら，特にフェノスカンジアの亜寒帯地域において，また，ロシアとカナダでもますます広い範囲で，固有の自然林生態系の広大な区域が同齢の植林地に転換されてきており，現在も転換されている．このような植林地では，枯死木の量は天然林の数パーセントのレベルにまで下がっている（13章を参照）．事実上これらの地域では，現代的な林業が在来の枯死木依存性種に対する主要な脅威となって激しい生態系の変化をもたらしてきている（15章）．これらの地域のうちの一つに我々著者らは居住しているため，保護林地域の同時的な増加や，1990年代において始まった新しい生物多様性に配慮した管理方法の導入などによって埋め合わされてきた以上のスピードで，価値のある生息場所が喪失していくのを目撃してきた（13章を参照）．この観点から，ヨーロッパ北部地域における森林の状態は良い状態にあることを示唆するデータでは，森林棲の種の視点から生息場所の質が減少していることを無視しているということに，我々は気がついている．これらのデータでは，「木を見て森を見ず」という古いことわざはまったくもって本当のこととなってしまっている.

17.2.3　気候変動

　気候変動は，現在すべての環境問題のトピックの中でもっとも熱心に議論されている．地球の気温の増加とこれに関連した他の気象要因における変化

(例えば，降水量，嵐，火災，乾燥）によってもたらされるであろう変化もまた，枯死木依存性生物の多様性に対して強くかつ予測不可能な影響を及ぼすであろう．気候変動がどのように枯死木の中の生物多様性に影響を及ぼすかを予測することは，大変な挑戦である．いわゆる気候エンベロープ（climate envelopes. 例えば Thuiller et al., 2005 を参照）を使ったモデルでは，現在の気候と種の分布が将来においてどのように分布するかが示されている．しかしながら，これはもっと複雑な話のごく一部にすぎない．種ごとに気候要因に対する感受性は異なるため，そして種ごとに新しい地域へと移動する機会は異なるため，現存している群集の構成は壊れ，枯死木依存性生物の食物網（3章）で述べたような種間の複雑な関係もまた壊されるであろうと想定できる．その結果，種間関係に対する新しく予見できない影響が表れるだろう．これは地球規模の実験としては興味深いかもしれないが，種多様性に対する結果としては，まず間違いなく負の影響を与えるものとなるだろう．気候変動は枯死木依存性種について種の絶滅を加速させるであろうというのが，穏当—悲観的だが—な予測である．

17.2.4　バイオ燃料と炭素貯留

　気候変動によってもたらされるさらなる危機に，バイオ燃料のための森林バイオマスの切り出しが確実に増加していることがある．以前は利用されていなかったバイオマス，例えば枝や樹冠先端部，切り株，根などの収穫が現在ではある程度にまで増加している．

　森林産業の各分野は，熱心なロビー活動を通じて，木材生産を増加させることによって炭素貯留を増加させることもできると主張している．森林生産物は再生可能であり，持続的な林業が森林の生物多様性の保全と両立しているのならば，これが可能であることは明らかに正しい．しかしながら，気候変動の影響を緩和するために，老齢林を収穫し，生産性の高い植林地へと転換しなければならないとする主張には重大な欠陥がある．それどころか，生立木や枯死木，土壌中に莫大な炭素を貯留している老齢林の生産林への転換は，実際は温室効果ガスの主要な放出源の構成要素となる．これは一般的に，熱帯雨林の場合には理解されている（Chao et al., 2009 を参照）が，他の，

より北方にある森林生態系にも同じように適用できる（Harmon et al., 2000）. さらに，老齢林でも通常の収穫林齢を超えた後も，数世紀に渡り，莫大な量の炭素を貯留し続けることが近年の研究により示されている（Luyssaert et al., 2008）.

この観点における大きな問題は，時間的な側面の理解の問題にあるようにみえる．老齢林が収穫され，若い早生樹に再度植林されれば，総生産量は以前達成されていた総生産量をすぐに超えるだろう．しかしながら，樹木および土壌の両方において，老齢林の炭素貯留を失うことは，支払われなけれなばならない炭素の負債を負うことを意味する．ほとんどの場合，支払いには何十年とかかり，数百年とさえなりうるのである．

17.2.5 侵入的な病原体

1900年代の初頭から始まって，さまざまな侵入病原体が新しい地域に広がってきた．これらにはクリ胴枯れ病（*Cryphonectria* [= *Endothia*] *parasitica*），ニレ立枯れ病（*Ophiostoma ulmi*），トネリコ萎凋病（*Chalara fraxinea*），マツノザイセンチュウなどが含まれる．このリストは常に増加し続けている．このような菌や動物は，本来の分布地域においては森林生態系の自然の一部であるが，これらはまったく新しい地域に我々人間の助けを借りて広がってきた．短期的には，病原体は当然，感染した樹種の枯死木の量を増加させるだろう．しかしながら長期的には，これらの樹種はその分布地の大部分の地域から失われる可能性があり，そうなると結果的にはこれらの樹種の枯死木は希少または完全に失われることになる．多くの枯死木依存性種が宿主特異的であることを考えると（5章を参照），このことは明らかに枯死木依存性種の地域的な存続を脅かすことになる．

17.3 研究の課題

我々は研究者であり，我々は当然，枯死木依存性種の生物多様性の多くの側面で研究されるべきことが残っていることにも，よく気が付いている．次にあげるリストは我々の興味に偏っているであろうことを認めるが，それで

17章　枯死木依存性生物の多様性の価値と未来

もなおそのリストは主たる研究における挑戦のいくつかを示しているだろう．

17.3.1　機能的多様性

　上で指摘したように，枯死木依存性生物は有機物の分解という形で重要な生態系サービスを供給している．このサービスが枯死木依存性種の多様性の喪失からどの程度影響を受けやすいかは，いまだによくわかっていない．枯死木依存性生物の食物網における複雑な相互作用は，（特定の分解経路を示す）基底の分解者の喪失が，高次栄養段階に対する波及効果と同様，鍵となる生態系プロセスに影響を及ぼすだろうことを示唆している．競争や促進，およびそのほかの相互作用に関する研究を含め，分解者の種間関係に関する研究が必要とされている．

17.3.2　アルファ分類学

　多くの枯死木依存性種が種同定および記載されないままになっている．この科学の分野はアルファ分類学と呼ばれ，種群間の進化的関係性を探求するそれらの分類学的な分野（系統学，訳者註：ベータ分類学）とは大きく異なっている．分類学的な知識が豊富と考えられている地域においてさえ，ある種群はあまり研究されていない．これはフェノスカンジアにおけるグループも含まれる．近年のインベントリーと収集に基づくと，キノコバエ科，ダニ，寄生蜂などの分類群における新種の発見や，真菌類からの隠ぺい種の発見が続いている．

　さらに心配されることは熱帯や他のあまり調査されていない地域における莫大な未記載の枯死木依存性種である．真菌類の多くの分類群は，熱帯においては不適切かつどちらかというと非体系的に収集されてきている．クロサイワイタケ科という多くの木材腐朽性の種を含む多様な子嚢菌のグループは，良い例となるだろう．この真菌の専門家の1人は熱帯地域について，「採集探検やそれに参加した人からの標本箱のほとんどすべてには，新しい分類群とさまざまな驚きが含まれている（Rogers, 2000）」と述べている．良く知られている目立つ多孔菌の間でさえ，新種記載の出版が一定して続いている．たった3年間の間で，中国の菌学者集団は，中国の温帯から亜熱帯地域で

11 の多孔菌類の新種の詳細について最近，出版している（Dai et al., 2009, 及びその引用文献）．

この挑戦は，無脊椎動物ではさらに大きい．なぜなら，枯死木依存性種は熱帯林の昆虫相の高い割合を形成していると，いくつかの研究によって示されているからである（Stork, 1987; Hammond, 1990）．説得力のある研究において，Tavakilian et al. (1997) はフランス領ギアナでカミキリムシ科を採集した．この研究では，カミキリムシ 348 種が 200 種以上の植物種からなる 690 の倒木とつる植物から採集された．これらのカミキリムシのうち，90 種（26%）は未記載であった．カミキリムシは大型で，採集するのにもっとも一般的な甲虫であることを考えると，より大きな割合の未記載種が他の昆虫の科には含まれるだろうと考えられる．

17.3.3　辺境の森林における調査

さらなるアルファ分類学的な研究が必要であることと関係して，枯死木依存性生物のホットスポットとなっている森林を地図化することの必要性がある．これらの森林は，いわゆる辺境の森林沿いにも熱帯地域にも現れるだろう．カナダとロシアの内陸地域には，開発されていない亜寒帯林地域がいまだに存在している．しかしながら，林業の拡大はこれらの遠く離れた地域にもゆっくりと及びつつあるにもかかわらず，もっとも価値のある森林の場所に関する基礎的情報の提供は立ち遅れている．大スケールでのインベントリーはこれらの地域では財政上困難であるが，新しい近代的なリモートセンシング技術によって，価値のある森林の分布をよりよく理解することが出来るだろう．これらの地域に関しては，森林タイプと枯死木依存性生物の多様性との間の関係について，より深い知識が必要である．

17.3.4　順応的管理の改良

枯死木に関係した豊かな多様性に対する認識が深まっている．これはある地域においては，森林管理における変化をもたらし，そこでは枯死木依存性種のための条件を改良することが管理の目的とさえされている．生存木の保持，価値のある生息場所の保存，高切りの切り株の形成，そして伐採におい

17章　枯死木依存性生物の多様性の価値と未来

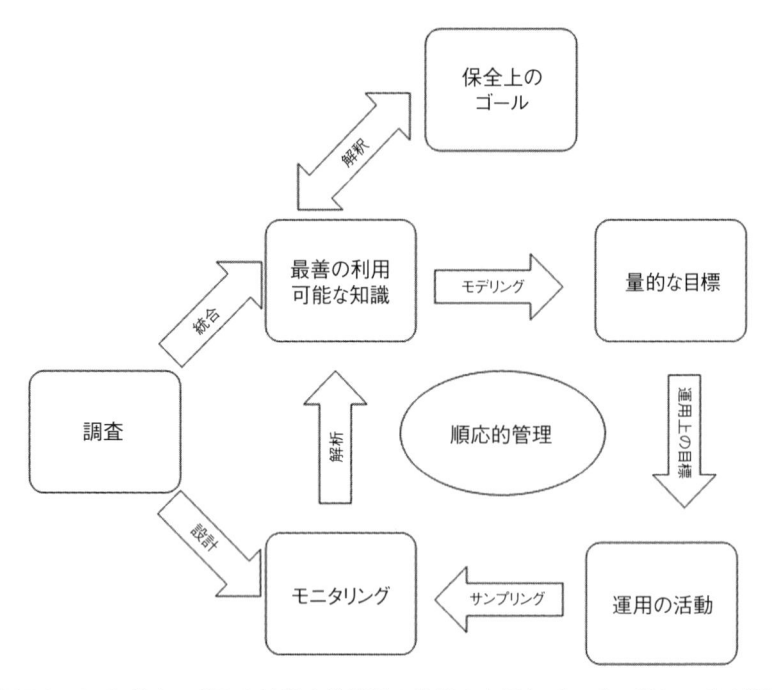

図 17.1. このダイアグラムは順応的管理の枠組みを示している．特に，その過程における科学と定量的な情報入力の役割を強調している．環境面でのゴールは政策段階で決められる．しかし，知識を統合し，モデルを構築し，目標を設定し，そしてモニタリングの枠組みを設計し評価するために調査から情報を得ることは，価値判断を含まない定量的な調査がその過程で必要とされていることを明らかに示している（Villard and Jonsson, 2009a より）．

て既存の枯死木を残しておくことなどは，多くのヨーロッパおよび北米各国で標準的なやり方となってきている．経済的な観点から，これらの行動は土地所有者にとって余分な経費がかかる．それにもかかわらず，これらの方法の費用対効果はほとんど評価されていない．そのため，明らかに，順応的管理における強い要素としてこれらを加える必要がある（Villard and Jonsson, 2009a）．行動に対する明確な目標を設定することによって，そしてそれらが現在の管理方法とあっているかどうかを評価することによって，真に持続的な森林管理へとより速やかに移行できるだろう（図 17.1）．

17.4 まとめ：知識の統合と普及

　この本の読者は，枯死木は不健全な森林の特徴ではなく，まったくその逆であるということを，今では認識できるだろうと期待している．「森林の健全さ」という古い概念とこれまで協調されすぎてきた枯死木において害虫と病原菌が増加していくリスクは，枯死木依存性生物の多様性に関する我々の知識が増加することで，納得のもとに相殺されている．我々は，枯死木の中に生息する種に魅力を感じ，我々自身の研究上の関心の一部としてこの本を書いてきた．我々の努力と並行して，ヨーロッパ北部の研究者は，大きなデータベースに整理することを目的として，枯死木依存性種に関する情報を集めている（Stokland and Meyke, 2008; http://www.saproxylic.org/）．ここでは，研究者や保全管理者，林業従事者が，ヨーロッパ北部の枯死木依存性種の分布と生息場所の要求性に関する特定の情報を見つけることができるだろうと期待されている．そして，こういった情報によって，森林の生物多様性の維持において極めて重要な要素を守るという，よりよい仕事をすることができるようになるだろう．

　結論として，あなた方には読者として，友人や同僚，保全当局，そして森林管理者に地球上の生命のこの魅力的な側面について語ってもらえるよう，意欲を持って欲しいと我々は思っている．人間が枯死木の中の生物多様性に気がつくようになるならば，我々の森の中の枯死木の中に，小さいけれども確かに生活している生き物たちに声を与えることになると思っている．彼らは自分では声を上げることができないのだから，我々がしなければならないのだ．

訳者あとがき

　本書は 2012 年にケンブリッジ大学出版局から出版された *Biodiversity in Dead Wood* の全訳である．本書の冒頭にも述べられているように，枯死木を利用する生物に関する本は近年までほとんどなかった．B.G. Jonsson らによる *Ecology of Woody Debris in Boreal Forests* という本が，*Ecological Bulletins* の 49 巻として，2001 年に Wiley 社から出版されているが，この本は 23 編の論文を集めたものであり，内容的にも専門性が高かった．本書が執筆された経緯と対象とする読者が序文と第 1 章で述べられているが，専門家以外の人たち向けに書かれている．

　本書でも述べられているように，生物多様性との関係から枯死木を扱うという視点自体が比較的最近のものである．森林中の枯死木は，炭素を貯留する機能もあるが生物の生息場所として重要な役割を果たしていることは，1986 年に M.E. Harmon らが総説によって指摘するまで，ほとんど注目されていなかった．しかしながら，他の生息場所も含めて生物多様性の保全の必要性が認識されるにしたがって，枯死木中の生物多様性にも注目が集まり，2004 年には WWF（世界自然保護基金）が枯死木を中心とした生物多様性の保全の必要性を訴えるまでになっている．また，2011 年にはカナダで枯死木の生物多様性に関する初めての国際シンポジウムが開催された．このような状況下で本書は執筆されているため，林業従事者や一般市民といった研究者以外の読者を多分に意識し，系統学や生理学といった基礎生物学的側面から森林利用に関する応用的側面まで幅広い分野を紹介している．このような本書の特徴は，自身の研究分野以外に興味を持つ専門家にとっても役立つものと訳者らは考えている．

　本書は北欧の事例を中心に書かれているが，日本にも当てはまる一般性の高い内容を持っている．例えば，本書では，枯死木を放置しておいても必ずしも林業害虫を大発生させるとは限らないという立場から，枯死木を林内に

残しておくことが健全な森林を作るために有用だと主張されている．日本においても，森林中の枯死木はキバチやキクイムシといった林業害虫の生息場所となりうるため，人工林における切り捨て間伐の是非が議論されたりしてきた．また，一部の研究者やキノコ採集や昆虫採集の愛好家を除いては，ヨーロッパの状況と同じように，日本においても枯死木上の生物多様性はほとんど注目されてこなかった．もちろん，日本においても『コケの自然誌』（R. W. Kimmerer，築地書館，2012）や『樹の中の虫の不思議な生活：穿孔性昆虫研究への招待』（柴田 叡弌・富樫一巳 編著，東海大学出版会，2006），『森林微生物生態学』（二井一禎・肘井直樹 編著，朝倉書店，2000）といった枯死木を利用する個々の生物群に関する本がすでに出版されてきているが，枯死木に焦点をしぼった本はこれまで出版されてこなかったようだ．本書では，枯死木という極めて多様な生物が生息場所としている基質に焦点を当てることで，生物間の利用方法や生態系に与えるインパクトの違いといった個々の生物に関する話題から，生物間相互作用や枯死木依存性生物の総種数といった群集や進化の話題，さらにはこれらの生物の生息場所を管理するためにどういった方策が考えられるかといった応用的な問題まで幅広い内容を総合的に扱うことに成功している．日本を含む暖温帯域や，枯死木に関する研究が始まったばかりの熱帯域における今後の研究を発展させる上で，大いに参考になる内容といえる．一方で，個々の生物の生態に関する記述は，真菌と昆虫に関するものに偏っている面が否めない．これは著者の専門分野が真菌学と昆虫学であるということよりも，枯死木に生息する他の生物群の生態については研究が進んでいないことを反映しており，読者の今後の研究の動機づけにもなるだろう．

　訳者らは，木材腐朽菌や菌食性昆虫の研究を通じ，枯死木をめぐる生物多様性に注目してきたが，多くの人に枯死木をめぐる生物研究の面白さと重要性を理解してほしいと願い本書を翻訳した．深澤が序文および日本語版への序文，第 1 章から第 9 章までを，山下が第 10 章から第 17 章までを担当した．それぞれの翻訳文を互いに確認し，内容を検討した．誤訳には十分に気をつけたが，思いがけない誤りや読みにくい箇所もあるかもしれない．そのような箇所に気がついた場合はご指摘いただけると幸いである．

本書では saproxylic を本文中の定義「生木や衰弱した木，あるいは枯死木の傷痍部や枯死部の樹木組織に依存した」ということを重視して，枯死木依存性と訳出した．生物名の表記については，原則として，初出の生物種には和名と学名（ラテン名）を示し，残りの部分ではすべて和名があれば和名のみを示した．種名に和名がないものの属（または科）に和名がある場合は初出のみ何々属（科）の一種（学名）と示し，以降は学名のみとした．また，いずれにも和名がない場合は学名のみとした．なお，分類群の表記には原文に多少の混乱がみられ，例えばシロアリやゴキブリを含む分類群に関する記述は，第 1 章では等翅目（Isoptera）（シロアリ）と表記されているのに，第 10 章では網翅目（Dictyoptera）（シロアリやゴキブリを含む）と表記されているといった具合に統一されていないが，ここでは原文の表記に従った．これと関連して，本書では動物の目については旧来の名称を用いた．これは，ある分類群を特定の生物で代表させる現在推奨されている名称よりも，共通の特徴に着目して命名された旧来の名称の方が優れていると考えるためである（例えば，ハエ以外にもカやアブを含む分類群をハエで代表させてハエ目と称するよりも，これらの共通の特徴である翅が二枚であることに注目して命名された双翅目（Diptera = Di（二つ）+ ptera（翅））の方が理解しやすいと考えた）．

本書を上梓するに当たり，京都大学学術出版会の鈴木哲也氏，高垣重和氏に編集の労をいただいた．京都大学生態学研究センターの大園享司先生には，本書の出版に際して便宜を図っていただいた．これらの方々に深く感謝する．

訳者一同

引用文献

Abbe, T. B. & Montgomery, D. R. 1996. Large woody debris jams, channel hydraulics and habitat formation in large rivers. *Regulated Rivers: Research and Management*, **12**, 210–221.

Abe, T. & Higashi, M. 1991. Cellulose centered perspective on terrestrial community structure. *Oikos*, **60**, 127–133.

Abe, T., Bignell, D. E. & Higashi, M. 2000. *Termites: Evolution, Sociality, Symbioses, Ecology*. Dordrecht: Kluwer Academic Publishers.

Abe, Y. 1989. Effect of moisture on decay of wood by xylariaceous and diatrypaceous fungi and quantitative changes in the chemical components of decayed woods. *Transactions of the Mycological Society of Japan*, **30**, 169–181.

Abraham, L., Hoffman, B., Gao, Y. & Breuil, C. 1998. Action of *Ophiostoma piceae* proteinase and lipase on wood nutrients. *Canadian Journal of Microbiology*, **44**, 698–701.

Abrahamsson, M. & Lindbladh, M. 2006. A comparison of saproxylic beetle occurrence between man-made high- and low-stumps of spruce (*Picea abies*). *Forest Ecology and Management*, **226**, 230–237.

Abrahamsson, M., Jonsell, M., Niklasson, M. & Lindbladh, M. 2009. Saproxylic beetle assemblages in artificially created high stumps of spruce (*Picea abies*) and birch (*Betula pendula/pubescens*): does the surrounding landscape matter? *Insect Conservation and Diversity*, **2**, 284–294.

Achard, F., Mollicone, D., Stibig, H.-J., Aksenov, D., Laestadius, L., Li, Z., Potapov, P. & Yaroshenko, A. 2006. Areas of rapid forest-cover change in boreal Eurasia. *Forest Ecology and Management*, **237**, 322–334.

Achard, F., Eva, H. D., Mollicone, D. & Beuchle, R. 2008. The effect of climate anomalies and human ignition factor on wildfires in Russian boreal forests. *Philosophical Transactions of the Royal Society Series B*, **363**, 2331–2339.

Adams, A. S. & Six, D. L. 2007. Temporal variation in mycophagy and prevalence of fungi associated with developmental stages of *Dendroctonus ponderosae* (Coleoptera: Curculionidae). *Environmental Entomology*, **36**, 64–72.

Adams, A. S. & Six, D. L. 2008. Detection of host habitat by parasitoids using cues associated with mycangial fungi of the mountain pine beetle, *Dendroctonus ponderosae*. *Canadian Entomologist*, **140**, 124–127.

Adams, S. H. & Roth, L. F. 1969. Intraspecific competition among genotypes of *Fomes cajanderi* decaying young-growth Douglas-fir. *Forest Science*, **15**, 327–331.

Ahnlund, H. & Lindhe, A. 1992. Endangered wood-living insects in coniferous forests: some thoughts from studies of forest-fire sites, outcrops and clearcuttings in the province of Sörmland, Sweden [in Swedish with an English summary]. *Entomologisk Tidskrift*, **113**,

13–23.

Aime, M. C., Matheny, P. B., Henk, D. A., Frieders, E. M., Nilsson, R. H., Piepenbring, M., McLaughlin, D., Szabo, L. J., Begerow, D., Sampaio, J. P., Bauer, R., Weiss, M., Oberwinkler, F. & Hibbett, D. S. 2006. An overview of the higher level classification of *Pucciniomycotina* based on combined analyses of nuclear large and small subunit rDNA sequences. *Mycologia*, **98**, 896–905.

Aitken, K. E. H. & Martin, K. 2004. Nest cavity availability and selection in aspen-conifer groves in a grassland landscape. *Canadian Journal of Forest Research*, **34**, 2099–2109.

Aitken, K. E. H. & Martin, K. 2007. The importance of excavators in hole-nesting communities: availability and use of natural tree holes in old mixed forests of western Canada. *Journal of Ornithology*, **148** (Suppl. 2), 425–434.

Alamouti, S. M., Kim, J.-J., Humble, L. M., Uzunovik, A. & Breuil, C. 2007. Ophiostomatoid fungi associated with the northern spruce engraver, *Ips perturbatus*, in western Canada. *Antonie van Leeuwenhoek International Journal of General and Molecular Microbiology*, **91**, 19–34.

Alén, R., Kuoppala, E. & Oesch, P. 1996. Formation of the main degradation compound groups from wood and its components during pyrolysis. *Journal of Analytical and Applied Pyrolysis*, **36**, 137–148.

Alexander, K. N. A. 1995. Historic parks and pasture-woodlands: The National Trust resource and its conservation. *Biological Journal of the Linnean Society*, **56**, 155–175.

Alexander, K. N. A. 1998. The links between forest history and biodiversity: the invertebrate fauna of ancient pasture woodlands in Britain and its conservation. *In:* Kirby, K. J. & Watkins, C. (eds.) *The Ecological History of European Forests.* Wallingford: CAB International, 73–80.

Alexander, K. N. A. 2002. *The Invertebrates of Living and Decaying Timber in Britain and Ireland: A Provisional Annotated Checklist.* English Nature Research Reports No. 467.

Alexander, K. N. A. 2004. *Revision of the Index of Ecological Continuity as used for Saproxylic Beetles.* English Nature Research Reports No. 574.

Alexander, K. N. A. 2005. Wood decay, insects, palaeoecology, and woodland conservation policy and practice: breaking the halter. *Antenna*, **29**, 171–178.

Alexander, K. N. A. 2008. Tree biology and saproxylic Coleoptera: issues of definitions and conservation language. *Revue d'Ecologie (La Terre et la Vie)*, **63**, 1–6.

Alix, C. 2005. Deciphering the impact of change on the driftwood cycle: contribution to the study of human use of wood in the Arctic. *Global and Planetary Change*, **47**, 83–98.

Alkaslassy, E. 2005. Abundance of plethodontid salamanders in relation to coarse woody debris in a low-elevation mixed forest of the western cascades. *Northwest Science*, **79**, 156–163.

Allen, R. B., Buchanan, P. K., Clinton, P. W. & Cone, A. J. 2000. Composition and diversity of fungi on decaying logs in a New Zealand temperate beech (*Nothofagus*) forest. *Canadian Journal of Forest Research*, **30**, 1025–1033.

Allison, J. D., Borden, J. H. & Seybold, S. J. 2004. A review of the chemical ecology of the Cerambycidae (Coleoptera). *Chemoecology*, **14**, 123–150.

引用文献

Allmér, J., Vasiliauskas, R., Ihrmark, K., Stenlid, J. & Dahlberg, A. 2006. Wood-inhabiting fungal communities in woody debris of Norway spruce (*Picea abies* (L.) Karst.), as reflected by sporocarps, mycelial isolations and T-RFLP identification. *FEMS Microbiology Ecology*, **55**, 57–67.

Allsopp, M. H., de Lange, W. J. & Veldtman, R. 2008. Valuing insect pollination services with cost of replacement. *PLoS ONE*, **3**, e3128.

Amezaga, I. & Rodríguez, M. A. 1998. Resource partitioning of four sympatric bark beetles depending on swarming dates and tree species. *Forest Ecology and Management*, **109**, 127–135.

Ancelin, P., Courbaud, B. & Fourcaud, T. 2004. Development of an individual tree-based mechanical model to predict wind damage within forest stands. *Forest Ecology and Management*, **203**, 101–121.

Andersson, H. 1999. Red-listed or rare invertebrates associated with hollow, rotting or sapping trees or polypores in the town of Lund [in Swedish with an English summary]. *Entomologisk Tidskrift*, **120**, 169–183.

Andersson, L. & Appelquist, T. 1990. The influence of the Pleistocene mega-fauna on the nemoral and the boreonemoral ecosystems: a hypothesis with implications for nature conservation strategy [in Swedish with an English summary]. *Svensk Botanisk Tidskrift*, **84**, 355–368.

Andersson, L. I. & Hytteborn, H. 1991. Bryophytes and decaying wood: a comparison between managed and natural forest. *Holarctic Ecology*, **14**, 121–130.

Andrén, H. 1996. Population responses to habitat fragmentation: statistical power and the random sample hypothesis. *Oikos*, **76**, 235–242.

Andriamasimanana, M. 1994. Ecoethological study of free-ranging aye-ayes (*Daubentonia madagascariensis*) in Madagascar. *Folia Primatologica*, **62**, 37–45.

Angelstam, P. 1996. The ghost of forest past: natural disturbance regimes as a basis for reconstruction of biologically diverse forests in Europe. In: Degraaf, R. M. & Miller, R. I. (eds.) *Conservation of Faunal Diversity in Forested Landscapes*. London: Chapman & Hall, 287–337.

Angelstam, P. K., Bütler, R., Lazdinis, M., Mikusiński, G. & Roberge, J.-M. 2003. Habitat thresholds for focal species at multiple scales and forest biodiversity conservation: dead wood as an example. *Annales Zoologici Fennici*, **40**, 473–482.

Annila, E. & Petäistö, R.-L. 1978. Insect attack on windthrown trees after the December 1975 storm in western Finland. *Communicationes Instituti Forestalis Fenniae*, **94**, 1–24.

Anon. 1992. *Council Directive 92/43/EEC of 21 May 1992 on the Conservation of Natural Habitats and of Wild Fauna and Flora.* The Council of the European Communities.

Anon. 2003. *Background Information for the Improved Pan-European Indicators for Sustainable Forest Management.* Vienna: Ministerial Conference on the Protection of European Forests.

Anon. 2005a. Data sheets on quarantine pests: *Dendrolimus sibiricus* and *Dendrolimus superans*. *Bulletin OEPP/EPPO Bulletin*, **35**, 390–395.

Anon. 2005b. *Millennium Ecosystem Assessment 2005: Ecosystems and Human Well-being*. Washington, DC: Island Press.

Antonsson, K., Hedin, J., Jansson, N., Nilsson, S. G. & Ranius, T. 2003. Occurrence of the hermit beetle (*Osmoderma eremita*) in Sweden. *Entomologisk Tidskrift*, **124**, 225–240.

Antrop, M. 2005. Why landscapes of the past are important for the future. *Landscape and Urban Planning*, **70**, 21–34.

Apolinário, F. E. & Martius, C. 2004. Ecological role of termites (Insecta, Isoptera) in tree trunks in central Amazonian rain forests. *Forest Ecology and Management*, **194**, 23–28.

ArtDatabanken 2010a. *Svenska artprojektet*. Homepage, accessed 8 January 2010.

ArtDatabanken 2010b. *Species in Norway*. Homepage, accessed 8 January 2010.

Ash, S. R. & Savidge, R. A. 2004. The bark of the late Triassic *Araucarioxylon arizonicum* tree from petrified forest national park, Arizona. *IAWA Journal*, **25**, 349–368.

Ashe, J. S. 1984. Major features in the evolution of relationships between gyrophaenine staphylinid beetles (Coleoptera: Staphylinidae: Aleocharinae) and fresh mushrooms. *In:* Wheeler, Q. & Blackwell, M. (eds.) *Fungus–Insect Relationships: Perspectives in Ecology and Evolution*. New York: Columbia University Press, 227–255.

Ashe, J. S. 1990. The larvae of *Placusa* Mannerheim (Coleoptera: Staphylinidae), with notes on the feeding habits. *Entomologica Scandinavica*, **21**, 477–485.

Askins, R. A. 1981. Survival in winter: the importance of roost holes to resident birds. *Loon*, **53**, 179–184.

Asner, G. P., Broadbent, E. N., Oliveira, P. J., Keller, M., Knapp, D. E. & Silva, J. N. M. 2006. Condition and fate of logged forests in the Brazilian Amazon. *Proceedings of the National Academy of Sciences of the USA*, **103**, 12947–12950.

Aspöck, H. 2002. The biology of Raphidioptera: a review of present knowledge. *Acta Zoologica Academiae Scientiarum Hungaricae*, **48** (Suppl. 2), 35–50.

ATF 2008. *Ancient Tree Guide No. 4: What are Ancient, Veteran and Other Trees of Special Interest?* Lincolnshire, UK: Woodland Trust.

Aubry, K. B., Jones, L. L. C. & Hall, P. A. 1988. Use of woody debris by plethodontid salamanders in Douglas-fir forests in Washington. *In:* Szaro, R. C., Severson, K. E. & Patton, D. R. (eds.) *Management of Amphibians, Reptiles, and Small Mammals in North America*. USDA Forest Service General Technical Report RM-166. Rocky Mountain Forest and Range Experimental Station, Fort Collins, CO.

Aubry, K. B., Halpern, C. B. & Peterson, C. E. 2009. Variable-retention harvests in the Pacific Northwest: a review of short-term findings from the DEMO study. *Forest Ecology and Management*, **258**, 398–408.

Audisio, P., Brustel, H., Carpaneto, G. M., Coletti, G., Mancini, E., Piattella, E., Trizzino, M., Dutto, M., Antonini, G. & Debiase, A. 2007. Updating the taxonomy and distribution of the European *Osmoderma*, and strategies for their conservation (Coleoptera, Scarabaeidae, Cetoniinae). *Fragmenta Entomologica*, **39**, 273–290.

Audisio, P., Brustel, H., Carpaneto, G. M., Coletti, G., Mancini, E., Trizzino, M., Antonini, G. & Debiase, A. 2009. Data on molecular taxonomy and genetic diversification of the European hermit beetles, a species complex of endangered insects (Coleoptera: Scarabaeidae, Cetoniinae, *Osmoderma*). *Journal of Zoological Systematics and Evolutionary Research*, **47**, 88–95.

Aune, K., Jonsson, B. G. & Moen, J. 2005. Isolation effects among woodland key habitats in Sweden: is forest policy promoting fragmentation? *Biological Conservation*, **124**, 89–95.

Ausmus, B. S. 1977. Regulation of wood decomposition rates by arthropod and annelid populations. *Ecological Bulletins*, **25**, 180–192.

Ayres, B. D., Ayres, M. P., Abrahamson, M. D. & Teale, S. A. 2001. Resource partitioning and overlap in three sympatric species of *Ips* bark beetles. *Oecologia*, **128**, 443–453.

Bader, P., Jansson, S. & Jonsson, B. G. 1995. Wood-inhabiting fungi and substratum decline in selectively logged boreal spruce forests. *Biological Conservation*, **72**, 355–362.

Bai, M. L., Wichmann, F. & Muehlenberg, M. 2003. The abundance of tree holes and their utilization by hole-nesting birds in a primeval boreal forest of Mongolia. *Acta Ornithologica*, **38**, 95–102.

Baker, W. L., Flaherty, P. H., Lindemann, J. D., Veblen, T. T., Eisenhart, K. S. & Kulakowski, D. W. 2002. Effect of vegetation on the impact of a severe blowdown in the southern Rocky Mountains, USA. *Forest Ecology and Management*, **168**, 63–75.

Bakys, R., Vasaitis, R., Barklund, P., Ihrmar, K. & Stenlid, J. 2009. Investigations concerning the role of *Chalara fraxinea* in declining *Fraxinus excelsior*. *Plant Pathology*, **58**, 284–292.

Baldrian, P. 2008. Enzymes of saprotrophic basidiomycetes. *In:* Boddy, L., Frankland, J. C. & van West, P. (eds.) *Ecology of Saprotrophic Basidiomycetes*. London: Academic Press/Elsevier, 19–41.

Baldrian, P. & Valášková, V. 2008. Degradation of cellulose by basidiomycetous fungi. *FEMS Microbiology Reviews*, **32**, 501–521.

Baranowski, R. 1985. Central and Northern European *Dorcatoma* (Coleoptera: Anobiidae), with a key and description of a new species. *Entomologica Scandinavica*, **16**, 203–207.

Barclay, R. M. R. & Kurta, A. 2007. Ecology and behaviour of bats roosting in tree cavities and under bark. *In:* Lacki, M. J., Kurta, A. & Hayes, J. P. (eds.) *Conservation and Management of Bats in Forests*. Baltimore, MD: Johns Hopkins University Press, 15–59.

Barclay, S. D., Ash, J. E. & Rowell, D. M. 2000. Environmental factors influenc-ing the presence and abundance of a log-dwelling invertebrate, *Euperipatoides rowelli* (Onychophora). *Journal of Zoology*, **250**, 425–436.

Barker, J. S. 2008. Decomposition of Douglas-fir coarse woody debris in response to differing moisture content and initial heterotrophic colonization. *Forest Ecology and Management*, **255**, 598–604.

Barnett, H. L. & Binder, F. L. 1973. The fungal host–parasite relationship. *Annual Review of Phytopathology*, **11**, 273–292.

Barrera, R. 1996. Species occurrence and the structure of a community of aquatic insects in tree holes. *Journal of Vector Biology*, **21**, 66–80.

Barron, G. L. 2003. Predatory fungi, wood decay, and the carbon cycle. *Biodiversity*, **4**, 3–9.

Baskent, E. Z. 2009. Forest landscape modeling as a tool to develop conservation targets. *In:* Villard, M. A. & Jonsson, B. G. (eds.) *Setting Conservation Targets for Managed Forest Landscapes*. Cambridge: Cambridge University Press, 304–327.

Baudry, J., Bunce, R. G. H. & Burel, F. 2000. Hedgerows: an international perspective on their origin, function and management. *Journal of Environmental Management*, **60**, 7–22.

Bauer, R. & Oberwinkler, F. 1991. The colacosomes: new structures at the host–parasite interface of a mycoparasitic basidiomycete. *Botanica Acta*, **104**, 53–57.

Bawa, K. S. & Seidler, R. 1998. Natural forest management and conservation of biodiversity in tropical forests. *Conservation Biology*, **12**, 46–55.

Bayon, C. 1981. Modifications ultrastructurales des parois végétales dans le tube digestif d'une larva xylophage *Oryctes nasicornis* (Coleoptera, Scarabaeidae): role des bactéries. *Canadian Journal of Zoology*, **59**, 2020–2029.

Beaver, R. A. 1989. Insect–fungus relationships in the bark and ambrosia beetles. *In:* Wilding, N., Collins, N. M., Hammond, P. M. & Webber, J. F. (eds.) *Insect–Fungus Interactions.* London: Academic Press, 121–143.

Beck, C. B. 1960. Connection between *Archaeopteris* and *Callixylon*. *Science*, **131**, 1524–1525.

Begon, M., Townsend, C. R. & Harper, J. L. 2006. *Ecology: From Individuals to Ecosystems.* Oxford: Blackwell Publishing.

Bellamy, C. L. 2008. *A World Catalogue and Bibliography of the Jewel Beetles (Coleoptera: Buprestoidea), Volume 1: Introduction; Fossil Taxa; Schizopodidae; Buprestidae: Julodinae– Chrysochroinae: Poecilonotini*. Pensoft Series Faunistica, No. 76, 625 pp.

Benick, L. 1952. Pilzkäfer und Käferpilze: ökologische und statistische Untersuchungen. *Acta Zoologica Fennica*, **70**, 1–250.

Bennet, K. D., Tzedakis, P. C. & Willis, K. J. 1991. Quaternary refugia of north European trees. *Journal of Biogeography*, **18**, 103–115.

Berbee, M. L. & Taylor, J. W. 1993. Dating the evolutionary radiations of the true fungi. *Canadian Journal of Botany*, **71**, 1114–1127.

Berg, E. E., Henry, J. D., Fastie, C. L., De Volder, A. D. & Matsuoka, S. M. 2006. Spruce beetle outbreaks on the Kenai Peninsula, Alaska, and Kluane National Park and Reserve, Yukon Territory: relationship to summer temperatures and regional differences in disturbance regimes. *Forest Ecology and Management*, **227**, 219–232.

Bergeron, Y., Harvey, B., Leduc, A. & Gauthier, S. 1999. Forest management strategies based on the dynamics of natural disturbances: considerations and a proposal for a model allowing an even-management approach. *Forest Chronicle*, **75**, 55–61.

Bergeron, Y., Leduc, A., Harvey, B. D. & Gauthier, S. 2002. Natural fire regime: a guide for sustainable management of the Canadian boreal forests. *Silva Fennica*, **36**, 81–95.

Bergeron, Y., Flannigan, M., Gauthier, S., Leduc, A. & Lefort, P. 2004. Past, current and future fire frequency in the Canadian boreal forest: implications for sustainable forest management. *Ambio*, **33**, 356–360.

Berglund, H. & Jonsson, B. G. 2005. Verifying an extinction debt among lichens and fungi in northern Swedish boreal forests. *Conservation Biology*, **19**, 338–348.

Berglund, H., Edman, M. & Ericson, L. 2005. Temporal variation of wood-fungi diversity in boreal old-growth forests: implications for monitoring. *Ecological Applications*, **15**, 970–982.

Berglund, H., O'Hara, R. B. & Jonsson, B. G. 2009. Quantifying habitat requirements of tree-living species in fragmented boreal forests with Bayesian methods. *Conservation Biology*, **23**, 1127–1137.

引用文献

Berkov, A., Feinstein, J., Centeno, P., Small, J. & Nkamany, M. 2007. Yeasts isolated from Neotropical wood-boring beetles in SE Peru. *Biotropica*, **39**, 530–538.

Berndes, G., Hoogwijk, M. & van den Broek, R. 2003. The contribution of biomass in the future global energy supply: a review of 17 studies. *Biomass and Bioenergy*, **25**, 1–28.

Berryman, A.A. 1989. Adaptive pathways in scolytid–fungus associations. *In:* Wilding, N., Collins, N.M., Hammond, P.M. & Webber, J.F. (eds.) *Insect–Fungus Interactions.* London: Academic Press, 145–159.

Bertone, M.A., Courtney, G.W. & Wiegmann, B.M. 2008. Phylogenetics and temporal diversification of the earliest true flies (Insecta: Diptera) based on multiple nuclear genes. *Systematic Entomology*, **33**, 668–687.

Biggs, A.R. 1992a. Anatomical and physiological responses of bark tissues to mechanical injury. *In:* Blanchette, R.A. & Biggs, A.R. (eds.) *Defence Mechanisms of Woody Plants Against Fungi.* Berlin: Springer-Verlag, 13–40.

Biggs, A.R. 1992b. Responses of angiosperm bark tissues to fungi causing cankers and canker rots. *In:* Blanchette, R.A. & Biggs, A.R. (eds.) *Defense Mechanisms of Woody Plants Against Fungi.* Berlin: Springer-Verlag, 41–61.

Bignell, D.E. 1977. An experimental study of cellulose and hemicellulose degradation in the alimentary canal of the American cockroach. *Canadian Journal of Zoology*, **55**, 579–589.

Binney, H.A., Willis, K.J., Edwards, M.E., Bhagwat, S.A., Anderson, P.M., Andreev, A.A., Blaauw, M., Damblon, F., Haesaerts, P., Kienast, F., Kremenetski, K.V., Krivonogov, S.K., Lozhkin, A.V., Macdonald, G.M., Novenko, E.Y., Oksanen, P., Sapelko, T.V., Väliranta, M. & Vazhenina, L. 2009. The distribution of late-Quaternary woody taxa in northern Eurasia: evidence from a new macrofossil database. *Quaternary Science Reviews*, **28**, 2445–2464.

Biström, O., Kaila, L. & Kullberg, J. 2000. Survey of tree-living Coleoptera in Herttoniemi manor-park, southern Finland [in Finnish with an English summary]. *Sahlbergia*, **5**, 14–20.

Bjurman, J. & Viitanen, H. 1996. Effects of wet storage on subsequent colonization and decay by *Coniophora puteana* at different moisture contents. *Material und Organismen*, **30**, 259–277.

Blackburn, T.M. & Gaston, K.J. 1996. A sideways look at patterns in species richness, or why there are so few species outside the tropics. *Biodiversity Letters*, **3**, 44–53.

Blackwell, M. 1984. Myxomycetes and their arthropod associates. *In:* Wheeler, Q. & Blackwell, M. (eds.) *Fungus–Insect Relationships: Perspectives in Ecology and Evolution.* New York: Columbia University Press, 67–90.

Blais, J.R. 1981. Mortality of balsam fir and white spruce following a spruce budworm outbreak in the Ottawa River watershed in Quebec. *Canadian Journal of Forest Research*, **11**, 620–629.

Blais, J.R. 1983. Trends in the frequency, extent and severity of spruce budworm outbreaks in eastern Canada. *Canadian Journal of Forest Research*, **13**, 539–547.

Blakely, T.J., Jellyman, P.G., Holdaway, R.J., Young, L., Burrows, B., Duncan, P., Thirkettle, D., Simpson, J., Ewers, R.M. & Didham, R.K. 2008. The abundance, distribution and structural characteristics of tree-holes in *Notophagus* forest, New Zealand. *Austral Ecology*, **33**, 963–974.

Blanc, L. A. & Walters, J. R. 2008. Cavity-nest webs in a longleaf pine ecosystem. *Condor*, **110**, 80–92.

Blanchette, R. A. 1984. Screening wood decayed by white rot fungi for preferential lignin degradation. *Applied and Environmental Microbiology*, **48**, 647–653.

Blanchette, R. A. 1991. Delignification by wood-decay fungi. *Annual Review of Phytopathology*, **29**, 381–398.

Blanchette, R. A. & Biggs, A. R. 1992. *Defense Mechanisms of Woody Plants against Fungi*. Berlin: Springer-Verlag.

Bleiker, K. P. & Six, D. L. 2007. Dietary benefits of fungal associates to an eruptive herbivore: potential implications of multiple associates on host population dynamics. *Environmental Entomology*, **36**, 1384–1396.

Bleiker, K. P. & Six, D. L. 2009. Competition and coexistence in a multi-partner mutualism: interactions between two fungal symbionts of the mountain pine beetle in beetle-attacked trees. *Microbial Ecology*, **57**, 191–202.

Block, W. 1991. To freeze or not to freeze? Invertebrate survival of sub-zero temperatures. *Functional Ecology*, **5**, 284–290.

Bobiec, A., Gutowski, J. M., Zub, K., Pawlaczyk, P. & Laudenslayer, W. F. 2005. *The Afterlife of a Tree*. WWF Poland.

Boddy, L. 1983. The effect of temperature and water potential on growth rates of wood-rotting basidiomycetes. *Transactions of the British Mycological Society*, **80**, 141–149.

Boddy, L. 1992. Development and function of fungal communities in decomposing wood. *In:* Wicklow, D. T. & Carroll, C. G. (eds.) *The Fungal Community: Its Organization and Role in the Ecosystem*. New York: Marcel Dekker, 749–782.

Boddy, L. 1993. Saprotrophic cord-forming fungi: warfare strategies and other ecological aspects. *Mycological Research*, **97**, 641–655.

Boddy, L. 1994. Latent decay fungi: the hidden foe? *Arboricultural Journal*, **18**, 113–135.

Boddy, L. 1999. Saprotrophic cord-forming fungi: meeting the challenge of heterogeneous environments. *Mycologia*, **91**, 13–32.

Boddy, L. 2001. Fungal community ecology and wood decomposition processes in angiosperms: from standing tree to complete decay of coarse woody debris. *Ecological Bulletins*, **49**, 43–56.

Boddy, L. & Heilmann-Clausen, J. 2008. Basidiomycete community development in temperate angiosperm wood. *In:* Boddy, L., Frankland, J. C. & van West, P. (eds.) *Ecology of Saprotrophic Basidiomycetes*. London: Academic Press/Elsevier, 211–237.

Boddy, L. & Jones, T. H. 2008. Interactions between Basidiomycota and invertebrates. *In:* Boddy, L., Frankland, J. C. & van West, P. (eds.) *Ecology of Saprotrophic Basidiomycetes*. London: Academic Press/Elsevier, 155–179.

Boddy, L. & Rayner, A. D. M. 1981. Fungal communities and formation of heartwood wings in attached oak branches undergoing decay. *Annals of Botany*, **47**, 271–274.

Boddy, L. & Rayner, A. D. M. 1983a. Ecological roles of basidiomycetes forming decay

communities in attached oak branches. *New Phytologist,* **93,** 77–88.
Boddy, L. & Rayner, A. D. M. 1983b. Origins of decay in living deciduous trees: the role of moisture content and a re-appraisal of the expanded concept of tree decay. *New Phytologist,* **94,** 623–641.
Boddy, L., Bardsley, D. W. & Gibbon, O. M. 1987. Fungal communities in attached ash branches. *New Phytologist,* **107,** 143–154.
Boddy, L., Frankland, J. C. & van West, P. (eds.) 2008. *Ecology of Saprotrophic Basidiomycetes.* London: Academic Press/Elsevier.
Böhl, J. & Brändli, U.-B. 2007. Deadwood volume assessment in the third Swiss National Forest Inventory: methods and first results. *European Journal of Forest Research,* **126,** 449–457.
Bois, E. & Lieutier, F. 1997. Phenolic response of Scots pine clones to inoculation with *Leptographium wingfieldii,* a fungus associated with *Tomicus piniperda. Plant Physiology and Biochemistry,* **35,** 819–825.
Bonan, G. B. & Shugart, H. H. 1989. Environmental factors and ecological processes in boreal forests. *Annual Review of Ecology and Systematics,* **20,** 1–28.
Bonar, R. L. 2000. Availability of pileated woodpecker cavities and use by other species. *Journal of Wildlife Management,* **64,** 52–59.
Bonello, P. & Blodgett, J. T. 2003. *Pinus nigra–Sphaeropsis sapinea* as a model pathosystem to investigate local and systemic effects of fungal infection of pines. *Physiological and Molecular Plant Pathology,* **63,** 249–261.
Boone, C. K., Six, D. L., Zheng, Y. B. & Raffa, K. F. 2008. Parasitoids and dipteran predators exploit volatiles from microbial symbionts to locate bark beetles. *Environmental Entomology,* **37,** 150–161.
Borger, G. A. 1973. Development and shedding of bark. *In:* Kozlowski, T. T. (ed.) *Shedding of Plant Parts.* New York and London: Academic Press, 205–236.
Bouchard, M., Kneeshaw, D. & Bergeron, Y. 2005. Mortality and stand renewal patterns following the last spruce budworm outbreak in the Ottawa River watershed in Quebec. *Forest Ecology and Management,* **204,** 291–313.
Bouget, C. & Duelli, P. 2004. The effects of windthrow on forest insect communities: a literature review. *Biological Conservation,* **118,** 281–299.
Bouget, C., Brin, A. & Brustel, H. 2011. Exploring the 'last biotic frontier': are temperate forest canopies special for saproxylic beetles? *Forest Ecology and Management,* **261,** 211–220.
Boulanger, Y. & Sirois, L. 2007. Postfire succession of saproxylic arthropods, with emphasis on Coleoptera, in the north boreal forest of Quebec. *Environmental Entomology,* **36,** 128–141.
Bowles, J. M. & Lachance, M.-A. 1983. Patterns of variation in the yeast florae of exudates in an oak community. *Canadian Journal of Botany,* **61,** 2984–2995.
Boyle, W. A., Ganong, C. N., Clark, D. B. & Hast, M. A. 2008. Density, distribution, and attributes of tree cavities in an old-growth tropical rain forest. *Biotropica,* **40,** 241–245.
Bradshaw, R. H. W., Hannon, G. E. & Lister, A. M. 2003. A long-term perspective on ungulate–vegetation interactions. *Forest Ecology and Management,* **181,** 267–280.

Brandeis, T. J., Newton, M., Filip, G. M. & Cole, E. C. 2002. Cavity-nester habitat development in artificially made Douglas-fir snags. *Journal of Wildlife Management*, **66**, 625–633.

Brasier, C. M. & Kirk, S. A. 2010. Rapid emergence of hybrids between the two subspecies of *Ophiostoma novo-ulmi* with a high level of pathogenic fitness. *Plant Pathology*, **59**, 186–199.

Brassard, B. W. & Chen, H. Y. H. 2006. Stand structural dynamics of North American boreal forests. *Critical Reviews in Plant Sciences*, **25**, 115–137.

Brassard, B. W. & Chen, H. Y. H. 2008. Effects of forest type and disturbance on diversity of coarse woody debris in boreal forest. *Ecosystems*, **11**, 1078–1090.

Bréda, N., Huc, R., Granier, A. & Dreyer, E. 2006. Temperate forest trees and stands under severe drought: a review of ecophysiological responses, adaptation processes and long-term consequences. *Annals of Forest Science*, **63**, 625–644.

Bredesen, B., Haugan, R., Aanderaa, R., Lindblad, I., Økland, B. & Røsok, Ø. 1997. Wood-inhabiting fungi as indicator species of ecological continuity in southeast Norwegian spruce forests [in Norwegian with an English summary]. *Blyttia*, **54**, 131–140.

Bretz Guby, N. A. & Dobbertin, M. 1996. Quantitative estimates of coarse woody debris and standing trees in selected Swiss forests. *Global Ecology and Biography Letters*, **5**, 327–341.

Brewer, S., Cheddadi, R., de Beaulieu, J. L. & Reille, M. 2002. The spread of deciduous *Quercus* throughout Europe since the last glacial period. *Forest Ecology and Management*, **156**, 27–48.

Breznak, J. A. & Brune, A. 1994. Role of microorganisms in the digestion of lignocellulose by termites. *Annual Review of Entomology*, **39**, 453–487.

Bridges, J. R. 1987. Effects of terpenoid compound on growth of symbiotic fungi associated with southern pine beetle. *Phytopathology*, **77**, 83–85.

Bridges, J. R. & Moser, J. C. 1986. Relationship of phoretic mites (Acari: Tarsonemidae) to the bluestaining fungus, *Ceratocystis minor*, in trees infested by southern pine beetle (Coleoptera: Scolytidae). *Environmental Entomology*, **15**, 951–953.

Bright, D. E. & Skidmore, R. E. 1997. *A Catalog of Scolytidae and Platypodidae (Coleoptera), Supplement 1 (1990–1994)*. Ottawa: NRC Research Press.

Brightsmith, D. J. 2005a. Competition, predation and nest shifts among tropical cavity nesters: ecological evidence. *Journal of Avian Biology*, **36**, 74–83.

Brightsmith, D. J. 2005b. Parrot nesting in southeastern Peru: seasonal patterns and keystone trees. *Wilson Bulletin*, **117**, 296–305.

Brignolas, F., Lacroix, B., Lieutier, F., Sauvard, D., Drouet, A., Claudot, A. C., Yart, A., Berryman, A. A. & Christiansen, E. 1995. Induced responses in phenolic metabolism in two Norway spruce clones after wounding and inoculations with *Ophiostoma polonicum*, a bark beetle-associated fungus. *Plant Physiology*, **109**, 821–827.

Brin, A., Meredieu, C., Piou, D., Brutsel, H. & Jactel, H. 2008. Change in quantitative patterns of dead wood in maritime pine plantations over time. *Forest Ecology and Management*, **256**, 913–921.

Brown, A. V. & Brasier, C. M. 2007. Colonization of tree xylem by *Phytophthora ramorum*, *P. kernoviae* and other *Phytophthora* species. *Plant Pathology*, **56**, 227–241.

Brown, J. H. 1981. Two decades of homage to Santa Rosalia: toward a general theory of diversity. *American Zoologist*, **21**, 877–888.

Brunet, J. & Isacsson, G. 2009. Restoration of beech forest for saproxylic beetles: effects of habitat fragmentation and substrate density on species diversity and distribution. *Biodiversity and Conservation*, **18**, 2387–2404.

Brunner, A. & Kimmins, J. P. 2003. Nitrogen fixation in coarse woody debris of *Thuja plicata* and *Tsuga heterophylla* forests on northern Vancouver Island. *Canadian Journal of Forest Research*, **33**, 1670–1682.

Büche, B. & Lundberg, S. 2002. A new species of deathwatch beetle (Coleoptera: Anobiidae) discovered in Europe. *Entomologica Fennica*, **13**, 79–84.

Buckland, P. C. 2005. Palaeoecological evidence for the Vera hypothesis? In: Hodder, K. H., Bullock, J. M., Buckland, P. C. & Kirby, K. J. (eds.) *Large Herbivores in the Wildwood and Modern Naturalistic Grazing Systems*. English Nature Research Report No. 648, 62–116.

Buckland, P. C. & Dinnin, M. H. 1993. Holocene woodlands, the fossil evidence. In: Kirby, K. J. & Drake, C. M. (eds.) *Deadwood Matters: The Ecology and Conservation of Saproxylic Invertebrates in Britain*. Peterborough, UK: English Nature, 6–20.

Buddle, C. M. 2001. Spiders (Aranea) associated with downed woody material in a deciduous forest in central Alberta, Canada. *Agricultural and Forest Entomology*, **3**, 241–251.

Bull, E. L., Partridge, A. D. & Williams, W. G. 1981. *Creating Snags with Explosives*. Research Note PNW-393. Pacific Northwest Forest and Range Experiment Station: USDA.

Bull, E. L., Nielsen-Pincus, N., Wales, B. C. & Hayes, J. L. 2007. The influence of disturbance events on pileated woodpeckers in Northeastern Oregon. *Forest Ecology and Management*, **243**, 320–329.

Burke, R. M. & Cairney, J. W. G. 2002. Laccases and other polyphenol oxidases in ecto- and ericoid mycorrhizal fungi. *Mycorrhiza*, **12**, 105–116.

Burtin, P., Jay-Allemand, C., Charpentier, J. P. & Janin, G. 1998. Natural wood colouring process in *Juglans* sp. (*J. nigra*, *J. regia* and hybrid *J. nigra × J. regia*) depends on native phenolic compounds accumulated in the transition zone between sapwood and heartwood. *Trees*, **12**, 258–264.

Busby, P. E., Adler, P., Warren, T. L. & Swandon, F. J. 2006. Fates of live trees retained in forest cutting units, western Cascade Range, Oregon. *Canadian Journal of Forest Research*, **36**, 2550–2560.

Buse, J., Schröder, B. & Assmann, T. 2007. Modelling habitat and spatial distribution of an endangered longhorn beetle: a case study for saproxylic insect conservation. *Biological Conservation*, **137**, 372–381.

Busing, R. T. 2005. Tree mortality, canopy turnover, and woody detritus in old cove forests of the southern Appalachians. *Ecology*, **86**, 73–84.

Buswell, J. A. 1991. Fungal degradation of lignin. In: Arora, D. K., Rai, B., Mukerji, K. G. & Knudsen, G. R. (eds.) *Handbook of Applied Mycology, Vol. 1*. New York: Marcel Dekker, 425–480.

Butin, H. 1995. *Tree Diseases and Disorders: Causes, Biology, and Control in Forest and Amenity Trees*. Oxford, New York, Tokyo: Oxford University Press.

Butin, H. & Kowalski, T. 1983a. Die natürliche Astreinigung und ihre biologischen Voraussetzungen. I. Die Pilzflora der Buche (*Fagus sylvatica* L.). *European Journal of Forest Pathology*, **13**, 322–334.

Butin, H. & Kowalski, T. 1983b. Die natürliche Astreinigung und ihre biologischen Voraussetzungen. II. Die Pilzflora der Stieleiche (*Quercus robur* L.). *European Journal of Forest Pathology*, **13**, 428–439.

Butin, H. & Kowalski, T. 1986. Die natürliche Astreinigung und ihre biologischen Voraussetzungen. III. Die Pilzflora von Ahorn, Erle, Birke, Hainbuche und Esche. *European Journal of Forest Pathology*, **16**, 129–138.

Butin, H. & Kowalski, T. 1989. Die natürliche Astreinigung und ihre biologischen Voraussetzungen. IV. Die Pilzflora der Tanne (*Abies alba* Mill.). *Zeitschrift für Mykologie*, **55**, 189–196.

Butin, H. & Kowalski, T. 1990. Die natürliche Astreinigung und ihre biologischen Voraussetzungen. V. Die Pilzflora von Fichte, Kiefer und Lärche. *European Journal of Forest Pathology*, **20**, 44–54.

Bütler, R., Angelstam, P., Ekelund, P. & Schlaepfer, R. 2004. Dead wood threshold values for the three-toed woodpecker presence in boreal and sub-Alpine forest. *Biological Conservation*, **119**, 305–318.

Butler, R. A. & Laurance, F. L. 2008. New strategies for conserving tropical forests. *Trends in Ecology and Evolution*, **23**, 469–472.

Butovitsch, V. 1971. Untersuchen über das Auftreten von Forstschädlingen in den von Schnestürmen heimgesuchten Fichtenwälder des Küstgebiets der Provinz Västernorrland in den Jahren 1967–69 [in Swedish with a German summary]. *Institutionen för Skogszoologi Rapport och Uppsatser*, **8**, 1–204.

Byers, J. A. 1995. Host tree chemistry affecting colonization in bark beetles. *In:* Cardé, R. T. & Bell, W. J. (eds.) *Chemical Ecology of Insects, Vol. 2*. New York: Chapman & Hall, 154–213.

Byers, J. A. 2004. Chemical ecology of bark beetles in a complex olfactory landscape. *In:* Lieutier, F., Day, K. R., Battisti, A., Grégoire, J.-C. & Evans, H. F. (eds.) *Bark and Wood Boring Insects in Living Trees in Europe: A Synthesis*. Dordrecht, Boston, London: Kluwer Academic Publishers, 89–134.

Cairney, J. W. G. 2005. Basidiomycete mycelia in forest soils: dimensions, dynamics and roles in nutrient distribution. *Mycological Research*, **109**, 7–20.

Cairney, J. W. G., Taylor, A. F. S. & Burke, R. M. 2003. No evidence for lignin peroxidase genes in ectomycorrhizal fungi. *New Phytologist*, **160**, 461–462.

Carcaillet, C., Bergman, I., Delorme, S., Hörnberg, G. & Zackrisson, O. 2006. Long-term fire frequency not linked to prehistoric occupations in northern Swedish boreal forests. *Ecology*, **88**, 465–477.

Cardoza, Y. J., Klepzig, K. D. & Raffa, K. F. 2006a. Bacteria in oral secretions of an endophytic insect inhibit antagonistic fungi. *Ecological Entomology*, **31**, 636–645.

Cardoza, Y. J., Paskewitz, S. & Raffa, K. F. 2006b. Travelling through time and space on wings of beetles: a tripartite insect–fungi–nematode association. *Symbiosis*, **41**, 71–79.

Cardoza, Y. J., Moser, J. C., Klepzig, K. D. & Raffa, K. F. 2008. Multipartite symbioses among fungi, mites, nematodes, and the spruce beetle, *Dendroctonus rufipennis*. *Environmental Entomology*, **37**, 956–963.

Carlson, A., Sandström, U. & Olsson, K. 1998. Availability and use of natural tree holes by cavity nesting birds in a Swedish deciduous forest. *Ardea*, **86**, 109–119.

Carlsson, F., Edman, M., Holm, S., Eriksson, A.-M. & Jonsson, B. G. 2011. Increased heat resistance in mycelia from wood fungi prevalent in forests characterized by fire: a possible adaptation to forest fire. *Fungal Biology*, in press.

Carpenter, S. R. 1983. Resource limitation of larval treehole mosquitoes subsisting on beech detritus. *Ecology*, **64**, 219–223.

Cartwright, K. T. St. G. 1937. A reinvestigation into the cause of 'brown oak', *Fistulina hepatica* (huds.) fr. *Transactions of the British Mycological Society*, **21**, 68–83.

Caruso, A. & Rudolphi, J. 2009. Influence of substrate age and quality on species diversity of lichens and bryophytes on stumps. *Bryologist*, **112**, 520–531.

Caruso, A., Rudolphi, J. & Thor, G. 2008. Lichen species diversity and substrate amounts in young planted boreal forests: a comparison between slash and stumps of *Picea abies*. *Biological Conservation*, **141**, 47–55.

Castello, J. D., Shaw, C. G. & Furniss, M. M. 1976. Isolation of *Cryptoporus volvatus* and *Fomes pinicola* from *Dendroctonus pseudotsugae*. *Phytopathology*, **66**, 1431–1434.

Castle, G. & Mileto, R. 2005. *Development of Veteran Tree Site Assessment Protocol*. English Nature Research Reports 628.

Cedergren, J. 2008. Kontinuitetskogar och hyggesfritt skogsbruk. Skogsstyrelsen.

Chambers, J. Q., Higuchi, N., Schimel, J. P., Ferreira, L. V. & Melack, J. M. 2000. Decomposition and carbon cycling of dead trees in tropical forests of the central Amazon. *Oecologia*, **122**, 380–388.

Chambers, S. M., Burke, R. M., Brooks, P. R. & Cairney, J. W. G. 1999. Molecular and biochemical evidence for manganese-dependent peroxidase activity in *Tylospora fibrillosa*. *Mycological Research*, **103**, 1098–1102.

Chandler, P. 2001. *The Flat-footed Flies (Diptera: Opetiidae and Platypezidae) of Europe*. Leiden, Boston, Köln: Brill.

Chao, K.-J., Phillips, O. L., Baker, T. R., Peacock, J., Lopez-Gonzalez, G., Vásquez Martinez, R., Montegudo, A. & Torres-Lezama, A. 2009. After trees die: quantities and determinants of necromass across Amazonia. *Biogeosciences*, **6**, 1615–1626.

Chapela, I. H. 1989. Fungi in healthy stems and branches of American beech and aspen: a comparative study. *New Phytologist*, **113**, 65–75.

Chapela, I. H. & Boddy, L. 1988. Fungal colonization of attached beech branches. II. Spatial and temporal organization of communities arising from latent invaders in bark and functional sapwood, under different moisture regimes. *New Phytologist*, **110**, 47–57.

Chapman, A. D. 2009. *Numbers of Living Species in Australia and the World*, 2nd edition. Canberra: Australian Biological Resources Study.

Chararas, C. & Koutroumpas, A. 1977. Etude comparée de l'equipement osidasique de 2 Lépidoptères Cossidae xylophages (*Cossus cossus* L. et *Zeuzera pyrina* L.) et de divers coléoptères xylophages. *Comptes Rendus de l'Academie des Sciences, Serie D*, **285**, 369–371.

Chen, D. M., Taylor, A. F. S., Burke, R. M. & Cairney, J. W. G. 2001. Identification of genes for lignin peroxidases and manganese peroxidases in ectomycorrhizal fungi. *New Phytologist*, **152**, 151–158.

Chen, N., Siegel, S. M. & Siegel, B. L. 1980. Gravity and land plant evolution: experimental induction of lignification by simulated hypergravity and water stress. *Life Sciences and Space Research*, **18**, 193–198.

Chin, K. 2007. The paleobiological implications of herbivorous dinosaur coprolites from the upper Cretaceous Two Medicine formation of Montana: why eat wood? *Palaios*, **22**, 554–566.

Christensen, M. & Heilmann-Clausen, J. 2009. Forest biodiversity gradients and the human impact in Annapurna Conservation Area, Nepal. *Biodiversity and Conservation*, **18**, 2205–2221.

Christensen, M., Rayamajhi, S. & Meilby, H. 2009. Balancing fuelwood and biodiversity concerns in rural Nepal. *Ecological Modelling*, **220**, 522–532.

Christiansen, E. 1992. After-effects of drought did not predispose young *Picea abies* to infection by bark beetle-transmitted blue-stain fungus *Ophiostoma polonicum*. *Scandinavian Journal of Forest Research*, **7**, 557–569.

Christiansen, E. & Solheim, H. 1990. The bark beetle-associated blue-stain fungus *Ophiostoma polonicum* can kill various spruces and Douglas fir. *European Journal of Forest Pathology*, **20**, 436–446.

Clark, D. B. & Clark, D. A. 1996. Abundance, growth and mortality of very large trees in neotropical lowland rain forest. *Forest Ecology and Management*, **80**, 235–244.

Clements, D. K. & Alexander, K. N. A. 2009. A comparative study of the invertebrate faunas of hedgerows of differing ages, with particular reference to indicators of ancient woodland and 'old growth'. *Journal of Practical Ecology and Conservation*, **8**, 7–27.

Cleveland, L. R. 1924. The physiological and symbiotic relationships between the intestinal protozoa of termites and their host, with special reference to *Reticulitermes flavipes* Kollar. *Biological Bulletin*, **46**, 203–227.

Cleveland, L. R., Hall, S. R., Sanders, E. P. & Collier, J. 1934. *The Wood-feeding Roach Cryptocerus, its Protozoa, and the Symbiosis between Protozoa and Roach*. Memoirs of the American Academy of Arts and Sciences, Vol. 17. Menasha, WI: George Banta Publishing Co., 185–342.

Cline, A. R. & Leschen, R. A. B. 2005. Coleoptera associated with the oyster mushroom, *Pleurotus ostreatus* Fries, in North America. *Southeastern Naturalist*, **4**, 409–420.

Cobb, F. W., Jr., Krstic, M., Zavarin, E. & Barber, H. W., Jr. 1968. Inhibitory effects of volatile oleoresin components on *Fomes annosus* and four *Ceratocystis* species. *Phytopathology*, **58**, 1327–1335.

Cockle, K., Martin, K. & Wiebe, K. 2008. Availability of cavities for nesting birds in the Atlantic forest, Argentina. *Ornitologia Neotropical*, **19** (Suppl.), 269–278.

Cognato, A. I. & Grimaldi, D. 2009. 100 million years of morphological conservation in bark beetles (Coleoptera: Curculionidae: Scolytinae). *Systematic Entomology*, **34**, 93–100.

Cohen, J. E., Briand, F. & Newman, C. M. 1990. *Community Food Webs: Data and Theory*.

Berlin, Springer-Verlag.

Condit, R., Hubbel, S. P. & Foster, R. B. 1995. Mortality rates of 205 neotropical tree and shrub species and the impact of a severe drought. *Ecological Monographs*, **65**, 419–439.

Conner, R. N. & Locke, B. A. 1982. Fungi and red-cockaded woodpecker cavity trees. *Wilson Bulletin*, **94**, 64–70.

Conner, R. N., Miller, O. K. J. & Adkisson, C. S. 1976. Woodpecker dependence on trees infected by fungal heart rots. *Wilson Bulletin*, **88**, 575–581.

Connor, E. F. & McCoy, E. D. 1979. The statistics and biology of the species–area relationship. *American Naturalist*, **113**, 791–833.

Cooper, S. J. 1999. The thermal and energetic significance of cavity roosting in mountain chickadees and juniper titmice. *Condor*, **101**, 863–866.

Cornelius, C., Cockle, K., Politi, N., Berkunsky, I., Sandoval, L., Ojeda, V., Rivera, L., Hunter, M. J. & Martin, K. 2008. Cavity-nesting birds in Neotropical forests: cavities as a potentially limiting resource. *Ornitologia Neotropical*, **19** (Suppl.), 253–268.

Covert-Bratland, K. A., Block, W. M. & Theimer, T. C. 2006. Hairy woodpecker winter ecology in ponderosa pine forests representing different ages since wildfire. *Journal of Wildlife Management*, **70**, 1379–1392.

Craighead, F. C. 1928. Interrelation of tree killing bark beetles (*Dendroctonus*) and blue stain. *Journal of Forestry*, **26**, 886–887.

Crane, P. R., Herendeen, P. & Friis, E. M. 2004. Fossils and plant phylogeny. *American Journal of Botany*, **91**, 1683–1699.

Crawford, D. L. & Sutherland, J. B. 1979. The role of Actinomycetes in the decomposition of lignocellulose. *Developments in Industrial Microbiology*, **20**, 143–151.

Croisé, L., Lieutier, F., Cochard, H. & Dreyer, E. 2001. Effects of drought stress and high density stem inoculations with *Leptographium wingfieldii* on hydraulic properties of young Scots pine trees. *Tree Physiology*, **21**, 427–436.

Crook, D. A. & Robertson, A. I. 1999. Relationships between riverine fish and woody debris: implications for lowland rivers. *Marine and Freshwater Research*, **50**, 941–953.

Crowson, R. A. 1981. *The Biology of the Coleoptera*. London: Academic Press.

Crowson, R. A. 1984. The associations of Coleoptera with Ascomycetes. *In:* Wheeler, Q. & Blackwell, M. (eds.) *Fungus–Insect Relationships: Perspectives in Ecology and Evolution*. New York: Columbia University Press, 256–285.

Cruden, D. L. & Markovetz, A. J. 1979. Carboxy-methylcellulase decomposition by intestinal bacteria of cockroaches. *Applied and Environmental Microbiology*, **38**, 369–372.

Cullen, D. 1997. Recent advances on the molecular genetics of lignolytic fungi. *Journal of Biotechnology*, **53**, 273–289.

Currie, D. J. 1991. Energy and large-scale patterns of animal and plant species richness. *American Naturalist*, **137**, 27–49.

Dahlberg, A. & Stokland, J. N. 2004. *Substrate Requirements of Wood-inhabiting Species: A Compilation and Analysis of 3600 Species* [in Swedish with an English summary]. Skogsstyrelsen Rapport 2004: 7, 75 pp.

Dahlberg, A., Allmér, J., Kruys, N., Nyström, K., Hyvönen, R., Ågren, G. & Madji, H. 2005.

Carbon availability in litter for saprotrophic fungi in Norway spruce forests: a modelling approach of mass and flux of dead plant matter from the tree-, field-, and bottom-layer. *In:* Allmér, J. (ed.) *Fungal Communities in Branch Litter of Norway Spruce: Dead Wood Dynamics, Species Detection and Substrate Preferences.* Uppsala: SLU.

Dahlsten, D. L. & Stephen, F. M. 1974. Natural enemies and insect associates of the mountain pine beetle, *Dendroctonus ponderosae* (Coleoptera: Scolytidae), in sugar pine. *Canadian Entomologist*, **106**, 1211–1217.

Dahlström, N. & Nilsson, C. 2006. The dynamics of coarse woody debris in boreal Swedish forests are similar between stream channels and adjacent riparian forests. *Canadian Journal of Forest Research*, **36**, 1139–1148.

Dai, Y.-C., Cui, B.-K. & Yuan, H.-S. 2009. *Trichaptum* (Basidiomycota, Hymenochaetales) from China with description of three new species. *Mycological Progress*, **8**, 281–287.

Daily, G. C., Ehrlich, P. R. & Haddad, N. M. 1993. Double keystone bird in a keystone species complex. *Proceedings of the National Academy of Sciences of the USA*, **90**, 592–594.

Dajoz, R. 1966. Ecologie et biologie des coléoptères xylophages de la hêtraie. *Vie et Milieu*, **17**, 525–736.

Dajoz, R. 1977. Les biocénoses de coléoptères terricoles et xylophages de la Haute Vallée d'Aure et du Massif de Néouvielle (Hautes-Pyrénées). *Bulletin des Naturalistes Parisiens, Nouvelle Série*, **31**, 1–36.

Dajoz, R. 2000. *Insects and Forests: The Role and Diversity of Insects in the Forest Environment.* Paris: Intercept.

Darling, D. C. & Packer, L. 1988. Effectiveness of Malaise traps in collecting Hymenoptera: the influence of trap design, mesh size, and location. *Canadian Entomologist*, **120**, 787–796.

Day, M. E., Greenwood, M. S. & White, A. S. 2001. Age-related changes in foliar morphology and physiology in red spruce and their influence on declining photosynthetic rates and productivity with tree age. *Tree Physiology*, **21**, 1195–1204.

De Belie, N., Richardson, M., Braam, C. R., Svennerstedt, B., Lenehan, J. J. & Sonck, J. J. 2000. Durability of building materials and components in the agricultural environment. Part I. The agricultural environment and timber structures. *Journal of Agricultural Engineering Research*, **75**, 225–241.

De Grandpré, L., Morissette, J. & Gauthier, S. 2000. Long-term post-fire changes in the northeastern boreal forest of Quebec. *Journal of Vegetation Science*, **11**, 791–800.

Debeljak, M. 2006. Coarse woody debris in virgin and managed forest. *Ecological Indicators*, **6**, 733–742.

Déchêne, A. D. & Buddle, C. M. 2010. Decomposing logs increase oribatid mite assemblage diversity in mixed-wood boreal forest. *Biodiversity and Conservation*, **19**, 237–256.

Deflorio, G., Barry, K. M., Johnson, C. & Mohammed, C. L. 2007. The influence of wound location on decay extent in plantation-grown *Eucalyptus globulus* and *Eucalyptus nitens*. *Forest Ecology and Management*, **242**, 353–362.

Delancey, J. B., Majka, C. G., Bondrup-Nielsen, S. & Peck, S. B. 2009. Deadwood and saproxylic beetle diversity in naturally disturbed and managed spruce forests in Nova

Scotia. *ZooKeys*, **22**, 309–340.

Delaney, M., Brown, S., Lugo, A. E., Torres-Lezama, A. & Quintero, N. B. 1998. The quantity and turnover of dead wood in permanent forest plots in six life zones of Venezuela. *Biotropica*, **30**, 2–11.

DellaSala, D. A., Staus, N. L., Strittholt, J. R., Hackman, A. & Jacobelli, A. 2001. An updated protected areas database for the United States and Canada. *Natural Areas Journal*, **21**, 124–135.

DellaSala, D. A., Karr, J. R., Schoenagel, T., Perry, D., Noss, R. F., Lindenmayer, D. B., Beschta, R., Hutto, R. L., Swanson, M. E. & Evans, J. 2006. Post-fire logging debate ignores many issues. *Science*, **314**, 51.

den Boer, P. J. 1996. *Regulation and Stabilization Paradigms in Population Ecology*. Population and Community Biology Series, No. 16. London: Chapman & Hall.

Dennis, R. L. 1970. A middle Pennsylvanian basidiomycete with clamp connections. *Mycologia*, **62**, 578–584.

Denton, J. & Chandler, P. 2005. Rotherfield Park, North Hampshire: an important site for saproxylic Coleoptera, Diptera and other insects. *British Journal of Entomology and Natural History*, **18**, 9–15.

Desprez-Lousteau, M.-L., Marçais, B., Nageleisen, L.-M., Piou, D. & Vannini, A. 2006. Interactive effects of drought and pathogens in forest trees. *Annals of Forest Science*, **63**, 595–610.

Dial, R. J. 1995. Species-area curves and Koopowitz et al.'s simulation on stochastic extinctions. *Conservation Biology*, **9**, 960–961.

Distel, D. L. & Roberts, S. J. 1997. Bacterial endosymbionts in the gills of the deep-sea wood-boring bivalves *Xylophaga atlantica* and *Xylophaga washingtona*. *Biological Bulletin*, **192**, 253–261.

Dix, N. J. 1985. Changes in relationship between water content and water potential after decay and its significance for fungal successions. *Transactions of the British Mycological Society*, **85**, 649–653.

Djupström, L. B., Weslien, J. & Schroeder, M. K. 2008. Dead wood and saproxylic beetles in set-aside and non-set-aside forest in a boreal region. *Forest Ecology and Management*, **255**, 3340–3350.

Dollin, P. E., Majka, C. G. & Duinker, P. N. 2008. Saproxylic beetle (Coleoptera) communities and forest management practices in coniferous stands in southwestern Nova Scotia, Canada. *ZooKeys*, **2**, 291–336.

Donisthorpe, H. 1935. The British fungicolous Coleoptera. *Entomologist's Monthly Magazine*, **71**, 21–31.

Donnelly, D. P. & Boddy, L. 1998. Developmental and morphological responses of mycelial systems of *Stropharia caerulea* and *Phanerochaete velutina* to soil nutrient enrichment. *New Phytologist*, **138**, 519–531.

Dorado, J., Claassen, F. W., van Beek, T. A., Lenon, G., Wijnberg, B. P. A. & Sierra-Alvarez, R. 2000. Elimination and detoxification of softwood extractives by white-rot fungi. *Journal of Biotechnology*, **80**, 231–240.

Doyle, J. A. 2008. Integrating molecular phylogenetic and paleobotanical evidence on origin of the flower. *International Journal of Plant Sciences*, **169**, 816–843.

Drossel, B. & McCane, A. J. 2003. Modelling food webs. *In:* Bornholdt, S. & Schuster, H. G. (eds.) *Handbook of Graphs and Networks*. Berlin: Wiley-VCH, 218–247.

Dubois, G. & Vignon, V. 2008. First results of radio-tracking of *Osmoderma eremita* (Coleoptera: Cetoniidae) in French chestnut orchards. *Revue d'Ecologie: La Terre et la Vie*, **63**, 123–130.

Dubois, G. F., Vignon, V., Delettre, Y. R., Rantier, Y., Vernon, P. & Burel, F. 2009. Factors affecting the occurrence of the endangered saproxylic beetle *Osmoderma eremita* (Scopoli, 1763) (Coleoptera: Cetoniidae) in an agricultural landscape. *Landscape and Urban Planning*, **91**, 152–159.

Dubois, G. F., Le Gouar, P. J., Delettre, Y. R., Brustel, H. & Vernon, P. 2010. Sex-biased and body condition dependent dispersal capacity in the endangered saproxylic beetle *Osmoderma eremita* (Coleoptera: Cetoniidae). *Journal of Insect Conservation*, **14**, 679–687.

Dudley, T. L. & Anderson, N. H. 1982. A survey of invertebrates associated with wood debris in aquatic habitats. *Melanderia*, **39**, 1–21.

Dunn, J. P. & Lorio, P. L. 1993. Modified water regimes affect photosynthesis, xylem water potential, cambial growth, and resistance of juvenile *Pinus taeda* L. to *Dendroctonus frontalis*, Coleoptera, Scolytidae. *Environmental Entomology*, **22**, 948–957.

Duvall, M. D. & Grigal, D. F. 1999. Effects of timber harvest on coarse woody debris in red pine forests across the Great Lakes states, USA. *Canadian Journal of Forest Research*, **29**, 1926–1934.

Dybas, H. S. 1956. A new genus of minute fungus-pore beetles from Oregon (Coleoptera: Ptiliidae). *Fieldiana Zoology*, **34**, 441–448.

Dybas, H. S. 1976. The larval characters of featherwing and limulodid beetles and their family relationships in the Staphylinoidea (Coleoptera: Ptiliidae and Limulodidae). *Fieldiana Zoology*, **70**, 29–78.

Dyke, A. S., England, J., Reimnitz, E. & Jette, H. 1997. Changes in driftwood delivery to the Canadian Arctic archipelago: the hypothesis of postglacial oscillations of the transpolar drift. *Arctic*, **50**, 1–16.

Edman, M. & Jonsson, B. G. 2001. Spatial pattern of downed logs and wood-decaying fungi in an old-growth *Picea abies* forest. *Journal of Vegetation Science*, **12**, 609–620.

Edman, M., Gustafsson, M., Stenlid, J., Jonsson, B. G. & Ericson, L. 2004a. Spore deposition of wood-decaying fungi: importance of landscape composition. *Ecography*, **27**, 103–111.

Edman, M., Kruys, N. & Jonsson, B. G. 2004b. Local dispersal sources strongly affect colonisation patterns of wood-decaying fungi on experimental logs. *Ecological Applications*, **14**, 893–901.

Edman, M., Möller, R. & Ericson, L. 2006. Effects of enhanced tree growth rate on the decay capacities of three saprotrophic wood-fungi. *Forest Ecology and Management*, **232**, 12–18.

Edman, M., Jönsson, M. & Jonsson, B. G. 2007. Small-scale fungal- and wind-mediated disturbances strongly influence the temporal availability of logs in an old-growth *Picea abies* forest. *Ecological Applications*, **17**, 482–490.

Eggleton, P. 2000. Global patterns of termite diversity. *In:* Abe, T., Bignell, D. E. & Higashi, M.

(eds.) *Termites: Evolution, Sociality, Symbioses, Ecology*. Dordrecht: Kluwer Academic Publishers, 25–51.

Eggleton, P. & Belshaw, R. 1992. Insect parasitoids: an evolutionary overview. *Philosophical Transactions of the Royal Society of London, Series B*, **337**, 1–20.

Eggleton, P. & Tayasu, I. 2001. Feeding groups, lifetypes and the global ecology of termites. *Ecological Research*, **16**, 941–960.

Egnell, G. & Valinger, E. 2003. Survival, growth, and growth allocation of planted Scots pine trees after different levels of biomass removal in clear-felling. *Forest Ecology and Management*, **177**, 65–74.

Ehle, D. S. & Baker, W. L. 2003. Disturbance and stand dynamics in ponderosa pine forests in Rocky Mountain National Park, USA. *Ecological Monographs*, **73**, 543–566.

Ehnström, B. 1983. Faunistic notes on tree-living beetles (Coleoptera) [in Swedish with an English summary]. *Entomologisk Tidskrift*, **104**, 75–79.

Ehnström, B. & Axelsson, R. 2002. *Insektsgnag i bark och ved* [*Insect Galleries in Bark and Wood, in Swedish*]. Uppsala: ArtDatabanken, SLU.

Ehnström, B. & Waldén, H. W. 1986. *Faunavård i skogsbruket – den lägre faunan* [Fauna Management in Forestry - the Invertebrate Fauna, in Swedish]. Jönköping: Skogsstyrelsen.

Elias, S. A., Webster, L. & Amer, M. 2009. A beetle's eye view of London from the Mesolithic to Late Bronze Age. *Geological Journal*, **44**, 537–567.

Eliasson, P. & Nilsson, S. G. 2002. 'You should hate young oaks and young noblemen': the environmental history of oaks in eighteenth- and nineteenth- century Sweden. *Environmental History*, **7**, 659–677.

Ellis, A. M., Lounibos, L. P. & Holyoak, M. 2006. Evaluating the long-term metacommunity dynamics of tree hole mosquitoes. *Ecology*, **87**, 2582–2590.

Engel, M. S., Grimaldi, D. A. & Krishna, K. 2009. Termites (Isoptera): their phylogeny, classification, and rise to ecological dominance. *American Museum Novitates*, **3650**, 1–27.

Eriksson, A.-M., Edman, M., Ohlsson, J., Toivanen, S. & Jonsson, B. G. submitted. Restoration fires as a conservation tool: effects on deadwood heterogeneity and availability.

Eriksson, K.-E., Blanchette, R. A. & Ander, P. 1990. *Microbial and Enzymatic Degradation of Wood and Wood Components*. Berlin: Springer-Verlag.

Eriksson, O. 1996. Regional dynamics of plants: a review of evidence for remnant, source–sink and metapopulations. *Oikos*, **77**, 248–258.

Eriksson, P. 2000. Long term variation in population densities of saproxylic Coleoptera species at the river of Dalälven, Sweden [in Swedish with an English summary]. *Entomologisk Tidskrift*, **121**, 119–135.

Erwin, T. L. 1982. Tropical forests: their richness in Coleoptera and other arthropod species. *Coleopterists Bulletin*, **36**, 74–75.

Esseen, P.-A., Ehnström, B., Ericson, L. & Sjöberg, K. 1992. Boreal forests: the focal habitats of Fennoscandia. *In:* Hanson, L. (ed.) *Ecological Principles of Nature Conservation*. London: Elsevier, 252–323.

Esseen, P.-A., Ehnström, B., Ericson, L. & Sjöberg, K. 1997. Boreal forests. *Ecological Bulletins*, **46**, 16–47.

Evans, K. L., Warren, P. H. & Gaston, K. J. 2005. Species–energy relationships at the macroecological scale: a review of the mechanisms. *Biological Reviews*, **80**, 1–25.

Evans, W. G. 1966. Perception of infrared radiation from forest fires by *Melanophila acuminata* DeGeer (Buprestidae, Coleoptera). *Ecology*, **47**, 1061–1065.

Evans, W. G. 1971. The attraction of insects to forest fires. In: Komarek, E.V. (ed.) *Proceedings of the Tall Timbers Conference on Ecological Animal Control by Habitat Management, Volume 3*. FL-Tallahassee: University of Florida, Department of Entomology, 115–127.

Evenhuis, N. L. 2006. *Catalog of the Keroplatidae of the World (Insecta: Diptera)*. Bishop Museum Bulletin in Entomology, No. 13.

Fahrig, L. 2002. Effect of habitat fragmentation on the extinction threshold: a synthesis. *Ecological Applications*, **12**, 346–353.

Fäldt, J., Jonsell, M., Nordlander, G. & Borg-Karlsson, A. K. 1999. Volatiles of the bracket fungi *Fomitopsis pinicola* and *Fomes fomentarius* and their functions as insect attractants. *Journal of Chemical Ecology*, **25**, 567–590.

FAO 2002. *International Standards for Phytosanitary Measures: Guidelines for Regulating Wood Packaging Material in International Trade*. Rome: FAO of the UN.

FAO 2006. *Global Forest Resources Assessment 2005: Progress towards Sustainable Forest Management*. Rome: FAO.

Farjon, A. 2003. The remaining diversity of conifers. *Acta Horticulturae*, **615**, 75–89.

Farrell, B. D., Sequeira, A. S., O'Meara, B. C., Normark, B. B., Chung, J. H. & Jordal, B. H. 2001. The evolution of agriculture in beetles (Curculionidae: Scolytinae and Platypodinae). *Evolution*, **55**, 2011–2027.

Farris, K. L., Huss, M. J. & Zack, S. 2004. The role of foraging woodpeckers in the decomposition of ponderosa pine snags. *Condor*, **106**, 50–59.

Fauria, M. M. & Johnson, E. A. 2008. Climate and wildfires in the North American boreal forest. *Philosophical Transactions of the Royal Society, Series B*, **363**, 2317–2329.

Fay, N. & de Berger, N. 1997. *Veteran Trees Initiative: Specialist Survey Method*. Peterborough, UK: English Nature.

Fay, N. & de Berger, N. 2003. *Evaluation of the Specialist Survey Method for Veteran Tree Recording*. English Nature Research Reports 529.

Ferguson, B. A., Dreisbach, T. A., Parks, C. G., Filip, G. M. & Schmitt, C. L. 2003. Coarse-scale population structure of pathogenic *Armillaria* species in a mixed-conifer forest in the Blue Mountains of northeast Oregon. *Canadian Journal of Forest Research*, **33**, 612–623.

Ferrar, P. A. 1987. *A Guide to the Breeding Habits and Immature Stages of Diptera Cyclorrhapha*. Entomograph.

Field, C. B., Campbell, J. E. & Lobell, D. B. 2007. Biomass energy: the scale of the potential resource. *Trends in Ecology and Evolution*, **23**, 65–72.

Fielder, H. J. & Hunger, W. 1963. Über den Einfluss einer Kalkdüngung auf Vorkommen, Wachstum und Nährelementgehalt höherer Pilze im Fichtenbestand. *Archiv für das Forstwesen*, **12**, 936–962.

Fielding, N. J. & Evans, H. F. 1996. The pine wood nematode *Bursaphelenchus xylohilus* (Steiner and Buhrer) Nickle (= *B. lignicolus* Mamiya and Kiohara): an assessment of the current position. *Forestry*, **69**, 36–46.

Filion, L., Payette, S., Robert, E. C., Delwaide, E. C. & Lemieux, C. 2006. Insect-induced tree dieback and mortality gaps in high-altitude balsam fir forests of northern New England and adjacent areas. *Ecoscience*, **13**, 275–287.

Fischer, A., Lindner, M., Abs, C. & Lasch, P. 2002. Vegetation dynamics in central European forest ecosystems (near-natural as well as managed) after storm events. *Folia Geobotanica*, **37**, 17–32.

Fisher, D. O. & Owens, I. P. F. 2004. The comparative method in conservation biology. *Trends in Ecology and Evolution*, **19**, 391–398.

Flodin, K. & Fries, N. 1978. Studies on volatile compounds from *Pinus silvestris* and their effect on wood-decomposing fungi. II. Effects of some volatile compounds on fungal growth. *European Journal of Forest Pathology*, **8**, 300–310.

Flores, G. & Hubbes, M. 1980. The nature and role of phytoalexin produced by aspen (*Populus tremuloides* Michx). *European Journal of Forest Pathology*, **10**, 95–103.

Foit, J. 2010. Distribution of early-arriving saproxylic beetles on standing dead Scots pine trees. *Agricultural and Forest Entomology*, **12**, 133–141.

Forsman, J. T. & Mönkkönen, M. 2003. The role of climate in limiting European resident bird populations. *Journal of Biogeography*, **30**, 55–70.

Fortelius, M. J., Eronen, J., Jernvall, J., Liu, L., Pushkina, J., Rinne, A., Tesakov, I., Vislobokova, Z., Zhang, Z. & Zhou, L. 2002. Fossil mammals resolve regional patterns of Eurasian climate change over 20 million years. *Evolutionary Ecology Research*, **4**, 1005–1016.

Fossli, T. E. & Andersen, J. 1998. Host preference of Cisidae (Coleoptera) on tree-inhabiting fungi in northern Norway. *Entomologica Fennica*, **9**, 65–78.

Foster, D. R. & Boose, E. R. 1992. Patterns of forest damage resulting from catastrophic wind in central New England, USA. *Journal of Ecology*, **80**, 79–98.

Foster, R. W. & Kurta, A. 1999. Roosting ecology of the northern bat (*Myotis septentrionalis*) and comparisons with the endangered Indiana bat (*Myotis sodalis*). *Journal of Mammalogy*, **80**, 659–672.

Foucard, T. 2001. *Svenska skorplavar och svampar som växer på dem.* [Swedish Crustose Lichens and Fungi that Grow on them, in Swedish] Stockholm: Interpublishing.

Fowles, A. P., Alexander, K. N. A. & Key, R. S. 1999. The saproxylic quality index: evaluating wooded habitats for the conservation of dead-wood Coleoptera. *Coleopterist*, **8**, 121–141.

Fox, J. C., Hamilton, F. & Ades, P. K. 2008. Models of tree-level hollow incidence in Victorian State forests. *Forest Ecology and Management*, **255**, 2846–2857.

Framstad, E., Berglund, H., Gundersen, V., Heikkilä, R., Lankinen, N., Peltola, T., Risbøl, O. & Weih, M. 2009. *Increased Biomass Harvesting for Bioenergy: Effects on Biodiversity, Landscape Amenities and Cultural Heritage Values.* Copenhagen: Nordic Council of Ministers.

Franc, V. 1997. Old trees in urban environments: refugia for rare and endangered beetles (Coleoptera). *Acta Universitatis Carolinae Biologica*, **41**, 273–283.

Franceschi, V. R., Krokene, P., Christiansen, E. & Krekling, T. 2005. Anatomical and chemical defenses of conifer bark against bark beetles and other pests. *New Phytologist*, **167**, 353–376.

Franklin, J. F. & Dyrness, C. T. 1973. *Natural Vegetation of Oregon and Washington*. USDA Forest Service, Pacific Northwest Forest and Range Experiment Station.

Franklin, J. F., Shugart, H. H. & Harmon, M. E. 1987. Tree death as an ecological process: the causes, consequences, and variability of tree mortality. *BioScience*, **37**, 550–556.

Franklin, J. F., Berg, D. R., Thornburgh, D. A. & Tappeiner, J. C. 1997. Alternative silvicultural approaches to timber harvesting: variable retention harvest systems. *In:* Kohm, K. A. & Franklin, J. F. (eds.) *Creating a Forestry for the 21st Century*. Washington, DC: Island Press, 111–140.

Franklin, J. F., Spies, T. A., Van Pelt, R., Carey, A. B., Thornburgh, D. A., Berg, D. R., Lindenmayer, D. B., Harmon, M. E., Keeton, W. S., Shaw, D. C., Bible, K. & Chen, J. Q. 2002. Disturbances and structural development of natural forest ecosystems with silvicultural implications, using Douglas-fir forests as an example. *Forest Ecology and Management*, **155**, 399–423.

Fraver, S. & White, A. S. 2005. Disturbance dynamics of old-growth *Picea rubens* forests of northern Maine. *Journal of Vegetation Science*, **16**, 597–610.

Fraver, S., Seymour, R. S., Speer, J. H. & White, A. S. 2007. Dendrochronological reconstruction of spruce budworm outbreaks in northern Maine, USA. *Canadian Journal of Forest Research*, **37**, 523–529.

Fraver, S., Jonsson, B. G., Jönsson, M. & Esseen, P.-A. 2008. Demographics and disturbance history of a boreal old-growth *Picea abies* forest. *Journal of Vegetation Science*, **19**, 789–798.

Frelich, L. E. & Lorimer, C. G. 1991. Natural disturbance regimes in hemlock-hardwood forests of the upper Great Lakes region. *Ecological Monographs*, **61**, 145–164.

Fridman, J. & Walheim, M. 2000. Amount, structure and dynamics of dead wood on managed forestland in Sweden. *Forest Ecology and Management*, **131**, 23–26.

Fukasawa, Y., Osono, T. & Takeda, H. 2009. Dynamics of physiochemical properties and occurrence of fungal fruit bodies during decomposition of coarse woody debris of *Fagus crenata*. *Journal of Forest Research*, **14**, 20–29.

Gandhi, K. J. K., Gilmore, D. W., Katovich, S. A., Mattson, W. J., Spence, J. R. & Seybold, S. J. 2007. Physical effects of weather events on the abundance and diversity of insects in North American forests. *Environmental Reviews*, **15**, 113–152.

Ganter, P. F., Starmer, W. T., Lachance, M.-A. & Pfaff, H. J. 1986. Yeast communities from host plants and associated *Drosophila* in southern Arizona: new isolations and analysis of the relative importance of hosts as vectors on community composition. *Oecologia*, **70**, 386–392.

Gara, R. I., Werner, R. A., Whitmore, M. C. & Holsten, E. H. 1995. Arthropod associates of the spruce beetle *Dendroctonus rufipennis* (Kirby) (Col., Scolytidae) in spruce stands of south-central and interior Alaska. *Journal of Applied Entomology*, **119**, 585–590.

Garbaye, J., Kabre, A., Le Tacon, F., Moussain, D. & Piou, D. 1979. Fertilization minérale et fructification des champignons supérieurs en hêtraie. *Annales des Sciences Forestieres*, **36**, 151–164.

Gärdenfors, U. 2010. *The 2010 Red List of Swedish Species*. Uppsala: ArtDatabanken, SLU.

Gärdenfors, U. & Baranowski, R. 1992. Beetles living in open deciduous forests prefer different tree species than those living in dense forests [in Swedish with an English summary]. *Entomologisk Tidskrift*, **113**, 1–11.

Gardiner, L. M. 1957. Deterioration of fire-killed pine in Ontario and the causal wood-boring beetles. *Canadian Entomologist*, **89**, 241–263.

Garrett, S. D. 1951. Ecological groups of soil fungi: a survey of substrate relationships. *New Phytologist*, **50**, 149–166.

Gause, I. 1934. *The Struggle for Existence*. Baltimore, MD: Williams & Wilkins.

Gebauer, G. & Taylor, A. F. S. 1999. ^{15}N natural abundance in fruit bodies of different functional groups of fungi in relation to substrate utilization. *New Phytologist*, **142**, 93–101.

Gerell, R. 2000. The importance of avenues for threatened saproxylic beetles [in Swedish with an English summary]. *Entomologisk Tidskrift*, **121**, 59–66.

German, D. P. & Bittong, R. A. 2009. Digestive enzyme activity and gastrointestinal fermentation in wood-eating catfishes. *Journal of Comparative Physiology, B*, **179**, 1025–1042.

Ghent, A. W., Fraser, D. A. & Thomas, J. B. 1957. Studies of regeneration in forest stands devastated by the spruce budworm. *Forest Science*, **3**, 184–208.

Gibb, H., Ball, J. P., Johansson, T., Atlegrim, O., Hjältén, J. & Danell, K. 2005. Effects of management on coarse woody debris volume and composition in boreal forests in northern Sweden. *Scandinavian Journal of Forest Research*, **20**, 213–222.

Gibbons, P. & Lindenmayer, D. B. 2002. *Tree Hollows and Wildlife Conservation in Australia*. Melbourne: CSIRO Publishing.

Gibbons, P., Lindenmayer, D. B., Barry, S. C. & Tanton, M. T. 2002. Hollow selection by vertebrate fauna in forests of southeastern Australia and implications for forest management. *Biological Conservation*, **103**, 1–12.

Gibbs, J. N. 1978. Intercontinental epidemiology of Dutch elm disease. *Annual Review of Phytopathology*, **16**, 287–307.

Gibbs, J. N. 1993. The biology of ophiostomatoid fungi causing sapstain in trees and freshly cut logs. *In:* Wingfield, M. J., Seifert, K. A. & Webber, J. F. (eds.) *Ceratocystis and Ophiostoma: Taxonomy, Ecology and Pathogenicity*. St. Paul, MN: APS Press, 153–160.

Gibbs, J. P., Hunter, M. L. & Melvin, S. M. 1993. Snag availability and communities of cavity-nesting birds in tropical versus temperate forests. *Biotropica*, **25**, 236–241.

Gierlinger, N., Jacques, D., Schwanninger, M., Wimmer, R. & Paques, L. E. 2004. Heartwood extractives and lignin content of different larch species (*Larix* sp.) and relationships to brown-rot decay-resistance. *Trees: Structure and Function*, **18**, 230–236.

Gilbert, G. S. & Sousa, W. P. 2002. Host specialization among wood-decay polypore fungi in a Caribbean mangrove forest. *Biotropica*, **34**, 396–404.

Gilbert, G. S., Gorospe, J. & Ryvarden, L. 2008. Host and habitat preferences of polypore fungi in Micronesian tropical flooded forests. *Mycological Research*, **112**, 674–680.

Gilbertson, R. L. 1980. Wood-rotting fungi of North America. *Mycologia*, **72**, 1–49.

Gill, A. M. & McCarthy, M. A. 1998. Intervals between prescribed fires in Australia: what intrinsic variation should apply? *Biological Conservation*, **85**, 161–169.

Gitlin, A. R., Sthultz, C. M., Bowker, M. A., Stumpf, S., Paxton, C. L., Kennedy, K., Muños, A., Bailey, J. K. & Whitham, T. G. 2006. Mortality gradients within and among dominant plant populations as barometers of ecosystem change during extreme drought. *Conservation Biology*, **20**, 1477–1486.

Gjerdrum, P. 2003. Heartwood in relation to age and growth rate in *Pinus sylvestris* L. in Scandinavia. *Forestry*, **76**, 413–424.

Glenn, J. K., Morgan, M. A., Mayfield, M. B., Kuwahara, M. & Gold, M. H. 1983. An extracellular H_2O_2-requiring enzyme preparation involved in lignin biodegradation by the white-rot basidiomycete *Phanerochaete chrysosporium*. *Biochemical and Biophysical Research Communications*, **114**, 1077–1083.

Glenz, C., Schlaepfer, R., Iorgulescu, I. & Kienast, F. 2006. Flooding tolerance of Central European tree and shrub species. *Forest Ecology and Management*, **235**, 1–13.

Gönczöl, J. & Revay, A. 2003. Treehole fungal communities: aquatic, aero-aquatic and dematiaceous hyphomycetes. *Fungal Diversity*, **12**, 19–34.

González, A. E., Martínez, A. T., Almendros, G. & Grinbergs, J. 1989. A study of yeasts during the delignification and fungal transformation of wood into cattle feed in Chilean rain forest. *Antonie van Leeuwenhoek*, **55**, 221–236.

Goodell, B. 2003. Brown-rot fungal degradation of wood: our evolving view. In: Goodell, B., Nicholas, D. D. & Schultz, T. P. (eds.) *Wood Deterioration and Preservation: Advances in our Changing World*. ACS Symposium Series, Vol. 845. Washington, DC: American Chemical Society, 97–118.

Goodell, B., Jellison, J., Liu, J., Daniel, G., Paszczynski, A., Fekete, F., Krishnamurthy, S., Jun, L. & Xu, G. 1997. Low molecular weight chelators and phenolic compounds isolated from wood decay fungi and their role in the fungal biodegradation of wood. *Journal of Biotechnology*, **53**, 133–162.

Graham, S. A. 1925. The felled tree trunk as an ecological unit. *Ecology*, **6**, 397–411.

Grandtner, M. M. 2005. *Elsevier's Dictionary of Trees, Volume 1: North America*. Amsterdam: Elsevier.

Graves, R. C. 1960. Ecological observations of the insects and other inhabitants of woody shelf fungi (Basidiomycetes: Polyporaceae) in the Chicago area. *Annals of the Entomological Society of America*, **53**, 61–78.

Greaves, H. 1971. The bacterial factor in wood decay. *Wood Science and Technology*, **5**, 6–16.

Griffith, G. S. & Boddy, L. 1990. Fungal decomposition of attached angiosperm twigs. I. Decay community development in ash, beech and oak. *New Phytologist*, **116**, 407–415.

Griffiths, B. S. & Cheshire, A. M. V. 1987. Digestion and excretion of nitrogen and carbohydrate by the cranefly larva *Tipula paludosa* (Diptera: Tipulidae). *Insect Biochemistry and Molecular Biology*, **17**, 277–282.

Grimaldi, D. & Engel, M. S. 2005. *Evolution of the Insects*. Cambridge: Cambridge University Press.

Grime, J. P. 1979. *Plant Strategies and Vegetation Processes*. Chichester, UK: John Wiley & Sons.

Grimm, N. B., Grove, J. M., Pickett, S. T. A. & Redman, C. L. 2000. Integrated approaches to long-term studies of urban ecological systems. *BioScience*, **50**, 571–584.

Gromtsev, A. 2002. Natural disturbance dynamics in the boreal forests of European Russia: a review. *Silva Fennica*, **36**, 41–55.

Groover, A. T. 2005. What genes make a tree a tree? *Trends in Plant Science*, **10**, 210–214.

Grove, S. J. 2001. Extent and composition of dead wood in Australian lowland tropical rainforest with different management histories. *Forest Ecology and Management*, **154**, 35–53.

Grove, S. J. 2002a. Saproxylic insect ecology and the sustainable management of forests. *Annual Review of Ecology and Systematics*, **33**, 1–23.

Grove, S. J. 2002b. The influence of forest management history on the integrity of the saproxylic beetle fauna in an Australian lowland tropical rainforest. *Biological Conservation*, **104**, 149–171.

Groven, R., Rolstad, J., Storaunet, K.-O. & Rolstad, E. 2002. Using forest stand reconstructions to assess the role of structural continuity for late-successional species. *Forest Ecology and Management*, **164**, 39–55.

Gu, W., Heikkilä, R. & Hanski, I. 2002. Estimating the consequences of habitat fragmentation on extinction risk in dynamic landscapes. *Landscape Ecology*, **17**, 699–710.

Guevara, R., Hutcheson, K. A., Mee, A. C., Rayner, A. D. M. & Reynolds, S. E. 2000a. Resource partitioning of the host fungus *Coriolus versicolor* by two ciid beetles: the role of odour compounds and host ageing. *Oikos*, **91**, 184–194.

Guevara, R., Rayner, A. D. M. & Reynolds, S. E. 2000b. Effects of fungivory by two specialist ciid beetles (*Octotemnus glabriculus* and *Cis boleti*) on the reproductive fitness of their host fungus, *Coriolous versicolor*. *New Phytologist*, **145**, 137–144.

Guevara, R., Rayner, A. D. M. & Reynolds, S. E. 2000c. Orientation of specialist and generalist fungivorous ciid beetles to host and non-host odours. *Physiological Entomology*, **25**, 288–295.

Gustafsson, M., Holmer, L. & Stenlid, J. 2002. Occurrence of fungal species in coarse logs of *Picea abies* in Sweden. *In*: Gustafsson, M. (ed.) *Distribution and Dispersal of Wood-decaying Fungi occurring on Spruce Logs*. Uppsala: Swedish University of Agricultural Sciences, 4.1–4.10.

Gutiérrez, A., del Río, J. C., Martínez, M. J. & Martínez, A. T. 1999. Fungal degradation of lipophilic extractives in *Eucalyptus globulus* wood. *Applied and Environmental Microbiology*, **65**, 1367–1371.

Gwiazdowicz, D. J. & Łakomy, P. 2002. Mites (Acari, Gamasida) occurring in fruiting bodies of Aphyllophorales. *Fragmenta Faunistica*, **45**, 81–89.

Haanpää, S., Lehtonen, S., Peltonen, L. & Talockaite, E. 2006. Impacts of winter storm Gudrun of 7th – 9th January 2005 and measures taken in Baltic Sea Region [available at http://www.mendeley.com/research/impacts-winter-storm-gudrun-7-th-9-th-january-2005-measures-taken-baltic-sea-region-1/].

Häggström, C.-A. 1998. Pollard meadows: multiple use of human-made nature. *In*: Kirby, K. J. & Watkins, C. (eds.) *The Ecological History of European Forests*. Wallingford, UK: CAB International, 33–41.

Hågvar, S. 1999. Saproxylic beetles visiting living sporocarps of *Fomitopsis pinicola* and *Fomes fomentarius. Norwegian Journal of Entomology*, **46**, 25–32.

Hågvar, S. & Økland, B. 1997. Saproxylic beetle fauna associated with living sporocarps of *Fomitopsis pinicola* (Fr.) Karst. in four spruce forests with different management histories. *Fauna Norvegica Serie B*, **44**, 95–105.

Hågvar, S., Hågvar, G. & Mønnes, E. 1990. Nest site selection in Norwegian woodpeckers. *Holarctic Ecology*, **13**, 156–165.

Hahn, K. & Christensen, M. 2004. Dead wood in European forest reserves: a reference for forest management. *In:* Marchetti, M. (ed.) *Monitoring and Indicators of Forest Biodiversity in Europe: From Ideas to Operationality*. EFI Proceedings No 51. Torikatu, Finland: European Forest Institute, 181–191.

Hakala, T. K., Maijala, P., Konn, J. & Hatakka, A. 2004. Evaluation of novel wood-rotting polypores and corticioid fungi for the decay and biopulping of Norway spruce (*Picea abies*) wood. *Enzyme and Microbial Technology*, **34**, 255–263.

Hall, S. J. & Raffaelli, D. G. 1993. Food webs: theory and reality. *Advances in Ecological Research*, **24**, 187–239.

Hall, W. E. 1999. Generic revision of the tribe Nanosellini (Coleoptera: Ptiliidae: Ptiliinae). *Transactions of the American Entomological Society*, **125**, 36–126.

Hallett, J. G., Lopez, T., O'Connell, M. A. & Borysewicz, M. A. 2001. Decay dynamics and avian use of artificially created snags. *Northwest Science*, **75**, 378–386.

Halme, P., Kotiaho, J. S., Ylisirniö, A.-L., Hottola, J., Junninen, K., Kouki, J., Lindgren, M., Mönkkönen, M., Penttilä, R., Renvall, P., Siitonen, J. & Similä, M. 2009. Perennial polypores as indicators of annual and red-listed polypores. *Ecological Indicators*, **9**, 256–266.

Hamilton, W. D. 1978. Evolution and diversity under bark. *In:* Mound, L. A. & Waloff, N. (eds.) *Diversity of Insect Faunas*. London: Royal Entomological Society, 154–175.

Hammond, H. E., Langor, D. W. & Spence, J. 2004. Saproxylic beetles (Coleoptera) using *Populus* in boreal aspen stands of western Canada: spatiotemporal variation and conservation of assemblages. *Canadian Journal of Forest Research*, **34**, 1–19.

Hammond, P. M. 1990. Insect abundance and diversity in the Dumoga-Bone National Park, N. Sulawesi, with special reference to the beetle fauna of lowland rainforest in the Toraut region. *In:* Knight, W. J. & Holloway, J. D. (eds.) *Insects and the Rain Forests of South East Asia (Wallacea)*. London: Royal Entomological Society, 197–254.

Hammond, P. M. 1992. Species inventory. *In:* Groombridge, B. (ed.) *Global Diversity. Status of the Earth's Living Resources*. London: Chapman & Hall, 17–39.

Hansen, A. J., Spies, T. A., Swanson, F. J. & Ohmann, J. L. 1991. Conserving biodiversity in managed forests: lessons from natural forests. *BioScience*, **41**, 382–392.

Hansen, E. M. & Goheen, E. M. 2000. *Phellinus weirii* and other native root pathogens as determinants of forest structure and process in western North America. *Annual Review of Phytopathology*, **38**, 515–539.

Hanski, I. 1999. *Metapopulation Ecology*. Oxford: Oxford University Press.

Hanski, I. 2000. Extinction debt and species credit in boreal forests: modelling the consequences of different approaches to biodiversity conservation. *Annales Zoologici Fennici*, **37**, 271–280.

Hanski, I. 2005. *The Shrinking World: Ecological Consequences of Habitat Loss.* Oldendorf, Germany: International Ecological Institute.

Hanski, I. & Gaggiotti, O. E. 2004. *Ecology, Genetics, and Evolution of Metapopulations.* Amsterdam: Elsevier/Academic Press.

Hanski, I. & Gilpin, M. E. 1991. *Metapopulation Biology: Ecology, Genetics, and Evolution.* San Diego, CA: Academic Press.

Hanski, I. & Hammond, P. 1995. Biodiversity in boreal forests. *Trends in Ecology and Evolution,* **10**, 5–6.

Hanski, I. & Ovaskainen, O. 2000. The metapopulation capacity of a fragmented landscape. *Nature,* **404**, 755–758.

Hanski, I. & Ovaskainen, O. 2002. Extinction debt at extinction threshold. *Conservation Biology,* **16**, 666–673.

Hanson, J. J. & Lorimer, C. G. 2007. Forest structure and light regimes following moderate wind storms: implications for multi-cohort management. *Ecological Applications,* **17**, 1325–1340.

Hanula, J. L. 1996. Relationships of wood-feeding insects and coarse woody debris. *In: Biodiversity and Coarse Woody Debris in Southern Forests.* United States Department of Agriculture, Forest Service.

Harding, P. T. & Alexander, K. N. A. 1993. The saproxylic invertebrates of historic parklands: progress and problems. *In:* Kirby, K. J. & Drake, C. M. (eds.) *Dead Wood Matters: The Ecology and Conservation of Saproxylic Invertebrates in Britain.* Peterborough, UK: English Nature, 58–73.

Harding, P. T. & Alexander, K. N. A. 1994. The use of saproxylic invertebrates in the selection and evaluation of areas of relic forest in pasture-woodlands. *British Journal of Entomology and Natural History,* **7** (suppl. 1), 21–26.

Harding, P. T. & Rose, F. 1986. *Pasture-Woodlands in Lowland Britain: A Review of their Importance for Wildlife Conservation.* Huntingdon, UK: Natural Environment Research Council, Institute of Terrestrial Ecology.

Harju, A. M., Venäläinen, M., Anttonen, S., Viitanen, H., Kainulainen, P., Saranpää, P. & Vapaavuori, E. 2003. Chemical factors affecting the brown-rot decay resistance of Scots pine heartwood. *Trees – Structure and Function,* **17**, 263–268.

Harju, A. M., Venäläinen, M., Laakso, T. & Saranpää, P. 2009. Wounding response in xylem of Scots pine seedlings shows wide genetic variation and connection with the constitutive defence of heartwood. *Tree Physiology,* **29**, 19–25.

Härkönen, M., Ukkola, T. & Zeng, Z. 2004. Myxomycetes of the Hunan Province, China 2. *Systematics and Geography of Plants,* **74**, 199–208.

Harmon, M. 2001. Moving towards a new paradigm for woody detritus management. *Ecological Bulletins,* **49**, 269–278.

Harmon, M. E. & Hua, C. 1991. Coarse woody debris dynamics in two old-growth ecosystems: comparing a deciduous forest in China and a conifer forest in Oregon. *BioScience,* **41**, 604–610.

Harmon, M. E., Franklin, J. F., Swansson, F. J., Sollins, P., Gregory, S. V., Lattin, J. D., Anderson,

N. H., Cline, S. P., Aumen, N. G., Sedell, J. R., Lienkamper, G. W., Cromack, K. J. & Cummins, K. W. 1986. Ecology of coarse woody debris in temperate ecosystems. *Advances in Ecological Research*, **15**, 133–302.

Harmon, M. E., Whigham, D. F., Sexton, J. & Olmsted, I. 1995. Decomposition and mass of woody detritus in the dry tropical forests of the northeastern Yucatan peninsula, Mexico. *Biotropica*, **27**, 305–316.

Harmon, M. E., Krankina, O. N. & Sexton, J. 2000. Decomposition vectors: a new approach to estimating woody detritus decomposition dynamics. *Canadian Journal of Forest Research*, **30**, 76–84.

Harmon, M. E., Bible, K., Ryan, M. G., Shaw, D. C., Chen, H., Klopatek, J. & Li, X. 2004. Production, respiration, and overall carbon balance in an old-growth *Pseudotsuga/Tsuga* forest ecosystem. *Ecosystems*, **7**, 498–512.

Harper, K. A., Bergeron, Y., Drapeau, P., Gauthier, S. & De Grandpré, L. 2005. Structural development following fire in black spruce boreal forest. *Forest Ecology and Management*, **206**, 293–306.

Harrington, T. C. 1993. Biology and taxonomy of fungi associated with bark beetles. *In:* Schowalter, T. D. & Filip, G. M. (eds.) *Beetle–Pathogen Interactions in Conifer Forests*. San Diego, CA: Academic Press, 37–51.

Hart, P. B. S., Clinton, P. W., Allen, R. B., Nordmeyer, A. H. & Evans, G. 2003. Biomass and macro-nutrients (above- and below-ground) in a New Zealand beech (*Nothofagus*) forest ecosystem: implications for carbon storage and sustainable forest management. *Forest Ecology and Management*, **174**, 281–294.

Harvey, A. E., Larsen, M. J. & Jurgensen, M. F. 1979. Comparative distribution of ectomycorrhizae in soils of three western Montana forest habitat types. *Forest Science*, **25**, 350–358.

Hassan, M. A., Hogan, D. L., Bird, S. A., May, C. L., Gomi, T. & Campbell, D. 2005. Spatial and temporal dynamics of wood in headwater streams of the Pacific Northwest. *Journal of the American Water Resources Association*, **41**, 899–919.

Hatakka, A. 2001. Biodegradation of lignin. *In:* Hofrichter, M. & Steinbüchel, A. (eds.) *Biopolymers: Vol. 1: Lignin, Humic Substances and Coal*. Weinheim, Germany: Wiley-VCH, 129–180.

Hautala, H., Jalonen, J., Laaka-Lindberg, S. & Vanha-Majamaa, I. 2004. Impacts of retention felling on coarse woody debris (CWD) in mature boreal spruce forests in Finland. *Biodiversity and Conservation*, **13**, 1541–1554.

Hawksworth, D. L. 1981. A survey of fungicolous fungi. *In:* Cole, G. T. (ed.) *Biology of Conidial Fungi*. New York: Academic Press, 171–244.

Hawksworth, D. L. 1991. The fungal dimension of biodiversity: magnitude, significance, and conservation. *Mycological Research*, **95**, 641–655.

Hawksworth, D. L. 2001. The magnitude of fungal diversity: the 1.5 million species estimate revisited. *Mycological Research*, **105**, 1422–1432.

Hayslett, M., Juzwik, J. & Moltzan, B. 2008. Three *Colopterus* beetle species carry the oak wilt fungus to fresh wounds on red oak in Missouri. *Plant Disease*, **92**, 270–275.

He, F. & Legendre, P. 1996. On species–area relations. *American Naturalist*, **148**, 719–737.

Hedblom, M. & Söderström, B. 2008. Woodlands across Swedish urban gradients: status, structure and management implications. *Landscape and Urban Planning*, **84**, 62–73.

Hedgren, O. 2009. Search for the rare buprestid beetle *Agrilus mendax* Mannerheim by its larval feeding marks [in Swedish with an English summary]. *Entomologisk Tidskrift*, **130**, 1–9.

Hedin, J., Ranius, T., Nilsson, S. G. & Smith, H. G. 2008. Restricted dispersal in a flying beetle assessed by telemetry. *Biodiversity and Conservation*, **17**, 675–684.

Heilmann-Clausen, J. 2001. A gradient analysis of communities of macrofungi and slime moulds on decaying beech logs. *Mycological Research*, **105**, 575–596.

Heilmann-Clausen, J. & Christensen, M. 2003. Fungal diversity on decaying beech logs – implications for sustainable forestry. *Biodiversity and Conservation*, **12**, 953–973.

Heilmann-Clausen, J. & Christensen, M. 2004. Does size matter? On the importance of various dead wood fractions for fungal diversity in Danish beech forests. *Forest Ecology and Management*, **201**, 105–117.

Heilmann-Clausen, J., Aude, E. & Christensen, M. 2005. Cryptogam communities on decaying deciduous wood: does tree species diversity matter? *Biodiversity and Conservation*, **14**, 2061–2078.

Heinselman, M. L. 1973. Fire in the virgin forests of the Boundary Waters Canoe Area, Minnesota. *Quaternary Research*, **3**, 329–382.

Hendrickson, O. Q. 1991. Abundance and activity of N_2-fixing bacteria in decaying wood. *Canadian Journal of Forest Research*, **21**, 1299–1304.

Hengst, G. E. & Dawson, J. O. 1994. Bark properties and fire resistance of selected tree species from the central hardwood region of North America. *Canadian Journal of Forest Research*, **24**, 688–696.

Henle, K., Davies, K. F., Kleyer, M., Margules, C. & Settele, J. 2004. Predictors of species sensitivity to fragmentation. *Biodiversity and Conservation*, **13**, 207–251.

Hennigar, C. R., MacLean, D. A., Quiring, D. T. & Kershaw, J. A. 2008. Differences in spruce budworm defoliation among balsam fir and white, red, and black spruce. *Forest Science*, **54**, 158–166.

Hennon, P. E. & McClellan, M. H. 2003. Tree mortality and forest structure in the temperate rain forests of southeast Alaska. *Canadian Journal of Forest Research*, **33**, 1621–1634.

Herard, F. & Mercadier, G. 1996. Natural enemies of *Tomicus piniperda* and *Ips acuminatus* (Col., Scolytidae) on *Pinus sylvestris* near Orléans, France. *Entomophaga*, **41**, 183–210.

Hernes, P. J. & Hedges, J. 2004. Tannin signatures of barks, needles, leaves, cones, and wood at the molecular level. *Geochimica et Cosmochimica Acta*, **68**, 1293–1307.

Hespenheide, H. A. 1976. Patterns in the use of single plant hosts by wood-boring beetles. *Oikos*, **27**, 161–164.

Hesselman, H. 1912. Om snöbrotten i norra Sverige vintern 1910–1911 [in Swedish]. *Skogsvårdsföreningens Tidskrift*, **10**, 145–172.

Hibbett, D. S. 2006. A phylogenetic overview of the Agaricomycotina. *Mycologia*, **98**, 917–925.

Hibbett, D. S. & Donoghue, M. J. 2001. Analysis of character correlations among wood decay mechanisms, mating systems, and substrate ranges in homobasidiomycetes. *Systematic Biology*, **50**, 215–242.

Hibbett, D. S., Donoghue, M. J. & Tomlinson, P. B. 1997a. Is *Phellinites digiustoi* the oldest homobasidiomycete? *American Journal of Botany*, **84**, 1005–1011.

Hibbett, D. S., Grimaldi, D. & Donoghue, M. J. 1997b. Fossil mushrooms from Miocene and Cretaceous ambers and the evolution of homobasidiomycetes. *American Journal of Botany*, **84**, 981–991.

Hibbett, D. S., Gilbert, L.-B. & Donoghue, M. J. 2000. Evolutionary instability of ectomycorrhizal symbioses in basidiomycetes. *Nature*, **407**, 506–508.

Hicks, E. A. 1971. Checklist and bibliography on the occurrence of insects in birds' nests. Supplement II. *Iowa State Journal of Science*, **46**, 123–338.

Hicks, W. T. & Harmon, M. E. 2002. Diffusion and seasonal dynamics of O_2 in woody debris from the Pacific Northwest, USA. *Plant and Soil*, **67**, 67–79.

Hillis, W. E. 1987. *Heartwood and Tree Exudates*. Berlin, New York: Springer-Verlag.

Hinds, T. E. 1972. Insect transmission of *Ceratocystis* species associated with aspen cankers. *Phytopathology*, **62**, 221–225.

Hinds, T. E. & Davidson, R. W. 1972. *Ceratocystis* species associated with the aspen ambrosia beetle. *Mycologia*, **64**, 405–409.

Hingley, M. R. 1971. The ascomycete fungus *Daldinia concentrica* as a habitat for animals. *Journal of Animal Ecology*, **40**, 17–32.

Hintikka, V. 1970. Selective effects of terpenes on wood-decomposing hymenomycetes. *Karstenia*, **11**, 28–32.

Hinton, H. E. 1948. On the origin and function of the pupal stage. *Transactions of the Royal Entomological Society of London*, **99**, 395–409.

Hodder, K. H., Bullock, J. M., Buckland, P. C. & Kirby, K. J. 2005. *Large Herbivores in the Wildwood and in Modern Naturalistic Grazing Systems*. English Nature Research Reports, No. 648. Peterborough, UK: English Nature.

Hoffmann, A. & Hering, D. 2000. Wood-associated macroinvertebrate fauna in central European streams. *International Review of Hydrobiology*, **85**, 25–48.

Hoffstetter, R. W., Cronin, J. T., Klepzig, K. D., Moser, J. C. & Ayres, M. P. 2006. Antagonisms, mutualisms and commensalisms affect outbreak dynamics of the southern pine beetle. *Oecologia*, **147**, 679–691.

Höjer, O. & Hultengren, S. 2004. Åtgärdsprogram för särskilt skyddsvärda träd i kulturlandskapet [in Swedish with an English summary]. Naturvårdsvärket.

Holmbom, B. 1998. Extractives. *In:* Sjöström, E. & Alén, R. (eds.) *Analytical Methods in Wood Chemistry, Pulping, and Papermaking*. Berlin: Springer-Verlag, 125–148.

Holmer, L. 1996. *Interspecific interactions between wood-inhabiting basidiomycetes in boreal forests*. PhD thesis, Swedish University of Agricultural Sciences.

Holmer, L. & Stenlid, J. 1997. Competitive hierarchies of wood decomposing basidiomycetes in artificial systems based on variable inoculum sizes. *Oikos*, **79**, 77–84.

Holmer, L., Renvall, P. & Stenlid, J. 1997. Selective replacement between species of wood-rotting basidiomycetes: a laboratory study. *Mycological Research*, **101**, 714–720.

Honigberg, B. M. 1970. Protozoa associated with termites and their role in digestion. *In:* Krishna, K. & Weesner, F. M. (eds.) *Biology of Termites, Vol. 2.* New York: Academic Press, 1–36.

Hooper, M. C., Arii, K. & Lechowicz, M. J. 2001. Impact of a major ice storm on an old-growth hardwood forest. *Canadian Journal of Forest Research*, **79**, 70–75.

Hopkins, A. J. M., Harrison, K. S., Grove, S. J., Wardlaw, T. J. & Mohammed, C. L. 2005. Wood-decay fungi and saproxylic beetles associated with living *Eucalyptus obliqua* trees: early results from studies at the Warra LTER Site, Tasmania. *Tasforests*, **16**, 111–125.

Hosoya, T., Kawamoto, H. & Saka, S. 2009. Solid/liquid- and vapor-phase interactions between cellulose- and lignin-derived pyrolysis products. *Journal of Analytic and Applied Pyrolysis*, **85**, 237–246.

Hottola, J. & Siitonen, J. 2008. Significance of woodland key habitats for polypore diversity and red-listed species in boreal forests. *Biodiversity Conservation*, **17**, 2559–2577.

Hottola, J., Ovaskainen, O. & Hanski, I. 2009. A unified measure of the number, volume and diversity of dead trees and the response of fungal communities. *Journal of Ecology*, **97**, 1320–1328.

Houghton, R. A., Lawrence, K. T., Hackler, J. L. & Brown, S. 2001. The spatial distribution of forest biomass in the Brazilian Amazon: a comparison of estimates. *Global Change Biology*, **7**, 731–746.

Hövenmeyer, K. & Schauermann, J. 2003. Succession of Diptera on dead beech wood: a 10-year study. *Pedobiologica*, **47**, 61–75.

Howden, H. F. & Vogt, G. B. 1951. Insect communities of standing dead pine (*Pinus virginiana* Mill.). *Annals of the Entomological Society of America*, **44**, 581–595.

Hsiau, P. T. W. & Harrington, T. C. 2003. Phylogenetics and adaptations of basidiomycetous fungi fed upon by bark beetles (Coleoptera: Scolytidae). *Symbiosis*, **34**, 111–131.

Hubbell, S. P. 2001. *The Unified Neutral Theory of Biodiversity and Biogeography.* Princeton, NJ: Princeton University Press.

Hubbell, S. P. 2005. Neutral theory in community ecology and the hypothesis of functional equivalence. *Functional Ecology*, **19**, 166–172.

Hubbell, S. P. 2006. Neutral theory and the evolution of ecological equivalence. *Ecology*, **87**, 1387–1398.

Hubert, E. E. 1918. Fungi as contributory causes of windfall in the Northwest. *Journal of Forestry*, **16**, 696–714.

Hudgins, J. W., Christiansen, E. & Franceschi, V. R. 2003. Methyl jasmonate induces changes mimicking anatomical and chemical defenses in diverse members of the Pinaceae. *Tree Physiology*, **23**, 361–371.

Hudson, H. J. 1968. The ecology of fungi on plant remains above the soil. *New Phytologist*, **67**, 837–874.

Hultengren, S. & Nitare, J. 1999. *Inventering av jätteträd: instruktion för inventering av grova lövträd i södra Sverige.* [Inventory of Giant Trees: Instructions for Surveying Coarse Broadleaved Trees in Southern Sweden, in Swedish] Skogstyrelsen.

Hunt, D. R. 1996. The genera of temperate broadleaved trees. *Broadleaves*, **2**, 4–5.

Hunt, T., Bergsten, J., Levkanicova, Z., Papadopoulou, A., St. John, O., Wild, R., Hammond, P. M., Ahrens, D., Balke, M., Caterino, M. S., Gómez-Zurita, J., Ribera, I., Barraclough, T. G., Bocakova, M., Bocak, L. & Vogler, A. P. 2007. A comprehensive phylogeny of beetles reveals the evolutionary origins of a superradiation. *Science*, **318**, 1913–1916.

Huntley, P. M., Van Noort, S. & Hamer, M. 2005. Giving increased value to invertebrates through ecotourism. *South African Journal of Wildlife Research*, **35**, 53–62.

Hurtt, G. C. & Pacala, S. W. 1995. The consequences of recruitment limitation: reconciling chance, history, and competitive differences between plants. *Journal of Theoretical Biology*, **176**, 1–12.

Hutchinson, G. E. 1957. Concluding remarks. *Cold Spring Harbor Symposium on Quantitative Biology*, **22**, 415–427.

Hutchinson, G. E. 1959. Homage to Santa Rosalia, or why there are so many kinds of animals. *American Naturalist*, **93**, 145–149.

Hutto, R. L. 1995. Composition of bird communities following stand-replacement fires in northern Rocky Mountain (U.S.A.) conifer forests. *Conservation Biology*, **9**, 1041–1058.

Hutto, R. L. & Gallo, S. M. 2006. The effects of postfire salvage logging on cavity-nesting birds. *Condor*, **108**, 817–831.

Hyatt, T. L. & Naiman, R. J. 2001. The residence time of large woody debris in the Queets River, Washington, USA. *Ecological Applications*, **11**, 191–202.

Hynynen, J. 1993. Self-thinning models for even-aged stands of *Pinus sylvestris*, *Picea abies*, and *Betula pendula*. *Scandinavian Journal of Forest Research*, **8**, 326–336.

Hynynen, J., Ahtikoski, A., Siitonen, J., Sievänen, R. & Liski, J. 2005. Applying the MOTTI simulator to analyse the effect of alternative management schedules on timber and non-timber production. *Forest Ecology and Management*, **207**, 5–18.

Hyvärinen, E., Kouki, J. & Martikainen, P. 2006. Fire and green-tree retention in conservation of red-listed and rare deadwood-dependent beetles in Finnish boreal forests. *Conservation Biology*, **20**, 1711–1719.

Hyvärinen, E., Kouki, J. & Martikainen, P. 2009. Prescribed burning and retention trees help to conserve beetle diversity in managed boreal forest despite their transient negative effects on some beetle groups. *Insect Conservation and Diversity*, **2**, 93–105.

Iablokoff, A. 1943. Ethologie de quelques Elaterides du massif de Fontainebleau. *Mémoires du Muséum National d'Histoire Naturelle, Nouvelle Série* **18**, 81–160.

Ihalainen, A. & Mäkelä, H. 2009. Kuolleen puuston määrä Etelä- ja Pohjois-Suomessa 2004–2007 [in Finnish]. *Metsätieteen aikakauskirja*, 35–56.

Ing, B. 1994. The phytosociology of myxomycetes. *New Phytologist*, **126**, 175–202.

Ingles, L. G. 1933. The succession of insects in tree trunks as shown by the collections from the various stages of decay. *Journal of Entomology and Zoology*, **25**, 57–59.

Ingold, C. T. 1954. Aquatic ascomycetes: discomycetes from lakes. *Transactions of the British Mycological Society*, **37**, 1–18.

Inward, D. J. G., Vogler, A. P. & Eggleton, P. 2007. A comprehensive phylogenetic analysis of termites (Isoptera) illuminates key aspects of their evolutionary biology. *Molecular Phylogenetics and Evolution*, **44**, 953–967.

Irmler, U., Heller, K. & Warning, J. 1996. Age and tree species as factors influencing the populations of insects living in dead wood (Coleoptera, Diptera: Sciaridae, Mycetophilidae). *Pedobiologia*, **40**, 134–148.

Ishii, H. & Kodatani, T. 2006. Biomass and dynamics of attached dead branches in the canopy of 450-year-old Douglas-fir trees. *Canadian Journal of Forest Research*, **36**, 378–389.

IUCN 2001. *IUCN Red List Categories and Criteria*. Version 3.1. Gland, Switzerland, and Cambridge, UK: IUCN.

Iwasa, M., Hori, K. & Aoki, N. 1995. Fly fauna of bird nests in Hokkaido, Japan (Diptera). *Canadian Entomologist*, **127**, 613–621.

Iwata, R., Maro, T., Yonezawa, Y., Yahagi, T. & Fujikawa, Y. 2007. Period of adult activity and response to wood moisture content as major segregating factors in the coexistence of two conifer longhorn beetles, *Callidiellum rufipenne* and *Semanotus bifasciatus* (Coleoptera: Cerambycidae). *European Journal of Entomology*, **104**, 341–345.

Jackson, J. A. 1977. Red-cockaded woodpeckers and pine red heart disease. *Auk*, **94**, 160–163.

Jackson, J. A. & Jackson, B. J. S. 2004. Ecological relationships between fungi and woodpecker cavity sites. *Condor*, **106**, 37–49.

Jacobs, J. M., Spence, J. R. & Langor, D. W. 2007. Variable retention harvest of white spruce stands and saproxylic beetle assemblages. *Canadian Journal of Forest Research*, **37**, 1631–1642.

Jahn, H. 1966. Pilzgesellschaften an *Populus tremula*. *Zeitschrift für Pilzkunde*, **32**, 26–42.

Jahn, H. 1968. Pilze an Weisstanne (*Abies alba*). *Westfälische Pilzebriefe*, **7**, 17–40.

Jakovlev, J. 1994. *Palearctic Diptera associated with Fungi and Myxomycetes* [in Russian with an English summary]. Petrozavodsk: Karelian Research Center, Russian Academy of Sciences, Forest Research Institute.

Jalkanen, R. & Konopka, B. 1998. Snow-packing as a potential harmful factor on *Picea abies*, *Pinus sylvestris* and *Betula pubescens* at high altitude in northern Finland. *European Journal of Forest Pathology*, **28**, 373–382.

James, T. Y., Kauff, F., Schoch, C. L., Matheny, P. B., Hofstetter, V., Cox, C. J., Celio, G., Gueidan, C., Fraker, E., Miadlikowska, J., Lumbsch, H. T., Rauhut, A., Reeb, V., Arnold, A. E., Amtoft, A., Stajich, J. E., Hosaka, K., Sung, G.-H., Johnson, D. & O'Rourke, B. 2006. Reconstructing the early evolution of fungi using a six-gene phylogeny. *Nature*, **443**, 818–822.

Jankowiak, R. 2005. Fungi associated with *Ips typographus* on *Picea abies* in southern Poland and their succession into the phloem and sapwood of beetle-infested trees and logs. *Forest Pathology*, **35**, 37–55.

Jansson, N. 1998. *Miljöövervakning av biotoper med gamla ekar i Östergötland* [Environmental Monitoring of Biotopes with Old Oaks in Östergötaland, in Swedish]. Linköping, Sweden: Länstyrelsen i Östergötlands Län.

Jansson, N., Bergman, K.-O., Jonsell, M. & Milberg, P. 2009. An indicator system for identification of sites of high conservation value for saproxylic oak (*Quercus* spp.) beetles in southern Sweden. *Journal of Insect Conservation*, **13**, 399–412.

Jeffries, P. 1995. Biology and ecology of mycoparasitism. *Canadian Journal of Botany*, **73** (Suppl.

1), S1284–S1290.

Jeffries, T. W. 1994. Biodegradation of lignin and hemicelluloses. *In:* Ratledge, C. (ed.) *Biochemistry of Microbial Degradation.* Dordrecht, The Netherlands: Kluwer Academic Publishers, 233–277.

Jenkins, B., Kitching, R. L. & Pimm, S. L. 1992. Productivity, disturbance and food web structure at a local spatial scale in experimental container habitats. *Oikos,* **65,** 249–255.

Jenkins, D. W. & Carpenter, S. J. 1946. Ecology of the tree hole breeding mosquitoes of Nearctic North America. *Ecological Monographs,* **16,** 31–47.

Jenkins, S. H. & Busher, P. E. 1979. *Castor canadiensis. Mammalian Species,* **120,** 1–9.

Jensen, W., Fremer, K. E., Sierilä, P. & Wartiowaara, V. 1963. The chemistry of bark. *In:* Browning, B. L. (ed.) *The Chemistry of Wood.* New York: Interscience Publishers, 587–666.

Johannesson, H., Vasiliauskas, R., Dahlberg, A., Penttilä, R. & Stenlid, J. 2001. Genetic differentiation in Eurasian populations of the postfire ascomycete *Daldinia loculata. Molecular Ecology,* **10,** 1665–1677.

Johansen, S. & Hytteborn, H. 2001. A contribution to the discussion of biota dispersal with drift ice and driftwood in the North Atlantic. *Journal of Biogeography,* **28,** 105–115.

Johansson, T., Olsson, J., Hjältén, J., Jonsson, B. G. & Ericson, L. 2006. Beetle attraction to sporocarps and mycelia of wood-decaying fungi. *Forest Ecology and Management,* **237,** 335–341.

Johnson, E. A. 1992. *Fire and Vegetation Dynamics: Studies from the North American Boreal Forest.* New York: Cambridge University Press.

Johnson, E. A. & Miyanishi, K. 2001. *Forest Fires: Behavior and Ecological Effects.* San Diego, CA: Associated Press.

Johnson, E. A., Miyanishi, K. & Weir, J. M. H. 1998. Wildfires in the western Canadian boreal forest: landscape patterns and ecosystem management. *Journal of Vegetation Science,* **9,** 603–610.

Johnsson, K., Nilsson, S. G. & Tjernberg, M. 1990. The black woodpecker: a key species in European forests. *In:* Carlsson, A. & Aulén, G. (eds.) *Conservation and Management of Woodpecker Populations.* Report 17. Swedish University of Agricultural Science, Department of Wildlife Ecology, 99–102.

Johnsson, K., Nilsson, S. G. & Tjernberg, M. 1993. Characteristics and utilization of old black woodpecker *Dryocopus martius* holes by hole-nesting species. *Ibis,* **135,** 410–416.

Jones, E. B. G. 1985. Wood-inhabiting fungi from San Juan Island, with special reference to ascospore appendages. *Botanical Journal of the Linnean Society,* **91,** 219–231.

Jongman, R. H. G. 2002. Homogenization and fragmentation of the European landscape: ecological consequences and solutions. *Landscape and Urban Planning,* **58,** 211–221.

Jonsell, M. 2004a. Old park trees: a highly desirable resource for both history and beetle diversity. *Journal of Arboriculture,* **30,** 238–243.

Jonsell, M. 2004b. Red-listed saproxylic beetles in the park at Skokloster Castle, Sweden [in Swedish with an English summary]. *Entomologisk Tidskrift,* **125,** 61–69.

Jonsell, M. 2008. Saproxylic beetles in the park at Drottningholm, Stockholm [in Swedish with an English summary]. *Entomologisk Tidskrift,* **129,** 103–120.

Jonsell, M. & Nordlander, G. 1995. Field attraction of Coleoptera to odours of the wood-decaying polypores *Fomitopsis pinicola* and *Fomes fomentarius*. *Annales Zoologici Fennici*, **32**, 391–402.

Jonsell, M. & Nordlander, G. 2004. Host selection patterns in insects breeding in bracket fungi. *Ecological Entomology*, **29**, 697–705.

Jonsell, M., Weslien, J. & Ehnström, B. 1998. Substrate requirements of red-listed saproxylic invertebrates in Sweden. *Biodiversity and Conservation*, **7**, 749–764.

Jonsell, M., Nordlander, G. & Jonsson, M. 1999. Colonization patterns of insects breeding in wood-decaying fungi. *Journal of Insect Conservation*, **3**, 145–161.

Jonsell, M., Nordlander, G. & Ehnström, B. 2001. Substrate associations of insects breeding in fruiting bodies of wood-decaying fungi. *Ecological Bulletins*, **49**, 173–194.

Jonsell, M., Hansson, J. & Wedmo, L. 2007. Diversity of saproxylic beetle species in logging residues in Sweden: comparisons between tree species and diameters. *Biological Conservation*, **138**, 89–99.

Jönsson, A. M., Appelberg, G., Harding, S. & Bärring, L. 2009. Spatio-temporal impact of climate change on the activity and voltinism of the spruce bark beetle, *Ips typographus*. *Global Change Biology*, **15**, 486–499.

Jonsson, B. G. 2000. Availability of coarse woody debris in an old-growth boreal spruce forest landscape. *Journal of Vegetation Science*, **11**, 51–56.

Jonsson, B. G. & Kruys, N. (eds.) 2001. *Ecology of Woody Debris in Boreal Forests*. Ecological Bulletins, No. 49. Oxford: Blackwell Science.

Jonsson, B. G. & Ranius, T. 2009. The temporal and spatial challenges of target setting for dynamic habitats: the case of dead wood in boreal forests. *In:* Villard, M. A. & Jonsson, B. G. (eds.) *Setting Conservation Targets for Managed Forest Landscapes*. Cambridge: Cambridge University Press.

Jonsson, B. G. & Söderström, L. 1989. Growth and reproduction in the leafy hepatic *Ptilidium pulcherrimum* (G. Web.) Vainio during a four year period. *Journal of Bryology*, **15**, 315–325.

Jonsson, B. G., Kruys, N. & Ranius, T. 2005. Ecology of species living on dead wood: lessons for dead wood management. *Silva Fennica*, **39**, 289–309.

Jonsson, M. 2003. Colonisation ability of the threatened tenebrionid beetle *Oplocephala haemorrhoidalis* and its common relative *Bolitophagus reticulatus*. *Ecological Entomology*, **28**, 159–167.

Jonsson, M. & Nordlander, G. 2006. Insect colonisation of fruiting bodies of the wood-decaying fungus *Fomitopsis pinicola* at different distances from an old-growth forest. *Biodiversity and Conservation*, **15**, 295–309.

Jonsson, M., Nordlander, G. & Jonsell, M. 1997. Pheromones affecting flying beetles colonizing the polypores *Fomes fomentarius* and *Fomitopsis pinicola*. *Entomologica Fennica*, **8**, 161–165.

Jonsson, M., Kindvall, O., Jonsell, M. & Nordlander, G. 2003. Modelling mating success of saproxylic beetles in relation to search behaviour, population density and substrate abundance. *Animal Behaviour*, **65**, 1069–1076.

Jönsson, M. T. & Jonsson, B. G. 2007. Assessing coarse woody debris in Swedish woodland key habitats: implications for conservation and management. *Forest Ecology and Management*, **242**, 363–373.

Jönsson, M.T., Fraver, S., Jonsson, B. G., Dynesius, M., Rydgård, M. & Esseen, P.-A. 2007. Eighteen years of tree mortality and structural change in an experimentally fragmented Norway spruce forest. *Forest Ecology and Management*, **242**, 306–313.

Jönsson, M.T., Edman, M. & Jonsson, B. G. 2008. Colonization and extinction patterns of wood-decaying fungi in a boreal old-growth *Picea abies* forest. *Journal of Ecology*, **96**, 1065–1075.

Jönsson, M.T., Fraver, S. & Jonsson, B. G. 2009. Forest history and the development of old-growth characteristics in fragmented boreal forests. *Journal of Vegetation Science*, **20**, 91–106.

Jönsson, N., Méndez, M. & Ranius,T. 2004. Nutrient richness of wood mould in tree hollows with the scarabaeid beetle *Osmoderma eremita*. *Animal Biodiversity and Conservation*, **27**, 79–82.

Judd, W. S., Campbell, C. S., Kellogg, E. A., Stevens, P. F. & Donoghue, M. J. 2002. *Plant Systematics: A Phylogenetic Approach*. Sunderland, MA: Sinauer Associates.

Junninen, K. 2009. Conservation of *Antrodia crassa* [in Finnish with an English summary]. *Metsähallituksen Luonnonsuojelujulkaisuja, Sarja A*, **182**, 51 pp.

Junninen, K. & Komonen, A. 2011. Conservation ecology of boreal polypores: a review. *Biological Conservation*, **144**, 11–20.

Junninen, K. & Kouki, J. 2006. Are woodland key habitats in Finland hotspots for polypores (Basidiomycota)? *Scandinavian Journal of Forest Research*, **21**, 32–40.

Junninen, K., Similä, M., Kouki, J. & Kotiranta, H. 2006. Assemblages of wood-inhabiting fungi along the gradient of succession and naturalness in boreal pine-dominated forests in Fennoscandia. *Ecography*, **29**, 75–83.

Junninen, K., Penttilä, R. & Martikainen, P. 2007. Fallen retention aspen trees on clear-cuts can be important habitats for red-listed polypores: a case study in Finland. *Biodiversity and Conservation*, **16**, 475–490.

Junninen, K., Kouki, J. & Renvall, P. 2008. Restoration of natural legacies of fire in European boreal forests: an experimental approach to the effects on wood-decaying fungi. *Canadian Journal of Forest Research*, **38**, 202–215.

Käärik, A. 1974. Decomposition of wood. *In:* Dickinson, C. H. & Pugh, G. J. F. (eds.) *Biology of Plant Litter Decomposition*. London: Academic Press.

Kafka,V., Gauthier, S. & Bergeron,Y. 2001. Fire impacts and crowning in the boreal forest: study of a large wildfire in western Quebec. *International Journal of Wildland Fire*, **10**, 119–127.

Kahler, H. A. & Andersson, J.T. 2006.Tree cavity resources for dependent cavity-using wildlife in WestVirginia forests. *Northern Journal of Applied Forestry*, **23**, 114–121.

Kaila, L. 1993. A new method for collecting quantitative samples of insects associated with decaying wood or wood fungi. *Entomologica Fennica*, **4**, 21–23.

Kaila, L., Martikainen, P., Punttila, P. & Yakovlev, E. 1994. Saproxylic beetles (Coleoptera) on dead birch trunks decayed by different polypore species. *Annales Zoologici Fennici*, **31**, 97–

107.

Kaila, L., Martikainen, P. & Punttila, P. 1997. Dead trees left in clear-cuts benefit saproxylic Coleoptera adapted to natural disturbances in boreal forest. *Biodiversity and Conservation*, **6**, 1–18.

Kalcounis-Ruppel, M. C., Psyllakis, J. M. & Brigham, R. M. 2005. Tree roost selection by bats: an empirical synthesis using meta-analysis. *Wildlife Society Bulletin*, **33**, 1123–1132.

Kangas, E. 1947. Kovakuoriaisfaunamme erikoisuuksia luonnonsuojelun kannalta. [Curiosities of our beetle fauna from the point of view of nature conservation, in Finnish]. *Suomen Luonto*, **6**, 45–55.

Kappeler, P. M. 1998. Nests, tree holes, and the evolution of primate life histories. *American Journal of Primatology*, **46**, 7–33.

Kappes, H. & Topp, W. 2004. Emergence of Coleoptera from deadwood in a managed broadleaved forest in central Europe. *Biodiversity and Conservation*, **13**, 1905–1924.

Karjalainen, L. & Kuuluvainen, T. 2001. Amount and diversity of coarse woody debris within a boreal forest landscape dominated by *Pinus sylvestris* in Vienansalo wilderness, eastern Fennoscandia. *Silva Fennica*, **36**, 147–167.

Karström, M. 1992. The project one step ahead: a presentation [in Swedish with an English summary]. *Svensk Botanisk Tidskrift*, **86**, 103–114.

Kaspari, M., O'Donnell, S. & Kercher, J. R. 2000. Energy, density and constraints to species richness, ant assemblages along a productivity gradient. *American Naturalist*, **155**, 280–293.

Kaufman, M. G., Pankratz, H. S. & Klug, M. J. 1986. Bacteria associated with the ectoperitrophic space in the midgut of the larva of the midge *Xylotopus par* (Diptera: Chironomidae). *Applied and Environmental Microbiology*, **51**, 657–660.

Keller, H. W. 2004. Tree canopy biodiversity: student research experiences in Great Smoky Mountains National Park. *Systematics and Geography of Plants*, **74**, 47–65.

Keller, H. W. & Braun, K. L. 1999. Myxomycetes of Ohio: their systematics, biology, and use in teaching. *Ohio Biological Survey, New Series*, **13**, 1–182.

Kellogg, D. W. & Taylor, E. L. 2004. Evidence of oribatid mite detritivory in Antarctica during the Late Paleozoic and Mesozoic. *Journal of Paleontology*, **78**, 1146–1153.

Kelner-Pillault, S. 1974. Étude écologique du peuplement entomologique des terreaux d'arbres creux (châtaigners et saules). *Bulletin d'Ecologie*, **5**, 123–156.

Kenis, M. & Hilszczanski, J. 2004. Natural enemies of Cerambycidae and Buprestidae infesting living trees. *In:* Lieutier, F., Day, K. R., Battisti, A., Grégoire, J.-C. & Evans, H. F. (eds.) *Bark and Wood Boring Insects in Living Trees in Europe: A Synthesis*. Dordrecht, Boston, London: Kluwer Academic Publishers, 475–498.

Kenis, M., Wegensteiner, R. & Griffin, C. T. 2004a. Parasitoids, predators, nematodes and pathogens associated with bark weevil pests. *In:* Lieutier, F., Day, K. R., Battisti, A., Grégoire, J.-C. & Evans, H. F. (eds.) *Bark and Wood Boring Insects in Living Trees in Europe: A Synthesis*. Dordrecht, Boston, London: Kluwer Academic Publishers, 395–414.

Kenis, M., Wermelinger, B. & Grégoire, J.-C. 2004b. Research on parasitoids and predators of Scolytidae: a review. *In:* Lieutier, F., Day, K. R., Battisti, A., Grégoire, J.-C. & Evans, H. F. (eds.) *Bark and Wood Boring Insects in Living Trees in Europe: A Synthesis*. Dordrecht, Boston,

London: Kluwer Academic Publishers, 237–290.

Kennedy, R. S. H. & Spies, T. A. 2007. An assessment of dead wood patterns and their relationships with biophysical characteristics in two landscapes with different disturbance histories in coastal Oregon, USA. *Canadian Journal of Forest Research*, **37**, 940–956.

Kenrick, P. & Crane, P. R. 1997. The origin and early evolution of plants on land. *Nature*, **389**, 33–39.

Kerrigan, J., Smith, M.T., Rogers, J. D. & Poot, G. A. 2004. *Botryozoma mucatilis* sp. nov., an anamorphic ascomycetous yeast associated with nematodes in poplar slime flux. *FEMS Yeast Research*, **4**, 849–856.

Key, R. S. & Ball, S. G. 1993. Positive management for saproxylic invertebrates. *In:* Kirby, K. J. & Drake, C. M. (eds.) *Dead Wood Matters: The Ecology and Conservation of Saproxylic Invertebrates in Britain*. Peterborough, UK: English Nature, 89–101.

Kharuk, V. I., Ranson, K. J. & Fedotova, E.V. 2007. Spatial pattern of Siberian silk moth outbreak and taiga mortality. *Scandinavian Journal of Forest Research*, **22**, 531–536.

Kielczewski, B., Moser, J. C. & Wisniewski, J. 1983. Surveying the acarofauna associated with Polish Scolytidae. *Bulletin de la Societé des Amis des Sciences et des Lettres de Poznan, Serie D, Sciences Biologiques*, **22**, 151–159.

Kim, J.-J., Allen, E. A., Humble, L. M. & Breuil, C. 2005. Ophiostomatoid and basidiomycetous fungi associated with green, red, and grey lodgepole pines after mountain pine beetle (*Dendroctonus ponderosae*) infestation. *Canadian Journal of Forest Research*, **35**, 274–284.

Kim, Y. S. & Singh, A. P. 2000. Micromorphological characteristics of wood bio-degradation in wet environments: a review. *IAWA Journal*, **21**, 135–155.

Kimmerer, R. W. 1993. Disturbance and dominance in *Tetraphis pellucida*: a model of disturbance frequency and reproductive mode. *Bryologist*, **96**, 73–79.

Kimmerer, R. W. 1994. Ecological consequences of sexual versus asexual reproduction in *Dicranum flagellare* and *Tetraphis pellucida*. *Bryologist*, **97**, 20–25.

Kimmerer, R. W. & Young, C. C. 1995. The role of slugs in dispersal of the asexual propagules of *Dicranum flagellare*. *Bryologist*, **98**, 149–163.

Kimmerer, R. W. & Young, C. C. 1996. Effect of gap size and regeneration niche on species coexistence in bryophyte communities. *Bulletin of the Torrey Botanical Club*, **123**, 16–24.

King, A. J., Cragg, S. M., Li,Y., Dymond, J., Guille, M. J., Bowles, D. J., Bruce, N. C., Graham, I. A. & McQueen-Mason, S. J. 2010. Molecular insight into lignocellulose digestion by a marine isopod in the absence of gut microbes. *PNAS*, **107**, 5345–5350.

Kirby, K. J. & Watkins, C. 1998. *The Ecological History of European Forests*. Wallingford, UK: CAB International.

Kirby, K. J., Thomas, R. C., Key, R. S., McLean, I. F. G. & Hodgetts, N. 1995. Pasture-woodland and its conservation in Britain. *Biological Journal of the Linnean Society*, **56** (Suppl.), 135–153.

Kirby, K. J., Reid, C. M., Thomas, R. C. & Goldsmith, F. B. 1998. Preliminary estimates of fallen dead wood and standing dead trees in managed and unmanaged forests in Britain. *Journal of Applied Ecology*, **35**, 148–155.

Kirisits, T. 2004. Fungal associates of European bark beetles with special emphasis on the ophiostomatoid fungi. *In:* Lieutier, F., Day, K. R., Battisti, A., Grégoire, J.-C. & Evans, H. F. (eds.) *Bark and Wood Boring Insects in Living Trees in Europe: A Synthesis.* Dordrecht, Boston, London: Kluwer Academic Publishers, 181–235.

Kirk, T. K. & Cullen, D. 1998. Enzymology and molecular genetics of wood degradation by white-rot fungi. *In:* Young, R. A. & Akhtar, M. (eds.) *Environmentally Friendly Technologies for Pulp and Paper Industries.* New York: John Wiley & Sons, 273–307.

Kirk, T. K. & Farrell, R. L. 1987. Enzymatic 'combustion': the microbial degradation of lignin. *Annual Review of Microbiology*, **41**, 465–505.

Kirschner, R. 2001. Diversity of filamentous fungi in bark beetle galleries in central Europe. *In:* Misra, J. K. & Horn, B. W. (eds.) *Trichomycetes and other Fungal Groups: Robert W. Lichtwardt Commemoration Volume.* Enfield, NH: Science Publishers, 175–196.

Kirschner, R., Bauer, R. & Oberwinkler, F. 1999. *Atractocolax*, a new hetero-basidiomycetous genus based on a species vectored by conifericolous bark beetles. *Mycologia*, **91**, 538–543.

Kitching, R. L. 1971. Water-filled tree-holes and their position in the woodland ecosystem. *Journal of Animal Ecology*, **40**, 281–302.

Kitching, R. L. 2000. *Food Webs and Container Habitats: The Natural History and Ecology of Phytotelmata.* Cambridge: Cambridge University Press.

Kitching, R. L. 2001. Food webs in phytotelmata: 'bottom-up' and 'top-down' explanation for community structure. *Annual Review of Entomology*, **46**, 729–760.

Klimaszewski, J. & Peck, S. B. 1987. Succession and phenology of beetle faunas in the fungus *Polyporellus squamosus* (Huds: Fr.) Karst (Polyporaceae) in Silesia, Poland. *Canadian Journal of Zoology*, **65**, 542–550.

Knapp, E. E., Keeley, J. E., Ballenger, E. A. & Brennan, T. J. 2005. Fuel reduction and coarse woody debris dynamics with early season and late prescribed fire in a Sierra Nevada mixed conifer forest. *Forest Ecology and Management*, **208**, 383–397.

Knudsen, H. & Vesterholt, J. 2008. *Funga Nordica: Agaricoid, Boletoid and Cyphelloid Genera.* Nordsvamp.

Koch, A. J., Munks, S. A. & Kirkpatrick, J. B. 2008a. Does hollow occurrence vary with forest type? A case study in wet and dry *Eucalyptus obliqua* forest. *Forest Ecology and Management*, **255**, 3938–3951.

Koch, A. J., Munks, S. A. & Woehler, E. J. 2008b. Hollow-using vertebrate fauna of Tasmania: distribution, hollow requirements and conservation status. *Australian Journal of Zoology*, **56**, 323–349.

Koch, J. & Petersen, K. R. L. 1996. A check list of higher marine fungi on wood from Danish coasts. *Mycotaxon*, **60**, 397–414.

Koch, K. 1989. *Die Käfer Mitteleuropas. Ökologie, Vol. I–III.* Krefeld, Germany: Goecke & Evers Verlag.

Koenigswald, W. 1990. Die Paläobiologie der Apatemyiden (Insectivora s.l.) und die Ausdeutung der Skelettfunde von *Heterohyus nanus* aus dem Mitteleozän von Messel bei Darmstadt. *Palaeontographica Abteilung A*, **210**, 41–77.

Kohlmeyer, J., Bebout, B. & Volkmann-Kohlmeyer, B. 1995. Decomposition of mangrove wood by marine fungi and teredinids in Belize. *Marine Ecology*, **16**, 27–39.

Koide, R. T., Sharda, J. N., Herr, J. R. & Malcolm, G. M. 2008. Ectomycorrhizal fungi and the biotrophy–saprotrophy continuum. *New Phytologist*, **178**, 230–233.

Kolarik, M. & Hulcr, J. 2009. Mycobiota associated with the ambrosia beetle *Scolytodes unipunctatus* (Coleoptera: Curculionidae, Scolytinae). *Mycological Research*, **113**, 44–60.

Kolarik, M., Kubatova, A., Hulcr, J. & Pazoutova, S. 2008. *Geosmithia* fungi are highly diverse and consistent bark beetle associates: evidence from their community structure in temperate Europe. *Microbial Ecology*, **55**, 65–80.

Kolb, T. E., Guerard, N., Hofstetter, R. W. & Wagner, M. R. 2006. Attack preference of *Ips pini* on *Pinus ponderosa* in northern Arizona: tree size and bole position. *Agricultural and Forest Entomology*, **8**, 295–303.

Kõljalg, U., Dahlberg, A., Taylor, A. F. S., Larsson, E., Hallenberg, N., Stenlid, J., Larsson, K.-H., Fransson, P. M., Kåren, O. & Jonsson, L. 2000. Diversity and abundance of resupinate thelephoroid fungi as ectomycorrhizal symbionts in Swedish boreal forests. *Molecular Ecology*, **9**, 1985–1996.

Komonen, A. 2001. Structure of insect communities inhabiting two old-growth forest specialist bracket fungi. *Ecological Entomology*, **26**, 63–75.

Komonen, A. & Kouki, J. 2005. Occurrence and abundance of fungus-dwelling beetle species (Ciidae) in boreal forests and clearcuts: habitat associations at two spatial scales. *Animal Biodiversity and Conservation*, **28**, 137–147.

Komonen, A., Penttilä, R., Lindgren, M. & Hanski, I. 2000. Forest fragmentation truncates a food chain based on an old-growth forest bracket fungus. *Oikos*, **90**, 119–126.

Komonen, A., Jonsell, M. & Ranius, T. 2008. Red-listing saproxylic beetles in Fennoscandia: current status and future perspectives. *Endangered Species Research*, **6**, 149–154.

Kouki, J., Arnold, K. & Martikainen, P. 2004. Long-term persistence of aspen – a key host for many threatened species – is endangered in old-growth conservation areas in Finland. *Journal for Nature Conservation*, **12**, 41–52.

Kozlowski, T. T. 1997. Responses of woody plants to flooding and salinity. *Tree Physiology Monographs*, **1**, 1–29.

Kozlowski, T. T., Kramer, P. J. & Pallardy, S. G. 1991. *The Physiological Ecology of Woody Plants*. San Diego, CA: Academic Press.

Kramer, P. J. & Kozlowski, T. T. 1979. *Physiology of Woody Plants*. New York: Academic Press.

Krankina, O. N., Harmon, M. E. & Griazkin, A. V. 1999. Nutrient stores and dynamics of woody detritus in a boreal forest: modeling potential implications at the stand level. *Canadian Journal of Forest Research*, **29**, 20–32.

Krankina, O. N., Harmon, M. E., Kukuev, Y. A., Treyfeld, R. F., Kashpor, N. N., Kresnov, V. G., Skudin, V. M., Protasov, N. A., Yatskov, M., Spycher, G. & Povarov, E. D. 2002. Coarse woody debris in forest regions of Russia. *Canadian Journal of Forest Research*, **32**, 768–778.

Krasny, M. E. & Whitmore, M. C. 1992. Gradual and sudden forest canopy gaps in Allegheny northern hardwood forests. *Canadian Journal of Forest Research*, **22**, 139–143.

Krivosheina, M. G. 2006. Taxonomic composition of dendrobiontic Diptera and the main trends of their adaptive radiation. *Entomological Review*, **86**, 557–567.

Krivosheina, N. P. & Zaitzev, A. I. 2008. Trophic relationships and main trends in morphological adaptations of larval mouthparts in sciaroid dipterans (Diptera, Sciaroidea). *Biology Bulletin*, **35**, 606–614.

Krokene, P. & Solheim, H. 1997. Growth of four bark-beetle-associated blue-stain fungi in relation to the induced wound response in Norway spruce. *Canadian Journal of Botany*, **75**, 618–625.

Krokene, P. & Solheim, H. 2001. Loss of pathogenicity in the blue-stain fungus *Ceratocystis polonica*. *Plant Pathology*, **50**, 497–502.

Krombein, K. V. 1967. *Trap-nesting Wasps and Bees: Life Histories, Nests and Associates.* Washington, DC: Smithsonian Press.

Kropp, B. R. 1982a. Fungi from decayed wood as ectomycorrhizal symbionts of western hemlock. *Canadian Journal of Forest Research*, **12**, 36–39.

Kropp, B. R. 1982b. Rotten wood as mycorrhizal inoculum for containerized western hemlock. *Canadian Journal of Forest Research*, **12**, 428–431.

Kruys, N. & Jonsson, B. G. 1997. Insular patterns of calicioid lichens in a boreal old-growth forest-wetland mosaic. *Ecography*, **20**, 605–613.

Kruys, N. & Jonsson, B. G. 1999. Fine woody debris is important for species richness on logs in managed boreal spruce forests of northern Sweden. *Canadian Journal of Forest Research*, **29**, 1295–1299.

Kruys, N., Fries, C., Jonsson, B. G., Lämås, T. & Ståhl, G. 1999. Wood-inhabiting cryptogams on dead Norway spruce (*Picea abies*) trees in managed Swedish boreal forests. *Canadian Journal of Forest Research*, **29**, 178–186.

Küffer, N. & Senn-Irlet, B. 2005. Influence of forest management on the species richness and composition of wood-inhabiting basidiomycetes in Swiss forests. *Biodiversity and Conservation*, **14**, 2419–2435.

Kukor, J. J. & Martin, M. M. 1983. Acquisition of digestive enzymes by siricid woodwasps from their fungal symbiont. *Science*, **220**, 1161–1163.

Kukor, J. J. & Martin, M. M. 1986. The transformation of *Saperda calcarata* (Coleoptera: Cerambycidae) into a cellulose digester through the inclusion of fungal enzymes in its diet. *Oecologia*, **71**, 138–141.

Kukor, J. J., Cowan, D. P. & Martin, M. M. 1988. The role of ingested fungal enzymes in cellulose digestion in larvae of cerambycid beetles. *Physiological Zoology*, **61**, 364–371.

Kullman, L. 2008. Early postglacial appearance of tree species in northern Scandinavia: review and perspective. *Quaternary Science Reviews*, **27**, 2467–2472.

Kunz, T. H. & Lumsden, L. F. 2003. Ecology of cavity and foliage roosting bats. *In:* Kunz, T. H. & Fenton, M. B. (eds.) *Bat Ecology.* Chicago: University of Chicago Press, 2–90.

Kuranouchi, T., Nakamura, T., Shimamura, S., Kojima, H., Goka, K., Okabe, K. & Mochizuki, A. 2006. Nitrogen fixation in the stag beetle, *Dorcus (macrodorcus) rectus* (Motschulsky) (Col., Lucanidae). *Journal of Applied Entomology*, **130**, 471–472.

Kushnevskaya, H., Mirin, D. & Shorohova, E. 2007. Patterns of epixylic vegetation on spruce logs in late-successional boreal forests. *Forest Ecology and Management*, **250**, 25–33.

Kuuluvainen, T. 2002. Natural variability of forests as a reference for restoring and managing biological diversity in boreal Fennoscandia. *Silva Fennica*, **36**, 97–125.

Kuuluvainen, T. 2009. Forest management and biodiversity conservation based on natural ecosystem dynamics in northern Europe: the complexity challenge. *Ambio*, **38**, 309–315.

Kuuluvainen, T., Syrjänen, K. & Kalliola, R. 1998. Structure of a pristine *Picea abies* forest in northeastern Europe. *Journal of Vegetation Science*, **9**, 563–574.

Kuussaari, M., Bommarco, R., Heikkinen, R. K., Helm, A., Krauss, J., Lindborg, R., Öckinger, E., Pärtel, M., Pino, J., Rodà, F., Stefanescu, C., Teder, T., Zobel, M. & Steffan-Dewenter, I. 2009. Extinction debt: a challenge for biodiversity conservation. *Trends in Ecology and Evolution*, **24**, 564–570.

Laaka-Lindberg, S., Korpelainen, H. & Pohjamo, M. 2006. Spatial distribution of epixylic hepatics in relation to substrate in a boreal old-growth forest. *Journal of the Hattori Botanical Club*, **100**, 311–323.

Laaksonen, M., Peuhu, E., Várkonyi, G. & Siitonen, J. 2008. Effects of habitat quality and landscape structure on saproxylic species dwelling in boreal spruce-swamp forests. *Oikos*, **117**, 1098–1110.

Laaksonen, M., Murdoch, K., Siitonen, J. & Várkonyi, G. 2010. Habitat associations of *Agathidium pulchellum*, an endangered old-growth forest beetle species living on slime moulds. *Journal of Insect Conservation*, **14**, 89–98.

Labandeira, C. C. 1998. Early history of arthropod and vascular plant associations. *Annual Review of Earth and Planetary Sciences*, **26**, 329–377.

Labandeira, C. C., Phillips, T. L. & Norton, R. A. 1997. Oribatid mites and the decomposition of plant tissues in Paleozoic coal-swamp forests. *Palaios*, **12**, 319–353.

Labandeira, C. C., Lepage, B. A. & Johnson, A. H. 2001. A *Dendroctonus* bark engraving (Coleoptera: Scolytidae) from a Middle Eocene *Larix* (Coniferales: Pinaceae): early or delayed colonization? *American Journal of Botany*, **88**, 2026–2039.

Lachance, M.-A., Metcalf, B. J. & Starmer, W. J. 1982. Yeasts from exudates of *Quercus*, *Ulmus*, *Populus*, and *Pseudotsuga*: new isolations and elucidation of some factors affecting ecological specificity. *Microbial Ecology*, **8**, 191–198.

Lacy, R. C. 1984. Ecological and genetic responses to mycophagy in Drosophilidae (Diptera). *In:* Wheeler, Q. & Blackwell, M. (eds.) *Fungus–Insect Relationships*. New York: Columbia University Press, 286–301.

Lähde, E., Eskelinen, T. & Väänänen, A. 2002. Growth and diversity effects of silvicultural alternatives on an old-growth forest in Finland. *Forestry*, **75**, 395–400.

Laiho, R. & Prescott, C. E. 2004. Decay and nutrient dynamics of coarse woody debris in northern coniferous forests: a synthesis. *Canadian Journal of Forest Research*, **34**, 763–777.

Lange, M. 1992. Sequence of macromycetes on decaying beech logs. *Persoonia*, **14**, 449–456.

Langor, D. W. 1991. Arthropods and nematodes co-occurring with the eastern larch beetle, *Dendroctonus simplex* [Col.: Scolytidae], in Newfoundland. *Entomophaga*, **36**, 303–313.

Lännenpää, A., Aakala, T., Kauhanen, H. & Kuuluvainen, T. 2008. Tree mortality agents in pristine Norway spruce forests in Northern Fennoscandia. *Silva Fennica*, **42**, 151–163.

Larsen, J. B. & Nielsen, A. B. 2007. Nature-based forest management: where are we going? Elaborating forest development types in and with practice. *Forest Ecology and Management*,

238, 107–117.
Larsson, M. C. & Svensson, G. P. 2009. Pheromone monitoring of rare and threatened insects: exploiting a pheromone–kairomone system to estimate prey and predator abundance. *Conservation Biology*, **23**, 1516–1525.
Larsson, M. C., Hedin, J., Svensson, G. P., Tolasch, T. & Francke, W. 2003. Characteristic odor of *Osmoderma eremita* identified as male-released pheromone. *Journal of Chemical Ecology*, **29**, 575–587.
Lasker, R. & Giese, A. C. 1956. Cellulose digestion in the silverfish *Ctenolepisma lineata*. *Journal of Experimental Biology*, **33**, 542–553.
Lässig, R. & Mocalov, S. 2000. Frequency and characteristics of severe storms in the Urals and their influence on the development, structure and management of the boreal forests. *Forest Ecology and Management*, **135**, 179–194.
Laurance, W. F., Goosem, M. & Laurance, S. G. W. 2009. Impacts of roads and linear clearings on tropical forests. *Trends in Ecology and Evolution*, **24**, 659–669.
Lawrence, J. F. 1973. Host preference in ciid beetles (Coleoptera: Ciidae) inhabiting the fruiting bodies of basidiomycetes in North America. *Bulletin of the Museum of Comparative Zoology*, **145**, 163–212.
Lawrence, J. F. 1982. Coleoptera. In: Parker, S. P. (ed.) *Synopsis and Classification of Living Organisms, Vol. 2*. New York: McGraw-Hill, 482–553.
Lawrence, J. F. 1989. Mycophagy in the Coleoptera: feeding strategies and morphological adaptations. In: Wilding, N., Collins, N. M., Hammon, P. M. & Webber, J. F. (eds.) *Insect–Fungus Interactions*. London: Academic Press, 1–123.
Lawrence, J. F. & Powell, J. A. 1969. Host relationships in North American fungus-feeding moths (Oecophoridae, Oinophilidae, Tineidae). *Bulletin of the Museum of Comparative Zoology*, **138**, 29–51.
Lee, Y. S. 2000. Qualitative evaluation of ligninolytic enzymes in xylariaceous fungi. *Journal of Microbiology and Biotechnology*, **10**, 462–469.
Lehtinen, R. M., Lannoo, M. J. & Wassersug, R. J. 2004. Phytotelm breeding anurans: past, present and future research. In: Lehtinen, R. M. (ed.) *Ecology and Evolution of Phytotelm-Breeding Anurans*. Miscellaneous Publications of the University of Michigan Museum of Zoology, No. 193, 1–9.
Leikola, M. 1969. On the termination of diameter growth of Scots pine in old age in northernmost Finnish Lapland [in Finnish with an English abstract]. *Silva Fennica*, **3**, 50–61.
Leitner, W. A. & Rosenzweig, M. L. 1997. Nested species–area curves and stochastic sampling: a new theory. *Oikos*, **79**, 503–512.
Lekander, B. 1955. Das Auftreten der Schadinsekten in den vom Januarsturm 1954 verheerten Wäldern [in Swedish with a German summary]. *Meddelanden från Statens Skogsforskningsinstitut*, **45**, 1–35.
Lekounougou, S., Mounguengui, S., Dumarçay, S., Rose, C., Courty, P. E., Garbaye, J., Gérardin, P., Jacquot, J. P. & Gelhaye, E. 2008. Initial stages of *Fagus sylvatica* wood colonization by the white-rot basidiomycete *Trametes versicolor*: enzymatic

characterization. *International Biodeterioration and Biodegradation*, **61**, 287–293.

Leopold, A. C. 1980. Aging and senescence in plant development. *In:* Thimann, K.V. (ed.) *Senescence in Plants*. Boca Raton, FL: CRSC Press, 1–12.

Levins, R. 1970. Extinction. *Lecture Notes in Mathematics*, **2**, 75–107.

Levy, J. F. 1975. Bacteria associated with wood in ground contact. *In:* Liese, W. (ed.) *Biological Transformation of Wood by Microorganisms*. Berlin, Heidelberg, New York: Springer, 64–73.

Levy, J. F. 1982. The place of basidiomycetes in the decay of wood in contact with the ground. *In:* Frankland, J. C., Hedger, J. N. & Swift, M. J. (eds.) *Decomposer Basidiomycetes: Their Biology and Ecology*. Cambridge: Cambridge University Press, 161–178.

Levy, J. F. 1987. The natural history of the degradation of wood. *Philosophical Transactions of the Royal Society of London, A*, **321**, 423–433.

Lewis, K. & Hrinkevich, K. 2008. *Using Reconstructed Outbreak Histories of Mountain Pine Beetle, Fire and Climate to Predict the Risk of Future Outbreaks*. Natural Resources Canada, Canadian Forest Service, Pacific Forestry Centre, Victoria, BC.

Li, P. J. & Martin, T. E. 1991. Nest-site selection and nesting success of cavity-nesting birds in high elevation forest drainages. *Auk*, **108**, 405–418.

Lieutier, F., Day, K. R., Battisti, A., Gregoire, J.-C. & Evans, H. F. (eds.) 2004. *Bark and Wood Boring Insects in Living Trees in Europe: A Synthesis*. Dordrecht, Boston, London: Kluwer Academic Press.

Lieutier, F.,Yart, A. & Salle, A. 2009. Stimulation of tree defenses by ophiostomatoid fungi can explain attack success of bark beetles on conifers. *Annals of Forest Science*, **66**, 801.

Lilja, S., Wallenius, T. & Kuuluvainen, T. 2006. Structure and development of old *Picea abies* forests in northern boreal Fennoscandia. *Ecoscience*, **13**, 181–192.

Lim,Y.W., Kim, J.-J., Lu, M. & Breuil, C. 2005. Determining fungal diversity on *Dendroctonus ponderosae* and *Ips pini* affecting lodgepole pine using cultural and molecular methods. *Fungal Diversity*, **19**, 79–94.

Lin, Z. B. & Zhang, H. N. 2004. Anti-tumor and immunoregulatory activities of *Ganoderma lucidum* and its possible mechanisms. *Acta Pharmacologica Sinica*, **25**, 1387–1395.

Lindahl, B., Stenlid, J., Olsson, S. & Finlay, R. 1999. Translocation of ^{32}P between interacting mycelia of a wood-decomposing fungus and ectomycorrhizal fungi in microcosm systems. *New Phytologist*, **143**, 183–193.

Lindahl, B. D. & Finlay, R. D. 2006. Activities of chitinolytic enzymes during primary and secondary colonization of wood by basidiomycetous fungi. *New Phytologist*, **169**, 389–397.

Lindblad, I. 1998. Wood-inhabiting fungi on fallen logs of Norway spruce: relations to forest management and substrate quality. *Nordic Journal of Botany*, **18**, 243–255.

Lindblad, I. 2000. Host specificity of some wood-inhabiting fungi in a tropical forest. *Mycologia*, **92**, 399–405.

Lindenmayer, D. B. & Noss, R. F. 2006. Salvage logging, ecosystem processes and biodiversity conservation. *Conservation Biology*, **20**, 949–958.

Lindenmayer, D. B., Cunningham, R. B., Tanton, M.T., Smith, A. P. & Nix, H. A. 1990. The conservation of arboreal marsupials in the montane ash forest in the central highlands of

Victoria, southeast Australia. Part I. Factors influencing the occupancy of trees with hollows. *Biological Conservation*, **54**, 111–132.

Lindenmayer, D. B., Cunningham, R. B., Tanton, M. T., Smith, A. P. & Nix, H. A. 1991. Characteristics of hollow-bearing trees occupied by arboreal marsupials in the montane ash forests of the central highlands of Victoria, southeast Australia. *Forest Ecology and Management*, **40**, 289–308.

Lindenmayer, D. B., Welsh, A., Donnelly, C. F. & Cunningham, R. B. 1996. Use of nest trees by the mountain brushtail possum (*Trichosurus caninus*) (Phalangeridae: Marsupialia). Part II. Characteristics of occupied trees. *Wildlife Research*, **23**, 531–545.

Lindenmayer, D. B., Cunningham, R. B., Pope, M. L., Gibbons, P. & Donnelly, C. F. 2000. Cavity sizes and types in Australian eucalypts from wet and dry forest types: a simple of rule of thumb for estimating size and number of cavities. *Forest Ecology and Management*, **137**, 139–150.

Lindenmayer, D. B., Burton, P. J. & Franklin, J. F. 2008. *Salvage Logging and its Ecological Consequences*. Washington, DC: Island Press.

Linder, P., Elfving, B. & Zackrisson, O. 1997. Stand structure and successional trends in virgin boreal forest reserves in Sweden. *Forest Ecology and Management*, **98**, 17–33.

Lindgren, M. 2001. Polypore (Basidiomycetes) species richness and community structure in natural boreal forests of NW Russian Karelia and adjacent areas in Finland. *Acta Botanica Fennica*, **170**, 1–41.

Lindhe, A. & Lindelöw, Å. 2004. Cut high stumps of spruce birch, aspen and oak as breeding substrates for saproxylic beetles. *Forest Ecology and Management*, **203**, 1–20.

Lindhe, A., Åsenblad, N. & Toresson, H.-G. 2004. Cut logs and high stumps of spruce, birch aspen and oak: nine years of saproxylic fungi succession. *Biological Conservation*, **119**, 443–454.

Lindhe, A., Lindelöw, Å. & Åsenblad, N. 2005. Saproxylic beetles in standing dead wood: density in relation to substrate sun exposure and diameter. *Biodiversity and Conservation*, **14**, 3033–3053.

Loehle, C. 1988. Tree life history strategies: the role of defenses. *Canadian Journal of Forest Research*, **18**, 209–222.

Logan, J. A., Régnière, J. & Powell, J. A. 2003. Assessing the impact of global warming on forest pest dynamics. *Frontiers in Ecology and Environment*, **1**, 130–137.

Lõhmus, A. 2009. Factors of species-specific detectability in conservation assessments of poorly studied taxa: the case of polypore fungi. *Biological Conservation*, **142**, 2792–2796.

Lõhmus, A. & Remm, J. 2005. Nest quality limits the number of hole-nesting passerines in their natural cavity-rich habitat. *Acta Oecologica*, **27**, 125–128.

Lõhmus, P. & Lõhmus, A. 2001. Snags and their lichen flora in old Estonian peatland forests. *Annales Botanici Fennici*, **38**, 265–280.

Lombardero, M. J., Ayres, M. P., Lorio, P. L. & Ruel, J. J. 2000. Environmental effects on constitutive and inducible resin defences of *Pinus taeda*. *Ecology Letters*, **3**, 329–339.

Lomholdt, O. 1975. The Sphecidae (Hymenoptera) of Fennoscandia and Denmark. *Fauna Entomologica Scandinavica*, **4**(1), 1–224.

Lomholdt, O. 1976. The Sphecidae (Hymenoptera) of Fennoscandia and Denmark. *Fauna Entomologica Scandinavica*, **4**(2), 225–452.

Looy, C.V., Brugman, W.A., Dilcher, D. L. & Visscher, H. 1999. The delayed resurgence of equatorial forests after the Permian–Triassic ecologic crisis. *PNAS*, **96**, 13857–13862.

Lorimer, C. G., Dahir, S. E. & Nordheim, E.V. 2001. Tree mortality and longevity in mature and old-growth hemlock-hardwood forests. *Journal of Ecology*, **89**, 960–971.

Losin, N., Floyd, C. H., Shweitzer, T. E. & Keller, S. J. 2006. Relationship between aspen heartwood rot and the location of cavity excavation by primary cavity-nester, the red-naped sapsucker. *Condor*, **108**, 706–710.

Lundberg, S. 1966. *Eicolyctus brunneus* Gyll. (Coleoptera): något om bl.a. biologin. [in Swedish with an English summary] *Entomologisk Tidskrift*, **87**, 47–49.

Lundberg, S. 1993. *Phryganophilus ruficollis* (Fabricius) (Coleoptera, Melandryidae) in north Fennoscandia: habitat and developmental biology. *Entomologisk Tidskrift*, **114**, 13–18.

Lundquist, J. E. 1995. Pest interactions and canopy gaps in ponderosa pine stands in the Black Hills, South Dakota, USA. *Forest Ecology and Management*, **74**, 37–48.

Luo, W., Vrijmoed, L. P. & Jones, E. B. G. 2005. Screening of marine fungi for lignocellulose-degrading enzyme activities. *Botanica Marina*, **48**, 379–386.

Luschka, N. 1993. Die Pilze des Nationalparks Bayerischer Wald im bayerisch-böhmischen Grenzegebiete. *Hoppea*, **53**, 5–363.

Luyssaert, S., Schulze, E.-D., Börner, A., Knohl, A., Hessenmöller, D., Law, B. E., Grace, J. & Ciais, P. 2008. Old-growth forests as global carbon sinks. *Nature*, **455**, 213–215.

Lygis, V., Vasiliauskas, R., Stenlid, J. & Vasiliauskas, A. 2004. Silvicultural and pathological evaluation of Scots pine afforestations mixed with trees to reduce the infections by *Heterobasidion annosum*. *Forest Ecology and Management*, **201**, 275–285.

MacDonald, D. 2001. *The New Encyclopedia of Mammals*. Oxford: Oxford University Press.

MacGowan, I. & Rotheray, G. 2008. *British Lonchaeidae: Diptera, Cyclorrhapha, Acalyptratae*. Handbooks for the Identification of British Insects, Vol. 10, Part 15. London: Royal Entomological Society of London.

Mackensen, J., Bauhus, J. & Webber, E. 2003. Decomposition rates of coarse woody debris: a review with particular emphasis on Australian tree species. *Australian Journal of Botany*, **51**, 27–37.

Maddocks, R. F. & Steineck, P. L. 1987. Ostracoda from experimental wood-island habitats in the deep sea. *Micropaleontology*, **33**, 318–355.

Maeto, K., Sato, S. & Miyata, H. 2002. Species diversity of longicorn beetles in humid warm-temperate forests: the impact of forest management practices on old-growth forest species in southwestern Japan. *Biodiversity and Conservation*, **11**, 1919–1937.

Magallón, S. & Castillo, A. 2009. Angiosperm diversification through time. *American Journal of Botany*, **96**, 349–365.

Magallón, S. & Sanderson, M. J. 2005. Angiosperm divergence times: the effects of genes, codon positions, and time constraints. *Evolution*, **59**, 1653–1670.

Magan, N. 2008. Ecophysiology: impact of environment on growth, synthesis of compatible solutes and enzyme production. *In:* Boddy, L., Frankland, J. C. & van West, P. (eds.)

引用文献

Ecology of Saprotrophic Basidiomycetes. London: Academic Press/Elsevier, 63–78.
Magel, E. 2000. Biochemistry and physiology of heartwood formation. *In:* Savidge, R., Barnett, J. & Napier, R. (eds.) *Molecular and Cell Biology of Wood Formation.* Oxford: BIOS Scientific Publishers, 363–376.
Magel, E., Jay-Allemand, C. & Ziegler, H. 1994. Formation of heartwood substances in the stemwood of *Robinia pseudoacacia* L. II. Distribution of non-structural carbohydrates and wood extractives across the trunk. *Trees,* **8,** 165–171.
Magri, D., Vendramin, G. G., Comps, B., Dupanloup, I., Geburek, T., Gömöry, D., Latałowa, M., Litt, T., Paule, L., Roure, J. M., Tantau, I., van der Knaap, W. O., Petit, R. J. & de Beaulieu, J.-L. 2006. A new scenario for the quaternary history of European beech populations: palaeobotanical evidence and genetic consequences. *New Phytologist,* **171,** 199–221.
Makarova, O. L. 2004. Gamasid mites (Parasitiformes, Mesostigmata), dwellers of bracket fungi, from the Petchora-Ilychskii Reserve, Republic of Komi. *Entomological Review,* **84,** 667–672.
Mäkinen, H., Saranpää, P. & Linder, S. 2002. Wood-density variation of Norway spruce in relation to nutrient optimization and fibre dimensions. *Canadian Journal of Forest Research,* **32,** 185–194.
Mäkinen, H., Hynynen, J., Siitonen, J. & Sievänen, R. 2006. Predicting the decomposition of Scots pine, Norway spruce, and birch stems in Finland. *Ecological Applications,* **16,** 1865–1879.
Malloch, D. & Blackwell, M. 1993. Dispersal biology of the ophiostomatoid fungi. *In:* Wingfield, M. J., Seifert, K. A. & Webber, J. F. (eds.) *Ceratocystis and Ophiostoma: Taxonomy, Ecology, and Pathogenicity.* St. Paul, MN: The American Phytopathological Society, 195–206.
Manion, P. D. 1991. *Tree Disease Concepts.* Englewood Cliffs, NJ: Prentice-Hall.
Mariani, L., Chang, S. X. & Kabzems, R. 2006. Effects of tree harvesting, forest floor removal, and compaction on soil microbial biomass, microbial respiration, and N availability in a boreal aspen forest in British Columbia. *Soil Biology and Biochemistry,* **38,** 1734–1744.
Markham, P. & Bazin, M. J. 1991. Decomposition of cellulose by fungi. *In:* Arora, D. K., Rai, B., Mukerji, K. G. & Knudsen, G. R. (eds.) *Handbook of Applied Mycology, Vol. 1.* New York: Marcel Dekker, 379–424.
Martikainen, P. 2001. Conservation of threatened saproxylic species: significance of retained aspen *Populus tremula* on clearcut areas. *Ecological Bulletins,* **49,** 205–218.
Martikainen, P. & Kouki, J. 2003. Sampling the rarest: threatened beetles in boreal forest biodiversity inventories. *Biodiversity and Conservation,* **12,** 1815–1831.
Martikainen, P., Siitonen, J., Punttila, P., Kaila, L. & Rauh, J. 2000. Species richness of Coleoptera in mature managed and old growth boreal forests in southern Finland. *Biological Conservation,* **94,** 199–209.
Martin, K. & Eadie, J. M. 1999. Nest webs: a community-wide approach to the management and conservation of cavity-nesting forest birds. *Forest Ecology and Management,* **115,** 243–257.

Martin, K., Aitken, K. E. H. & Wiebe, K. L. 2004. Nest sites and nest webs for cavity-nesting communities in interior British Columbia, Canada: nest characteristics and niche partitioning. *Condor*, **106**, 5–19.

Martin, M. M. 1979. Biochemical implications of insect mycophagy. *Biological Reviews*, **54**, 1–21.

Martin, M. M. 1991. The evolution of cellulose digestion in insects. *Philosophical Transactions of the Royal Society, B*, **333**, 281–288.

Martin, M. M. & Martin, J. S. 1978. Cellulose digestion in the midgut of the fungus-growing termite *Macrotermes natalensis*: the role of acquired digestive enzymes. *Science*, **199**, 1453–1455.

Martin, O. 1989. Click beetles (Coleoptera, Elateridae) from old deciduous forests in Denmark. [in Danish with an English summary] *Entomologiske Meddelelser*, **57**, 1–107.

Martínez, Á. T., Speranza, M., Ruiz-Dueñas, F. J., Ferreira, P., Camarero, S., Guillén, F., Martínez, M. J., Gutiérrez, A. & del Río, J. C. 2005. Biodegradation of lignocellulosics: microbial, chemical, and enzymatic aspects of the fungal attack of lignin. *International Microbiology*, **8**, 195–204.

Martínez-Vilalta, J. & Piñol, J. 2002. Drought-induced mortality and hydraulic architecture in pine populations of the NE Iberian Peninsula. *Forest Ecology and Management*, **161**, 247–256.

Mašán, P. & Walther, D. E. 2004. Description of the male of *Hoploseius mariae* (Acari, Mesostigmata), an European ascid mite associated with wood-destroying fungi, with key to *Hoploseius* species. *Biologia, Bratislava*, **59**, 527–532.

Masuya, H., Yamaoka, Y., Kaneko, S. & Yamaura, Y. 2009. Ophiostomatoid fungi isolated from Japanese red pine and their relationships with bark beetles. *Mycoscience*, **50**, 212–223.

Mathiesen, A. 1950. The nitrogen nutrition and vitamin requirement of *Ophiostoma pini*. *Physiologia Plantarum*, **3**, 93–102.

Mathiesen-Käärik, A. 1953. Eine Übersicht über die gewönlichsten mit Borkenkäfer assoziierten Bläuepilze in Schweden und einige für Schweden neue Bläuepilze. *Meddelanden från Statens Skogsforskningsinstitut*, **43**, 1–74.

Mathiesen-Käärik, A. 1960a. *Growth and Sporulation of* Ophiostoma *and Some Other Blueing Fungi on Synthetic Media*. Symbolae Botanicae Upsalienses, Vol. 16, Issue 8, 168 pp.

Mathiesen-Käärik, A. 1960b. Studies on the ecology, taxonomy and physiology of Swedish insect-associated blue stain fungi, especially the genus *Ceratocystis*. *Oikos*, **11**, 1–25.

Matthewman, W. G. & Pielou, D. P. 1971. Arthropods inhabiting the sporophores of *Fomes fomentarius* (Polyporacea) in Gatineau Park, Quebec. *Canadian Entomologist*, **103**, 775–847.

May, R. M. 1973. *Stability and Complexity in Model Ecosystems*. Princeton, NJ: Princeton University Press.

Mayer, A. M. & Staples, R. C. 2002. Laccase: new functions for an old enzyme. *Phytochemistry*, **60**, 551–565.

McCann, K. S. 2000. The diversity–stability debate. *Nature*, **405**, 228–233.

McCarthy, J. W. 2001. Gap dynamics of forest trees: a review with particular attention to boreal forests. *Environmental Review*, **9**, 1–59.

McCarthy, J. W. & Weetman, G. 2007. Stand structure and development of an insect-mediated boreal forest landscape. *Forest Ecology and Management*, **241**, 101–114.

McCay, T. S. 2000. Use of woody debris by cotton mice (*Pteromyscus gossypinus*) in a southeastern pine forest. *Journal of Mammalogy*, **81**, 527–535.

McComb, W. & Lindenmayer, D. B. 1999. Dying, dead, and down trees. *In:* Hunter, M. J. J. (ed.) *Maintaining Biodiversity in Forest Ecosystems*. Cambridge: Cambridge University Press, 335–372.

McDowell, N., Pockman, W. T., Allen, C. D., Breshears, D. D., Cobb, N., Kolb, T., Plaut, J., Sperry, J., West, A., Williams, D. G. & Yepez, E. A. 2008. Mechanisms of plant survival and mortality during drought: why do some plants survive while others succumb to drought? *New Phytologist*, **178**, 719–739.

McLaughlin, J. W. & Phillips, S. A. 2006. Soil carbon, nitrogen, and base cation cycling 17 years after whole-tree harvesting in a low-elevation red spruce (*Picea rubens*)–balsam fir (*Abies balsamea*) forested watershed in central Maine, USA. *Forest Ecology and Management*, **222**, 235–253.

McLean, I. F. G. & Speight, M. C. D. 1993. Saproxylic invertebrates: the European context. *In:* Kirby, K. J. & Drake, C. M. (eds.) *Dead Wood Matters: The Ecology and Conservation of Saproxylic Invertebrates in Britain*. Peterborough, UK: English Nature, 21–32.

McRae, D. J., Duchesne, L. C., Freedman, B., Lynham, T. J. & Woodley, S. 2001. Comparisons between wildfire and forest harvesting and their implications in forest management. *Environmental Reviews*, **9**, 223–260.

Merrill, W. & Cowling, E. B. 1966. Role of nitrogen in wood deterioration: amount and distribution of nitrogen in fungi. *Phytopathology*, **56**, 1083–1090.

Meyer-Berthaud, B., Scheckler, S. E. & Wendt, J. 1999. *Archaeopteris* is the earliest known modern tree. *Nature*, **398**, 700–701.

Midtgaard, F., Rukke, B. A. & Sverdrup-Thygeson, A. 1998. Habitat use of the fungivorous beetle *Bolitophagus reticulatus* (Coleoptera: Tenebrionidae): effects of basidiocarp size, humidity and competitors. *European Journal of Entomology*, **95**, 559–570.

Mikusinski, G. 2006. Woodpeckers: distribution, conservation, and research in a global perspective. *Annales Zoologici Fennici*, **43**, 86–95.

Miller, C. N. 1999. Implications of fossil conifers for the phylogenetic relationships of living families. *Botanical Review*, **65**, 239–277.

Miller, K. B. & Wheeler, Q. D. 2005. Asymmetrical male mandibular horns and mating behavior in *Agathidium* Panzer (Coleoptera: Leiodidae). *Journal of Natural History*, **39**, 779–792.

Mitchell, F. J. G. 2005. How open were European primeval forests? Hypothesis testing using palaeoecological data. *Journal of Ecology*, **93**, 168–177.

Monge-Najera, J. & Alfaro, J. P. 1995. Geographic variation of habitats in Costa Rican velvet worms (Onychophora: Peripatidae). *Biogeographica*, **71**, 97–108.

Monterrubio-Rico, T. C. & Escalante-Pliego, P. 2006. Richness, distribution and conservation status of cavity nesting birds in Mexico. *Biological Conservation*, **128**, 67–78.

Montes, F. & Canellas, I. 2006. Modelling coarse woody debris dynamics in even-aged Scots pine forests. *Forest Ecology and Management*, **221**, 220–232.

Montgomery, M. E. & Wargo, P. M. 1983. Ethanol and other host-derived volatiles as attractants to beetles that bore into hardwoods. *Journal of Chemical Ecology*, **9**, 181–190.

Morales-Jimenéz, J., Zúniga, G., Villa-Tanaca, L. & Hernándes-Rodriguez, C. 2009. Bacterial community and nitrogen fixation in the red turpentine beetle, *Dendroctonus valens* LeConte (Coleoptera: Curculionidae: Scolytinae). *Microbial Ecology*, **58**, 879–891.

Morgan, F. D. 1968. Bionomics of Siricidae. *Annual Review of Entomology*, **13**, 239–256.

Morgenstern, I. M., Klopman, S. & Hibbett, D. S. 2008. Molecular evolution and diversity of lignin-degrading heme peroxidases in the Agaricomycetes. *Journal of Molecular Evolution*, **66**, 243–257.

Mortimer, M. J. & Kane, B. 2005. Hazard tree liability in the United States: uncertain risks for owners and professionals. *Urban Forestry & Urban Greening*, **2**, 159–165.

Moser, J. C. 1985. Use of sporothecae by phoretic *Tarsonemus* mites to transport ascospores of coniferous blue-stain fungi. *Transactions of the British Mycological Society*, **84**, 750–753.

Moser, J. C. & Macias-Samano, J. E. 2000. Tarsonemid mite associates of *Dendroctonus frontalis* (Coleoptera: Scolytidae): implications for the historical biogeography of *D. frontalis*. *Canadian Entomologist*, **132**, 765–771.

Moser, J. C. & Roton, L. M. 1971. Mites associated with southern pine bark beetles in Allen Parish, Louisiana. *Canadian Entomologist*, **103**, 1775–1796.

Moser, J. C., Eidmann, H. H. & Regnander, J. R. 1989a. The mites associated with *Ips typographus* in Sweden. *Annales Entomologici Fennici*, **55**, 23–27.

Moser, J. C., Perry, T. J. & Solheim, H. 1989b. Ascospores hyperphoretic on mites associated with *Ips typographus*. *Mycological Research*, **93**, 513–517.

Mswaka, A. Y. & Magan, N. 1999. Temperature and water potential relations of tropical *Trametes* and other wood-decay fungi from the indigenous forests of Zimbabwe. *Mycological Research*, **103**, 1309–1317.

Mueller, G. M., Schmit, J. P., Leacock, P. R., Buyck, B., Cifuentes, J., Desjardin, D. E., Halling, R. E., Hjortstam, K., Iturriaga, T., Larsson, K.-H., Lodge, D. J., May, T. W., Minter, D., Rajchenberg, M., Redhead, S. A., Ryvarden, L., Trappe, J. M., Watling, R. & Wu, Q. 2007. Global diversity and distribution of macrofungi. *Biodiversity and Conservation*, **16**, 37–48.

Mueller, U. G., Gerardo, N. M., Aanen, D. K., Six, D. L. & Schultz, T. R. 2005. The evolution of agriculture in insects. *Annual Review of Ecology, Evolution and Systematics*, **36**, 563–595.

Muhle, H. & LeBlanc, F. 1975. Bryophyte and lichen succession on decaying logs. I. Analysis along an evaporational gradient in eastern Canada. *Journal of the Hattori Botanical Laboratory*, **39**, 1–33.

Müller, J. & Bütler, R. 2010. A review of habitat thresholds for dead wood: a baseline for management recommendations in European forests. *European Journal of Forest Research*, **129**, 981–992.

Müller, J., Bussler, H., Gossner, M., Rettelbach, T. & Duelli, P. 2008a. The European spruce bark beetle *Ips typographus* (L.) in a national park: from pest to keystone species. *Biodiversity and Conservation*, **17**, 2979–3001.

Müller, J., Bussler, H. & Kneib, T. 2008b. Saproxylic beetle assemblages related to silvicultural management intensity and stand structures in a boreal beech forest in South Germany. *Journal of Insect Conservation*, **12**, 107–124.

Muona, J. & Rutanen, I. 1994. The short-term impact of fire on the beetle fauna in boreal coniferous forest. *Annales Zoologici Fennici*, **31**, 109–121.

Murdoch, C. W. & Campana, R. J. 1983. Bacterial species associated with wetwood of elm. *Phytopathology*, **73**, 1270–1273.

Murdoch, C. W., Biermann, C. J. & Campana, R. J. 1983. Pressure and composition of intrastem gases produced in wetwood of American elm. *Plant Disease*, **67**, 74–76.

Murphy, E. C. & Lehnhausen, W. A. 1998. Density and foraging ecology of woodpeckers following a stand-replacement fire. *Journal of Wildlife Management*, **62**, 1359–1372.

Næsset, E. 1999. Relationship between relative wood density of *Picea abies* logs and simple classification systems of decayed coarse woody debris. *Scandinavian Journal of Forest Research*, **14**, 454–461.

Naiman, R. J. & Décamps, H. 1997. The ecology of interfaces: riparian zones. *Annual Review of Ecology and Systematics*, **28**, 621–658.

Naiman, R. J., Melillo, J. M. & Hobbie, J. E. 1986. Ecosystem alteration of boreal forest streams by beaver (*Castor canadensis*). *Ecology*, **67**, 1254–1269.

Nascimbiene, J., Marini, L., Caniglia, G., Cester, D. & Nimis, P. L. 2008. Lichen diversity on stumps in relation to wood decay in subalpine forests of northern Italy. *Biodiversity and Conservation*, **17**, 2661–2670.

Nelson, J. A., Wubah, D. A., Whitmer, M. E., Johnson, E. A. & Stewart, D. J. 1999. Wood-eating catfishes of the genus *Panaque*: gut microflora and cellulolytic enzyme activities. *Journal of Fish Biology*, **54**, 1069–1082.

Newton, A. F. 1984. Mycophagy in Staphylinoidea (Coleoptera). *In*: Wheeler, Q. & Blackwell, M. (eds.) *Fungus–Insect Relationships: Perspectives in Ecology and Evolution*. New York: Columbia University Press, 302–353.

Newton, I. 2003. The role of nest sites in limiting the numbers of hole-nesting birds: a review. *Biological Conservation*, **70**, 265–276.

Niemelä, T. 2005. *Käävät: puiden sienet [Polypores: Lignicolous Fungi]* [in Finnish with an English summary]. Norrlinia, No. 13. Helsinki: Museum of Natural History, 320 pp.

Niemelä, T., Renvall, P. & Penttilä, R. 1995. Interactions of fungi at late stages of wood decomposition. *Annales Botanici Fennici*, **32**, 141–152.

Niemelä, T., Wallenius, T. & Kotiranta, H. 2002. The kelo tree, a vanishing substrate of specified wood-inhabiting fungi. *Polish Botanical Journal*, **47**, 91–101.

Nieto, A. & Alexander, K. N. A. 2010. *European Red List of Saproxylic Beetles*. Luxembourg: Publications Office of the European Union.

Nikitsky, N. B. & Schigel, D. S. 2004. Beetles in polypores of the Moscow region: checklist and ecological notes. *Entomologica Fennica*, **15**, 6–22.

Niklasson, M. & Granström, A. 2000. Numbers and sizes of fires: long-term spatially explicit fire history in a Swedish boreal forest. *Ecology*, **81**, 1484–1499.

Nikolajev, G. V. 1992. Taxonomical features and composition of genera of Mesozoic scarab beetles (Coleoptera, Scarabaeidae). *Paleontological Journal*, **1**, 76–88.

Nilsson, S. G. 1984. The evolution of nest-site selection among hole-nesting birds: the importance of nest predation and competition. *Ornis Scandinavica*, **15**, 167–175.

Nilsson, S. G. & Baranowski, R. 1997. Habitat predictability and the occurrence of wood beetles in old-growth beech forests. *Ecography*, **20**, 491–498.

Nilsson, S. G., Arup, U., Baranowski, R. & Ekman, S. 1995. Tree-dependent lichens and beetles as indicators in conservation forests. *Conservation Biology*, **9**, 1208–1215.

Nilsson, T. 1997. Survival and habitat preferences of adult *Bolitophagus reticulatus*. *Ecological Entomology*, **22**, 82–89.

Nordén, B. 1997. Genetic variation within and among populations of *Fomitopsis pinicola* (Basidiomycetes). *Nordic Journal of Botany*, **17**, 319–329.

Nordén, B. & Appelqvist, T. 2001. Conceptual problems of ecological continuity and its bioindicators. *Biodiversity and Conservation*, **10**, 779–791.

Nordén, B., Appelqvist, T., Lindahl, B. & Henningson, M. 1999. Cubic rot fungi – corticioid fungi in highly brown rotted spruce stumps. *Mycologia Helvetica*, **10**, 13–24.

Nordén, B., Götmark, F., Tönnberg, M. & Ryberg, M. 2004a. Dead wood in semi-natural temperate broadleaved woodland: contribution of coarse and fine dead wood, attached dead wood and stumps. *Forest Ecology and Management*, **194**, 235–248.

Nordén, B., Ryberg, M., Götmark, F. & Olausson, B. 2004b. Relative importance of coarse and fine woody debris for the diversity of wood-inhabiting fungi in temperate broadleaf forests. *Biological Conservation*, **117**, 1–10.

Nordén, B., Götmark, F., Ryberg, M., Paltto, H. & Allmér, J. 2008. Partial cutting reduces species richness of fungi on woody debris in oak-rich forests. *Canadian Journal of Forest Research*, **38**, 1807–1816.

Norstog, K. J. & Nicholls, T. J. 1997. *The Biology of the Cycads*. Ithaca, NY: Cornell University Press.

Nowak, D. J., Noble, M. H., Sisinni, S. M. & Dwyer, J. F. 2001. Assessing the US urban forest resource. *Journal of Forestry*, **99**, 37–42.

Nuñez, M. 1996. Hanging in the air: a tough skin for a tough life. *Mycologist*, **10**, 15–17.

Nuorteva, M. 1956. Über den Fichtenstamm-Bastkäfer, *Hylurgops palliatus* Gyll., und seine Insektenfeinde. *Acta Entomologica Fennica*, **13**, 1–116.

Nzokou, P., Tourtellot, S. & Kamdem, D. P. 2008. Kiln and microwave heat treatment of logs infested by the emerald ash borer (*Agrilus planipennis* Fairmaire) (Coleoptera: Buprestidae). *Forest Products Journal*, **58**, 68–72.

Oberprieler, R. G., Marvaldi, A. E. & Anderson, R. S. 2007. Weevils, weevils, weevils everywhere. *Zootaxa*, **1668**, 491–520.

Oberwinkler, F., Bandoni, R. J., Bauer, R., Deml, G. & Mkisimova-Horovitz, L. 1984. The life-history of *Christiansenia pallida*, a dimorphic, mycoparasitic heterobasidiomycete. *Mycologia*, **76**, 9–22.

Ocasio-Morales, R. G., Tsopelas, P. & Harrington, T. C. 2007. Origin of *Ceratocystis platani* on native *Platanus orientalis* in Greece and its impact on natural forests. *Plant Disease*, **91**, 901–904.

Ódor, P., Heilmann-Clausen, J., Christensen, M., Aude, E., van Dort, K. W., Piltaver, A., Siller,

I., Veerkamp, M. T., Walleyn, R., Standóvar, T., van Hees, A. F. M., Kosec, J., Matočec, N., Kraigher, H. & Grebenc, T. 2006. Diversity of dead wood inhabiting fungi and bryophytes in semi-natural beech forests in Europe. *Biological Conservation*, **131**, 58–71.

Oevering, P. & Pitman, A. J. 2002. Characteristics of attack of coastal timbers by *Pselaphus spadix* (Herbs) (Col: Curc.: Cossoninae) and investigations of its life history. *Holzforschung*, **56**, 335–340.

Ohsawa, M. 2007. The role of isolated old oak trees in maintaining beetle diversity within larch plantations in the central mountainous region of Japan. *Forest Ecology and Management*, **250**, 215–226.

Økland, B. 1994. Mycetophilidae (Diptera), an insect group vulnerable to forestry practices? A comparison of clearcut, managed and semi-natural spruce forests in southern Norway. *Biodiversity and Conservation*, **3**, 68–85.

Økland, B. 1995. Insect fauna compared between six polypore species in a southern Norwegian spruce forest. *Fauna Norvegica Serie B*, **42**, 21–26.

Økland, B. 1996. Unlogged forests: important sites for preserving the diversity of mycetophilids (Diptera: Sciaroidea). *Biological Conservation*, **76**, 297–310.

Økland, B. & Hågvar, S. 1994. The insect fauna associated with carpophores of the fungus *Fomitopsis pinicola* (Fr.) Karts. in a southern Norwegian spruce forest. *Fauna Norvegica Serie B*, **41**, 29–42.

Oldfield, S., Lusty, C. & MacKinven, A. 1998. *The World List of Threatened Trees*. Cambridge, UK: World Conservation Press.

Oleksa, A., Ulrich, W. & Gawroński, R. 2006. Occurrence of the marbled rose-chafer (*Protaetia lugubris* Herbst, Coleoptera, Cetoniidae) in rural avenues in northern Poland. *Journal of Insect Conservation*, **10**, 241–247.

Oleksa, A., Ulrich, W. & Gawroński, R. 2007. Host tree preferences of hermit beetles (*Osmoderma eremita* Scop., Coleoptera: Scarabaeidae) in a network of rural avenues in Poland. *Polish Journal of Ecology*, **55**, 315–323.

Oliver, C. D. & Larson, B. C. 1990. *Forest Stand Dynamics*. New York: McGraw-Hill.

Olsson, F. & Lemdahl, G. 2009. A continuous Holocene beetle record from the site Stavsåkra, southern Sweden: implications for the last 10,600 years of forest and land-use history. *Journal of Quaternary Science*, **24**, 612–626.

Olsson, J. & Jonsson, B. G. 2010. Restoration fire and wood-inhabiting fungi in a Swedish *Pinus sylvestris* forest. *Forest Ecology and Management*, **259**, 1971–1980.

O'Neill, K. M. 2001. *Solitary Wasps: Behavior and Natural History*. Ithaca, NY: Cornell University Press.

Orledge, G. M. & Reynolds, S. E. 2005. Fungivore host-use groups from cluster analysis: patterns of utilisation of fungal fruiting bodies by ciid beetles. *Ecological Entomology*, **30**, 620–641.

Orth, A., Royse, D. & Tien, M. 1993. Ubiquity of lignin-degrading peroxidases among various wood-degrading fungi. *Applied and Environmental Microbiology*, **59**, 4017–4023.

Otjen, L. & Blanchette, R. A. 1986. A discussion of microstructural changes in wood during decomposition by white rot basidiomycetes. *Canadian Journal of Botany*, **64**, 905–911.

Ovaskainen, O., Hottola, J. & Siitonen, J. 2010a. Modeling species co-occurrence by multivariate logistic regression generates new hypotheses on fungal interactions. *Ecology*, **91**, 2514–2521.

Ovaskainen, O., Nokso-Koivisto, J., Hottola, J., Rajala, T., Pennanen, T., Ali-Kovero, H., Miettinen, O., Oinonen, P., Auvinen, P., Paulin, L., Larsson, K.-H. & Mäkipää, R. 2010b. Identifying wood-inhabiting fungi with 454 sequencing: what is the probability that BLAST gives the correct species? *Fungal Ecology*, **3**, 274–283.

Owen-Smith, N. 1987. Pleistocene extinctions: the pivotal role of megaherbivores. *Paleobiology*, **13**, 351–362.

Ozolincius, R., Miksys, V. & Stakenas, V. 2005. Growth-independent mortality of Lithuanian forest tree species. *Scandinavian Journal of Forest Research*, **20** (Suppl. 6), 153–160.

Paclík, M. & Weidinger, K. 2007. Microclimate of tree cavities during winter nights: implications for roost site selection in birds. *International Journal of Biometeorology*, **51**, 287–293.

Paine, T. D., Birch, M. C. & Svirha, P. 1981. Niche breadth and resource partitioning by four sympatric species of bark beetles (Coleoptera: Scolytidae). *Oecologia*, **48**, 1–6.

Paine, T. D., Raffa, K. F. & Harrington, T. C. 1997. Interactions among scolytid bark beetles, their associated fungi, and live host conifers. *Annual Review of Entomology*, **42**, 179–206.

Palace, M., Keller, M., Asner, G. P., Silva, J. N. M. & Passos, C. 2007. Necromass in undisturbed and logged forests in the Brazilian Amazon. *Forest Ecology and Management*, **238**, 309–318.

Palm, T. 1942. Coleopterfaunan vid nedre Dalälven. [in Swedish] *Entomologisk Tidskrift*, **63**, 1–58.

Palm, T. 1951. *Die Holz- und Rinden-Käfer der nordschwedischen Laubbäume*. Meddelanden från Statens Skogsforskningsinstitut, No. 40, 242 pp.

Palm, T. 1959. *Die Holz- und Rinden-Käfer der süd- un mittelschwedischen Laubbäume*. Opuscula Entomologica, Supplementum XVI, 374 pp.

Paltto, H., Nordén, B., Götmark, F. & Franc, N. 2006. At which spatial and temporal scales does landscape context affect local density of Red Data Book and Indicator species? *Biological Conservation*, **133**, 442–454.

Pang, K.-L., Abdel-Wahab, M. A., Sivichai, S., El-Sharouney, H. M. & Jones, E. B. G. 2002. Jahnulales (Dothideomycetes, Ascomycota): a new order of lignicolous freshwater ascomycetes. *Mycological Research*, **106**, 1031–1042.

Paradise, C. J. 2004. Relationships of water and leaf litter variability to insects inhabiting treeholes. *Journal of North American Benthological Society*, **23**, 793–805.

Paradise, C. J. & Dunson, W. A. 1997. Insect species interactions and resource effects in treeholes: are helodid beetles bottom-up facilitators of midge populations? *Oecologia*, **109**, 303–312.

Park, D. 1968. The ecology of terrestrial fungi. *In:* Ainsworth, G. C. & Sussman, A. S. (eds.) *The Fungi: An Advanced Treatise*. New York: Academic Press, 5–39.

Park, O. & Auerbach, S. 1954. Further study of the tree-hole complex with emphasis on quantitative aspects of the fauna. *Ecology*, **35**, 208–222.

Park, O., Auerbach, S. & Corley, G. 1950. The tree-hole habitat with emphasis on the pselaphid beetle fauna. *Bulletin of the Chicago Academy of Sciences*, **9**, 19–56.

Parker, G. G. 1995. Structure and microclimate of forest canopies. *In:* Lowman, M. D. & Nadkarni, N. M. (eds.) *Forest Canopies: A Review of Research on a Biological Frontier.* San Diego, CA: Academic Press, 73–106.

Parker, G. R., Leopold, D. J. & Eichenberger, J. K. 1985. Tree dynamics in an old-growth deciduous forest. *Forest Ecology and Management*, **11**, 31–57.

Parker, T. J., Clancy, K. M. & Mathiasen, R. L. 2006. Interactions among fire, insects and pathogens in coniferous forests of the interior western United States and Canada. *Agricultural and Forest Entomology*, **8**, 167–189.

Pattanavibool, A. & Edge, W. D. 1996. Single-tree selection silviculture affects cavity resources in mixed deciduous forests in Thailand. *Journal of Wildlife Management*, **60**, 67–73.

Paviour-Smith, K. 1960. The fruiting-bodies of macrofungi as habitats for beetles of the family Ciidae (Coleoptera). *Oikos*, **11**, 43–71.

Paviour-Smith, K. 1964. Habitats, headquarters and distribution of *Tetratoma fungorum*. *Entomologist's Monthly Magazine*, **100**, 71–80.

Paviour-Smith, K. & Elbourn, C. A. 1993. A quantitative study of the fauna of small dead and dying wood in living trees in Wytham Woods, near Oxford. *In:* Kirby, K. J. & Drake, C. M. (eds.) *Dead Wood Matters: The Ecology and Conservation of Saproxylic Invertebrates in Britain.* Peterborough, UK: English Nature, 33–57.

Pearce, R. B. 1991. Reaction zone relics and the dynamics of fungal spread in the xylem of woody angiosperms. *Physiological and Molecular Plant Pathology*, **39**, 41–55.

Pearce, R. B. 1996. Antimicrobial defences in the wood of living trees. *New Phytologist*, **132**, 203–233.

Pedlar, J., Pearce, J. L., Venier, L. A. & McKenney, D. W. 2002. Coarse woody debris in relation to disturbance and forest type in boreal Canada. *Forest Ecology and Management*, **158**, 189–194.

Peet, R. K. & Christensen, N. L. 1987. Competition and tree death. *BioScience*, **37**, 586–595.

Pennanen, J. 2002. Forest age distribution under mixed-severity fire regimes: a simulation-based analysis for middle boreal Fennoscandia. *Silva Fennica*, **36**, 213–231.

Penttilä, R. 2004. *The impacts of forestry on polyporous fungi in boreal forests.* PhD thesis, University of Helsinki.

Penttilä, R. & Kotiranta, H. 1996. Short-term effects of prescribed burning on wood-rotting fungi. *Silva Fennica*, **30**, 399–419.

Penttilä, R., Siitonen, J. & Kuusinen, M. 2004. Polypore diversity in managed and old-growth boreal *Picea abies* forests in southern Finland. *Biological Conservation*, **117**, 271–283.

Penttilä, R., Lindgren, M., Miettinen, O., Rita, H. & Hanski, I. 2006. Consequences of forest fragmentation for polyporous fungi at two spatial scales. *Oikos*, **114**, 225–240.

Pérez, J., Muñoz-Dorado, J., de la Rubia, T. & Martínez, J. 2002. Biodegradation and biological treatments of cellulose, hemicellulose and lignin: an overview. *International Microbiology*, **5**, 53–63.

Peterken, G. F. 1996. *Natural Woodland: Ecology and Conservation in Northern Temperate Regions.* Cambridge: Cambridge University Press.

Peterson, C. J. 2000. Catastrophic wind damage to North American forests and the potential impact of climate change. *Science of the Total Environment*, **262**, 287–311.

Petit, J. R. & Hampe, A. 2006. Some evolutionary consequences of being a tree. *Annual Review of Ecology, Evolution and Systematics*, **37**, 187–214.

Pettersson, E. M., Sullivan, B. T., Anderson, P., Berisford, C. W. & Birgersson, G. 2000. Odor perception in the bark beetle parasitoid *Roptrocerus xylophagorum* exposed to host-associated volatiles. *Journal of Chemical Ecology*, **26**, 2507–2525.

Pfister, D. H. 1994. *Orbilia fimicola*, a nematophagous discomycete and its *Arthrobotrys* anamorph. *Mycologia*, **86**, 451–453.

Phaff, H. J. & Knapp, E. P. 1956. The taxonomy of yeasts found in exudates of certain trees and other natural breeding sites of some species of *Drosophila*. *Antonie van Leeuwenhoek*, **22**, 117–130.

Phillips, D. H. & Burdekin, D. A. 1982. *Diseases of Forest and Ornamental Trees*. London: MacMillan.

Pianka, E. R. 1970. On r- and K-selection. *American Naturalist*, **104**, 592–597.

Pielou, D. P. & Verma, A. N. 1968. The arthropod fauna associated with the birch bracket fungi, *Polyporus betulinus*, in eastern Canada. *Canadian Entomologist*, **100**, 1179–1199.

Pimm, S. L. 2002. *Food Webs*. Chicago: University of Chicago Press.

Pimm, S. L., Lawton, J. H. & Cohen, J. E. 1991. Food web patterns and their consequences. *Nature*, **350**, 669–674.

Pinard, M. A. & Huffman, J. 1997. Fire resistance and bark properties of trees in a seasonally dry forest in eastern Bolivia. *Journal of Tropical Ecology*, **13**, 727–740.

Plattner, A., Kim, J.-J., Diguistini, S. & Breuil, C. 2008. Variation in pathogenicity of a mountain pine beetle-associated blue-stain fungus, *Grosmannia clavigera*, on young lodgepole pine in British Columbia. *Canadian Journal of Plant Pathology*, **30**, 457–466.

Plieninger, T., Höchtl, F. & Spek, T. 2006. Traditional land-use and nature conservation in European rural landscapes. *Environmental Science & Policy*, **9**, 317–321.

Pochon, J. 1939. Flore bactérienne cellulolytique du tube digestif de larves xylophages. *Comptes Rendus de l'Académie des Sciences*, **208**, 1684–1686.

Pócs, T. 1982. Tropical forest bryophytes. *In:* Smith, A. J. E. (ed.) *Bryophyte Ecology*. London: Chapman & Hall, 59–104.

Pohjamo, M., Laaka-Lindberg, S., Ovaskainen, O. & Korpelainen, H. 2006. Dispersal potential of spores and asexual propagules in the epixylic hepatic *Anastrophyllum hellerianum*. *Evolutionary Ecology*, **20**, 415–430.

Pointing, S. B., Parungao, M. M. & Hyde, K. D. 2003. Production of wood-decay enzymes, mass loss and lignin solubilization in wood by tropical *Xylariaceae*. *Mycological Research*, **107**, 231–235.

Pommerening, A. & Murphy, S. T. 2004. A review of the history, definitions and methods of continuous cover forestry with special attention to afforestation and restocking. *Forestry*, **77**, 27–44.

Ponomarenko, A. G. 2003. Ecological evolution of beetles (Insecta: Coleoptera). *Acta Zoologica Cracoviensia*, **46**, 319–328.

引用文献

Pope, T. L., Block, W. M. & Beier, P. 2009. Prescribed fire effects on wintering, barkforaging birds in northern Arizona. *Journal of Wildlife Management*, **73**, 695–700.

Pore, R. S. 1986. The association of *Prototheca* spp. with slime flux in *Ulmus americana* and other trees. *Mycopathologia*, **94**, 67–73.

Potapov, P., Yaroshenko, A., Turubanova, S., Dubinin, M., Laestadius, L., Thies, C., Aksenov, D., Egorov, A., Yesipova, Y., Glushkov, I., Karpachevskiy, M., Kostikova, A., Manisha, A., Tsybikova, E. & Zhuravleva, I. 2008. Mapping the world's intact forest landscapes by remote sensing. *Ecology and Society*, **13**, 51.

Potts, R. & Behrensmeyer, A. K. 1992. Late Cenozoic terrestrial ecosystems. *In:* Behrensmeyer, A. K., Damuth, J. D., DiMichele, W. A., Potts, R., Sues, H.-D. & Wing, S. L. (eds.) *Terrestrial Ecosystems Through Time: Evolutionary Paleoecology of Terrestrial Plants and Animals.* Chicago, IL: Chicago University Press, 419–541.

Prentice, I. C. & Jolly, D. 2000. Mid-Holocene and glacial-maximum vegetation geography of the northern continents and Africa. *Journal of Biogeography*, **27**, 507–519.

Pretzsch, H. 2006. Species-specific allometric scaling under self-thinning: evidence from long-term plots in forest stands. *Oecologia*, **146**, 572–583.

Pretzsch, H. & Mette, T. 2008. Linking stand-level self-thinning allometry to the tree-level leaf biomass allometry. *Trees*, **22**, 611–622.

Pretzsch, H. & Schütze, G. 2005. Crown allometry and growing space efficiency of Norway spruce (*Picea abies* (L.) Karst.) and European beech (*Fagus sylvatica* L.) in pure and mixed stands. *Plant Biology*, **7**, 628–639.

Price, M. & Price, C. 2006. Creaming the best, or creatively transforming? Might felling the biggest trees first be a win–win strategy? *Forest Ecology and Management*, **224**, 297–303.

Price, T. S., Doggett, C., Pye, J. L. & Holmes, T. P. 1992. *A History of Southern Pine Beetle Outbreaks in the Southeastern United States.* Macon, GA: The Georgia Forestry Commission.

Prospero, S., Holdenrieder, O. & Rigling, D. 2003. Primary resource capture in two sympatric *Armillaria* species in managed Norway spruce forests. *Mycological Research*, **107**, 329–338.

Provan, J. & Bennett, K. D. 2008. Phylogeographic insights into cryptic glacial refugia. *Trends in Ecology and Evolution*, **16**, 608–613.

Pugh, G. J. F. 1980. Strategies in fungal ecology. *Transactions of the British Mycological Society*, **75**, 1–14.

Purvis, A., Cardillo, M., Grenyer, R. & Collen, B. 2005. Correlates of extinction risk: phylogeny, biology, threat and scale. *In:* Purvis, A., Gittleman, J. L. & Brooks, T. M. (eds.) *Phylogeny and Conservation.* Cambridge: Cambridge University Press, 295–316.

Putz, F. E., Dykstra, D. P. & Heinrich, R. 2000. Why poor logging practices persist in the Tropics. *Conservation Biology*, **14**, 951–956.

Quinn, C. J. & Price, R. A. 2003. Phylogeny of the Southern Hemisphere conifers. *Acta Horticulturae*, **615**, 129–136.

Råberg, U., Brischke, C., Rapp, A. O., Högberg, N. O. S. & Land, C. J. 2007. External and internal fungal flora of pine sapwood (*Pinus sylvestris* L.) specimens in above-ground field tests at six different sites in southwest Germany. *Holzforschung*, **61**, 104–111.

Rackham, O. 1986. *The History of the Countryside*. London: J. M. Dent.
Rackham, O. 1998. Savanna in Europe. *In:* Kirby, K. J. & Watkins, C. (eds.) *The Ecological History of European Forests*. Wallingford, UK: CAB International, 1–24.
Rackham, O. 2003. *Ancient Woodland: Its History, Vegetation and Uses in England*. Dalbeattie, UK: Castlepoint Press.
Raffa, K. F. & Berryman, A. A. 1983. The role of host plant resistance in the colonization behavior and ecology of bark beetles. *Ecological Monographs*, **53**, 27–49.
Raffa, K. F., Aukema, B. H., Erbilgin, N., Köepzig, K. D. & Wallin, K. F. 2005. Interactions among conifer terpenoids and bark beetles across multiple levels of scale: an attempt to understand links between population patterns and physiological processes. *Recent Advances in Phytochemistry*, **39**, 79–118.
Raffa, K. F., Aukema, B. H., Bentz, B. J., Carroll, A. L., Hicke, J. A., Turner, M. G. & Romme, W. H. 2008. Cross-scale drivers of natural disturbances prone to anthropogenic amplification: the dynamics of bark beetle eruptions. *BioScience*, **58**, 501–517.
Ranius, T. 2000. Minimum viable metapopulation size of a beetle, *Osmoderma eremita*, living in tree hollows. *Animal Conservation*, **3**, 37–43.
Ranius, T. 2001. Constancy and asynchrony of *Osmoderma eremita* populations in tree hollows. *Oecologia*, **126**, 208–215.
Ranius, T. 2002a. Influence of stand size and quality of tree hollows on saproxylic beetles in Sweden. *Biological Conservation*, **103**, 85–91.
Ranius, T. 2002b. *Osmoderma eremita* as an indicator of species richness of beetles in tree hollows. *Biodiversity and Conservation*, **11**, 931–941.
Ranius, T. 2006. Measuring the dispersal of saproxylic insects: a key characteristic for their conservation. *Population Ecology*, **48**, 177–188.
Ranius, T. 2007. Extinction risks in metapopulations of a beetle inhabiting hollow trees predicted from time series. *Ecography*, **30**, 716–726.
Ranius, T. & Fahrig, L. 2006. Targets for maintenance of dead wood for biodiversity conservation based on extinction thresholds. *Scandinavian Journal of Forest Research*, **21**, 201–208.
Ranius, T. & Hedin, J. 2001. The dispersal rate of a beetle, *Osmoderma eremita*, living in tree hollows. *Oecologia*, **126**, 363–370.
Ranius, T. & Hedin, J. 2004. Hermit beetle (*Osmoderma eremita*) in a fragmented landscape: predicting occupancy patterns. *In:* Akçakaya, H. R., Burgman, M. A., Kindvall, O., Wood, C. C., Sjögren-Gulve, P., Hatfield, J. S. & McCarthy, M. A. (eds.) *Species Conservation and Management: Case Studies*. Oxford: Oxford University Press, 162–170.
Ranius, T. & Jansson, N. 2000. The influence of forest regrowth, original canopy cover and tree size on saproxylic beetles associated with old oaks. *Biological Conservation*, **95**, 85–94.
Ranius, T. & Jansson, N. 2002. A comparison of three methods to survey saproxylic beetles in hollow oaks. *Biodiversity and Conservation*, **11**, 1759–1771.
Ranius, T. & Jonsson, M. 2007. Theoretical expectations for thresholds in the relationship between number of wood-living species and amount of coarse woody debris: a study case in spruce forests. *Journal for Nature Conservation*, **15**, 120–130.

Ranius, T. & Kindvall, O. 2004. Modelling the amount of coarse woody debris produced by the new biodiversity-oriented silvicultural practices in Sweden. *Biological Conservation*, **119**, 51–59.
Ranius, T. & Kindvall, O. 2006. Extinction risk of wood-living model species in forest landscapes as related to forest history and conservation strategy. *Landscape Ecology*, **21**, 687–698.
Ranius, T. & Nilsson, S. G. 1997. Habitat of *Osmoderma eremita* Scop. (Coleoptera: Scarabaeidae), a beetle living in hollow trees. *Journal of Insect Conservation*, **1**, 193–204.
Ranius, T. & Wilander, P. 2000. Occurrence of *Larca lata* H. J. Hansen (Pseudoscorpionida: Garypidae) and *Allochernes widen* C. L. Koch (Pseudoscorpionida: Chernetidae) in tree hollows in relation to habitat quality and density. *Journal of Insect Conservation*, **4**, 23–31.
Ranius, T., Kindvall, O., Kruys, N. & Jonsson, B. G. 2003. Modelling dead wood in Norway spruce stands subject to different management regimes. *Forest Ecology and Management*, **182**, 13–29.
Ranius, T., Kruys, N. & Jonsson, B. G. 2004. Modelling dead wood in Fennoscandian old-growth forests dominated by Norway spruce. *Canadian Journal of Forest Research*, **34**, 1025–1034.
Ranius, T., Aguado, O., Antonsson, K., Audisio, P., Ballerio, A., Carpaneto, G. M., Chobot, K., Gjurašin, B., Hanssen, O., Huijbregts, H., Lakatos, F., Martin, O., Neculisenanu, Z., Nikitsky, N. B., Paill, W., Pirnat, A., Rizun, V., Ruicănescu, A., Stegner, J., Süda, I., Szwałko, P., Tamutis, V., Telnov, D., Tsinkevich, V., Versteirt, V., Vignon, V., Vögeli, M. & Zach, P. 2005. *Osmoderma eremita* (Coleoptera, Scarabaeidae, Cetoniinae) in Europe. *Animal Biodiversity and Conservation*, **28**, 1–44.
Ranius, T., Eliasson, P. & Johansson, P. 2008. Large-scale occurrence patterns of red-listed lichens and fungi on old oaks are influenced both by current and historical habitat density. *Biodiversity and Conservation*, **17**, 2371–2381.
Ranius, T., Niklasson, M. & Berg, N. 2009a. Development of tree hollows in pedunculate oak (*Quercus robur*). *Forest Ecology and Management*, **257**, 303–310.
Ranius, T., Svensson, G. P., Berg, N., Niklasson, M. & Larsson, M. C. 2009b. The successional change of hollow oaks affects their suitability for an inhabiting beetle, *Osmoderma eremita*. *Annales Zoologici Fennici*, **46**, 205–216.
Rassi, P., Hyvärinen, E., Juslén, A. & Mannerkoski, I. 2010. *The 2010 Red List of Finnish Species*. Helsinki: Ministry of the Environment and Finnish Environment Institute.
Ratcliffe, B. C. 1970. Collecting slime flux feeding Coleoptera in Japan. *Entomological News*, **81**, 255–256.
Raunikar, R., Buongiorno, J., Turner, J. & Zhu, S. 2010. Global outlook for wood and forests with the bioenergy demand implied by scenarios of the Intergovernmental Panel on Climate Change. *Forest Policy and Economics*, **12**, 48–56.
Rawlins, J. E. 1984. Mycophagy in Lepidotera. *In:* Wheeler, Q. & Blackwell, M. (eds.) *Fungus–Insect Relationships: Perspectives in Ecology and Evolution*. New York: Columbia University Press, 382–423.
Raymond, P., Bédard, S., Roy, V., Larouche, C. & Tremblay, S. 2009. The irregular shelterwood

system: review, classification, and potential application to forests affected by partial disturbance. *Journal of Forestry*, **107**, 405–413.

Rayner, A. D. M. & Boddy, L. 1988. *Fungal Decomposition of Wood: Its Biology and Ecology*. Chichester, UK: John Wiley & Sons.

Rayner, A. D. M., Boddy, L. & Dowson, C. G. 1987. Temporary parasitism of *Coriolus* spp. by *Lenzites betulina*: a strategy for domain capture in wood decay fungi. *FEMS Microbiology Letters*, **45**, 53–58.

Read, H. 2000. *Veteran Trees: A Guide to Good Management*. Peterborough, UK: English Nature.

Rees, G. & Jones, E. B. G. 1984. Observations on the attachment of spores of marine fungi. *Botanica Marina*, **7**, 145–160.

Reeve, J. R., Ayres, M. P. & Lorio, P. L. 1995. Host suitability, predation and bark beetle population dynamics. *In:* Cappucino, N. & Price, P. (eds.) *Population Dynamics: New Approaches and Synthesis*. San Diego, CA: Academic Press, 339–357.

Reibnitz, J. 1999. Verbreitung und Lebensräume der Baumschwammfresser Südwestdeutschlands (Coleoptera: Cisidae). *Mitteilungen Entomologischer Verein Stuttgart*, **34**, 1–76.

Reineke, L. H. 1933. Perfecting a stand-density index for even-aged forests. *Journal of Agricultural Research*, **46**, 627–638.

Reinhard, J. & Rowell, D. M. 2005. Social behaviour in an Australian velvet worm, *Euperipatoides rowelli* (Onychophora: Peripatopsidae). *Journal of Zoology*, **267**, 1–7.

Remm, J., Lohmus, A. & Remm, K. 2006. Tree cavities in riverine forests: what determines their occurrence and use by hole-nesting passerines? *Forest Ecology and Management*, **221**, 267–277.

Renvall, P. 1995. Community structure and dynamics of wood-rotting basidiomycetes on decomposing conifer trunks in northern Finland. *Karstenia*, **35**, 1–51.

Retallack, G. J., Veevers, J. J. & Morante, R. 1996. Global coal gap between Permian-Triassic extinction and Middle Triassic recovery of peat-forming plants. *GSA Bulletin*, **108**, 195–207.

Roberge, J.-M., Angelstam, P. & Villard, M.-A. 2008. Specialised woodpeckers and naturalness in hemiboreal forests: deriving quantitative targets for conservation planning. *Biological Conservation*, **141**, 997–1012.

Rock, J., Badeck, F.-W. & Harmon, M. E. 2008. Estimating decomposition rate constants for European tree species from literature sources. *European Journal of Forest Research*, **127**, 301–313.

Rockström, J., Steffen, W., Noone, K., Persson, Å., Chapin, F. S., Lambin, E. F., Lenton, T. M., Scheffer, M., Folke, C., Schellnhuber, H. J., Nykvist, B., de Wit, C. A., Hughes, T., van der Leeuw, S., Rodhe, H., Sörlin, S., Snyder, P. K., Costanza, R., Svedin, U., Falkenmark, M., Karlberg, L., Corell, R. W., Fabry, V. J., Hansen, J., Walker, B., Liverman, D., Richardson, K., Crutzen, P. & Foley, J. A. 2009. A safe operating space for humanity. *Nature*, **461**, 472–475.

Rodrigues, A. S. L., Pilgrim, J. D., Lamourex, J. F., Hoffman, M. & Brooks, T. M. 2006. The value of the IUCN Red List for conservation. *Trends in Ecology and Evolution*, **21**, 71–76.

Rogers, J. D. 2000. Thoughts and musings on tropical Xylariaceae. *Mycological Research*, **104**, 1412–1420.

Rohrmann, S. & Molitoris, H. P. 1992. Screening of wood-degrading enzymes in marine fungi. *Canadian Journal of Botany*, **70**, 2116–2123.

Rolstad, J., Gjerde, I., Gundersen, V. S. & Sætersdal, M. 2002. Use of indicator species to assess forest continuity: a critique. *Conservation Biology*, **16**, 253–257.

Rolstad, J., Sætersdal, M., Gjerde, I. & Storaunet, K. O. 2004. Wood-decaying fungi in boreal forest: are species richness and abundances influenced by small-scale spatiotemporal distribution of dead wood? *Biological Conservation*, **117**, 539–555.

Romme, W. H., Knight, D. H. & Yavitt, J. B. 1986. Mountain pine beetle outbreaks in the Rocky Mountains: regulators of primary productivity. *American Naturalist*, **127**, 484–494.

Rosenvald, P. & Lõhmus, A. 2008. For what, when, and where is green-tree retention better than clear-cutting? A review of the biodiversity aspects. *Forest Ecology and Management*, **255**, 1–15.

Rosenzweig, M. I. 1995. *Species Diversity in Space and Time*. Cambridge: Cambridge University Press.

Rossman, A. 1994. A strategy for an all-taxa inventory of fungal biodiversity. *In:* Peng, C. I. & Chou, C. H. (eds.) *Biodiversity and Terrestrial Ecosystems*. Taipei: Academia Sinica Monograph Series, No. 14, 169–194.

Rotheray, G. E. 1990. Larval and puparial records of some hoverflies associated with dead wood (Diptera, Syrphidae). *Dipterists Digest*, **7**, 2–7.

Rotheray, G. E. 1991. Larval stages of 17 rare and poorly known British hoverflies (Diptera: Syrphidae). *Journal of Natural History*, **25**, 945–969.

Rotheray, G. E. 1994. Colour guide to hoverfly larvae (Diptera, Syrphidae) in Britain and Europe. *Dipterists Digest*, **9**, 1–156.

Rotheray, G. E. & Gilbert, F. 1999. Phylogeny of Palaearctic Syrphidae (Diptera): evidence from larval stages. *Zoological Journal of the Linnean Society*, **127**, 1–112.

Rotheray, G. E. & MacGowan, I. 2000. Status and breeding sites of three presumed endangered Scottish saproxylic syrphids (Diptera, Syrphidae). *Journal of Insect Conservation*, **4**, 215–223.

Rotheray, G. E., Hancock, G., Hewitt, S., Horsfield, D., MacGowan, I., Robertson, D. & Watt, K. 2001. The biodiversity and conservation of saproxylic Diptera in Scotland. *Journal of Insect Conservation*, **5**, 77–85.

Roualt, G., Candau, J.-N., Lieutier, F., Nageleisen, L.-M., Martin, J.-C. & Warzée, N. 2006. Effects of drought and heat on forest insect populations in relation to the 2003 drought in Western Europe. *Annals of Forest Science*, **63**, 613–624.

Rouvinen, S., Kuuluvainen, T. & Karjalainen, L. 2002a. Coarse woody debris in old *Pinus sylvestris* dominated forests along a geographic and human impact gradient in boreal Fennoscandia. *Canadian Journal of Forest Research*, **32**, 2184–2200.

Rouvinen, S., Kuuluvainen, T. & Siitonen, J. 2002b. Tree mortality in a *Pinus sylvestris* dominated boreal forest landscape in Vienansalo wilderness, eastern Fennoscandia. *Silva Fennica*, **36**, 127–145.

Rovira, I., Berkov, A., Parkinson, A., Tavakilian, G., Mori, S. & Meurer-Grimes, B. 1999. Antimicrobial activity of Neotropical wood and bark extracts. *Pharmaceutical Biology*, **37**, 208–215.

Rowe, J. S. & Scotter, G. W. 1973. Fire in the boreal forest. *Quaternary Research*, **3**, 444–464.

Rudolphi, J. & Gustafsson, L. 2005. Effects of forest-fuel harvesting on the amount of deadwood on clear-cuts. *Scandinavian Journal of Forest Research*, **20**, 235–242.

Rühm, W. 1956. *Die Nematoden der Ipidien*. Jena, Germany: G. Fischer-Verlag.

Runkle, J. R. 1982. Patterns of disturbance in some old-growth mesic forests of eastern North America. *Ecology*, **63**, 1533–1546.

Runkle, J. R. 1990. Eight years change in an old *Tsuga canadensis* woods affected by beech bark disease. *Bulletin of the Torrey Botanical Club*, **117**, 409–419.

Runkle, J. R. 2000. Canopy tree turnover in old-growth mesic forests of eastern North America. *Ecology*, **81**, 554–567.

Ruohomäki, K., Tanhuanpää, M., Ayres, M. P., Kaitaniemi, P., Tammaru, T. & Haukioja, E. 2000. Causes of cyclicity of *Epirrita autumnata* (Lepidoptera, Geometridae): grandiose theory and tedious practice. *Population Ecology*, **42**, 211–223.

Ruschka, F. 1924. Kleine Beiträge zur Kenntnis der forstlichen Chalcididen und Proctotrupiden von Schweden. *Entomologisk Tidskrift*, **45**, 6–16.

Ryan, K. C. 2002. Dynamic interactions between forest structure and fire behavior in boreal ecosystems. *Silva Fennica*, **36**, 13–39.

Rybczynski, N. 2007. Castorid phylogenetics: implications for the evolution of swimming and tree-exploitation in beavers. *Journal of Mammalian Evolution*, **14**, 1–35.

Ryvarden, L. & Gilbertson, R. L. 1993. *European Polypores: Volumes 1–2*. Oslo: Fungiflora.

Ryvarden, L. & Nuñez, M. 1992. Basidiomycetes in the canopy of an African rain forest. In: Hallé, F. & Pascal, O. (eds.) *Biologie d'une canopée de forêt équa-toriale: II*. Lyon, France: Pro-Natura International & Operation Canopée, 116–118.

Saalas, U. 1917. Die Fichtenkäfer Finnlands. I. Allgemeiner Teil und spezieller Teil 1. *Annales Academiae Scientiarium Fennicae, Serie A*, **8**, 1–547.

Saalas, U. 1923. Die Fichtenkäfer Finnlands. II. Spezieller Teil. *Annales Academiae Scientiarum Fennicae, Serie A*, **22**, 1–746.

Saalas, U. 1933. Anteckningar över tvenne excursioner i Kolva urskogar i Yläne socken mer än 100 år sedan. [in Swedish] *Notulae Entomologicae*, **13**, 47–49.

Sahlin, E. & Ranius, T. 2009. Habitat availability in forests and clearcuts for saproxylic beetles associated with aspen. *Biodiversity and Conservation*, **18**, 621–638.

Saint-Germain, M., Drapeau, P. & Hébert, C. 2004a. Comparison of Coleoptera assemblages from a recently burned and unburned black spruce forests of northeastern North America. *Biological Conservation*, **118**, 583–592.

Saint-Germain, M., Drapeau, P. & Hébert, C. 2004b. Xylophagous insect species composition and patterns of substratum use on fire-killed black spruce in central Quebec. *Canadian Journal of Forest Research*, **34**, 677–685.

Saint-Germain, M., Drapeau, P. & Buddle, C. M. 2007. Host-use patterns of saproxylic phloeophagous and xylophagous Coleoptera adults and larvae along the decay gradient

in standing dead black spruce and aspen. *Ecography*, **30**, 737–748.
Saint-Germain, M., Drapeau, P. & Buddle, C. M. 2008. Persistence of pyrophilous insects in fire-driven boreal forests: population dynamics in burned and unburned habitats. *Diversity and Distributions*, **14**, 713–720.
Sakamoto, Y. & Atsushi, K. 2002. Some properties of the bacterial wetwood (watermark) in *Salix sachalinensis* caused by *Erwinia salicis*. *IAWA Journal*, **23**, 179–190.
Sammul, M., Kattai, K., Lanno, K., Meltsov, V., Otsus, M., Nõuakas, L., Kukk, D., Mesipuu, M., Kana, S. & Kukk, T. 2008. Wooded meadows of Estonia: conservation efforts for a traditional habitat. *Agricultural and Food Science*, **17**, 413–429.
Sandoval, L. & Barrantes, G. 2009. Relationships between species richness of excavator birds and cavity-adopters in seven tropical forests in Costa Rica. *Wilson Journal of Ornithology*, **121**, 75–81.
Sarén, M.-P., Serimaa, R., Andersson, S., Saranpää, P., Keckes, J. & Fratzl, P. 2004. Effect of growth rate on mean microfibril angle and cross-sectional shape of tracheids of Norway spruce. *Trees – Structure and Function*, **18**, 354–362.
Saunders, D. A., Smith, G. T. & Rowley, I. 1982. The availability and dimensions of tree hollows that provide nest sites for cockatoos (Psittaciformes) in Western Australia. *Australian Wildlife Research*, **9**, 541–556.
Savory, J. G. 1954. Breakdown of timber by ascomycetes and fungi imperfecti. *Annals of Applied Biology*, **41**, 336–347.
Scalbert, A. 1991. Antimicrobial properties of tannins. *Phytochemistry*, **30**, 3875–3883.
Schaffrath, U. 2003. Zu Lebensweise, Verbreitung und Gefährdung von *Osmoderma eremita* (Scopoli, 1763) (Coleoptera: Scarabaeoidea, Cetoniidae, Trichiinae). Teil 1. *Philippia*, **10**, 157–248.
Schedl, K. E. 1958. Breeding habits of arboricole insects in Central Africa. *In:* Becker, E. C. (ed.) *Proceedings of the 10th International Congress of Entomology, Montreal, August 17–25, 1956, Vol. 1*. Montreal: Mortimer, 185–197.
Scheerpeltz, O. & Höfler, K. 1948. *Käfer und Pilze*. Vienna: Verlag für Jugend und Volk.
Schelhaas, M.-J., Nabuurs, G.-J. & Schuck, A. 2003. Natural disturbances in the European forests in the 19th and 20th centuries. *Global Change Biology*, **9**, 1620–1633.
Schepps, J., Lohr, S. & Martin, T. E. 1999. Does tree hardness influence nest-tree selection by primary cavity nesters? *Auk*, **116**, 658–665.
Schiegg, K. 2001. Saproxylic insect diversity of beech: limbs are richer than trunks. *Forest Ecology and Management*, **149**, 295–304.
Schigel, D. S. 2007. Fleshy fungi of the genera *Armillaria*, *Pleurotus* and *Grifola* as habitats of Coleoptera. *Karstenia*, **47**, 37–48.
Schigel, D. S., Niemelä, T. & Kinnunen, J. 2006. Polypores of western Finnish Lapland and seasonal dynamics of polypore species. *Karstenia*, **46**, 37–64.
Schimitschek, E. 1953. Forstentomologische Studien im Urwald Rotwald. *Zeitschrift für angewandte Entomologie*, **34**, 178–215, 513–542.
Schimitschek, E. 1954. Forstentomologische Studien im Urwald Rotwald. *Zeitschrift für angewandte Entomologie*, **35**, 1–54.

Schink, B., Ward, J. F. & Zeikus, J. G. 1981. Microbiology of wetwood: role of anaerobic bacterial population in living trees. *Journal of General Microbiology*, **123**, 313–322.

Schlyter, F. & Anderbrant, O. 1993. Competition and niche separation between two bark beetles: existence and mechanisms. *Oikos*, **68**, 437–447.

Schlyter, F. & Löfqvist, J. 1990. Colonization pattern in the pine shoot beetle, *Tomicus piniperda*: effects of host declination, structure and presence of conspecifics. *Entomologia Experimentalis et Applicata*, **54**, 163–172.

Schmidl, J. & Bussler, H. 2004. Ökologische Gilden xylobionter Käfer Deutschlands. *Naturschutz und Landschaftsplanung*, **36**, 202–218.

Schmidl, J., Sulzer, P. & Kitching, R. L. 2008. The insect assemblage in water-filled tree-holes in a European temperate deciduous forest: community composition reflects structural, trophic and physiochemical factors. *Hydrobiologia*, **598**, 285–303.

Schmidt, C., Bernhard, D. & Arndt, E. 2007. Ecological examinations concerning xylobiontic Coleotera in the canopy of a *Quercus–Fraxinus* forest. *In*: Unterseher, M., Morawetz, W., Klotz, S. & Arndt, E. (eds.) *The Canopy of a Temperate Floodplain Forest: Results from Five Years of Research at the Leipzig Canopy Crane*. Leipzig, Germany: Universität Leipzig, 97–105.

Schmidt, O. 2006. *Wood and Tree Fungi: Biology, Damage, Protection and Use*. Berlin: Springer.

Schmidt, O. & Liese, W. 1994. Occurrence and significance of bacteria in wood. *Holzforschung*, **48**, 271–277.

Schmidt, O., Dujesiefken, D., Stobbe, H., Moreth, U., Kehr, R. & Schröder, T. 2008. *Pseudomonas syringae* pv. *aesculi* associated with horse chestnut bleeding canker in Germany. *Forest Pathology*, **38**, 124–128.

Schmit, J. P. 2005. Species richness of tropical wood-inhabiting macrofungi provides support for species-energy theory. *Mycologia*, **97**, 751–761.

Schmit, J. P. & Shearer, C. A. 2003. A checklist of mangrove-associated fungi, their geographical distribution and known host plants. *Mycotaxon*, **85**, 423–477.

Schmitt, C. B., Burgess, N. D., Coad, L., Belokurov, A., Besançon, C., Boisrobert, L., Campbell, A., Fish, L., Gliddon, D., Humphries, K., Kapos, V., Loucks, C., Lysenko, I., Miles, L., Mills, C., Minnemeyer, S., Pistorius, T., Ravilious, C., Steininger, M. & Winkel, G. 2009. Global analysis of the protection status of the world's forests. *Biological Conservation*, **142**, 2122–2130.

Schmitz, H., Schmitz, A. & Bleckmann, H. 2000. A new type of infrared organ in the Australian 'fire-beetle' *Merimna atrata* (Coleoptera: Buprestidae). *Naturwissenschaften*, **87**, 542–545.

Schnittler, M. & Novozhilov, Y. 1996. The myxomycetes of boreal woodlands in Russian northern Karelia: a preliminary report. *Karstenia*, **36**, 19–40.

Schönborn, W., Dorfelt, H., Foissner, W., Krienitz, L. & Schafer, U. 1999. A fossilized microcenosis in Triassic amber. *Journal of Eukaryotic Microbiology*, **46**, 571–584.

Schroeder, L. M. 2007. Retention or salvage logging of standing trees killed by the spruce bark beetle *Ips typographus*: consequences for dead wood dynamics and biodiversity. *Scandinavian Journal of Forest Research*, **22**, 524–530.

引用文献

Schroeder, L. M. & Lindelöw, Å. 1989. Attraction of scolytids and associated beetles by different absolute amounts and proportions of α-pinene and ethanol. *Journal of Chemical Ecology*, **15**, 807–817.

Schroeder, L. M., Ranius, T., Ekbom, B. & Larsson, S. 2006. Recruitment of saproxylic beetles in high stumps created for maintaining biodiversity in a boreal forest landscape. *Canadian Journal of Forest Research*, **36**, 2168–2178.

Schroeder, L. M., Ranius, T., Ekbom, B. & Larsson, S. 2007. Spatial occurrence in a habitat-tracking metapopulation of a saproxylic beetle inhabiting a managed forest landscape. *Ecological Applications*, **17**, 900–909.

Schuck, H. J. 1982. The chemical composition of the monoterpene fraction in wounded wood of *Picea abies* and its significance for the resistance against wound infecting fungi. *European Journal of Forest Pathology*, **12**, 175–181.

Schütz, J.-P., Götz, M., Schmid, W. & Mandallaz, D. 2006. Vulnerability of spruce (*Picea abies*) and beech (*Fagus sylvatica*) forest stands to storms and consequences for silviculture. *European Journal of Forest Research*, **125**, 291–302.

Schütz, S., Weissbecker, B., Hummel, H. E., Apel, K.-H., Schmitz, H. & Bleckmann, H. 1999. Insect antenna as a smoke detector. *Nature*, **398**, 298–299.

Schwarze, F. W. M. R. & Baum, S. 2000. Mechanisms of reaction zone penetration by decay fungi in wood of beech (*Fagus sylvatica*). *New Phytologist*, **146**, 129–140.

Schwarze, F. W. M. R., Baum, S. & Fink, S. 2000a. Dual modes of degradation by *Fistulina hepatica* in xylem cell walls of *Quercus robur*. *Mycological Research*, **104**, 846–852.

Schwarze, F. W. M. R., Engels, J. & Mattheck, C. 2000b. *Fungal Strategies of Decay in Trees*. Berlin: Springer.

Schweingruber, F. H., Börner, A. & Schulze, E.-D. 2006. *Atlas of Woody Plant Stems: Evolution, Structure and Environmental Modifications*. Berlin: Springer.

Scott, A. C. 2000. The pre-Quaternary history of fire. *Palaeogeography, Palaeoclimatology, Palaeoecology*, **164**, 281–329.

Scott, A. C. 2009. Forest fire in the fossil record. *In:* Cerdà, A. & Robichaud, P. R. (eds.) *Fire Effects on Soils and Restoration Strategies*. Enfield, NH: Science Publishers, 1–37.

Scott, J. J., Oh, D.-C., Yuceer, M. C., Klepzig, K. D., Clardy, J. & Currie, C. R. 2008. Bacterial protection of beetle–fungus mutualism. *Science*, **322**, 63.

Scott, V. E., Evans, K. E., Patton, D. R. & Stone, C. P. 1977. *Cavity-nesting Birds of North American Forests*. USDA Forest Service Agriculture Handbook 511.

Sedell, J. R., Swanson, F. J. & Gregory, S. V. 1984. Evaluating fish response to woody debris. *In:* Hassler, T. J. (ed.) *Proceedings of the Pacific Northwest Streams Habitat Management Workshop*. Arcata, CA: American Fisheries Society, Humbolt State University, 191–221.

Sedgeley, J. A. 2001. Quality of cavity microclimate as a factor influencing selection of maternity roosts by a tree-dwelling bat, *Chalinolobus tuberculatus*, in New Zealand. *Journal of Applied Ecology*, **38**, 425–438.

Sedgeley, J. A. & O'Donnell, C. F. J. 1999. Roost selection by the long-tailed bat, *Chalinolobus tuberculatus*, in temperate New Zealand rainforest and its implications for the conservation of bats in managed forests. *Biological Conservation*, **88**, 261–276.

Seifert, K. A. 1993. Sapstain of commercial lumber by species of *Ophiostoma* and *Ceratocystis*. *In:* Wingfield, M. J., Seifert, K. A. & Webber, J. F. (eds.) *Ceratocystis and Ophiostoma: Taxonomy, Ecology and Pathogenicity*. St. Paul, MN: APS Press, 141–151.

Ševčík, J. 2006. Diptera associated with fungi in the Czech and Slovak Republics. *Časopis Slezkého Muzea Opava*, **55** (Suppl. 2), 1–84.

Seymour, R. S. & Kenefic, L. S. 2002. Influence of age on growth efficiency of *Tsuga canadensis* and *Picea rubens* trees in mixed-species, multiaged northern conifer stands. *Canadian Journal of Forest Research*, **32**, 2032–2042.

Shain, L. & Hillis, W. E. 1971. Phenolic extractives in Norway spruce and their effects on *Fomes annosus*. *Phytopathology*, **61**, 841–845.

Sharkey, M. J. 2007. Phylogeny and classification of Hymenoptera. *Zootaxa*, **1668**, 521–548.

Shaw, C. G. 1985. *In vitro* responses of different *Armillaria* taxa to gallic acid, tannic acid and ethanol. *Plant Pathology*, **34**, 594–602.

Shaw, C. G. & Kile, G. A. 1991. *Armillaria Root Disease*. Agriculture Handbook No. 691. Washington, DC: United States Department of Agriculture.

Shaw, M. R. 1997. *Rearing Parasitic Hymenoptera*. The Amateur Entomologist Series, No. 25. Amateur Entomologists' Society.

Shearer, C. A. 1992. The role of woody debris. *In:* Bärlocher, F. (ed.) *The Ecology of Aquatic Hyphomycetes*. Ecological Monographs 94. Heidelberg and New York: Springer-Verlag, 77–98.

Shearer, C. A., Descals, E., Kohlmeyer, B., Kohlmeyer, J., Marvanová, L., Padgett, D., Porter, D., Raja, H. A., Schmit, J. P., Thorton, H. A. & Voglymayr, H. 2007. Fungal biodiversity in aquatic habitats. *Biodiversity Conservation*, **16**, 49–67.

Shen, Z.-H., Fang, J.-Y., Liu, Z.-L. & Wu, J. 2001. Structure and dynamics of *Abies fabri* population near the alpine timberline in Hailuo Clough of Gongga Mountain. *Acta Botanica Sinica*, **43**, 1288–1293.

Sherwood, M. A. 1981. Convergent evolution in discomycetes from bark and wood. *Botanical Journal of the Linnean Society*, **82**, 15–34.

Shigo, A. L. 1985. How tree branches are attached to trunks. *Canadian Journal of Botany*, **63**, 1391–1401.

Shorohova, E., Kuuluvainen, T., Kangur, A. & Jõgiste, K. 2009. Natural stand structures, disturbance regimes and successional dynamics in the Eurasian boreal forests: a review with special reference to Russian studies. *Annals of Forest Science*, **66**, 201.

Shortle, W. C. 1990. Compartmentalization of decay red maple and hybrid poplar trees. *Phytopathology*, **69**, 410–413.

Shortle, W. C., Tattar, T. A. & Rich, A. E. 1971. Effects of some phenolic compounds on the growth of *Phialophora melinii* and *Fomes coniiatus*. *Phytopathology*, **61**, 552–555.

Shrimpton, D. M. & Whimey, H. S. 1968. Inhibition of growth of blue stain fungi by wood extractives. *Canadian Journal of Botany*, **46**, 757–761.

Siira-Pietikäinen, A., Penttinen, R. & Huhta, V. 2008. Oribatid mites (Acari: Oribatida) in boreal forest floor and decaying wood. *Pedobiologia*, **52**, 111–118.

Siitonen, J. 2001. Forest management, coarse woody debris and saproxylic organisms:

Fennoscandian boreal forests as an example. *Ecological Bulletins*, **49**, 11–41.
Siitonen, J. 1994. Decaying wood and saproxylic Coleoptera in two old spruce forests: a comparison based on two sampling methods. *Annales Zoologici Fennici*, **31**, 89–95.
Siitonen, J. & Martikainen, P. 1994. Occurrence of rare and threatened insects living on decaying *Populus tremula:* a comparison between Finnish and Russian Karelia. *Scandinavian Journal of Forest Research*, **9**, 185–191.
Siitonen, J. & Saaristo, L. 2000. Habitat requirements and conservation of *Pytho kolwensis*, a beetle species of old-growth boreal forest. *Biological Conservation*, **94**, 211–220.
Siitonen, J., Martikainen, P., Kaila, L., Mannerkoski, I., Rassi, P. & Rutanen, I. 1996. New faunistic records of threatened saproxylic Coleoptera, Diptera, Heteroptera, Homoptera and Lepidoptera from the Republic of Karelia, Russia. *Entomologica Fennica*, **7**, 69–76.
Siitonen, J., Martikainen, P., Punttila, P. & Rauh, J. 2000. Coarse woody debris and stand characteristics in mature managed and old-growth boreal mesic forests in southern Finland. *Forest Ecology and Management*, **128**, 211–225.
Siitonen, J., Penttilä, R. & Kotiranta, H. 2001. Coarse woody debris, polyporous fungi and saproxylic insects in an old-growth spruce forest in Vodlozero National Park, Russian Karelia. *Ecological Bulletins*, **49**, 231–242.
Siitonen, J., Hottola, J. & Immonen, A. 2009. Differences in stand characteristics between brook-side key habitats and managed forests in southern Finland. *Silva Fennica*, **43**, 21–37.
Silvestri, F. 1913. Descripzione di un nuove ordine di insetti. *Bolletino del Laboratorio di Zoologia generale e agraria della R. Sciola superiore d'Agricola in Portici*, 192–209.
Sinclair, B. J. 1999. Insect cold tolerance: how many kinds of frozen? *European Journal of Entomology*, **96**, 157–164.
Sipe, A. R., Wilbur, A. E. & Cary, S. C. 2000. Bacterial symbiont transmission in the wood-boring shipworm *Bankia setacea* (Bivalvia: Teredinidae). *Applied and Environmental Microbiology*, **66**, 1685–1691.
Sippola, A.-L., Lehesvirta, T. & Renvall, P. 2001. Effects of selective logging on coarse woody debris and diversity of wood-decaying polypores in eastern Finland. *Ecological Bulletins*, **49**, 243–254.
Sippola, A.-L., Similä, M., Mönkkönen, M. & Jokimäki, J. 2004. Diversity of polyporous fungi (Polyporaceae) in northern boreal forests: effects of forest site type and logging intensity. *Scandinavian Journal of Forest Research*, **19**, 152–163.
Sirén, G. 1961. Skogsgränstallen som indicator för klimatfluktuationerna i norra Fennoskandien under historisk tid [in Swedish]. *Communicationes Instituti Forestalis Fenniae*, **54**, 1–66.
Six, D. L. 2003. A comparison of mycangial and phoretic fungi of individual mountain pine beetles. *Canadian Journal of Forest Research*, **33**, 1331–1334.
Six, D. L. & Paine, T. D. 1998. Effects of mycangial fungi and host tree species on progeny survival and emergence of *Dendroctonus ponderosae* (Coleoptera: Scolytidae). *Environmental Entomology*, **27**, 1393–1401.
Sjöström, E. & Westermark, U. 1998. Chemical composition of wood and pulps: basic

components and their distribution. *In:* Sjöström, E. & Alén, R. (eds.) *Analytical Methods in Wood Chemistry, Pulping, and Papermaking.* Berlin: Springer-Verlag, 1–35.

Smeets, E. M. W. & Faaij, A. P. C. 2007. Bioenergy potentials from forestry in 2050: an assessment of the drivers that determine the potentials. *Climatic Change,* **81**, 353–390.

Smith, D. B. & Sears, M. K. 1982. Mandibular structure and feeding habits of three morphologically similar coleopterous larvae: *Cucujus clavipes* (Cucujidae), *Dendroides canadensis* (Pyrochroidae), and *Pytho depressus* (Salpingidae). *Canadian Entomologist,* **114**, 173–175.

Snäll, T., Ribeiro, P. J. & Rydin, H. 2003. Spatial occurrence and colonisations in patch-tracking metapopulations: local conditions versus dispersal. *Oikos,* **103**, 566–578.

Söderström, L. 1988a. Sequence of bryophytes and lichens in relation to substrate variables of decaying coniferous wood in northern Sweden. *Nordic Journal of Botany,* **8**, 89–97.

Söderström, L. 1988b. Substrate preference in some forest bryophytes: a quantitative study. *Lindbergia,* **18**, 98–103.

Sokoloff, A. 1964. Studies on the ecology of *Drosophila* in the Yosemite region of California: a preliminary survey of species associated with *D. pseudobscura* and *D. persimilis* at slime fluxes and banana traps. *Pan-Pacific Entomologist,* **40**, 203–218.

Solheim, H. & Långström, B. 1991. Blue-stain fungi associated with *Tomicus piniperda* in Sweden and preliminary observations on their pathogenicity. *Annales des Sciences Forestières,* **48**, 149–156.

Solheim, H. & Saffranyik, L. 1997. Pathogenicity to Sitka spruce of *Ceratocystis rufipennis* and *Leptographium abietinum,* blue-stain fungi associated with the spruce beetle. *Canadian Journal of Forest Research,* **27**, 1336–1341.

Solheim, H., Krokene, P. & Långström, B. 2001. Effects of growth and virulence of associated blue-stain fungi on host colonization behaviour of the pine shoot beetles *Tomicus minor* and *T. piniperda. Plant Pathology,* **50**, 111–116.

Sollins, P. 1982. Input and decay of coarse woody debris in coniferous stands in western Oregon and Washington. *Canadian Journal of Forest Research,* **12**, 18–28.

Sollins, P., Cline, S. P., Verhoeven, T., Sachs, D. & Spycher, G. 1987. Patterns of log decay in old-growth Douglas-fir forests. *Canadian Journal of Forest Research,* **17**, 1585–1595.

Sörensson, M. 1997. Morphological and taxonomical novelties in the world's smallest beetles, and the first Old World record of *Nanosellini* (Coleoptera: Ptiliidae). *Systematic Entomology,* **22**, 257–283.

Sörensson, M. 2008. AHA: a simple method for evaluating conservation priorities of trees in South Swedish parks and urban areas from an entomo-saproxylic viewpoint [in Swedish with an English summary]. *Entomologisk Tidskrift,* **129**, 81–90.

Southwood, T. R. E. 1977. Habitat, the templet for ecological strategies? *Journal of Animal Ecology,* **46**, 337–365.

Spatafora, J. W. & Blackwell, M. 1993. The polyphyletic origins of ophiostomatoid fungi. *Mycological Research,* **98**, 1–9.

Speight, M. C. D. 1989. *Saproxylic Invertebrates and their Conservation.* Strasbourg: Council of Europe, Publications and Documents Division.

Spies, T. A., Franklin, J. F. & Thomas, T. B. 1988. Coarse woody debris in Douglas-fir forests of western Oregon and Washington. *Ecology*, **69**, 1689–1702.

Spribille, T., Thor, G., Bunnell, F. L., Goward, T. & Björk, C. R. 2008. Lichens on dead wood: species–substrate relationships in the epiphytic lichen floras of the Pacific Northwest and Fennoscandia. *Ecography*, **31**, 741–750.

Srivastava, D. 2005. Do local processes scale to global patterns? The role of drought and the species pool in determining treehole insect diversity. *Oecologia*, **145**, 205–215.

Stamets, P. 2005. *Mycelium Running: How Mushrooms Can Help Save the World*. Berkeley, CA: Ten Speed Press.

Stanosz, G. R. & Patton, R. F. 1991. Quantification of *Armillaria* rhizomorphs in Wisconsin aspen sucker stands. *European Journal of Forest Pathology*, **21**, 5–16.

Stein, W. E., Mannolini, F., Hernick, L. V., Landing, E. & Berry, C. M. 2007. Giant cladoxylopsid trees resolve the enigma of the Earth's earliest forest stumps at Gilboa. *Nature*, **446**, 904–907.

Stenlid, J. & Johansson, M. 1987. Infection of roots of Norway spruce (*Picea abies*) by *Heterobasidion annosum*. II. Early changes in phenolic content and toxicity. *European Journal of Forest Pathology*, **17**, 217–226.

Stenlid, J., Penttilä, R. & Dahlberg, A. 2008. Wood-decay basidiomycetes in boreal forests: distribution and community development. *In:* Boddy, L., Frankland, J. C. & van West, P. (eds.) *Ecology of Saprotrophic Basidiomycetes*. London: Academic Press/Elsevier, 239–262.

Stephens, S. L., Skinner, C. N. & Gill, S. J. 2003. Dendrochronology-based fire history of Jeffrey pine–mixed conifer forests in the Sierra San Pedro Martir, Mexico. *Canadian Journal of Forest Research*, **33**, 1090–1101.

Stephenson, S. L. 1988. Distribution and ecology of myxomycetes in temperate forests. I. Patterns of occurrence in the upland forests of southwestern Virginia. *Canadian Journal of Botany*, **66**, 2187–2207.

Stephenson, S. L. & Stempen, H. 1994. *Myxomycetes: A Handbook of Slime Molds*. Portland, OR: Timber Press.

Stephenson, S. L., Wheeler, Q. D., McHugh, J. V. & Fraissinet, P. R. 1994. New North American associations of Coleoptera with Myxomycetes. *Journal of Natural History*, **28**, 921–936.

Sterling, E. 1994. Aye-ayes: specialists on structurally defended resources. *Folia Primatologica*, **62**, 142–154.

Stevens, V. 1997. *The Ecological Role of Coarse Woody Debris: An Overview of the Ecological Importance of CWD in BC Forests*. Working Paper 30/97. Victoria, BC, Canada: Research Program, BC Ministry of Forests.

Stewart, G. H. & Burrows, L. E. 1994. Coarse woody debris in old-growth temperate beech (*Nothofagus*) forests of New Zealand. *Canadian Journal of Forest Research*, **24**, 1989–1996.

Stewart, G. H., Rose, A. B. & Veblen, T. T. 1991. Forest development in canopy gaps in old-growth beech (*Nothofagus*) forests, New Zealand. *Journal of Vegetation Science*, **2**, 679–690.

Stewart, J. R. & Lister, A. M. 2001. Cryptic northern refugia and the origins of the modern biota. *Trends in Ecology and Evolution*, **16**, 608–613.

Stireman, J. O., O'Hara, J. E. & Wood, D. M. 2006. Tachinidae: evolution, behavior, and ecology. *Annual Review of Entomology*, **51**, 525–555.

Stocks, B. J., Mason, J. A., Todd, J. B., Bosch, E. M., Wotton, B. M., Amiro, B. D., Flannigan, M. D., Hirsch, K. G., Logan, K. A., Martell, D. L. & Skinner, W. R. 2003. Large forest fires in Canada, 1959–1997. *Journal of Geophysical Research – Atmospheres*, **107**, 8149, doi:10.1029/2001JD000484.

Stokland, J. N. 2001. The coarse woody debris profile: an archive of recent forest history and an important biodiversity indicator. *Ecological Bulletins*, **49**, 71–83.

Stokland, J. N. & Kauserud, H. 2004. Phellinus nigrolimitatus: a wood-decomposing fungus highly influenced by forestry. *Forest Ecology and Management*, **187**, 333–343.

Stokland, J. N. & Larsson, K.-H. 2011. Legacies from natural forest dynamics: different effects of forest management on wood-inhabiting fungi in pine and spruce forests. *Forest Ecology and Management*, **261**, 1701–1721.

Stokland, J. N. & Meyke, E. 2008. The saproxylic database: an emerging overview of the biological diversity in dead wood. *Revue d'Ecologie (Terre Vie)*, **63**, 29–40.

Stokland, J. N., Eriksen, R., Tomter, S. M., Korhonen, K., Tomppo, E., Rajaniemi, S., Söderberg, U., Toet, H. & Riis-Nielsen, T. 2003. *Forest Biodiversity Indicators in the Nordic Countries: Status Based on National Forest Inventories*. Report No. 2003:514. Denmark: TemaNord, 106 pp.

Stokland, J. N., Tomter, S. M. & Söderberg, U. 2004. Development of dead wood indicators for biodiversity monitoring: experiences from Scandinavia. *In:* Marchetti, M. (ed.) *Monitoring and Indicators of Forest Biodiversity in Europe: From Ideas to Operationality*. EFI Proceedings No. 51. Tonkatu, Finland: European Forest Institute, 207–226.

Storaunet, K. O., Rolstad, J., Gjerde, I. & Gundersen, V. S. 2005. Historical logging, productivity, and structural characteristics of boreal coniferous forests in Norway. *Silva Fennica*, **39**, 429–442.

Stork, N. E. 1987. Guild structure of arthropods from Bornean rain forest trees. *Ecological Entomology*, **12**, 69–80.

Stork, N. E., Hammond, P. M., Russel, B. L. & Hadwen, W. L. 2001. The spatial distribution of beetles within the canopies of oak trees in Richmond Park, UK. *Ecological Entomology*, **26**, 302–311.

Strand, M. R. & Pech, L. L. 1995. Immunological basis for compatibility in parasitoid–host relationships. *Annual Review of Entomology*, **40**, 31–56.

Stubblefield, S. P., Taylor, T. N. & Beck, C. B. 1985. Studies of Paleozoic fungi. IV. Wood-decaying fungi in *Callixylon newberryi* from the Upper Devonian. *American Journal of Botany*, **72**, 1765–1774.

Sturtevant, B. R., Bissonette, J. A., Long, J. N. & Roberts, D. W. 1997. Coarse woody debris as a function of age, stand structure, and disturbance in boreal Newfoundland. *Ecological Applications*, **7**, 702–712.

Suckling, D. M., Gibb, A. R., Daly, J. M., Chen, X. & Brockerhoff, E. G. 2001. Behavioral and electrophysiological responses of *Arhopalus tristis* to burnt pine and other stimuli. *Journal of Chemical Ecology*, **27**, 1091–1104.

Süda, I. & Nagirnyi, V. 2002. The *Dorcatoma* Herbst, 1792 (Coleoptera: Anobiidae) species of Estonia. *Entomologica Fennica*, **13**, 116–122.

Suh, S.-O., Marshall, C., McHugh, J. V. & Blackwell, M. 2003. Wood ingestion by passalid beetles in the presence of xylose-fermenting gut yeasts. *Molecular Ecology*, **12**, 3137–3145.

Suh, S.-O., McHugh, J. V., Pollock, D. D. & Blackwell, M. 2005. The beetle gut: a hyperdiverse source of novel yeasts. *Mycological Research*, **109**, 261–265.

Suh, S.-O., Blackwell, M., Kurtzman, C. P. & Lachance, M.-A. 2006. Phylogenetics of Saccharomycetales, the ascomycete yeasts. *Mycologia*, **98**, 1006–1017.

Švácha, P. 1994. Bionomics, behaviour and immature stages of *Pelecotoma fennica* (Paykull) (Coleoptera: Rhipiphoridae). *Journal of Natural History*, **28**, 585–618.

Svenning, J.-C. 2002. A review of natural vegetation openness in north-western Europe. *Biological Conservation*, **104**, 133–148.

Svenning, J.-C., Normand, S. & Kageyama, M. 2008. Glacial refugia of temperate trees in Europe: insights from species distribution modeling. *Journal of Ecology*, **96**, 1117–1127.

Svensson, G. P., Larsson, M. C. & Hedin, J. 2004. Attraction of the larval predator *Elater ferrugineus* to the sex pheromone of its prey, *Osmoderma eremita*, and its implication for conservation biology. *Journal of Chemical Ecology*, **30**, 353–363.

Sverdrup-Thygeson, A. & Birkemoe, T. 2008. What window traps can tell us: effect of placement, forest openness and beetle reproduction in retention trees. *Journal of Insect Conservation*, **13**, 183–191.

Sverdrup-Thygeson, A. & Lindenmayer, D. B. 2003. Ecological continuity and assumed indicator fungi in boreal forest: the importance of the landscape matrix. *Forest Ecology and Management*, **174**, 353–363.

Sverdrup-Thygeson, A., Borg, P. & Bergsaker, E. 2008. A comparison of biodiversity values in boreal forest regeneration areas before and after forest certification. *Scandinavian Journal of Forest Research*, **23**, 236–243.

Swaine, M. D., Lieberman, D. & Putz, F. E. 1987. The dynamics of tree populations in tropical forests: a review. *Journal of Tropical Ecology*, **3**, 359–366.

Swift, M. J. & Boddy, L. 1984. Animal–microbial interactions during wood decomposition. *In:* Anderson, J. M., Rayner, A. D. M. & Walton, D. W. H. (eds.) *Invertebrate–Microbe Interactions*. Cambridge: Cambridge University Press, 89–131.

Swift, M. J., Heal, O. W. & Anderson, J. M. 1979. *Decomposition in Terrestrial Ecosystems*. Oxford: Blackwell.

Syrjänen, K., Kalliola, R., Puolasmaa, A. & Mattsson, J. 1994. Landscape structure and forest dynamics in subcontinental Russian European taiga. *Annales Zoologici Fennici*, **31**, 19–34.

Szymczakowski, V. W. 1975. Unerwarteter Fund einer neuen Eocatops-Art in Schweden und Finnland (Col. Catopidae). *Entomologisk Tidskrift*, **96**, 3–7.

Taberlet, P. & Cheddadi, R. 2002. Quaternary refugia and persistence of biodiversity. *Science*, **297**, 2009–2010.

Takasugi, M., Nagao, S., Masamune, T., Shirata, A. & Takahashi, K. 1979. Structures of moracins E, F, G and H: new phytoalexins from diseased mulberry. *Tetrahedron Letters*, **48**, 4675–4678.

Talbot, P. H. B. 1977. The *Sirex–Amylostereum–Pinus* association. *Annual Review of Phytopathology*, **15**, 41–54.

Talkkari, A., Peltola, H., Kellomäki, S. & Strandman, H. 2000. Integration of component models from the tree, stand and regional levels to assess the risk of wind damage at forest margins. *Forest Ecology and Management*, **135**, 303–313.

Tanhashi, M., Matsushita, N. & Togashi, K. 2009. Are stag beetles fungivorous? *Journal of Insect Physiology*, **55**, 983–988.

Tarasov, P. E., Volkova, V. S., Webb, T., III, Guior, J., Andreev, A. A., Bezunsko, L. G., Bezunsko, T. V., Bykova, G. V., Dorofeyuk, N. I., Kvavandze, E. V., Osipova, I. M., Panova, N. K. & Sevastyanov, D. V. 2000. Last glacial maximum biomes reconstructed from pollen and plant macrofossil data from northern Eurasia. *Journal of Biogeography*, **27**, 609–620.

Tavakilian, G., Berkov, A., Meurer-Grimes, B. & Mori, S. 1997. Neotropical tree species and their faunas of xylophagous longicorns (Coleoptera: Cerambycidae) in French Guiana. *Botanical Review*, **63**, 303–355.

Taylor, E. L. & Taylor, T. N. 2009. Seed ferns from the late Paleozoic and Mesozoic: any angiosperm ancestors lurking there? *American Journal of Botany*, **96**, 237–251.

Taylor, J. W. & Berbee, M. L. 2006. Dating divergences in the fungal tree of life: review and new analyses. *Mycologia*, **98**, 838–849.

Taylor, J. W., Spatafora, J., O'Donnell, K., Lutzoni, F., James, T. Y., Hibbett, D. S., Geiser, D., Bruns, T. D. & Blackwell, M. 2004. The Fungi. *In:* Cracraft, J. & Donoghue, M. J. (eds.) *Assembling the Tree of Life*. New York: Oxford University Press, 171–194.

Taylor, R. L. 1929. The biology of the white pine weevil, *Pissodes strobi* (Peck), and a study of its insect parasites from an economic viewpoint. *Entomologica Americana*, **9**, 166–246; **10**, 1–86.

Taylor, T. N. & Osborn, J. M. 1996. The importance of fungi in shaping the paleoecosystem. *Review of Palaeobotany and Palynology*, **90**, 249–262.

Taylor, T. N., Hass, H. & Kerp, H. 1999. The oldest fossil ascomycetes. *Nature*, **399**, 648.

Taylor, T. N., Klavins, S. D., Krings, M., Taylor, E. L., Kerp, H. & Hass, H. 2004. Fungi from the Rhynie chert: a view from the dark side. *Transactions of the Royal Society of Edinburgh: Earth Sciences*, **94**, 457–473.

Taylor, T. N., Hass, H., Kerp, H., Krings, M. & Hanlin, R. T. 2005. Perithecial ascomycetes from the 400 million-year-old Rhynie chert: an example of ancestral polymorphism. *Mycologia*, **97**, 269–285.

Tedersoo, L., Kõljalg, U., Hallenberg, N. & Larsson, K.-H. 2003. Fine-scale distribution of ectomycorrhizal fungi and roots across substrate layers including coarse woody debris in a mixed forest. *New Phytologist*, **159**, 153–165.

Tenow, O. 1972. The outbreaks of *Oporinia autumnata* Bkh. and *Operophtera* spp. (Lep. Geometridae) in the Scandinavian mountain chain and northern Finland 1862–1968. *Zoologiska Bidrag från Uppsala*, **2**, 1–107.

Terho, M. & Hallaksela, A.-M. 2008. Decay characteristics of hazardous *Tilia*, *Betula*, and *Acer* trees felled by municipal urban tree managers in the Helsinki city area. *Forestry*, **81**, 151–159.

Terho, M., Hantula, J. & Hallaksela, A.-M. 2007. Occurrence and decay patterns of common wood-decay fungi in hazardous trees felled in the Helsinki City. *Forest Pathology*, **37**, 420–432.

Thiel, M. & Gutow, L. 2005. The ecology of rafting in the marine environment. I. The floating substrata. *Oceanography and Marine Biology*, **42**, 181–263.

Thuiller, W., Lavorel, S., Araujo, M. B., Sykes, M. T. & Prentice, I. C. 2005. Climate change threats to plant diversity in Europe. *Proceedings of the National Academy of Sciences of the USA*, **102**, 8245–8250.

Thunes, K. H. 1994. The coleopteran fauna of *Piptoporus betulinus* and *Fomes fomentarius* (Aphyllophorales: Polyporaceae) in western Norway. *Entomologica Fennica*, **5**, 157–168.

Thunes, K. H., Midtgaard, F. & Gjerde, I. 2000. Diversity of coleoptera of the bracket fungus *Fomitopsis pinicola* in a Norwegian spruce forest. *Biodiversity and Conservation*, **9**, 833–852.

Tibell, L. 1997. Anamorphs in mazaediate lichenized fungi and the Mycocaliciaceae ("Caliciales s.lat."). *Symbolae Botanicae Upsalensis*, **32**, 291–322.

Tibell, L. & Wedin, M. 2000. Mycocaliciales, a new order for nonlichenized calicioid fungi. *Mycologia*, **92**, 577–581.

Tien, M. & Kirk, T. K. 1983. Lignin-degrading enzyme from hymenomycete *Phanerochaete chrysosporium* Burds. *Science*, **221**, 661–663.

Tilman, D. 1994. Competition and biodiversity in spatially structured habitats. *Ecology*, **75**, 2–16.

Tilman, D., May, R. M., Lehman, C. L. & Nowak, M. A. 1994. Habitat destruction and the extinction debt. *Nature*, **371**, 65–66.

Timms, L. L., Smith, S. M. & De Groot, P. 2006. Patterns in the within-tree distribution of the emerald ash borer *Agrilus planipennis* (Fairmaire) in young, green-ash plantations of south-western Ontario, Canada. *Agricultural and Forest Entomology*, **8**, 313–321.

Timonen, J., Siitonen, J., Gustafsson, L., Kotiaho, J. S., Stokland, J. N., Sverdrup-Thygeson, A. & Mönkkönen, M. 2010. Woodland key habitats in northern Europe: concepts, inventory and protection. *Scandinavian Journal of Forest Research*, **25**, 309–324.

Tinker, D. B. & Knight, D. H. 2001. Temporal and spatial dynamics of coarse woody debris in harvested and unharvested lodgepole pine forests. *Ecological Modelling*, **141**, 125–149.

Tlalka, M., Bebber, D., Darrah, P. R. & Watkinson, S. C. 2008. Mycelial networks: nutrient uptake, translocation and role in ecosystems. *In:* Boddy, L., Frankland, J. C. & van West, P. (eds.) *Ecology of Saprotrophic Basidiomycetes*. London: Academic Press/Elsevier, 43–62.

Toivanen, T. & Kotiaho, J. S. 2007a. Burning of logged sites to protect beetles in managed boreal forests. *Conservation Biology*, **21**, 1562–1572.

Toivanen, T. & Kotiaho, J. S. 2007b. Mimicking natural disturbances of boreal forest: the effects of controlled burning and creating dead wood on beetle diversity. *Biodiversity Conservation*, **16**, 3193–3211.

Trail, B. J. & Lill, A. 1997. Use of tree hollows by two sympatric gliding possums, the squirrel glider, *Petaurus norfolcensis* and the sugar glider, *P. breviceps*. *Australian Mammalogy*, **20**, 79–88.

Travaglini, D., Barbati, A., Chirici, G., Lombardi, F., Marchetti, M. & Corona, P. 2007. Forest inventory for supporting plant biodiversity assessment: ForestBIOTA data on deadwood monitoring in Europe. *Plant Biosystems*, **141**, 222–230.

Tudge, C. 2005. *The Secret Life of Trees*. London: Penguin Books.

Turner, M. G. & Romme, W. H. 1994. Landscape dynamics in crown fire ecosystems. *Landscape Ecology*, **9**, 59–77.

Turner, R. D. 1973. Wood-boring bivalves, opportunistic species in the deep sea. *Science*, **180**, 1377–1379.

Tyrrell, L. E. & Crow, T. R. 1994. Dynamics of dead wood in old-growth hemlock hardwood forests of northern Wisconsin and northern Michigan. *Canadian Journal of Forest Research*, **24**, 1672–1683.

Tzean, S. S. & Liou, J. Y. 1993. Nematophagous resupinate basidiomycetous fungi. *Phytopathology*, **83**, 1015–1020.

Ulyshen, M. D. & Hanula, J. L. 2010. Patterns of saproxylic beetle succession in loblolly pine. *Agriculture and Forest Entomology*, **12**, 187–194.

Ungerer, M. J., Ayers, M. P. & Lombardero, M. J. 1999. Climate and the northern distribution limits of *Dendroctonus frontalis* Zimmermann (Coleoptera: Scolytidae). *Journal of Biogeography*, **26**, 1133–1145.

Unterseher, M. & Tal, O. 2006. Influence of small-scale conditions on the diversity of wood decay fungi in a temperate, mixed deciduous forest canopy. *Mycological Research*, **110**, 169–178.

Unterseher, M., Otto, P. & Morawetz, W. 2005. Species richness and substrate specificity of lignicolous fungi in the canopy of a temperate, mixed deciduous forest. *Mycological Progress*, **4**, 117–132.

Urcelay, C. & Robledo, G. 2009. Positive relationship between wood size and basidiocarp production of polypore fungi in *Alnus incana* forest. *Fungal Ecology*, **2**, 135–139.

Vallauri, D., André, J. & Blondel, J. 2003. Le bois mort, une lacune des forêts gérées. *Revue Forestière Française*, **55**, 99–112.

van Balen, J. H., Booy, C. J. H., van Franeker, J. A. & Osieck, E. R. 1982. Studies on hole-nesting birds in natural nest sites. I. Availability and occupation of natural nest sites. *Ardea*, **70**, 1–24.

van Mantgem, P. J., Stephenson, N. L., Byrne, J. C., Daniels, L. D., Franklin, J. F., Fulé, P. Z., Harmon, M. E., Larson, A. J., Smith, J. M., Taylor, A. H. & Veblen, T. T. 2009. Widespread increase of tree mortality rates in the western United States. *Science*, **323**, 521–524.

Vanderwel, M. C., Malcolm, J. R., Smith, S. M. & Islam, N. 2006. Insect community composition and trophic guild structure in decaying logs from eastern Canadian pine-dominated forests. *Forest Ecology and Management*, **225**, 190–199.

Vanha-Majamaa, I. & Jalonen, J. 2001. Green-tree retention in Fennoscandian forestry. *Scandinavian Journal of Forest Research*, **16** (Suppl. 3), 79–90.

Vasiliauskas, R., Juska, E., Vasiliauskas, A. & Stenlid, J. 2002. Community of Aphyllophorales and root rot in stumps of *Picea abies* on clear-felled forest sites in Lithuania. *Scandinavian Journal of Forest Research*, **17**, 398–407.

Vasiliauskas, R., Lygis, V., Thor, M. & Stenlid, J. 2004. Impact of biological (Rotstop) and chemical (urea) treatments on fungal community structure in freshly cut *Picea abies* stumps. *Biological Control*, **31**, 405–413.

Veblen, T. T., Hadley, K. S., Nel, E. M., Kitzberger, T., Reid, M. & Villalba, R. 1994. Disturbance regime and disturbance interactions in a Rocky Mountain subalpine forest. *Journal of Ecology*, **82**, 125–135.

Veerkamp, M. T., De Vries, B. W. L. & Kuyper, T. W. 1997. Shifts in species composition of lignicolous macromycetes after application of lime in a pine forest. *Mycological Research*, **101**, 1251–1256.

Venäläinen, M., Harju, A. M., Kainulainen, P., Viitanen, H. & Nikulainen, H. 2003. Variation in the decay resistance and its relationship with other wood characteristics in old Scots pines. *Annals of Forest Science*, **60**, 409–417.

Vera, F. W. M. 2000. *Grazing Ecology and Forest History*. Wallingford, UK: CAB International.

Vernon, P. & Vannier, G. 2001. Freezing susceptibility and freezing tolerance in Palaearctic Cetoniidae (Coleoptera). *Canadian Journal of Zoology*, **79**, 67–74.

Vicuña, R. 2000. Ligninolysis: a very peculiar microbial process. *Molecular Biotechnology*, **14**, 173–176.

Vieira, S., Trumbore, S., Camargo, P. B., Selhorst, D., Chambers, J. Q., Higuchi, N. & Martinelli, L. A. 2005. Slow growth rates of Amazonian trees: consequences for carbon cycling. *Proceedings of the National Academy of Sciences of the USA*, **102**, 18502–18507.

Villard, M.-A. & Jonsson, B. G. 2009a. *Setting Conservation Targets for Managed Forest Landscapes*. Cambridge: Cambridge University Press.

Villard, M.-A. & Jonsson, B. G. 2009b. Putting conservation target science to work. *In:* Villard, M.-A. & Jonsson, B. G. (eds.) *Setting Conservation Targets for Managed Forest Landscapes*. Cambridge: Cambridge University Press, 393–401.

Vispo, C. & Hume, I. D. 1995. The digestive tract and digestive function in the North American porcupine and beaver. *Canadian Journal of Zoology*, **73**, 967–974.

Vodka, S., Konvicka, M. & Cizek, L. 2009. Habitat preferences of oak-feeding xylophagous beetles in a temperate woodland: implications for forest history and management. *Journal of Insect Conservation*, **13**, 553–562.

Vogt, K. A. & Edmonds, R. L. 1980. Patterns of nutrient concentration in basidiocarps in western Washington. *Canadian Journal of Botany*, **58**, 694–698.

von Sydow, F. 1993. Fungi occurring in the roots and basal parts of one- and two-year-old spruce and pine stumps. *Scandinavian Journal of Forest Research*, **8**, 174–184.

Vonhof, J. M. & Gwilliam, J. C. 2007. Intra- and interspecific patterns of day roost selection by three species of forest-dwelling bats in Southern British Colombia. *Forest Ecology and Management*, **252**, 165–175.

Waddell, K. L. 2002. Sampling coarse woody debris for multiple attributes in extensive resource inventories *Ecological Indicators*, **1**, 139–153.

Wagner, M. R., Clancy, K. M., Lieutier, F. & Paine, T. D. 2002. *Mechanisms and Deployment of Resistance in Trees to Insects*. Dordrecht, The Netherlands: Kluwer Academic Publishers.

Wainhouse, D., Ashburner, R., Ward, E. & Rose, J. 1998. The effect of variation in light and nitrogen on growth and defence in young Sitka spruce. *Functional Ecology*, **12**, 561–572.

Wald, P., Crockatt, M., Gray, V. & Boddy, L. 2004a. Growth and interspecific interactions of the rare oak polypore *Piptoporus quercinus*. *Mycological Research*, **108**, 189–197.

Wald, P., Pitkänen, S. & Boddy, L. 2004b. Interspecific interactions between the rare tooth fungi *Creolophus cirrhatus*, *Hericium erinaceus* and *H. coralloides* and other wood decay species in agar and wood. *Mycological Research*, **108**, 1447–1457.

Walker, L. P. & Wilson, D. B. 1991. Enzymatic hydrolysis of cellulose: an overview. *Bioresource Technology*, **36**, 3–14.

Wallace, A. R. 1878. *Tropical Nature and Other Essays*. London: MacMillan.

Walter, S. T. & Maguire, C. C. 2005. Snags, cavity-nesting birds, and silvicultural treatments in western Oregon. *Journal of Wildlife Management*, **69**, 1578–1591.

Waring, R. H. 1987. Characteristics of trees predisposed to die: stress causes distinctive changes in photosynthate allocation. *BioScience*, **37**, 561–583.

Warren, M. S. & Key, R. S. 1991. Woodlands: past, present and potential for insects. *In:* Collins, N. M. & Thomas, J. A. (eds.) *The Conservation of Insects and their Habitats*. London: Academic Press, 155–212.

Waterbury, J. B., Calloway, C. B. & Turner, R. D. 1983. A cellulolytic nitrogen-fixing bacterium cultured from the gland of Deshayes in shipworms (Bivalvia: Teredinidae). *Science*, **221**, 1401–1403.

Watt, A. S. 1947. Pattern and process in the plant community. *Journal of Ecology*, **35**, 1–22.

Webb, A., Buddle, C. M., Drapeau, P. & Saint-Germain, M. 2008. Use of remnant boreal forest habitats by saproxylic beetle assemblages in even-aged managed landscapes. *Biological Conservation*, **141**, 815–826.

Webb, J. K. & Shine, R. 1997. Out on a limb: conservation implications of tree-hollow use by a threatened snake species (*Hoplocephalus bungaroides*: Serpentes, Elapidae). *Biological Conservation*, **81**, 21–33.

Weber, R. W. S. 2006. On the ecology of fungal consortia of spring sap flows. *Mycologist*, **20**, 140–143.

Weber, R. W. S., Davoli, P. & Anke, H. 2006. A microbial consortium involving the astaxanthin producer *Xanthophyllomyces dendrorhous* on freshly cut birch stumps in Germany. *Mycologist*, **20**, 57–61.

Webster, C. R. & Jenkins, M. A. 2005. Coarse woody debris dynamics in the southern Appalachians as affected by topographic position and anthropogenic disturbance history. *Forest Ecology and Management*, **217**, 319–330.

Wedin, M., Doring, H. & Gilenstam, G. 2004. Saprotrophy and lichenization as options for the same fungal species on different substrata: environmental plasticity and fungal lifestyles in the *Stictis–Conotrema* complex. *New Phytologist*, **164**, 459–465.

Wegensteiner, R., Weiser, J. & Fuhrer, J. 1996. Observations on the occurrence of pathogens in the bark beetle *Ips typographus* L. (Col., Scolytidae). *Journal of Applied Entomology*, **120**, 199–204.

Weier, J. 2009. The mushroom messiah. *Conservation Magazine*, **10**, 13–17.

Weiss, H. B. 1920. The insect enemies of polyporoid fungi. *American Naturalist*, **54**, 443–447.

Weiss, H. B. & West, E. 1920. Fungous insects and their hosts. *Proceedings of the Biological Society*

of Washington, **33**, 1–19.
Wells, K. 1994. Jelly fungi, then and now. *Mycologia*, **86**, 18–48.
Wermelinger, B. 2004. Ecology and management of the spruce bark beetle *Ips typographus*: a review of recent research. *Forest Ecology and Management*, **202**, 67–82.
Werner, P.A. & Prior, L.D. 2007. Tree-piping termites and growth and survival of host trees in savanna woodland of north Australia. *Journal of Tropical Ecology*, **23**, 611–622.
Werner, R.A., Holsten, E.H., Matsuoka, S.M. & Burnside, R.E. 2006. Spruce beetles and forest ecosystems in south-central Alaska: a review of 30 years of research. *Forest Ecology and Management*, **227**, 195–206.
Wertheim, B., van Baalen, E.J.A., Dicke, M. & Vet, L.E.M. 2005. Pheromone-mediated aggregation in nonsocial arthropods: an evolutionary ecological perspective. *Annual Review of Entomology*, **50**, 321–346.
Weslien, J. 1992. The arthropod complex associated with *Ips typographus* (L.) (Coleoptera, Scolytidae): species composition, phenology, and impact on bark beetle productivity. *Entomologica Fennica*, **3**, 205–213.
Weslien, J. & Schröter, H. 1996. Natürliche Dynamik des Borkenkäferbefalls nach Windwurf. *AFZ der Wald*, **19**, 1052–1055.
Wesołowski, T. 2005. Virtual conservation: how the European Union is turning a blind eye to its vanishing primaeval forests. *Conservation Biology*, **19**, 1349–1358.
Wesołowski, T. 2007. Lessons from long-term hole-nester studies in a primeval temperate forest. *Journal of Ornithology*, **148** (Suppl. 2), 395–405.
Westoby, M. 1984. The self-thinning rule. *Advances in Ecological Research*, **14**, 167–225.
Wheeler, Q. 1984. Evolution of slime mold feeding in leiodid beetles. *In:* Wheeler, Q. & Blackwell, M. (eds.) *Fungus–Insect Relationships: Perspectives in Ecology and Evolution*. New York: Columbia University Press, 446–477.
Wheeler, Q.D. & Miller, K.B. 2005. Slime-mold beetles of the genus *Agathidium* Panzer in North and Central America. Part I. Coleoptera: Leiodidae. *Bulletin of the American Museum of Natural History*, **290**, 1–95.
Whitehouse, N.J. 2006. The Holocene British and Irish ancient forest fossil beetle fauna: implications for forest history, biodiversity and faunal colonization. *Quaternary Science Reviews*, **25**, 1755–1789.
Whitford, K.R. 2002. Hollows in jarrah (*Eucalyptus marginata*) and marri (*Corymbia calophylla*) trees. I. Hollow sizes, tree attributes and ages. *Forest Ecology and Management*, **160**, 201–214.
Whitney, H.S., Bandoni, R.J. & Oberwinkler, F. 1987. *Entomocorticium dendroc-toni* gen. et sp. nov. (Basidiomycotina), a possible nutritional symbiote of the mountain pine beetle in lodgepole pine in British Columbia. *Canadian Journal of Botany*, **65**, 95–102.
Wiebe, K.L. 2001. Microclimate of tree cavity nests: is it important for reproductive success in northern flickers? *Auk*, **118**, 412–421.
Wikars, L.-O. 1992. Forest fires and insects [in Swedish with an English summary]. *Entomologisk Tidskrift*, **113**, 1–11.
Wikars, L.-O. 1997a. Forest disturbance regimes affect the trade-offs between dispersal and

reproduction in three species of buprestid beetles. *In:* Wikars, L.-O. (ed.) *Effects of Forest Fire and the Ecology of Fire-adapted Insects.* Comprehensive Summaries of Uppsala Dissertations from the Faculty of Science and Technology 272. Uppsala University.

Wikars, L.-O. 1997b. Pyrophilous insects in Orsa Finnmark, central Sweden: biology, distribution, and conservation [in Swedish with an English summary]. *Entomologisk Tidskrift,* **118,** 155–169.

Wikars, L.-O. 2004. Habitat requirements of the pine wood-living beetle *Tragosoma depsarium* (Coleoptera: Cerambycidae) at log, stand and landscape scale. *Ecological Bulletins,* **51,** 287–294.

Wilhelmsson, L., Arlinger, J., Spångberg, K., Lundquist, S.-E., Grahn, T., Hedenberg, Ö. & Olsson, L. 2002. Models for predicting wood properties in stems of *Picea abies* and *Pinus sylvestris* in Sweden. *Scandinavian Journal of Forest Research,* **17,** 330–350.

Wilhere, G. F. 2003. Simulations of snag dynamics in an industrial Douglas-fir forest. *Forest Ecology and Management,* **174,** 521–539.

Williamson, G. B., Laurance, W. F., Oliveira, A. A., Delamônica, P., Lovejoy, T. E., Gascon, C. & Pohl, L. 2000. Amazonian wet forest resistance to the 1997–98 El Niño drought. *Conservation Biology,* **14,** 1538–1542.

Willis, K. J. & Van Andel, T. H. 2004. Trees or no trees? The environments of central and eastern Europe during the Last Glaciation. *Quaternary Science Reviews,* **23,** 2369–2387.

Wilson, G. F. & Hort, N. D. 1926. Insect visitors to sap exudations of trees. *Transactions of the Royal Entomological Society of London,* **74,** 243–254.

Wimberly, M., Spies, T. A., Long, C. J. & Whitlock, C. 2000. Simulating historical variability in the amount of old forests in the Oregon Coast Range. *Conservation Biology,* **14,** 167–180.

Wingfield, M. J. 1993. *Leptographium* species as anamorphs of *Ophiostoma:* progress in establishing acceptable generic and species concepts. *In:* Wingfield, M. J., Seifert, K. A. & Webber, J. F. (eds.) *Ceratocystis and Ophiostoma: Taxonomy, Ecology and Pathogenicity.* St. Paul, MN: The American Phytopathological Society, 43–51.

Winter, S. & Möller, G. C. 2008. Microhabitats in lowland beech forests as monitoring tool for nature conservation. *Forest Ecology and Management,* **255,** 1251–1261.

Witzell, J. & Martín, J. A. 2008. Phenolic metabolites in the resistance of northern forest trees to pathogens: past experiences and future prospects. *Canadian Journal of Forest Research,* **38,** 2711–2727.

Woldendorp, G., Keenan, R. J., Barry, S. & Spencer, R. D. 2004. Analysis of sampling methods for coarse woody debris. *Forest Ecology and Management,* **198,** 133–148.

Wong, S. T., Servheen, C. W. & Ambu, L. 2004. Home range, movements and activity patterns, and breeding sites of Malayan sun bears *Helarctos malayanus* in the rainforest of Borneo. *Biological Conservation,* **119,** 169–181.

Wood, D. L. 1982. The role of pheromones, kairomones, and allomones in the host selection and colonization behaviour of bark beetles. *Annual Review of Entomology,* **27,** 411–446.

Wood, S. L. & Bright, D. E. 1992. *A Catalog of Scolytidae and Platypodidae (Coleoptera). Part 2: Taxonomic Index.* Great Basin Naturalist Memoirs 13, 1553 pp.

Woodman, J. D., Cooper, P. D. & Haritos, W. S. 2007. Effects of temperature and oxygen availability on water loss and carbon dioxide release in two sympatric saproxylic invertebrates. *Comparative Biochemistry and Physiology, Part A*, **147**, 514–520.

Woodroffe, G. E. 1953. An ecological study of the insects and mites in the nests of certain birds in Britain. *Bulletin of Ecological Research*, **44**, 739–772.

Woodward, S. 1992. Responses of gymnosperm bark tissues to fungal infections. In: Blanchette, R. A. & Biggs, A. R. (eds.) *Defense Mechanisms of Woody Plants Against Fungi*. Berlin: Springer-Verlag, 62–75.

Woodward, S., Stenlid, J., Karjalainen, R. & Hüttermann, A. 1998. *Heterobasidion annosum: Biology, Ecology, Impact and Control*. Wallingford, UK: CAB International.

Wormington, K. R., Lamb, D., McCallum, H. I. & Moloney, D. J. 2003. The characteristics of six species of living hollow-bearing trees and their importance for arboreal marsupials in the dry sclerophyll forests of southeast Queensland, Australia. *Forest Ecology and Management*, **182**, 75–92.

Worrall, J. J. 1994. Population structure of *Armillaria* species in several forest types. *Mycologia*, **86**, 401–407.

Worrall, J. J. & Harrington, T. C. 1988. Etiology of canopy gaps in spruce–fir forests at Crawford Notch, New Hampshire. *Canadian Journal of Forest Research*, **18**, 1463–1469.

Worrall, J. J., Anagnost, S. E. & Zabel, R. A. 1997. Comparison of wood decay among diverse lignicolous fungi. *Mycologia*, **89**, 199–219.

Worrall, J. J., Lee, T. D. & Harrington, T. C. 2005. Forest dynamics and agents that initiate and expand canopy gaps in *Picea abies* forests of Crawford Notch, New Hampshire, USA. *Journal of Ecology*, **93**, 178–190.

WRI 2000. *World Resources 2000–2001: People and Ecosystems – The Fraying Web of Life*. Washington DC: World Resources Institute (WRI) in collaboration with United Nations Environment Programme (UNEP), United Nations Development Programme (UNDP) and World Bank.

Wright, D. H. 1983. Species-energy theory: an extension of species-area theory. *Oikos*, **41**, 496–506.

Wu, J., Yu, X.-D. & Zhou, H.-Z. 2008. The saproxylic beetle assemblage associated with different host trees in southwest China. *Insect Science*, **15**, 251–261.

Yakovlev, E. B. 1994. *Palaearctic Diptera Associated with Fungi and Myxomycetes*. [in Russian with an English summary] Petrozavodsk, Russia: Karelian Research Center – Russian Academy of Sciences.

Yamada, T. 2001. Defense mechanisms in the sapwood of living trees against microbial infection. *Journal of Forest Research*, **6**, 127–137.

Yamaoka, Y., Chung, W.-H., Masua, H. & Hizai, M. 2009. Constant association of ophiostomatoid fungi with the bark beetle *Ips subelongatus* invading Japanese larch logs. *Mycoscience*, **50**, 165–172.

Yamazaki, K. 2007. Cicadas 'dig wells' that are used by ants, wasps and beetles. *European Journal of Entomology*, **104**, 347–349.

Yang, H. H., Effland, M. J. & Kirk, T. K. 1980. Factors influencing fungal degradation of lignin in a representative lignocellulosic, thermomechanical pulp. *Biotechnology and*

Bioengineering, **22**, 65–77.
Yang, J., Kamdem, D. P., Keathley, D. E. & Han, K.-H. 2004. Seasonal changes in gene expression at the sapwood–heartwood transition zone of black locust (*Robinia pseudoacacia*) revealed by cDNA microarray analysis. *Tree Physiology*, **24**, 461–474.
Yang, Y., Yang, E., An, Z. & Liu, X. 2007. Evolution of nematode-trapping cells of predatory fungi of the Orbiliaceae based on evidence from rRNA-encoding DNA and multiprotein sequences. *PNAS*, **104**, 8379–8384.
Yanoviak, S. P. 2001. The macrofauna of water-filled tree holes on Barro Colorado Island, Panama. *Biotropica*, **33**, 110–120.
Yee, M., Grove, S. & Closs, L. B. 2007. Giant velvet worms (*Tasmanipatus barretti*) and postharvest regeneration burns in Tasmania. *Ecological Management and Restoration*, **8**, 66–71.
Yin, X. 1999. The decay of forest woody debris: numerical modeling and implications based on some 300 data cases from North America. *Oecologia*, **121**, 81–98.
Yoshimoto, J. & Nishida, T. 2007. Boring effect of carpenterworms (Lepidoptera: Cossidae) on sap exudation of the oak, *Quercus acutissima*. *Applied Entomology and Zoology*, **42**, 403–410.
Yoshimoto, J., Kakutani, T. & Nishida, T. 2005. Influence of resource abundance on the structure of the insect community attracted to fermented tree sap. *Ecological Research*, **20**, 405–414.
Yu, Q., Yang, D.-Q., Zhang, S.Y., Beaulieu, J. & Duchesne, I. 2003. Genetic variation in decay resistance and its correlation to wood density and growth in white spruce. *Canadian Journal of Forest Research*, **33**, 2177–2183.
Zabel, R. A. & Morrell, J. J. 1992. *Wood Microbiology: Decay and its Prevention*. San Diego, CA: Academic Press.
Zachariassen, K. E., Li, N. G., Laugsand, A. E., Kristiansen, E. & Pedersen, S. A. 2008. Is the strategy for cold hardiness in insects determined by their water balance? A study on two closely related families of beetles: Cerambycidae and Chrysomelidae. *Journal of Comparative Physiology B*, **178**, 977–984.
Zackrisson, O. 1977. Influence of forest fires on north Swedish boreal forest. *Oikos*, **29**, 22–32.
Zahradnik, P. 1993. New species of the genus *Dorcatoma* from central Europe (Coleoptera: Anobiidae). *Folia Heyrovskiana*, **1**, 80–83.
Zeran, R. M., Andersson, R. S. & Wheeler, T. A. 2006. Effect of small-scale forest management on fungivorous Coleoptera in old-growth forest fragments in southeastern Ontario, Canada. *Canadian Entomologist*, **139**, 118–130.
Zhang, N., Castlebury, L. A., Miller, A. N., Huhndorf, S. M., Schoch, C. L., Seifert, K. A., Rossman, A. M., Rogers, J. D., Kohlmeyer, J., Volkmann-Kohlmeyer, B. & Sung, G.-H. 2006. An overview of the systematics of the Sordariomycetes based on a four-gene phylogeny. *Mycologia*, **98**, 1076–1087.
Zhou, X. D., de Beer, Z. W. & Wingfield, M. J. 2006. DNA sequence comparisons of *Ophiostoma* spp., including *Ophiostoma aurorae* sp. nov., associated with pine bark beetles in South Africa. *Studies in Mycology*, **55**, 269–277.

Zipfel, R. D., de Beer, Z. W., Jacobs, K., Wingfield, B. & Wingfield, M. J. 2006. Multi-gene phylogenies define *Ceratocystiopsis* and *Grosmannia* distinct from *Ophiostoma*. *Studies in Mycology*, **55**, 77–99.

Zjawiony, J. K. 2004. Biologically active compounds from Aphyllophorales (polypore) fungi. *Journal of Natural Products*, **67**, 300–310.

Zugmaier, W., Bauer, R. & Oberwinkler, F. 1994. Mycoparasitism of some *Tremella* species. *Mycologia*, **86**, 49–56.

zur Strassen, R. 1957. Zur Ökologie des *Velleius dilatatus* Fabricius, eines als Raumgast bei *Vespa crabro* Linnaeus lebenden Staphyliniden (Ins. Col.). *Zeitschrift für Morphologie und Ökologie der Tiere*, **46**, 243–292.

索　引

生物名索引には学名と標準和名を掲載している．指し示す範囲が分類学的ではない一部の生物名は事項索引に掲載した．

生物名索引

[A-Z]

Abdera flexuosa　174
Abdera triguttata　175
Abies　92 →モミ属も参照
Acacia　93
Acanthocinus aedilis　209
Acanthocinus griseus　209
Acer　94 →カエデ属も参照
Acer platanoides　89
Aedes geniculatus　169
Aesculus　94
Agathidium pulchellum　185
Agathis　92
Agathomyia wankowiczii　185
Agnathosia mendicella　178
Agrilus angustulus　207
Agrilus obscuricollis　207
Agrilus spp.　171
Alaus sp.　45
Aleurodiscus disciformis　134
Allecula　162
Alnus　93 →ハンノキ属も参照
Amaurodon　264
Ampedus　162
Ampedus cardinalis　167, 419
Ampedus hjorti　419
Amphicrossus　157
Amphiporthe leiphaemia　197
Amylocystis lapponica　132, 183
Amylostereum　43
Amylostereum areolatum　367
Amylostereum chailletii　29, 132
Anacardium　94
Anisotoma　178

Anitys rubens　167
Anobium nitidum　158
Anoplodera sexguttata　105
Anthrenus scriphulariae　79
Antrodia crassa　122, 190, 406
Antrodia infirma　122, 202
Antrodia primaeva　57
Antrodia serialis　132
Antrodiella parasitica　132
Apomyelois bistriatella　185
Aradus erosus　185
Araucaria　92
Arbutus　94
Archaeopteris　225, 226
Archecoleoptera　242
Arhopalus rusticus　209
Arion sp.　368
Armillaria mellea　306
Aromia moschata　421
Arthrobotrys　51
Arthrobotrys anchonia　46, 51
Ascodichaena rugosa　197
Aspergillus　144
Asterodon ferruginosus　371
Asteroxylo　229
Athous mutilatus　425
Atomaria umbrina　185
Aulacigaster leucopeza　40
Azadirachta　94
Baranowskiella ehnstromi　175
Bertholetia　94
Betula　93 →カバノキ属も参照
Bobinia　93
Bolitophagus reticulatus　44, 46, 174, 178, 364
Bolitotherus cornutus　178

索　引

Bolopus furcatus　185
Bombax　94
Bortyobasidium subcoronatum　214
Bothrideres contractus　383
Botryobasidium subcoronatum　132
Botryosphaeria　120
Botryosphaeria advena　197
Bows schneideri　384
Brachyleana　95
Brachyopa　40, 157
Buprestis splendens　370
Calicium denigratum　122
Calitys scabra　174, 384
Callicera　168
Callicera rufa　404
Callidium aeneum　209
Callidium violoaceum　209
Callixylon　225, 226
Calluna　94
Camellia　94
Camponotus herculeanum　77
Camptodiplosis auriculariae　185
Carphoborus　122
Carpinus　93
Carpinus betulus　89
Carpophilus　157
Carya　93
Castanea　93
Castoroides ohioensis　276
Cephalotaxus　92
Cerambyx scopolii　207
Ceratocystiopsis　143
Ceratocystis　134-135, 143, 264
Ceratocystis platani　424
Ceruchus chrysomelinus　386
Chaenotheca ferruginea　83
Chaenothecopsis fennica　122
Chaetoderma luna　122
Chalara fraxinea　424
Cholevinae　77
Christiansenia pallida　55
Chrysobothris igniventris　209
Chrysura radians　77
Cis bidentatus　179
Cis bilamellatus　180
Cis boleti　175, 180, 181
Cis hispidus　181

Cis jaquemarti　174, 182
Cis micans　175
Cis nitidus　180
Cis punctulatus　175
Cis quadridens　364, 365
Cistella hymeniophila　57
Citrus　94
Cixidia confinis　185
Climacocystis borealis　132
Clytus arietis　207
Cochliodon　277
Coffea　94
Colpoma quercinum　197
Columnocystis abietina　132, 371
Coniophora olivacea　132
Cordia　94
Coriolus　136
Cornus　94
Cornuvesica　143
Corthylini　257
Corticeus　146
Corticeus suturalis　384
Corticium　263
Coryllus avellana　89
Corylus　93 →ハシバミ属も参照
Cosmophorus　53
Cossonus spp.　167
Cossus　43
Cossus cossus　255
Crataegus　89, 93
Crepidoderus mutilatus　417
Criorhina berberina　215
Cryptarcha　157
Cryptocercidae　27
Cryptophagus corticinus　185
Cryptophagus micaceus　77
Cryptosporiopsis quercina　197
Crypturgus cinereus　209
Ctenophora ornata　165
Cucujidae　45
Cucujus　147
Cucujus cinnaberinus　384, 386
Cucujus haematodes　45
Cupressus　92
Curtimorda maculosa　174
Cylindrosella　177
Cylister　146

生物名索引

Cyllodes ater 185
Cyphelium pinicola 122
Cytospora 120
Cytospora intermedia 197
Dacrycarpus 92
Dalbergia 93
Daldinia loculata 118, 185, 186
Dasyhelea 169
Davidia 94
Dendroctonus 300, 301
Dendroctonus mexicanus 300
Dendroctonus rufipennis 115, 301
Dendroides 147
Dendrophagus 147
Dermestes palmi 77
Diaperis boleti 175
Diatrypella quercina 197
Dicerca alni 384
Diospyrus 94
Diplomitoporus lindbladi 174
Dipoides 276
Dipterocarpis 94
Dipteryx micrantha 69
Dorcatoma 178, 179, 181, 182
Dorcatoma punctulata 174
Dorcatoma robusta 174, 182
Dorcatoma spp. 167, 176
Dreposcia umbrina 79
Dryobalanops 94
Dyera 94
Ectemnius cephalotes 74
Elater 162
Elater ferrugineus 162, 167, 383, 395, 425
Elateridae 45
Elaus sp. 45
Eledona agaricola 174
Entomocorticium 144
Eocatops lapponicus 77
Episphaeria fraxinicola 210
Epuraea 146
Eremophila 95
Erica 94
Ernobius explanatus 122
Ernobius mollis 209
Ernobius nigrinus 209
Erotylidae 45
Eschnodes 162

Eucalyptus 93
Eucalyptus marginata 65
Eucalyptus oblique 160
Eucnemidae 45
Eucnemis capucina 417
Eugenia 93
Euryusa coarctata 77
Eustalomyia spp. 78
Eutriplax 184
Eutypa maura 210
Exidia glandulosa 197
Exidia pithy 116
Exidia saccharina 116, 132
Exocentrus spp. 171
Fagus 93 →ブナ属も参照
Fannia 168
Ficus 93
Flindersia 94
Fomitopsis officinalis 434
Fomitopsis pinicola 132
Fomitopsis rosea 132
Fragraea 94
Franklinia 94
Fraxinus 95
Fraxinus excelsior 89
Funalia trogii 174
Fusicoccum quercus 197
Ganoderma lipsiense 46, 159
Ginkgo biloba 92
Globicornis marginata 78
Gloeophyllum carbonarium 118
Gnathoncus spp. 79
Gondwanamyces 143
Grammopterus spp. 171
Graphium 143
Gyrophaena 47, 177
Gyrophaena boleti 174, 177
Hammerschmidtia ferruginea 40, 404
Haploglossa spp. 79
Hercospora taleola 197
Heterohyus nanus 277
Hibiscus 94
Hirtodrosophila lundstroemi 185
Hirtodrosophila trivittata 185
Holopsis 47
Hyalorbilia 265
Hylastes 215

533

索　引

Hylastes brunneus 192
Hylobius 215
Hylochares sp. 45
Hylurgopinus rufipes 423
Hylurgops palliates 209
Hymenochaete ulmi 134
Hyphoderma argillaceum 132
Hyphoderma setigerum 197
Hyphodontia 137
Hyphodontia breviseta 132
Hyphodontia quercina 197
Hypocenomyce 366
Hypocenomyce anthracophila 118
Hypocenomyce castaneocinerea 118
Hypocrea pulvinata 57
Ilex 95
Ipidia binotata 384
Ips 301
Ips acuminatus 209
Ips duplicatus 192
Ips sexdentatus 41, 192, 301
Ips subelongatus 301
Ischnodes sanguinicollis 167
Isorhipis marmottani 383
Jacaranda 95
Juglans 93
Junghuhnia collabens 362
Juniperus 92
Juniperus communis 89
Keroplatus 177
Lacon conspersus 384
Laemophloeus 147
Laemophloeus muticus 384
Larca lata 269
Larix 92 → カラマツ属も参照
Lasius brunneus 77
Lasius fuliginosus 77
Laurilia sulcata 132
Lecythis 94
Leiopus nebulosus 208
Leiopus spp. 171
Leptographium 135, 143
Leptoporus mollis 132
Leptura revestita 158
Leptura thoracica 384
Limoniscus 162
Limoniscus violaceus 167

Liocola spp. 162
Lonchaea 40, 41, 50, 146
Lonchaea caucasica 41
Lonchaea corticis 50
Lonchaea fraxina 41
Lordithon 177
Lordithon trimaculatus 185
Lycopsidaceae 225, 226
Macronychia spp. 78
Macrotermes natalensis 29
Magdalis spp. 209
Mallota 168
Malus 93 → リンゴ属も参照
Mangifera 94
Medetera 146
Medetera apicalis 364
Megachilidae 77
Megatoma undata 78
Melandrya dubia 174
Melanophila acuminata 118, 364
Mesopolobus typographi 54
Metriacnemus cavicola 169
Micrococcus luteus 145
Mitragyna 94
Molorchus minor 209
Monochamus galloprovincialis 209
Monochamus spp. 142
Monochamus urussovii 386
Morpholycus apicalis 45
Morus 93
Myathropa florea 168
Mycena corticola 134
Mycena epipterygia 132
Mycetochara 162
Mycetophagus fulvicollis 384
Mycetophagus quadripustulatus 384
Mycetophila finlandica 185
Mycetophiloidea 270
Myoporum 95
Myrcia 93
Nanacridae 177
Nanosella 177
Nanosellinae 47, 176
Nauclea 94
Nectria cinnabarina 210
Nemadus colonoides 79
Nemosoma 146

Neopachygaster 48
Neossus niducola 79
Niditinea truncicolella 77
Nitschkia cupularis 210
Notocupoides triassicus 242
Nyssa 94
Obrium brunneum 119
Octotemnus glabriculus 175, 179, 180, 181
Octotemnus spp. 181
Odonticium romellii 122
Olea 95
Omalus auratus 77
Omalus puncticollis 77
Onnia leporina 132
Ophiostoma 135, 143, 257, 264
Ophiostoma canum 141
Ophiostoma minus 145
Ophiostoma nova-ulmi 135, 423
Ophiostoma ulmi 135, 423
Oplocephala haemorrhoidalis 364
Orchesia fasciata 384
Osmia leaiana 77
Osmia spp. 77
Osmoderma barnabita 165
Osmoderma cristinae 165
Osmoderma eremita 165
Osmoderma lassallei 165
Ostracoda 219
Pachygaster 48
Pachnocybe ferruginea 234
Palaquium 94
Panaque 277
Pandivirilia melaleuca 165
Pantophthalmidae 244
Paracetoma 95
Paranopleta inhabilis 185
Passaloecus spp. 77
Pellinites digiustoi 236
Peltis grossa 43, 147, 174, 382
Pemphredon 77
Peniophora pithya 132
Peniophora quercina 197
Pentaphyllus testaceus 174
Perilampus 54
Phaenops cyanea 209
Phaenops formanecki 364
Phanerochaete chrysosporiu 100

Phanerochaete chrysosporium 16, 21, 99
Phanerochaete cremea 55
Phanerochaete raduloides 118
Phanerochaete sanguinea 132
Phaonia 168
Phellinus contiguus 210
Phellinus ferreus 197
Phellinus ferrugineofuscus 132, 371
Phellinus nigrolimitatus 132
Phellinus robustus 197
Phellinus viticola 132, 371
Phlebia 263
Phlebia centrifuga 132, 190, 221, 362, 365, 368, 371
Phlebia radiata 197
Phlebiella vaga 132
Phloenomus 146
Phloeophagus spp. 167
Phryganophilus ruficollis 174
Phyllocladus 92
Physarumpolycephalum 267
Physisporinus rivulosus 433
Picea 92 →トウヒ属も参照
Piloderma croceum 132
Piloderma fallax 138
Pinus 92 →マツ属も参照
Piptoporus tremulae 106
Pissodes pini 209
Pissodes piniphilus 209
Pissodes spp. 142
Pistacea 94
Pityogenes bidentatus 209
Pityogenes chalcographus 209
Pityogenes quadridens 116, 192
Pityophthorus lichtensteinii 192
Pityophthorus micrographus 192
Pityophthorus pityographus 209
Pityophthorus spp. 171
Pityophthorus tragardhi 192
Placusa 146
Plagionotus arcuatus 207
Plagionotus detritus 386
Platanus 93
Platydema violacea 185
Platynus mannerheimii 384
Platyrhinus resinosus 185, 384
Platysoma 146

索　引

Platysoma deplanatum　384
Plegaderus　146
Pleurotus spp.　185
Plumeria　94
Podocarpus　92
Poecile　65
Poecilium spp.　171
Pogonochaerus spp.　171
Pogonocherus spp.　209
Pometia　94
Populus　93
Populus tremula　89
Porophila　177
Porricondylinae　177
Postia lateritia　122
Pouteria　94
Prionocyphon serricorne　169
Prionus coriarius　215
Prionychus　162
Procraerus tibialis　167, 425
Prostomidae　45, 381, 383
Prostomis americanus　45
Prostomis mandibularis　381, 383
Protocalliphora spp.　79
Protocoleopter　239
Protocoleoptera　241, 242, 253
Prumnopitys　92
Prunus　93 →サクラ属も参照
Prunus padus　89
Pselaphys spadix　219
Pseudocistela　162
Pseudotomentella　138, 264
Pseudovalsa longipes　197
Pteryngium crenatum　174
Pycnomerus terebrans　381
Pyrochroa　147
Pyrochroidae　45
Pyrus　93
Pytho kolwensis　378, 384
Pythokolwensis　385
Pytho　147
Quercus　93 →コナラ属も参照
Radulomyces molaris　197
Rhagium inquisitor　209
Rhizophagus　146
Rhizophora　93
Rhododendron

Rhus　94
Rhyncolus spp.　167
Rhysodes sulcatus　381, 382
Rhyssa　53
Ropalodontus strandi　174
Ropalopus spp.　171
Sacium pusillum　384
Salix　93 →ヤナギ属も参照
Sambucus　95
Saperda calcarata　42
Sapindus　94
Schizopora paradoxa　197
Schizotus　147
Sciadopitys　92
Sciophila　177
Scolytus multistriatus　423
Scolytus rugulosus　141
Scolytus scolytus　423
Scydmaenus perrisi　77
Sequoia　92
Sericoda bogemanni　382
Sesia melanocephala　158
Shorea　94
Sideroxylon　94
Sirex cyaneus　29
Sistotrema　263
Sistotrema brinkmannii　136
Skeletocutis odora　132, 190
Solva　147
Sorbus aucuparia　89
Soronia　157
Sphaeropsis　120
Stagetus borealis　382
Steganosporium acerinum　210
Stemonitis sp.　267
Stereum rugosum　197
Stereum sanguinolentum　132
Stictis　83
Stropharia caerulea　213, 214
Suillus variegatus　56
Sulcacis affinis　181
Sulcacis bidentulus　174
Switenia　94
Sylvacoleus sharovi　242
Sylvicola sp.　269
Synanthedon myopaeformis　158
Systenus　165

Tarsonemus 145
Taxodium 92
Taxus 92
Tenebrio opacus 395, 419
Tenomerga mucida 242
Tetratoma fungorum 175
Thanasimus formicarius 46
Thanasimus 146
Thereva nobilitata 165
Thiasophila inquilina 77
Thiasophila wockii 77
Tilia 94 →シナノキ属も参照
Tilia cordata 89
Tomentellopsis submollis 138
Tomicobia seitneri 54
Tomicus minor 209
Tomicus piniperda 115, 209
Toreya 92
Tragosoma depsarium 193
Trametes cervina 201
Trametes cingulata 201
Trametes ochracea 56
Trametes socotrana 201
Trechispora hymenocystis 138
Tremella ancephala 55
Tremella aurantia 46, 55
Trichaptum abietinum 362, 371
Trichaptum fuscoviolaceum 132
Trichaptum laricinum 132
Trichoderma 144
Tricholomopsis spp. 185
Trichothecium roseum 197
Triplax 184
Triplax aenea 185
Triplax rufipes 185
Triplax russica 45
Tropideres dorsalis 384
Trypodendron domesticum 38
Trypodendron lineatum 209
Trypophloeus spp. 171
Tsuga 92 →ツガ属も参照
Tubulicrinis 137, 263
Tubulicrinis calothrix 132
Tylospora fibrillosa 132
Ulmus glabra 89
Uloma culinaris 162
Upis ceramboides 384

Urocerus gigas 246
Velleius dilatatus 77
Vespa crbro 77
Viburnum 95
Volucellainflata 4
Vuilleminia comedens 197, 210
Wollemia 92
Xiphydria prolongata 421
Xorides stigmapterus 46
Xyleborini 257
Xylechinus pilosus 119
Xylita livida 175
Xylomya maculata 165
Xylophaga 219
Xylophagus 147
Xylota sylvarum 215
Zabrachia 48
Zavaljus brunneus 78
Zilora ferruginea 175, 384
Zopheridae 381

[あ]

アイアイ（*Daubentonia madagascariensis*） 276-277
アイカワタケ（*Laetiporus sulphureus*） 22, 23, 133, 159, 161, 174, 183-184, 433
アウストロバイレヤ目 97
アオイ目（Malvales） 94, 97, 108
アオイ科（Malvaceae） 94
アオナガタマムシ（*Agrilus planipennis*） 193, 202
アオヒメスギカミキリ（*Callidium coriaceum*） 122
アカキクラゲ属（*Dacrymyces*） 35, 137
アカキクラゲ綱（Dacrymycetes） 234
アカキクラゲ目（Dacrymycetales） 2, 35, 235, 264
アカコウヤクタケ属（*Aleurodiscus*） 134, 264
アカコウヤクタケ（*Aleurodiscus amorphus*） 134
アカツブタケ属（*Nectria*） 264
アカテツ科（Sapotaceae） 94, 108
アカネ科（Rubiaceae） 94
アカパンカビ目（Sordariales） 231
アギトハバチ科（Megalodontesidae） 245
アキナミシャク（*Epirrita autumnata*） 299
アザミウマ目（Thysanoptera） 2, 47, 239, 272

索　引

アシナガバエ科（Dolichopodidae）　49, 146, 147, 157, 165, 270
アシナガバチ亜科　76
アシナガハナムグリ属（*Gnorimus* spp.）　162
アスペン　40, 42
アテリア目（Atheliales）　235
アナバチ科（Sphecidae）　74-75, 77, 271
アブラナ目　97
アミヒラタケ（*Polyporus squamosus*）　159, 184-185
アメリカサンショウウオ科（Plethodontidae）　73
アメリカビーバー（*Castor canadensis*）　276
アメリカマツノキクイムシ（*Dendroctonus ponderosae*）　103, 120, 144, 301
アメリカマツノコキクイムシ（*Dendroctonus brevicomis*）　120
アメリカヤマナラシ（*Populus tremuloides*）　67-68, 102
アラゲキクイムシ（*Phloeotribus spinulosus*）　119
アリ科（Formicidae）　73, 77, 157
アリクイ　49
アリヅカムシ科（Pselaphidae）　162
アリマキバチ属　77
アワタケ属（*Xerocomus*）　138
アワブキ目　97
アンズタケ目（Cantharellales）　235
アンボレラ目　97
イエバエ科（Muscidae）　49-50, 168, 270
イグチ目（Boletales）　235
イシノミ目（Archaeognatha）　239
イスカバチ属　77
イチイ科（Taxaceae）　92, 96
イチョウ植物門（Ginkgophyta）　91
イチョウ目（Ginkgoales）　92
イチョウ（*Ginkgo biloba*）　91, 96
イヌガヤ科（Cephalotaxaceae）　92, 96
イネ目（Poales）　93, 97
イネ科　98
イボタケ目（Thelephorales）　138, 235, 264
イボラシャタケ（*Tomentella crinalis*）　138
インディアナホオヒゲコウモリ（*Myotis sodalis*）　71
ウスバシハイタケ（*Trichaptum fuscoviolaceum*）　175
ウラベニガサ属（*Pluteus*）　138, 184
ウリ目　97

ウルシ科（Anacardiaceae）　94
ウロコタケ属（*Stereum*）　43
エキナタマツ（*Pinus echinata*）　301
エゾカミキリ（*Lamia textor*）　215
エゾサルノコシカケ（*Phellinus pini*）　20
エゾタケ（*Climacocystis borealis*）　190
エゾノサビイロアナタケ（*Phellinus weirii*）　306
エゾノハスグサレタケ（*Phellinus nigrolimitatus*）　138, 190, 371, 379
エゾヒヅメタケ（*Phellinus conchatus*）　175, 176
エゾマツオオキクイムシ（*Dendroctonus micans*）　140
エツキケホコリ（*Trichia decipiens*）　185
エビウロコタケ（*Hymenochaete rubiginosai*）　105
エボシクマゲラ（*Dryocopus pileatus*）　68-69
エリトロバシディウム目（Erythrobasidiales）　234
エンマムシ科（Histeridae）　49, 79, 145, 157, 269
エンマムシダマシ科（Sphaeritidae）　157
オウシュウイエカミキリ（*Hylotrupes bajulus*）　222, 370
オウシュウオオチャイロハナムグリ（*Osmoderma eremita*）　162-165, 167, 201, 363, 395, 409, 425
オウム目（Psittaciformes）　65
オオアカゲラ（*Dendrocopos leucotus*）　386, 393
オオアリ属（*Camponotus*）　74, 76-77
オオオシロイタケ属（*Postia*）　183
オオキノコムシ科（Erotylidae）　44, 178, 184, 185, 241, 269
オオサイチョウ（*Buceros bicornis*）　69
オオシロアリ科（Termopsitidae）　76
オオシロアリタケ（*Termitomyces*）　47
オオチリメンタケ（*Trametes gibbosa*）　55-56
オオナガコメツキ属　162, 383
オオハナノミ科（Rhipiphoridae）　52
オサムシ亜目（Adephaga）　241-242
オサムシ科（Carabidae）　79, 382
オシロイタケ属（*Oligoporus*）　183, 262
オフィオストマ属（*Ophiostoma*）　233
オフィオストマ目（Ophiostomatales）　231, 264-265
オモダカ目　97
オルビリア菌綱（Orbiliomycetes）　232, 265
オルビリア属（*Orbilia*）　51, 232, 265

[か]

カイガラタケ（*Lenzites betulinus*）56, 136
カエデ属（*Acer*）94, 401
カ科（Culicidae）168-169
ガガンボ 28
ガガンボ科（Tipulidae）28, 42, 147, 165, 254, 270
カキノキ科（Ebenaceae）94
核菌綱（Pyrenomycetes）88
カサウロコタケモドキ（*Laurilia sulcata*）190
カシミヤマカミキリ 409
カシミヤマカミキリ（*Cerambyx cerdo*）122
カタウロコタケ（*Xylobolus frustulatus*）21
カタキカタビロハナカミキリ（*Pachyta lamed*）215
カタバミ目 97
カタビロコバチ科（Eurytomidae）146
カツオブシムシ科（Dermestidae）48, 77-79, 241, 269
カッコウムシ科（Cleridae）49, 146, 269
カッコウムシ上科（Cleroidea）241
カナダトウヒ（*Picea glauca*）220-221
カニムシ目（Pseudoscorpionida）4, 5, 162
カネラ目（Canellales）92, 97
カノツノタケ（*Xylaria hypoxylon*）3
カバエ科（Anisopodidae）243
カバエ属 269
カバノキ科（Betulaceae）93
カバノキ属（*Betula*）20, 89, 93, 107, 121, 136, 227, 285, 401
カブトムシ亜目（Polyphaga）241-242
カミカワタケ（*Phlebiopsis gigantea*）117
カミキリムシ科（Cerambycidae）28, 42, 74, 118, 119, 122, 241-142, 146-147, 157-158, 169, 171, 207-208, 222, 249, 255, 269, 287, 415, 441
カモ目（Anseriformes）65
カラマツカタワタケ（*Phellinus chrysoloma*）106, 134, 305-306, 371
カラマツ属（*Larix*）92, 103
カラマツヤツバキクイムシ（*Ips cembrae*）301
ガリア目 97
カリフォルニアホオヒゲコウモリ（*Myotis californicus*）71
カワウソタケ属（*Inonotus*）35, 183, 263
カワタケ属（*Peniophora*）55, 135, 144, 264

カワタケ（*Peniophora quercina*）210
カワラタケ属（*Trametes*）117, 136, 184, 263
カワラタケ（*Trametes versicolor*）21, 179
カワラタケ属（*Trametes* spp）175
カンゾウタケ（*Fistulina hepatica*）23, 106-107, 134
カンバタケ（*Piptoporus betulinus*）23, 57, 135, 175, 179, 183-184
キアブ科（Xylophagidae）49, 147, 244, 270
キアブモドキ科（Xylomyidae）147, 165, 244
キアミタケ（*Gloeophyllum protractum*）122, 202
キイロコバエ科（Chyromyidae）79
キイロホソヒラタアシバエ（*Agathomyia wankowiczii*）46
キウロコタケ属 135-136, 264
キウロコタケ（*Stereum hirsutum*）46, 55
キカイガラタケ（*Gloeophyllum sepiarium*）117, 174, 210, 371
キカイガラタケ目（Gloeophyllales）2, 235
キカワムシ科（Pythidae）147
キクイムシ亜科（Scolytinae）40, 74, 119, 140, 171, 192, 241, 269, 305
キクイムシ科（Limnoriidae）263, 273
キクイムシ属（*Limnoria*）219
キク目（Asterales）95, 97
キクラゲ目（Auriculariales）211, 235-236
キクラゲ（*Auricularia auricula-judae*）185
キコブタケ属（*Phellinus*）35, 106, 210, 263, 371
キコブタケ（*Phellinus igniarius*）147
キスイムシ科（Cryptophagidae）77, 174, 178, 185-186, 269
キタクニハナカミキリ属（*Acmaeops*）118
キタホオジロガモ（*Bucephala islandica*）69
キチリメンタケ（*Gloeophyllum trabeum*）221
キツツキ目（Piciformes）65
キツツキ科（Picidae）65
キノコバエ上科 270
キノコバエ科（Mycetophilidae）44, 152, 177, 185, 243, 440
キノコホシハナノミ 174
キバチ科 244, 254, 271
キバチ科（Siricidae）43, 245
キボシゾウムシ属（*Pissodes*）142
キボシゾウムシ属（*Pissodes* spp.）142
キマワリアシナガバエ属（*Medetera*）50, 364
球果植物目（Coniferales）Pinaceae 92

索　引

キョウチクトウ科（Apocynaceae）　94
ギングチバチ科（Crabronidae）　74, 75, 271
キントラノオ目（Malpighiales）　93, 97, 227
キンポウゲ目　97
クギゴケ目（Mycocaliciales）　83
クキバチ科（Cephidae）　245
クサギカズラ目　97
クスノキ目（Laurales）　92, 97
クチキムシ科（Alleculidae）　162
クヌギ（*Quercus acutissima*）　157
クヌギタケ属（*Mycena*）　134, 138
クビナガキバチ科（Xiphydriidae）　244-245, 271
クボズギングチバチ（*Ectemnius cavifrons*）　75
クマゲラ（*Dryocopus martius*）　67
クマシデ属（*Carpinus*）　401
クマバチ科（Xylocopidae）　74
クモ綱（Arachnida）　4, 162
クモ目（Araneae）　162
クモバエ科（Nycteribiidae）　78
クラウドキノボリサンショウウオ（*Aneides ferreus*）　73
クラドキシロプシッド綱（Cladoxylopsid）　225
クリタケ属（*Hypholoma* spp.）　159
クリ胴枯れ病（*Cryphonectria* [= *Endothia*] *parasitica*）　439
クルミ科（Juglandaceae）　93
クロイボタケ菌綱（Dothideomycetes）　231
クロウメモドキ科（Rhamnaceae）　93
クロコバエ科（Milichidae）　77
クロコブタケ属（*Hypoxylon*）　35, 120-121, 232, 264
クロサイワイタケ科（Xylariaceae）　232-233, 440
クロサイワイタケ属（*Xylaria*）　35, 137, 232, 264
クロサイワイタケ目（Xylariales）　35, 170, 231-233, 252, 264, 265
クロツヤバエ科（Lonchaeidae）　40-41, 49, 146-147
クロツヤムシ科（Passalidae）　28, 254
クロナガキクイムシ（*Hylastes cunicularius*）　192
クロバエ科 Calliphoridae　79
クロバネキノコバエ科（Sciaridae）　152
クロボキン亜門（Ustilaginomycotina）　234-235
クロマルケシキスイ（*Cyllodes ater*）　186

グロムス門（Glomeromycota）　229
クワ科（Moraceae）　93
クワガタムシ科（Lucanidae）　42, 128, 147, 148, 157, 254, 269
グンネラ目　97
ケアリ属　77
ケートスフェリア目（Chaetosphaeriales）　231
ケコガサタケ属（*Galerina*）　138
ケシキスイ科（Nitidulidae）　40, 134, 146, 157, 178, 185, 241
ケダニ目（Prostigmata）　268
齧歯目（Rodentia）　70
ケニクアミタケ（*Fomitopsis cajanderi*）　136
ケバエ下目（Bibionomorpha）　243
甲殻亜門　273
コウヤクタケ目（Corticiales）　2, 235, 237
コウヤクタケ科（Corticiaceae）　170
コウヤマキ科（Sciadopityaceae）　92, 96
コガシラウンカ科　185
コガネコバチ科（Pteromalidae）　53, 146, 271
コガネシワウロコタケ（*Phlebia radiata*）　135
コガネニカワタケ（*Tremella mesenterica*）　55
コガネムシ上科（Scarabaeoidea）　241
コガネムシ科（Scarabaeidae）　28, 128, 162, 254
コカンバタケ（*Piptoporus quercinus*）　106
コキノコムシ科（Mycetophagidae）　269
コクヌスト科（Trogossitidae）　43, 146, 147, 174, 382
コケムシ科（Scydmaenidae）　77, 162
ゴジュウカラ属（*Sitta*）　65
コショウ目（Piperales）　92, 97
コダマイチョウゴケ（*Anastrophyllum hellerianum*）　80
コナダニ目（Astigmata）　268
コナラ属（*Quercus*）　89, 93, 106-107, 121-122, 124, 133, 159-160, 215, 227, 401
コニオケータ目（Coniochaetales）　231
コフキサルノコシカケ（*Ganoderma applanatum*）　21, 46, 185
コマユバチ科（Braconidae）　53, 146, 271
ゴミムシダマシ（*Neatus picipes*）　162
ゴミムシダマシ科（Tenebrionidae）　146, 162, 174-175, 178, 185, 419
ゴミムシダマシ上科（Tenebrionoidea）　241
ゴムノキ（*Hevea*）　93
コメツキダマシ科（Eucnemidae）　43, 158, 383, 417

540

生物名索引

コメツキムシ下目（Elateriformia） 241
コメツキムシ科（Elateridae） 48-50, 148, 162, 167, 241-242, 417, 419
コメツキモドキ科 Languriidae 78
コメノゴミムシダマシ（Tenebrio obscurus） 162

[さ]

ザイノキクイムシ属 Xyleborus 48
サガリバナ科（Lechytidaceae） 94, 108
サクラサルノコシカケ（Piptoporus pomaceus） 106
サクラ属（Prunus） 93, 106, 227
ササラダニ目（Oribatida） 268
サッカロミケス亜門（Saccharomycotina） 33, 231-232
ザトウムシ目（Opiliones） 162
サビ病菌 234
サルノコシカケ科 106, 112
シイタケ（Lentinula edodes） 433
シカタケ属（Antrodia） 122, 190, 202, 262, 406
シクンシ科（Combretaceae） 93
始原亜目（Archostemata） 240
シジミタケ属（Resupinatus） 138
シジュウカラ属（Parus） 65
シストフィロバシディウム目（Cystofilobasidiales） 234-235
シソ目（Lamiales） 95, 97
シッポゴケ（Dicranum flagellare） 367
シナノキ属（Tilia） 94, 159, 163, 401
子嚢菌門（Ascomycota） 2
子嚢菌亜門 362
子嚢菌綱（Ascomycetes） 185, 229, 231, 232, 233
シハイタケ属（Trichaptum spp.） 21, 35, 184
シハイタケ（Trichaptum abietinum） 175
シバンムシ科（Anobiidae） 28, 42, 74, 122, 147, 158, 169, 174, 176, 178-179, 181, 241, 243, 254, 269, 382
シベリアマツ（Pinus sibirica） 299
シベリアモミ（Abies sibirica） 299
シミ目（Thysanura） 29
シミ亜目（Zygentoma） 239
ジャコウカミキリ 421
ジュズヒゲムシ目 248, 249, 275
シュタケ（Pycnoporus cinnabarinus） 210
ジョウカイモドキ科（Melyridae） 171

ショウガ目 97
鞘翅目（Coleoptera） 2, 37, 44, 47, 52, 77, 78, 152, 161, 183, 242, 244, 255, 263, 269, 286, 418
ショウジョウバエ科（Drosophilidae） 157, 185
ショウジョウバエ属（Drosophila） 40, 250
ショウブ目 97
シラホシヒゲナガコバネカミキリ（Molorchus minor） 119
シラミバエ科（Hippoboscidae） 78
シロアリ目（等翅目 , Isoptera） 2, 254
シロアリ科（Termitidae） 247-248
シロキクラゲ目（Tremellales） 185, 211, 264, 235
シロキクラゲ属（Tremella） 55, 264, 362
シロフオナガヒメバチ（Rhyssa persuasoria） 53
シワウロコタケ属（Phlebia） 137
シワタケ（Phlebia tremellosa） 3
唇脚目（Chilopoda） 162
スイレン目 97
スカシバガ科（Sesiidae） 42-43, 158, 250, 271
スギタケ属（Pholiota） 35, 137, 159, 263
ズキンタケ綱（Leotiomycetes） 231, 265
スズカケノキ科（Platanaceae） 93
スズメ目（Passeriformes） 65-66
スズメバチ科（Vespidae） 73, 76-77, 157
スズメバチ亜科 76
スズメバチ属（Vespa） 77
スズメバチ属（Vespa spp.） 76
スッポンタケ亜綱（Phallomycetidae） 235
スッポンタケ（Phallus impudicus） 213
スミレコンゴウインコ（Anodorhynchus hyacinthinus） 69
セイボウ科（Chrysidae） 77, 271
セイヨウトネリコ（Fraxinus excelsior） 159, 424
セイヨウミツバチ（Apis mellifera） 76
セコイア属（Sequoia） 107
セスジムシ科（Rhysodidae） 381
節足動物門 275
絶翅目（Zoraptera） 4
セバチ科（Evaniidae） 245
セミ科（Cicadidae） 155
セラトシスチス属（Ceratocystis） 233
セリ目 97
線形動物門（Nematoda） 5
センダン科（Meliaceae） 94
線虫目 162

541

索　引

センボンイチメガサ（*Kuehneromyces mutabilis*）185
総翅目　263
双翅目（Diptera）　2, 37, 42, 46-47, 50, 78, 147, 152, 157, 161-162, 177, 215, 217, 243, 254, 263, 270, 364, 404, 418
ゾウムシ科（Curculionidae）　142, 146, 241, 255
ソテツ　96
ソテツ植物門（Cycadophyta）　90
ソテツ目（Cycadales）　92
ゾノハスグサレタケ（*Phellinus nigrolimitatus*）138

[た]

タイリクヤツバキクイムシ（*Ips typographus*）37, 54, 103, 115, 120, 135, 140, 192, 301, 333, 356, 370
タカネイチョウゴケ属（*Lophozia*）　80
タカワラビ科（Dicksoniaceae）　90
ダグラスモミ（*Pseudotsuga menziesii*）71, 136, 205
ダグラスモミオオキクイムシ（*Dendroctonus pseudotsugae*）116
タケ亜科（Bambusoideae）　93
タコノキ目　97
タテハチョウ科（Nymphalidae）　157
ダニ（Acari）　4, 37, 183
タバコウロコタケ目（Hymenochaetales）　2, 35, 235-237, 263
タバコウロコタケ科（Hymenochaetaceae）　170
タバコウロコタケ属（*Hymenochaete*）　134, 263
タフリナ亜門（Taphrinomycotina）　231
タマキノコムシ科（Leiodidae）　178, 185, 186
タマチョレイタケ属（*Polyporus*）　183, 262
タマチョレイタケ目（Polyporales）　2, 35, 235-237, 262
タマバエ科　177, 185, 243
タマムシ科（Buprestidae）　40, 42, 118, 147, 158, 207, 208, 241-242, 287, 415
ダンアミタケ（*Antrodia serialis*）　57, 371
担子菌門　138, 229, 231, 233, 234
チウロコタケモドキ（*Stereum sanguinolentum*）55, 362, 371
チビキカワムシ科（Salpingidae）　171, 186
チビシデムシ亜科（Cholevinae）　79

チャカワタケ（*Phanerochaete velutina*）　136, 213, 214
チャコブタケ（*Daldinia concentrica*）　186
チャコブタケ属（*Daldinia*）　35, 137, 185, 264
チャシブゴケ菌綱（Lecanoromycetes）　231
チャシワウロコタケ（*Phlebia rufa*）　135
チャタテムシ目（Psocoptera）　183
チャヒラタケ属菌（*Crepidotus*）　135
チャワンタケ綱（Pezizomycetes）　231-232
チョークアナタケ（*Antrodia xantha*）　174, 185
ツガ属（*Tsuga*）　92, 99, 306
ツガサルノコシカケ属（*Fomitopsis*）　262, 434
ツガサルノコシカケ（*Fomitopsis pinicola*）3, 22, 43-44, 136, 144, 147, 173-174, 177, 178, 180, 191, 220-221, 365, 371
ツツキノコムシ科（Ciidae）　44, 174, 175, 178-180, 269
ツツジ目（Ericales）　94, 97
ツツジ科（Ericaceae）　94
ツツシンクイムシ科（Lymexylidae）　48, 241, 256
ツツハナバチ属　77
ツノキノコバエ科（Keroplatidae）　47, 177
ツノヤセバチ科（Stephanidae）　245-246
ツバキ科（Theaceae）　94
ツブミズムシ亜目（Myxophaga）　241
ツボカビ門（Chytridiomycota）　229
ツマグロツツシンクイ（*Hylecoetus dermestoides*）48
ツメダニ科（Cheyletidae）　177
ツユクサ目　97
ツラスネラ目（Tulasnellales）　264
ツリガネタケ（*Fomes fomentarius*）　20, 21, 46, 135, 147, 174, 178, 180, 364
ツルギアブ科（Therevidae）　165
ディアポルテ目（Diaporthales）　170, 231
テーダマツ（*Pinus taeda*）　300
テガタゴケ（*Ptilidium phlcherrimum*）　80, 369
テントウダマシ科（Endomychidae）　178
ドイツトウヒ（*Picea abies*）　81, 89, 103, 107, 115-116, 119, 128, 132, 137, 139, 152, 192, 210, 212, 220, 301, 305-306, 368, 370
等翅目（シロアリ目, Isoptera）　2, 37, 73, 162, 219, 254, 273
トウダイグサ科（Euphorbiaceae）　93
トウヒ属（*Picea*）　92, 103, 106, 134, 285, 299, 401

542

トウヒシントメハマキ（*Choristoneura fumiferana*） 299, 306
トウヒノキクイムシ（*Polygraphus subopacus*） 119
トガサワラ属（*Pseudotsuga*） 306
トゲダニ目（Mesostigmata） 268
トゲハネバエ科（Heleomyzidae） 79
トチノキ 161
トドマツカミキリ属（*Tetropium*） 305
トネリコ萎凋病（*Chalara fraxinea*） 439
トネリコ属（*Fraxinus*） 71, 161, 401
トビケラ目（Trichoptera） 217
トビムシ目（Collembola） 183, 263, 272
トリコミケス綱（Trichomycetes） 34, 144
トレキスポラ目（Trechisporales） 235
ドロバチ科（Eumenidae） 74, 271
ドロムシ科（Dryopidae） 241
トンボ科（Odonata） 169

[な]

ナガキクイムシ科（Platypodidae） 48, 174, 175, 269
ナガキクイムシ亜科（Platypodinae） 241, 256-257
ナガクチキムシ科（Melandryidae） 43
ナガシンクイムシ科（Bostrichidae） 28, 156, 241
ナガドロムシ科（Heteroceridae） 241
ナガヒラタタマムシ属 118, 364
ナガヒラタムシ亜目（Archostemata） 240-241, 254
ナガヒラタムシ科（Cupedidae） 240-242, 253-254
ナガフナガタムシ科（Dascillidae） 241
ナギナタハバチ科（Xyelidae） 245
ナス目（Solanales） 94, 97
ナデシコ目 97
ナナカマド属（*Sorbus*） 93, 227, 401
ナマズ科（Loricariidae） 277
ナミダタケ（*Serpula lacrymans*） 203, 222
ナヨタケ属（*Psathyrella*） 137
ナラ 163
ナラタケ属（*Armillaria*） 35, 171, 184, 211-212, 263
ナンキョクブナ科（Nothofagaceae） 93
ナンキョクブナ属（*Nothofagus*） 93, 315

ナンヨウスギ科（Araucariaceae） 91-92, 96
ニオイアミタケ（*Gloeophyllum odoratum*） 117, 185
ニオガイ科（Pholadidae） 28
ニガクリタケ（*Hypholoma fasciculare*） 56, 213
ニカワオシロイタケ属（*Antrodiella*） 264
ニカワホウキタケ属（*Calocera*）） 35, 137
ニクザキン属（*Hypocrea*） 264
ニクザキン目 57
ニクバエ科 Sarcophagidae 78
ニシキギ目 97
ニセマルハナノミ科（Eucinetidae） 186
ニセミバエ科（Pallopteridae） 50
二枚貝綱（Bivalvia） 28, 218-219
ニレ科（Ulmaceae） 93
ニレ属（*Ulmus*） 71, 93, 106, 159, 161, 227, 401
ニレサルノコシカケ（*Rigidoporus ulmarius*） 106
ニレ立枯れ病（*Ophiostoma ulmi*） 439
ヌカカ科（Ceratopogonidae） 168-169
ネスイムシ科（Rhizophagidae） 49, 146, 178
ノウゼンカズラ科（Bignoniaceae） 95
ノミバエ科（Phoridae） 44
ノミ目（Siphonaptera） 78
ノルウェーカエデ（*Acer platanoides*） 159

[は]

ハイイロチャワンタケ属（*Mollisia*） 265
ハイスギバゴケ（*Lepidozia reptans*） 81
ハエ亜目（Brachycera） 243
ハキリバチ科（Megachilidae） 74, 77, 271
ハシバミ属（*Corylus*） 93, 227, 401
ハジラミ目（Mallophaga） 78
ハチ亜目（細腰亜目, Apocrita） 245-246
バッコヤナギ（*Salix caprea*） 176, 421
ハナアブ科（Syrphidae） 42, 74, 157, 165, 168, 169, 215, 254, 270
ハナノミ科 174
ハナノミダマシ科（Scraptiidae） 171
ハナバエ科（Anthomyzidae） 78-79
ハナムグリ科（Cetoniidae） 157
ハネカクシ科（Staphylinidae） 47, 77, 79, 146, 157, 174, 177, 185, 242, 269
ハネカクシ上科（Staphylinoidea） 241
ハバチ亜目（広腰亜目, Symphyta） 244-245
ハバチ上科（Tenthredinoidea） 245
ハマキガ科 185

索　引

ハムシ科（Chrysomelidae）　241, 255
バライロサルノコシカケ（*Fomitopsis rosea*）　178, 191, 220-221, 362, 365, 368, 371
バラ目（Rosales）　93, 97, 227
バラ科（Rosaceae）　93
ハラタケ亜目　236
ハラタケ亜門（Agaricomycotina）　234, 236-237
ハラタケ目（Agaricales）　2, 35, 51, 173, 185, 215, 235-237, 263
ハラナガハナアブ属（*Xylota*）　215
バルサムモミ　299
ハロスファエリア目（Halosphaeriales）　231
半翅目（Hemiptera）　2, 47, 155, 239, 263, 271
ハンノキ属（*Alnus*）　89, 93, 99, 401
ビーバー科（Castoridae）　276
ヒカゲノカズラ科（Lycopodiaceae）　225
ヒゲナガカミキリ属（*Monochamus* spp.）　142, 272
ヒゲナガゾウムシ科（Anthribidae）　171, 185-186
ヒゲナガモモブトカミキリ属（*Acanthocinus* spp.）　142
ヒゲブトコメツキ科（Throscidae）　241
ヒシャクゴケ属（*Scapania*）　80
ヒダナシタケ目（Aphyllophorales）　173, 185
ヒダハタケ（*Paxillus involutus*）　56
ヒノキ科（Cupressaceae）　92, 96, 103, 121
ヒメアカキクラゲ（*Dacrymyces stillatus*）　121
ヒメイエバエ科（Fanniidae）　44, 79, 168
ヒメガガンボ科（Limoniidae）　217
ヒメカバエ科（Mycetobiidae）　157
ヒメキクラゲ属（*Exidia*）　116, 135
ヒメキノコムシ科（Sphindidae）　186
ヒメコバチ科（Eulophidae）　53, 271
ヒメスギカミキリ（*Callidiellum rufipenne*）　205
ヒメトゲムシ科（Nosodendridae）　157
ヒメバチ科　54, 271
ヒメピンゴケ属　122
ヒメマキムシ科（Lathridiidae）　178, 186, 269
ヒメムキタケ属（*Hohenbuehelia*）　51
ヒメモグサタケ（*Bjerkandera fumosa*）　56
ビャクシンカミキリ（*Semanotus bifasciatus*）　205
ビャクシン属（*Juniperus*）　91
ビャクダン目　97
ビョウタケ属（*Bisporella*）　265
ビョウタケ目（Helotiales）　57, 264

ヒョウホンムシ科（Ptinidae）　48, 79, 269
ヒョウモンゴケ属　122
ヒラタアシバエ科（Platypezidae）　44, 185
ヒラタカメムシ科　185
ヒラタキクイムシ科（Lyctidae）　158
ヒラタケ属　21, 35, 184, 263, 433
ヒラタケ（*Pleurotus ostreatus*）　3, 434
ヒラタハバチ科（Pamphiliidae）　245
ヒラタムシ下目（Cucujiformia）　241
ヒラタムシ科（Cucujidae）　147, 186, 241, 386
ヒルギ科（Rhizophoraceae）　93
ヒロズコガ科（Tineidae）　44, 54, 77, 79, 176, 178, 250, 271
ヒロヒダタケ属（*Megacollybia*）　184
ピンゴケ属　122
ピンゴケ目（Caliciales）　122
フィロクラドゥス科（Phyllocladaceae）　92
フィロバシディウム目（Filobasidiales）　234-235
フウロソウ目　97
プクシニア菌亜門（Pucciniomycotina）　235
腹足綱（Gastropoda）　217
フクロウ目（Strigiformes）　65
フクロジネズミ　70
フクロシマリス（*Dactylopsila trivirgata*）　277
フクロモモンガ　70
フタバガキ科（Dipterocarpaceae）　94
ブッポウソウ目（Coraciiformes）　65
フトカミキリ亜科（Lamiinae）　171
フトモモ目（Myrtales）　93, 97
フトモモ科（Myrtaceae）　93
ブナ目（Fagales）　93, 97, 227
ブナ科（Fagaceae）　93
ブナ属（*Fagus*）　93, 163, 215, 227, 401
フナクイムシ科（Teredinidae）　28, 42, 218, 263
フユボダイジュ（*Tilia cordata*）　417
プラタナス（*Platanus orientalis*）　424
プレオスポラ目（Pleosporales）　264
フンタマカビ綱（Sordariomycetes）　231-233, 252, 257, 264
フンタマカビ目（Sordariales）　170
ペカン属（*Carya*）　107, 121
ヘゴ目（Cyatheales）　90
ヘゴ科（Cyatheaceae）　90
ベニタケ目（Russulales）　2, 235-237, 263
変形菌綱（Myxomycetes）　185
放線菌綱（Actinobacteria）　24, 25

生物名索引

ホオジロガモ（*Bucephala clangula*） 69
ホオジロシマアカゲラ（*Picoides borealis*） 67
ボクトウガ科（Cossidae） 42, 155, 250, 271
ホシガタキクイムシ（*Pityogenes chalcographus*） 116, 192
ホシゴケ菌綱（Arthoniomycetes） 231
ホソエノヌカホコリ（*Hemitrichia calyculata*） 267
ホソカタムシ科（Colydiidae） 49, 186, 269
ホソピンゴケ属（*Chaenotheca*） 83
ボタンタケ目（Hypocreales） 144, 231, 264
ポッサム 70
ボリニア目（Boliniales） 231

［ま］

マイアサウラ（*Maiasaura hadrosaurs*） 278
マイタケ（*Grifola frondosa*） 106, 433
マキ科（Podocarpaceae） 91-92, 96
マクカワタケ属（*Phanerochaete*） 137
膜翅目（Hymenoptera） 2, 42, 73-74, 77, 161, 244-245, 254, 263, 271, 404
マクラタケ（*Inonotus dryadeus*） 106
マグワ（*Morus alba*） 102
マジンチョウ科（Myoporaceae） 95
マツ科（Pinaceae） 92, 96, 103
マツ属（*Pinus*） 92, 103, 106, 107, 121, 134, 136, 285, 401
マツノオオウズラタケ（*Dichomitus squalens*） 202
マツノカタワタケ（*Phellinus pini*，訳者註：現在は *Porodaedalea pini*） 21, 67, 106, 134
マツノキクイムシ（*Tomicus piniperda*） 141, 192
マツノコキクイムシ（*Tomicus minor*） 141, 192
マツノザイセンチュウ（*Bursaphelenchus xylophilus*） 272, 439
マツノネクチタケ（*Heterobasidion annosum*） 21, 134, 144, 212, 362
マツノネクチタケ属（*Heterobasidion*） 117, 171, 306
マツノムツバキクイムシ（*Ips acuminatus*） 41, 141, 192, 301
マツバウロコゴケ（*Blepharostoma trichophyllum*） 81
マツムシソウ目（Dipsacales） 95, 97
マツモ目 97
マメ目（Fabales） 93, 97

マメ科（Fabaceae） 93
マメホコリ（*Lycogala epidendrum*） 267
マルズヒメバチ亜科（Xoridinae） 53
マルタマキノコムシ属（*Agathidium* 属） 178, 186
マルトゲムシ科（Byrrhidae） 241
マルハキバガ科（Oecophoridae） 271
マルハナノミ科（Scirtidae） 168
マルハラコバチ科（Perilampidae） 54
マンネンタケ属（*Ganoderma*） 47, 159, 171
ミカン科（Rutaceae） 94
ミクロアスクス目（Microascales） 231
ミジンムシ科（Corylophidae） 47
ミズアブ科（Stratiomyidae） 48, 244
ミズキ目（Cornales） 94, 97
ミズキ科（Cornaceae） 94
ミゾツノヤセバチ科（Megalyridae） 245-246
ミツギリゾウムシ科（Branthidae） 74
ミツバチ科（Apidae） 73
ミナミオオズヘビ（*Hoplocephalus bungaroides*） 72
ミナミマツキクイムシ（*Dendroctonus frontalis*） 103, 120, 142, 145, 300
ミヤマイエバエ亜科（Azeliinae） 50
ミヤマウラギンタケ（*Inonotus radiatus*） 174
ミヤマチャウロコタケ（*Stereum rameale*） 210
無尾目（Anura） 72
ムキヒゲホソカタムシ科（Bothrideridae） 52, 383
ムクゲキスイムシ科（Biphyllidae） 186
ムクゲキノコムシ科（Ptiliidae） 47, 175, 176
ムクロジ目（Sapindales） 94, 97
ムクロジ科（Sapindaceae） 94
ムシヒキアブ科（Asilidae） 49, 270
ムネツヤサビカミキリ（*Arhopalus rusticus*） 208
ムラサキ科（Boraginaceae） 94
ムラサキゴムタケ属（*Ascocoryne*） 265
ムラサキホコリ属 267
メバチ科（Ichneumonidae） 53
網翅目（Dictyoptera） 247
モクセイ科（Oleaceae） 95
モクレン目（Magnoliales） 92, 97
モクレン属（*Magnolia*） 227
モジホコリ属 267
モチノキ目（Aquifoliales） 95, 97
モチノキ科（Aquifoliaceae） 95
モミ属（*Abies*） 92, 103, 106, 134, 306

索 引

モミノオオキバチ（*Urocerus gigas*） 4
モモブトハナアブ属（*Criorhina*） 215

[や]

ヤーヌラ目（Jahnulales） 217
ヤガ科（Noctuidae） 157
ヤケイロタケ属（*Bjerkandera*） 184
ヤケイロタケ（*Bjerkandera adusta*） 55
ヤシ目（Arecales） 92, 97
ヤセバチ科（Evaniidae） 246
ヤドリキバチ上科（Orussoidea） 244
ヤドリキバチ科（Orussidae） 245-246
ヤドリバエ科（Tachinidae） 52, 54, 270
ヤナギ科（Salicaceae） 93
ヤナギ属（*Salix*） 89, 93, 227
ヤニタケ（*Ischnoderma resinosum*） 191
ヤバネゴケ属（*Cephalozia*） 80
ヤマグルマ目（Trochodendrales） 93, 97
ヤマナラシ属（*Populus*） 40, 106-107, 121, 136, 227, 285, 401
ヤマノイモ目 97
ヤマモガシ目（Proteales） 93, 97
有爪動物門 275
ユーロチウム菌綱（Eurotiomycetes） 231
ユキノシタ目 97
ユスリカ科（Chironomidae） 28, 30, 42, 168-169, 217, 254
ユリ目 97
ユリ科 98
ヨーロッパアカマツ（*Pinus sylvestris*） 89, 107-108, 115-116, 122, 128, 139, 192, 210, 307
ヨーロッパサイカブト（*Oryctes nasicornis*） 28
ヨーロッパナラ（*Quercus robur*） 64, 197
ヨーロッパビーバー（*Castor fiber*） 276
ヨーロッパブナ（*Fagus sylvatica*） 89, 139, 159, 191

ヨーロッパミヤマクワガタ（*Lucanis cervus*） 215
ヨーロッパモミ（*Abies alba*） 139
ヨーロッパヤマナラシ（*Populus tremula*） 67-68
翼手目（Chiroptera） 70
ヨコジマナガハナアブ属（*Temnostoma*） 147, 254
ヨツバゴケ（*Tetraphis pellucida*） 367
ヨツメキクイムシ（*Polygraphus poligraphus*） 305

[ら]

ラクダムシ目（Raphidioptera） 2, 248, 263
ラジアータマツ（*Pinus radiata*） 367
裸子植物門 96
ラシャタケ属（*Tomentella*） 138, 264
ラッツェブルグキクイムシ（*Scolytus ratzeburgi*） 38
ラン科 98
リキナ菌綱（Lichinomycetes） 231
リス科（Sciuridae） 70
リンゴ属（*Malus*） 93, 401
鱗翅目（Lepidoptera） 2, 42, 44, 155, 263
リンドウ目（Gentianales） 94, 97
リンドウ科（Gentianaceae） 94
ルリキバチ属（*Sirex*） 367
ルルワーチア目（Lulworthiales） 231
レイビシロアリ科（Kalotermitidae） 76
ロウタケ目（Sebasinales） 235
ロコタケ科（Stereaceae） 170
ロッジポールパイン（*Pinus contorta*） 301

[わ]

ワサビタケ属菌（*Panellus*） 135
ワタグサレタケ（*Antrodia sinuosa*） 174, 185
ワモンゴキブリ（*Periplaneta americana*） 28

事項索引

[A-Z]

kelo 122, 297, 325, 340, 343
K–戦略 361
r–戦略 136, 361
WKHs （森林の鍵となる生息場所） 341

xylobiont 6

[あ]

亜寒帯林　v, 82, 122-123, 131, 168, 190, 292, 295, 299, 302-303, 307, 313-316, 318, 322,

546

348-349, 387, 404-405, 409, 437, 441
嵐　305
アルファ分類学　440-441
荒れ地型の生物種　361
アンブロシア菌　34, 44, 149, 256, 257
遺存的な幹と株　321
一次細胞壁　13
一次樹洞利用種　61, 63, 65, 68
埋もれ木　211
枝に関連する生物　171
エッジ効果　337, 341
オプション価値　435
オランダニレ病　34, 135, 423
湿度　含水率を参照
温度　200

[か]

外樹皮　101, 172, 189
海水生の真菌　216, 217
海水生の無脊椎動物　30, 218, 273
皆伐　116, 118, 181, 207, 210, 291, 320, 324, 327, 328-330, 333, 335-337, 343, 347, 356, 375, 381-382, 387-389, 416
海洋　28, 31, 218, 225, 274-275, 285
貝類　5, 30, 42, 79, 148
カイロモン　145, 366
攪乱
　―タイプ　334-335, 340, 377
　火災による―　→火災を参照
　風による―　297, 305
　干ばつによる―　306
　規模の大きな―　293, 301
　昆虫による―　305
　自然の―　293
　真菌による―　306
　ビーバーによる―　311
　雪による―　307
　林分置換―　290, 302, 378
火災　221, 291, 293-297, 303-304, 330
　―に依存した種　118-119, 202-203, 210, 302, 304, 343-344, 364, 366, 382
　―に対する耐性　304
　―による枯死木の消費　346
　―による消失面積　296
　―の危険　356
　―の気候条件　294

　―の体制　294-297
　―の強さ　294-295, 303
　―の広さ　294
　地表の―　294, 303
　林冠の―　294
傘種　164
ガス環境　200, 205
河川の作用　291
褐色腐朽　14, 19-25, 30, 32, 34-36, 43, 99, 125, 136, 138, 151, 161, 167, 205, 220, 235, 250-251, 264
　―菌　21, 30
　―の進化　251
河畔林　290, 311
カミキリムシ　28, 74, 158, 171, 205, 207, 222, 441
　―の好む住み場所　415
　―の種多様性　287
　―の進化　249, 255
　―の住み場所　108, 157-158, 171, 193
ギャップ動態　290, 302-303, 335, 367
環状剝皮　343
含水率　21, 24, 78-81, 106, 116, 123, 127-128, 143, 160-161, 181, 190, 200, 202-206, 222, 304
乾燥　170, 190, 211
乾燥　222
揮発性物質　366
キクイムシ亜科　生物名索引「キクイムシ亜科」を参照
基質　108, 171, 192
　攻撃的な樹皮下キクイムシ　140
　非攻撃的な樹皮下キクイムシ　140
　―の種多様性　287
　―の進化　249
気候変動　312, 330, 389, 411, 422-423, 433, 437, 438
傷　123, 154, 158
　―の修復　100
寄生者　5, 10, 51
キツツキ　32
キツネザル　70, 277
機能的多様性　440
救助ボート　335
競争　15, 55, 56, 62, 65, 68-69, 81-82, 107, 113, 115, 117-118, 126, 135-136, 148, 181-182, 191, 192, 220, 255-256, 279-283, 291-293,

547

索　引

303, 307-308, 318, 320, 361-363, 366, 403, 421, 423, 427, 440
局所個体群動態　351
切り株の収穫　331
菌寄生菌　35, 55, 57, 232
菌根菌　32, 36, 56, 138, 236, 261, 264, 284, 328
菌糸食者　32
菌糸束　27, 212, 213, 222, 256
菌食者　5, 32, 43-45, 48, 57, 59, 78, 111, 146-147, 173, 176, 18-184, 271-272
菌生菌　57
空洞木　123, 163 →樹洞を参照
　―に営巣する鳥→樹洞に営巣する鳥類を参照
経済的　10-11, 52, 54, 215, 221, 321, 323, 327, 332-333, 338, 354, 380, 424, 432-433, 435-436, 442
形成層　39-40, 96, 98, 101, 304　木質の構造の形成層を参照
景観スケール　8, 164, 291, 292-293, 307, 316-317, 348, 350, 352, 357, 372, 375-376
嫌気条件　205
原始の森林　411
原生林　381, 416
健全木の保残　336-338, 344, 350
公園→人工的な生息場所をみよ
高次捕食寄生　52, 54
酵素
　―による材分解　15, 203
　―によるセルロース分解　15
　―によるヘミセルロースの分解　16
　―によるリグニン分解　16
　―の機能　15
甲虫→生物名索引「鞘翅目」を参照
荒廃地　421
酵母　2
　基質　156
　共生微生物　27
　樹液の腐敗　18
　―の種多様性　151
　―の進化　231-234
　形態分類学上のグループとしての―　33
コウモリ　70-71, 78, 273
コウヤクタケ類　2
　―の種多様性　88
　―の住み場所　170
広葉樹
　―に関連する種　87

―の種多様性　92, 96
―の進化　96, 228
―の物理化学性　12, 13, 63, 99, 125, 134, 154-155
国際自然保護連合の基準　398
コケ　80-82, 148, 263, 265, 367, 397
個々の樹木の枯死　302
枯死枝　169-170, 197, 211
枯死パターン　308, 309
枯死木
　―生産（Morticulture）　347
　―の空間分布　302, 316, 317
　―の質　324
　―の体積　198, 290-291, 295, 310, 313-318, 320-324, 326, 328-329, 333, 335, 342, 349, 351, 374, 392-393, 436
　―の多様性　318
　―の動態　325, 349
　―の中での休眠　72
　―の連続性　325, 377
枯死木依存性
　定義　6
　―の世界的な多様性　284
　―の多様性の仮説　283
　―種の調査　403, 426
　―の恐竜　278
　―の魚　277
　―（生物）の食物網　31, 32, 59, 61, 74, 276
　条件的―　250, 260-262
　絶対的―　250, 261-262
枯死要因　113-125, 291-293
　火災　67, 117
　風　114
　乾燥　119
　競争　118
　その他　123
　伐倒　116
枯死率　292-293, 307-309, 313, 316-317, 322
個体群
　―成長　369, 377, 432
　―動態　164, 195, 281, 300, 316, 350, 360, 363, 368, 372, 375, 376, 396
　―の回転率　374
　―の創設　366
古代の森林　381, 383, 384, 386, 410
コホート　307, 335, 423
コメツキムシ　48-50, 383

事項索引

—の進化　242
—の住み場所　162, 167
コルク形成層　101
昆虫による攻撃　120, 318
昆虫の巣に関係する生物　76
混牧林　413, 414, 423

[さ]

細菌　24, 156, 205, 228, 253
　　—による海水中での分解　25, 28
　　—による淡水中での分解　26
　　—による窒素固定　128
　　—によるトンネル型腐朽　25, 26
　　—による水食い木　156
　　—の消化管内共生→消化管内共生生物を参照
材上性（の種）　80-82 →鮮苔類，地衣類も参照
材食者　10, 42, 174
細胞間層　14, 21
細胞内腔　14, 22-23
材密度　189, 219
魚　枯死木依存性の魚を参照
サンショウウオ　73, 273
自己間引き　118, 308, 388
子実体
　　—食者　32, 44, 173, 174, 178
　　—に関連する種　174, 185, 186
　　—の発達　176, 183
　　—の生産　195
　　—の窒素含量　172
　　—の調査　405
　　一年生多孔菌類の—　184
　　子嚢菌の—　186
　　多年生多孔菌類の—　176
　　ハラタケ類の—　184
　　微小生息場所としての—　172
　　変形菌の—　186
自然環境保全の評価　403
自然度　318, 406
自然林　320, 339, 341-342, 388
持続的　333, 341
室内の真菌　222
子嚢菌　2, 231
　　—と関連する生物　185
　　—の種多様性　88, 264
　　—の進化　231-234
　　—の住み場所　170, 195, 196

指標種　164, 415
消化管内共生者の進化　253
収穫までの時間（伐期）　323
樹液食者　39
樹液滲出　156
樹冠の真菌　170, 210
樹幹の排除期　292, 293
樹脂　104-105, 110, 117, 120, 122-123, 134, 297
　　—による防御　37, 103, 140, 300
　　—の生産　222
種数−面積関係　193, 390-393
樹洞　iii, vi, 5-7, 48, 49, 59, 61-73, 75-76, 78-79, 113, 121, 123-124, 134, 154-155, 158-169, 189, 200, 268-269, 273, 332, 338-339, 343, 346, 363, 395-396, 400, 402, 404, 407, 413, 417-420, 422, 425-427, 429, 435
　　哺乳類による利用　70-72
　　—に営巣する　169
　　—に営巣する鳥類　65-69, 332, 343, 346
　　—に関連した種　48, 61, 70, 76, 159, 162, 163, 166, 189, 269, 396, 417, 425, 435
　　—の発達　63, 159, 160
　　—の微気候　161
　　—の腐植　160-162
　　—の利用可能性　63, 163, 346
　　ねぐらや止まり木としての—　61-62
　　水の溜まった—　72, 166
樹皮下キクイムシ　108, 192, 249 →キクイムシ亜科も参照
樹木組織，定義　6
樹木の生長　189
樹木の生長速度　219
樹木の防御システム　100
腫瘍　120, 134-135, 154, 434
準化石の甲虫　381
順応的管理　352, 441, 442
消化管内共生細菌　28, 128, 277
消化管内共生者　32
消化管内での真菌由来酵素　29, 42
小規模な撹乱　305
消化管内共生原生動物　27
消化管内共生酵母　28
食物網　31
食葉性昆虫　115, 299
植林　322, 333, 367, 380, 387-389, 422, 436-439
真菌が定着した材の消費者　43

549

索　引

シンク−ソース動態　372
人工的な生息場所　408
　生垣　415
　公園　416
　小道　418
　並木道　418
　―に対する脅威　422
人工の建築物　222
心材　106, 172, 189
心材腐朽　19, 63, 67, 159, 169, 212, 306, 309
　―菌　63, 67, 106-107, 114, 133-134, 158-159, 166, 189, 191, 306
薪炭林　408, 414
針葉樹
　―と関連する種　87
　―の種多様性　91, 92
　―の進化　91, 92, 226
　―の物理化学性　12, 13, 63, 99, 121, 309
森林火災→火災を参照
森林管理　221, 320, 388
森林統治体系　357
森林の管理体制　326
森林の健全性　322
森林の劣化　387
森林認証　349, 354, 355, 358
衰弱木　59, 109, 114, 122, 124, 130, 134-135, 143-144, 212, 233, 265, 276, 388
水生不完全菌　166
水没木　216
ステロール　219
ストレス耐性種　362
スライムフラックス　156-157
生活史戦略　107, 179, 281, 360, 361
生息場所
　―の喪失　372, 376-378, 391, 393, 395, 402
　―の適合性のモデル　350
　―の動態　373-374
　―の要求性　401
生存期間　373, 413
生態系
　―サービス　327, 431, 432, 440
　―の機能　433
　―の変化　437
生態的特性とその絶滅リスクとの間の関係　402-403
生長適温　201
生物多様性条約　353

生物燃料　323, 389
青変菌　104, 120, 142-145, 288, 300→変色菌を参照
変色菌，進化　233, 256
成立期　292
脊椎動物の巣に関係する生物　78
絶滅
　―閾値　376
　―の恐れのある枯死木依存性種　380, 390
　―の危急性の判定　397
　―の負債　348, 376-377, 386, 395-396, 409
　―リスク　164, 343, 371, 375, 398, 401-402
　―率　371, 376-377, 436
セルロース　12
遷移　293-294, 301-302
　―種　361
　―段階　292, 317, 321, 333, 341
　―の経路　301
繊維飽和点　203, 205
先端腐朽　19
線虫　5, 162, 272
　基質　162
全木集材　330, 332, 333
双翅目
　―の種多様性　270
　―の進化　243
　―の住み場所　78, 157, 161, 162, 166, 173, 184, 195

[た]

堆積土壌上の森林　309
耐凍性　200-201
高切りの切り株　195, 338-339, 343, 359, 428, 441
薪　336, 357, 396, 407, 424-425
択伐　116, 322, 326-328, 335, 408
多孔菌　2, 87, 173
　基質　191
　定義　2
　―に関連した生物　174
　―の多様性　87, 287
　一年生の―　178, 183
　多年生の―　176-178, 406
立枯れ木　122, 332, 333, 338
ダニ　4, 37, 177
　―と関連する生物　145

550

―と樹皮下キクイムシとの関係　142, 145
　　―の種多様性　268
　　―の進化　237
　　―の住み場所　78, 161, 171, 177, 183
タマムシ　40, 207
　　―の好む住み場所　415
　　―の種多様性　287
　　―の進化　241
　　―の住み場所　171, 193
単一樹種の植栽　325
担子菌　2, 234
　　―の種多様性　87-88. 151, 262
　　―の進化　234-237
　　―の住み場所　190. 195, 196
淡水生の真菌　166, 216
淡水生の無脊椎動物　30, 166, 217
タンニン　105-107
地衣　6, 32, 80, 82-84, 118, 122, 148, 171, 186, 239, 263, 265, 328, 331, 365-366, 396, 411
地域的な絶滅種　381-382, 385-386
地下
　　―の真菌　211
　　―の無脊椎動物　215
地上
　　―の枝　171
地上部
　　―の環境　206
　　―の真菌　210
　　―の無脊椎動物　206
直径に対する選好性
　　真菌　190
　　無脊椎動物　191
直径の影響
　　種数　195, 198
　　種組成　195
　　幹の性質　189
通常の枯死率　293
低インパクト伐採　328
定着　159, 171, 179, 193, 316, 366
　　―率　392
テルペン　101, 105-106
伝統的な土地利用　165
糖依存菌　18, 33, 34, 35, 233
等翅目
　　―と関連する生物　47
　　―による樹洞形成　67
　　―の種多様性　273

　　―の進化　247
　　―の住み場所選好性　63
　　枯死木に棲息する―　73
糖の発酵　18
土壌中の資源　213
都市林　420-421, 424
トビムシ　151, 161-162, 171, 183, 263, 272

[な]

内樹皮　18, 33, 34, 39-41, 101-103, 172, 253, 255
　　―食者　147
内生菌　7, 120, 135, 170, 232, 284
並木道　408, 418, 423
軟腐朽　19, 23-24, 34, 37, 216, 250, 252
軟腐朽菌　23, 37, 205, 233
二次細胞壁　13
二次樹洞利用種　61-62, 65-66, 68-69
二次代謝物質　219-222
ニッチ　68, 193, 279, 280, 283, 318
　　―概念　279
　　―軸　280
　　―次元　280
　　―シフト　83
　　―の位置　283
　　―分化　181
　　―分割　188, 191, 205, 278-280, 283
　　食物―　254
　　生態学的―　277
　　多次元―空間　279
ニレ　→生物名索引「ニレ属（*Ulmus*）」を参照
根株腐朽　19, 159, 212
根腐れ　19, 309
熱帯林　63, 64, 70, 198, 277, 286, 313, 315, 328, 436, 441

[は]

バイオパルピング　433
媒介者（ベクター）　367
白色腐朽　19, 34, 125, 136, 190, 220, 230, 233, 250-251
　　―菌　19
　　―の進化　251
繁殖開始年齢　369
被害木の搬出利用　332, 432

551

索　引

微気候　131, 159, 161, 170, 208, 210
微小生息場所　61, 121, 124, 154-156, 158, 160-161, 164, 166, 169-170, 172-173, 178, 184, 186, 189, 193, 253, 279-280, 400-401, 403-405, 408, 413, 420, 426-427, 429
日の当たる　163, 206
　樹冠　207
　真菌　210
　無脊椎動物　206　329
病害虫の大発生　322
風倒　114, 291, 300, 305
フェノール物質　102, 104-106, 110
フェロモン　145, 180, 182, 300, 367
　集合—　104, 140, 182, 300
　誘引—　163
腐朽型　19, 99, 125, 230, 235, 251-252, 265
復元　342-345, 347, 426
腐植食者　5, 31-32, 37, 39, 4-43, 45, 49, 50, 57, 78-79, 111, 169, 173, 183, 238, 253-255, 269, 271
　の進化　254
不凍タンパク質　200
ブナ　→生物名索引「ブナ属（*Fagus*）」を参照
フナクイムシ　28, 218-219, 273
分解経路　126, 440
分解速度　129, 131, 205, 213, 220, 310, 313-315
　—定数　129, 313, 315
分解段階　i, 6-7, 37, 40, 49, 59, 80-81, 84, 109, 110, 126, 128, 130-132, 135-140, 14-149, 151-152, 190, 193, 205, 254, 279-280, 317, 318, 324, 326, 346-347, 350, 366, 369-371, 388, 401, 414
分解抵抗性　63, 105, 117, 122, 129, 219, 220, 221
分解にともなう遷移　172
分散（散布）　164
　—距離　351, 363, 368
　—速度　195
　—能力　219
　—のトレードオフ　364
フンタマカビ綱　232-234
　—の進化　232-234
　—の多様性　232
分断化　59, 165, 363, 365, 368, 372, 394-395, 405
ヘミセルロース　12
辺材　39, 103-104, 105, 172

変色菌　33-34, 41, 134-135, 149, 212, 233
　青変菌　104, 120, 142-145, 288, 300
ボラーディング　413
胞子サイズ　365
胞子食者　32, 47, 172, 174, 177
胞子数　195, 368
放線菌　24, 25
牧場林　401, 414
保護区　314, 339, 365, 374-375, 386, 435
保残　13.5
捕食寄生者　51-54, 59, 73, 78, 111, 145-146, 169, 173, 182, 189, 432
捕食者　5, 10, 31, 48-49
　最上位—　31, 49, 169
　日和見的な—　49
　捕食性真菌　50, 55
保全　164
保全管理　351, 422, 443
北方林　9, 11, 22, 30, 56
ポリフェノール柔組織細胞　102

［ま］

膜翅目　52, 73, 77
　—の種多様性　146, 271
　—の進化　244
　—の住み場所　161
　枯死木に営巣する—　76
マングローブ林　112, 216-218, 286
水食い木　156
ミツバチ　76, 435　→生物名索引「セイヨウミツバチ（*Apis mellifera*）」も参照
無機的な環境　199
無性の散布体　150, 365
メタ個体群　164
　モデル　350
　—動態　350, 371-373
　—の収容力　350
　生息場所追従型の—　164, 373, 376
　大陸と島の—　164
　パッチ追従型の—　373-374, 376
木材腐朽菌
　木質構造の分解者　34, 137
　木質構造の分解者（定義）　34
　木質残存物分解者　35
　木質残存物分解者（定義）　35
木材放置　344-345

木質残存物分解者　→木材腐朽菌をみよ
木質の構造　11
モニタリング　348, 352, 426, 442

[や]

薬品　433-435
ユーカリ林　277
有袋類　70-72
養菌性キクイムシ　34, 38, 41, 43, 48, 115, 149, 233, 256-257, 287, 434
養菌性甲虫　48

[ら]

落葉樹　64, 139, 159, 163, 170, 210, 386, 395, 401, 409-410, 414　広葉樹を参照
ラッカーゼ　17, 18, 36, 252
リグニン　8, 10-23, 25, 33-34, 36, 39, 42, 51, 99-101, 104, 110, 117, 127, 136-138, 150, 219, 224-225, 228, 233, 236-237, 251-253, 278, 363, 433
リグニンペルオキシダーゼ　16-18, 36, 237

流木　218, 312
両生類　61, 72-73, 169, 399
林分の生産性　313
林分の発達　114, 292, 295, 336, 388
林分発達モデル　349
レジリエンス　431-433
レッドリスト種　337-338, 341, 345-346, 368, 39-399, 401-402, 404, 427, 433
連続性　336, 377
連続被覆施業　327-328
連続被覆動態　290
老化　309
老熟木　418, 420, 425-427, 429-430
　―の管理　427-430
　―の調査　425, 426
労働寄生　52, 73, 76, 78, 169, 271
老齢木　121, 124, 154, 165, 188-189, 191, 335-337, 341, 418, 422
老齢林　64, 178, 198, 220, 294, 305, 308, 310, 313, 316, 318, 327, 332, 341-342, 364-365, 368-369, 377-379, 385, 396, 406, 410, 434, 438-439

著者
i頁参照

訳者
深澤　遊（ふかさわ　ゆう）
東北大学農学研究科助教
専門：森林微生物生態学
著書：『微生物の生態学』（分担執筆，共立出版，2011），『Wood: types, properties and uses』（分担執筆，Nova science publishers，2011），『教養としての森林学』（分担執筆，文永堂出版，2014）

山下　聡（やました　さとし）
専門：森林保護学
著書：『微生物の生態学』（分担執筆，共立出版，2011），『菌類の事典』（分担執筆，朝倉書店，2013）

枯死木の中の生物多様性

2014年3月20日　初版第一刷発行

著　者	Jogeir N. Stokland Juha Siitonen Bengt Gunnar Jonsson
訳　者	深　澤　　遊 山　下　　聡
発行者	檜　山　爲　次　郎
発行所	京都大学学術出版会

京都市左京区吉田近衛町69番地
京都大学吉田南構内（〒606-8315）
電　話　075-761-6182
ＦＡＸ　075-761-6190
振　替　01000-8-64677
http://www.kyoto-up.or.jp/

印刷・製本　㈱クイックス

ISBN978-4-87698-475-6　　定価はカバーに表示してあります
Printed in Japan　　　　　Ⓒ Y. Fukasawa and S. Yamashita

本書のコピー，スキャン，デジタル化等の無断複製は著作権法上での例外を除き禁じられています．本書を代行業者等の第三者に依頼してスキャンやデジタル化することは，たとえ個人や家庭内での利用でも著作権法違反です．